全国优秀数学教师专著系列

重点大学自主招生数学备考全书
——平面解析几何

The Book of Mathematics Examination for Independent Enrollment in Key Universities
—Plane Analytic Geometry

● 甘志国 著

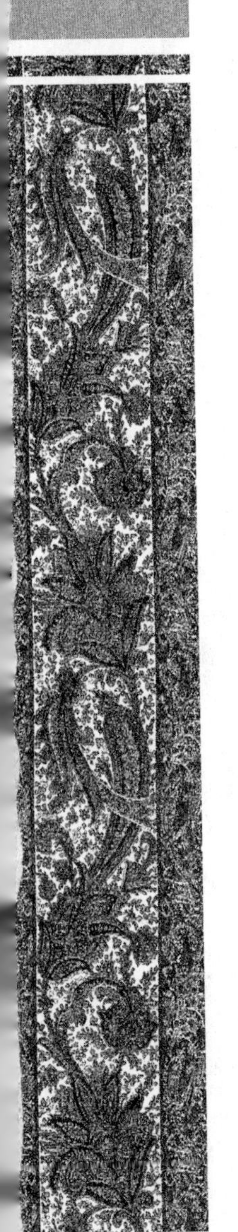

HITP
哈爾濱工業大學出版社
HARBIN INSTITUTE OF TECHNOLOGY PRESS

内容简介

本书是“重点大学自主招生数学备考全书”丛书的第5册，内容是平面解析几何，包括“试题研究”和“练习”两章，每章内容均分节编写，方便读者选择使用.

本书可供广大高中师（生）在教（学）高中数学时选用，也可供广大数学爱好者参阅.

图书在版编目（CIP）数据

重点大学自主招生数学备考全书.平面解析几何/甘志国著.—哈尔滨：哈尔滨工业大学出版社，2020.7

ISBN 978-7-5603-8671-3

Ⅰ.①重… Ⅱ.①甘… Ⅲ.①中学数学课-高中-习题集-升学参考资料 Ⅳ.①G634.605

中国版本图书馆CIP数据核字（2020）第010822号

策划编辑　刘培杰　张永芹
责任编辑　张永芹　李兰静
封面设计　孙茵艾
出版发行　哈尔滨工业大学出版社
社　　址　哈尔滨市南岗区复华四道街10号　邮编150006
传　　真　0451-86414749
网　　址　http://hitpress.hit.edu.cn
印　　刷　哈尔滨市工大节能印刷厂
开　　本　787mm×1092mm　1/16　印张30.25　字数522千字
版　　次　2020年7月第1版　2020年7月第1次印刷
书　　号　ISBN 978-7-5603-8671-3
定　　价　58.00元

甘志国与林群院士合影(2015 年 7 月 16 日,北京昌平)

北京丰台二中的甘志国老师令人敬佩. 他的志趣是为教育而生存,他的生活有两个乐趣:一是学数学,二是教数学. 他发表了多篇教学论文,为同行所认可,真是“可喜可贺”!

林群　贺

2018 年 6 月 21 日

甘为人梯育桃李
志在强国谱华章

书赠
甘志国老师

张景中
2018年6月24日

中国科学院张景中院士题词

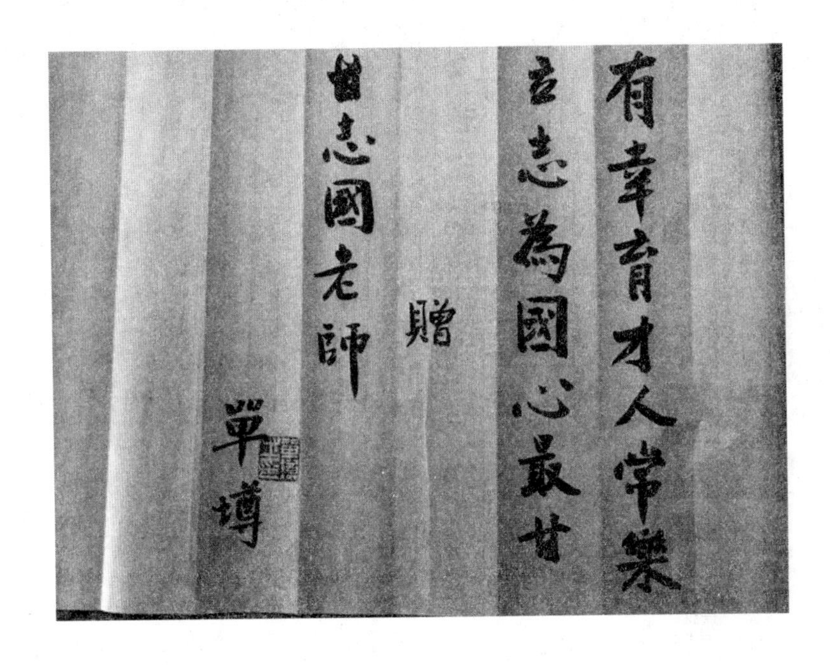

原中国国家数学奥林匹克代表队总教练、领队单墫教授题词

作 者 简 介

甘志国,出生于1971年,湖北省竹溪人,硕士研究生学历,中国民主促进会会员、湖北省高中数学特级教师、北京市中学数学特级教师、湖北名师,曾获“十堰市政府专项津贴专家奖”称号,《中学数学》《高中数理化》等杂志封面、封底人物,中国数学会会员,全国初等数学研究会常务理事,《中学数学》《中学数学教学参考》《学数学》《新高考》《数理化解题研究》等期刊的编委、特约编辑,《新高考》“甘老师讲题”栏目的专栏作者,曾任《中学数学》“新题征展”栏目的主持人. 其在公开发行的期刊上发表了多篇论文并产生深远影响(中国知网上能查到的有五百多篇). 他已出版著作49种,即将出版著作16种(这些著作的作者均为甘志国一人).

2017年7月2日,北京市丰台区教委召开了“北京市特级教师甘志国教育科研研讨会”,中国科学院林群院士、张景中院士、中国数学奥林匹克国家队(1990年)领队单墫教授等众多知名人士和单位(出版社、杂志社、编辑部,等等)发来了题词与贺信.

任教31年来,甘老师培养了多名学生,分别考入清华大学、北京大学等重点高校,还有多名学生在全国高中数学联赛中荣获一等奖,其个人小传曾载入《中国当代教育名人名家大辞典》(中国科学技术出版社,1999)等多部著作.

在重点大学自主招生方面,他做了如下工作:

1. 2005年至2012年在湖北省十堰市东风高级中学(首届(2005年)中国百强中学)主讲重点大学自主招生数学备考课程,2012年至今在北京市丰台第二中学(市级示范高中)主讲重点大学自主招生数学备考课程.

2. 于2014年在哈尔滨工业大学出版社出版《自主招生》,于2016年在中国科学技术大学出版社出版《重点大学自主招生数学备考用书》(它们均印刷多次,后者即将出版第二版),哈尔滨工业大学出版社即将出版《重点大学自主招生数学备考全书》(10种).

3. 经常在各种杂志上于第一时间发表重点大学自主招生数学真题及其详解,在《新高考(高三·数学)》2014年第10期至2015年第3期发表了自主招生的系列专题文章.

4. 收录了有史以来所有重点大学自主招生的数学真题(2001~2018年),并给出了其详解(包括分类整理和套题).

5. 作为福建教育学院数学研修部面向高中数学老师的《高考数学教学与解题主题探究》系列培训的专家导师,其于2018年暑假在福州分专题讲解了2015年~2018年所有重点大学自主招生数学真题的详解及其研究.

甘志国已(即将)出版著作目录

序号	书名	出版社及出版时间	定价/元	字数/千字
	初等数学研究系列			
1	初等数学研究(I)	哈工大,2008.9	68.00	833
2,3	《初等数学研究(II)》(上、下)	哈工大,2009.5	118.00	1428
4	集合、函数与方程	哈工大,2014.1	28.00	290
5	数列与不等式	哈工大,2014.1	38.00	328
6	三角与平面向量	哈工大,2014.1	28.00	242
7	平面解析几何	哈工大,2014.1	38.00	306
8	立体几何与组合	哈工大,2014.1	28.00	225
9	极限与导数、数学归纳法	哈工大,2014.1	38.00	314
10	趣味数学	哈工大,2014.3	28.00	310
11	教材教法	哈工大,2014.4	68.00	730
	数学高考研究系列			
12	数学文化与高考研究	哈工大,2018.3	48.00	413
13	高考数学提分宝典(上册)	清华大学,2018.6	59.80	611
14	高考数学提分宝典(下册)	清华大学,2018.6	59.80	599
15	高考数学难题突破(上册)	中科大,即将出版		
16	高考数学难题突破(下册)	中科大,即将出版		
17	高考压轴题(上)	哈工大,2015.1	48.00	423
18	高考压轴题(下)	哈工大,2014.10	68.00	669
19	北京市五区文科数学三年高考模拟题详解(2013~2015)	哈工大,2015.8	48.00	460
20	北京市五区理科数学三年高考模拟题详解(2013~2015)	哈工大,2015.9	68.00	575
21	高考数学真题解密	清华大学,2015.3	56.00	682
22	数学高考参考	哈工大,2016.1	78.00	741
23	2016年高考文科数学真题研究	哈工大,2017.4	58.00	462

续表

序号	书名	出版社及出版时间	定价/元	字数/千字
24	2016 年高考理科数学真题研究	哈工大,2017.4	78.00	712
25	2017 年高考文科数学真题研究	哈工大,2018.1	48.00	350
26	2017 年高考理科数学真题研究	哈工大,2018.1	58.00	453
27	2018 年高考数学真题研究	哈工大,2019.1	68.00	569
	高中数学题典系列			
28	高中数学经典题选·三角函数与平面向量	浙江大学,2014.3	29.00	274
29	高中数学经典题选·三角函数与平面向量(第二版)	浙江大学,即将出版		
30	高中数学题典——集合与简易逻辑·函数	哈工大,2016.7	48.00	405
31	高中数学题典——导数	哈工大,2016.6	48.00	453
32	高中数学题典——三角函数·平面向量	哈工大,2016.6	48.00	438
33	高中数学题典——数列	哈工大,2016.6	58.00	476
34	高中数学题典——不等式·推理与证明	哈工大,2016.6	38.00	319
35	高中数学题典——立体几何	哈工大,2016.6	48.00	406
36	高中数学题典——平面解析几何	哈工大,2016.8	78.00	714
37	高中数学题典——计数原理·统计·概率·复数	哈工大,2016.7	48.00	415
38	高中数学题典——算法·平面几何·初等数论·组合数学·其他	哈工大,2016.6	68.00	647
39	高中数学题典精编(第一辑)——集合与简易逻辑·函数	哈工大,即将出版		
40	高中数学题典精编(第一辑)——导数	哈工大,即将出版		
41	高中数学题典精编(第一辑)——三角函数·平面向量	哈工大,即将出版		
42	高中数学题典精编(第一辑)——数列	哈工大,即将出版		
43	高中数学题典精编(第一辑)——不等式·推理与证明	哈工大,即将出版		
44	高中数学题典精编(第一辑)——立体几何	哈工大,即将出版		
45	高中数学题典精编(第一辑)——平面解析几何	哈工大,即将出版		
46	高中数学题典精编(第一辑)——计数原理·统计·概率·复数	哈工大,即将出版		

续表

序号	书名	出版社及出版时间	定价/元	字数/千字
47	高中数学题典精编(第一辑)——算法·平面几何·初等数论·组合数学·其他	哈工大,即将出版		
	重点大学自主招生数学备考系列			
48	自主招生	哈工大,2014.5	58.00	438
49	重点大学自主招生数学备考用书	中科大,2016.1	63.00	806
50	重点大学自主招生数学备考用书(第二版)	中科大,即将出版		
51	高考数学自主招生备考的策略与方法(高一)	陕西师大,即将出版		
52	高考数学自主招生备考的策略与方法(高二)	陕西师大,即将出版		
53	高考数学自主招生备考的策略与方法(高三)	陕西师大,即将出版		
54	重点大学自主招生数学备考全书——函数	哈工大,2020.7	48.00	481
55	重点大学自主招生数学备考全书——导数	哈工大,即将出版		
56	重点大学自主招生数学备考全书——数列与不等式	哈工大,即将出版		
57	重点大学自主招生数学备考全书——三角函数与平面向量	哈工大,即将出版		
58	重点大学自主招生数学备考全书——平面解析几何	哈工大,2020.7	58.00	522
59	重点大学自主招生数学备考全书——立体几何与平面几何	哈工大,2019.9	48.00	483
60	重点大学自主招生数学备考全书——排列组合·概率统计·复数	哈工大,2019.9	48.00	420
61	重点大学自主招生数学备考全书——初等数论与组合数学	哈工大,2019.8	48.00	438
62	重点大学自主招生数学备考全书——重点大学自主招生真题(上)	哈工大,2019.4	68.00	664
63	重点大学自主招生数学备考全书——重点大学自主招生真题(下)	哈工大,2019.4	58.00	569
	数学竞赛系列			
64	日本历届(初级)广中杯数学竞赛试题及解答(第1卷)(2000~2007)	哈工大,2016.5	28.00	150
65	日本历届(初级)广中杯数学竞赛试题及解答(第2卷)(2008~2015)	哈工大,2016.5	38.00	165

◎ 前言

自主招生,你准备好了吗

1 大学自主招生介绍

自1977年高考制度恢复至今已有40多年了,以高考成绩为主要录取依据的政策却并没有太大的变化.这种以考试分数为高等教育人才选拔主要标准的制度保证了公平性,却助长了中小学教学完全以应试为目标的办学方向的风气.为此,2001年教育部开始对大学的招生和考试制度进行探索性改革,于2001年批准了江苏省颁布的《关于深化高等学校教育教学管理改革等若干问题的意见》,并以东南大学、南京航空航天大学、南京理工大学三所高校为国家首批自主招生试点院校.参加自主招生的高校可以自主确定同批省最低控制分数线以上的调档比例和要求,经过申请、批准、公示、测试、审批等程序择优录取有特殊才能的优秀考生.

2002年末,教育部召开自主招生座谈会,并于2003年下发《教育部关于做好2003年普通高等学校招生工作的通知》和《教育部办公厅关于做好高等学校自主选拔录取改革试点工作的通知》,就自主选拔录取试点的招生计划、招生程序和首批试点学校等具体内容做了详细阐述,允许北京大学、清华大学等22所学校实行自主招生.

拥有自主招生的高等学校的数量从2003年的22所增加到2018年的90所,在这期间发生了许多重大的变革,这也导致了自主招生相关政策发生了很多调整.

2006年,北京科技大学、北京交通大学、北京邮电大学、北京林业大学、北京化工大学5所高校,开始实行自主招生笔试联考,这就增加了招生笔试环节.2010年,全国拥有自主招生资格的高校多达80所,并且这些高校进行了大规模的联盟,形成了“华约”联盟(共6所,按国家院校代码从小到大为序(下同):上海交通大学、清华大学、中国科学技术大学、西安交通大学、南京大学、浙江大学,中国人民大学于2014年因故退出);“北约”联盟(共11所:北京大学(含医学部)、北京航空航天大学、北京师范大学、厦门大学、山东大学、武汉大学、华中科技大学、中山大学、四川大学、兰州大学、香港大学.南开大学、复旦大学是2011年联盟成员,2012年退出);“卓越”联盟(共9所:天津大学、同济大学、北京理工大学、重庆大学、大连理工大学、东南大学、哈尔滨工业大学、华南理工大学、西北工业大学);“京都”联盟(共5所:北京邮电大学、北京交通大学、北京林业大学、北京化工大学、北京科技大学),同时清华大学、北京大学开始举办自主招生夏令营和冬令营.

2014年,中国人民大学宣布自主招生暂缓一年.9月份,教育部新的高考招生方案出台后,“三大一小四联盟”随之解散.

2015年,教育部首次将自主招生考核调整到了高考结束后,在高考成绩公布之前进行,并要求大多数高校自主招生都放在阳光高考上进行.

2016年,教育部要求所有高校自主招生报名都必须在阳光高考信息平台报名,高校招生条件划分也更为精细,招生条件也有不同程度的提高.

2017年4月1日,教育部印发了《关于严格高校自主招生资格审查和考核工作的通知》,在自主招生历史上首次提出“对查实提供虚假申请材料的考生,取消其高考相应资格”.

自主招生是我国高校统一考试招生制度的重要补充,也是对学生多元录取、综合评价的重要组成部分.目前自主招生认同的学生提供的材料主要为竞赛获奖情况(“北大培文杯”全国青少年创意写作大赛、“语文报杯”全国中学生作文大赛、全国中小学生创新作文大赛、全国中学生创新英语大赛及全国中学生英语能力竞赛等获奖、数学奥林匹克竞赛、物理奥林匹克竞赛、化学奥林匹克竞赛、生物奥林匹克竞赛、信息学奥林匹克竞赛等获奖、全国中学生财经素养大赛、明天小小科学家奖励活动等获奖)、国家级学术论文、国家专利、精品课题研究报告、大学先修课、文学作品发表等,不同的学校要求不同.

据统计显示,2018 年清华大学、北京大学自主招生、综合评价、高校专项获得降分的总人数,达到了惊人的 6 100 人,占其计划招生总数 6 700 人的 91%,详见下表:

2018 年清华大学、北京大学获得降分人数汇总

降分类型	清华大学	北京大学	合计
自主招生	949	855	1 804
领军计划/博雅计划	1 825	1 559	3 384
自强计划/筑梦计划	479	466	945
获得降分总人数	3 253	2 880	6 133
预计计划招生总人数	3 400	3 300	6 700
获得降分人数所占比例	95.68%	87.27%	91.54%

从上面的数据可以看出,自主招生扮演着非常重要的角色,仅凭裸分考进清华大学和北京大学的学生比例已经很低了. 2018 年教育部在"打造高素质教师队伍、建设有中国特色的世界一流大学"的主体目标下,自主招生考试在未来对高考招生制度的补充作用将会越来越大.

2018 年自主招生考试自 6 月 10 日就已经开始了. 2018 年北京大学自主招生考试安排在北京大学校内,自主招生和博雅计划、筑梦计划时间错开. 博雅计划和筑梦计划在 6 月 10 日下午 13:00 ~ 18:30 进行,共 5.5 小时. 自主招生笔试在上午 8:00 ~ 11:00 进行,共 3 小时. 自主招生考核方式包括但不限于笔试、面试、实验操作、作品答辩、现场创作等. 测试形式为语文、数学、英语三科一套卷子,全部为选择题,三科各 100 分,共 120 题 300 分. 其中,语文 50 题、数学 20 题、英语 50 题. 2018 年清华大学自主招生和领军计划在全国设置多个考点,考生可就近选择. 自主招生测试分为初试和复试. 初试采用笔试形式,理科类考核科目为数学与逻辑、理科综合(物化),文科类考核科目为数学与逻辑、文科综合. 学生依据填报的学科类型参加考试. 初试时间为 6 月 10 日上午 9:00 ~ 12:00,共 3 个小时. 清华大学理科笔试都是选择题,共 75 题,数学 35 题,物理 25 题,化学 15 题;时间是数学 90 分钟,物化 90 分钟.

1.1 自主招生考试的一般程序

1.1.1 招考程序

自主招生的招考程序通常包括:招生对象及条件、报名程序、考核办法、志愿填报、录取政策五部分内容.

1.1.2　招生对象及条件

具体来说,高校自主招生一般要求考生在某些方面具备突出的能力和特长.例如,较高的创新和实践能力,在文学、艺术、体育等方面有特殊才能,以及学科竞赛获奖等.一般来说参加自主招生的考生可细划分为以下三类:

(1)高中阶段学习成绩优秀、品学兼优、综合实力强或取得优秀荣誉称号的考生;

(2)在一定领域具有学科特长,在各类比赛及竞赛中获得奖励的考生;

(3)高中阶段在科技创新、发明方面有突出表现并获得奖励的考生.

1.1.3　报名程序

高校在自主招生中采用以"中学推荐为主,个人自荐为辅"的原则进行报名.然而,不管是"中学推荐"还是"个人自荐"(从2015年开始,取消前者),中学和学生一定要遵循"诚信"的原则,按照公平、公正、公开的原则进行申请和推荐工作,申请材料必须真实.

2014年9月3日公布的《国务院关于深化考试招生制度改革的实施意见》对大学自主招生政策有所调整,规定从2015年起推行自主招生安排在全国统一高考后进行.

教育部于2014年12月10日发布的《关于进一步完善和规范大学自主招生试点工作的意见》进一步明确要求,从2015年起所有试点大学自主招生考核统一安排在高考结束后、高考成绩公布前进行;还指出,大学自主招生是我国大学考试招生制度的有机组成部分,是对现行统一高考招生录取的一种补充,主要选拔具有学科特长和创新潜质的优秀学生,促进科学选才,尊重教育规律和人才成长规律,通过科学有效途径选拔特殊人才.

高校在自主招生报名中大多采用网上报名和书面材料申请两个步骤:

网上报名:登录院校招生网站→在相关网页进行注册及报名→报名信息填写→提交申请表.

书面材料申请:打印网上报名申请表(报名表)(用A4纸)→申请表(报名表)贴好照片,加盖中学校级公章,连同个人自述以及其他申请材料(高中阶段的课程学习情况和相关成绩、学业水平考试和综合素质评价情况,以及获奖证明和参加社会公益性活动等写实性材料;初中及初中以前的材料一般不必提供)邮寄给高校招生办.各校的报名程序在细节上有所不同,考生应一一细读.此外,考生还应注意网上报名截止时间和申请材料邮寄截止时间,一定不要错过报名时间.

1.1.4　考核办法

高校对报名考生进行初审,初审通过的考生名单将在高校招生网站上公布.接下来就是高校组织笔试和面试,各个高校笔试的科目不同,笔试和面试成绩的比重也不同.值得注意的是,自主招生多侧重考查考生的能力,主要是考生平时的积累,不是短时间内的针对性突击准备.

而在考试安排这个环节中,考生们除了要做好相关知识的梳理之外,还务必提前做好安排,以免几所高校的笔试或面试时间有冲突.

1.1.5　志愿填报

入选考生需参加高校招生全国统一考试,并根据所在省级招办及有关高校的要求填报志愿.省级招办应单设自主选拔录取考生的志愿表或志愿栏,并将入选考生填报高校志愿时间安排在高考之前.

一般参加自主招生的高校多要求入选考生必须第一志愿填报该校,实行平行志愿的省份,需填报该校为平行志愿第一顺序.如果考生在志愿表上没填报该校,或者没将该校放在第一志愿填报,那么考生将不享有该校的自主招生优惠政策.

1.1.6　录取政策

自主招生入选考生在高考录取时是可以享受优惠政策的,但考生的高考成绩需高于其所在省(区、市)试点高校同批次录取最低控制分数线.一般来说,降分优惠在20~30分,最高不超过60分.

1.2　2018年自主招生进程

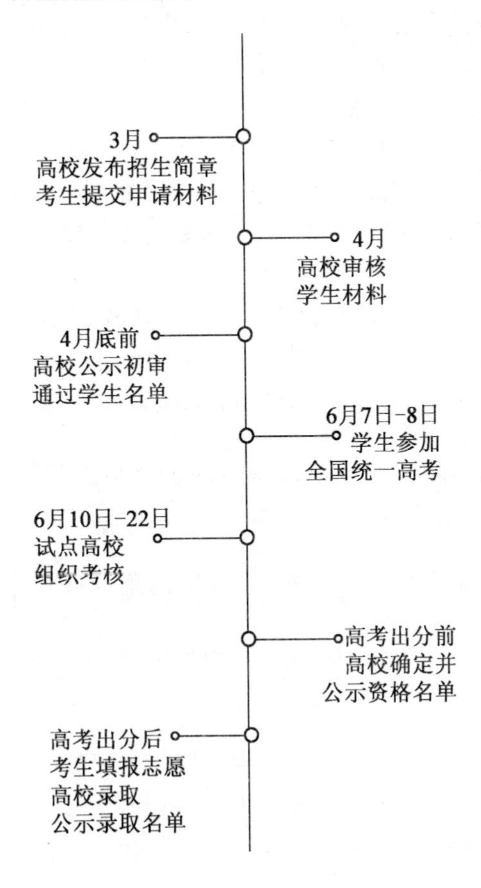

2 大学自主招生考试介绍

重点大学自主招生考试一般包括笔试和面试两个部分(也有只选其一的;北京大学的自主招生考试有时还会有加试:一般在面试环节再让学生做几套题,会考学生数学、物理、化学、语文、英语这5科,如果在自主招生笔试中已经考过某科了,加试的该科就不用考了).

不少同学对自主招生试题的难度不太了解,这里做一个粗略的对比.各科综合起来的大致情况是:高考的中档难度的题相当于自主招生的简单题,高考的难题相当于自主招生的中档题也相当于竞赛中的简单题,自主招生的难题相当于竞赛的中档难度的题.

可以说,自主招生70%的题在课内范围,30%的题是超纲范围(是竞赛题难度,甚至有的题目超过联赛一试).

所以,有人说自主招生试题的难度介于高考和竞赛之间是有道理的.

从更细致一点的方面来说,自主招生试题也可以分为这样三部分:

(1)有的题是课内常见的.这类题检查同学们学习的基础情况,一般熟练掌握高考内容的同学都能比较容易拿到分.

(2)有的题是在高考考纲边缘附近.这类题保留一定数量的高考核心考点,但着力点和区分度主要放在高考自然延伸出的一些知识和方法上.

(3)有的题是超出高考考纲的.这类题涉及课内没学过的知识、公式(比如反三角函数、极限),或者是竞赛、联赛的经典方法、技巧.

大学自主招生考试是没有考纲的,由大学教授、专家或数学界知名人士命题,所以有超纲内容是正常的(当然教授是有出题原则的:应当说,重点大学自主招生考试试题都是好题,对高考和全国联赛的复习备考也有重要的参考价值).列举几题如下:

题1 (2010年复旦大学千分考第132题)设集合 X 是实数集 $\mathbf{R}$ 的子集,如果点 $x_0\in\mathbf{R}$ 满足:对任意 $a>0$,都存在 $x\in X$,使得 $0<|x-x_0|<a$,那么称 x_0 为集合 X 的聚点.用 $\mathbf{Z}$ 表示整数集,则在下列集合:(1)$\left\{\frac{n}{n+1}\middle|n\in\mathbf{Z},n\geqslant 0\right\}$,(2)$\mathbf{R}\setminus\{0\}$,(3)$\left\{\frac{1}{n}\middle|n\in\mathbf{Z},n\neq 0\right\}$,(4)整数集 $\mathbf{Z}$ 中,以0为聚点的集合有 ( )

A.(2)(3) B.(1)(4)

C.(1)(3) D.(1)(2)(4)

解 A.对集合(1)~(4)逐一分析后可得答案.

注 其中"$\mathbf{R}\backslash\{0\}$"表示集合 $\mathbf{R}$ 与 $\{0\}$ 的差集,这是高中数学课本中没有介绍的.一般地,$A\backslash B=\{x\mid x\in A$ 且 $x\notin B\}$.

题2 (2011 年复旦大学千分考)设 $a,b\in(-\infty,+\infty)$,$b\neq0$,α,β,γ 是三次方程 $x^3+ax+b=0$ 的三个根,则总以 $\frac{1}{\alpha}+\frac{1}{\beta},\frac{1}{\beta}+\frac{1}{\gamma},\frac{1}{\gamma}+\frac{1}{\alpha}$ 为根的三次方程为 ( )

A. $a^2x^3+2abx^2+b^2x-a=0$ B. $b^2x^3+2abx^2+a^2x-b=0$

C. $a^2x^3+2abx^2+bx-a=0$ D. $b^2x^3+2a^2bx^2+ax-b=0$

解 B.由一元三次方程的韦达定理,可得

$$\alpha+\beta+\gamma=0,\alpha\beta+\beta\gamma+\gamma\alpha=a,\alpha\beta\gamma=-b$$

所以

$$\begin{aligned}\left(\frac{1}{\alpha}+\frac{1}{\beta}\right)+\left(\frac{1}{\beta}+\frac{1}{\gamma}\right)+\left(\frac{1}{\gamma}+\frac{1}{\alpha}\right)&=2\left(\frac{1}{\alpha}+\frac{1}{\beta}+\frac{1}{\gamma}\right)\\&=2\cdot\frac{\alpha\beta+\beta\gamma+\gamma\alpha}{\alpha\beta\gamma}\\&=-\frac{2a}{b}\end{aligned}$$

再由韦达定理及排除法,可知选 B.

注 一元三次方程的韦达定理是现行高中数学课本中没有介绍的.

题3 (华中科技大学 2013 年自主选拔录取测试数学试卷(理科)第 5 题)已知 $f(x)$ 为 $\mathbf{R}$ 上的增函数,记 $f^{-1}(x)$ 为 $f(x)$ 的反函数.若存在实数 a,b 使得 $f(a)+a=1$ 与 $f^{-1}(b)+b=1$,则 $a+b=$ ( )

A. 1 B. -1 C. 2 D. -2

解 A.由 $f^{-1}(b)+b=1$,可得 $f^{-1}(b)=1-b$,$f(1-b)=b$,$f(1-b)+1-b=1$.

又由 $f(a)+a=1$,可得 $f(1-b)+1-b=f(a)+a$.

由 $f(x)$ 为 $\mathbf{R}$ 上的增函数,可得 $g(x)=f(x)+x$ 也为 $\mathbf{R}$ 上的增函数,所以由 $g(1-b)=g(a)$,可得 $1-b=a$,$a+b=1$.

注 该题中的反函数符号"$f^{-1}(x)$"是目前高中数学课本中没有介绍的.

题4 (2014 年北约自主招生试题第 6 题)若 $f(x)=\arctan\frac{2+2x}{1-4x}+C$($C$ 是常数)在 $\left(-\frac{1}{4},\frac{1}{4}\right)$ 上为奇函数,则 $C=$ ( )

A. 0 B. $-\arctan 2$ C. $\arctan 2$ D. 不存在

解 B.由 $f(0)=0$,可得 $C=-\arctan 2$.下面证明 $f(x)=\arctan\frac{2+2x}{1-4x}-\arctan 2$ 在 $\left(-\frac{1}{4},\frac{1}{4}\right)$ 上为奇函数,即证

$$f(x)+f(-x)=0$$

$$\arctan \frac{2-2x}{1+4x}+\arctan \frac{2+2x}{1-4x}=2\arctan 2 \qquad ①$$

证明如下:

设 $\arctan \frac{2-2x}{1+4x}=\alpha$, $\arctan \frac{2+2x}{1-4x}=\beta$; $\alpha,\beta \in \left(-\frac{\pi}{2},\frac{\pi}{2}\right)$,可得 $\tan(\alpha+\beta)=-\frac{4}{3}$.

还可得 $\tan(2\arctan 2)=-\frac{4}{3}$, $\frac{2\pi}{3}<2\arctan 2<\pi$.

当 $-\frac{1}{4}<x<\frac{1}{4}$ 时, $\frac{2-2x}{1+4x}>0$ 且 $\frac{2+2x}{1-4x}>0$,得 $0<\alpha+\beta<\pi$,所以此时式①成立.

证毕!

注 (1)笔者发现这道题出自全俄第16届数学竞赛题:求常数 c,使函数 $f(x)=\arctan \frac{2-2x}{1+4x}+c$ 在区间 $\left(-\frac{1}{4},\frac{1}{4}\right)$ 上为奇函数.(见刘诗雄主编《高中数学竞赛辅导》(陕西师范大学出版社,2000)第22页例5.)

(2)该题中的"反正切函数 arctan"是现行高中数学课本中没有介绍过的.

如果说笔试让重点大学间接认识了考生,那么面试则是二者的直接碰撞,能否擦出火花直接决定了自主招生考试的最终结果.因此,面试也是重点大学自主招生中十分重要的环节.

3 大学自主招生考试数学试题特点

如前所述,可以说自主招生试题的难度介于高考和竞赛之间.

下面我们再详细谈谈自主招生数学试题的若干特点.

目前,高中生在数学思维和数学素养方面表现出诸多不足,比如思维广度不开阔;思路不清晰,对题目的分析不周全,难以准确识别模型以尽快将其转化为相应的数学问题;学生普遍知识面狭窄(如对复数等许多基本知识都不了解);运算能力较低,等等,尤其是创新意识和动手操作能力较差.

针对以上情形,自主招生试题便有如下特点.

3.1 自主招生考试数学试题的一般特点

3.1.1 自主招生数学试题突出考查考生的数学思维与数学素养

自主招生的目的是选拔顶尖的优秀人才,所以试题必然会突出这一特点,因为它是各种能力的核心.

题5 (2009年清华大学自主招生试题(理综)第3题)有限条抛物线及其内部(指含焦点的区域)能覆盖整个平面吗? 并证明你的结论.

证明 不能. 若有限条抛物线(设其组成的集合是A)及其内部能覆盖整个平面,则存在直线l与这条有限抛物线的对称轴均不平行且均不重合,可得这有限条抛物线能覆盖直线l.

集合A中的每一条抛物线与直线l的位置是以下三种情形之一:(1)相交;(2)相切;(3)相离.

对于情形(1),抛物线及其内部仅覆盖直线l上的一条直线;对于情形(2),抛物线及其内部仅覆盖直线l上的一个点;对于情形(3),抛物线及其内部不能覆盖该直线上的任意一个点.

因而用有限条抛物线及其内部不能覆盖直线l,得欲证成结论立.

注 同理可证:有限条双曲线及其内部(指含焦点的区域)不能覆盖整个平面.

3.1.2 自主招生数学试题突出考查思维的广阔性(如发散思维)、深刻性与灵活性

数学思维的关键是思维品质,如思维的宽阔与深厚. 宽阔主要表现在能迅速理解题意,寻找出各种不同的解题思路;深刻性则主要表现为能较快地看清问题的数学本质,在更为深入的层面上等价转化问题,即在不同的背景下寻求相同的数学结构.

题6 (2015年华中科技大学理科实验班选拔试题(数学)第6题)若对任意实数x,y,有$f((x-y)^2)=f^2(x)-2xf(y)+y^2$,求$f(x)$.

"解" 令$y=x$,得$f(0)=(f(x)-x)^2$(所以$f(0)\geqslant 0$).

再令$x=0$,得$f(0)=f^2(0)$,$f(0)=0$或1.

当$f(0)=0$时,可得$f(x)=x$;当$f(0)=1$时,$f(x)=x\pm 1$(由$f(0)\geqslant 0$知,应舍去$f(x)=x-1$).

还可验证:$f(x)=x$及$f(x)=x+1$均满足题设.

所以$f(x)=x$或$f(x)=x+1$.

剖析 在以上解答中"当$f(0)=1$时,$f(x)=x\pm 1$"的意义是"对于某个确定的x的值,$f(x)$的值可能是$x+1$,也可能是$x-1$(且没有其他的可能)",但不能得到$f(x)=x+1(x\in\mathbf{R})$恒成立,或$f(x)=x-1(x\in\mathbf{R})$恒成立(即由"$p\vee q$恒成立"并不能推出"p恒成立或q恒成立"). 所以以上解法是错误的!

正解 在错解中得到的结论"$f(0)=0$或1;当$f(0)=0$时,$f(x)=x$;当$f(0)=1$时,$f(x)=x\pm 1$"均是正确的.

在题设的等式中,令$y=t+x$后,可得

$$f(t^2)=(t+x)^2-2xf(t+x)+f^2(x) \quad ②$$

再令 $x=0$,得

$$f(t^2)=t^2+f^2(0) \quad ③$$

当$f(0)=1$时,由式③可得$f(x)=x+1(x\geqslant 0)$.

若$\exists x_0<0$,使得$f(x_0)=x_0-1$,则在式②中令$t=-x_0$后,可得

$$x_0^2+1=-2x_0\cdot 1+(x_0-1)^2$$

$$x_0=0$$

前后矛盾! 所以当$f(0)=1$时,$f(x)=x+1(x\in \mathbf{R})$.

综上所述,可得$f(x)=x(x\in \mathbf{R})$,或$f(x)=x+1(x\in \mathbf{R})$.

还可验证:当$f(x)=x(x\in \mathbf{R})$,或$f(x)=x+1(x\in \mathbf{R})$时均满足题设.

所以$f(x)=x(x\in \mathbf{R})$,或$f(x)=x+1(x\in \mathbf{R})$.

3.1.3 许多自主招生试题有深刻背景,可以引申推广

题7 (2005年上海交通大学冬令营数学试题第9题)4封不同的信放入4个写好地址的信封中,全装错的概率为________,恰好只有一次装错的概率为________.

解 把编号为$1,2,\cdots,n$的n个球装入编号为$1,2,\cdots,n$的n个盒子中,每个盒子装一个球,但1号盒子里不能装1号球,2号盒子里不能装2号球,……,n号盒子里不能装n号球,这种装球的方法就叫作$1,2,\cdots,n$的错位排列,这种装球的方法数就叫作$1,2,\cdots,n$的错位排列数,记作D_n.

显然,$D_1=0,D_2=1,D_3=2,D_4=9$.

人们还得到了关于D_n的递推公式及直接计算公式

$$D_{n+2}=(n+1)(D_n+D_{n+1}) \quad (n\in \mathbf{N}^*)$$

$$\begin{aligned} D_n &= n!\sum_{k=0}^{n}\frac{(-1)^k}{k!} \\ &= n!\left[1-\frac{1}{1!}+\frac{1}{2!}-\frac{1}{3!}+\cdots+(-1)^n\cdot\frac{1}{n!}\right] \quad (n\in \mathbf{N}^*) \end{aligned}$$

从而可得两空的答案分别是

$$\frac{D_4}{4!}=\frac{9}{24}=\frac{3}{8},\frac{C_4^1D_3}{4!}=\frac{4\cdot 2}{24}=\frac{1}{3}$$

注 本题的背景是组合数学中著名的"错位排列"问题.

题8 (2010年南开大学数学特长班招生试题)求证:$\sin x>x-\frac{1}{6}x^3,x\in\left(0,\frac{\pi}{2}\right)$.

解 用三次求导易证.

注 本题的背景是泰勒(Brook Taylor,1685—1731)展开式,用三次求导即可获证.

题9 (1)(2009年清华大学自主招生数学试题(理科)第3题)请写出三个质数(正数),且它们形成公差为8的等差数列,并证明你的结论;

(2)(2013 年北约联盟自主招生试题第 7 题)最多能找多少个两两不相等的正整数使其任意三个数之和为质数,并证明你的结论.

解 (1)设这个等差数列为 $a,a+8,a+16$.

若 $a=3n(n\in\mathbf{N}^*)$,因为 a 为质数,所以 $a=3$,得这个等差数列为 3,11,19,符合题意;

若 $a=3n+1(n\in\mathbf{N})$,这与 $a+8$ 为质数矛盾:$a+8=3(n+3)(n\in\mathbf{N}^*)$;

若 $a=3n+2(n\in\mathbf{N})$,这与 $a+16$ 为质数矛盾:$a+16=3(n+6)(n\in\mathbf{N}^*)$.

所以所求答案为 3,11,19.

(2)任意一个正整数必是以下三个集合之一的元素

$$\{3k\mid k\in\mathbf{N}^*\},\{3k+1\mid k\in\mathbf{N}\},\{3k+2\mid k\in\mathbf{N}\}$$

所以,所找的正整数不会包含同一集合的三个元素,也不会同时包含上述三个集合中的各一个元素,否则其中必有三个元素的和是 3 的倍数.

所以,所找的正整数最多是 $2\times2=4$ 个,又可验证 1,5,7,11 满足题设,所以答案为 4.

注 质数问题非常古老,之中的猜想很多也很有名,比如哥德巴赫(Goldbach,1690—1764)猜想等. 华裔数学家陶哲轩(Terence Tao,出生于 1975 年)在第 25 届(2006 年)国际数学家大会上获得菲尔兹(Fields,1863—1932)奖,数学天才陶哲轩的一项重要贡献就是证明了存在任意长(至少三项)的素数等差数列(指各项都是素数的等差数列,素数就是质数). 这就是这道自主招生题的深刻背景.

3.1.4 自主招生试题覆盖面广

自主招生还没有明确的考试大纲,试题的覆盖面很广,很多题的难度超出高考、联赛,甚至高中数学的知识范围而涉及高等数学,需要考生“见多识广”.

题 10 (2010 年南京大学特色考试试题)已知 $A=\left\{x\,\middle|\,\dfrac{2x+1}{x-3}\geqslant1\right\}$,$B=\left\{y\,\middle|\,y=b\arctan t,\ -1\leqslant t\leqslant\dfrac{\sqrt{3}}{3},b\leqslant0\right\}$,$A\cap B=\varnothing$,求 b 的取值范围.

解 可得 $A=(-\infty,-4]\cup(3,+\infty)$,$B=\begin{cases}\left[\dfrac{\pi}{6}b,-\dfrac{\pi}{4}b\right],b<0\\ \{0\},b=0\end{cases}$.

当 $b<0$ 时,可得 $A\cap B=\varnothing\Leftrightarrow\begin{cases}\dfrac{\pi}{6}b>-4\\ -\dfrac{\pi}{4}b\leqslant3\end{cases}\Leftrightarrow-\dfrac{12}{\pi}\leqslant b<0$;

当 $b=0$ 时,满足 $A\cap B=\varnothing$.

所以,所求 b 的取值范围是 $\left[-\dfrac{\pi}{12},0\right)\cup\{0\}$,即 $\left[-\dfrac{\pi}{12},0\right]$.

注 解答本题时要用到反正切函数是增函数的性质，而该知识在现行高中数学教材中未讲述，但却在自主招生命题范围内.

题 11 (2004 年上海交通大学自主招生暨冬令营数学试题第一题第 5 题) 设 x^2+ax+b 和 x^2+bx+c 的最大公因式为 $x+1$，最小公倍式为 $x^3+(c-1)x^2+(b+3)x+d$，则 $(a,b,c,d)=$ ________.

解 $(-1,-2,-3,6)$. 由题设，可得

$$\begin{cases}x^2+ax+b=(x+1)(x+b)\\x^2+bx+c=(x+1)(x+c)\\x^3+(c-1)x^2+(b+3)x+d=(x+1)(x+b)(x+c)\end{cases}$$

把各等式展开后，比较两边的系数，可得

$$\begin{cases}a=b+1\\b=c+1\\b+c+1=c-1\\b+c+bc=b+3\\bc=d\end{cases}$$

可解得答案 $(a,b,c,d)=(-1,-2,-3,6)$ (先由第三个方程可得 $b=-2$).

注 本题中的概念“最大公因式”“最小公倍式”是高中数学教材中未讲述的，其含义及求法均分别类似于“最大公因数”“最小公倍数”.

3.1.5 部分数学自主招生试题运算量较大且有较强的技巧

运算能力是各种思维能力和技巧的显化，各种思维与创意往往体现在简捷巧妙的“计算”上，需要考生仔细体会“想”与“算”的关系，运用纯熟！“想”得深远，可以“算”得既快又好；“算”得到位，可以验证并延伸“想”的奇妙.

所以，有部分数学自主招生试题的运算量较大且有较强的技巧，比如涉及恒等变形、解析几何、解多元方程组的题.

题 12 (2013 年北约联盟自主招生试题第 1 题) 以 $\sqrt{2}$ 和 $1-\sqrt[3]{2}$ 为根的有理系数多项式的项的最低次数为 ( )

A. 2 B. 3 C. 5 D. 6

解 C. 显然，多项式 $f(x)=(x^2-2)[(x-1)^3+2]$ 以 $\sqrt{2}$ 和 $1-\sqrt[3]{2}$ 为根且是有理系数多项式.

若存在一个次数不超过 4 的有理系数多项式 $g(x)=ax^4+bx^3+cx^2+dx+e$，其有根 $\sqrt{2}$ 和 $1-\sqrt[3]{2}$，其中 a,b,c,d,e 不全为 0，可得

$$g(\sqrt{2})=(4a+2c+e)+(2b+d)\sqrt{2}=0$$

$$(2b+d)\sqrt{2}=-(4a+2c+e)\quad(2b+d,4a+2c+e\in\mathbf{Q})$$

由$\sqrt{2}\notin \mathbf{Q}$及反证法可证得

$$4a+2c+e=2b+d=0$$

$$g(1-\sqrt[3]{2})=-(7a+b-c-d-e)-(2a+3b+2c+d)\sqrt[3]{2}+(6a+3b+c)\sqrt[3]{4}=0$$

所以

$$7a+b-c-d-e=2a+3b+2c+d=6a+3b+c=0$$

这是因为可证“若$p+q\sqrt[3]{2}+r\sqrt[3]{4}=0(p,q,r\in \mathbf{Q})$,则$p=q=r=0$”:可得

$$(q\sqrt[3]{2}+r\sqrt[3]{4})^2=(-p)^2$$

$$q^2r\sqrt[3]{4}+2r^3\sqrt[3]{2}=p^2r-4qr^2$$

再由$r\sqrt[3]{4}+q\sqrt[3]{2}=-p$,可得

$$q^2r\sqrt[3]{4}+q^3\sqrt[3]{2}=-pq^2$$

所以

$$(2r^3-q^3)\sqrt[3]{2}=p^2r+pq^2-4qr^2$$

由$\sqrt[3]{2}\notin \mathbf{Q}$及反证法可证得$2r^3-q^3=0$,$\sqrt[3]{2}r=q(q,r\in \mathbf{Q})$,同理可得$r=q=0$.

再由题设,可得$p=q=r=0$.

从而可得方程组

$$\begin{cases}4a+2c+e=0 & ④\\ 2b+d=0 & ⑤\\ 7a+b-c-d-e=0 & ⑥\\ 2a+3b+2c+d=0 & ⑦\\ 6a+3b+c=0 & ⑧\end{cases}$$

由式④+⑥,得

$$11a+b+c-d=0 \quad ⑨$$

由式⑤+⑨,得

$$11a+3b+c=0 \quad ⑩$$

由式⑦+⑨,得

$$13a+4b+3c=0 \quad ⑪$$

由式⑩-⑧,得$a=0$,再由式⑩⑪,得$b=c=0$,又由式④⑤,得$d=e=0$.

这说明不存在一个次数不超过4的有理系数多项式$g(x)=ax^4+bx^3+cx^2+dx+e$,使其有根$\sqrt{2}$和$1-\sqrt[3]{2}$.

得选C.

题13 (2013年北约联盟自主招生试题第9题)对于任意θ,求$32\cos^6\theta-\cos 6\theta-6\cos 4\theta-15\cos 2\theta$的值.

解法1 由公式$\cos 2\alpha=2\cos^2\alpha-1$,$\cos 3\alpha=4\cos^3\alpha-3\cos\alpha$,可得

$$
\begin{aligned}
\text{原式} &= 32\cos^6\theta-(2\cos^2 3\theta-1)-6(2\cos^2 2\theta-1)-15(2\cos^2\theta-1)\\
&= 32\cos^6\theta-[2(4\cos^3\theta-3\cos\theta)^2-1]-\\
&\quad 6[2(2\cos^2\theta-1)^2-1]-15(2\cos^2\theta-1)\\
&= 10
\end{aligned}
$$

解法2　由降幂公式 $2\cos^2\alpha=1+\cos 2\alpha$,得 $32\cos^6\theta=4(1+\cos 2\theta)^3$.

由倍角公式,得 $\cos 6\theta=4\cos^3 2\theta-3\cos 2\theta, 6\cos 4\theta=12\cos^2 2\theta-6$,所以

$$\text{原式}=4(1+\cos 2\theta)^3-(4\cos^3 2\theta-3\cos 2\theta)-(12\cos^2 2\theta-6)-15\cos 2\theta=10$$

3.1.6　自主招生数学试题注重引导培养考生创新意识和动手操作能力

毫无疑问,这是自主招生考试的主旨和方向.

题14　(2005 年上海交通大学保送生考试数学试题第一题第 4 题)将三个 12 cm×12 cm 的正方形沿邻边的中点剪开,分成两部分(图 1),将这六部分分接于一个边长为 $6\sqrt{2}$ 的正六边形上(图 2),若拼接后的图形是一个多面体的展开图,则该多面体的体积为________.

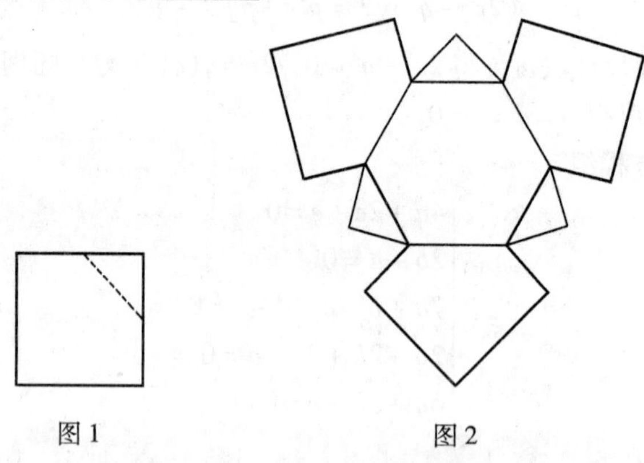

图 1　　　　图 2

解法1　864 cm³.如图 3 所示,拼接后的多面体为将四面体 $V-ABC$ 截去三个小四面体 $V_1-ADI, V_2-BEF, V_3-CGH$ 后得到的几何体.

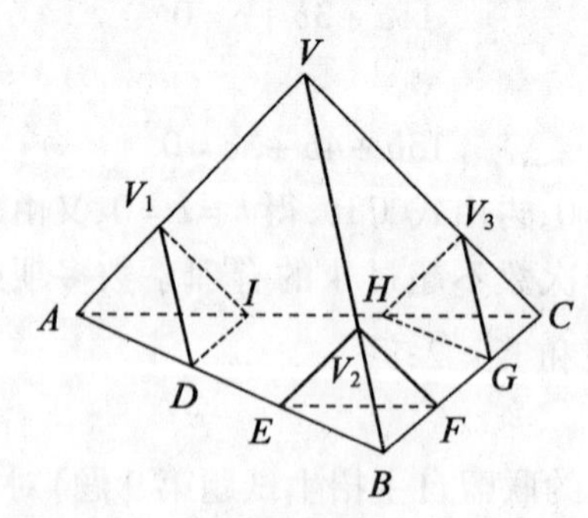

图 3

而这三个小四面体都与四面体 $V-ABC$ 相似,且相似比为 1∶3,且四面体 $V-ABC$ 的三条侧棱 VA,VB,VC 两两互相垂直,$VA=VB=VC=18$,所以拼接后的多面体的体积为$\frac{1}{6}\cdot 18^3\left[1-\left(\frac{1}{3}\right)^3\times 3\right]=864(\text{cm}^3)$.

解法2　864 cm^3. 拼接后的多面体为三条侧棱两两垂直且侧棱长为 18 的三棱锥,在三个顶点截去全等的三侧棱两两垂直且棱长为 6 的三棱锥所得到的多面体,如图 4 所示,所以 $V=\frac{1}{6}\times 18^3-\frac{1}{6}\times 6^3\times 3=864$;也可把该多面体补成正方体后求解,如图 5 所示,$V=\frac{1}{2}\times 12^3=864(\text{cm}^3)$.

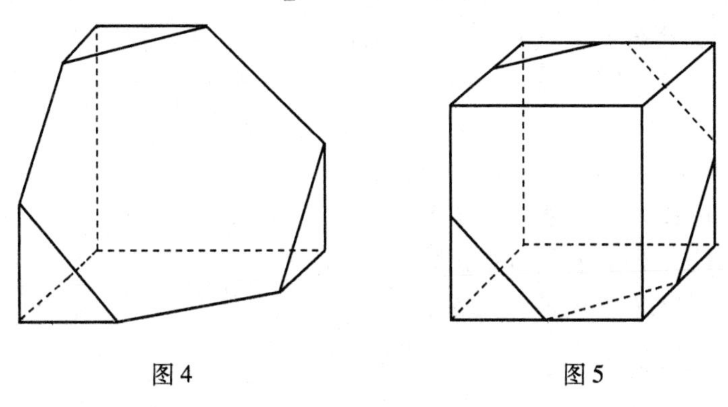

图 4　　　　图 5

题15　(2011 年华约联盟自主招生试题第 12 题)已知圆柱形水杯质量为 a g,其重心在圆柱轴的中点处(杯底厚度及重量忽略不计,且水杯直立放置). 质量为 b g 的水恰好装满水杯,装满水后的水杯的重心还在圆柱轴的中点处.

(1)若 $b=3a$,求装入半杯水的水杯的重心到水杯底面的距离与水杯高的比值;

(2)水杯内装多少克水可以使装入水后的水杯的重心最低? 为什么?

解　可不妨设水杯高为 1.

(1)这时,水杯质量∶水的质量 =2∶3. 水杯的重心位置("位置"指到水杯底面的距离)为$\frac{1}{2}$,水的重心位置为$\frac{1}{4}$,所以装入半杯水的水杯的重心位置为

$$\frac{2\times\frac{1}{2}+3\times\frac{1}{4}}{2+3}=\frac{7}{20}.$$

(2)设装 x g 水. 这时,水杯质量∶水的质量 $=a:x$.

水杯的重心位置为$\frac{1}{2}$,水的重心位置为$\frac{x}{2b}$,水面位置为$\frac{x}{b}$,于是装入水后的水杯的重心位置为

$$\frac{a \cdot \frac{1}{2}+x \cdot \frac{x}{2b}}{a+x}=\cdots=\frac{1}{2b}\left[(x+a)+\frac{a^2+ab}{x+a}-2b\right]$$

由均值不等式知，当且仅当 $x+a=\frac{a^2+ab}{x+a}$，即 $x=\sqrt{a^2+ab}-a$，也即水杯内装$(\sqrt{a^2+ab}-a)$g 水时，可使装入水后的水杯的重心最低.

3.1.7 部分数学自主招生试题解法简捷新颖，用到的知识也很少

题 16 （2011 年北约联盟自主招生试题第 5 题）是否存在四个正实数，它们两两乘积分别是 2,3,5,6,10,16.

解 设这四个数分别是 a,b,c,d，它们的两两乘积是六个数 ab,ac,ad,bc,bd,cd，而这六个数就是 2,3,5,6,10,16，但并不一定是分别对应相等.

我们注意到 $ab\cdot cd=ac\cdot bd=ad\cdot bc$ 及 $2<3<5<6<10<16$，所以

$$2\times16=3\times10=5\times6$$

而这不可能！说明所求的四个实数不存在.

注 (1)该解法简捷新颖，并且没有用到“正实数”的条件.

由此解法，还可证得：六个正数 $a^2,b^2,c^2,d^2,e^2,f^2(0<a<b<c<d<e<f)$ 是某四个正数的两两之积的充要条件是 $a^2f^2=b^2e^2=c^2d^2$，且这四个正数分别为$\frac{ab}{d},\frac{ad}{b},\frac{bd}{a},\frac{c^2d}{ab}$.

(2)该解法只用到了小学数学知识.

3.1.8 数学自主招生试题的最大特点是原创性

由于自主招生试题的命题人多是大学教授、专家或数学界知名人士，他们视野宽阔，经常站在数学学科和社会发展的前沿思考问题，因此每年的自主招生试题都令人耳目一新，难以捉摸；但仔细分析一些自主招生的数学试题，还是可以看出其一些特点的，比如原创是其最大的特点.

3.2 2015 年以前的三大联盟及复旦大学的数学笔试题的特点

下面我们再对三大联盟及复旦大学的数学笔试题特点予以简述.

（一般来说，四联盟的数学笔试试题难度渐升的顺序依次是“京都”“北约”“卓越”和“华约”.）

(1)“北约”的数学笔试，总的来说比较容易，试题更加关注基础知识和基本技能.从内容上看，不追求对高中知识的全覆盖，重点为方程、不等式、数列、函数、平面几何、解析几何等.一般来说，每题只有一问（不像高考题设置多问）.当然，也不能说试题没有难度，大部分试题都达到了普通高考试题中的后两道大题的难度.

(2)“华约”的自主选拔采用 GSI 模式，包括“华约”通用科目笔试（General

Exam,简称 G 考)、各校特色测试(Special Exam,简称 S 考)、各校面试(Interview,简称 I 考).

"华约"通用科目测试,中文名称为"高水平大学自主选拔学业能力测试",英文名称为 Advanced Assessment for Admission,简称"AAA 测试"."AAA 测试"是由"华约"联盟共同组织的高中毕业生学业能力测试.

一般来说,"华约"的数学笔试在难度和创新程度上均比普通高考试题高,部分试题有竞赛特征;在内容上主要涉及三角、函数、数列、复数、概率、立体几何、解析几何、平面几何、组合问题等,以检测考生的创新潜质和学习能力为目标,突出对逻辑思维、运算变形、空间想象、综合创新等能力的考查.

(3)因为"卓越"成员均是工科特色鲜明的"985 工程"大学,所以其命题理念必定切合卓越人才的培养目标. 从试题结构上来看类似"华约",10 道选择题,5 道解答题. 考试内容一般不会超过高中所学内容,重点涉及概率、解析几何、三角、函数、数列、平面几何等. 试题的题型、风格均类似于普通高考,但难度明显增加.

(4)"复旦水平测试"是一场高中文化课程综合知识的笔试,测试内容涵盖高中语文、数学、英语、政治、历史、地理、物理、化学、生物和计算机共 10 个科目,共计 200 道选择题,满分 1 000 分(所以俗称复旦"千分考")(每题答对得 5 分,不答得 0 分,答错扣 2 分),考试时间为 3 小时.

这样设置主要基于两个原因:一是进入大学的学生首先应保质保量地接受完整的高中教育;二是复旦大学的人才培养推行"通识教育",要求学生有较宽的知识面.

复旦"千分考"更多关注学生是否具有知识的深厚积淀,命题一般不超过高中所学内容,以考查基础为主,不设题库. 虽然试题难度不在于某一科、某一题上,而在于考十门、考综合、考基础,但就数学学科来说,试题难度确实要高于普通高考. 数学试题 32 道,一般是第 113 ~ 144 题.

4　大学自主招生考试数学试题的来源

4.1　来源于教材

教材是命题的基本依据,不少自主招生试题有教材背景,是教材上例题、习题、定义、定理的组合改编,甚至有时就是原题.

题 17　(2008 年复旦大学自主招生试题)求证:$\sqrt{2}$是无理数.

本题就是普通高中课程标准实验教科书《数学 · 选修 2 - 2 · A 版》(人民

教育出版社,2007 年第 2 版)第 90 页的例 5.

早在公元前 5 世纪,古希腊的数学家希帕斯(Hippasus)就发现等腰直角三角形的直角边和斜边的比不能用两个整数的比来表示,用现在的话来说就是发现了$\sqrt{2}$是一个无理数.这个不同凡响的结论对当时信奉“万物皆数”(即一切数都可以用整数或整数之比来表示)的毕达哥拉斯(Pythagoras,公元前 572—公元前 497)学派来说,无异于一场动摇根基的风暴,导致了数学史上的第一次危机.这位发现真理的数学家被人投身海里,献出了宝贵的生命.

这道题常用反证法来证:尾数法,同为偶数法,素因子证法,算术基本定理证法,与最小值性质相矛盾的证法;直接证法就是无限连分数法.

题 18 (2002 年上海交通大学冬令营数学试题第 19 题)欲建面积为 144 m^2 的长方形围栏,它的一边靠墙,如图 6 所示,现有铁丝网 50 m,问:筑成这样的围栏最少要用铁丝网多少米?并求此时围栏的长度.

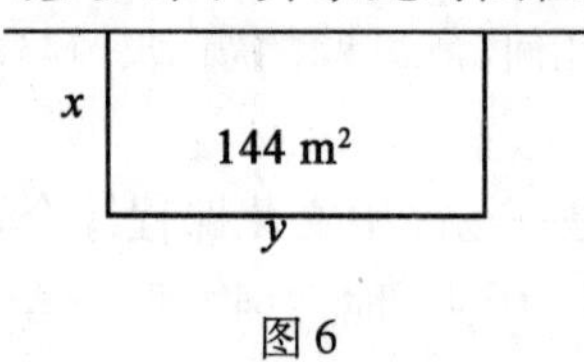

图 6

答案 最少要用铁丝网 $24\sqrt{2}$ m.

注 本题与普通高中课程标准实验教科书《数学 5 · 必修 · A 版》(人民教育出版社,2007 年第 3 版,下简称《必修 5》)第 100 页的习题第 2 题如出一辙(虽说前者先于后者):

如图 7 所示,一段长为 30 m 的篱笆围成一个一边靠墙的矩形菜园,墙长 18 m,问:这个矩形的长、宽各为多少时,菜园的面积最大?最大面积是多少?

图 7

题 19 (2005 年上海交通大学保送、推优生考试数学试题第 12 题)是否存在三边为连续自然数的三角形,使得:

(1)最大角是最小角的 2 倍;

(2)最大角是最小角的 3 倍.

若存在,求出该三角形;若不存在,请说明理由.

答案 (1)存在,且三角形的三边长是 4,5,6;

(2)不存在.

注　这道题源于《必修5》中“第一章　解三角形”复习参考题的最后一题即B组的第3题:

研究一下,是否存在一个三角形同时具有下面两条性质:

(1)三边是三个连续的自然数;

(2)最大角是最小角的2倍.

该题后来还被改编为2015年湖南省高中数学竞赛试卷(A卷)第7题:已知三边为连续自然数的三角形的最大角是最小角的2倍,则该三角形的周长为________.(答案:15.)

题20　(2005年上海交通大学保送、推优生考试数学试题第14题)已知月利率为γ,采用等额还款方式,若本金为1万元,试推导每月等额还款金额m关于γ的函数关系式(假设贷款时间为2年).

答案　$m=\dfrac{\gamma(1+\gamma)^{24}}{(1+\gamma)^{24}-1}$(万元).

注　本题来源于全日制普通高级中学教科书(必修)《数学·第一册(上)》(人民教育出版社,2006年第2版)第144~145页的“研究性学习课题:数列在分期付款中的应用”.

题21　(1)(2011年华约联盟自主招生试题第11题)已知$\triangle ABC$不是直角三角形.

①证明:$\tan A+\tan B+\tan C=\tan A\tan B\tan C$;

②若$\sqrt{3}\tan C-1=\dfrac{\tan B+\tan C}{\tan A}$,且$\sin 2A,\sin 2B,\sin 2C$的倒数成等差数列,求$\cos\dfrac{A-C}{2}$的值.

(2)(2009年南京大学数学基地班第三题)求所有满足条件$\tan A+\tan B+\tan C\leqslant[\tan A]+[\tan B]+[\tan C]$的非直角三角形.(笔者注:这里“$[x]$”表示不大于实数$x$的最大整数.)

(3)(2005年复旦大学保送生考试第二题第2题)在$\triangle ABC$中,已知$\tan A:\tan B:\tan C=1:2:3$,求$\dfrac{AC}{AB}$的值.

答案　(1)①略;②1或$\dfrac{\sqrt{6}}{4}$.

(2)所有满足条件的三角形是三边长之比为$\sqrt{5}:2\sqrt{2}:3$的三角形.

(3)$\dfrac{2}{3}\sqrt{2}$.

注　这三道自主招生试题都源于普通高中课程标准实验教科书《数学4·

必修·B版》(人民教育出版社)第154页"巩固与提高"的第7题(即自主招生试题19(Ⅰ)),也是全日制普通高级中学教科书(必修)《数学·第一册(下)》(2006年人民教育出版社)第46页的第15题的特例.

4.2 来源于国内外高考试题

许多稍难的高考试题更适合更高层次的选拔,所以有些这样的高考题就被改编成了自主招生试题.

题22 (2013年卓越联盟自主招生试题第12题)已知数列$\{a_n\}$满足$a_{n+1}=a_n^2-na_n+\alpha$,首项$a_1=3$.

(1)如果$a_n\geqslant 2n$恒成立,求α的取值范围;

(2)如果$\alpha=-2$,求证:$\frac{1}{a_1-2}+\frac{1}{a_2-2}+\cdots+\frac{1}{a_n-2}<2$.

答案 (1)$[-2,+\infty)$.(2)略.

注 本题可能是由2002年高考全国卷理科压轴题(即第21题)改编的:

设数列$\{a_n\}$满足$a_{n+1}=a_n^2-na_n+1, n=1,2,3,\cdots$.

(1)当$a_1=2$时,求a_2,a_3,a_4,并由此猜想出a_n的一个通项公式;

(2)当$a_1\geqslant 3$时,证明:对所有的$n\geqslant 1$,有:

①$a_n\geqslant n+2$;

②$\frac{1}{1+a_1}+\frac{1}{1+a_2}+\cdots+\frac{1}{1+a_n}\leqslant\frac{1}{2}$.

题23 (2011年卓越联盟自主招生试题第13题)已知椭圆的两个焦点为$F_1(-1,0)$,$F_2(1,0)$,且椭圆与直线$y=x-\sqrt{3}$相切.

(1)求椭圆的方程;

(2)过点F_1作两条互相垂直的直线l_1,l_2,与椭圆分别交于点P,Q及M,N,求四边形$PMQN$面积的最大值与最小值.

答案 (1)$\frac{x^2}{2}+y^2=1$;

(2)最小值为$\frac{16}{9}$,最大值为2.

注 本题是由2005年高考全国卷(Ⅱ)理科第21题及2013年高考全国卷(Ⅱ)理科第20题改编的,这两道高考题分别是:

P,Q,M,N四点都在椭圆$x^2+\frac{y^2}{2}=1$上,F为椭圆在y轴正半轴上的焦点.已知$\overrightarrow{PF}$与$\overrightarrow{FQ}$共线,$\overrightarrow{MF}$与$\overrightarrow{FN}$共线,且$\overrightarrow{PF}\cdot\overrightarrow{MF}=0$.求四边形$PMQN$的面积的最小值与最大值.

在平面直角坐标系 xOy 中,过椭圆 $M:\frac{x^2}{a^2}+\frac{y^2}{b^2}=1(a>b>0)$ 右焦点的直线 $x+y-\sqrt{3}=0$ 交 M 于 A,B 两点,P 为 AB 的中点,且 OP 的斜率为$\frac{1}{2}$.

(1)求 M 的方程;

(2)C,D 为 M 上的两点,若四边形 $ACBD$ 的对角线 $CD\perp AB$,求四边形 $ACBD$ 面积的最大值.

题 24 (2011 年卓越联盟自主招生试题第 15 题)(1)设 $f(x)=x\ln x$,求 $f'(x)$;

(2)设 $0<a<b$,求常数 c,使得 $\frac{1}{b-a}\int_a^b|\ln x-c|\mathrm{d}x$ 取得最小值;

(3)记(2)中的最小值为 $m_{a,b}$,证明:$m_{a,b}<\ln 2$.

答案 (1)$f'(x)=\ln x+1$.(2)$c=\ln\frac{a+b}{2}$.(3)略.

注 笔者猜测本题改编于 2004 年高考全国卷(Ⅱ)理科第 22 题:

已知函数 $f(x)=\ln(1+x)-x,g(x)=x\ln x$.

(1)求函数 $f(x)$ 的最大值;

(2)设 $0<a<b$,证明:$0<g(a)+g(b)-2g\left(\frac{a+b}{2}\right)<(b-a)\ln 2$.

自主招生试题 24(3)与这道高考题(2)中右边的不等式完全一致.这道高考题有着丰富的高等数学背景,比如可看成是泰勒展开式(即泰勒公式)的特例,用泰勒公式给予证明;其中所证不等式右边的不等式的背景正是高等数学中的有界平均振荡函数(简称 BMO).在中学数学中经常使用的基本初等函数中,只有对数函数是典型的无界 BMO 函数.上述不等式所表达的内容就是 $\ln x\in\mathrm{BMO}$,即 $\frac{1}{b-a}\int_a^b|\ln x-c|\mathrm{d}x\leqslant\ln 2$.更确切的结果是 $\|\ln x\|_{\mathrm{BMO}}=\ln 2$. BMO 函数是一类非常重要的函数,它出现在许多数学前沿的问题中;著名数学家 C. Fefferman 主要是因为对 BMO 的深入研究而荣获 1978 年度的菲尔兹奖.

4.3 来源于历年的自主招生试题

由于自主招生命题系统的多样性与复杂性,所以历年的保送推优自主招生试题也是不可回避的极好的命题源.由下面的六组试题可看出这一特点.

题 25 (1)(2008 年北京大学自主招生数学试题第 1 题)已知六边形 $AC_1BA_1CB_1$ 中,$AC_1=AB_1$,$BC_1=BA_1$,$CA_1=CB_1$,$\angle A+\angle B+\angle C=\angle A_1+\angle B_1+\angle C_1$,求证:$\triangle ABC$ 的面积是六边形 $AC_1BA_1CB_1$ 面积的一半.

(2)(2008 年北京大学自主招生数学试题第 2 题)求证:边长为 1 的正五边形的对角线长为$\frac{\sqrt{5}+1}{2}$.

(3)(2010 年北京大学自主招生数学试题第 2 题)已知 A,B 为边长为 1 的正五边形上的点,证明:线段 AB 长度的最大值为$\frac{\sqrt{5}+1}{2}$.

(4)(2012 年北约联盟自主招生试题第 8 题)求证:若圆内接五边形的每个角都相等,则它为正五边形.

注 关于自主招生试题25(4),笔者得到了以下结论:

(1)各边相等的圆内接 n 边形是正 n 边形;

(2)各角相等的圆内接奇数边形是正多边形;

(3)各角相等的圆内接偶数边形不一定是正多边形.

证明 (1)设圆 O 的内接 n 边形 $A_1A_2\cdots A_n$ 各边相等,则 $\angle A_1OA_2=\angle A_2OA_3=\cdots$. 再由等腰三角形 $OA_1A_2,OA_2A_3,\cdots$,可得 n 边形 $A_1A_2\cdots A_n$ 各内角相等,所以 n 边形 $A_1A_2\cdots A_n$ 是正 n 边形.

(2)设圆 O 的内接奇数边形是 $2n+1$ 边形 $A_1A_2\cdots A_{2n+1}$,只证 $n\geqslant 2$ 的情形.

由圆 O 的内接四边形 $A_1A_2A_3A_4$ 对角互补,可得 $\angle A_4A_1A_2+\angle A_2=\pi$,所以 $A_1A_4/\!/A_2A_3$,得$\overset{\frown}{A_1A_2}=\overset{\frown}{A_3A_4}$,从而 $A_1A_2=A_3A_4$.

同理,可得 $A_2A_3=A_4A_5=A_6A_7=\cdots=A_{2n}A_{2n+1}=A_1A_2,A_1A_2=A_2A_3$.

同理,可得 $A_1A_2=A_2A_3=A_3A_4=\cdots$.

所以多边形 $A_1A_2\cdots A_{2n+1}$ 是正多边形.

(3)比如,各角相等的圆内接四边形不一定是正方形.

题 26 (1)(2007 年复旦大学千分考第 69 题)若实数 a,b 满足$(a+b)^{59}=-1,(a-b)^{60}=1$,则 $\sum\limits_{n=1}^{60}(a^n-b^n)=$ ( )

A. -121　　B. -49　　C. 0　　D. 23

(2)(2006 年复旦大学千分考第 131 题)已知 a,b 为实数,且$(a+b)^{59}=-1,(a-b)^{60}=1$,则 $a^{59}+a^{60}+b^{59}+b^{60}=$ ( )

A. -2　　B. -1　　C. 0　　D. 1

答案 (1)C. (2)C.

题 27 (1)(2007 年复旦大学千分考第 71 题)设函数 $y=f(x)$ 的一切实数 x 均满足$f(2+x)=f(2-x)$,且方程$f(x)=0$ 恰好有 7 个不同的实根,则这 7 个不同实根的和为 ( )

A. 0　　B. 10　　C. 12　　D. 14

(2)(2006 年复旦大学千分考第 108 题)设函数 $y=f(x)$ 对一切实数 x 均满足$f(5+x)=f(5-x)$,且方程$f(x)=0$ 恰好有 6 个不同的实根,则这 6 个实根的和为 ( )

A. 10　　B. 12　　C. 18　　D. 30

答案　(1)D.(2)D.

题28　(1)(2007年复旦大学千分考第86题)设$f(x)$是定义在实数集上的周期为2的周期函数,且是偶函数.若当$x\in[2,3]$时,$f(x)=-x$,则当$x\in[-2,0]$时,$f(x)=$　(　　)

A. $-3+|x+1|$　B. $2-|x+1|$　C. $3-|x+1|$　D. $2+|x+1|$

(2)(2006年复旦大学千分考第130题)设$f(x)$是定义在实数集上的周期为2的周期函数,且是偶函数.已知当$x\in[2,3]$时,$f(x)=x$,则当$x\in[-2,0]$时,$f(x)$的解析式为　(　　)

A. $x+4$　B. $2-x$　C. $3-|x+1|$　D. $2+|x+1|$

答案　(1)A.(2)C.

题29　(1)(2005年上海交通大学保送、推优生数学试题第二题第3题)已知函数$y=\frac{ax^2+8x+b}{x^2+1}$的最大值为9,最小值为1,求实数$a,b$的值;

(2)(2009年复旦大学自主招生数学试题)已知函数$y=\frac{ax^2+bx+b}{x^2+2}$的最大、最小值分别为6,4,求实数$a,b$的值.

答案　(1)$a=b=5$.(2)$(a,b)=(4,12)$或$\left(\frac{28}{3},\frac{4}{3}\right)$.

题30　(1)(2007年上海交通大学自主招生暨冬令营数学试题第14题)设$f(x)=(1+a)x^4+x^3-(3a+2)x^2-4a$,(1)试证明对任意实数$a$:

①方程$f(x)=0$总有相同的实根;

②存在实数x_0,使得$f(x_0)\neq 0$恒成立.

(2)(2004年上海交通大学自主招生暨冬令营数学试题第二题第3题)已知$f(x)=ax^4+x^3+(5-8a)x^2+6x-9a$,证明:

①恒有实数x,使$f(x)=0$;

②存在实数x,使$f(x)$的值恒不为0.

4.4　来源于各级各类竞赛试题

由于自主招生试题总体难度基本上介于高考和联赛之间,从高观点看,各级各类竞赛如全国联赛、希望杯竞赛,甚至国外一些竞赛试题,也会成为自主招生命题的重要借鉴.

前面题4的"注"已说明:2014年北约自主招生试题第6题出自全俄第16届数学竞赛.

题31　(2012年北约联盟自主招生试题第2题)求$\sqrt{x+11-6\sqrt{x+2}}+\sqrt{x+27-10\sqrt{x+2}}=1$实数解的个数.

答案 0.

注 笔者认为,命题者编拟本题时可能借鉴了2010年浙江省高中数学竞赛题:

满足方程 $\sqrt{x-2\,009-2\sqrt{x-2\,010}}+\sqrt{x-2\,009+2\sqrt{x-2\,010}}=2$ 的所有实数解为________.(答案:$2\,010\leqslant x\leqslant 2\,011$.)

4.5 来源于某些初等数学研究成果

比如前面的题7(2005年上海交通大学冬令营数学试题第9题),就是初等数学研究的成果“错位排列”问题.

4.6 来源于高等数学

突出选拔性的一个重要命题特点就是考虑考生进入高校后继续学习、研究的潜力,这必然在自主招生试题中有重要体现.

比如前面的题24(2011年卓越联盟第15题)就有深刻的高等数学背景.

题32 (2002年上海交通大学保送生考试试题第17题)(1)用数学归纳法证明以下结论

$$1+\frac{1}{2^2}+\frac{1}{3^2}+\cdots+\frac{1}{n^2}<2-\frac{1}{n}\ (n\geqslant 2,n\in\mathbf{N}^*)$$

(2)已知当 $0<x\leqslant 1$ 时,$1-\frac{x^2}{6}<\frac{\sin x}{x}<1$,试用此式与(1)的不等式求

$$\lim_{n\to\infty}\frac{1}{n}\left(1\sin 1+2\sin\frac{1}{2}+\cdots+n\sin\frac{1}{n}\right)$$

答案 (1)略.(2)1.

注 解答第(2)问除了要运用第(1)问的结论外,还要使用高等数学中数列极限的“夹逼准则”法.

5 大学自主招生数学试题的备考策略

考生在日常学习中应该重新审视高考中“不太考”的知识和方法,并做必要的拓展,增强对数学问题的探究意识,关注高中数学后续内容的学习,注重数学思想方法的学习和创造性思维的培养,细述如下.

5.1 夯实基础,尤其要自觉加强基本运算能力的训练

千里之行,始于足下;强化基本功训练,是今后延拓与快速提高的资本!

解自主招生数学试题用到的思想、方法和知识,大部分也都在高考的范围之内.所以准备高考和准备自主招生应该是相辅相成、互相补充的.

5.2 注重知识的延伸与拓展

日常学习中不能仅仅局限于课本,要学得更深、更广.

(1)注重在不同的知识阶段及时延伸与拓展.

比如学习函数时,不仅要学习函数的定义、基本性质及各类基本初等函数,还要及时学习函数与方程的思想方法.这有助于我们对函数理解得更深刻,在更为高级的层面上构建知识结构和认知结构.

(2)关注 AP 课程及其他多种形式的学习.

AP 课程是指针对 AP 众多的考试科目进行的授课辅导,目前以 Calculus AB(微积分 AB),Calculus BC(微积分 BC),Statistics(统计学),Physics B(物理B),Macroeconomics(宏观经济学),Microeconomics(微观经济学)等几门课程为主.

AP 课程中的许多内容和方法已经进入自主招生试题,如极限理论中的数列收敛准则、夹逼定理、函数极限存在定理、迫敛性定理、两个重要极限、洛必达法则,微积分中的罗尔定理、拉格朗日中值定理、积分中值定理、牛顿-莱布尼茨公式等等.

自主招生试题的风格与难度和典型的高考还是大有不同的,同时自主招生还会考一些在高考范围边缘处的知识.既没有接触过竞赛,又没有准备过自主招生的裸考考生最终很可能会无功而返.

5.3 多做自主招生真题

在趋于稳定的风格、难度、考点的考试中,将往年的真题吃透是非常有益的.这在“4.3 来源于历年的自主招生试题”中已有论述.

5.4 注重数学思想方法的学习与运用

这是提升数学思维水平铸造学科思维力的必经之途,如反证法、奇偶分析法、构造法、数学归纳法等.

5.5 培养推广与探究的意识

这是立足于研究问题的重要方法.

5.6 留心跨界科学与学科知识的交汇

这从前面的题 15(2011 年华约联盟自主招生试题第 12 题)及后面的题 33

可见一斑.

题 33　(2010 年华约联盟自主招生试题第 14 题)假定亲本总体中三种基因型式:AA,Aa,aa 的比例为 $u:2v:w(u>0,v>0,w>0,u+2v+w=1)$ 且数量充分多,参与交配的亲本是该总体中随机的两个.

(1)求子一代中,三种基因型式的比例;

(2)子二代的三种基因型式的比例与子一代的三种基因型式的比例相同吗?并说明理由.

答案　(1)$p^2:2pq:q^2$.(2)相同.

5.7　培养自主学习能力

21 世纪最重要的个人能力首推自主学习能力!有了过硬的自学能力和意识,即可与时俱进,从容应对很多新问题.

6　大学自主招生数学考试备考规划

参加自主招生对于大学和考生来说,是个双赢的过程.考生要想如愿考上重点大学,参加自主招生是一条捷径.笔者认为,大学自主招生会持续高热.

《普通高中数学课程标准(2017 年版)》的教学内容取消了原有“模块”,突出主线“函数、几何与代数、统计与概率”,强调应用“数学建模、数学探究”,注意文化“数学文化将贯穿始终”.新课标的教学内容包括“必修”部分和“选修”部分(“选修”又分选修Ⅰ和选修Ⅱ,前者是高考内容,后者是大学自主招生内容).所以在实施新一轮课改的过程中,考生参加大学自主招生是常态.

众所周知,名目繁多的各级各类高中数学竞赛在重点高中从未间断过.虽说“全民奥数”是严重违背教育规律的:有专家指出“只有很少的学生适合学数学竞赛”,我们就把这部分学生叫数学天才吧!他们喜欢数学,对数学的接受能力、自学能力及探究能力都很强,对数学有敏锐的洞察力、科学的思维方法和良好的思维品质,敢于打破常规并发表自己独到的见解,能轻松愉悦地学习数学,对数学有良好的感觉、永远充满自信,还会主动啃数学难题.但不争的事实是:数学竞赛对开发智力、培养能力、选拔人才有其积极的一面.

在我国,重点大学招生的选拔性将是长期存在的,顶尖大学更是如此(实际上,教育发达的国家,比如美国、法国、日本、韩国、苏联的重点大学入学高考试题的难度高出我国很多也是不争的事实,其竞争之激烈是国人无法想象的).

而大学自主招生和高中数学竞赛的试题有相同之处,比如“源于课本、高于课本”“开发智力、培养能力”“区分度大,利于选拔人才”,等等.所以,笔者撰写了重点大学自主招生数学备考全书系列(共10册),供广大高中教师(学生)在教(学)高中数学时选用(也可供广大数学爱好者参阅),这10册书依次是:

1.《重点大学自主招生数学备考全书——函数》;

2.《重点大学自主招生数学备考全书——导数》;

3.《重点大学自主招生数学备考全书——数列与不等式》;

4.《重点大学自主招生数学备考全书——三角函数与平面向量》;

5.《重点大学自主招生数学备考全书——平面解析几何》;

6.《重点大学自主招生数学备考全书——立体几何与平面几何》;

7.《重点大学自主招生数学备考全书——排列组合·概率统计·复数》;

8.《重点大学自主招生数学备考全书——初等数论与组合数学》;

9.《重点大学自主招生数学备考全书——重点大学自主招生真题(上)》;

10.《重点大学自主招生数学备考全书——重点大学自主招生真题(下)》.

在前8册中,每册均包括“试题研究”和“练习题”两章;在后2册中,每册均包括“方法指导”“真题再现”和“真题答案”三章.读者可根据自己的需要选用.研读之后,愿你有这样的感受和效果(著名特级教师孙维刚语):

八方联系,浑然一体

漫江碧透,鱼翔浅底

让不聪明的学生变聪明

让聪明的学生更聪明

经过以上论述,读者可能对自主招生数学试题有了比较全面且深入的了解,希望你提前做好规划,及时行动,充分应变,并在做中体味、修正、总结、提高.

读者朋友:祝你成功!

(张昌齐、甘武关、袁秀芬、甘治涛、甘治波、甘艳丽、陈美菊、龙艳丽、刘浩浩、张琳、张亮、甘润东、甘超一等好友参加了本书的编写,特此致谢!)

甘志国

2018年8月1日

于北京丰台二中

◎ 目录

第1章　试题研究

试题研究

第1章

§1　关于双曲线的一类“直线对数”问题

题1　(2013年高考重庆卷文科第10题)设双曲线 C 的中心为点 O,若有且只有一对相交于点 O,所成的角为 $60°$ 的直线 A_1B_1 和 A_2B_2,使 $|A_1B_1|=|A_2B_2|$,其中 A_1,B_1 和 A_2,B_2 分别是这对直线与双曲线 C 的交点,则该双曲线的离心率的取值范围是　　(　　)

A. $\left(\frac{2\sqrt{3}}{3},2\right]$　　B. $\left[\frac{2\sqrt{3}}{3},2\right)$

C. $\left(\frac{2\sqrt{3}}{3},+\infty\right)$　　D. $\left[\frac{2\sqrt{3}}{3},+\infty\right)$

解　A. 不妨设双曲线 C 的方程是 $\frac{x^2}{a^2}-\frac{y^2}{b^2}=1(a>0,b>0,c=\sqrt{a^2+b^2})$. 由题设“相交于点 O,所成的角为 $60°$ 的直线 A_1B_1 和 A_2B_2,使 $|A_1B_1|=|A_2B_2|$,其中 A_1,B_1 和 A_2,B_2 分别是这对直线与双曲线 C 的交点”及双曲线的对称性可知,直线 A_1B_1 和 A_2B_2 关于 x 轴、y 轴均对称,所以这一对直线只能是图1中的一对直线 m 和 n(它们与 x 轴的夹角均是 $30°$)或一对直线 m' 和 n'(它们与 y 轴的夹角均是 $30°$). 再由双曲线与渐近线逐渐靠近及双曲线 C 的渐近线斜率的绝对值是 $\frac{b}{a}$,设双曲线 C 的离心率是 e,可得:

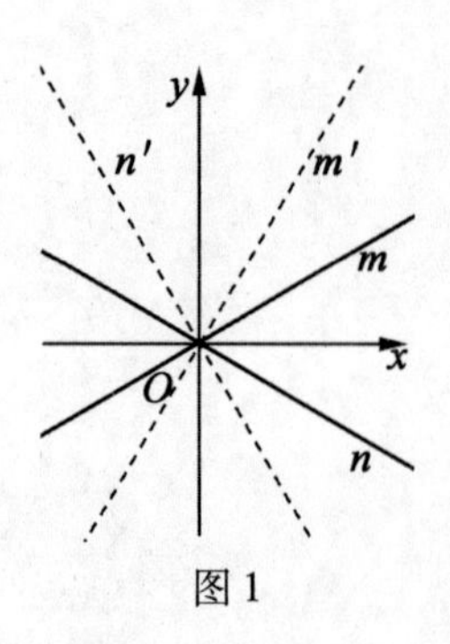

图 1

(1)当且仅当$\frac{b}{a}\leqslant\tan 30°$,即$1<e\leqslant\frac{2}{3}\sqrt{3}$时,使$|A_1B_1|=|A_2B_2|$的直线有 0 对;

(2)当且仅当$\tan 30°<\frac{b}{a}\leqslant\tan 60°$,即$\frac{2}{3}\sqrt{3}<e\leqslant 2$时,使$|A_1B_1|=|A_2B_2|$的直线有 1 对;

(3)当且仅当$\frac{b}{a}>\tan 60°$,即$e>2$时,使$|A_1B_1|=|A_2B_2|$的直线有 2 对.

由此题的解法还可得到一个关于双曲线“条数”问题的一般结论:

定理 若双曲线$C:\frac{x^2}{a^2}-\frac{y^2}{b^2}=1(a>0,b>0,c=\sqrt{a^2+b^2})$的中心为点$O$(设其离心率是$e$),一对夹角是$2\theta\left(0<\theta\leqslant\frac{\pi}{4}\right)$的直线过点$O$且被双曲线$C$截得的线段长相等,则:

(1)当$\theta=\frac{\pi}{4}$时:当且仅当$\frac{b}{a}>\tan\frac{\pi}{4}$,即$e>\sqrt{2}$时,满足题设的直线对数是 1;其余的情形直线对数都是 0.

(2)当$0<\theta<\frac{\pi}{4}$时:

①当且仅当$\frac{b}{a}\leqslant\tan\theta$,即$1<e\leqslant\frac{1}{\cos\theta}$时,满足题设的直线对数是 0;

②当且仅当$\tan\theta<\frac{b}{a}\leqslant\tan\left(\frac{\pi}{2}-\theta\right)$,即$\frac{1}{\cos\theta}<e\leqslant\frac{1}{\sin\theta}$时,满足题设的直线对数是 1;

③当且仅当$\frac{b}{a}>\tan\left(\frac{\pi}{2}-\theta\right)$,即$e>\frac{1}{\cos\theta}$时,满足题设的直线对数是 2.

由下面的三道题,文献[1]也提出并解决了一些立体几何中的“条数”问题,读者可以参阅.

题 2　(2004 年高考湖北卷理科第 11 题)已知平面 α 与 β 所成的锐二面角为 $80°$, P 为 α,β 外一定点,过点 P 的一条直线与 α,β 所成的角都是 $30°$,则这样的直线有且仅有　　　(　　)

A. 1 条　　　　B. 2 条

C. 3 条　　　　D. 4 条

题 3　(2009 年高考重庆卷理科第 9 题)已知二面角 $\alpha-l-\beta$ 的大小为 $50°$, P 为空间中任意一点,则过点 P 且与平面 α 和平面 β 所成的角都是 $25°$的直线的条数为　　　(　　)

A. 2　　　　B. 3

C. 4　　　　D. 5

题 4　(2011 年华约自主招生试题第 6 题)已知异面直线 a,b 成 $60°$角, A 为空间中一点,则过点 A 与 a,b 都成 $45°$角的平面　　　(　　)

A. 有且只有一个　　　　B. 有且只有两个

C. 有且只有三个　　　　D. 有且只有四个

(这三道题的答案分别是 D,B,B.)

参考文献

[1]甘志国. 先解决一个问题,再解决一串问题[J]. 数学教学,2012(9):35-37.

§2　用三角函数定义巧解“$OA\perp OB$”的平面解析几何问题

定理 1　若点 O 到直线 AB 的距离为 d,则 $OA\perp OB\Leftrightarrow\frac{1}{d^2}=\frac{1}{|OA|^2}+\frac{1}{|OB|^2}$.

证明　“$\Rightarrow$”如图 1 所示(作 $OH\perp AB$ 于点 H),由 $OA\perp OB$ 及点 O 到直线 AB 的距离为 d,运用等面积法及勾股定理可得

$$(d\cdot|AB|)^2=(|OA|\cdot|OB|)^2$$

$$\frac{1}{d^2}=\frac{|OA|^2+|OB|^2}{|OA|^2\cdot|OB|^2}=\frac{1}{|OA|^2}+\frac{1}{|OB|^2}$$

“$\Leftarrow$”$\frac{1}{d^2}=\frac{1}{|OA|^2}+\frac{1}{|OB|^2}$,即 $d^2(|OA|^2+|OB|^2)=|OA|^2\cdot|OB|^2$.

如图1~3所示，作 $OH\perp AB$ 于点 H：当 $\angle A$，$\angle B$ 都是锐角时（图1），当 $\angle A$，$\angle B$ 中有直角时（比如 $\angle B$ 为直角，如图2所示），当 $\angle A$，$\angle B$ 中有钝角时（比如 $\angle B$ 为钝角，如图3所示）. 对于这三种情形，均可得

$$d^2(|AH|^2+d^2+|BH|^2+d^2)=(|AH|^2+d^2)(|BH|^2+d^2)$$

$$d^2=|AH|\cdot|BH|$$

由此可得 $\triangle OAH\backsim\triangle BOH$，进而可得 $OA\perp OB$.

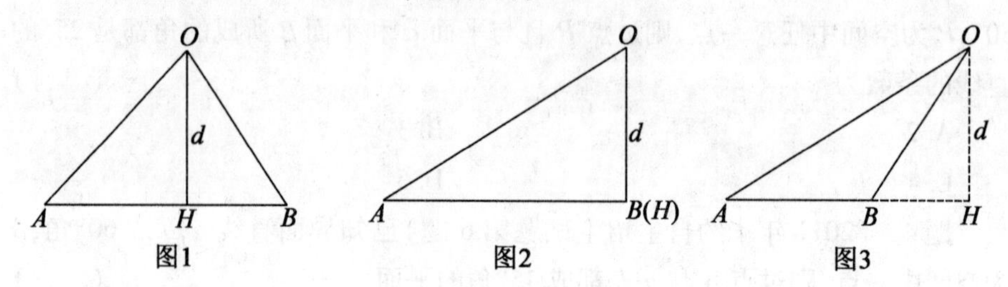

图1 图2 图3

定理2 若点 A,B 均在曲线 $\lambda x^2+\mu y^2=1$ 上，$OA\perp OB$（其中点 O 是坐标原点），则 $\dfrac{1}{|OA|^2}+\dfrac{1}{|OB|^2}=\lambda+\mu$.

证明 由 $OA\perp OB$ 知，不妨设 $\angle xOA=\theta$，$\angle xOB=\theta+\dfrac{\pi}{2}$.

由三角函数的定义，可得点 $A(|OA|\cos\theta,|OA|\sin\theta)$，$B\left(|OB|\cos\left(\theta+\dfrac{\pi}{2}\right),|OB|\sin\left(\theta+\dfrac{\pi}{2}\right)\right)$，即点 $B(-|OB|\sin\theta,|OB|\cos\theta)$.

由点 A,B 均在曲线 $\lambda x^2+\mu y^2=1$ 上，可得

$$\begin{cases}\lambda\cos^2\theta+\mu\sin^2\theta=\dfrac{1}{|OA|^2}\\ \lambda\sin^2\theta+\mu\cos^2\theta=\dfrac{1}{|OB|^2}\end{cases}\qquad(*)$$

把它们相加后，得 $\dfrac{1}{|OA|^2}+\dfrac{1}{|OB|^2}=\lambda+\mu$.

注 定理2的逆命题为：若点 A,B 均在曲线 $\lambda x^2+\mu y^2=1$ 上，$\dfrac{1}{|OA|^2}+\dfrac{1}{|OB|^2}=\lambda+\mu$（其中点 O 是坐标原点），则 $OA\perp OB$. 此逆命题不成立.

反例：若选点 $A(|OA|\cos\theta,|OA|\sin\theta)$，$B(|OB|\sin\theta,|OB|\cos\theta)$ $\left(\theta\neq\dfrac{k\pi}{2},k\in\mathbf{Z}\right)$，则满足上述逆命题的题设，但不满足其结论.

定理3 若点 A,B 均在曲线 $\lambda x^2+\mu y^2=1(\lambda\mu\neq0)$ 上，坐标原点 O 到直线

AB 的距离为 d,则 $OA\perp OB\Leftrightarrow\frac{1}{d^2}=\lambda+\mu$.

证明　“$\Rightarrow$”由定理2及定理1中的“$\Rightarrow$”立得.

“$\Leftarrow$”因为坐标原点 O 不在直线 AB 上,所以可设直线 AB 的方程是 $ax+by=1$.

由点到直线的距离公式和$\frac{1}{d^2}=\lambda+\mu$,可得 $a^2+b^2=\lambda+\mu$.

再设点 $A(x_1,y_1)$,$B(x_2,y_2)$,即证 $x_1x_2+y_1y_2=0$.

当 $a=0$ 时,得 $b\neq0$,可求得点 $A\left(-\sqrt{\frac{b^2-\mu}{\lambda b^2}},\frac{1}{b}\right)$,$B\left(\sqrt{\frac{b^2-\mu}{\lambda b^2}},\frac{1}{b}\right)$,所以

$$\begin{aligned}x_1x_2+y_1y_2&=\frac{\lambda+\mu-b^2}{\lambda b^2}\\&=\frac{\lambda+\mu-(a^2+b^2)}{\lambda b^2}\\&=0\end{aligned}$$

当 $b=0$ 时,得 $a\neq0$,可求得点 $A\left(\frac{1}{a},-\sqrt{\frac{a^2-\lambda}{\mu a^2}}\right)$,$B\left(\frac{1}{a},\sqrt{\frac{a^2-\lambda}{\mu a^2}}\right)$,所以

$$\begin{aligned}x_1x_2+y_1y_2&=\frac{\lambda+\mu-a^2}{\mu a^2}\\&=\frac{\lambda+\mu-(a^2+b^2)}{\mu a^2}\\&=0\end{aligned}$$

当 $ab\neq0$ 时:

由$\begin{cases}by=1-ax\\\lambda(bx)^2+\mu(by)^2=b^2\end{cases}$,可得

$$\lambda(bx)^2+\mu(ax-1)^2=b^2$$

$$(\mu a^2+\lambda b^2)x^2-2\mu ax+\mu-b^2=0$$

$$x_1x_2=\frac{\mu-b^2}{\mu a^2+\lambda b^2}$$

由$\begin{cases}ax=1-by\\\lambda(ax)^2+\mu(ay)^2=a^2\end{cases}$,可得

$$\lambda(by-1)^2+\mu(ay)^2=a^2$$

$$(\mu a^2+\lambda b^2)y^2-2\lambda by+\lambda-a^2=0$$

$$y_1y_2=\frac{\lambda-a^2}{\mu a^2+\lambda b^2}$$

所以

$$\begin{aligned}x_1x_2+y_1y_2&=\frac{\mu-b^2}{\mu a^2+\lambda b^2}+\frac{\lambda-a^2}{\mu a^2+\lambda b^2}\\&=\frac{\lambda+\mu-(a^2+b^2)}{\mu a^2+\lambda b^2}\\&=0\end{aligned}$$

总之,有 $OA\perp OB\Leftarrow\frac{1}{d^2}=\lambda+\mu$.

欲证结论成立.

"$\Leftarrow$"的另证:当直线 AB 的斜率不存在时,可得欲证结论成立.

当直线 AB 的斜率存在时,可设 $AB:y=kx+b$,把它代入 $\lambda x^2+\mu y^2=1$,可得

$$(\lambda+\mu k^2)x^2+2\mu kbx+\mu b^2-1=0$$

设点 $A(x_1,kx_1+b)$,$B(x_2,kx_2+b)$,可得 $x_1+x_2=\frac{-2\mu kb}{\lambda+\mu k^2}$,$x_1x_2=\frac{\mu b^2-1}{\lambda+\mu k^2}$.

由原点 O 到直线 AB 的距离是$\frac{1}{\sqrt{\lambda+\mu}}$,可得$(\lambda+\mu)b^2=k^2+1$. 所以

$$\begin{aligned}\overrightarrow{OA}\cdot\overrightarrow{OB}&=x_1x_2+(kx_1+b)(kx_2+b)\\&=(k^2+1)x_1x_2+bk(x_1+x_2)+b^2\\&=\cdots=0\end{aligned}$$

即 $OA\perp OB$.

注 (1)当 $\lambda\mu\neq0$ 时,曲线 $\lambda x^2+\mu y^2=1$ 可以表示有心圆锥曲线圆、椭圆、双曲线,所以定理 2,3 给出了有心圆锥曲线的两条美丽性质,定理 2 的三角函数定义证法也很简洁巧妙.

(2)由定理 2,3 可得:在双曲线 $\lambda x^2+\mu y^2=1(\lambda\mu<0)$ 上存在点 A,B 使得 $OA\perp OB$(点 O 是坐标原点)的充要条件是 $\lambda+\mu>0$.

推论 若点 A,B 在曲线 $\lambda x^2+\mu y^2=1$ 上,$OA\perp OB$(点 O 是坐标原点),则:

(1)当 $\lambda>0,\mu>0$ 时:

① $\frac{2}{\lambda+\mu}\leqslant|OA|\cdot|OB|\leqslant\frac{1}{\sqrt{\lambda\mu}}$;

② $\frac{2}{\sqrt{\lambda+\mu}}\leqslant|AB|\leqslant\sqrt{\frac{1}{\lambda}+\frac{1}{\mu}}$;

③ $2\sqrt{\frac{2}{\lambda+\mu}}\leqslant|OA|+|OB|\leqslant\frac{1}{\sqrt{\lambda}}+\frac{1}{\sqrt{\mu}}$;

④ $\sqrt{\lambda}+\sqrt{\mu}\leqslant\frac{1}{|OA|}+\frac{1}{|OB|}\leqslant2\sqrt{\lambda+\mu}$;

⑤ $\frac{(\lambda+\mu)^2}{2}\leqslant\frac{1}{|OA|^4}+\frac{1}{|OB|^4}\leqslant\lambda^2+\mu^2$.

(2)当 $\lambda\mu<0$ 时(可得 $\lambda+\mu>0$):

① $|OA|\cdot|OB|\geqslant\frac{2}{\lambda+\mu}$;

② $|AB|\geqslant\frac{2}{\sqrt{\lambda+\mu}}$;

③ $|OA|+|OB|\geqslant2\sqrt{\frac{2}{\lambda+\mu}}$;

④ $\frac{1}{|OA|}+\frac{1}{|OB|}\leqslant2\sqrt{\lambda+\mu}$;

⑤ $\frac{1}{|OA|^4}+\frac{1}{|OB|^4}\geqslant\frac{(\lambda+\mu)^2}{2}$.

证明　(ⅰ)把式(*)中的两个等式相乘,可得

$$\begin{aligned}\frac{1}{|OA|^2\cdot|OB|^2}&=(\lambda^2+\mu^2)\sin^2\theta\cos^2\theta+\lambda\mu(\sin^4\theta+\cos^4\theta)\\&=\lambda\mu+\frac{(\lambda-\mu)^2}{4}\sin^2 2\theta\end{aligned}$$

所以(1)①及(2)①成立.

(ⅱ)由定理2可得 $|AB|^2=|OA|^2+|OB|^2=(\lambda+\mu)|OA|^2\cdot|OB|^2$,再由(1)①及(2)①可得(1)②及(2)②成立.

(ⅲ)由 $(|OA|+|OB|)^2=|AB|^2+2|OA|\cdot|OB|$ 及(1)①②,(2)①②可得(1)③及(2)③成立.

(ⅳ)由 $\left(\frac{1}{|OA|}+\frac{1}{|OB|}\right)^2=\frac{1}{|OA|^2}+\frac{1}{|OB|^2}+\frac{2}{|OA|\cdot|OB|}$ 及定理2与(1)①,(2)①可得(1)④及(2)④成立.

(ⅴ)由定理2与(1)①,(2)①可得(1)⑤及(2)⑤成立.

证毕!

注　推论中的不等式都给出了相应变量的精确范围.

定理4　若▱$ABCD$ 内接于曲线 $\Gamma:\lambda x^2+\mu y^2=1(\lambda>0,\mu>0)$,则:

(1)▱$ABCD$ 的中心就是坐标原点;

(2)以曲线 Γ 上任一点为一个顶点的内接菱形唯一存在,且该菱形的内切圆也唯一存在;

(3)当$\square ABCD$ 是菱形时,其内切圆方程是 $x^2+y^2=\dfrac{1}{\lambda+\mu}$.

证明 (1)由点差法可证"曲线 Γ(指圆或椭圆)内除中心外的点是唯一一条弦的中点",所以欲证结论成立.

(2)由(1)及"对角线互相垂直的平行四边形是菱形"可得结论.

(3)由定理3可得结论.

定理5 曲线 $\Gamma:\lambda x^2+\mu y^2=1(\lambda>0,\mu>0)$ 上的外切矩形的外接圆方程是 $x^2+y^2=\dfrac{1}{\lambda}+\dfrac{1}{\mu}$.

证明 设曲线 Γ 的外切矩形是 $ABCD$.

当直线 AB 的斜率不存在或为0时,易得欲证结论成立.

当直线 AB 的斜率存在且不为0时,可设 $AB:y=kx+p(k\neq 0)$,把它代入 $\lambda x^2+\mu y^2=1$,得

$$(\lambda+\mu k^2)x^2+2\mu kpx+\mu p^2-1=0$$

由 $\Delta=0$,可得 $p=\pm\sqrt{\dfrac{k^2}{\lambda}+\dfrac{1}{\mu}}$. 所以由直线 AB,CD 组成的曲线的方程是

$$(y-kx)^2=\frac{k^2}{\lambda}+\frac{1}{\mu} \quad ①$$

同理,由直线 AD,BC 组成的曲线的方程是 $\left(y+\dfrac{x}{k}\right)^2=\dfrac{1}{\lambda k^2}+\dfrac{1}{\mu}$,即

$$(ky+x)^2=\frac{1}{\lambda}+\frac{k^2}{\mu} \quad ②$$

由式①+②得 $x^2+y^2=\dfrac{1}{\lambda}+\dfrac{1}{\mu}$.

此即说明欲证结论成立.

定理6 设点 A,B 分别在曲线 $\lambda x^2+\mu y^2=1,(a-\mu)x^2+(a-\lambda)y^2=1(a>0)$上运动,且 $OA\perp OB$(其中点 O 为坐标原点),作 $OH\perp AB$ 于点 H,则动点 H 的轨迹方程是 $x^2+y^2=\dfrac{1}{a}$.

证明 可设 $\angle xOA=\theta$,则 $\angle xOB=\theta\pm\dfrac{\pi}{2}$. 由三角函数的定义,可得点 $A(|OA|\cos\theta,|OA|\sin\theta),B(\mp|OB|\sin\theta,\pm|OB|\cos\theta)$.

再由题设,可得

$$\lambda\cos^2\theta+\mu\sin^2\theta=\frac{1}{|OA|^2}\qquad ③$$

$$(a-\mu)\sin^2\theta+(a-\lambda)\cos^2\theta=\frac{1}{|OB|^2}\qquad ④$$

把式③和式④相加后,可得

$$\frac{1}{|OA|^2}+\frac{1}{|OB|^2}=a$$

设 Rt△OAB 的斜边 AB 上的高为 OH,可得

$$\begin{aligned}|OH|^2&=\frac{|OA|^2\cdot|OB|^2}{|AB|^2}\\&=\frac{|OA|^2\cdot|OB|^2}{|OA|^2+|OB|^2}\\&=\frac{1}{\frac{1}{|OA|^2}+\frac{1}{|OB|^2}}\\&=\frac{1}{a}\end{aligned}$$

所以欲证结论成立.

注　在定理6中选 $\lambda+\mu=a$ 即得定理2,3的部分结论.

定理7　设椭圆 $\Gamma:\frac{x^2}{a^2}+\frac{y^2}{b^2}=1(a>0,b>0,a\neq b)$ 的内接菱形是 Ω,则:

(1)Ω 的周长的取值范围是 $\left[\frac{8ab}{\sqrt{a^2+b^2}},4\sqrt{a^2+b^2}\right]$,当且仅当菱形 Ω 的四个顶点坐标依次是 $\left(\frac{ab}{\sqrt{a^2+b^2}},\frac{ab}{\sqrt{a^2+b^2}}\right),\left(-\frac{ab}{\sqrt{a^2+b^2}},\frac{ab}{\sqrt{a^2+b^2}}\right),\left(-\frac{ab}{\sqrt{a^2+b^2}},-\frac{ab}{\sqrt{a^2+b^2}}\right),\left(\frac{ab}{\sqrt{a^2+b^2}},-\frac{ab}{\sqrt{a^2+b^2}}\right)$ 时(此时 Ω 是正方形),Ω 的周长是 $\frac{8ab}{\sqrt{a^2+b^2}}$,当且仅当菱形 Ω 的四个顶点坐标分别是椭圆的顶点时,Ω 的周长是 $4\sqrt{a^2+b^2}$;

(2)Ω 的面积的取值范围是 $\left[\frac{4a^2b^2}{a^2+b^2},2ab\right]$,当且仅当菱形 Ω 的四个顶点坐标依次是 $\left(\frac{ab}{\sqrt{a^2+b^2}},\frac{ab}{\sqrt{a^2+b^2}}\right),\left(-\frac{ab}{\sqrt{a^2+b^2}},\frac{ab}{\sqrt{a^2+b^2}}\right),\left(-\frac{ab}{\sqrt{a^2+b^2}},-\frac{ab}{\sqrt{a^2+b^2}}\right)$,

$\left(\frac{ab}{\sqrt{a^2+b^2}},-\frac{ab}{\sqrt{a^2+b^2}}\right)$时(此时 Ω 是正方形),Ω 的面积是$\frac{4a^2b^2}{a^2+b^2}$,当且仅当菱形 Ω 的四个顶点坐标分别是椭圆的顶点时,Ω 的面积是 $4\sqrt{a^2+b^2}$.

证明 不妨设 $a>b>0,c=\sqrt{a^2-b^2}$,还可设菱形 Ω 的四个顶点坐标依次是$(r_1\cos\theta,r_1\sin\theta),(-r_2\sin\theta,r_2\cos\theta),(-r_1\cos\theta,-r_1\sin\theta),(r_2\sin\theta,-r_2\cos\theta)(r_1,r_2\in[b,a])$,得

$$\frac{(r_1\cos\theta)^2}{a^2}+\frac{(r_1\sin\theta)^2}{b^2}=1$$

$$\frac{(-r_2\sin\theta)^2}{a^2}+\frac{(r_2\cos\theta)^2}{b^2}=1$$

即

$$\frac{\cos^2\theta}{a^2}+\frac{\sin^2\theta}{b^2}=\frac{1}{r_1^2} \tag{5}$$

$$\frac{\sin^2\theta}{a^2}+\frac{\cos^2\theta}{b^2}=\frac{1}{r_2^2} \tag{6}$$

把式⑤和式⑥相加后,可得

$$\frac{1}{r_1^2}+\frac{1}{r_2^2}=\frac{1}{a^2}+\frac{1}{b^2}$$

(1)可得菱形 Ω 的周长为

$$4\sqrt{r_1^2+r_2^2}=4\sqrt{r_1^2+\frac{1}{\frac{1}{a^2}+\frac{1}{b^2}-\frac{1}{r_1^2}}}$$

$$=\frac{4}{\sqrt{\frac{a^2+b^2}{4a^2b^2}-\frac{a^2b^2}{a^2+b^2}\left(\frac{1}{r_1^2}-\frac{a^2+b^2}{2a^2b^2}\right)^2}}\quad\left(\frac{1}{a^2}\leqslant\frac{1}{r_1^2}\leqslant\frac{1}{b^2}\right)$$

进而可得欲证结论成立.

(1)的另证:可得

$$\frac{r_1^2+r_2^2}{a^2b^2}=\frac{1}{a^2\sin^2\theta+b^2\cos^2\theta}+\frac{1}{b^2\sin^2\theta+a^2\cos^2\theta}$$

$$=\frac{a^2+b^2}{(b^2+c^2\sin^2\theta)(a^2-c^2\sin^2\theta)}$$

$$=\frac{a^2+b^2}{\frac{(a^2+b^2)^2}{4}-(a^2-b^2)^2\left(\sin^2\theta-\frac{1}{2}\right)^2}$$

所以菱形 Ω 的周长为

$$4\sqrt{r_1^2+r_2^2}=4\sqrt{\frac{a^2b^2(a^2+b^2)}{\frac{(a^2+b^2)^2}{4}-(a^2-b^2)^2\left(\sin^2\theta-\frac{1}{2}\right)^2}}$$

进而可得欲证结论成立.

(2)可得

$$\frac{1}{r_1^2}\cdot\frac{1}{r_2^2}=\frac{1}{r_1^2}\left(\frac{1}{a^2}+\frac{1}{b^2}-\frac{1}{r_1^2}\right)\quad\left(\frac{1}{a^2}\leqslant\frac{1}{r_1^2}\leqslant\frac{1}{b^2}\right)$$

进而可求得$\frac{1}{r_1^2}\cdot\frac{1}{r_2^2}$的取值范围是$\left[\left(\frac{1}{ab}\right)^2,\left(\frac{a^2+b^2}{2a^2b^2}\right)^2\right]$,再得菱形$\Omega$的面积$2r_1r_2$的取值范围是$\left[\frac{4a^2b^2}{a^2+b^2},2ab\right]$,进而可得欲证结论成立.

以上诸结论在求解高考题或竞赛题时必有重要应用,现举18例说明如下(其中题1包含了两道高考题,题13包含了三道竞赛题).

题1　(2014年高考北京卷第19题)已知椭圆$C:x^2+2y^2=4$.

(1)求椭圆C的离心率;

(2)(文)设O为原点,若点A在直线$y=2$上,点B在椭圆C上,且$OA\perp OB$,求线段AB长度的最小值.

(理)设O为原点,若点A在椭圆C上,点B在直线$y=2$上,且$OA\perp OB$,求直线AB与圆$x^2+y^2=2$的位置关系,并证明你的结论.

解　(1)略.

(2)(文)在定理6中令$\lambda=\frac{1}{4},a=\mu=\frac{1}{2}$后,可得$\frac{1}{|OA|^2}+\frac{1}{|OB|^2}=\frac{1}{2}$.所以(最后一步的理由是均值不等式)

$$\begin{aligned}\frac{1}{2}|AB|^2&=\frac{1}{2}(|OA|^2+|OB|^2)\\&=(|OA|^2+|OB|^2)\left(\frac{1}{|OA|^2}+\frac{1}{|OB|^2}\right)\\&=\frac{|OB|^2}{|OA|^2}+\frac{|OA|^2}{|OB|^2}+2\\&\geqslant4\end{aligned}$$

进而可得$|AB|_{\min}=2\sqrt{2}$.

(2)(理)在定理6中令$\lambda=\frac{1}{4},a=\mu=\frac{1}{2}$后,可得:直线$AB$与圆$x^2+y^2=2$相切.

题2 (2014年高考湖南卷文科第20题)如图4,O为坐标原点,双曲线 $C_1:\frac{x^2}{a_1^2}-\frac{y^2}{b_1^2}=1(a_1>0,b_1>0)$ 和椭圆 $C_2:\frac{y^2}{a_2^2}+\frac{x^2}{b_2^2}=1(a_2>b_2>0)$ 均过点 $P\left(\frac{2\sqrt{3}}{3},1\right)$,且以 C_1 的两个顶点和 C_2 的两个焦点为顶点的四边形是面积为2的正方形.

(1)求 C_1,C_2 的方程;

(2)是否存在直线 l,使得 l 与 C_1 交于 A,B 两点,与 C_2 只有一个公共点,且 $|\overrightarrow{OA}+\overrightarrow{OB}|=|\overrightarrow{AB}|$? 证明你的结论.

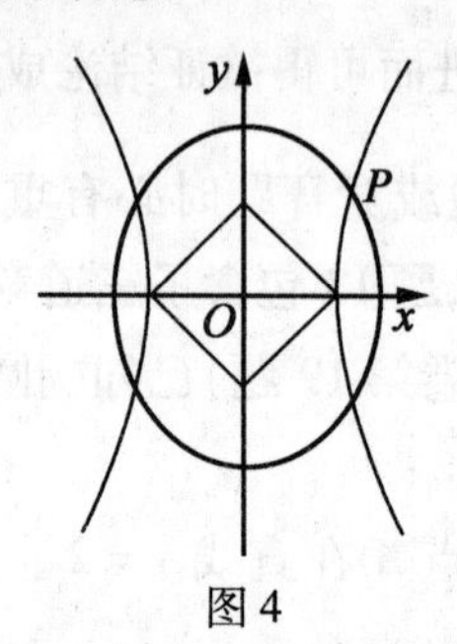

图4

解 (1)设曲线 C_2 的焦距为 $2c_2$,由题意知,$2c_2=2,2a_1=2$,从而 $c_2=1$,$a_1=1$.

因为点 $P\left(\frac{2\sqrt{3}}{3},1\right)$在双曲线 $x^2-\frac{y^2}{b_1^2}=1$ 上,所以$\left(\frac{2\sqrt{3}}{3}\right)^2-\frac{1}{b_1^2}=1$,得 $b_1^2=3$.

由椭圆的定义,可得

$$2a_2=\sqrt{\left(\frac{2\sqrt{3}}{3}\right)^2+(1-1)^2}+\sqrt{\left(\frac{2\sqrt{3}}{3}\right)^2+(1+1)^2}=2\sqrt{3}$$

于是 $a_2=\sqrt{3},b_2^2=a_2^2-c_2^2=2$.

所以曲线 C_1,C_2 的方程分别为 $x^2-\frac{y^2}{3}=1,\frac{y^2}{3}+\frac{x^2}{2}=1$.

(2)由 $|\overrightarrow{OA}+\overrightarrow{OB}|=|\overrightarrow{AB}|=|\overrightarrow{OA}-\overrightarrow{OB}|$,两边平方后可得$\overrightarrow{OA}\perp\overrightarrow{OB}$.

由定理2,可得$\frac{1}{|OA|^2}+\frac{1}{|OB|^2}=\frac{2}{3}$.

再由定理1,可得坐标原点 O 到直线 AB 的距离的平方为$\frac{3}{2}$,所以直线 AB 是圆 $x^2+y^2=\frac{3}{2}$的切线.

但圆 $x^2+y^2=\frac{3}{2}$ 在椭圆 $C_2:\frac{y^2}{3}+\frac{x^2}{2}=1$ 内,所以直线 AB 与椭圆 C_2 有两个公共点,不满足题设,即不存在直线 l 满足题设.

题3　(2012年高考上海卷理科第22题)在平面直角坐标系 xOy 中,已知双曲线 $C_1:2x^2-y^2=1$.

(1)(2)略;

(3)设椭圆 $C_2:4x^2+y^2=1$,若 M,N 分别是 C_1,C_2 上的动点,且 $OM\perp ON$,求证:点 O 到直线 MN 的距离是定值.

解　(3)在定理6中选 $\lambda=2,\mu=-1,a=3$ 可得点 O 到直线 MN 的距离是 $\frac{\sqrt{3}}{3}$.

题4　(2012年高考上海卷文科第22题)在平面直角坐标系 xOy 中,已知双曲线 $C:2x^2-y^2=1$.

(1)(2)略;

(3)设斜率为 $k(|k|<\sqrt{2})$ 的直线 l 交 C 于 P,Q 两点,若 l 与圆 $x^2+y^2=1$ 相切,求证:$OP\perp OQ$.

解　(3)由定理3(由 $\lambda=2,\mu=-1$,可得坐标原点 O 到直线 PQ 的距离是 $\frac{1}{\sqrt{\lambda+\mu}}=1$)中的"$\Leftarrow$"可得欲证结论成立.

题5　(2010年高考陕西卷文科、理科第20题)如图5所示,椭圆 $C:\frac{x^2}{a^2}+\frac{y^2}{b^2}=1$ 的顶点为 A_1,A_2,B_1,B_2,焦点为 F_1,F_2,$|A_1B_1|=\sqrt{7}$,$S_{\square A_1B_1A_2B_2}=2S_{\square B_1F_1B_2F_2}$.

(1)求椭圆 C 的方程;

(2)设 n 是过原点的直线,l 是与 n 垂直相交于点 P、与椭圆相交于 A,B 两点的直线,$|\overrightarrow{OP}|=1$.是否存在上述直线 l 使 $\overrightarrow{AP}\cdot\overrightarrow{PB}=1$ 成立?若存在,求出直线 l 的方程;若不存在,请说明理由.

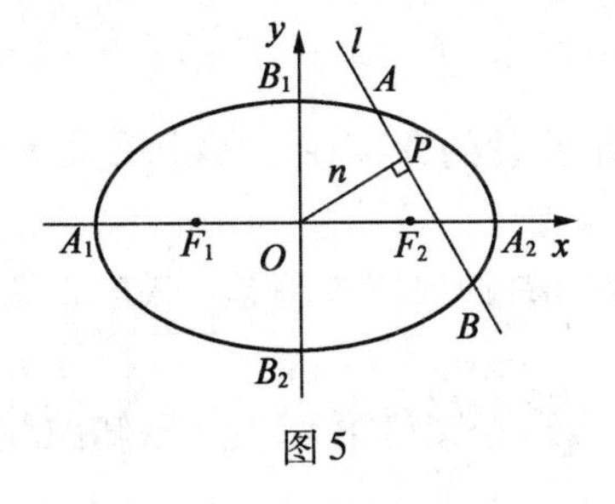

图5

解　(1)$\frac{x^2}{4}+\frac{y^2}{3}=1$.

(2)由题设可得 $OA\perp OB$,再由定理 3 得 $|\overrightarrow{OP}|=\frac{1}{\sqrt{\frac{1}{4}+\frac{1}{3}}}$,这与题设 $|\overrightarrow{OP}|=1$ 矛盾!所以满足题意的直线 l 不存在.

题 6　(2009 年高考北京卷理科第 19 题)已知双曲线 $C:\frac{x^2}{a^2}-\frac{y^2}{b^2}=1(a>0,b>0)$的离心率为$\sqrt{3}$,右准线方程为 $x=\frac{\sqrt{3}}{3}$.

(1)求双曲线 C 的方程;

(2)设直线 l 是圆 $O:x^2+y^2=2$ 上在动点 $P(x_0,y_0)(x_0y_0\neq0)$处的切线,l 与双曲线 C 交于不同的两点 A,B,证明$\angle AOB$ 的大小为定值.

解　(1)$x^2-\frac{y^2}{2}=1$.

(2)由定理 3(由 $\lambda=1,\mu=-\frac{1}{2}$,可得坐标原点 O 到直线 AB 的距离是 $\frac{1}{\sqrt{\lambda+\mu}}=\sqrt{2}$)中的"$\Leftarrow$"可得$\angle AOB=90°$.

题 7　(2009 年高考山东卷理科第 22 题)设椭圆 $E:\frac{x^2}{a^2}+\frac{y^2}{b^2}=1(a,b>0)$过 $M(2,\sqrt{2}),N(\sqrt{6},1)$两点,$O$ 为坐标原点.

(1)求椭圆 E 的方程;

(2)是否存在圆心在原点的圆,使得该圆的任意一条切线与椭圆 E 恒有两个交点 A,B,且$\overrightarrow{OA}\perp\overrightarrow{OB}$?若存在,写出该圆的方程,并求出$|AB|$的取值范围,若不存在说明理由.

解　(1)$\frac{x^2}{8}+\frac{y^2}{4}=1$.

(2)由定理 3 知,满足题设的圆存在,且该圆的方程是 $x^2+y^2=\frac{8}{3}$.

再由推论(1)②可得$|AB|$的取值范围是$\left[\frac{4}{3}\sqrt{6},2\sqrt{3}\right]$.

题 8　(2008 年高考山东卷文科第 22 题)已知曲线 $C_1:\frac{|x|}{a}+\frac{|y|}{b}=1(a>$

$b>0$)所围成的封闭图形的面积为 $4\sqrt{5}$,曲线 C_1 的内切圆半径为$\frac{2\sqrt{5}}{3}$.记 C_2 为以曲线 C_1 与坐标轴的交点为顶点的椭圆.

(1)求椭圆 C_2 的标准方程;

(2)设 AB 是过椭圆 C_2 中心的任意弦,l 是线段 AB 的垂直平分线,M 是 l 上异于椭圆中心的点.

①略;

②若 M 是 l 与椭圆 C_2 的交点,求$\triangle AMB$ 的面积的最小值.

解　(1)$\frac{x^2}{5}+\frac{y^2}{4}=1$.

(2)②由推论(1)①可得$\triangle AMO$ 的面积的最小值是$\frac{1}{2}\cdot\frac{2}{\frac{1}{5}+\frac{1}{4}}=\frac{20}{9}$,所以$\triangle AMB$ 的面积即$\triangle AMO$ 的面积的 2 倍的最小值是$\frac{40}{9}$.

题 9　(2008 年高考辽宁卷文科第 21 题)在平面直角坐标系 xOy 中,点 P 到两点$(0,-\sqrt{3})$,$(0,\sqrt{3})$的距离之和等于 4,设点 P 的轨迹为 C.

(1)写出 C 的方程;

(2)设直线 $y=kx+1$ 与 C 交于 A,B 两点. k 为何值时$\overrightarrow{OA}\perp\overrightarrow{OB}$? 此时$|\overrightarrow{AB}|$的值是多少?

解　(1)$x^2+\frac{y^2}{4}=1$.

(2)由定理 3,可得 $k^2+1^2=1+\frac{1}{4}$,所以 $k=\pm\frac{1}{2}$.

再由弦长公式可求得$|\overrightarrow{AB}|=\frac{4}{17}\sqrt{65}$.

题 10　(2008 年高考辽宁卷理科第 20 题)在直角坐标系 xOy 中,点 P 到两点$(0,-\sqrt{3})$,$(0,\sqrt{3})$的距离之和等于 4,设点 P 的轨迹为 C,直线 $y=kx+1$ 与 C 交于 A,B 两点.

(1)写出 C 的方程;

(2)若$\overrightarrow{OA}\perp\overrightarrow{OB}$,求 k 的值;

(3)若点 A 在第一象限,证明:当 $k>0$ 时,恒有$|\overrightarrow{OA}|>|\overrightarrow{OB}|$.

解　(1)$x^2+\frac{y^2}{4}=1$.

(2)由定理3,可得$k^2+1^2=1+\frac{1}{4}$,所以$k=\pm\frac{1}{2}$.

(3)略.

题11 (2007年高考天津卷理科第22题)设椭圆$\frac{x^2}{a^2}+\frac{y^2}{b^2}=1(a>b>0)$的左、右焦点分别为$F_1,F_2,A$是椭圆上的一点,$AF_2\perp F_1F_2$,原点$O$到直线$AF_1$的距离为$\frac{1}{3}|OF_1|$.

(1)证明:$a=\sqrt{2}b$;

(2)设Q_1,Q_2为椭圆上的两个动点,$OQ_1\perp OQ_2$,过原点O作直线Q_1Q_2的垂线OD,垂足为D,求点D的轨迹方程.

解 (1)略.

(2)由(1)的结论及定理3可立得答案为$x^2+y^2=\frac{2}{3}b^2$.

题12 (2004年高考天津卷文科第22题)椭圆的中心是原点O,它的短轴长为$2\sqrt{2}$,相应于焦点$F(c,0)(c>0)$的准线l与x轴相交于点A,$|OF|=2|FA|$,过点A的直线与椭圆相交于P,Q两点.

(1)求椭圆的方程及离心率;

(2)若$\overrightarrow{OP}\cdot\overrightarrow{OQ}=0$,求直线$PQ$的方程.

解 (1)所求椭圆的方程为$\frac{x^2}{6}+\frac{y^2}{2}=1$,离心率$e=\frac{\sqrt{6}}{3}$.

(2)由(1)的结论可得点$A(3,0)$,所以可设直线PQ的方程为$y=k(x-3)$,即$\frac{1}{3}x-\frac{1}{3k}y-1=0$.

再由定理3,可得$\left(\frac{1}{3}\right)^2+\left(\frac{1}{3k}\right)^2=\frac{1}{6}+\frac{1}{2}$,所以$k=\pm\frac{\sqrt{5}}{5}$. 因此直线$PQ$的方程为$x-\sqrt{5}y-3=0$或$x+\sqrt{5}y-3=0$.

题13 (1)(2009年全国高中数学联赛第5题)若椭圆$\frac{x^2}{a^2}+\frac{y^2}{b^2}=1(a>b>0)$上的两个动点$P,Q$满足$OP\perp OQ$,则乘积$|OP|\cdot|OQ|$的最小值为________;

(2)(2003年全国高中数学联赛天津赛区初赛第14题)已知$A(x_1,y_1)$,$B(x_2,y_2)$是椭圆$\frac{x^2}{a^2}+\frac{y^2}{b^2}=1(a>b>0)$上的两个动点,$O$为坐标原点,且$OA\perp$

OB,求线段 AB 长的最小值;

(3)(2008 年全国高中数学联赛吉林赛区预赛第 14 题)已知长度为 6 的线段 CD 的中点为 M,现以 CD 为一边在同一侧作两个周长均为 16 的 $\triangle ACD$, $\triangle BCD$,且满足 $\angle AMB=90°$,求 $\triangle AMB$ 的面积的最小值.

解　(1)由推论(1)①可得所求答案是 $\frac{2a^2b^2}{a^2+b^2}$.

(2)由推论(1)②可得所求答案是 $\frac{2ab}{a^2+b^2}\sqrt{a^2+b^2}$.

(3)以直线 CD 为 x 轴,M 为坐标原点建立平面直角坐标系后,可得点 A,B 在椭圆 $\frac{x^2}{25}+\frac{y^2}{16}=1$ 上.

再由(1)的结论可得所求答案是 $\frac{400}{41}$.

题 14　(2008 年全国高中数学联赛江苏赛区初赛试题第 12 题)已知 A,B 为双曲线 $\frac{x^2}{4}-\frac{y^2}{9}=1$ 上的两个动点,满足 $\overrightarrow{OA}\cdot\overrightarrow{OB}=0$.

(1)求证:$\frac{1}{|\overrightarrow{OA}|^2}+\frac{1}{|\overrightarrow{OB}|^2}$ 为定值;

(2)动点 P 在线段 AB 上,满足 $\overrightarrow{OP}\cdot\overrightarrow{AB}=0$,求证:点 P 在定圆上.

解　(1)由定理 2,可得 $\frac{1}{|\overrightarrow{OA}|^2}+\frac{1}{|\overrightarrow{OB}|^2}=\frac{1}{4}-\frac{1}{9}=\frac{5}{36}$.

(2)由(1)的结论及定理 1,可得 $\frac{1}{|\overrightarrow{OP}|^2}=\frac{1}{|\overrightarrow{OA}|^2}+\frac{1}{|\overrightarrow{OB}|^2}=\frac{5}{36}$, $|\overrightarrow{OP}|=\frac{6}{\sqrt{5}}$, 所以点 P 在定圆 $x^2+y^2=\frac{36}{5}$ 上.

题 15　(2003 年吉林省高中数学竞赛试题)设 L 是经过椭圆 $\frac{x^2}{a^2}+\frac{y^2}{b^2}=1(a>b>0)$ 的准线和 x 轴的交点 H 的直线,L 与椭圆交于 A,B 两点,O 为椭圆的中心,若 L 的斜率为 $\sqrt{\frac{2}{13}}$, $\overrightarrow{OP}\cdot\overrightarrow{OQ}=0$,求该椭圆的离心率.

解　设该椭圆的半焦距为 $c=\sqrt{a^2-b^2}$,可得 $H\left(\frac{a^2}{c},0\right)$.

所以可设直线 L 的方程为 $y=\sqrt{\frac{2}{13}}\left(x-\frac{a^2}{c}\right)$,即 $\frac{c}{a^2}x-\frac{c}{a^2}\sqrt{\frac{13}{2}}y-1=0$.

再由定理 3,可得

$$\left(\frac{c}{a^2}\right)^2+\left(\frac{c}{a^2}\sqrt{\frac{13}{2}}\right)^2=\frac{1}{a^2}+\frac{1}{b^2}$$

$$\frac{15c^2}{2a^4}=\frac{a^2+b^2}{a^2b^2}$$

$$15c^2(a^2-c^2)=2a^2(2a^2-c^2)$$

$$15\left(\frac{c}{a}\right)^4-17\left(\frac{c}{a}\right)^2+4=0$$

$$\frac{c}{a}=\frac{2}{5}\sqrt{5}\text{或}\frac{\sqrt{3}}{3}$$

即所求椭圆的离心率为$\frac{2}{5}\sqrt{5}$或$\frac{\sqrt{3}}{3}$.

题 16 （2000 年全国高中数学联赛第 15 题）已知 $C_0:x^2+y^2=1$ 和$C_1:\frac{x^2}{a^2}+\frac{y^2}{b^2}=1(a>b>0)$. 试问：当且仅当 a,b 满足什么条件时，对 C_1 上任意一点 P，均存在以 P 为顶点、与 C_0 外切、与 C_1 内接的平行四边形？并证明你的结论.

解 所求的充要条件为$\frac{1}{a^2}+\frac{1}{b^2}=1$. 证明如下：

必要性 如图 6 所示，易知圆外切平行四边形是菱形，且圆心即菱形的中心.

对 C_1 上的点 $P(a,0)$，有以该点为一个顶点的菱形与 C_1 内接、与 C_0 外切.

得点$(a,0)$的相对顶点为$(-a,0)$. 由菱形的对角线互相垂直平分，得该菱形的另外两个顶点分别为$(0,b)$，$(0,-b)$.

可得该菱形一边所在直线的方程为$\frac{x}{a}+\frac{y}{b}=1$，再由该菱形与 C_0 外切及点到直线的距离公式可得$\frac{1}{a^2}+\frac{1}{b^2}=1$.

必要性获证.

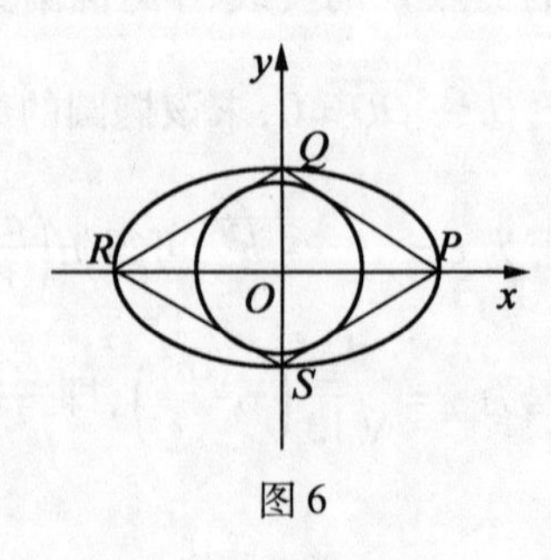

图 6

充分性　如图7所示,若$\frac{1}{a^2}+\frac{1}{b^2}=1$,设点$P$为$C_1$上任意一点,过点$P$及坐标原点$O$作$C_1$的弦$PR$,再过点$O$作与直线$PR$垂直的弦$QS$,得$C_1$的内接菱形$PQRS$.

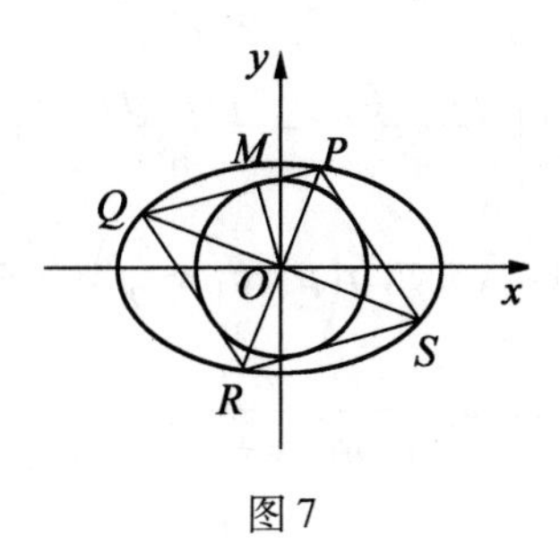

图7

设坐标原点O到直线PQ的距离为d,由$OP\perp OQ$及定理3、定理1,可得

$$\begin{aligned}\frac{1}{d^2}&=\frac{1}{|OP|^2}+\frac{1}{|OQ|^2}\\&=\frac{1}{a^2}+\frac{1}{b^2}\\&=1\end{aligned}$$

$$d=1$$

同理,可得原点O到直线PQ,QR,RS,SP的距离均为1,所以菱形$PQRS$与C_0外切.

充分性也获证.

题17　(2017年清华大学数学能力测试第15题)以椭圆$\frac{x^2}{4}+\frac{y^2}{9}=1$与过原点且互相垂直的两条直线的四个交点为顶点的菱形面积可以是　(　　)

A. 16　　B. 12

C. 10　　D. 18

解　B. 由定理7(2)可立得该菱形面积的取值范围是$\left[\frac{144}{13},12\right]$,所以选B.

题18　(普通高中课程标准实验教科书《数学·选修4-4·A版·坐标系与参数方程》(人民教育出版社,2007年第2版)(以下简称《选修4-4》)第15页第6题)已知椭圆的中心为O,长轴、短轴的长分别为$2a,2b(a>b>0)$,A,B分别为椭圆上的两点,且$OA\perp OB$.

(1)求证:$\frac{1}{|OA|^2}+\frac{1}{|OB|^2}$为定值;

(2)求$\triangle AOB$面积的最大值和最小值.

解 与《选修4-4》配套使用的《教师教学用书》第18页给出的解答是:

(1)以椭圆的中心O为坐标原点,长轴所在的直线为x轴,建立平面直角坐标系,可得椭圆的直角坐标方程为$\frac{x^2}{a^2}+\frac{y^2}{b^2}=1$.

将其化为极坐标方程,得$\frac{(\rho\cos\theta)^2}{a^2}+\frac{(\rho\sin\theta)^2}{b^2}=1$,即$\rho^2=\frac{a^2b^2}{b^2\cos^2\theta+a^2\sin^2\theta}$.

由$OA\perp OB$,可设点$A(\rho_1,\theta_1)$,$B\left(\rho_2,\theta_1+\frac{\pi}{2}\right)(0\leqslant\theta_1<2\pi)$,得

$$\rho_1^2=\frac{a^2b^2}{a^2\sin^2\theta_1+b^2\cos^2\theta_1}$$

$$\rho_2^2=\frac{a^2b^2}{b^2\sin^2\theta_1+a^2\cos^2\theta_1}$$

于是

$$\begin{aligned}\frac{1}{|OA|^2}+\frac{1}{|OB|^2}&=\frac{1}{\rho_1^2}+\frac{1}{\rho_2^2}\\&=\frac{a^2(\sin^2\theta_1+\cos^2\theta_1)+b^2(\sin^2\theta_1+\cos^2\theta_1)}{a^2b^2}\\&=\frac{a^2+b^2}{a^2b^2}\end{aligned}$$

所以$\frac{1}{|OA|^2}+\frac{1}{|OB|^2}$为定值.

(2)由(1)的解答,可得

$$\begin{aligned}S_{\triangle AOB}&=\frac{1}{2}|OA|\cdot|OB|\\&=\frac{1}{2}\rho_1\rho_2\\&=\frac{a^2b^2}{2\sqrt{(a^2\sin^2\theta_1+b^2\cos^2\theta_1)(b^2\sin^2\theta_1+a^2\cos^2\theta_1)}}\\&=\frac{a^2b^2}{2\sqrt{\frac{(a^2-b^2)^2}{4}\sin^2 2\theta_1+a^2b^2}}\end{aligned}$$

所以当且仅当$\sin^2 2\theta_1=1$即$\theta_1=\frac{\pi}{4},\frac{3\pi}{4},\frac{5\pi}{4}$或$\frac{7\pi}{4}$时,$(S_{\triangle AOB})_{\min}=\frac{a^2b^2}{a^2+b^2}$;当且仅当$\sin^2 2\theta_1=0$即$\theta_1=0,\frac{\pi}{2},\pi$,或$\frac{3\pi}{2}$时,$(S_{\triangle AOB})_{\max}=\frac{ab}{2}$.

（注 《教师教学用书》中的叙述“当 $\sin^2 2\theta_1 = 1$，即 $\theta_1 = \frac{\pi}{4}$或$\frac{5\pi}{4}$时，$S_{\triangle AOB}$有最小值$\frac{a^2b^2}{a^2+b^2}$”及“当 $\sin^2 2\theta_1 = 0$，即 $\theta_1 = 0$ 或 π 时，$S_{\triangle AOB}$有最大值$\frac{ab}{2}$”均有误，应把这里的“$\theta_1 = \frac{\pi}{4}$或$\frac{5\pi}{4}$”及“$\theta_1 = 0$ 或 π”分别改为“$\theta_1 = \frac{\pi}{4}, \frac{3\pi}{4}, \frac{5\pi}{4}$或$\frac{7\pi}{4}$”及“$\theta_1 = 0, \frac{\pi}{2}, \pi$，或$\frac{3\pi}{2}$”（因为“即”的含义是“等价”）.）

这说明极坐标系的解法与三角函数定义的解法是等价的.

§3 用椭圆和圆的参数方程解题

题1 （2004年全国高中数学联赛四川省初赛第16题）已知椭圆 $C:\frac{x^2}{a^2}+\frac{y^2}{b^2}=1(a>b>0)$ 和动圆 $T:x^2+y^2=r^2(b<r<a)$. 若点 A 在椭圆 C 上，点 B 在动圆 T 上，且使直线 AB 与椭圆 C、动圆 T 均相切，求点 A,B 的距离 $|AB|$ 的最大值.

解 如图1所示，不妨设点 A,B 均在第一象限.

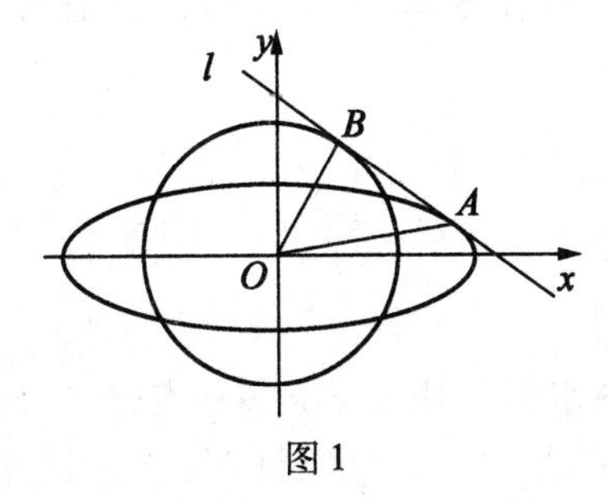

图1

由点 A 在椭圆 C 上，可设点 $A(a\cos\alpha, b\sin\alpha)\left(0<\alpha<\frac{\pi}{2}\right)$，得椭圆 C 在点 A 处的切线方程为

$$\frac{\cos\alpha}{a}x+\frac{\sin\alpha}{b}y=1 \quad ①$$

由点 B 在动圆 T 上，可设点 $B(r\cos\beta, r\sin\beta)\left(0<\beta<\frac{\pi}{2}\right)$，得圆 T 在点 B 处的切线方程为

$$x\cos\beta + y\sin\beta = r \quad ②$$

因为式①②表示同一条直线,所以

$$\frac{\cos\alpha}{a\cos\beta} = \frac{\sin\alpha}{b\sin\beta} = \frac{1}{r}$$

$$\cos\beta = \frac{r}{a}\cos\alpha$$

$$\sin\beta = \frac{r}{b}\sin\alpha$$

$$\frac{\cos^2\alpha}{a^2} + \frac{\sin^2\alpha}{b^2} = \frac{1}{r^2}$$

$$\cos^2\alpha = \frac{a^2(r^2-b^2)}{r^2(a^2-b^2)}$$

所以

$$\begin{aligned}|AB|^2 &= |OA|^2 - |OB|^2 \\ &= a^2\cos^2\alpha + b^2\sin^2\alpha - r^2 \\ &= (a^2-b^2)\cos^2\alpha + b^2 - r^2 \\ &= (a^2+b^2) - \left(r^2 + \frac{a^2b^2}{r^2}\right) \\ &\leqslant (a^2+b^2) - 2ab \\ &= (a-b)^2\end{aligned}$$

进而可得$|AB|$的最大值是$a-b$.

注 由题1的结论还可得2014年高考浙江卷理科第21(2)题的结论成立.

这道高考题是:

如图2,设椭圆$C:\frac{x^2}{a^2}+\frac{y^2}{b^2}=1(a>b>0)$,动直线$l$与椭圆$C$只有一个公共点$P$,且点$P$在第一象限.

(1)已知直线l的斜率为k,用a,b,k表示点P的坐标;

(2)若过原点O的直线l_1与l垂直,证明:点P到直线l_1的距离的最大值为$a-b$.

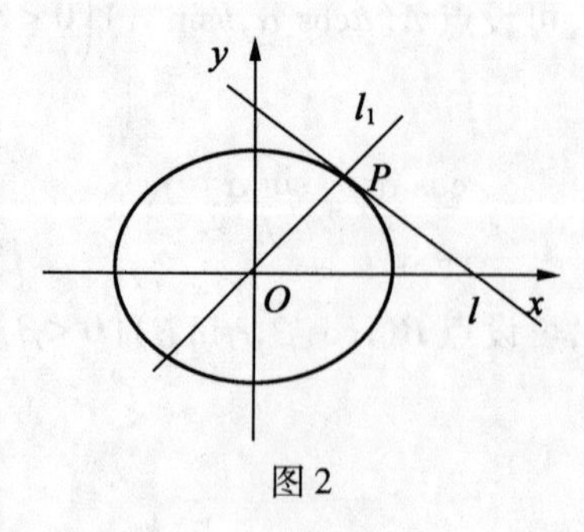

图2

题2　(2015年浙江省高中数学竞赛第17题)已知椭圆 $C_1:\frac{x^2}{a^2}+\frac{y^2}{b^2}=1$ $(a>b>0)$的离心率为$\frac{\sqrt{3}}{2}$,右焦点为圆 $C_2:(x-\sqrt{3})^2+y^2=7$ 的圆心.

(1)求椭圆 C_1 的方程;

(2)若直线 l 与曲线 C_1,C_2 都只有一个公共点,记直线 l 与圆 C_2 的公共点为 A,求点 A 的坐标.

解法1　(1)$\frac{x^2}{4}+y^2=1$.(过程略.)

(2)如图3所示,可设直线 l 与椭圆 C_1 相切于点 $B(2\cos\alpha,\sin\alpha)$,得椭圆 C_1 在点 B 处的切线方程为

$$x\cos\alpha+2y\sin\alpha=2 \tag{③}$$

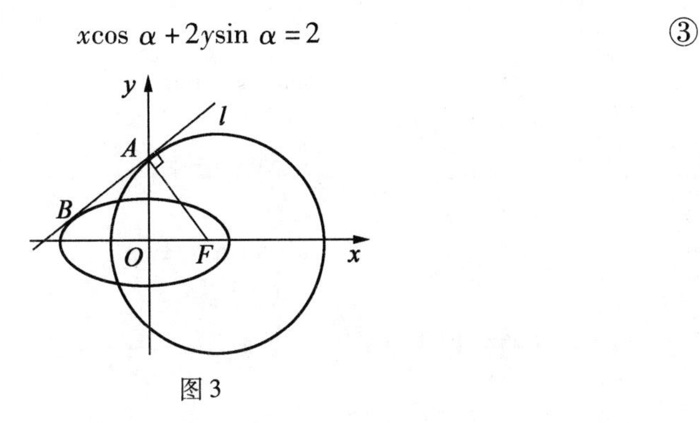

图3

还可设直线 l 与圆 C_2 相切于点 $A(\sqrt{7}\cos\beta+\sqrt{3},\sqrt{7}\sin\beta)$,得圆 C_2 在点 A 处的切线方程为

$$x\cos\beta+y\sin\beta=\sqrt{3}\cos\beta+\sqrt{7} \tag{④}$$

由式③④表示同一条直线,可得

$$\frac{\cos\alpha}{\cos\beta}=\frac{2\sin\alpha}{\sin\beta}$$

$$=\frac{2}{\sqrt{3}\cos\beta+\sqrt{7}}$$

所以

$$\cos\alpha=\frac{2\cos\beta}{\sqrt{3}\cos\beta+\sqrt{7}}$$

$$\sin\alpha=\frac{\sin\beta}{\sqrt{3}\cos\beta+\sqrt{7}}$$

$$(2\cos\beta)^2+(\sin\beta)^2=(\sqrt{3}\cos\beta+\sqrt{7})^2$$

$$\cos\beta=-\frac{\sqrt{3}}{\sqrt{7}}$$

$$\sin\beta=\pm\frac{2}{\sqrt{7}}$$

进而可求得点 A 的坐标是$(0,\pm2)$.

解法 2 (1)$\frac{x^2}{4}+y^2=1$.(过程略.)

(2)如图 3 所示,可设直线 l 与椭圆 C_1 相切于点 $B(2\cos\alpha,\sin\alpha)$,同解法 1 可得直线 l 的方程为式③.

由直线③与圆 C_2 相切,可得

$$\frac{2-\sqrt{3}\cos\alpha}{\sqrt{\cos^2\alpha+4\sin^2\alpha}}=\sqrt{7}$$

$$\cos\alpha=-\frac{\sqrt{3}}{2}$$

$$\sin\alpha=\pm\frac{1}{2}$$

得直线 l 的方程为 $y=\frac{\sqrt{3}}{2}x+2$ 或 $y=-\frac{\sqrt{3}}{2}x-2$.

再让直线 l 与圆 C_2 的方程联立后,可求得切点 A 的坐标是$(0,\pm2)$.

§4 过定点与定双曲线有唯一公共点的直线有哪几条

学生在解决过定点的直线与已知双曲线有唯一公共点的问题时总感觉难度很大,下面用数形结合思想给出其完整结论(表 1):

表 1

序号	定点 A 的位置	过定点与定双曲线有唯一公共点的直线有哪几条
1	在双曲线内(指含焦点的区域)	2 条:分别与该双曲线的两条渐近线平行

表1(续)

序号	定点A的位置	过定点与定双曲线有唯一公共点的直线有哪几条
2	在双曲线上	3条:有2条分别与该双曲线的两条渐近线平行;另1条是该双曲线在定点A处的切线
3	在双曲线的渐近线上(但不是该双曲线的中心)	1条:与该双曲线的不过定点A的渐近线平行
4	是双曲线的中心	0条
5	在双曲线外(但不在该双曲线的渐近线上)	4条:有2条分别与该双曲线的两条渐近线平行;另2条是该双曲线过定点A的切线

由以下两个事实便可理解以上结论成立:

(1)过双曲线内的点不能作该双曲线的切线;过双曲线上的点只能作该双曲线的一条切线;过双曲线外的点只能作该双曲线的两条切线(但渐近线应视作该双曲线在无穷远点处的切线).(该结论与圆的切线的结论类似.)

(2)与双曲线的渐近线平行的直线与该双曲线相交且有唯一交点.

题1　过点$P(3,2)$与双曲线$\frac{x^2}{9}-\frac{y^2}{4}=1$有唯一公共点的直线有　(　　)

A. 一条　　B. 两条

C. 三条　　D. 四条

解　A. 由以上结论3可知选A.

§5　伸缩变换的性质及其应用

普通高中课程标准实验教科书《数学·选修2-3·A版·坐标系与参数方程》(人民教育出版社,2007年第2版)第7页给出了平面直角坐标系坐标伸缩变换的定义:

定义　设点$P(x,y)$是平面直角坐标系中的任意一点,在变换

$$\varphi:\begin{cases}x'=\lambda x & (\lambda>0)\\ y'=\mu y & (\mu>0)\end{cases}$$

的作用下，点 $P(x,y)$ 对应到点 $P'(x',y')$，则称 φ 为平面直角坐标系中的坐标伸缩变换.

该变换有以下性质：

(1)直线与曲线的位置关系保持不变；

(2)直线 l 变成直线 l'，且 $k_{l'}=\frac{\mu}{\lambda}k_l$（当 k_l 不存在时，$k_{l'}$ 也不存在）；

(3)若直线 l 上的线段成比例，则它变成直线 l' 上的对应线段仍成比例；

(4)设线段 $A_iB_i(i=1,2)$ 分别变成线段 $A'_iB'_i(i=1,2)$，若直线 A_1B_1 与 A_2B_2 平行（或重合），则直线 $A'_1B'_1$ 与 $A'_2B'_2$ 也平行（或重合），且 $\frac{A_1B_1}{A_2B_2}=\frac{A'_1B'_1}{A'_2B'_2}$；

(5)若 $\triangle ABC$ 变换后变成 $\triangle A'B'C'$，则 $S_{\triangle A'B'C'}=\lambda\mu S_{\triangle ABC}$.

证明 下面只证(5).

设点 $A(x_1,y_1)$，$B(x_2,y_2)$，$C(x_3,y_3)$，则 $A'(\lambda x_1,\mu y_1)$，$B'(\lambda x_2,\mu y_2)$，$C'(\lambda x_3,\mu y_3)$，所以

$$S_{\triangle A'B'C'}=\frac{1}{2}\left|\begin{vmatrix}1&1&1\\ \lambda x_1&\lambda x_2&\lambda x_3\\ \mu y_1&\mu y_2&\mu y_3\end{vmatrix}\right|$$

$$=\frac{1}{2}\lambda\mu\left|\begin{vmatrix}1&1&1\\ x_1&x_2&x_3\\ y_1&y_2&y_3\end{vmatrix}\right|$$

$$=\lambda\mu S_{\triangle ABC}$$

题1 求椭圆 $\frac{x^2}{4}+\frac{y^2}{3}=1$ 过点 $A(2,1)$ 的切线方程.

解 作伸缩变换 $\varphi:\begin{cases}x'=\dfrac{x}{2}\\ y'=\dfrac{y}{\sqrt{3}}\end{cases}$，使得点 $A(2,1)$ 变为点 $A'\left(1,\frac{1}{\sqrt{3}}\right)$，椭圆 $C:\frac{x^2}{4}+\frac{y^2}{3}=1$ 变为单位圆 $C':x'^2+y'^2=1$.

可求得圆 C' 过点 A' 的切线方程是 $x'=1$，$x'+\sqrt{3}y'-2=0$.

再由伸缩变换 φ 知，所求的切线方程是 $x=2$，$x+2y-4=0$.

题2 已知点 O 是坐标原点，点 A,B 在曲线 $\frac{x^2}{a^2}+\frac{y^2}{b^2}=1$ 上，且点 A,O,B 不

共线,求证:当且仅当以下条件之一满足时$\triangle OAB$的面积最大,且最大值为$\frac{1}{2}ab$:

(1)直线AB与曲线$\frac{x^2}{2a^2}+\frac{y^2}{2b^2}=1$相切;

(2)$k_{OA}\cdot k_{OB}=-\frac{b^2}{a^2}$(或点$A,B$分别在$x$轴、$y$轴上,或点$A,B$分别在$y$轴、$x$轴上).

证明　不妨设$a>0,b>0$.作伸缩变换$\varphi:\begin{cases}x'=\frac{x}{a}\\y'=\frac{y}{b}\end{cases}$,使得曲线$C:\frac{x^2}{a^2}+\frac{y^2}{b^2}=1$变为单位圆$C':x'^2+y'^2=1$.

又设点A,B分别变为点A',B',由性质(5),得$S_{\triangle ABC}=abS_{\triangle A'B'C'}$,所以$S_{\triangle ABC}$取最大值$\Leftrightarrow S_{\triangle A'B'C'}$取最大值.

在单位圆C'中,易知下面的结论成立:

当且仅当直线AB与曲线$\frac{x'^2}{2a^2}+\frac{y'^2}{2b^2}=1$相切时$S_{\triangle A'B'C'}$取最大值,且最大值为$\frac{1}{2}$;当且仅当$OA'\perp OB'$时$S_{\triangle A'B'C'}$取最大值,且最大值为$\frac{1}{2}$.

再由性质(1)(2)可得欲证结论成立.

题3　求证:曲线$\frac{x^2}{a^2}+\frac{y^2}{b^2}=1(a>0,b>0)$围成的面积是$\pi ab$.

证明　在曲线$C:\frac{x^2}{a^2}+\frac{y^2}{b^2}=1$上沿逆时针或顺时针选$n$个点$A_i(i=1,2,\cdots,n)$.

作伸缩变换$\varphi:\begin{cases}x'=\frac{x}{a}\\y'=\frac{y}{b}\end{cases}$,使得曲线$C$变为单位圆$C':x'^2+y'^2=1$,设$A_i(i=1,2,\cdots,n)$分别变为单位圆$C':x'^2+y'^2=1$上的点$A'_i(i=1,2,\cdots,n)$,所以由性质(5),得

$$\begin{aligned}S_{椭圆C}&=\lim_{n\to\infty}(S_{\triangle OA_1A_2}+S_{\triangle OA_2A_3}+\cdots+S_{\triangle OA_{n-1}A_n}+S_{\triangle OA_nA_1})\\&=ab\lim_{n\to\infty}(S_{\triangle OA'_1A'_2}+S_{\triangle OA'_2A'_3}+\cdots+S_{\triangle OA'_{n-1}A'_n}+S_{\triangle OA'_nA'_1})\\&=abS_{圆C'}\end{aligned}$$

$= \pi ab$

题4 （2016 年高考四川卷文科第 20 题）已知椭圆 $E:\frac{x^2}{a^2}+\frac{y^2}{b^2}=1$ $(a>b>0)$的一个焦点与短轴的两个端点是正三角形的三个顶点，点$P\left(\sqrt{3},\frac{1}{2}\right)$在椭圆 E 上.

(1)求椭圆 E 的方程；

(2)设不过原点 O 且斜率为$\frac{1}{2}$的直线 l 与椭圆 E 交于不同的两点 A,B，线段 AB 的中点为 M，直线 OM 与椭圆 E 交于点 C,D，证明：$|MA|\cdot|MB|=|MC|\cdot|MD|$.

解 (1)椭圆 E 的方程是$\frac{x^2}{4}+y^2=1$.（过程略.）

(2)作伸缩变换 $\varphi:\begin{cases}x'=x\\y'=2y\end{cases}$，使得椭圆 E 变为圆 $E':x'^2+y'^2=4$.

如图所示，设图 1 中的点 A,B,C,D,M 分别对应着图 2 中的点 A',B',C',D',M'.

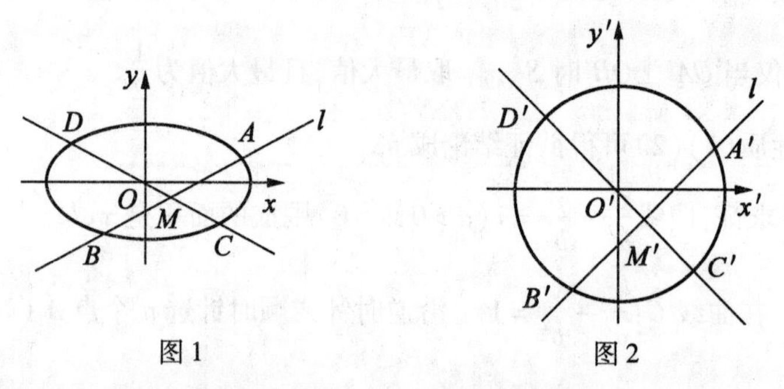

图 1　　　　图 2

由性质(4)及弦长公式，可得

$$\frac{|M'A'|}{|MA|}=\frac{|M'B'|}{|MB|}=\frac{\sqrt{1+4\left(\frac{1}{2}\right)^2}}{\sqrt{1+\left(\frac{1}{2}\right)^2}}$$

$$\frac{|M'C'|}{|MC|}=\frac{|M'D'|}{|MD|}=\frac{\sqrt{1+4\left(-\frac{1}{2}\right)^2}}{\sqrt{1+\left(-\frac{1}{2}\right)^2}}$$

所以

$$\frac{|M'A'|}{|MA|}=\frac{|M'B'|}{|MB|}=\frac{|M'C'|}{|MC|}=\frac{|M'D'|}{|MD|}$$

在图2中，由相交弦定理可得 $|M'A'|\cdot|M'B'|=|M'C'|\cdot|M'D'|$，所以 $|MA|\cdot|MB|=|MC|\cdot|MD|$.

题5 （2016年高考四川卷理科第20题）已知椭圆 $E:\frac{x^2}{a^2}+\frac{y^2}{b^2}=1(a>b>0)$ 的两个焦点与短轴的一个端点是直角三角形的三个顶点，直线 $l:y=-x+3$ 与椭圆 E 有且只有一个公共点 T.

（1）求椭圆 E 的方程及点 T 的坐标；

（2）设 O 是坐标原点，直线 l' 平行于 OT，与椭圆 E 交于不同的两点 A,B，且与直线 l 交于点 P. 证明：存在常数 λ，使得 $|PT|^2=\lambda|PA|\cdot|PB|$，并求 λ 的值.

解 （1）椭圆 E 的方程是 $\frac{x^2}{6}+\frac{y^2}{3}=1$，点 T 的坐标是 $(2,1)$.（过程略.）

（2）作伸缩变换 $\varphi:\begin{cases}x'=x\\ y'=\sqrt{2}y\end{cases}$，使得椭圆 E 变为圆 $E':x'^2+y'^2=6$.

如图所示，设图3中的点 A,B,P,T 分别对应着图4中的点 A',B',P',T'.

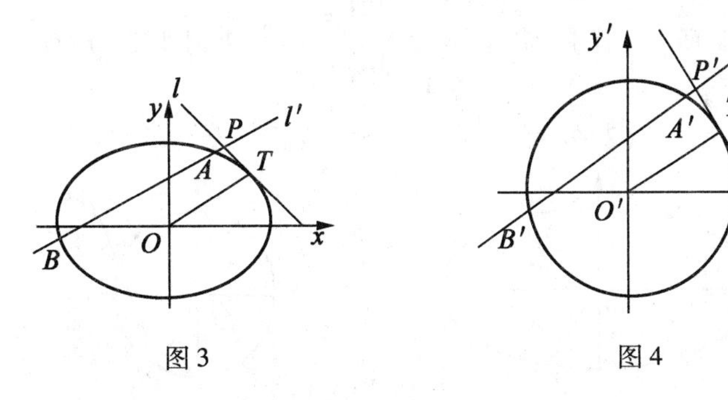

图3　　　　图4

由性质（4）及弦长公式，可得

$$\frac{|P'T'|^2}{|PT|^2}=\frac{1+2(-1)^2}{1+(-1)^2}=\frac{3}{2}$$

$$\frac{|P'A'|\cdot|P'B'|}{|PA|\cdot|PB|}=\frac{1+2\left(\frac{1}{2}\right)^2}{1+\left(\frac{1}{2}\right)^2}$$

$$=\frac{6}{5}$$

在图4中，由切割线定理可得$|P'T'|^2=|P'A'|\cdot|P'B'|$，所以$|PT|^2=\frac{4}{5}|PA|\cdot|PB|$.

所以存在常数$\lambda=\frac{4}{5}$，使得$|PT|^2=\lambda|PA|\cdot|PB|$.

题6 (2014年高考全国课标卷Ⅰ理科第20题)已知点$A(0,-2)$，椭圆$E:\frac{x^2}{a^2}+\frac{y^2}{b^2}=1(a>b>0)$的离心率为$\frac{\sqrt{3}}{2}$，$F$是椭圆$E$的右焦点，直线$AF$的斜率为$\frac{2\sqrt{3}}{3}$，$O$为坐标原点.

(1)求E的方程；

(2)设过点A的动直线l与E相交于P,Q两点，当$\triangle OPQ$的面积最大时，求l的方程.

解 (1)椭圆E的方程是$\frac{x^2}{4}+y^2=1$.(过程略.)

(2)可设所求直线l的方程是$y=kx-2$.

如图5、图6所示，作伸缩变换$\varphi:\begin{cases}x'=\frac{x}{2}\\y'=y\end{cases}$，使得椭圆$E$变为单位圆$E':x'^2+y'^2=1$，由性质(2)知直线$l$变为直线$l':y'=2kx'-2$.

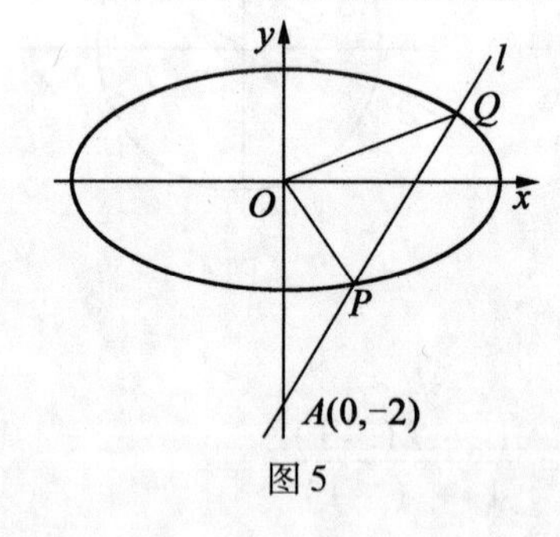

图5

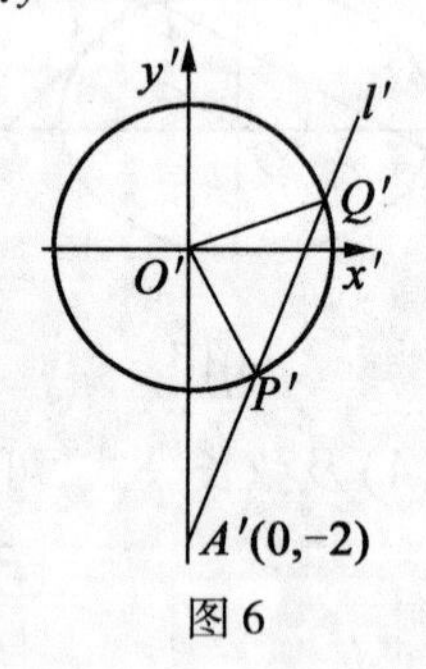

图6

由性质(5)知，$\triangle OPQ$的面积最大即$\triangle O'P'Q'$的面积$\frac{1}{2}|O'P'|\cdot|O'Q'|\sin\angle P'O'Q'$，亦即$\frac{1}{2}\sin\angle P'O'Q'$最大，得$O'P'\perp O'Q'$，所以点$O'$到直线$l'$的距离为$\frac{|P'Q'|}{2}=\frac{\sqrt{2}}{2}$.

再由点到直线的距离公式,得$\dfrac{2}{\sqrt{4k^2+1}}=\dfrac{\sqrt{2}}{2}$,解得$k=\pm\dfrac{\sqrt{7}}{2}$.

所以所求直线l的方程为$y=\dfrac{\sqrt{7}}{2}x-2$或$y=-\dfrac{\sqrt{7}}{2}x-2$.

题7　(2009年清华大学自主招生数学试题(理科)第3题)已知椭圆$\dfrac{x^2}{a^2}+\dfrac{y^2}{b^2}=1(a>b>0)$,过椭圆左顶点$A(-a,0)$的直线$l$与椭圆交于点$Q$,与$y$轴交于点$R$,过原点与$l$平行的直线与椭圆交于点$P$.求证:$|AQ|$,$\sqrt{2}|OP|$,$|AR|$成等比数列.

解　作伸缩变换$\varphi:\begin{cases}x'=\dfrac{x}{a}\\ y'=\dfrac{y}{b}\end{cases}$,使得椭圆$\dfrac{x^2}{a^2}+\dfrac{y^2}{b^2}=1$和定点$A(-a,0)$分别变为圆$x'^2+y'^2=1$和点$A'(-1,0)$,变换前后的图形分别如图7、图8所示.

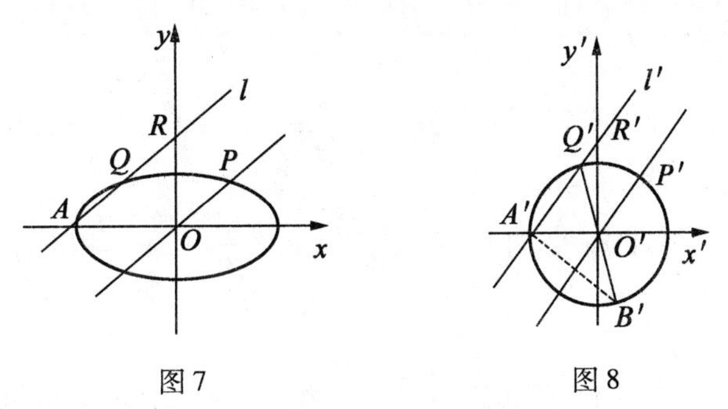

图7　　　　图8

在图8中,联结$Q'O'$并延长交圆O'于点B',再联结$A'B'$,可得$\angle O'A'Q'=\angle O'Q'A'$,所以$\mathrm{Rt}\triangle A'B'Q'\backsim\mathrm{Rt}\triangle O'R'A'$.

所以$\dfrac{|A'Q'|}{|O'A'|}=\dfrac{|B'Q'|}{|R'A'|}$,$|A'Q'|\cdot|R'A'|=2=2|O'P'|^2$,所以$\dfrac{|A'Q'|}{|O'P'|}\cdot\dfrac{|R'A'|}{|O'P'|}-2$.

再由性质(4),得$\dfrac{|AQ|}{|OP|}\cdot\dfrac{|RA|}{|OP|}=2$,$|AQ|\cdot|AR|=2|OP|^2$,即欲证结论成立.

题8　(2015年北京大学博雅自主招生试题第7题)若椭圆$\dfrac{x^2}{a^2}+\dfrac{y^2}{b^2}=1$的一条切线与$x$轴、$y$轴分别交于点$A,B$,则$\triangle AOB$面积的最小值为________.

解 $|ab|$. 作伸缩变换 $\varphi:\begin{cases}x'=\dfrac{x}{|a|}\\ y'=\dfrac{y}{|b|}\end{cases}$,使得椭圆 $C:\dfrac{x^2}{a^2}+\dfrac{y^2}{b^2}=1$ 变为单位圆$C':x'^2+y'^2=1$.

由性质(1)知,椭圆 C 的切线 AB 变为单位圆 C'的切线 $A'B'$,且点 A',B'分别在平面直角坐标系 $x'O'y'$的坐标轴 x'轴、y'轴上.

设切线 $A'B'$ 上的切点为 $(\cos\theta,\sin\theta)$ $(\cos\theta\sin\theta\neq0)$,得切线 $A'B':x'\cos\theta+y'\sin\theta=1$,再得点 $A'\left(\dfrac{1}{\cos\theta},0\right)$,$B'\left(\dfrac{1}{\sin\theta},0\right)$,所以

$$\begin{aligned}S_{\triangle A'O'B'}&=\frac{1}{2}\left|\frac{1}{\cos\theta}\right|\cdot\left|\frac{1}{\sin\theta}\right|\\&=\left|\frac{1}{\sin2\theta}\right|\\&\geqslant1\end{aligned}$$

再由性质(5),得 $S_{\triangle AOB}=|a|\cdot|b|S_{\triangle A'O'B'}\geqslant|ab|$,进而可得$\triangle AOB$ 面积的最小值为$|ab|$.

练 习

1. 若直线 $x-y+m=0$ 与椭圆$\dfrac{(x-2)^2}{4}+\dfrac{(y+3)^2}{9}=1$ 相交于两点,求 m 的取值范围.

2. 若直线 $y=kx-1$ 与椭圆$\dfrac{x^2}{4}+\dfrac{y^2}{m}=1$ 相切,求 k,m 的取值范围.

3. 若两椭圆$\dfrac{(x-2)^2}{4}+\dfrac{(y+3)^2}{9}=1$,$\dfrac{x^2}{4}+\dfrac{y^2}{9}=m^2$ 内含,求 m 的取值范围.

参考答案

1. $(-5-\sqrt{13},-5+\sqrt{13})$.

2. $k\in\left(-\dfrac{1}{2},\dfrac{1}{2}\right)$,$m\in(0,1]$.

3. $(1+\sqrt{2},+\infty)$.

§6　二次曲线上的四点共圆问题的完整结论

2016年高考四川卷文科第20题,2014年高考全国大纲卷理科第21题即文科第22题,2011年高考全国大纲卷理科第21题即文科第22题,2005年高考湖北卷理科第21题即文科第22题,2002年高考江苏、广东卷第20题及2014年全国高中数学联赛湖北赛区预赛第13题,2009年全国高中数学联赛江苏赛区复赛试题第一试第3题都是关于二次曲线上四点共圆的问题,本节将给出该问题的完整结论,即节末的推论4.

请注意:在本节中,"两条二次曲线(直线、点)"指"两条不同的二次曲线(直线、点)".

定理1　若两条二次曲线 $ax^2+by^2+cx+dy+e=0(a\neq b)$,$a'x^2+b'y^2+c'x+d'y+e'=0(a'\neq b')$ 至少有三个公共点,则:

(1)所有的公共点共线的充要条件是 $ab'=a'b$;

(2)所有的公共点共圆的充要条件是 $ab'\neq a'b$.

证明　因为"三点共线"与"三点共圆"不能同时成立,所以只需由题设证明:

(ⅰ)当 $ab'=a'b$ 时,所有的公共点共线;

(ⅱ)当 $ab'\neq a'b$ 时,所有的公共点共圆.

证明如下:

(ⅰ)当 $ab'=a'b=0$ 时,可得 $\begin{cases}a=a'=0\\bb'\neq 0\end{cases}$ 或 $\begin{cases}b=b'=0\\aa'\neq 0\end{cases}$.

当 $\begin{cases}a=a'=0\\bb'\neq 0\end{cases}$ 时,可得题设中的所有公共点的坐标是方程组

$$\begin{cases}b'by^2+b'cx+b'dy+b'e=0\\bb'y^2+bc'x+bd'y+be'-0\end{cases}\qquad ①$$

即

$$\begin{cases}by^2+cx+dy+e=0\\(b'c-bc')x+(b'd-bd')y+(b'e-be')=0\end{cases}\qquad ②$$

的全部实数解.

若 $b'c-bc'=b'd-bd'=0$,由方程组②中的第二个方程可得 $b'c-bc'=b'd-bd'=b'e-be'=0$,再得方程组①中的两个方程是同一个方程,进而可得题

设中的两条二次曲线是同一条二次曲线，这不可能！所以方程组②中的第二个方程表示直线，因而题设中的所有公共点共线.

当$\begin{cases} b=b'=0 \\ aa'\neq 0 \end{cases}$时，同理可证.

当$ab'=a'b\neq 0$时，可设$\frac{a'}{a}=\frac{b'}{b}=k(k\neq 0)$，得题设中的所有公共点(至少三个)的坐标是方程组

$$\begin{cases} a'x^2+b'y^2+kcx+kdy+ke=0 \\ a'x^2+b'y^2+c'x+d'y+e'=0 \end{cases}$$

即

$$\begin{cases} a'x^2+b'y^2+kcx+kdy+ke=0 \\ (kc-c')x+(kd-d')y+(ke-e')=0 \end{cases}$$

的全部实数解. 进而(同理)可证得题设中的所有公共点共线.

(ⅱ)当$ab'\neq a'b$时，可得题设中的所有公共点在曲线

$$\frac{b'-a'}{a-b}(ax^2+by^2+cx+dy+e)+(a'x^2+b'y^2+c'x+d'y+e')=0$$

即

$$\frac{ab'-a'b}{a-b}(x^2+y^2)+c_0x+d_0y+e_0=0$$

上. 该方程表示的曲线有且仅有三种情形：一个圆、一个点、无轨迹. 再由题设中的"至少有三个公共点"可得该曲线是圆，所以欲证结论成立.

定理2 若两条二次曲线$ax^2+by^2+cx+dy+e=0$，$a'x^2+b'y^2+c'x+d'y+e'=0$共有四个公共点，则这四个公共点共圆.

证明 当$a=b$或$a'=b'$时，欲证结论显然成立.

当$\begin{cases} a\neq b \\ a'\neq b' \end{cases}$时，可得题设中的四个公共点的坐标是方程组

$$\begin{cases} \frac{b'-a'}{a-b}(ax^2+by^2+cx+dy+e)=0 \\ a'x^2+b'y^2+c'x+d'y+e'=0 \end{cases}$$

的全部实数解. 把该方程组中的两个方程相加后，可得题设中的四个公共点的坐标是方程组

$$\begin{cases} ax^2+by^2+cx+dy+e=0 \\ \frac{ab'-a'b}{a-b}x^2+\frac{ab'-a'b}{a-b}y^2+\left(\frac{b'c-a'c}{a-b}+c'\right)x+\left(\frac{b'd-a'd}{a-b}+d'\right)y+\left(\frac{b'e-a'e}{a-b}+e'\right)=0 \end{cases} \quad ③$$

的全部实数解.

若$\frac{ab'-a'b}{a-b}=0$,可得题设中的四个公共点的坐标是方程组

$$\begin{cases}ax^2+by^2+cx+dy+e=0 & ④\\ \left(\frac{b'c-a'c}{a-b}+c'\right)x+\left(\frac{b'd-a'd}{a-b}+d'\right)y+\left(\frac{b'e-a'e}{a-b}+e'\right)=0 & ⑤\end{cases}$$

的全部实数解.

若方程⑤是恒成立的,则题设中的四个公共点的坐标是方程④的全部实数解,这显然不可能!所以方程⑤表示直线.此时,若方程⑤左边的式子是方程④左边式子的因式,则题设中的四个公共点的坐标是方程⑤的全部实数解,这显然也不可能!所以方程⑤左边的式子不是方程④左边式子的因式,此时可得方程组④⑤最多有两组解,也与题设"共有四个公共点"矛盾!所以$\frac{ab'-a'b}{a-b}\neq 0$.

此时,可得曲线③表示的曲线有且仅有三种情形:一个圆、一个点、无轨迹.而题设中的四个公共点在曲线③上,所以方程③表示圆.这就证得了"这四个公共点共圆".

定理3 若两条直线$l_i:a_ix+b_iy+c_i=0(i=1,2)$与二次曲线$\Gamma:ax^2+by^2+cx+dy+e=0(a\neq b)$共有四个公共点,则这四个公共点共圆的充要条件是$a_1b_2+a_2b_1=0$.

证明 由l_1,l_2组成的曲线即

$$\Gamma':(a_1x+b_1y+c_1)(a_2x+b_2y+c_2)=0$$

所以经过它与Γ的四个公共点的二次曲线一定能表示成以下形式(λ,μ不同时为0)

$$\lambda(ax^2+by^2+cx+dy+e)+\mu(a_1x+b_1y+c_1)(a_2x+b_2y+c_2)=0 \quad ⑥$$

必要性:若四个公共点共圆,则存在λ,μ使方程⑥表示圆,所以式⑥左边的展开式中含xy项的系数$\mu(a_1b_2+a_2b_1)=0$.而$\mu\neq 0$(否则式⑥表示曲线Γ,不表示圆),所以$a_1b_2+a_2b_1=0$.

充分性:当$a_1b_2+a_2b_1=0$时,由定理2可得两条二次曲线Γ'和Γ的四个公共点共圆.

推论1 若两条直线与二次曲线$\Gamma:ax^2+by^2+cx+dy+e=0(a\neq b)$共有四个公共点,则这四个公共点共圆的充要条件是这两条直线的斜率均不存在或这两条直线的斜率均存在且互为相反数.

证明 设两条直线为 $l_i: a_ix+b_iy+c_i=0(i=1,2)$,由定理 3 可得,这四个公共点共圆的充要条件是 $a_1b_2+a_2b_1=0$.

(1)当 $l_1 /\!/ l_2$,即 $a_1b_2=a_2b_1$ 时,这四个公共点共圆的充要条件是 $a_1b_2=a_2b_1=0$,即 $a_1=a_2=0$ 或 $b_1=b_2=0$.

(2)当 l_1 与 l_2 不平行,即 $a_1b_2 \neq a_2b_1$ 时,由 $a_1b_2+a_2b_1=0$ 可得 $a_1b_2 \neq 0$,$a_2b_1 \neq 0$,所以这四个公共点共圆的充要条件是 $\left(-\frac{a_1}{b_1}\right)+\left(-\frac{a_2}{b_2}\right)=0$,即直线 l_1,l_2 的斜率均存在且均不为 0,并且互为相反数.

由此可得欲证结论成立.

题 1 (普通高中课程标准实验教科书《数学·选修 4-4·A 版·坐标系与参数方程》(人民教育出版社,2007 年第 2 版)第 38~39 页的例 4)如图 1 所示,AB,CD 是中心为点 O 的椭圆的两条相交弦,交点为 P.两弦 AB,CD 与椭圆长轴的夹角分别为 $\angle 1$,$\angle 2$,且 $\angle 1=\angle 2$.求证:$|PA|\cdot|PB|=|PC|\cdot|PD|$.

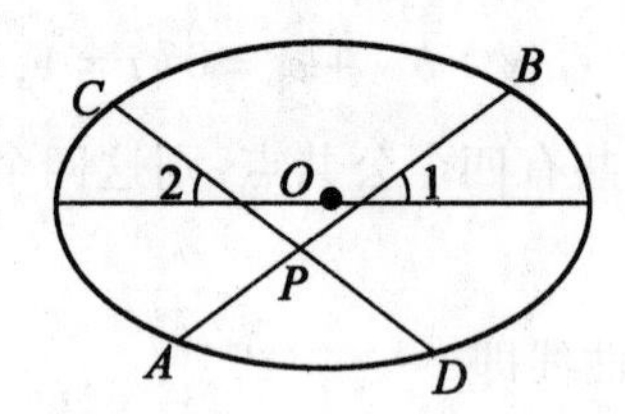

图 1

解 建立如图 2 所示的平面直角坐标系 xOy 后,由 $\angle 1=\angle 2$ 可得直线 AB,CD 的倾斜角互补,所以其斜率之和为 0,再由推论 1 及相交弦定理可立得欲证结论成立.

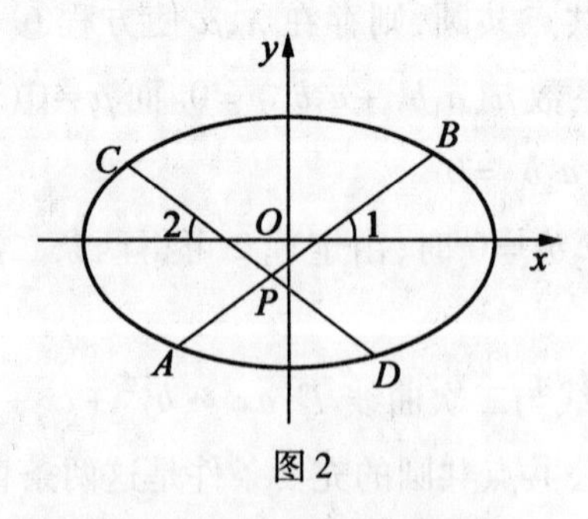

图 2

下面的题 2 是源于题 1 这道课本题的高考题.

题2 (2016年高考四川卷文科第20题)已知椭圆 $E:\frac{x^2}{a^2}+\frac{y^2}{b^2}=1$ $(a>b>0)$的一个焦点与短轴的两个端点是正三角形的三个顶点,点$P\left(\sqrt{3},\frac{1}{2}\right)$在椭圆$E$上.

(1)求椭圆E的方程;

(2)设不过原点O且斜率为$\frac{1}{2}$的直线l与椭圆E交于不同的两点A,B,线段AB的中点为M,直线OM与椭圆E交于点C,D,证明:$|MA|\cdot|MB|=|MC|\cdot|MD|$.

解 (1)椭圆E的方程是$\frac{x^2}{4}+y^2=1$.(过程略.)

(2)设点$A(x_1,y_1)$,$B(x_2,y_2)$,线段AB的中点为$M(x_0,y_0)$,则

$$\frac{x_1^2}{4}+y_1^2=1 \quad ⑦$$

$$\frac{x_2^2}{4}+y_2^2=1 \quad ⑧$$

把式⑦-⑧进行分解因式(即点差法),得

$$\frac{(x_1+x_2)(x_1-x_2)}{4}=-(y_1+y_2)(y_1-y_2)$$

$$\frac{1}{2}=k_{AB}=\frac{y_1-y_2}{x_1-x_2}=\frac{x_1+x_2}{-4(y_1+y_2)}=\frac{x_0}{-4y_0}$$

$$k_{CD}=\frac{y_0}{x_0}=-\frac{1}{2}$$

所以$k_{AB}+k_{CD}=0$,由推论1可得A,B,C,D四点共圆.

再由相交弦定理,可立得$|MA|\cdot|MB|=|MC|\cdot|MD|$.

题3 (2014年全国高中数学联赛湖北赛区预赛第13题)设A,B为双曲线$x^2-\frac{y^2}{2}=\lambda$上的两点,点$N(1,2)$为线段$AB$的中点,线段$AB$的垂直平分线与双曲线交于$C,D$两点.

(1)确定λ的取值范围;

(2)试判断A,B,C,D四点是否共圆?并说明理由.

简解 (1)用点差法可求得直线AB的方程是$y=x+1$,由直线AB与双曲线$x^2-\frac{y^2}{2}=\lambda$交于不同的两点,可得$\lambda>-1$且$\lambda\neq0$.

还可得直线 CD 的方程是 $y=-x+3$，由直线 CD 与双曲线 $x^2-\frac{y^2}{2}=\lambda$ 交于不同的两点，可得 $\lambda>-9$ 且 $\lambda\neq0$.

所以 λ 的取值范围是 $(-1,0)\cup(0,+\infty)$.

(2)由(1)的解答可得 $k_{AB}+k_{CD}=0$，所以由推论 1 可立得 A,B,C,D 四点共圆.

笔者发现还有一道竞赛题和四道高考题均是二次曲线上的四点共圆问题，所以用以上定理的证法均可给出它们的简解. 这五道题及其答案分别是：

题 4 (2014 年高考全国大纲卷理科第 21 题即文科第 22 题)已知抛物线 $C:y^2=2px(p>0)$ 的焦点为 F，直线 $y=4$ 与 y 轴的交点为 P，与抛物线 C 的交点为 Q，且 $|QF|=\frac{5}{4}|PQ|$.

(1)求抛物线 C 的方程；

(2)过点 F 的直线 l 与抛物线 C 相交于 A,B 两点，若 AB 的垂直平分线 l' 与抛物线 C 相交于 M,N 两点，且 A,M,B,N 四点在同一圆上，求 l 的方程.

答案 (1)$y^2=4x$；(2)$x-y-1=0$ 或 $x+y-1=0$.

题 5 (2011 年高考全国大纲卷理科第 21 题即文科第 22 题)如图 3 所示，已知 O 为坐标原点，F 为椭圆 $C:x^2+\frac{y^2}{2}=1$ 在 y 轴正半轴上的焦点，过点 F 且斜率为 $-\sqrt{2}$ 的直线 l 与 C 交于 A,B 两点，点 P 满足 $\overrightarrow{OA}+\overrightarrow{OB}+\overrightarrow{OP}=0$.

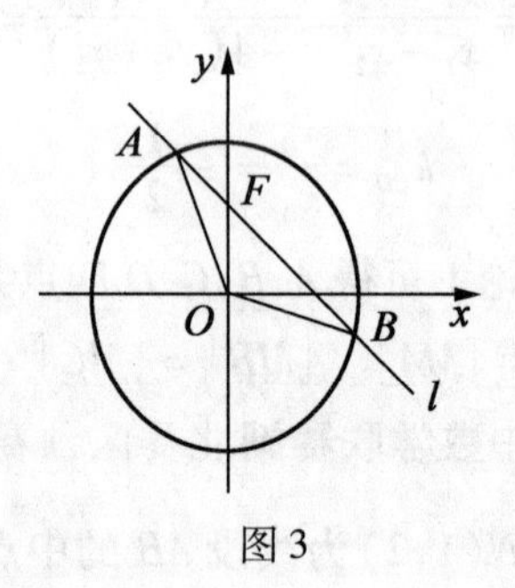

图 3

(1)证明：点 P 在椭圆 C 上；

(2)设点 P 关于点 O 的对称点为 Q，证明：A,P,B,Q 四点在同一圆上.

题 6 (2005 年高考湖北卷文科第 22 题即理科第 21 题)设 A,B 是椭圆 $3x^2+y^2=\lambda$ 上的两点，点 $N(1,3)$ 是线段 AB 的中点，线段 AB 的垂直平分线与该椭圆交于 C,D 两点.

(1)确定 λ 的取值范围，并求直线 AB 的方程；

(2)试判断是否存在这样的 λ,使得 A,B,C,D 四点在同一圆上? 并说明理由.

答案　(1) λ 的取值范围是 $(12,+\infty)$,直线 AB 的方程是 $x+y-4=0$;(2)当 $\lambda>12$ 时,A,B,C,D 四点在同一圆上.

题7　(2002年高考江苏、广东卷第20题)设 A,B 是双曲线 $x^2-\frac{y^2}{2}=1$ 上的两点,点 $N(1,2)$ 是线段 AB 的中点.

(1)求直线 AB 的方程;

(2)如果线段 AB 的垂直平分线与双曲线相交于 C,D 两点,那么 A,B,C,D 四点是否共圆? 为什么?

答案　(1) $y=x+1$;(2)是.

题8　(2009年全国高中数学联赛江苏赛区复赛试题第一试第三题)抛物线 $y^2=2x$ 及点 $P(1,1)$ 如图4所示,过点 P 且不重合的两条直线 l_1,l_2 与此抛物线分别交于点 A,B,C,D. 证明:A,B,C,D 四点共圆的充要条件是直线 l_1 与 l_2 的倾斜角互补.

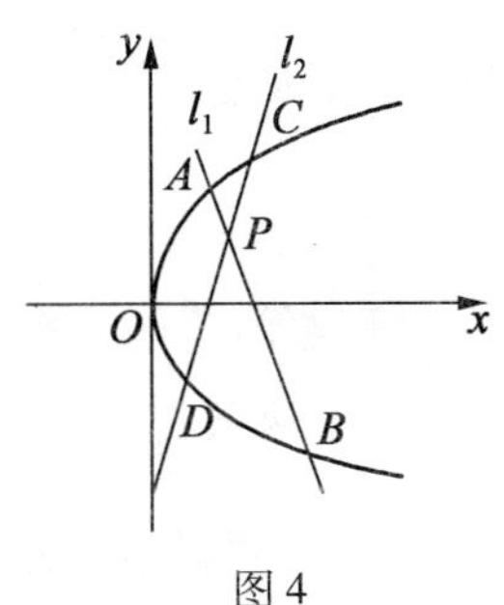

图4

推论2　设二次曲线 $\Gamma:ax^2+by^2+cx+dy+e=0(a\neq b)$ 上的四个点连成的四边形是圆内接四边形(该四边形与曲线 Γ 共有四个公共点),在该四边形的两组对边、两条对角线所在的三对直线中:若有一对直线的斜率均不存在,则另两对直线的斜率均存在且均互为相反数;若有一对直线的斜率均存在且均互为相反数,则另两对直线的斜率也均存在且均互为相反数,或另两对直线的斜率中有一对均不存在另一对均存在且互为相反数.

证明　设圆内接四边形是四边形 $ABCD$,其两组对边 AB 与 CD,AD 与 BC 及对角线 AC 与 BD 所在的直线分别是

$$l_{1i}:a_{1i}x+b_{1i}y+c_{1i}=0\quad(i=1,2)$$
$$l_{2i}:a_{2i}x+b_{2i}y+c_{2i}=0\quad(i=1,2)$$
$$l_{3i}:a_{3i}x+b_{3i}y+c_{3i}=0\quad(i=1,2)$$

由定理2中的充分性知,若四个公共点共圆,则以下等式之一成立

$$a_{11}b_{12}+a_{12}b_{11}=0$$

$$a_{21}b_{22}+a_{22}b_{21}=0$$

$$a_{31}b_{32}+a_{32}b_{31}=0$$

再由定理3中的必要性知,若四个公共点共圆,则以上等式均成立.又由推论1的证明,可得欲证结论成立.

推论2的极限情形是:

推论3 设点A是定圆锥曲线(包括圆、椭圆、双曲线和抛物线)C上的定点但不是顶点,E,F是C上的两个动点,直线AE,AF的斜率互为相反数,则直线EF的斜率为曲线C过点A的切线斜率的相反数(定值).

由推论3可立得以下三道高考题中关于定值的答案.

题9 (2009年高考辽宁卷理科第20(2)题)已知$A\left(1,\frac{3}{2}\right)$是椭圆$C:\frac{x^2}{4}+\frac{y^2}{3}=1$上的定点,$E,F$是$C$上的两个动点,直线$AE,AF$的斜率互为相反数,证明直线$EF$的斜率为定值,并求出这个定值.

答案 $\frac{1}{2}$.

题10 (2004年高考北京卷理科第17(2)题)如图5,过抛物线$y^2=2px$ $(p>0)$上一定点$P(x_0,y_0)(y_0>0)$作两条直线分别交抛物线于点$A(x_1,y_1)$,$B(x_2,y_2)$.当PA与PB的斜率均存在且倾斜角互补时,求$\frac{y_1+y_2}{y_0}$的值,并证明直线AB的斜率是非零常数.

答案 $\frac{y_1+y_2}{y_0}=-2;k_{AB}=-\frac{p}{y_0}$.

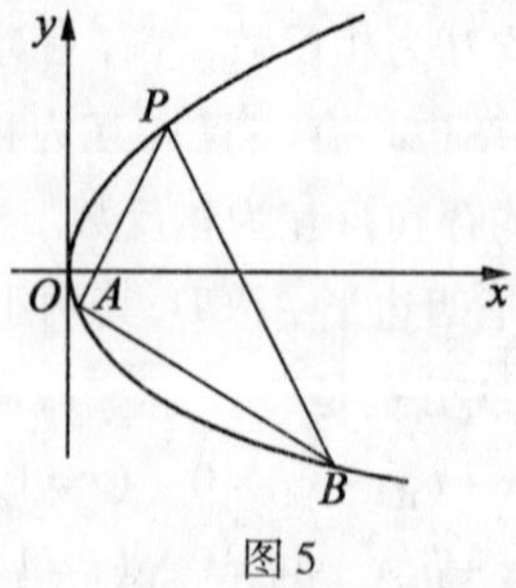

图5

题11 (2004年高考北京卷文科第17(2)题)如图5,抛物线关于x轴对

称,它的顶点在坐标原点,点 $P(1,2)$,$A(x_1,y_1)$,$B(x_2,y_2)$均在抛物线上. 当 PA 与 PB 的斜率存在且倾斜角互补时,求 y_1+y_2 的值及直线 AB 的斜率.

答案　$y_1+y_2=-4$;$k_{AB}=-1$.

推论 4　设二次曲线 $\Gamma: ax^2+by^2+cx+dy+e=0(a\neq b)$上的四个点连成的四边形是圆内接四边形(该四边形与曲线 Γ 共有四个公共点),则该四边形只能是以下三种情形之一:

(1)两组对边分别与坐标轴平行的矩形;

(2)底边与坐标轴平行的等腰梯形;

(3)两组对边均不平行的四边形,但在其两组对边、两条对角线所在的三对直线中,每对直线的斜率均存在且均不为 0 且均互为相反数.

证明　推论 2 中的圆内接四边形,只能是以下三种情形之一:

(1)是平行四边形. 由推论 2 知,该平行四边形只能是两组对边分别与坐标轴平行的矩形.

(2)是梯形. 由推论 2 知,该梯形的底边与坐标轴平行,两腰所在直线的斜率及两条对角线所在直线的斜率均存在且均不为 0 且均互为相反数,可得该梯形是底边与坐标轴平行的等腰梯形.

(3)是两组对边均不平行的四边形. 由推论 2 知,该四边形的两组对边、两条对角线所在的三对直线中,每对直线的斜率均存在且均不为 0 且均互为相反数.

§7　圆锥曲线的光学性质的证明及其应用

全日制普通高级中学教科书(必修)《数学・第二册(上)》(2006 年人民教育出版社)(下简称教科书)第 138 ~ 139 页的阅读材料“圆锥曲线的光学性质及其应用”中写道:

(1)人们已经证明,抛物线有一条重要性质:从焦点发出的光线,经过抛物线上的一点反射后,反射光线平行于抛物线的轴.

(2)从椭圆的一个焦点发出的光线,经过椭圆反射后,反射光线交于椭圆的另一个焦点上.

(3)从双曲线的一个焦点发出的光线,经过双曲线反射后,反射光线是散开的,它们就好像是从另一个焦点射出的一样.

教科书没有给出证明,本文将仅用抛物线、椭圆、双曲线的定义给出它们的简洁证明.

(1)如图1所示,设点 P 为抛物线 Γ(其焦点是 F,准线是 l)上任意给定的点,过点 P 作直线 PB 平行于 x 轴,PB 交 l 于点 B,再作 $\angle FPB$ 的平分线所在的直线 PP'($\angle 3=\angle 4$).先证明直线 PP' 和 Γ 相切与点 P,只要证明直线 PP' 上异于点 P 的点(不妨设为点 P')都在抛物线 Γ 的外部(把含抛物线焦点的区域叫该抛物线的内部),即证点 P' 到准线 l 的距离 $|P'B'|<|P'F|$.

易证 $\triangle P'PB\cong\triangle P'PF$(边角边),所以 $|P'B|=|P'F|$,$|P'B'|<|P'B|=|P'F|$.

再过点 P 作 $\angle FPB$ 的一个外角平分线 PA($\angle 1=\angle 2$),易得 $PA\perp PP'$,入射角等于反射角,这就证得了结论(1)成立.

(2)如图2所示,设点 P 为椭圆 Γ(其左、右焦点分别是 F_1,F_2)上任意给定的点,过点 P 作 $\angle F_1PF_2$ 的一个外角平分线所在的直线 l($\angle 3=\angle 4$).先证明 l 和 Γ 相切于点 P,只要证明 l 上异于点 P 的点 P' 都在椭圆 Γ 的外部,即证 $|P'F_1|+|P'F_2|>|PF_1|+|PF_2|$.

在直线 PF_1 上选取点 F',使 $|PF'|=|PF_2|$,得 $\triangle P'PF'\cong\triangle P'PF_2$(边角边),所以 $|P'F'|=|P'F_2|$,即

$$\begin{aligned}|P'F_1|+|P'F_2|&=|P'F_1|+|P'F'|\\&>|F_1F'|\\&=|F_1P|+|PF'|\\&=|PF_1|+|PF_2|\end{aligned}$$

再过点 P 作 $\angle F_1PF_2$ 的平分线 PA($\angle 1=\angle 2$),易得 $PA\perp l$,入射角等于反射角,这就证得了结论(2)成立.

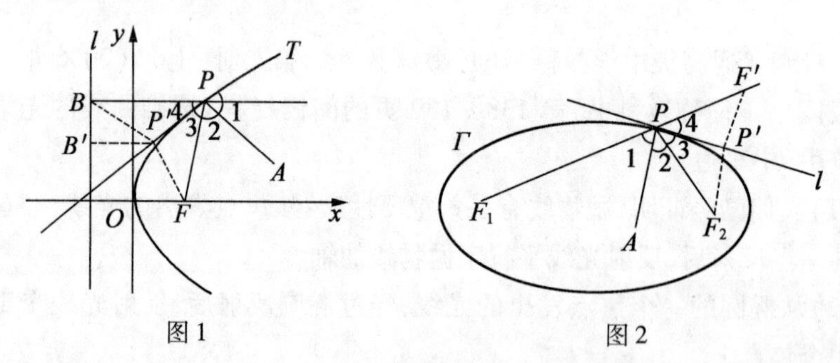

图1　　图2

(3)如图3所示,设点 P 为双曲线 Γ(其左、右焦点分别是 F_1,F_2)右支上任意给定的点,过点 P 作 $\angle F_1PF_2$ 的平分线所在的直线 l($\angle 3=\angle 4$).先证明 l 和 Γ 相切于点 P,只要证明 l 上异于点 P 的点 P' 在双曲线 Γ 的外部(把含双曲线焦点的区域叫该双曲线的内部),即证 $|P'F_1|-|P'F_2|<|PF_1|-|PF_2|$.

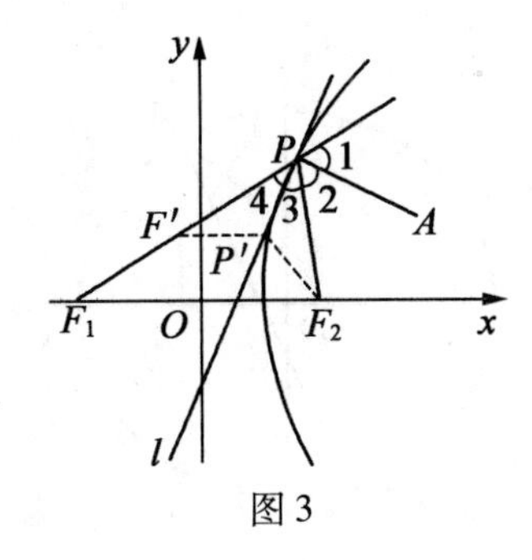

图3

由$|PF_1|>|PF_2|$知，可在直线PF_1上选取点F'，使$|PF'|=|PF_2|$，得$\triangle P'PF'\cong\triangle P'PF_2$（边角边），所以$|P'F'|=|P'F_2|$，即

$$\begin{aligned}|P'F_1|-|P'F_2|&=|P'F_1|-|P'F'|\\&<|F_1F'|\\&=|PF_1|-|PF'|\\&=|PF_1|-|PF_2|\end{aligned}$$

再过点P作$\angle F_1PF_2$的一个外角的平分线PA（$\angle 1=\angle 2$），易得$PA\perp l$，入射角等于反射角，这就证得了结论(3)成立.

题1　(2011年高考全国卷Ⅱ理科第15题)已知F_1,F_2分别为双曲线$C:\dfrac{x^2}{9}-\dfrac{y^2}{27}=1$的左、右焦点，点$A$在双曲线$C$上，点$M$的坐标为$(2,0)$，$AM$为$\angle F_1AF_2$的平分线，则$|AF_2|=$________.

解　6. 设点$A(x_0,y_0)$，则双曲线C在点A处的切线即直线AM的方程为$\dfrac{x_0x}{9}-\dfrac{y_0y}{27}=1$，因为它过点$M(2,0)$，所以$x_0=\dfrac{9}{2}$，得$|AF_2|=|a-ex_0|=\left|3-2\times\dfrac{9}{2}\right|=6$.

题2　(2010年高考安徽卷文科第17题)如图5，椭圆E经过点$A(2,3)$，对称轴为坐标轴，焦点F_1,F_2在x轴上，离心率$e=\dfrac{1}{2}$.

(1)求椭圆E的方程；

(2)求$\angle F_1AF_2$的角平分线所在直线l的方程.

解　(1)$\dfrac{x^2}{16}+\dfrac{y^2}{12}=1$.（过程略.）

(2)椭圆E在点$A(2,3)$处的切线方程为$\dfrac{2x}{16}+\dfrac{3y}{12}=1$，其斜率为$-\dfrac{1}{2}$，所以直线$l$的斜率为2(图4)，可求得直线$l$的方程为$2x-y-1=0$.

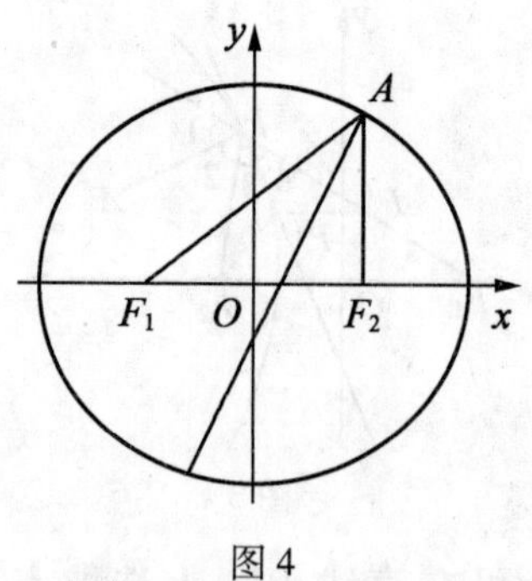

图 4

题 3 （2011 年北京大学保送生考试数学试题第 1 题）求证：过双曲线上一点 P 的切线平分 $\angle F_1PF_2$，其中 F_1,F_2 为焦点.

解 由图 3 及相应的证明，可得该结论成立.

题 4 （2006 年北京大学自主招生保送生测试数学试题第 3 题）已知 F_1，F_2 是椭圆 $\Gamma:\dfrac{x^2}{a^2}+\dfrac{y^2}{b^2}=1(a>b>0)$ 的两个焦点.

（1）如图 5(a) 所示，直线 l 是椭圆 Γ 的一条切线，H_1,H_2 分别是焦点 F_1,F_2 在切线 l 上的射影，证明：$|F_1H_1|\cdot|F_2H_2|=b^2$；

（2）如图 5(b) 所示，直线 l_1,l_2 是椭圆 Γ 的过椭圆外一点 P 的两条切线，切点分别为 T_1,T_2，证明：$\angle F_1PT_1=\angle F_2PT_2$.

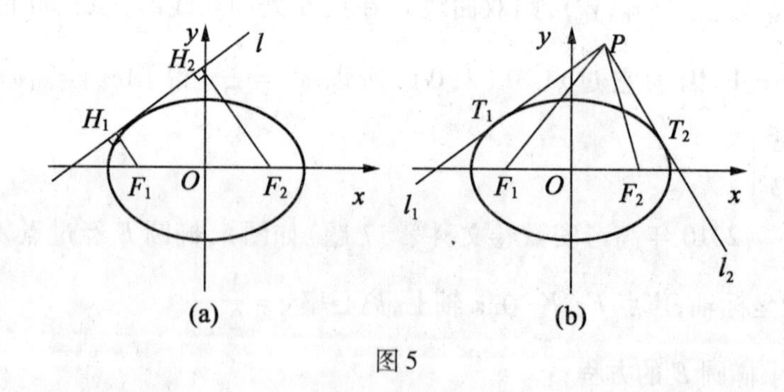

图 5

解 （1）由题设可得点 $F_1(-c,0)$，$F_2(c,0)$ $(c=\sqrt{a^2+b^2})$.

设切线 l 与椭圆 Γ 的切点是 (x_0,y_0)，得切线 l 的方程为 $\dfrac{x_0x}{a^2}+\dfrac{y_0y}{b^2}=1$，即 $b^2x_0x+a^2y_0y=a^2b^2$.

由点到直线的距离公式，可得

$$|F_1H_1| = \frac{b^2(a^2 + cx_0)}{\sqrt{b^4x_0^2 + a^4y_0^2}}$$

$$|F_2H_2| = \frac{b^2(a^2 - cx_0)}{\sqrt{b^4x_0^2 + a^4y_0^2}}$$

所以可得

$$|F_1H_1| \cdot |F_2H_2| = b^2$$

$$\Leftrightarrow b^2(a^4 - c^2x_0^2) = b^4x_0^2 + a^4y_0^2$$

$$\Leftrightarrow b^2a^4 = b^2a^2x_0^2 + a^4y_0^2$$

$$\Leftrightarrow \frac{x_0^2}{a^2} + \frac{y_0^2}{b^2} = 1$$

而切点(x_0,y_0)在椭圆Γ上,所以$\frac{x_0^2}{a^2} + \frac{y_0^2}{b^2} = 1$成立,即欲证结论成立.

(2)如图6所示,作点F_1关于直线PT_1的对称点F'_1,则由椭圆的光学性质知F'_1,T_1,F_2三点共线,联结$F_1F'_1,T_1F_1,F'_1F_2$,可得$|F'_1F_2| = |F'_1T_1| + |T_1F_2| = |F_1T_1| + |T_1F_2| = 2a$.

再作点F_2关于直线PT_2的对称点F'_2,得F'_2,T_2,F_1三点共线,联结$F_2F'_2$,T_2F_2,F'_2F_1,可得$|F'_2F_1| = |F'_2T_2| + |T_2F_1| = |F_2T_2| + |T_2F_1| = 2a$.

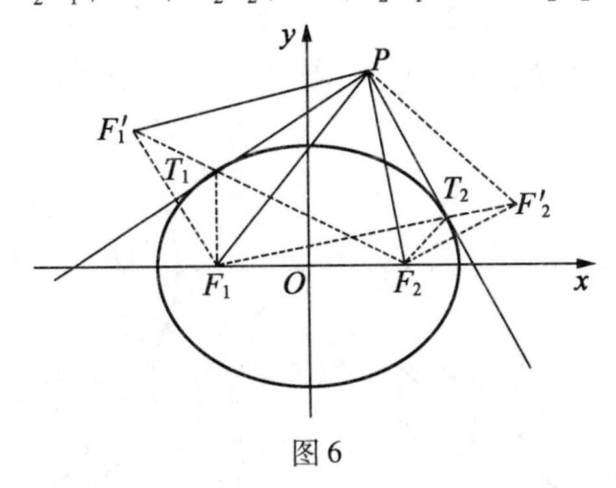

图6

所以$|F'_1F_2| = |F_1F'_2|$,进而可得$\triangle F'_1PF_2 \cong \triangle F_1PF'_2$(边边边),所以

$$\angle F'_1PF_2 - \angle F_1PF_2 = \angle F_1PF'_2 - \angle F_1PF_2$$

$$2\angle F_1PT_1 = 2\angle F_2PT_2$$

$$\angle F_1PT_1 = \angle F_2PT_2$$

题5 (2016年内蒙古自治区高中数学联赛预赛试题第10题)如图7所示,已知双曲线$x^2 - y^2 = 2$的左、右焦点分别为F_1,F_2,过定点$P(2,3)$作曲线的切线,切点分别为A,B,且点A的横坐标小于点B的横坐标.

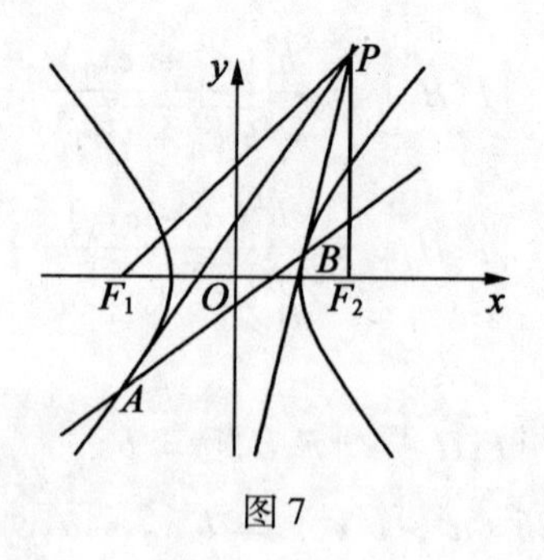

图 7

(1)求直线 AB 的方程;

(2)证明$\angle F_1PA=\angle F_2PB$.

解 (1)$2x-3y-2=0$.(过程略.)

(2)我们证明更一般的结论:设双曲线 Γ 的左、右焦点分别为 F_1,F_2.(Ⅰ)如图 8 所示,若过点 P 能作双曲线 Γ 的两条切线,且切点 T_1,T_2 分别在双曲线 Γ 的左支、右支上,则$\angle F_1PT_1=\angle F_2PT_2$;(Ⅱ)如图 9 所示,若过点 P 能作双曲线 Γ 的两条切线,且切点 T_1,T_2 均在双曲线 Γ 的右支上,则$\angle T_1F_1P=\angle T_2F_1P$.

证明如下:

(Ⅰ)如图 8 所示,作点 F_1 关于直线 PT_1 的对称点 F'_1,则由双曲线的光学性质知 F'_1,T_1,F_2三点共线,联结 $F_1F'_1,T_1F_1,F'_1F_2$,可得$|F'_1F_2|=|T_1F_2|-|T_1F'_1|=|T_1F_2|-|T_1F_1|=2a$.

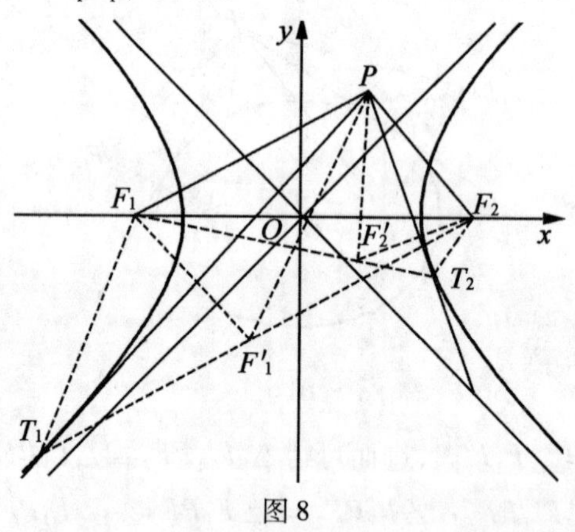

图 8

再作点 F_2 关于直线 PT_2 的对称点 F'_2,得 F'_2,T_2,F_1三点共线,联结 $F_2F'_2$,T_2F_2,F'_2F_1,可得$|F'_2F_1|=|T_2F_1|-|T_2F'_2|=|T_2F_1|-|T_2F_2|=2a$.

所以$|F'_1F_2|=|F_1F'_2|$,进而可得$\triangle F'_1PF_2\cong\triangle F_1PF'_2$(边边边),所以

$$\angle F_1PF_2-\angle F'_1PF_2=\angle F_1PF_2-\angle F_1PF'_2$$

$$2\angle F_1PT_1=2\angle F_2PT_2$$

$$\angle F_1PT_1=\angle F_2PT_2$$

（Ⅱ）如图9所示，作点 F_2 关于直线 PT_1 的对称点 F'_2，则由双曲线的光学性质知 F_1, F'_2, T_1 三点共线，联结 $PF_2, PF'_2, F_2F'_2, T_1F_2$，可得 $|F_1F'_2|=|T_1F_1|-|T_1F'_2|=|T_1F_1|-|T_1F_2|=2a$，$|PF'_2|=|PF_2|$.

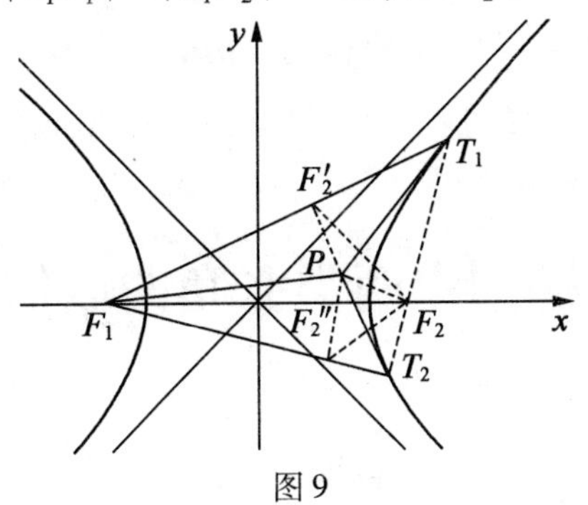

图9

作点 F_2 关于直线 PT_2 的对称点 F''_2，则由双曲线的光学性质知 F_1, F''_2, T_2 三点共线，联结 $PF_2, PF''_2, F''_2F_2, T_2F_2$，可得 $|F_1F''_2|=2a$，$|PF''_2|=|PF_2|$.

所以 $|F_1F'_2|=|F_1F''_2|$，$|PF'_2|=|PF''_2|$，进而可得 $\triangle F'_2PF_1\cong\triangle F''_2PF_1$，$\angle T_1F_1P=\angle T_2F_1P$.

题6　如图10所示，设抛物线 $\Gamma: y^2=2px(p>0)$ 的焦点为 F，过抛物线 Γ 外(即不含焦点的区域)的点 P 可作 Γ 的两条切线，切点分别为 A, B，再作 $PH/\!/x$ 轴，点 H 在抛物线 Γ 内，求证：$\angle APH=\angle BPF$.

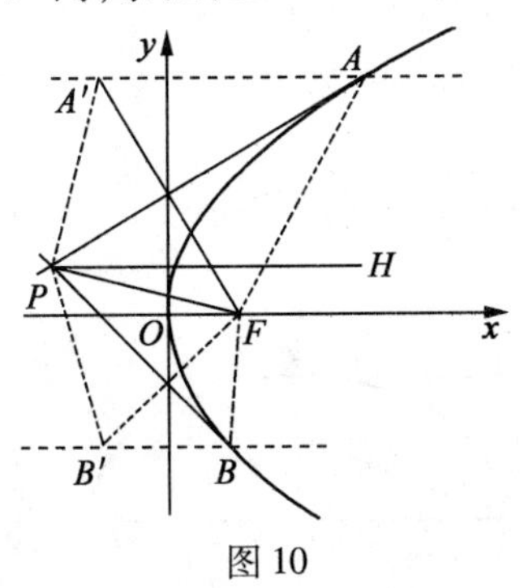

图10

证明　如图10所示，作点 F 关于直线 PA 的对称点 A'，点 F 关于直线 PB 的对称点 B'，由抛物线的光学性质可得 $A'A/\!/x$ 轴 $/\!/B'B$；由 $|AA'|=|AF|$，$|BB'|=|BF|$ 知，点 A', B' 在抛物线 Γ 的准线上，所以 $A'B'\perp x$ 轴，$\angle PA'A=\angle PB'B$. 还可得

$$\begin{aligned}\angle PA'A+\angle A'PB'+\angle PB'B&=2\angle PA'A+2\angle A'PA+2\angle BPF\\&=360^\circ\end{aligned}$$

即
$$\angle PA'A+\angle A'PA+\angle BPF=180^\circ$$
又因为
$$\angle PA'A+\angle A'PA+\angle A'AP=180^\circ$$
所以
$$\angle A'AP=\angle BPF$$
又因为$\angle A'AP=\angle APH$,所以$\angle APH=\angle BPF$.

§8 椭圆中两类张角的取值范围

定理1 若椭圆$\Gamma:\frac{x^2}{a^2}+\frac{y^2}{b^2}=1(a>b>0,c=\sqrt{a^2-b^2})$的左、右顶点分别是$A(-a,0),B(a,0)$,点$P(a\cos\theta,b\sin\theta)(\theta\in(0,\pi)\cup(\pi,2\pi))$是椭圆$\Gamma$上的动点(非长轴的端点),则$\tan\angle APB=-\frac{2ab}{c^2\sin\theta}$,$\angle APB$的取值范围是$\left(\frac{\pi}{2},\angle ACB\right]$(其中点$C$是椭圆$\Gamma$的上顶点),当椭圆$\Gamma$上的动点$P$(非长轴的端点)从上顶点向右顶点运动时$\angle APB$从最大开始逐渐减小.

证法1 如图1所示,可得
$$\overrightarrow{AP}=(a\cos\theta+a,b\sin\theta)=2\cos\frac{\theta}{2}\left(a\cos\frac{\theta}{2},b\sin\frac{\theta}{2}\right)$$
$$\overrightarrow{BP}=(a\cos\theta-a,b\sin\theta)=2\sin\frac{\theta}{2}\left(-a\sin\frac{\theta}{2},b\cos\frac{\theta}{2}\right)$$

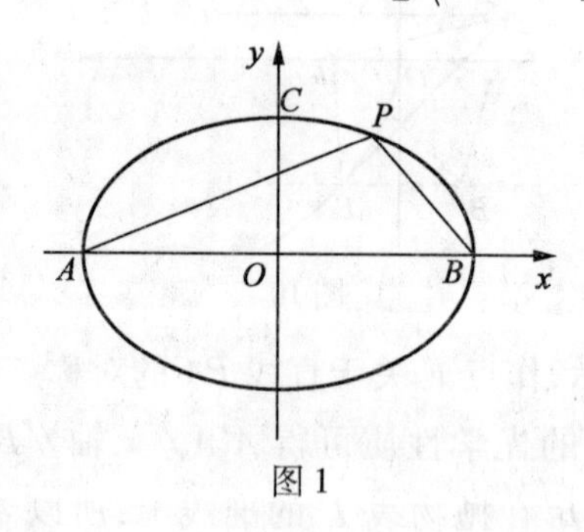

图1

所以
$$\cos\angle APB=\frac{\overrightarrow{PA}\cdot\overrightarrow{PB}}{|\overrightarrow{PA}|\cdot|\overrightarrow{PB}|}=\frac{\overrightarrow{AP}\cdot\overrightarrow{BP}}{|\overrightarrow{AP}|\cdot|\overrightarrow{BP}|}$$

$$=\frac{-\frac{c^2}{2}\sin\theta}{\sqrt{b^2+c^2\cos^2\frac{\theta}{2}}\cdot\sqrt{b^2+c^2\sin^2\frac{\theta}{2}}}$$

$$=\frac{-c^2\sin\theta}{\sqrt{4a^2b^2+c^4\sin^2\theta}}$$

$$=\frac{-c^2}{\sqrt{\frac{4a^2b^2}{\sin^2\theta}+c^4}}\quad(0<\theta<\pi)$$

所以

$$\tan\angle APB=\frac{-2ab}{c^2\sin\theta}$$

进而可得欲证结论成立.

证法2　如图1所示,设$\angle PAB=\alpha$,$\angle PBA=\beta$,可得

$$\tan\alpha=k_{PA}=\frac{b}{a}\cdot\frac{\sin\theta}{1+\cos\theta}$$

$$\tan\beta=-k_{PB}=\frac{b}{a}\cdot\frac{\sin\theta}{1-\cos\theta}$$

所以

$$\tan(\alpha+\beta)=\frac{\tan\alpha+\tan\beta}{1-\tan\alpha\tan\beta}=\frac{2ab}{c^2\sin\theta}$$

$$\tan\angle APB=\tan[\pi-(\alpha+\beta)]=\frac{-2ab}{c^2\sin\theta}$$

进而可得欲证结论成立.

证法3　如图1所示,设椭圆Γ的上顶点为C,可得

$$k_1=k_{PA}=\frac{b}{a}\cdot\frac{\sin\theta}{1+\cos\theta}$$

$$k_2=k_{PB}=-\frac{b}{a}\cdot\frac{\sin\theta}{1-\cos\theta}$$

$$k_1k_2=-\frac{b^2}{a^2}$$

由椭圆的对称性,不妨设点P在第一象限或是椭圆的上顶点.

设$\angle PAB=\alpha$,$\angle PBx=\beta$,由$k_1=\tan\alpha$,可得k_1的取值范围是$\left(0,\frac{b}{a}\right]$.还可得

$$\tan\angle APB=\tan(\beta-\alpha)=\frac{\tan\beta-\tan\alpha}{1+\tan\alpha\tan\beta}=\frac{k_2-k_1}{1+k_1k_2}$$

$$= \frac{-\frac{b^2}{a^2 k_1} - k_1}{1 - \frac{b^2}{a^2}} - c^2 \tan\angle APB$$

$$= a^2 k_1 + \frac{b^2}{k_1} \quad \left(0 < k_1 \leqslant \frac{b}{a}\right)$$

由此可求得 $\tan\angle APB$ 的取值范围是$\left(-\infty, -\frac{2ab}{c^2}\right]$，进而可得欲证结论成立.

定理2 若椭圆 $\Gamma: \frac{x^2}{a^2} + \frac{y^2}{b^2} = 1 (a > b > 0, c = \sqrt{a^2 - b^2})$ 的左、右焦点分别是 $F_1(-c,0)$，$F_2(c,0)$，点 P 是椭圆 Γ 上的动点，则 $\cos\angle F_1PF_2 = \frac{2a^2b^2}{a^4 - c^2 x_P^2} - 1$ $(-a \leqslant x_P \leqslant a)$，$\angle F_1PF_2$ 的取值范围是$[0, \angle F_1CF_2]$（其中点 C 是椭圆 Γ 的上顶点），当椭圆 Γ 上的动点 P 从上顶点向右顶点运动时 $\angle F_1PF_2$ 从最大开始逐渐减小.

证明 由椭圆的焦半径公式，可得 $|PF_2| = a - \frac{c}{a} x_P$.

再由余弦定理，可得

$$\begin{aligned}
\cos\angle F_1PF_2 &= \frac{|PF_1|^2 + |PF_2|^2 - |F_1F_2|^2}{2|PF_1| \cdot |PF_2|} \\
&= \frac{(|PF_1| + |PF_2|)^2 - 4c^2}{2|PF_1| \cdot |PF_2|} - 1 \\
&= \frac{2b^2}{|PF_2|(2a - |PF_2|)} - 1 \\
&= \frac{2b^2}{a^2 - \frac{c^2}{a^2} x_P^2} - 1 \\
&= \frac{2a^2b^2}{a^4 - c^2 x_P^2} - 1 \quad (-a \leqslant x_P \leqslant a)
\end{aligned}$$

进而可得欲证结论成立.

推论 若椭圆 Γ 的左、右焦点分别是 F_1, F_2，则椭圆 Γ 上存在点 P 且使 $\angle F_1PF_2 = \alpha\ (0 < \alpha < \pi)$ 的充要条件是椭圆 Γ 的离心率的取值范围是$\left[\sin\frac{\alpha}{2}, 1\right)$.

证明 由定理2,可得椭圆 Γ 上存在点 P 且使 $\angle F_1PF_2=\alpha\Leftrightarrow\angle F_1CF_2\geqslant\alpha$(其中点 C 是椭圆 Γ 的上顶点)$\Leftrightarrow\sin\angle F_1CO\geqslant\frac{c}{a}=e\geqslant\sin\frac{\alpha}{2}$(其中点 O 是坐标原点)$\Leftrightarrow e\in\left[\sin\frac{\alpha}{2},1\right)$.

注 甘志国所著《初等数学研究(I)》(哈尔滨工业大学出版社,2008)第479~482页还给出了椭圆上的动点与长轴上关于椭圆中心对称的线段所成张角的取值范围的完整结论.

题1 (2017年高考全国卷Ⅰ文科第12题)设 A,B 是椭圆 $C:\frac{x^2}{3}+\frac{y^2}{m}=1$ 长轴的两个端点,若 C 上存在点 M 满足 $\angle AMB=120°$,则 m 的取值范围是 ( )

A. $(0,1]\cup[9,+\infty)$ B. $(0,\sqrt{3}]\cup[9,+\infty)$

C. $(0,1]\cup[4,+\infty)$ D. $(0,\sqrt{3}]\cup[4,+\infty)$

解 A. 由"椭圆 $C:\frac{x^2}{3}+\frac{y^2}{m}=1$"可得 $m\in(0,3)\cup(3,+\infty)$. 下面用定理1来求解.

(1)当 $m\in(0,3)$ 时,"C 上存在点 M 满足 $\angle AMB=120°$"即 $\angle ATB\geqslant120°$,也即 $\angle ATO\geqslant60°$(其中 T,O 分别是椭圆 C 的上顶点和坐标原点),还即 $\tan\angle ATO=\frac{\sqrt{3}}{\sqrt{m}}\geqslant\tan 60°=\sqrt{3}$,得此时 m 的取值范围是 $(0,1]$.

(2)当 $m\in(3,+\infty)$ 时,同理可求得此时 m 的取值范围是 $[9,+\infty)$.

综上所述,可得答案为A.

§9 椭圆内接平行四边形、矩形、菱形的周长及面积的取值范围

1 引理

引理 (1)在 $\triangle ABC$ 中,设 $\overrightarrow{AB}=(x_1,y_1)$,$\overrightarrow{AC}=(x_2,y_2)$,则 $S_{\triangle ABC}=\frac{1}{2}\sqrt{(|\overrightarrow{AB}|\cdot|\overrightarrow{AC}|)^2-(\overrightarrow{AB}\cdot\overrightarrow{AC})^2}=\frac{1}{2}|x_1y_2-x_2y_1|$;

(2)在四边形 $ABCD$(该四边形可以是凸四边形,也可以是凹四边形)中,设 $\overrightarrow{AC}=(x_1,y_1)$,$\overrightarrow{BD}=(x_2,y_2)$,则 $S_{四边形ABCD}=\frac{1}{2}\sqrt{(|\overrightarrow{AC}|\cdot|\overrightarrow{BD}|)^2-(\overrightarrow{AC}\cdot\overrightarrow{BD})^2}=$

$\frac{1}{2}|x_1y_2-x_2y_1|$.

证明 (1)由 $S_{\triangle ABC}=\frac{1}{2}|\overrightarrow{AB}|\cdot|\overrightarrow{AC}|\sin\angle BAC$ 可证.

(2)由“在四边形 $ABCD$ 中,设直线 AC,BD 的夹角是 θ,则 $S_{\text{四边形}ABCD}=\frac{1}{2}|\overrightarrow{AC}|\cdot|\overrightarrow{BD}|\sin\theta$”可证.

题1 (2013年高考福建卷理科第7题)在四边形 $ABCD$ 中,$\overrightarrow{AC}=(1,2)$,$\overrightarrow{BD}=(-4,2)$,则该四边形的面积为 ( )

A. $\sqrt{5}$ B. $2\sqrt{5}$

C. 5 D. 10

解 C. 由引理(2)立得.

2 椭圆内接平行四边形、矩形、菱形的周长及面积的取值范围

定理1 椭圆的内接平行四边形的中心就是该椭圆的中心.

证明 由点差法可证“圆或椭圆内除中心外的点是唯一一条弦的中点”,由此可得欲证.

定理2 设椭圆 $\Gamma:\frac{x^2}{a^2}+\frac{y^2}{b^2}=1\ (a>b>0,a\neq b)$ 的内接平行四边形是 Ψ,则:

(1)Ψ 的周长的取值范围是 $(4b,4\sqrt{a^2+b^2}]$(其中 b 是 Γ 的短轴长),当且仅当该平行四边形的四个顶点坐标依次是 $(a\cos\alpha,b\sin\alpha)$,$\left(-\frac{a^3\tan\alpha}{\sqrt{a^4\tan^2\alpha+b^4}},\frac{b^3}{\sqrt{a^4\tan^2\alpha+b^4}}\right)$,$(-a\cos\alpha,-b\sin\alpha)$,$\left(-\frac{a^3\tan\alpha}{\sqrt{a^4\tan^2\alpha+b^4}},-\frac{b^3}{\sqrt{a^4\tan^2\alpha+b^4}}\right)\left(0\leqslant\alpha<\frac{\pi}{2}\right)$时的 Ψ 周长是 $4\sqrt{a^2+b^2}$;

(2)Ψ 的面积的取值范围是 $(0,2ab]$,当且仅当该平行四边形的四个顶点坐标依次是 $(a\cos\alpha,b\sin\alpha)$,$(-a\sin\alpha,b\cos\alpha)$,$(-a\cos\alpha,-b\sin\alpha)$,$(a\sin\alpha,-b\cos\alpha)\left(0\leqslant\alpha<\frac{\pi}{2}\right)$时(此时 Ψ 是矩形)Ψ 的面积是 $2ab$.

证明 可证“过椭圆中心的弦长的最小值是短轴长”.

设 Ψ 是平行四边形 $A_1A_2A_3A_4$,且其周长是 L,得

$$L=|A_1A_2|+|A_2A_3|+|A_3A_4|+|A_4A_1|$$

$$> |A_1A_3| + |A_3A_1|$$
$$=4b \quad (\text{其中 } b \text{ 是 } \Gamma \text{ 的短轴长})$$

由定理 1 知,可设该椭圆的内接平行四边形 $A_1A_2A_3A_4$ 各顶点的坐标分别是 $A_1(a\cos\alpha, b\sin\alpha)$,$A_2(a\cos\beta, b\sin\beta)$,$A_3(-a\cos\alpha, -b\sin\alpha)$,$A_4(-a\cos\beta, -b\sin\beta)$$(0\leqslant\alpha<\beta<\pi+\alpha<\pi+\beta<2\pi)$(即 $0\leqslant\alpha<\beta<\pi$).

$$|A_1A_2| = 2\sin\frac{\beta-\alpha}{2}\sqrt{a^2\sin^2\frac{\beta+\alpha}{2}+b^2\cos^2\frac{\beta+\alpha}{2}}$$

$$|A_1A_4| = 2\cos\frac{\beta-\alpha}{2}\sqrt{a^2\cos^2\frac{\beta+\alpha}{2}+b^2\sin^2\frac{\beta+\alpha}{2}}$$

$$L = 4\left(\sqrt{a^2\sin^2\frac{\beta+\alpha}{2}+b^2\cos^2\frac{\beta+\alpha}{2}}\sin\frac{\beta-\alpha}{2}+\sqrt{a^2\cos^2\frac{\beta+\alpha}{2}+b^2\sin^2\frac{\beta+\alpha}{2}}\cos\frac{\beta-\alpha}{2}\right)$$

$$\leqslant 4\sqrt{a^2+b^2}$$

当且仅当

$$\frac{\sqrt{a^2\sin^2\frac{\beta+\alpha}{2}+b^2\cos^2\frac{\beta+\alpha}{2}}}{\sqrt{a^2+b^2}} = \sin\frac{\beta-\alpha}{2}$$

$$a^2\left(\sin^2\frac{\beta+\alpha}{2}-\sin^2\frac{\beta-\alpha}{2}\right)+b^2\left(\sin^2\frac{\beta+\alpha}{2}-\cos^2\frac{\beta-\alpha}{2}\right)=0$$

$$a^2\sin\beta\sin\alpha+b^2\cos\beta\cos\alpha=0$$

即 $(\alpha,\beta)=\left(0,\frac{\pi}{2}\right)$ 或 $\tan\alpha\tan\beta=-\frac{a^2}{b^2}$ 时 $L=4\sqrt{a^2+b^2}$,进而可得结论(1)成立.

由引理(2)可得该平行四边形的面积为 $2ab\sin(\beta-\alpha)$,所以结论(2)成立.

定理 3　椭圆的内接矩形各边与该椭圆的对称轴平行或垂直.

证明　由定理 1 知,可设椭圆 $\frac{x^2}{a^2}+\frac{y^2}{b^2}=1(a>b>0)$ 的内接矩形 $A_1A_2A_3A_4$ 各顶点的坐标分别是 $A_1(a\cos\alpha, b\sin\alpha)$,$A_2(a\cos\beta, b\sin\beta)$,$A_3(-a\cos\alpha, -b\sin\alpha)$,$A_4(-a\cos\beta, -b\sin\beta)$$(0\leqslant\alpha<\beta<\pi+\alpha<\pi+\beta<2\pi)$(即 $0\leqslant\alpha<\beta<\pi$),且得 $|OA_1|=|OA_2|$(O 是坐标原点),所以

$$a^2\cos^2\alpha+b^2\sin^2\alpha=a^2\cos^2\beta+b^2\sin^2\beta$$
$$(a^2-b^2)\cos^2\alpha+b^2=(a^2-b^2)\cos^2\beta+b^2$$
$$\cos^2\alpha=\cos^2\beta$$
$$\beta=\pi-\alpha$$

由此可得欲证成立.

定理4　设椭圆 $\Gamma:\frac{x^2}{a^2}+\frac{y^2}{b^2}=1(a>0,b>0,a\neq b)$ 的内接矩形是 Π,则:

(1)Π 的周长的取值范围是 $(4b,4\sqrt{a^2+b^2}]$(其中 b 是 Γ 的短轴长),当且仅当该矩形的四个顶点坐标依次是 $\left(\frac{a^2}{\sqrt{a^2+b^2}},\frac{b^2}{\sqrt{a^2+b^2}}\right),\left(-\frac{a^2}{\sqrt{a^2+b^2}},\frac{b^2}{\sqrt{a^2+b^2}}\right),\left(-\frac{a^2}{\sqrt{a^2+b^2}},-\frac{b^2}{\sqrt{a^2+b^2}}\right),\left(\frac{a^2}{\sqrt{a^2+b^2}},-\frac{b^2}{\sqrt{a^2+b^2}}\right)$ 时 Π 的周长是 $4\sqrt{a^2+b^2}$;

(2)Π 的面积的取值范围是 $(0,2ab]$,当且仅当该矩形的四个顶点坐标依次是 $\left(\frac{a}{\sqrt{2}},\frac{b}{\sqrt{2}}\right),\left(-\frac{a}{\sqrt{2}},\frac{b}{\sqrt{2}}\right),\left(-\frac{a}{\sqrt{2}},-\frac{b}{\sqrt{2}}\right),\left(\frac{a}{\sqrt{2}},-\frac{b}{\sqrt{2}}\right)$ 时 Π 的面积是 $2ab$.

证明　由定理3知,可设该椭圆的内接矩形 $A_1A_2A_3A_4$ 各顶点的坐标分别是,$A_1(a\cos\alpha,b\sin\alpha)$,$A_2(-a\cos\alpha,b\sin\alpha)$,$A_3(-a\cos\alpha,-b\sin\alpha)$,$A_4(a\cos\alpha,-b\sin\alpha)$ $(0\leqslant\alpha<\frac{\pi}{2})$,且得

$$|A_1A_2|=2a\cos\alpha$$
$$|A_1A_4|=2b\sin\alpha$$
$$S=2ab\sin 2\alpha$$
$$L=4(a\cos\alpha+b\sin\alpha)$$

从而可得欲证.

题2　(《数学通报》2013年第2期数学问题第2104题)求椭圆 $\frac{x^2}{a^2}+\frac{y^2}{b^2}=1$ $(a>b>0)$ 的内接平行四边形面积的最大值.

解　由定理4可得答案为 $2ab$,由定理4的证明还可得其简解.

定理5　设椭圆 $\Gamma:\frac{x^2}{a^2}+\frac{y^2}{b^2}=1(a>0,b>0,a\neq b)$ 的内接菱形是 Ω,则:

(1)Ω 的周长的取值范围是 $\left[\frac{8ab}{\sqrt{a^2+b^2}},4\sqrt{a^2+b^2}\right]$,当且仅当菱形 Ω 的四个顶点坐标依次是 $\left(\frac{ab}{\sqrt{a^2+b^2}},\frac{ab}{\sqrt{a^2+b^2}}\right),\left(-\frac{ab}{\sqrt{a^2+b^2}},\frac{ab}{\sqrt{a^2+b^2}}\right),\left(-\frac{ab}{\sqrt{a^2+b^2}},-\frac{ab}{\sqrt{a^2+b^2}}\right),\left(\frac{ab}{\sqrt{a^2+b^2}},-\frac{ab}{\sqrt{a^2+b^2}}\right)$ 时(此时 Ω 是正方形)Ω 的周长是 $\frac{8ab}{\sqrt{a^2+b^2}}$,当且仅当菱形 Ω 的四个顶点坐标分别是椭圆的顶点时 Ω 的周长是

$4\sqrt{a^2+b^2}$；

(2)Ω的面积的取值范围是$\left[\frac{4a^2b^2}{a^2+b^2},2ab\right]$，当且仅当菱形$\Omega$的四个顶点坐标依次是$\left(\frac{ab}{\sqrt{a^2+b^2}},\frac{ab}{\sqrt{a^2+b^2}}\right)$，$\left(-\frac{ab}{\sqrt{a^2+b^2}},\frac{ab}{\sqrt{a^2+b^2}}\right)$，$\left(-\frac{ab}{\sqrt{a^2+b^2}},-\frac{ab}{\sqrt{a^2+b^2}}\right)$，$\left(\frac{ab}{\sqrt{a^2+b^2}},-\frac{ab}{\sqrt{a^2+b^2}}\right)$时(此时$\Omega$是正方形)$\Omega$的面积是$\frac{4a^2b^2}{a^2+b^2}$，当且仅当菱形$\Omega$的四个顶点坐标分别是椭圆的顶点时$\Omega$的面积是$4\sqrt{a^2+b^2}$.

证法1　由定理1知，可设菱形Ω各顶点的坐标分别是$A_1(a\cos\alpha,b\sin\alpha)$，$A_2(a\cos\beta,b\sin\beta)$，$A_3(-a\cos\alpha,-b\sin\alpha)$，$A_4(-a\cos\beta,-b\sin\beta)$ $(0\leqslant\alpha<\beta<\pi+\alpha<\pi+\beta<2\pi)$(即$0\leqslant\alpha<\beta<\pi$)，且得$|A_1A_2|=|A_1A_4|$，即

$$b^2\sin\alpha\sin\beta=-a^2\cos\alpha\cos\beta \qquad ①$$

当$\alpha=0$时，由式①得$\beta=\frac{\pi}{2}$，所以菱形Ω的周长是$4\sqrt{a^2+b^2}$，面积是$2ab$.

当$\alpha>0$时，由式①得$0<\alpha<\frac{\pi}{2}$，且$\tan\beta=-\frac{a^2}{b^2\tan\alpha}$，所以

$$\begin{aligned}|A_1A_2|^2&=\cdots=\frac{a^2-b^2}{2}\left(\frac{1-\tan^2\alpha}{1+\tan^2\alpha}+\frac{1-\tan^2\beta}{1+\tan^2\beta}\right)+a^2+b^2\\&=-\frac{a^2+b^2}{b^4\tan^2\alpha+\frac{a^4}{\tan^2\alpha}+a^4+b^4}+a^2+b^2\end{aligned}$$

而后可得结论(1)成立.

当$\alpha>0$时，菱形Ω的面积为

$$\begin{aligned}2|OA_1|\cdot|OA_2|&=2\sqrt{\left(\frac{a^2-b^2}{1+\tan^2\alpha}+b^2\right)\left(\frac{a^2-b^2}{1+\tan^2\beta}+b^2\right)}\\&=2ab\sqrt{1-\frac{(a^2-b^2)^2}{b^4\tan^2\alpha+\frac{a^4}{\tan^2\alpha}+a^4+b^4}}\end{aligned}$$

而后可得结论(2)也成立.

证法2　可设菱形Ω的四个顶点坐标依次是$(r_1\cos\theta,r_1\sin\theta)$，$(-r_2\sin\theta,r_2\cos\theta)$，$(-r_1\cos\theta,-r_1\sin\theta)$，$(r_2\sin\theta,-r_2\cos\theta)$，其中$r_1,r_2\in[\min\{a,b\},\max\{a,b\}]$，得

$$\frac{(r_1\cos\theta)^2}{a^2}+\frac{(r_1\sin\theta)^2}{b^2}=1 \qquad ②$$

$$\frac{(-r_2\sin\theta)^2}{a^2}+\frac{(r_2\cos\theta)^2}{b^2}=1 \qquad ③$$

整理式②和式③可得

$$\frac{\cos^2\theta}{a^2}+\frac{\sin^2\theta}{b^2}=\frac{1}{r_1^2} \qquad ④$$

$$\frac{\sin^2\theta}{a^2}+\frac{\cos^2\theta}{b^2}=\frac{1}{r_2^2} \qquad ⑤$$

把式④和式⑤相加可得

$$\frac{1}{r_1^2}+\frac{1}{r_2^2}=\frac{1}{a^2}+\frac{1}{b^2}$$

(1)由式⑥可得菱形 Ω 的周长为

$$4\sqrt{r_1^2+r_2^2}=4\sqrt{r_1^2+\frac{1}{\frac{1}{a^2}+\frac{1}{b^2}-\frac{1}{r_1^2}}}$$

$$=\frac{4}{\sqrt{\frac{a^2+b^2}{4a^2b^2}-\frac{a^2b^2}{a^2+b^2}\left(\frac{1}{r_1^2}-\frac{a^2+b^2}{2a^2b^2}\right)^2}}$$

$$\left(\frac{1}{(\max\{a,b\})^2}\leqslant\frac{1}{r_1^2}\leqslant\frac{1}{(\min\{a,b\})^2}\right)$$

进而可得欲证结论成立.

(1)的另证:由式④和式⑤可得

$$\frac{r_1^2+r_2^2}{a^2b^2}=\frac{1}{a^2\sin^2\theta+b^2\cos^2\theta}+\frac{1}{b^2\sin^2\theta+a^2\cos^2\theta}$$

$$=\frac{a^2+b^2}{(b^2+c^2\sin^2\theta)(a^2-c^2\sin^2\theta)}$$

$$=\frac{a^2+b^2}{\frac{(a^2+b^2)^2}{4}-(a^2-b^2)^2\left(\sin^2\theta-\frac{1}{2}\right)^2}$$

所以菱形 Ω 的周长为

$$4\sqrt{r_1^2+r_2^2}=4\sqrt{\frac{a^2b^2(a^2+b^2)}{\frac{(a^2+b^2)^2}{4}-(a^2-b^2)^2\left(\sin^2\theta-\frac{1}{2}\right)^2}}$$

进而可得欲证结论成立.

(2) 由式⑥可得

$$\frac{1}{r_1^2}\cdot\frac{1}{r_2^2}=\frac{1}{r_1^2}\left(\frac{1}{a^2}+\frac{1}{b^2}-\frac{1}{r_1^2}\right)\left(\frac{1}{(\max\{a,b\})^2}\leqslant\frac{1}{r_1^2}\leqslant\frac{1}{(\min\{a,b\})^2}\right)$$

进而可求得$\frac{1}{r_1^2}\cdot\frac{1}{r_2^2}$的取值范围是$\left[\left(\frac{1}{ab}\right)^2,\left(\frac{a^2+b^2}{2a^2b^2}\right)^2\right]$,再得菱形 Ω 的面积 $2r_1r_2$ 的取值范围是$\left[\frac{4a^2b^2}{a^2+b^2},2ab\right]$,进而可得欲证结论成立.

题 3　(2017 年清华大学数学能力测试第 15 题)以椭圆$\frac{x^2}{4}+\frac{y^2}{9}=1$与过原点且互相垂直的两条直线的四个交点为顶点的菱形面积可以是　(　　)

A. 16　　B. 12

C. 10　　D. 18

解　B. 由定理 5(2)可立得该菱形面积的取值范围是$\left[\frac{144}{13},12\right]$,所以选 B.

题 4　(2004 年复旦大学保送生考试数学考试试题第一题第 3 小题)椭圆$\frac{x^2}{16}+\frac{y^2}{9}=1$内接矩形周长的最大值是________.

解　由定理 4(1)可立得答案:20.

定理 6　当且仅当椭圆 $\Gamma:\frac{x^2}{a^2}+\frac{y^2}{b^2}=1(a>0,b>0,a\neq b)$ 的内接四边形的四个顶点坐标依次是$\left(\frac{ab}{\sqrt{a^2+b^2}},\frac{ab}{\sqrt{a^2+b^2}}\right)$,$\left(-\frac{ab}{\sqrt{a^2+b^2}},\frac{ab}{\sqrt{a^2+b^2}}\right)$,$\left(-\frac{ab}{\sqrt{a^2+b^2}},-\frac{ab}{\sqrt{a^2+b^2}}\right)$,$\left(\frac{ab}{\sqrt{a^2+b^2}},-\frac{ab}{\sqrt{a^2+b^2}}\right)$时该内接四边形是正方形,且该正方形的边长是$\frac{2ab}{\sqrt{a^2+b^2}}$.

证明　由定理 3 的证明知,可设椭圆 Γ 的内接四边形的四个顶点坐标依次是 $A_1(a\cos\alpha,b\sin\alpha)$,$A_2(-a\cos\alpha,b\sin\alpha)$,$A_3(-a\cos\alpha,-b\sin\alpha)$,$A_4(a\cos\alpha,-b\sin\alpha)\left(0<\alpha<\frac{\pi}{2}\right)$,再由 $|A_1A_2|=|A_1A_4|$,可得 $\tan\alpha=\frac{a}{b}$,进而得欲证成立.

§10 二次曲线的一类性质及其简证

题1 (2017 年高考全国卷 I 理科第 20 题)已知椭圆 $C:\frac{x^2}{a^2}+\frac{y^2}{b^2}=1(a>b>0)$,四点 $P_1(1,1)$,$P_2(0,1)$,$P_3\left(-1,\frac{\sqrt{3}}{2}\right)$,$P_4\left(1,\frac{\sqrt{3}}{2}\right)$中恰有三点在椭圆 C 上.

(1)求 C 的方程;

(2)设直线 l 不经过点 P_2 且与 C 相交于 A,B 两点. 若直线 P_2A 与直线 P_2B 的斜率的和为 -1,证明:l 过定点.

解 (1)若椭圆 C 过点 $P_2(0,1)$,可得 $b=1$,进而可得椭圆 C 不过点 $P_1(1,1)$,所以椭圆 C 过三点 $P_2(0,1)$,$P_3\left(-1,\frac{\sqrt{3}}{2}\right)$,$P_4\left(1,\frac{\sqrt{3}}{2}\right)$,从而可求得椭圆 C 的方程是$\frac{x^2}{4}+y^2=1$.

若椭圆 C 不过点 $P_2(0,1)$,可得椭圆 C 过三点 $P_1(1,1)$,$P_3\left(-1,\frac{\sqrt{3}}{2}\right)$,$P_4\left(1,\frac{\sqrt{3}}{2}\right)$,而椭圆 C 不可能同时过点 $P_1(1,1)$,$P_4\left(1,\frac{\sqrt{3}}{2}\right)$.

综上所述,可得椭圆 C 的方程是$\frac{x^2}{4}+y^2=1$.

(2)可设直线 $P_2A:y=kx+1$,进而可得$\begin{cases}\frac{x^2}{4}+y^2=1\\ y=kx+1\end{cases}$ $(x\neq 0)$方程组的解,即点 A 的坐标$\left(-\frac{8k}{4k^2+1},\frac{-4k^2+1}{4k^2+1}\right)$.

由题设可得直线 $P_2B:y=(-1-k)x+1$,进而可得点 B 的坐标$\left(-\frac{8(-1-k)}{4(-1-k)^2+1},\frac{-4(-1-k)^2+1}{4(-1-k)^2+1}\right)$,即$B\left(\frac{8(k+1)}{4(k+1)^2+1},\frac{-4(k+1)^2+1}{4(k+1)^2+1}\right)$.

再求得直线 $AB:y=-\frac{1}{(2k+1)^2}\left(x+\frac{8k}{4k^2+1}\right)+\frac{-4k^2+1}{4k^2+1}$(若 $k=-\frac{1}{2}$,可得点 A,B 重合,不满足题意).

还可验证动直线 AB 过定点$(2,-1)$. 由“两点确定一直线”可知,该动直线不会再过别的定点. 所以直线 l 过定点,且该定点的坐标是$(2,-1)$.

(2)的另证:当直线 l 的斜率存在时,可设直线 $l:y=kx+m$. 由$\begin{cases}\frac{x^2}{4}+y^2=1\\y=kx+m\end{cases}$可得

$$(4k^2+1)x^2+8kmx+4m^2-4=0$$

设点 $A(x_1,kx_1+m)$,$B(x_2,kx_2+m)$,可得

$$x_1+x_2=-\frac{8km}{4k^2+1}$$

$$x_1x_2=\frac{4m^2-4}{4k^2+1}$$

再由题设,可得

$$k_{P_2A}+k_{P_2B}=\frac{kx_1+m-1}{x_1-0}+\frac{kx_2+m-1}{x_2-0}=-1$$

$$(2k+1)x_1x_2=-(m-1)(x_1+x_2)$$

$$(2k+1)\cdot\frac{4m^2-4}{4k^2+1}=-(m-1)\left(-\frac{8km}{4k^2+1}\right)$$

$$(m-1)(m+2k+1)=0$$

由直线 $l:y=kx+m$ 不经过点 $P_2(0,1)$,可得 $m\neq1$,所以 $m=-2k-1$,得直线 $l:y=k(x-2)-1$,所以直线 l 过定点,且该定点的坐标是$(2,-1)$.

当直线 l 的斜率不存在时,由题设可求得直线 l 的方程是 $x=2$,但此时可求得 A,B 两点的坐标均是$(2,0)$,不满足题设.

综上所述,可得直线 l 过定点,且该定点的坐标是$(2,-1)$.

(2)的再证:把原题中的所有图形全部向下平移1个单位,原图形中的点 P_2,A,B 平移后分别变为点 $O'(0,0)$,A',B',直线 l,x 轴,y 轴平移后分别变为直线 l',x'轴,y'轴.

椭圆 $C:\frac{x^2}{4}+y^2=1$ 平移后变为椭圆 $C':\frac{x'^2}{4}+(y'+1)^2=1$,即椭圆 $C':x'^2+4y'^2+8y'=0$.

因为直线 l'不过点 $O'(0,0)$,所以可设直线 $l':mx'+ny'=1$.

进而可得,由直线 $O'A'$,$O'B'$组成的曲线方程为

$$x'^2+4y'^2+8y'(mx'+ny')=0$$

即

$$(8n+4)y'^2+8mx'y'+x'^2=0$$

理由：因为该曲线上有三点 O',A',B'，又因为该式左边是 x',y' 的二次齐次式，所以它可在 $\mathbf{R}$ 上因式分解为

$$(\alpha x'+\beta y')(\alpha' x'+\beta' y')=0$$

即该曲线表示过原点 O' 的两条直线. 又因为不共线的三点 O',A',B' 在该曲线上，所以它就是表示由直线 $O'A',O'B'$ 组成的曲线方程.

因为直线 $O'A',O'B'$ 的斜率均存在且不相等，所以以下关于 $\frac{y'}{x'}$ 的方程有两个不相等的实根，即 k_1,k_2（得 $8n+4\neq 0$）

$$(8n+4)\left(\frac{y'}{x'}\right)^2+8m\left(\frac{y'}{x'}\right)+1=0$$

所以

$$k_1+k_2=-\frac{8m}{8n+4}=-1$$

$$m=n+\frac{1}{2}$$

得直线 $l':\left(n+\frac{1}{2}\right)x'+ny'=1$，即 $l':n(x'+y')+\frac{1}{2}x'-1=0$.

所以直线 l' 经过的定点是方程组 $\begin{cases}x'+y'=0\\ \frac{1}{2}x'-1=0\end{cases}$ 的解 $(x',y')=(2,-2)$，进而可得直线 l 过定点，且该定点的坐标是 $(2,-1)$.

解毕.

接下来就是研究这道高考题第(2)问的一般情形.

拙著[1]及拙著[2]由“(2)的另证”的方法，拙著[3]由“(2)的再证”的方法均给出了其一般情形及其证明.

下面介绍拙著[3]的相应结论及其证明.

定理 （即拙著[3]的定理 6-22）设 $P(x_0,y_0)$ 是定二次曲线 $\Gamma: ax^2+by^2+cx+dy+e=0(|a|+|b|\neq 0)$ 上的一个定点，PA,PB 是该曲线的两条动弦，其所在直线的斜率均存在（分别设为 k_1,k_2），直线 AB 不过点 P，则：

(1) ① $k_1k_2=\frac{a}{b}\Leftrightarrow$ 直线 AB 的方向向量为 $(b(2ax_0+c),-a(2by_0+d))$.

② k_1k_2 为定值 $\lambda\left(\lambda\neq\frac{a}{b}\right)\Leftrightarrow$ 直线 AB 过定点 $\left(\frac{(a+\lambda b)x_0+c}{\lambda b-a},\frac{(a+\lambda b)y_0+\lambda d}{a-\lambda b}\right)$.

(2)①当 $b=0$ 时: k_1+k_2 为定值 $\lambda \Leftrightarrow$ 直线 AB 的方向向量为 $(d,2ax_0+c+\lambda d)$.

②当 $b\neq 0$ 时: $k_1+k_2=0 \Leftrightarrow$ 直线 AB 的方向向量为 $(2by_0+d,2ax_0+c)$; k_1+k_2 为定值 $\lambda(\lambda\neq 0) \Leftrightarrow$ 直线 AB 过定点 $\left(x_0-\frac{2}{\lambda}y_0-\frac{d}{\lambda b},-\frac{2ax_0+c}{\lambda b}-y_0-\frac{d}{b}\right)$.

(3)①当 $a=0$ 时: $\frac{1}{k_1}+\frac{1}{k_2}$ 为定值 $\lambda \Leftrightarrow$ 直线 AB 的方向向量为 $(2by_0+\lambda c+d,c)$.

②当 $a\neq 0$ 时: $\frac{1}{k_1}+\frac{1}{k_2}$ 为定值 $\lambda(\lambda\neq 0) \Leftrightarrow$ 直线 AB 过定点 $\left(-x_0-\frac{2b}{\lambda a}y_0-\frac{c}{a}-\frac{d}{\lambda a},-\frac{2}{\lambda}x_0+y_0-\frac{c}{\lambda a}\right)$.

证明　因为把直线平移后这条直线的方向向量不变(因而其斜率也不变),所以只需证明把定理中对应的所有图形沿向量 $\overrightarrow{PO}$(O 是坐标原点)平移后的结论成立.

设 OA,OB 是定二次曲线 $\Gamma: a(x+x_0)^2+b(y+y_0)^2+c(x+x_0)+d(y+y_0)+e=0(|a|+|b|\neq 0)$,即 $ax^2+by^2+c'x+d'y=0(|a|+|b|\neq 0)(c'=c+2ax_0,d'=d+2by_0)$ 的两条动弦,其所在直线的斜率均存在(分别设为 k_1,k_2),直线 AB 不过原点 O,则:

(1)① $k_1k_2=\frac{a}{b} \Leftrightarrow$ 直线 AB 的方向向量为 $(bc',-ad')$.

② k_1k_2 为定值 $\lambda\left(\lambda\neq\frac{a}{b}\right) \Leftrightarrow$ 直线 AB 过定点 $\left(\frac{c'}{\lambda b-a},\frac{\lambda d'}{a-\lambda b}\right)$.

(2)①当 $b=0$ 时: k_1+k_2 为定值 $\lambda \Leftrightarrow$ 直线 AB 的方向向量为 $(d',c'+\lambda d')$.

②当 $b\neq 0$ 时: $k_1+k_2=0 \Leftrightarrow$ 直线 AB 的方向向量为 (d',c'); k_1+k_2 为定值 $\lambda(\lambda\neq 0) \Leftrightarrow$ 直线 AB 过定点 $\left(-\frac{d'}{\lambda b},-\frac{d'}{b}-\frac{c'}{\lambda b}\right)$.

(3)①当 $a=0$ 时: $\frac{1}{k_1}+\frac{1}{k_2}$ 为定值 $\lambda \Leftrightarrow$ 直线 AB 的方向向量为 $(\lambda c'+d',c')$.

②当 $a\neq 0$ 时: $\frac{1}{k_1}+\frac{1}{k_2}$ 为定值 $\lambda(\lambda\neq 0) \Leftrightarrow$ 直线 AB 过定点 $\left(-\frac{c'}{a}-\frac{d'}{\lambda a},-\frac{c'}{\lambda a}\right)$.

证明如下:

因为直线 AB 不过原点 O,所以可设 $AB: mx+ny=1$. 则由直线 OA,OB 组成的曲线方程为

$$ax^2+by^2+(c'x+d'y)(mx+ny)=0$$

即
$$(a+c'm)x^2+(c'n+d'm)xy+(b+d'n)y^2=0$$

因为该曲线上有三点 O,A,B,又因为该式左边是 x,y 的二次齐次式,所以它可在 $\mathbf{R}$ 上因式分解为

$$(\alpha x+\beta y)(\alpha' x+\beta' y)=0$$

即该曲线表示过原点的两条直线. 又因为不共线的三点 O,A,B 在该曲线上,所以它就是表示由直线 OA,OB 组成的曲线方程.

理由:因为直线 OA,OB 的斜率均存在且不相等,所以以下关于$\frac{y}{x}$的方程有两个不相等的实根即 k_1,k_2(得 $b+d'n\neq0$)

$$(b+d'n)\left(\frac{y}{x}\right)^2+(c'n+d'm)\left(\frac{y}{x}\right)+(a+c'm)=0$$

所以

$$k_1+k_2=-\frac{c'n+d'm}{b+d'n}$$

$$k_1k_2=\frac{a+c'm}{b+d'n}$$

$$\frac{1}{k_1}+\frac{1}{k_2}=\frac{k_1+k_2}{k_1k_2}=-\frac{c'n+d'm}{a+c'm}$$

由此可得欲证结论成立.

推论1 设 $P(x_0,y_0)$ 是定抛物线 $y^2=2px(p>0)$ 上的一个定点,PA,PB 是该抛物线的两条弦,其所在直线的斜率分别为 k_1,k_2.

(1)k_1k_2 为定值 λ(显然 $\lambda\neq0$)$\Leftrightarrow$直线 AB 过定点$\left(x_0-\frac{2p}{\lambda},-y_0\right)$.

(2)$k_1+k_2=\lambda$(λ 为定值且不为 0)$\Leftrightarrow$直线 AB 过定点$\left(x_0-\frac{2y_0}{\lambda},\frac{2p}{\lambda}-y_0\right)$;$k_1+k_2=0\Leftrightarrow$直线 AB 的方向向量为$(-y_0,p)$.

推论2 设 $P(x_0,y_0)$ 是定曲线 $\lambda x^2+\mu y^2=1(\lambda\mu\neq0)$ 上的一个定点,PA,PB 是该曲线的两条弦,其所在直线的斜率分别为 k_1,k_2.

(1)$k_1k_2=\delta$(δ 为定值且不为$\frac{\lambda}{\mu}$)$\Leftrightarrow$直线 AB 过定点$\left(\frac{\delta\mu+\lambda}{\delta\mu-\lambda}x_0,\frac{\delta\mu+\lambda}{\lambda-\delta\mu}y_0\right)$;$k_1k_2=\frac{\lambda}{\mu}\Leftrightarrow$直线 AB 的方向向量为$(-x_0,y_0)$.

(2)$k_1+k_2=\delta$(δ 为定值且不为 0)$\Leftrightarrow$直线 AB 过定点 $\Big(x_0-\frac{2y_0}{\delta},-y_0-$

$\left.\frac{2\lambda x_0}{\delta\mu}\right)$；$k_1+k_2=0\Leftrightarrow$直线$AB$的方向向量为$(\mu y_0,\lambda x_0)$.

由定理及隐函数的导数，还可证得：

推论3　设$P(x_0,y_0)$是定二次曲线$\Gamma:ax^2+by^2+cx+dy+e=0(|a|+|b|\neq 0)$上的一个定点，$PA$，$PB$是该曲线的两条动弦，其所在直线的斜率均存在（分别设为k_1，k_2），则：

（1）①当$a=-b\neq 0$时，$k_1k_2=-1\Leftrightarrow$直线AB的方向向量为$(2ax_0+c,2by_0+d)$.

②当$a+b\neq 0$时，$k_1k_2=-1\Leftrightarrow$直线AB过定点$Q\left(\frac{(b-a)x_0-c}{a+b},\frac{(a-b)y_0-d}{a+b}\right)$；此时还可得直线$PQ$是曲线$\Gamma$的过定点$P$的法线.

（2）若$k_1+k_2=0$，则直线AB与曲线Γ的过定点P的切线的斜率互为相反数或均不存在.

显然，题1(2)是推论1(2)的特例.

题2　（2015年高考陕西卷文科第20题）如图1所示，椭圆$E:\frac{x^2}{a^2}+\frac{y^2}{b^2}=1$ $(a>b>0)$经过点$A(0,-1)$，且离心率为$\frac{\sqrt{2}}{2}$.

（1）求椭圆E的方程；

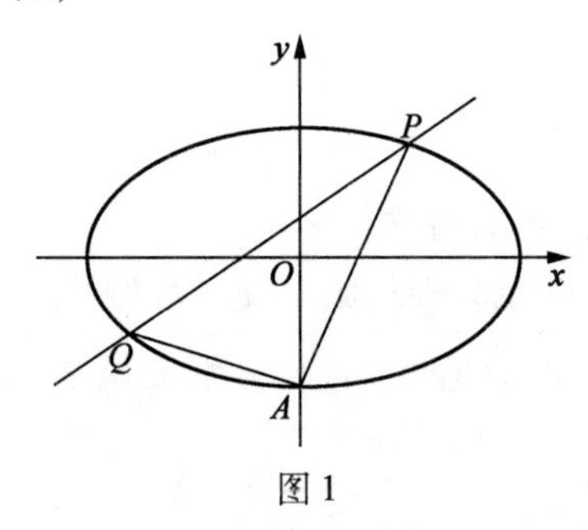

图1

（2）经过点(1,1)，且斜率为k的直线与椭圆E交于不同的两点P，Q（均异于点A），证明：直线AP与AQ的斜率之和为2.

答案　（1）$\frac{x^2}{2}+y^2=1$.

（2）略.

题3　（2004年高考北京卷文科第17题）如图2，抛物线关于x轴对称，它的顶点在坐标原点，点 $P(1,2)$，$A(x_1,y_1)$，$B(x_2,y_2)$ 均在抛物线上.

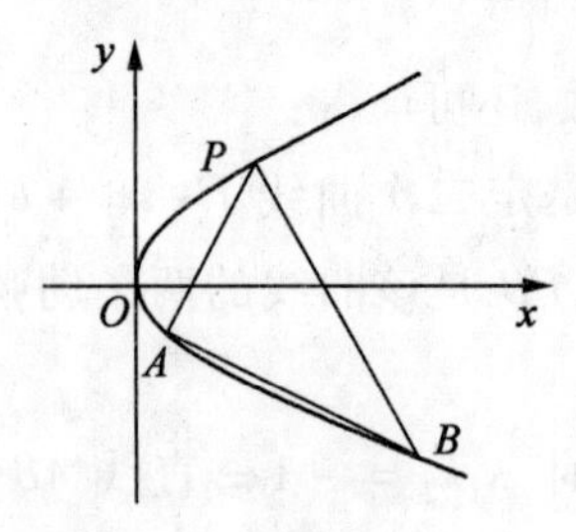

图2

(1)写出该抛物线的方程及其准线方程；

(2)当 PA 与 PB 的斜率存在且倾斜角互补时，求 y_1+y_2 的值及直线 AB 的斜率.

解　(1)所求抛物线的方程是 $y^2=4x$，其准线方程是 $x=-1$.（过程略.）

(2)由题意可得

$$k_{PA}=\frac{y_1-2}{x_1-2}\quad (x_1\neq 1)$$

$$k_{PB}=\frac{y_2-2}{x_2-1}\quad (x_2\neq 1)$$

由直线 PA 与 PB 的斜率均存在且倾斜角互补，所以 $k_{PA}=-k_{PB}$.

由点 $A(x_1,y_1)$，$B(x_2,y_2)$ 均在抛物线上，可得 $y_1^2=4x_1$，$y_2^2=4x_2$，所以

$$\frac{y_1-2}{\frac{1}{4}y_1^2-1}=-\frac{y_2-2}{\frac{1}{4}y_2^2-1}$$

$$y_1+y_2=-4$$

由推论1(2)可求得直线 AB 的斜率是 -1.

题4　(2004年高考北京卷理科第17题)如图2，过抛物线 $y^2=2px(p>0)$ 上一定点 $P(x_0,y_0)(y_0>0)$，作两条直线分别交抛物线于点 $A(x_1,y_1)$，$B(x_2,y_2)$.

(1)求该抛物线上纵坐标为 $\frac{p}{2}$ 的点到其焦点 F 的距离；

(2)当 PA 与 PB 的斜率存在且倾斜角互补时，求 $\frac{y_1+y_2}{y_0}$ 的值，并证明直线 AB 的斜率是非零常数.

解　(1)当 $y=\frac{p}{2}$ 时，$x=\frac{p}{8}$.

又因为抛物线 $y^2=2px$ 的准线方程为 $x=-\frac{p}{2}$，所以由抛物线定义可得，所求距离为 $\frac{p}{8}-(-\frac{p}{2})=\frac{5p}{8}$.

(2)由 $y_1^2=2px_1, y_0^2=2px_0$ 相减得

$$(y_1-y_0)(y_1+y_0)=2p(x_1-x_0)$$

所以
$$k_{PA}=\frac{y_1-y_0}{x_1-x_0}=\frac{2p}{y_1+y_0}\quad(x_1\neq x_0)$$

同理可得
$$k_{PB}=\frac{2p}{y_2+y_0}\quad(x_2\neq x_0)$$

由直线 PA 与 PB 的斜率存在且倾斜角互补，可得 $k_{PA}=-k_{PB}$，所以

$$\frac{2p}{y_1+y_0}=-\frac{2p}{y_2+y_0}$$

$$y_1+y_2=-2y_0$$

$$\frac{y_1+y_2}{y_0}=-2$$

(2)由推论1(2)可求得直线 AB 的斜率是 $-\frac{p}{y_0}$，所以直线 AB 的斜率是非零常数.

题5 (2009年高考辽宁卷理科第20题即文科第22题)已知椭圆 C 过点 $A(1,\frac{3}{2})$，两个焦点为 $(-1,0),(1,0)$.

(1)求椭圆 C 的方程；

(2)E,F 是椭圆 C 上的两个动点，如果直线 AE 的斜率与 AF 的斜率互为相反数，证明直线 EF 的斜率为定值，并求出这个定值.

解 (1)椭圆 C 的方程为 $\frac{x^2}{4}+\frac{y^2}{3}=1$.(过程略.)

(2)由推论2(2)可求得直线 AB 的斜率为定值，且这个定值为 $\frac{1}{2}$.

我们再用这种齐次化的方法来解答一道题目.

题6 分别过椭圆 $E:\frac{x^2}{3}+\frac{y^2}{2}=1$ 的左、右焦点 F_1,F_2 的动直线 l_1,l_2 相交于点 P，与椭圆 E 分别交于 A,B 与 C,D 这四个两两不同的点. 设直线 OA,OB,OC,OD 的斜率分别为 k_1,k_2,k_3,k_4，若 $k_1+k_2=k_3+k_4$，求点 P 的轨迹方程.

解 (1)当直线 l_1 的斜率不存在时，可得 $l_1:x=-1, k_1+k_2=0$. 再由 k_1+

$k_2=k_3+k_4$,可得 $k_3+k_4=0$.

再由过右焦点 F_2 的直线 l_2 与椭圆 E 交于两点 C,D,且直线 OC,OD 的斜率分别为 k_3,k_4,可得直线 OC,OD 关于 x 轴对称,因而直线 l_2 就是 x 轴,得点$P(-1,0)$.

(2)当直线 l_1 的斜率为 0 时,同理可求得点 $P(1,0)$.

(3)当直线 l_2 的斜率为 0 时,同(1)可求得点 $P(-1,0)$.

(4)当直线 l_2 的斜率不存在时,同(2)可求得点 $P(1,0)$.

(5)当直线 l_1,l_2 的斜率均存在且均不为 0 时:

可设 $l_1:y=m(x+1)(m\neq 0)$,点 $A(x_1,y_1),B(x_2,y_2)$,由直线 OA,OB 的斜率均存在可知 $x_1x_2\neq 0$.

因而$\dfrac{y_i-mx_i}{m}=1,\dfrac{x_i^2}{3}+\dfrac{y_i^2}{2}=1(i=1,2)$,所以

$$\frac{x_i^2}{3}+\frac{y_i^2}{2}=\left(\frac{y_i-mx_i}{m}\right)^2\quad(i=1,2)$$

$$\left(\frac{1}{m^2}-\frac{1}{2}\right)\left(\frac{y_i}{x_i}\right)^2-\frac{2}{m}\left(\frac{y_i}{x_i}\right)+\frac{2}{3}=0\quad(i=1,2)$$

再由韦达定理,可得 $k_1+k_2=\dfrac{4m}{2-m^2}$.

还可设 $l_2:y=n(x-1)(n\neq 0,m)$,同理可得 $k_3+k_4=\dfrac{4n}{2-n^2}$.

由 $k_1+k_2=k_3+k_4$,可得

$$\frac{4m}{2-m^2}=\frac{4n}{2-n^2}\quad(m\neq n)$$

$$mn=-2$$

设点 $P(x,y)$,可得

$$mn=\frac{y}{x+1}\cdot\frac{y}{x-1}=-2$$

$$\frac{y^2}{2}+x^2=1\quad(x\neq\pm 1)$$

综上所述,可得所求点 P 的轨迹方程是$\dfrac{y^2}{2}+x^2=1$.

题 7 (2016 年浙江省高中数学竞赛试卷第 17 题)已知椭圆 $C:\dfrac{x^2}{a^2}+\dfrac{y^2}{b^2}=1$ $(a>b>0)$经过点 $P\left(3,\dfrac{16}{5}\right)$,离心率为$\dfrac{3}{5}$. 过椭圆 C 的右焦点作斜率为 k 的直

线 l,交椭圆 C 于 A,B 两点. 记直线 PA,PB 的斜率分别为 k_1,k_2.

(1)求椭圆 C 的标准方程;

(2)若 $k_1+k_2=0$,求实数 k 的值.

解　(1)椭圆 C 的标准方程是 $\frac{x^2}{25}+\frac{y^2}{16}=1$.(过程略.)

(2)由推论2(2)可求得 $k=\frac{3}{5}$.

题8　(2011年全国高中数学联赛(A卷)一试第11题)作斜率为 $\frac{1}{3}$ 的直线 l 与椭圆 $C:\frac{x^2}{36}+\frac{y^2}{4}=1$ 交于 A,B 两点(图3),且点 $P(3\sqrt{2},\sqrt{2})$ 在直线 l 的左上方.

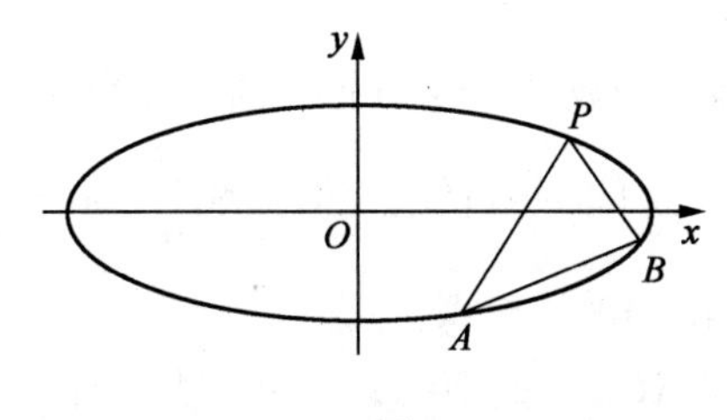

图3

(1)证明:$\triangle PAB$ 的内切圆的圆心在一条定直线上;

(2)若 $\angle APB=60°$,求 $\triangle PAB$ 的面积.

解　(1)由推论2(2)可得直线 PA,PB 的斜率之和为0,所以 $\angle APB$ 的平分线所在的直线方程是 $x=3\sqrt{2}$,因而 $\triangle PAB$ 的内切圆的圆心在一条定直线 $x=3\sqrt{2}$ 上.

(2)由 $\angle APB=60°$ 及(1)的结论,可得直线 $PA:y=\sqrt{3}x+\sqrt{2}-3\sqrt{6}$.

进而可求得 $x_A=\frac{39\sqrt{2}-9\sqrt{6}}{14}$. 再由弦长公式,可求得

$$|PA|=\sqrt{(\sqrt{3})^2+1}\,\left|x_A-3\sqrt{2}\right|=\frac{9\sqrt{6}+3\sqrt{2}}{7}$$

同理,可求得 $|PB|=\frac{9\sqrt{6}-3\sqrt{2}}{7}$.

所以 $\triangle PAB$ 的面积为

$$\frac{1}{2}|PA|\cdot|PB|\sin 60°=\frac{1}{2}\cdot\frac{9\sqrt{6}+3\sqrt{2}}{7}\cdot\frac{9\sqrt{6}-3\sqrt{2}}{7}\sin 60°=\frac{117}{49}\sqrt{3}$$

参考文献

[1]甘志国. 圆锥曲线的一条美丽性质[J]. 学数学,2014(1-3):43-47,24.

[2]甘志国. 高考压轴题(下)[M]. 哈尔滨:哈尔滨工业大学出版社,2014:153-161.

[3]甘志国. 数学高考真题解密[M]. 北京:清华大学出版社,2015:100-102.

§11 对2017年高考北京卷理科第18题的推广

题1 (2007年全国高中数学联赛湖北省预赛试题第13题)过点 $Q(-1,-1)$ 作已知直线 $l:y=\frac{1}{4}x+1$ 的平行线,交双曲线 $\frac{x^2}{4}-y^2=1$ 于点 M,N.

(1)证明:点 Q 是线段 MN 的中点;

(2)分别过点 M,N 作双曲线的切线 l_1,l_2,证明:三条直线 l,l_1,l_2 相交于同一点;

(3)设 P 为直线 l 上的一动点,过点 P 作双曲线的切线 PA,PB,切点分别为 A,B,证明:点 Q 在直线 AB 上.

解 设点 $M(x_1,y_1),N(x_2,y_2)$.

(1)可求得直线 MN 的方程为 $y=\frac{1}{4}(x-3)$,把它代入双曲线的方程 $\frac{x^2}{4}-y^2=1$ 后,可得 $3x^2+6x-25=0$.

因而 $x_1+x_2=-2=2x_Q$,所以点 Q 是线段 MN 的中点.

(2)由(1)的结论,可得 $x_1+x_2=2x_Q=-2,y_1+y_2=2y_Q=-2$.

可求得切线 $l_1:\frac{x_1x}{4}-y_1y=1,l_2:\frac{x_2x}{4}-y_2y=1$.

联立 $\begin{cases}\frac{x_1x}{4}-y_1y=1\\\frac{x_2x}{4}-y_2y=1\end{cases}$,并把这两个等式相加,可得 $y=\frac{1}{4}x+1$. 而直线 l 的方程是 $y=\frac{1}{4}x+1$,所以切线 l_1,l_2 的交点在直线 l 上,即三条直线 l,l_1,l_2 相交于

同一点.

(3)设点 $P(x_0,y_0)$,$A(x_3,y_3)$,$B(x_4,y_4)$,可得切线 $PA:\frac{x_3x}{4}-y_3y=1$,$PB:\frac{x_4x}{4}-y_4y=1$.

因为点 $P(x_0,y_0)$同在切线 PA,PB 上,所以$\frac{x_3x_0}{4}-y_3y_0=1$,$\frac{x_4x_0}{4}-y_4y_0=1$,因而点 $A(x_3,y_3)$,$B(x_4,y_4)$均在直线$\frac{x_0}{4}x-y_0y=1$ 上,由“两点确定一条直线”可得直线 AB 的方程是$\frac{x_0}{4}x-y_0y=1$.

由 $P(x_0,y_0)$为直线 l 上的一动点,可得 $y_0=\frac{1}{4}x_0+1$,因而直线 AB 的方程是$\frac{x_0}{4}x-y_0y=1$,即$\frac{x_0}{4}x-\left(\frac{1}{4}x_0+1\right)y=1$,也即 $x_0(x-y)=4(y+1)$,进而可得点 $Q(-1,-1)$在直线 AB 上.

题2　(2017 年高考北京卷理科第 18 题)已知抛物线 $C:y^2=2px$ 过点 $P(1,1)$. 过点$\left(0,\frac{1}{2}\right)$作直线 l 与抛物线 C 交于不同的两点 M,N,过点 M 作 x 轴的垂线分别与直线 OP,ON 交于点 A,B,其中 O 为原点.

(1)求抛物线 C 的方程,并求其焦点坐标和准线方程;

(2)求证:A 为线段 BM 的中点.

解　(1)由抛物线 $C:y^2=2px$ 过点 $P(1,1)$,可得 $p=\frac{1}{2}$,所以抛物线 C 的方程为 $y^2=x$.

再得抛物线 C 的焦点坐标为$\left(\frac{1}{4},0\right)$,准线方程为 $x=-\frac{1}{4}$.

(2)如图 1 所示,由题意知,可设直线 l 的方程为 $x=my-\frac{m}{2}$,l 与抛物线 C 的交点为 $M(y_1^2,y_1)$,$N(y_2^2,y_2)$.

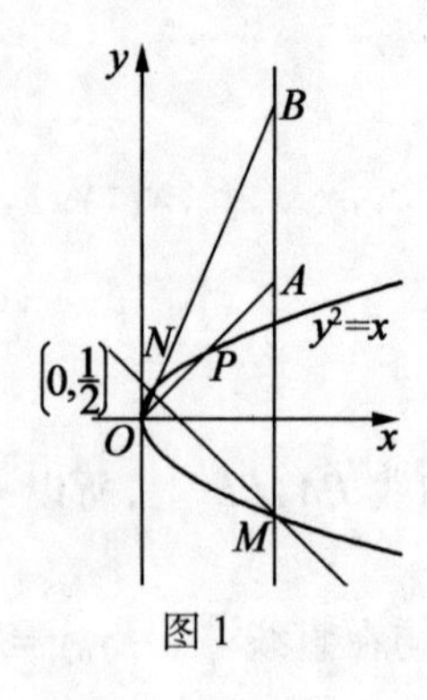

图 1

由$\begin{cases}x=my-\dfrac{m}{2}\\y^2=x\end{cases}$,可得 $y^2-my+\dfrac{m}{2}=0$,所以 $y_1+y_2=m,y_1y_2=\dfrac{m}{2}$.

由点 P 的坐标为$(1,1)$,可得直线 OP 的方程为 $y=x$,点 A 的坐标为(y_1^2,y_1^2).

由题设可得直线 ON 的方程为 $y=\dfrac{x}{y_2}$,点 B 的坐标为$\left(y_1^2,\dfrac{y_1^2}{y_2}\right)$.

因为

$$\begin{aligned}y_1+\frac{y_1^2}{y_2}-2y_1^2&=y_1\cdot\frac{y_1+y_2-2y_1y_2}{y_2}\\&=y_1\cdot\frac{m-2\cdot\dfrac{m}{2}}{y_2}\\&=0\end{aligned}$$

即

$$y_1+\frac{y_1^2}{y_2}=2y_1^2$$

所以点 A 为线段 BM 的中点.

注　记点 $D\left(0,\dfrac{1}{2}\right)$,可得图 1 中的直线 $DP:x-2y+1=0$ 是抛物线 $C:y^2=x$ 的切线,进而可得到这道高考题结论的推广.

定理 1　如图 2 所示,若过点 D 作抛物线 $C:y^2=2px$ 的两条切线 DP,DQ(P,Q 均是切点)及割线 l 交抛物线 C 于不同的两点 M,N,再过点 M 作切线 DQ 的平行线分别交直线 QP,QN 于点 A,B,则 A 为线段 BM 的中点.

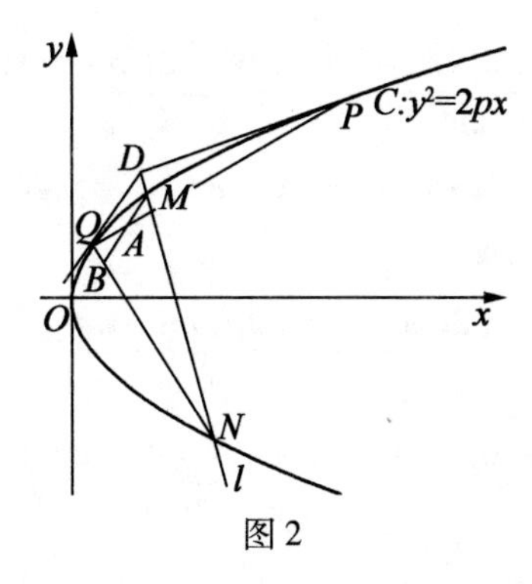

图2

证明 可设点 $P(2ps^2,2ps)$，$Q(2pt^2,2pt)(s\neq t)$，求得切线 $DP:x-2sy+2ps^2=0$，$DQ:x-2ty+2pt^2=0$.

进而可求得两条切线 DP，DQ 的交点 $D(2pst,p(s+t))$，因而可设直线 $l:x=my+p(2st-ms-mt)$.

可设点 $M\left(\frac{y_1^2}{2p},y_1\right)$，$N\left(\frac{y_2^2}{2p},y_2\right)$. 把直线 l 与抛物线 C 的方程联立后，可得

$$y^2-2pmy+2p^2(ms+mt-2st)=0$$

因而

$$y_1+y_2=2pm$$

$$y_1y_2=2p^2(ms+mt-2st) \quad ①$$

$$y_1^2=2pmy_1-2p^2(ms+mt-2st) \quad ②$$

由直线 $MA//$切线 DQ，可求得直线 $MA:x-2ty+2ty_1-\frac{y_1^2}{2p}=0$.

还可求得直线 $QP:x-(s+t)y+2pst=0$，$QN:2px-(2pt+y_2)y+2pty_2=0$.

进而可求得：直线 MA 与 QP 的交点 A 的纵坐标为 $y_A=\frac{y_1^2-4pty_1+4p^2st}{2p(s-t)}$，直线 MA 与 QN 的交点 B 的纵坐标为 $y_B=\frac{y_1^2+2pty_2-4pty_1}{y_2-2pt}$.

再由式②得

$$y_A=\frac{(m-2t)y_1-p(ms+mt-4st)}{s-t}$$

$$y_B=2p\cdot\frac{(m-2t)y_1-p(ms+mt-2st)+ty_2}{y_2-2pt}$$

所以

$y_1+y_B-2y_A$

$$=y_1+2p\cdot\frac{(m-2t)y_1-p(ms+mt-2st)+ty_2}{y_2-2pt}-\frac{2(m-2t)y_1-2p(ms+mt-4st)}{s-t}$$

$$=\frac{[y_1y_2-2p^2(ms+mt-2st)]+(2pm-6pt)y_1+2pty_2}{y_2-2pt}-\frac{2(m-2t)y_1-2p(ms+mt-4st)}{s-t}$$

$$=\frac{(2pm-6pt)y_1+2pty_2}{y_2-2pt}+\frac{2(2t-m)y_1+2p(ms+mt-4st)}{s-t}\text{(利用式①)}$$

$$=\frac{(y_1+y_2)(2pms+2pmt-6pst-2pt^2)+y_1y_2(4t-2m)-4p^2t(ms+mt-4st)}{(s-t)(y_2-2pt)}$$

$$=\frac{2pm(2pms+2pmt-6pst-2pt^2)+2p^2(ms+mt-2st)(4t-2m)-4p^2t(ms+mt-4st)}{(s-t)(y_2-2pt)}$$

(利用式①)

$=0$

即 $y_1+y_B=2y_A$，所以 A 为线段 BM 的中点.

定理2 过点 D 作常态二次曲线 $\Gamma: ax^2+by^2+2cx+2dy+e=0(|a|+|b|\neq0)$ 的两条切线 $DP,DQ(P,Q$ 均是切点)及割线 $l(l$ 交曲线 Γ 于不同的两点 $M,N)$，再过点 M 作直线分别交直线 QP,QN 于点 A,B，若直线 $MB//DQ$，则点 A 为线段 BM 的中点.

证明 只需证明把定理 2 中的所有图形沿向量 $\overrightarrow{DO}$ (O 是坐标原点，设 $D(x_0,y_0)$)平移后得到的结论成立：

若过坐标原点 O 作常态二次曲线 $\Gamma: a(x+x_0)^2+b(y+y_0)^2+2c(x+x_0)+2d(y+y_0)+e=0(|a|+|b|\neq0)$ 的两条切线 $OP,OQ(P,Q$ 均是切点)及割线 $l(l$ 交曲线 Γ 于不同的两点 $M,N)$，再过点 M 作直线分别交直线 QP,QN 于点 A,B，则直线 $MB//OQ\Leftrightarrow A$ 为线段 BM 的中点.

可得该结论中的常态二次曲线 Γ 的方程为

$$ax^2+by^2+2(ax_0+c)x+2(by_0+d)y+(ax_0^2+by_0^2+2cx_0+2dy_0+e)=0\quad(|a|+|b|\neq0)$$

因为过原点 O 可作常态二次曲线 Γ 的两条切线，所以原点 $O(0,0)$ 不在曲线 Γ 上，因而 $ax_0^2+by_0^2+2cx_0+2dy_0+e\neq0$，所以可设常态二次曲线 Γ 的方程为

$$a'x^2+b'y^2+2c'x+2d'y-1=0\quad(|a'|+|b'|\neq0)$$

设点 $P(x_1,y_1),Q(x_2,y_2)$，可得切线 OP 的方程为

$$a'x_1x+b'y_1y+2c'\cdot\frac{x+x_1}{2}+2d'\cdot\frac{y+y_1}{2}-1=0$$

即

$$a'x_1x+b'y_1y+c'(x+x_1)+d'(y+y_1)-1=0$$

由点 $O(0,0)$ 在切线 OP 上,可得 $c'x_1+d'y_1=1$.

同理,可得 $c'x_2+d'y_2=1$. 再由“两点确定一条直线”,可得直线 PQ 的方程为 $c'x+d'y=1$.

设点 $M(x_3,y_3)$,$N(x_4,y_4)$.

$\Rightarrow$(Ⅰ)当 $d'=0$ 时,可得 $c'\neq0$,所以直线 PQ 的方程为 $x=\frac{1}{c'}$.

(ⅰ)当直线 l 的斜率不存在时,可得直线 l 的方程是 $x=0$,所以 $x_3=x_4=0$.

因为曲线 Γ 的方程为 $a'x^2+b'y^2+2c'x-1=0$,直线 l 交曲线 Γ 于不同的两点 M,N,所以 $y_4=-y_3\neq0$.

可求得直线 MB:$y=c'y_2x+y_3$;QN:$y=c'(y_2-y_4)x+y_4$,进而可求得它们的交点 B 的横坐标是 $x_B=\frac{y_4-y_3}{c'y_4}=\frac{2}{c'}$(因为 $y_4=-y_3\neq0$).

再由 $x_M=x_3=0$,$x_A=\frac{1}{c'}$,可得 $x_M+x_B=2x_A(x_M\neq x_B)$,所以点 A 为线段 BM 的中点.

(ⅱ)当直线 l 的斜率存在时,可设直线 l 的方程是 $y=kx$.

由方程组 $\begin{cases}a'x^2+b'y^2+2c'x-1=0\\y=kx\end{cases}$,可得

$$(a'+b'k^2)x^2+2c'x-1=0$$

因为 x_3,x_4 是该方程的两个根,所以 $a'+b'k^2\neq0$,且

$$x_3+x_4=\frac{-2c'}{a'+b'k^2}$$

$$x_3x_4=\frac{-1}{a'+b'k^2}$$

$$2c'x_3x_4=x_3+x_4 \tag{③}$$

可求得直线 MB:$c'y_2x-y=c'x_3y_2-kx_3$;QN:$c'(kx_4-y_2)x+(1-c'x_4)y=x_4(k-c'y_2)$.

由题设“直线 MB 与 QN 交于点 B”可求得点 B 的横坐标是 $x_B=x_3+\frac{1}{c'}-\frac{x_3}{c'x_4}$.

由式③可证得 $x_M+x_B=2x_A$(其中 $x_M=x_3$,$x_A=\frac{1}{c'}$)且 $x_M\neq x_A$,所以点 A 为

线段 BM 的中点.

（Ⅱ）当 $d'\neq 0$ 且直线 l 的斜率不存在时，可得直线 l 的方程是 $x=0$，所以 $x_3=x_4=0$.

若 $x_2=0$，则 $x_2=x_3=x_4=0$. 因为 y 轴与常态二次曲线 Γ 不可能有三个公共点，所以点 $Q(0,y_2)$ 与点 $M(0,y_3)$ 重合，或点 $Q(0,y_2)$ 与点 $N(0,y_4)$ 重合.

若点 $Q(0,y_2)$ 与点 $M(0,y_3)$ 重合，与题设“$MB/\!/OQ$”矛盾！若点 $Q(0,y_2)$ 与点 $N(0,y_4)$ 重合，与题设“直线 QN”矛盾！所以 $x_2\neq 0$.

因为曲线 Γ 的方程为 $a'x^2+b'y^2+2c'x+2d'y-1=0$，直线 $l:x=0$ 交曲线 Γ 于不同的两点 $M(0,y_3)$，$N(0,y_4)$，所以可得 $y_3+y_4=-\frac{2d'}{b'}$，$y_3y_4=-\frac{1}{b'}$，因而

$$y_3+y_4=2d'y_3y_4 \quad ④$$

可得直线 MB 的方程是 $y_2x-x_2y=-x_2y_3$，进而可求得它与直线 $PQ:c'x+d'y=1$ 的交点 A 的横坐标是 $x_A=x_2(1-d'y_3)$.

可求得直线 QN 的方程是 $(y_4-y_2)x+x_2y=x_2y_4$，进而可求得它与直线 MB 的交点 B 的横坐标是 $x_B=\frac{x_2(y_4-y_3)}{y_4}$.

由式④可证得 $x_M+x_B=2x_A$（其中 $x_M=0$）且 $x_M\neq x_B$，所以点 A 为线段 BM 的中点.

（Ⅲ）当 $d'\neq 0$ 且直线 l 的斜率存在时，可设直线 l 的方程是 $y=kx$.

由方程组 $\begin{cases}a'x^2+b'y^2+2c'x+2d'y-1=0\\ y=kx\end{cases}$，可得

$$(a'+b'k^2)x^2+2(c'+d'k)x-1=0$$

因为 x_3,x_4 是该方程的两个根，所以 $a'+b'k^2\neq 0$，且

$$x_3+x_4=\frac{-2(c'+d'k)}{a'+b'k^2}$$

$$x_3x_4=\frac{-1}{a'+b'k^2}$$

$$2(c'+d'k)x_3x_4=x_3+x_4 \quad ⑤$$

由直线 $MB/\!/OQ$，可求得直线 MB 的方程是 $y_2x-x_2y=x_3y_2-kx_2x_3$，即

$$(c'x_2-1)x+d'x_2y=x_3(c'x_2+d'kx_2-1)$$

由题设“直线 MB 与 $PQ:c'x+d'y=1$ 相交”可求出它们的交点 A 的坐标是

$$(x_A,y_A)=\left(x_2+x_3-x_2x_3(c'+d'k),\frac{c'x_2x_3(c'+d'k)-c'(x_2+x_3)+1}{d'}\right).$$

可求得直线 QN 的方程是 $(y_2-kx_4)x-(x_2-x_4)y=x_4y_2-kx_2x_4$，即

$$(d'y_2-d'kx_4)x-d'(x_2-x_4)y=d'x_4y_2-d'kx_2x_4$$

再由 $c'x_2+d'y_2=1$，可得直线 QN 的方程是

$$(c'x_2+d'kx_4-1)x+d'(x_2-x_4)y=x_4(c'x_2+d'kx_2-1)$$

由题设“直线 MB 与 QN 相交”可求出它们的交点 B 的坐标是 $(x_B,y_B)=\left(x_2+x_3-\frac{x_2x_3}{x_4},kx_3+\frac{(c'x_2-1)(x_3-x_4)}{d'x_4}\right)$（因而 $x_4\neq 0$）.

由式⑤可证得 $x_M+x_B=2x_A$（其中 $x_M=x_3$），所以当 $x_M\neq x_B$（即 $x_2\neq 0$ 且 $x_3\neq x_4$）时，可得点 A 为线段 BM 的中点.

当 $x_2=0$ 时，可得 $y_M=kx_3$，$y_B=kx_3+\frac{x_4-x_3}{d'x_4}$，$y_A=\frac{1-c'x_3}{d'}$，所以

$$y_M+y_B=2y_A\Leftrightarrow 2kx_3+\frac{x_4-x_3}{d'x_4}=\frac{2-2c'x_3}{d'}$$
$$\Leftrightarrow 2(c'+d'k)x_3x_4=x_3+x_4$$

再由式⑤可得 $y_M+y_B=2y_A$ 成立，所以点 A 为线段 BM 的中点.

当 $x_3=x_4$ 时，可得 $x_3=x_4\neq 0$，且 $y_B=kx_3=y_M$.

由式⑤可得 $(c'+d'k)x_3=1$，所以

$$y_A=\frac{c'x_2x_3(c'+d'k)-c'(x_2+x_3)+1}{d'}$$
$$=\frac{1-c'x_3}{d'}=kx_3=y_B=y_M$$

即
$$y_M+y_B=2y_A$$

也得点 A 为线段 BM 的中点.

猜想1　过点 D 作常态二次曲线 $\Gamma:ax^2+by^2+2cx+2dy+e=0$（$|a|+|b|\neq 0$）的两条切线 DP，DQ（P，Q 均是切点）及割线 l（l 交曲线 Γ 于不同的两点 M，N），再过点 M 作直线分别交直线 QP，QN 于点 A，B. 若点 A 为线段 BM 的中点，则直线 $MB/\!/DQ$.

猜想2　过点 D 作常态二次曲线 $\Gamma:ax^2+by^2+2cx+2dy+e=0$（$|a|+|b|\neq 0$）的切线 DQ（Q 是切点）及其割线 l 交抛物线 C 于不同的两点 M，N，再过点 M 作切线 DQ 的平行线交直线 QN 于点 B. 若线段 BM 的中点为 A，直线 QA 交抛物线 C 于另一点 P，则直线 DP 是曲线 Γ 的切线.

§12　用分类讨论思想详解2011年高考北京卷理科第8题

高考题　(2011年高考北京卷理科第8题)设点 $A(0,0)$, $B(4,0)$, $C(t+4,4)$, $D(t,4)$ $(t\in\mathbf{R})$. 记 $N(t)$ 为平行四边形 $ABCD$ 内部(不含边界)的整点的个数,其中整点是指横、纵坐标都是整数的点,则函数 $N(t)$ 的值域为　(　　)

A. $\{9,10,11\}$　　B. $\{9,10,12\}$

C. $\{9,11,12\}$　　D. $\{10,11,12\}$

解法1　C. (排除法)由图1可得 $N(0)=9$, $N(1)=12$, $N(2)=11$,可分别排除选项D,A,B,所以选C.

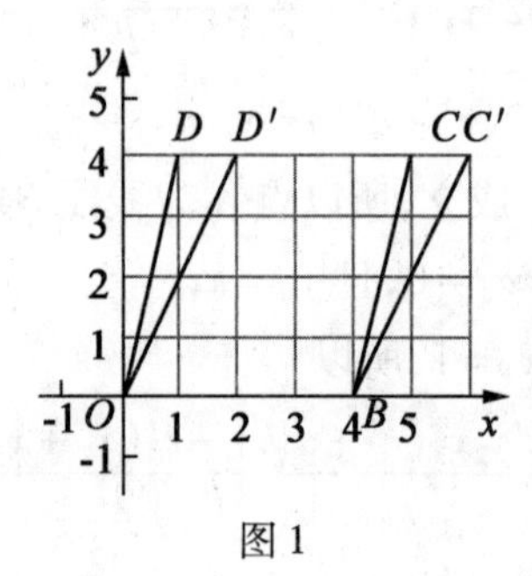

图1

解法2　C. (排除法)如图2所示,易得平行四边形 $ABCD$ 内部的整点在直线 $y=k(k=1,2,3)$ 落在平行四边形 $ABCD$ 内部的线段上. 因为这样的线段长度恒为4,所以每条线段上的整点是3个或4个. 由此知 $9\leqslant N(t)\leqslant 12$.

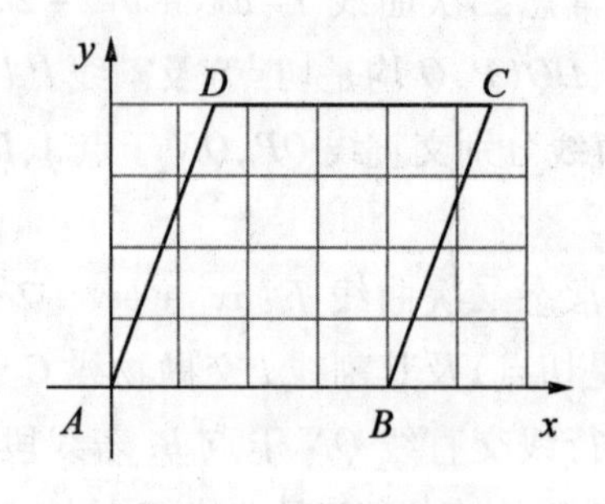

图2

如图3所示,可得 $N(0)=9$;如图4所示,可得 $N(t)=12(0<t<1)$;如图5

所示,可得 $N\left(\frac{4}{3}\right)=11$(即当直线 AD 过点(1,3)时). 可分别排除选项 D,A,B 所以选 C.

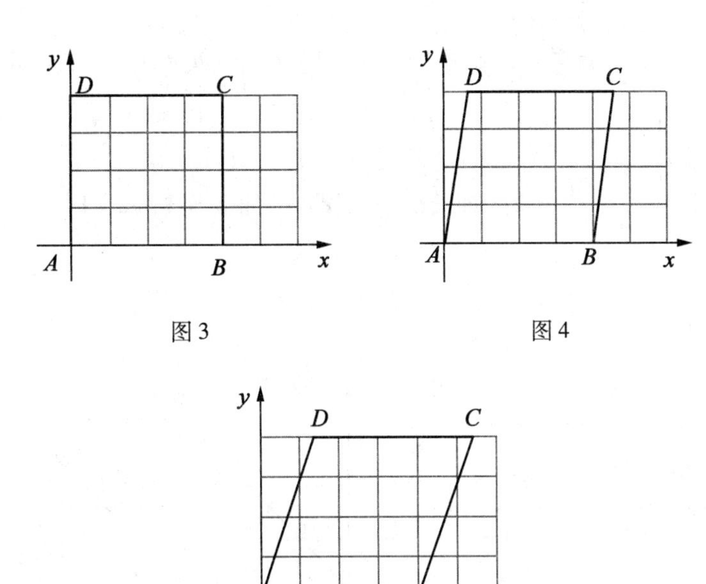

图3

图4

图5

解法3[1] C.(直接法)设直线 $y=k$ 与边 AD 的交点为 E_k,与边 BC 的交点为 F_k,得平行四边形 $ABCD$ 内部的整点在线段 E_kF_k(但不包括端点)上. 因为 $|E_kF_k|=|AB|=4$,所以线段 E_kF_k(但不包括端点)上的整点是3个或4个(且为3个的充要条件是 E_k 为整点). 由此知 $9\leqslant N(t)\leqslant 12$.

如图6所示,可得 $E_1\left(\frac{t}{4},1\right)$,$E_2\left(\frac{t}{2},1\right)$,$E_3\left(\frac{3t}{4},1\right)$.

因为当 $\frac{t}{4}\in\mathbf{Z}$ 时可得 $\frac{t}{2},\frac{3t}{4}\in\mathbf{Z}$,所以可分下面几种情形来讨论.

(1)当 $\frac{t}{4}\in\mathbf{Z}$ 时(如图7所示),$N(t)=9$.

(2)当 $\frac{t}{4}\notin\mathbf{Z},\frac{t}{2},\frac{3t}{4}\in\mathbf{Z}$ 时,这种情形不存在(因为当 $\frac{t}{2}\in\mathbf{Z}$ 时,得 $t\in\mathbf{Z}$;由 $t,\frac{3t}{4}\in\mathbf{Z}$ 可得 $\frac{t}{4}\in\mathbf{Z}$).

(3) 当 $\frac{t}{4}, \frac{3t}{4} \notin \mathbf{Z}, \frac{t}{2} \in \mathbf{Z}$(即 $t = 4n + 2$($n \in \mathbf{Z}$))时(如图 8 所示),$N(t) = 11$.

(4) 当 $\frac{t}{4}, \frac{t}{2} \notin \mathbf{Z}, \frac{3t}{4} \in \mathbf{Z}$(即 $t = 4n \pm \frac{4}{3}$($n \in \mathbf{Z}$))时(如图 9 所示),$N(t) = 11$.

(5) 当 $\frac{t}{4}, \frac{t}{2}, \frac{3t}{4} \notin \mathbf{Z}$(即 $\frac{t}{2}, \frac{3t}{4} \notin \mathbf{Z}$,比如 $t = 1, \sqrt{2}$)时(如图 6 所示),$N(t) = 12$.

所以 $N(t)$ 的值域为 $\{9,11,12\}$.

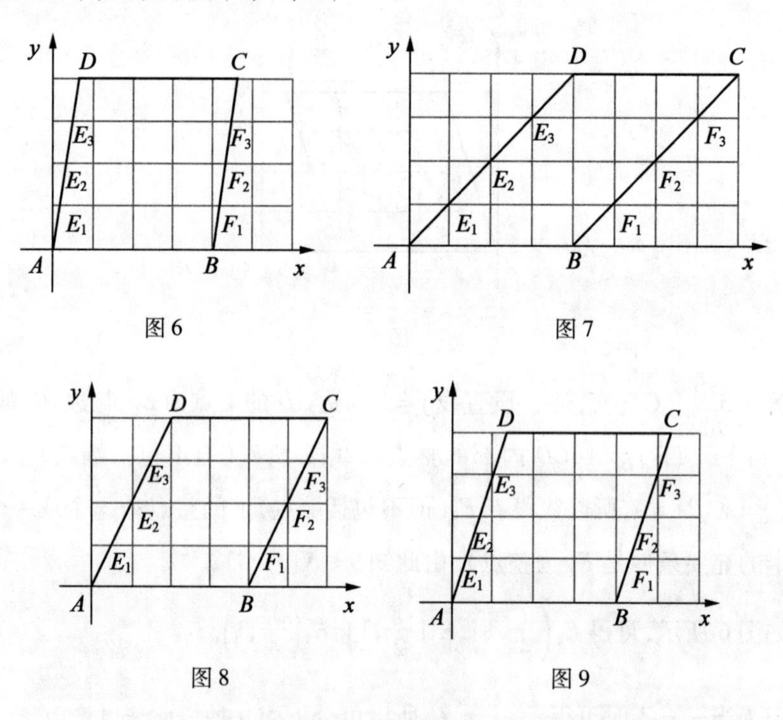

图 6　图 7

图 8　图 9

注　这道高考题考查考生准确的作图能力、严谨的推理能力和分类讨论思想. 若用常规做法,则难度较大.

文献[2]还发现这道高考题的背景是皮克(George Pick,1859—1943,奥地利数学家)公式:顶点是整点(横坐标、纵坐标均是整数的点叫作整点)的多边形(可以是凸多边形也可以是凹多边形)的面积是 $S = a + \frac{b}{2} - 1$,其中 a 表示多边形内部的点数,b 表示多边形边界上的点数. 皮克公式发表于 1899 年.

下面用皮克公式及排除法给出这道高考题的简解：当 $t\in \mathbf{Z}$ 时，平行四边形 $ABCD$ 为格点多边形，易知 $S=16$. 所以由皮克公式，可得 $16=a+\frac{b}{2}-1$.

当 $t=0$ 时，可得 $b=16,a=N(0)=9$；当 $t=1$ 时，可得 $b=10,a=N(1)=12$；当 $t=2$ 时，可得 $b=12,a=N(2)=11$. 从而可排除选项 A，B，D，故选 C.

参考文献

[1]孔令恩. 北京市 2011 年高考理科数学第 8 题【探源 · 解析 · 品赏】[EB/OL]. [2014-02-14]. https://www.doc88.com/p-7963703784755.html.

[2] 王芝平. 平而不俗　背景深刻——赏析 2011 年高考北京数学理科第 8 题[EB/OL]. [2012-04-11]. https://www.doc88.com/p-499988782051.html.

§13　2007 年高考重庆卷压轴题的一般情形

2007 年高考重庆卷压轴题　如图 1，中心在原点 O 的椭圆的右焦点 $F(3,0)$，右准线 l 的方程为 $x=12$.

(1)求椭圆的方程；

(2)在椭圆上任取三个不同点 P_1,P_2,P_3，使 $\angle P_1FP_2=\angle P_2FP_3=\angle P_3FP_1$，证明：$\frac{1}{|FP_1|}+\frac{1}{|FP_2|}+\frac{1}{|FP_3|}$为定值，并求此定值.

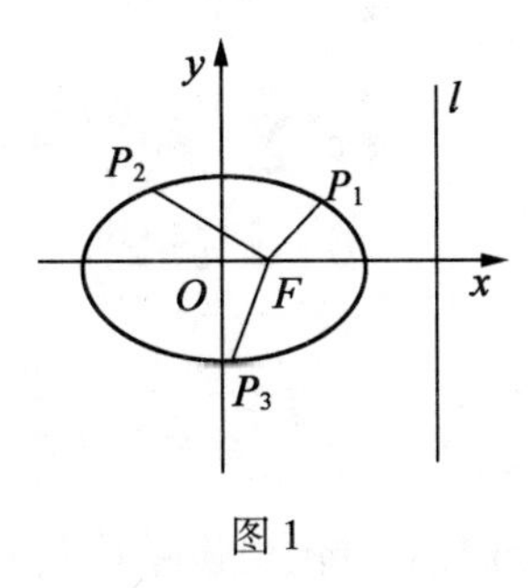

图 1

答案　(1)$\frac{x^2}{36}+\frac{y^2}{27}=1$；(2)定值为$\frac{2}{3}$.

由此题，笔者得到了以下一般性的结论：

定理 1　设 $P_1,P_2,\cdots,P_n(n\geqslant 3)$是椭圆 Γ 上的不同点，F 是 Γ 的一个焦

点，且$\angle P_1FP_2=\angle P_2FP_3=\cdots=\angle P_{n-1}FP_n=\angle P_nFP_1$，则 $\sum\limits_{i=1}^{\infty}\dfrac{1}{|FP_i|}=\dfrac{na}{b^2}$（其中 a,b 分别是 Γ 的长半轴，短半轴长）.

定理2　若双曲线 Γ 的一个焦点是 F，且 Γ 的同一支上存在 $n(n\geqslant 3)$ 个不同的点 $P_1,P_2,\cdots,P_n$ 满足$\angle P_1FP_2=\angle P_2FP_3=\cdots=\angle P_{n-1}FP_n=\angle P_nFP_1$（可证：当 F 是左焦点时点 $P_i(i=1,2,\cdots,n)$ 均在左支上，当 F 是右焦点时点 $P_i(i=1,2,\cdots,n)$ 均在右支上），则 $\sum\limits_{i=1}^{n}\dfrac{1}{|FP_i|}=\dfrac{na}{b^2}$（其中 a,b 分别是 Γ 的实半轴、虚半轴长）.

定理3　若抛物线 Γ 的焦点是 F，且 Γ 上存在 $n(n\geqslant 3)$ 个不同的点 $P_1,P_2,\cdots,P_n$ 满足$\angle P_1FP_2=\angle P_2FP_3=\cdots=\angle P_{n-1}FP_n=\angle P_nFP_1$，则 $\sum\limits_{i=1}^{\infty}\dfrac{1}{|FP_i|}=\dfrac{n}{p}$（其中 p 是 Γ 的焦点到准线的距离）.

引理1[1]　$\sum\limits_{i=1}^{\infty}\cos i\theta=\dfrac{\sin\frac{n\theta}{2}\cos\frac{(n+1)\theta}{2}}{\sin\frac{\theta}{2}}$，$\sum\limits_{i=1}^{\infty}\sin i\theta=\dfrac{\sin\frac{n\theta}{2}\sin\frac{(n+1)\theta}{2}}{\sin\frac{\theta}{2}}$.

（可用数学归纳法证明，也可用复数证明.）

引理2　$\sum\limits_{i=1}^{\infty}\cos\dfrac{2i\pi}{n}=0(n\geqslant 2)$，$\sum\limits_{i=1}^{\infty}\sin\dfrac{2i\pi}{n}=0(n\in\mathbf{N}^*)$.

引理3　$\sum\limits_{i=1}^{\infty}\cos(\alpha+\dfrac{2i\pi}{n})=\sum\limits_{i=1}^{\infty}\sin(\alpha+\dfrac{2i\pi}{n})=0(n\geqslant 2)$.

证明

$$\begin{aligned}\sum_{i=1}^{\infty}\cos(\alpha+\frac{2i\pi}{n})&=\sum_{i=1}^{\infty}(\cos\alpha\cos\frac{2i\pi}{n}-\sin\alpha\sin\frac{2i\pi}{n})\\&=\cos\alpha\sum_{i=1}^{\infty}\cos\frac{2i\pi}{n}-\sin\alpha\sum_{i=1}^{\infty}\sin\frac{2i\pi}{n}\\&=0-0=0(n\geqslant 2)\end{aligned}$$

同理，可证

$$\sum_{i=1}^{\infty}\sin(\alpha+\frac{2i\pi}{n})=0(n\geqslant 2)$$

还可给出引理3的一个简洁解释：可设单位圆 O 的内接正 n 边形$A_1A_2\cdots A_n$ 各顶点的坐标分别是 $A_i(\cos(\alpha+\dfrac{2i\pi}{n}),\sin(\alpha+\dfrac{2i\pi}{n}))(i=1,2,\cdots,n)$，易知从点 O 出发的力$\overrightarrow{OA_i}(i=1,2,\cdots,n)$的合力 $\sum\limits_{i=1}^{\infty}\overrightarrow{OA_i}=0$，即

$$\left(\sum_{i=1}^{\infty}\cos\left(\alpha+\frac{2i\pi}{n}\right),\sum_{i=1}^{\infty}\sin\left(\alpha+\frac{2i\pi}{n}\right)\right)=(0,0)$$

得 $n\geqslant 3$ 时引理 3 成立.

定理 1 的证明　不妨设椭圆 Γ 的方程为 $\frac{x^2}{a^2}+\frac{y^2}{b^2}=1(a>b>0)$，$F(c,0)$ 是右焦点(其中 $c=\sqrt{a^2-b^2}$). 再设 $\angle xFP_i=\alpha_i(i=1,2,\cdots,n)$，不失一般性，可设 $0\leqslant\alpha_1<\frac{2\pi}{n}$，且 $\alpha_i=\alpha_1+\frac{2(i-1)\pi}{n}$. 又设点 P_i 的横坐标为 x_i，由焦半径公式，得

$$|FP_i|=a-\frac{c}{a}x_i=a-\frac{c}{a}(|FP_i|\cos a_i+c)$$

$$\frac{1}{|FP_i|}=\frac{a+c\cos\alpha_i}{b^2}$$

$$\sum_{i=1}^{\infty}\frac{1}{|FP_i|}=\frac{na}{b^2}+\frac{c}{b^2}\sum_{i=1}^{\infty}\cos\left(\alpha_1-\frac{2\pi}{n}+\frac{2i\pi}{n}\right)=\frac{na}{b^2}$$

(用引理 3).

定理 2 的证明　不妨设双曲线 Γ 的方程为 $\frac{x^2}{a^2}-\frac{y^2}{b^2}=1(a,b\in\mathbf{R}^+)$，$F(c,0)$ 是右焦点(其中 $c=\sqrt{a^2+b^2}$). 再设 $\angle xFP_i=\alpha_i(i=1,2,\cdots,n)$，不失一般性，可设 $0\leqslant\alpha_1<\frac{2\pi}{n}$，且 $\alpha_i=\alpha_1+\frac{2(i-1)\pi}{n}$.

点 $P_i(i=1,2,\cdots,n)$ 不可能均在双曲线 Γ 的左支上. 否则，如图 2 所示，射线 FP_n 绕端点 F 沿逆时针方向旋转到射线 FP_1 所形成的最小正角(显然大于 π)是 $\frac{2\pi}{n}$，得 $n<2$，与题设 $n\geqslant 3$ 矛盾！所以点 $P_i(i=1,2,\cdots,n)$ 均在右支上.

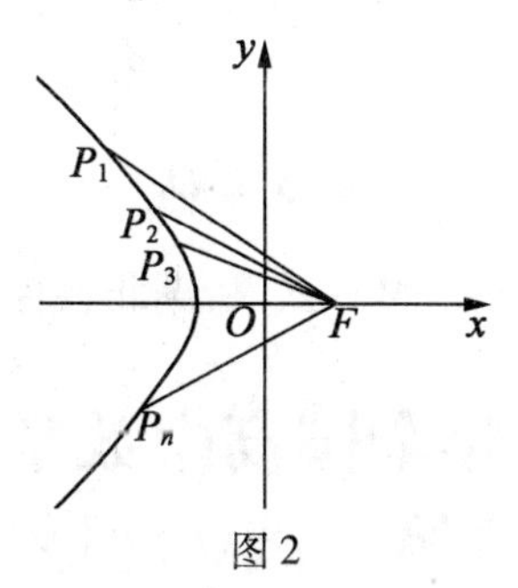

图 2

设点 P_i 的横坐标是 $x_i(i=1,2,\cdots,n)$，由焦半径公式得

$$|FP_i|=\frac{c}{a}x_i-a=\frac{c}{a}(|FP_i|\cos\alpha_i+c)-a$$

$$\frac{1}{|FP_i|}=\frac{a-c\cos\alpha_i}{b^2}$$

$$\sum_{i=1}^{\infty}\frac{1}{|FP_i|}=\frac{na}{b^2}$$

(2)当点 $P_i(i=1,2,\cdots,n)$ 均在左支上时,设点 P_i 的横坐标为 x_i,由焦半径公式,得

$$|FP_i|=a-\frac{c}{a}x_i$$

$$=a-\frac{c}{a}(|FP_i|\cos\alpha_i+c)$$

$$\frac{1}{|FP_i|}=\frac{a+c\cos\alpha_i}{b^2}$$

$$\sum_{i=1}^{\infty}\frac{1}{|FP_i|}=\frac{na}{b^2}$$

定理 3 的证明 不妨设抛物线 Γ 的方程为 $y^2=2px(p>0)$,又设点 P_i 的横坐标为 $x_i(i=1,2,\cdots,n)$. 再设 $\angle xFP_i=a_i$,不失一般性,可设 $0\leqslant\alpha_1<\frac{2\pi}{n}$,且 $\alpha_i=\alpha_1+\frac{2(i-1)\pi}{n}$,得

$$|FP_i|=\frac{p}{2}+x_i$$

$$=\frac{p}{2}+|FP_i|\cos\alpha_i+\frac{p}{2}$$

$$\frac{1}{|FP_i|}=\frac{1-\cos\alpha_i}{p}$$

$$\sum_{i=1}^{\infty}\frac{1}{|FP_i|}=\frac{n}{p}$$

参考文献

[1]张远达. 浅谈高次方程[M]. 武汉:湖北教育出版社,1983:6.

§14 对 2014 年全国高中数学联赛江苏赛区复赛第一试第三题的完整解答

文献[1,2,3]均给出了 2014 年全国高中数学联赛江苏赛区复赛试题第一试第三题及其解答(且两者完全相同),笔者发现其解答有误,下面给出这道赛题的完整解答.

竞赛题 (2014 年全国高中数学联赛江苏赛区复赛试题第一试第三题)已

知动点 A,B 在椭圆 $\frac{x^2}{8}+\frac{y^2}{4}=1$ 上，且线段 AB 的垂直平分线始终过点 $P(-1,0)$.

(1)求线段 AB 中点 M 的轨迹方程；

(2)求线段 AB 长度的最大值.

解　(1)(ⅰ)显然，当 $AB\perp x$ 轴时满足题意，得此时线段 AB 中点 M 的轨迹方程是 $y=0(-2\sqrt{2}<x<2\sqrt{2})$.

(ⅱ)当 AB 与 x 轴不垂直时，可设点 $A(x_1,y_1),B(x_2,y_2)(x_1\neq x_2),M(x_0,y_0)$，得 $x_1+x_2=2x_0,y_1+y_2=2y_0$.

由点 A,B 均在椭圆 $\frac{x^2}{8}+\frac{y^2}{4}=1$ 上，可得

$$\frac{x_1^2}{8}+\frac{y_1^2}{4}=1 \quad ①$$

$$\frac{x_2^2}{8}+\frac{y_2^2}{4}=1 \quad ②$$

由式①-②得

$$x_0(x_1-x_2)=-2y_0(y_1-y_2)(x_1\neq x_2)$$

若 $y_0=0$，得 $x_0=0$，所以点 M 即坐标原点 $O(0,0)$. 再由线段 AB 的垂直平分线过点 $P(-1,0)$，得 $AB\perp x$ 轴，这与“AB 与 x 轴不垂直”矛盾！

所以 $y_0\neq 0$，得 $x_0\neq 0$，再得

$$\begin{aligned}k_{AB}&=\frac{y_1-y_2}{x_1-x_2}\\&=-\frac{x_0}{2y_0}\\&\neq 0\end{aligned} \quad ③$$

又由线段 AB 的垂直平分线过点 $P(-1,0)$，可得 $k_{AB}\cdot k_{PM}=-1$，即

$$-\frac{x_0}{2y_0}\cdot\frac{y_0-0}{x_0+1}=-1$$

$$x_0=-2 \quad ④$$

再由弦 AB 的中点 $M(x_0,y_0)$ 即 $M(-2,y_0)$ 在椭圆 $\frac{x^2}{8}+\frac{y^2}{4}=1$ 内，可得

$$\frac{(-2)^2}{8}+\frac{y_0^2}{4}<1(y_0\neq 0)$$

$$0<|y_0|<\sqrt{2} \quad ⑤$$

综上所述可得所求轨迹方程是：$y=0(-2\sqrt{2}<x<2\sqrt{2})$ 或 $x=-2(0<$

$|y|<\sqrt{2}$).

(2)(ⅰ)当 $AB\perp x$ 轴时,当且仅当线段 AB 是已知椭圆的短轴时,$|AB|_{\max}=4$.

(ⅱ)当 AB 与 x 轴不垂直时,可设线段 AB 中点 $M(x_0,y_0)(x_0y_0\neq 0)$,再设点$A(x_1,y_1)$,$B(x_2,y_2)(x_1\neq x_2)$.

由式③④得 $k_{AB}=\dfrac{1}{y_0}$,所以直线 AB 的方程是 $y-y_0=\dfrac{1}{y_0}(x+2)$.

由$\begin{cases} y-y_0=\dfrac{1}{y_0}(x+2) \\ \dfrac{x^2}{8}+\dfrac{y^2}{4}=1 \end{cases}$,得

$$(y_0^2+2)x^2+4(y_0^2+2)x+2y_0^4+8=0$$

所以

$$x_1+x_2=-4$$

$$x_1x_2=\frac{2y_0^4+8}{y_0^2+2}$$

由弦长公式,得

$$\begin{aligned}|AB| &= \sqrt{k_{AB}^2+1}\,|x_1-x_2| \\ &= \sqrt{(k_{AB}^2+1)[(x_1+x_2)^2-4x_1x_2]} \\ &= \cdots = 2\sqrt{2}\cdot\sqrt{5-\left(y_0^2+2+\frac{4}{y_0^2+2}\right)}\end{aligned}$$

由式⑤可得 $2<y_0^2+2<4$,进而再得$|AB|$的取值范围是$(0,2\sqrt{2})$.

综上所述,线段 AB 长度的最大值是4.

参考文献

[1]中国数学会普及工作委员会组. 2015 高中数学联赛备考手册(预赛试题集锦)[Z]. 上海:华东师范大学出版社,2014.

[2]吴忠麟. 2014 年全国高中数学联赛江苏赛区复赛[J]. 中等数学,2015(3):34-38.

[3]武增明. 解析几何中两动点间的距离的最值类型[J]. 中学数学杂志,2016(1):36-39.

练　　习

第 2 章

§1 “平面解析几何”练习

1.(2018年北京大学自主招生数学试题第2题)抛物线 $x^2=py$ 与直线 $x+ay+1=0$ 交于 A,B 两点,其中点 A 的坐标为 $(2,1)$,设抛物线的焦点为 F,则 $|FA|+|FB|$ 等于 (　　)

A. $\frac{1}{3}$　　B. $\frac{17}{6}$

C. $\frac{28}{9}$　　D. $\frac{31}{9}$

2.(2018年北京大学自主招生数学试题第11题)已知 $F_1(-c,0),F_2(c,0)$ 为椭圆 $\frac{x^2}{a^2}+\frac{y^2}{b^2}=1$ 的两个焦点,P 为该椭圆上的一点,且 $\frac{1}{2}|PF_1|\cdot|PF_2|=c^2$,则该椭圆离心率的取值范围是 (　　)

A. $\left[\frac{\sqrt{3}}{3},1\right)$　　B. $\left[\frac{1}{3},\frac{1}{2}\right]$

C. $\left[\frac{\sqrt{3}}{3},\frac{\sqrt{2}}{2}\right]$　　D. $\left(0,\frac{\sqrt{2}}{2}\right]$

3.(2018年清华大学自主招生数学试题第4题)已知抛物线 $C:y^2=8x$ 的焦点为 F,准线为 l,P 是 l 上一点,Q 是直线 PF 与 C 的一个交点.若 $\overrightarrow{FP}=3\overrightarrow{FQ}$,则 $|QF|$ 可以为 (　　)

A. $\frac{8}{3}$　　B. $\frac{5}{2}$

C. 3　　D. 2

4.（2018 年清华大学自主招生数学试题第 7 题）我们把焦点相同，且离心率互为倒数的椭圆和双曲线称为一对“相关曲线”．已知 F_1,F_2 是一对“相关曲线”的焦点，P 是它们在第一象限的交点，当 $\angle F_1PF_2=30^\circ$ 时，这一对“相关曲线”中椭圆的离心率是 （　　）

A. $7-4\sqrt{3}$　　B. $2-\sqrt{3}$

C. $\sqrt{3}-1$　　D. $4-2\sqrt{3}$

5.（2017 年北京大学自主招生数学试题第 3 题）不等式组 $\begin{cases} y\geqslant 2|x|-1 \\ y\leqslant -3|x|+5 \end{cases}$ 所表示的平面区域的面积为 （　　）

A. 6　　B. $\dfrac{33}{5}$

C. $\dfrac{36}{5}$　　D. 前三个答案都不对

6.（2017 年北京大学自主招生数学试题第 19 题）若动圆与两圆 $x^2+y^2=1$ 和 $x^2+y^2-6x+7=0$ 都外切，则动圆的圆心的轨迹是 （　　）

A. 双曲线　　B. 双曲线的一支

C. 抛物线　　D. 前三个答案都不对

7.（2017 年北京大学 514 优特数学测试第 7 题）过原点的直线 l 与双曲线 $xy=-2\sqrt{2}$ 交于两点 P,Q，其中点 P 在第二象限，现将上下两个半平面沿 x 轴折成直二面角，则 $|PQ|$ 的最小值是 （　　）

A. $2\sqrt{2}$　　B. 4

C. $3\sqrt{2}$　　D. $4\sqrt{2}$

8.（2017 年北京大学 514 优特数学测试第 13 题）设椭圆 $C_1:\dfrac{x^2}{a^2}+\dfrac{y^2}{b^2}=1(a>b>0)$ 的左右焦点分别为 F_1,F_2，离心率为 $\dfrac{3}{4}$，双曲线 $C_2:\dfrac{x^2}{c^2}-\dfrac{y^2}{d^2}=1(c,d>0)$ 的一条渐近线与椭圆 C_1 的一个交点是 P. 若 $PF_1\perp PF_2$，则双曲线 C_2 的离心率是 （　　）

A. $\sqrt{2}$　　B. $\dfrac{9}{8}\sqrt{2}$

C. $\dfrac{9}{4}\sqrt{2}$　　D. $\dfrac{3}{2}\sqrt{2}$

9.（2017 年北京大学 514 优特数学测试第 16 题）设实数 $0<k_1<k_2$，并且

$k_1k_2=4$，两双曲线 C_1,C_2 的渐近线分别是 $y=\pm\frac{k_1}{4}(x-2)+2$ 和 $y=\pm k_2(x-2)+2$，且 C_1,C_2 都过原点，则双曲线 C_1,C_2 离心率的比值是 ( )

A. $\sqrt{\frac{16+k_1^2}{16+16k_2^2}}$　　B. $\sqrt{\frac{16+k_1^2}{16+k_2^2}}$

C. 1　　D. 2

10.（2017年北京大学514优特数学测试第17题）两圆均过点(3,4)，且其半径之积为80，两圆均以 x 轴为公切线，并且另一公切线过原点，则其斜率为 ( )

A. $\pm\frac{8}{11}\sqrt{5}$　　B. $-\frac{8}{11}\sqrt{5}$

C. $\pm\frac{8}{15}\sqrt{3}$　　D. $-\frac{8}{15}\sqrt{3}$

11.（2017年清华大学领军计划数学试题第10题，不定项选择题）如图1所示，已知椭圆 $E:\frac{x^2}{4}+y^2=1$ 与直线 $l_1:y=\frac{1}{2}x$ 交于两点 A,B，与直线 $l_2:y=-\frac{1}{2}x$ 交于两点 C,D，椭圆 E 上的点 P（点 P 与点 A,B,C,D 均不重合）使得直线 AP,BP 分别与直线 l_2 交于点 M,N，则 ( )

A. 在椭圆 E 上存在2个不同的点 Q，使得 $|OQ|^2=|OM|\cdot|ON|$

B. 在椭圆 E 上存在4个不同的点 Q，使得 $|OQ|^2=|OM|\cdot|ON|$

C. 在椭圆 E 上存在2个不同的点 Q，使得 $\triangle NOQ\backsim\triangle QOM$

D. 在椭圆 E 上存在4个不同的点 Q，使得 $\triangle NOQ\backsim\triangle QOM$

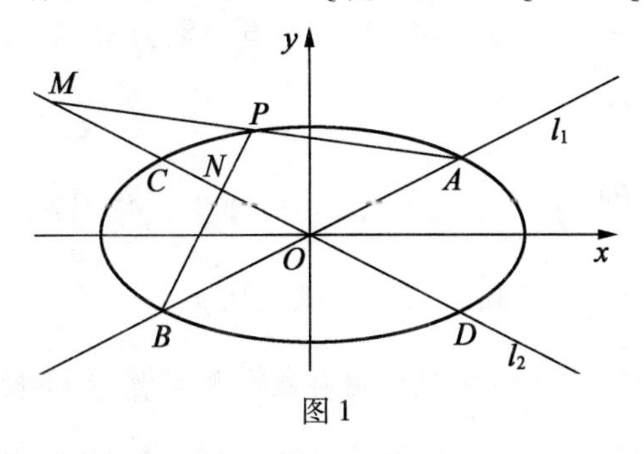

图1

12.（2017年清华大学领军计划数学试题第14题，不定项选择题）若 P 为圆 O 内一点，A,B 为圆 O 上的动点，且满足 $\angle APB=90°$，则线段 AB 的中点 M

的轨迹为　　　　　　　　　　　　　　　　　　　　　　　　　　　　(　　)

A. 圆　　　　　　　　　　　　　　B. 椭圆

C. 双曲线的一支　　　　　　　　　D. 线段

13.(2017 年清华大学领军计划数学试题第 15 题,不定项选择题)若过椭圆$\frac{x^2}{4}+y^2=1$的右准线上的一点 P 作该椭圆的两条切线,切点分别为 A,B,该椭圆的左焦点为 F,则　　　　　　　　　　　　　　　　　　　　　　(　　)

A. $|AB|$的最小值为 1　　　　　　　B. $|AB|$的最小值为$\sqrt{3}$

C. $\triangle FAB$ 的周长为定值　　　　　D. $\triangle FAB$ 的面积为定值

14.(2017 年清华大学标准学术能力数学测试题第 4 题,不定项选择题)如图 2 所示,已知椭圆$\frac{x^2}{4}+\frac{y^2}{3}=1$的左、右焦点分别为 F_1,F_2. 过点 F_2 作一条直线交该椭圆于两点 A,B,则$\triangle F_1AB$ 的内切圆面积可能是　　　　　　　(　　)

A. 1　　　　　　　　　　　　　　B. 2

C. 3　　　　　　　　　　　　　　D. 4

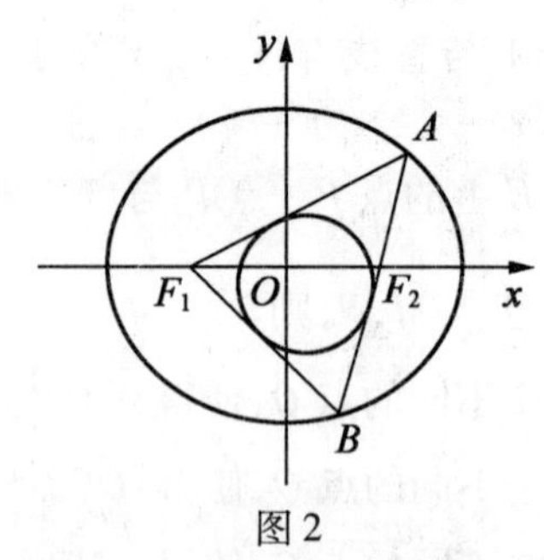

图 2

15.(2017 年清华大学标准学术能力数学测试题第 6 题,不定项选择题)过点 $P(1,0)$作曲线 $y=x+\frac{t}{x}$的两条切线,切点分别为 M,N,设 $g(t)=|MN|$,则下列说法中正确的有　　　　　　　　　　　　　　　　　　　　　　　　(　　)

A. 当 $t=\frac{1}{4}$时,$PM\perp PN$　　　　　　B. $g(t)$在定义域内单调递增

C. 当 $t=\frac{1}{2}$时,点 M,N 和$(0,1)$点共线　D. $g(1)=6$

16.(2017 年清华大学标准学术能力数学测试题第 11 题,不定项选择题)已知椭圆 C:$\frac{x^2}{a^2}+\frac{y^2}{b^2}=1\ (a>b>0)$ 的离心率的取值范围为$\left[\frac{1}{\sqrt{3}},\frac{1}{\sqrt{2}}\right]$,直线 $y=-x+1$ 与椭圆 C 交于两点 M,N. 若 $OM\perp ON$(其中 O 是坐标原点),则椭圆

C 的长轴长的取值范围是　　(　　)

A. $[\sqrt{5},\sqrt{6}]$　　B. $[\sqrt{6},\sqrt{7}]$

C. $[\sqrt{7},\sqrt{8}]$　　D. $[\sqrt{8},\sqrt{9}]$

17.(2017 年清华大学标准学术能力数学测试题第 22 题,不定项选择题)已知 D,E 是 $\mathrm{Rt}\triangle ABC$ 斜边 BC 上的三等分点,设 $AD=a,AE=b$,则实数 (a,b) 可以是　　(　　)

A. $(1,1)$　　B. $(1,2)$

C. $(2,3)$　　D. $(3,4)$

18.(2017 年清华大学能力测试数学试题,不定项选择题)已知椭圆 $\frac{x^2}{a^2}+\frac{y^2}{b^2}=1(a>b>0)$,直线 $l_1:y=-\frac{1}{2}x$,直线 $l_2:y=\frac{1}{2}x$,P 为已知椭圆上的任意一点,过点 P 作 $PM/\!/l_1$ 且与直线 l_2 交于点 M,作 $PN/\!/l_2$ 且与直线 l_1 交于点 N. 若 $|PM|^2+|PN|^2$ 为定值,则　　(　　)

A. $ab=2$　　B. $ab=3$

C. $\frac{a}{b}=2$　　D. $\frac{a}{b}=3$

19.(2017 年清华大学能力测试数学试题,不定项选择题)以椭圆 $\frac{x^2}{4}+\frac{y^2}{9}=1$ 与过原点且互相垂直的两条直线的四个交点为顶点的菱形面积可以是

(　　)

A. 16　　B. 12

C. 10　　D. 18

20.(2016 年清华大学领军计划数学试题第 4 题,不定项选择题)若过抛物线 $y^2=4x$ 的焦点 F 作直线与该抛物线交于两点 A,B,M 为线段 AB 的中点,则下列说法正确的是　　(　　)

A. 以线段 AB 为直径的圆与直线 $x=-\frac{3}{2}$ 一定相离

B. $|AB|$ 的最小值为 4

C. $|AB|$ 的最小值为 2

D. 以线段 BM 为直径的圆与 y 轴一定相切

21.(2016 年清华大学领军计划数学试题第 5 题,不定项选择题)若椭圆

$C:\dfrac{x^2}{a^2}+\dfrac{y^2}{b^2}=1(a>b>0)$的左、右焦点分别为$F_1,F_2,P$为椭圆$C$上的任意一点，则下列说法中正确的是 （　　）

A. 若$a=\sqrt{2}b$,则满足$\angle F_1PF_2=90°$的点P的个数是2

B. 若$a>\sqrt{2}b$,则满足$\angle F_1PF_2=90°$的点P的个数是4

C. $\triangle F_1PF_2$的周长小于$4a$

D. $\triangle F_1PF_2$的面积不大于$\dfrac{a^2}{2}$

22.(2016年清华大学领军计划数学试题第17题,不定项选择题)已知椭圆$\dfrac{x^2}{a^2}+\dfrac{y^2}{b}=1(a>b>0)$与直线$l_1:y=\dfrac{1}{2}x,l_2:y=-\dfrac{1}{2}x$,过椭圆上一点$P$作$l_2$,$l_1$的平行线,分别交$l_1,l_2$于点$M,N$.若$|MN|$为定值,则$\sqrt{\dfrac{a}{b}}$的值为 （　　）

A. $\sqrt{2}$　　B. $\sqrt{3}$

C. 2　　D. $\sqrt{5}$

23.(2015年清华大学领军计划数学测试题第3题,不定项选择题)已知A,B是抛物线$C:y=x^2$上的两个动点,且均与坐标原点O不重合.若$OA\perp OB$,则 （　　）

A. $|OA|\cdot|OB|\geqslant 2$　　B. $|OA|+|OB|\geqslant 2\sqrt{2}$

C. 直线AB过抛物线C的焦点　　D. 点O到直线AB的距离不大于1

24.(2015年清华大学领军计划数学测试题第8题,不定项选择题)已知集合$A=\{(x,y)|x^2+y^2=r^2\},B=\{(x,y)|(x-a)^2+(y-b)^2=r^2\}$.若$A\cap B=\{(x_1,y_1),(x_2,y_2)\}$,则 （　　）

A. $0<a^2+b^2<2r^2$　　B. $a(x_1-x_2)+b(y_1-y_2)=0$

C. $x_1+x_2=a,y_1+y_2=b$　　D. $a^2+b^2=2ax_1+2by_1$

25.(2015年清华大学领军计划数学测试题第13题,不定项选择题)设不等式组$\begin{cases}|x|+|y|\leqslant 2\\ y+2\leqslant k(x+1)\end{cases}$所表示的区域为$D$,其面积为$S$,则 （　　）

A. 若$S=4$,则k的值唯一　　B. 若$S=\dfrac{1}{2}$,则k的值有2个

C. 若D为三角形,则$0<k\leqslant\dfrac{2}{3}$　　D. 若D为五边形,则$k>4$

26.(2015年清华大学领军计划数学测试题第18题,不定项选择题)若存

在实数 r,使得圆周 $x^2+y^2=r^2$ 上恰好有 n 个整点,则 n 可以等于 ( )

A. 4　　B. 6

C. 8　　D. 12

27. (2015 年清华大学领军计划数学测试题第 22 题,不定项选择题)在极坐标系中,下列方程表示的图形是椭圆的有 ( )

A. $\rho=\dfrac{1}{\cos\theta+\sin\theta}$　　B. $\rho=\dfrac{1}{2+\sin\theta}$

C. $\rho=\dfrac{1}{2-\cos\theta}$　　D. $\rho=\dfrac{1}{1+2\sin\theta}$

28. (2015 年清华大学领军计划数学测试题第 30 题,不定项选择题)若曲线 L 的方程为 $y^4+(2x^2+2)y^2+(x^4-2x^2)=0$,则 ( )

A. L 是轴对称图形　　B. L 是中心对称图形

C. $L\subset\{(x,y)\mid x^2+y^2\leqslant 1\}$　　D. $L\subset\left\{(x,y)\,\middle|\,-\dfrac{1}{2}\leqslant y\leqslant\dfrac{1}{2}\right\}$

29. (2012 年复旦大学千分考)将曲线 $xy=1$ 绕坐标原点按逆时针旋转 $45°$ 所得曲线的方程为 ( )

A. $x^2-y^2=1$　　B. $x^2-y^2=2$

C. $x^2-y^2=-1$　　D. $x^2-y^2=-2$

30. (2012 年复旦大学千分考)极坐标方程 $\rho=\dfrac{k}{k^2-2k\cos\theta+1}$($k>0$ 为常数)所表示的曲线是 ( )

A. 圆或直线　　B. 抛物线或双曲线

C. 双曲线或椭圆　　D. 抛物线或椭圆

31. (2011 年华约自主招生试题第 8 题)若 AB 为过抛物线 $y^2=4x$ 的焦点 F 的弦,O 为坐标原点,且 $\angle OFA=135°$,C 为抛物线的准线与 x 轴的交点,则 $\angle ACB$ 的正切值为 ( )

A. $2\sqrt{2}$　　B. $\dfrac{4\sqrt{2}}{5}$

C. $\dfrac{4\sqrt{2}}{3}$　　D. $\dfrac{2\sqrt{2}}{3}$

32. (2011 年卓越联盟自主招生试题第 5 题)已知抛物线的顶点在原点,焦点在 x 轴上,$\triangle ABC$ 的三个顶点都在抛物线上,且 $\triangle ABC$ 的重心为抛物线的焦点. 若 BC 边所在的直线方程为 $4x+y-20=0$,则抛物线方程为 ( )

A. $y^2=16x$　　B. $y^2=8x$

C. $y^2=-16x$　　D. $y^2=-8x$

33.（2011 年复旦大学千分考第 122 题）极坐标表示的下列曲线中不是圆的是（　　）

A. $\rho^2+2\rho(\cos\theta+\sqrt{3}\sin\theta)=5$　　B. $\rho^2-6\rho\cos\theta-4\rho\sin\theta=0$

C. $\rho^2-\rho\cos\theta=1$　　D. $\rho^2\cos 2\theta+2\rho(\cos\theta+\sin\theta)=1$

34.（2011 年复旦大学千分考第 123 题）椭圆$\frac{x^2}{25}+\frac{y^2}{16}=1$上的点到圆 $x^2+(y-6)^2=1$ 上的点的距离的最大值是（　　）

A. 11　　B. $\sqrt{74}$

C. $5\sqrt{5}$　　D. 9

35.（2011 年复旦大学千分考第 125 题）设有直线族和椭圆族分别为 $x=t$，$y=mt+b$（m,b 为实数，t 为参数）和$\frac{(x-1)^2}{a^2}+y^2=1$（$a$ 为非零实数），若对于所有的 m，直线都与椭圆相交，则 a,b 应满足（　　）

A. $a^2(1-b^2)\geqslant 1$　　B. $a^2(1-b^2)>1$

C. $a^2(1-b^2)<1$　　D. $a^2(1-b^2)\leqslant 1$

36.（2010 年清华大学等五校合作选拔通用基础测试数学第 8 题）设双曲线 $C_1:\frac{x^2}{a^2}-\frac{y^2}{4}=k(a>2,k>0)$，椭圆 $C_2:\frac{x^2}{a^2}+\frac{y^2}{4}=1$. 若 C_2 的短轴长与 C_1 的实轴长的比值等于 C_2 的离心率，则 C_1 在 C_2 的一条准线上截得的线段长为（　　）

A. $2\sqrt{2+k}$　　B. 2

C. $4\sqrt{4+k}$　　D. 4

37.（2010 年清华大学等五校合作自主选拔通用基础测试数学样题第一题第 4 题）已知 F 为抛物线 $y^2=2px$ 的焦点，过点 F 的直线 l 与该抛物线交于 A,B 两点，l_1,l_2 分别是该抛物线在 A,B 两点处的切线，l_1,l_2 相交于点 C，若 $|AF|=a$，$|BF|=b$，，则 $|CF|=$（　　）

A. $\sqrt{a+b}$　　B. $\sqrt{ab}$

C. $\frac{a+b}{2}$　　D. $\sqrt{a^2+b^2}$

38.（2010 年复旦大学千分考第 126 题）已知常数 k_1,k_2 满足 $0<k_1<k_2$，$k_1k_2=1$. 设 C_1 和 C_2 分别是以 $y=\pm k_1(x-1)+1$ 和 $y=\pm k_2(x-1)+1$ 为渐近线且通过原点的双曲线，则 C_1 和 C_2 的离心率之比$\frac{e_1}{e_2}$等于（　　）

A. $\dfrac{\sqrt{1+k_1^2}}{\sqrt{1+k_2^2}}$　　B. $\dfrac{\sqrt{1+k_2^2}}{\sqrt{1+k_1^2}}$

C. 1　　D. $\dfrac{k_1}{k_2}$

39. (2010年复旦大学千分考第128题)将同时满足不等式 $x-ky-2\leqslant 0$, $2x+3y-6\geqslant 0$, $x+6y-10\leqslant 0(k>0)$ 的点 (x,y) 组成的集合 D 称为可行域,将函数 $\dfrac{y+1}{x}$ 称为目标函数,所谓规划问题就是求解可行域中的点 (x,y) 使目标函数达到可行域上的最小值. 若这个规划问题有无穷多个解 (x,y),则 k 的取值为 (　　)

A. $k\geqslant 1$　　B. $k\leqslant 2$

C. $k=2$　　D. $k=1$

40. (2010年复旦大学千分考第140题)若 C 是以 O 为圆心、r 为半径的圆周,两点 P,P^* 在以 O 起点的射线上,并且满足 $|OP|\cdot|OP^*|=r^2$,则称 P,P^* 关于圆周 C 对称. 那么,双曲线 $x^2-y^2=1$ 上的点 $P(x,y)$ 关于单位圆周 $C:x^2+y^2=1$ 的对称点 P^* 所满足的方程是 (　　)

A. $x^2-y^2=x^4+y^4$　　B. $x^2-y^2=(x^2+y^2)^2$

C. $x^2-y^2=2(x^4+y^4)$　　D. $x^2-y^2=2(x^2+y^2)^2$

41. (2010年复旦大学自主招生千分考第143题)经过坐标变换 $\begin{cases}x'=x\cos\theta+y\sin\theta\\ y'=-x\sin\theta+y\cos\theta\end{cases}$ 将二次曲线 $3x^2-2\sqrt{3}xy+5y^2-6=0$ 转化为形如 $\dfrac{x'^2}{a^2}\pm\dfrac{y'^2}{b^2}=1$ 的标准方程,求 θ 的值并判断二次曲线的类型 (　　)

A. $\theta=k\pi+\dfrac{\pi}{6}(k\in\mathbf{Z})$,为椭圆　　B. $\theta=\dfrac{k\pi}{2}+\dfrac{\pi}{6}(k\in\mathbf{Z})$,为椭圆

C. $\theta=k\pi-\dfrac{\pi}{6}(k\in\mathbf{Z})$,为双曲线　　D. $\theta=\dfrac{k\pi}{2}-\dfrac{\pi}{6}(k\in\mathbf{Z})$,为双曲线

42. (2009年复旦大学千分考第135题)已知平面上三条直线 $x-2y+2=0$, $x-2=0$, $x+ky=0$,若这三条直线将平面划分成六个部分,则 k 可能的取值情况是 (　　)

A. 只有唯一值　　B. 可取两个不同值

C. 可取三个不同值　　D. 可取无穷多个值

43. (2009年华南理工大学保送生、自主招生选拔试题《理科数学》试题A

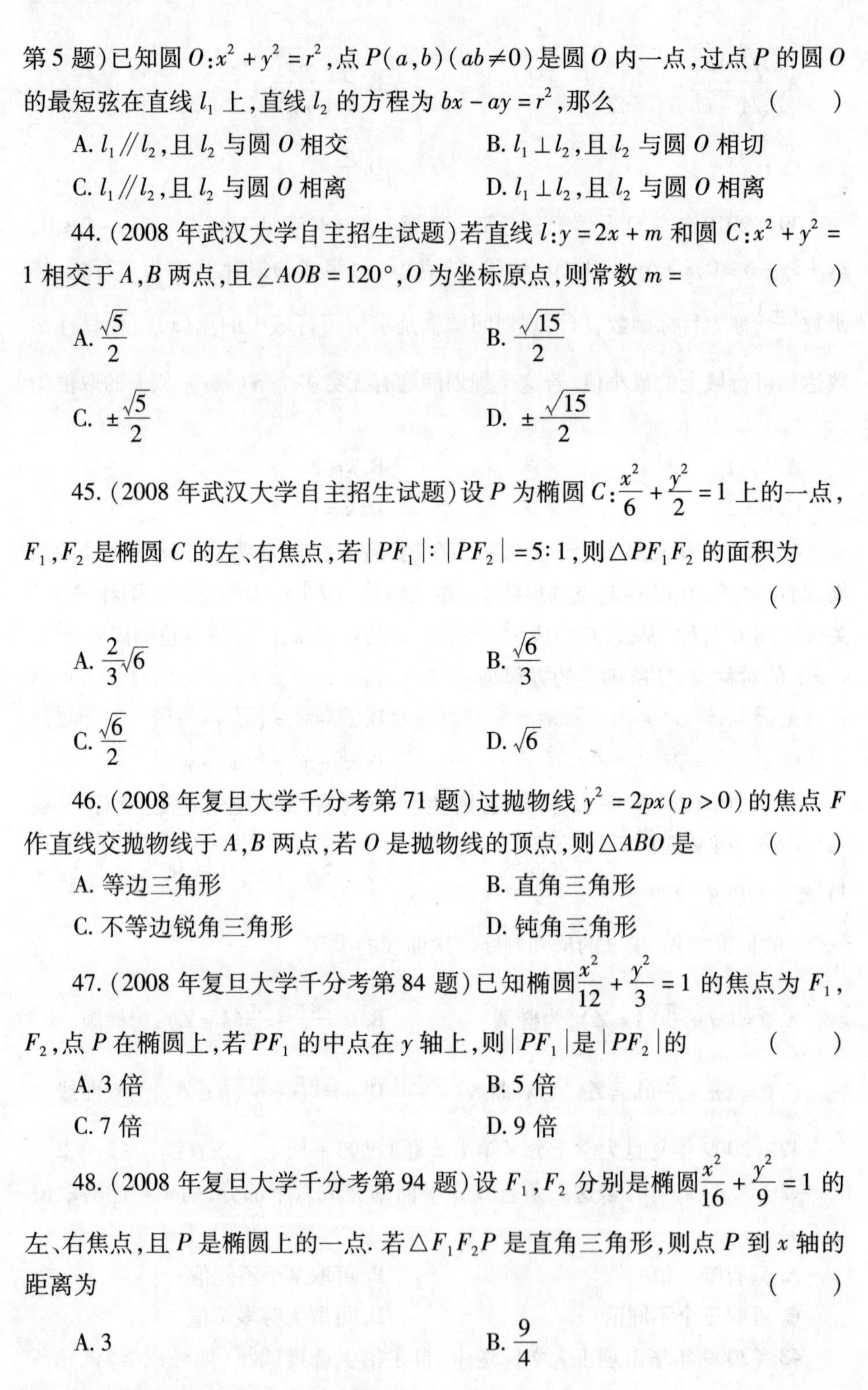

第5题)已知圆 $O:x^2+y^2=r^2$,点 $P(a,b)(ab\neq0)$ 是圆 O 内一点,过点 P 的圆 O 的最短弦在直线 l_1 上,直线 l_2 的方程为 $bx-ay=r^2$,那么 ( )

A. $l_1/\!/l_2$,且 l_2 与圆 O 相交　　B. $l_1\perp l_2$,且 l_2 与圆 O 相切

C. $l_1/\!/l_2$,且 l_2 与圆 O 相离　　D. $l_1\perp l_2$,且 l_2 与圆 O 相离

44. (2008年武汉大学自主招生试题)若直线 $l:y=2x+m$ 和圆 $C:x^2+y^2=1$ 相交于 A,B 两点,且 $\angle AOB=120^\circ$,O 为坐标原点,则常数 $m=$ ( )

A. $\dfrac{\sqrt{5}}{2}$　　B. $\dfrac{\sqrt{15}}{2}$

C. $\pm\dfrac{\sqrt{5}}{2}$　　D. $\pm\dfrac{\sqrt{15}}{2}$

45. (2008年武汉大学自主招生试题)设 P 为椭圆 $C:\dfrac{x^2}{6}+\dfrac{y^2}{2}=1$ 上的一点,F_1,F_2 是椭圆 C 的左、右焦点,若 $|PF_1|:|PF_2|=5:1$,则 $\triangle PF_1F_2$ 的面积为 ( )

A. $\dfrac{2}{3}\sqrt{6}$　　B. $\dfrac{\sqrt{6}}{3}$

C. $\dfrac{\sqrt{6}}{2}$　　D. $\sqrt{6}$

46. (2008年复旦大学千分考第71题)过抛物线 $y^2=2px(p>0)$ 的焦点 F 作直线交抛物线于 A,B 两点,若 O 是抛物线的顶点,则 $\triangle ABO$ 是 ( )

A. 等边三角形　　B. 直角三角形

C. 不等边锐角三角形　　D. 钝角三角形

47. (2008年复旦大学千分考第84题)已知椭圆 $\dfrac{x^2}{12}+\dfrac{y^2}{3}=1$ 的焦点为 F_1,F_2,点 P 在椭圆上,若 PF_1 的中点在 y 轴上,则 $|PF_1|$ 是 $|PF_2|$ 的 ( )

A. 3倍　　B. 5倍

C. 7倍　　D. 9倍

48. (2008年复旦大学千分考第94题)设 F_1,F_2 分别是椭圆 $\dfrac{x^2}{16}+\dfrac{y^2}{9}=1$ 的左、右焦点,且 P 是椭圆上的一点. 若 $\triangle F_1F_2P$ 是直角三角形,则点 P 到 x 轴的距离为 ( )

A. 3　　B. $\dfrac{9}{4}$

C. $\frac{9}{5}$　　　　D. $\frac{3}{2}$

49. (2007年复旦大学千分考第63题)已知集合$A=\{(x,y)\mid y\geqslant x^2\}$,$B=\{(x,y)\mid x^2+(y-a)^2\leqslant 1\}$,则使$A\cap B=B$成立的充分必要条件为　(　　)

A. $a=\frac{5}{4}$　　　　B. $a\geqslant\frac{5}{4}$

C. $0<a<1$　　　　D. $a\geqslant 1$

50. (2007年复旦大学千分考第64题)已知正$\triangle ABC$的边长为a,在边AB,BC上分别取点D,E使得$AD=BE=\frac{a}{3}$,则直线AE和CD的夹角为　(　　)

A. $\frac{a\pi}{9}$　　　　B. $\frac{a\pi}{3}$

C. $\frac{\pi}{3}$　　　　D. 以上均不对

51. (2006年复旦大学千分考第111题)把圆$x^2+(y-1)^2=1$与椭圆$x^2+\frac{(y+1)^2}{9}=1$的公共点用线段联结起来,所得到的图形为　(　　)

A. 线段　　　　B. 等边三角形

C. 不等边三角形　　　　D. 四边形

52. (2006年复旦大学千分考第127题)在平面直角坐标系xOy中,$\triangle ABC$的顶点坐标分别为$A(3,4)$,$B(6,0)$,$C(-5,-2)$,则$\angle A$的平分线所在直线的方程为　(　　)

A. $7x-y-17=0$　　　　B. $2x+y+3=0$

C. $5x+y-6=0$　　　　D. $x-6y=0$

53. (2006年复旦大学千分考第128题)对所有满足$1\leqslant n\leqslant m\leqslant 5$的$m,n$,极坐标方程$\rho=\frac{1}{1-C_m^n\cos\theta}$表示的不同双曲线条数为　(　　)

A. 6　　　　B. 9

C. 12　　　　D. 15

54. (2006年武汉大学自主招生试题)过点$P(1,3)$的动直线交圆$C:x^2+y^2=4$于A,B两点,分别过点A,B作圆C的切线,如果两切线交于点Q,那么点Q的轨迹为　(　　)

A. 直线　　　　B. 直线的一部分

C. 圆的一部分　　　　D. 双曲线的一支

55. (2006 年武汉大学自主招生试题)若以圆锥曲线的焦点弦为直径的圆和相应的准线相离,则此曲线是 ( )

A. 椭圆　　B. 双曲线

C. 抛物线　　D. 圆

56. (2001 年复旦大学基地班招生考试数学试题第 17 题)作坐标平移,若使原坐标系下的点$(a,0)$,在新坐标系下为$(0,b)$,则 $y=f(x)$ 在新坐标下的方程为 ( )

A. $y'=f(x'+a)+b$　　B. $y'=f(x'+a)-b$

C. $y'=f(x')+a+b$　　D. $y'=f(x'+a+b)$

57. (2018 年美国数学竞赛(AMC10A)第 21 题)当 a 为何值时,曲线 $x^2+y^2=a^2$ 与曲线 $y=x^2-a$ 在平面直角坐标系 xOy 中恰好有 3 个公共点? ( )

A. $a=\frac{1}{4}$　　B. $\frac{1}{4}<a<\frac{1}{2}$

C. $a>\frac{1}{4}$　　D. $a=\frac{1}{2}$

E. $a>\frac{1}{2}$

58. (第 25 届(2014 年)"希望杯"全国数学邀请赛试题高中二年级第 1 试第 10 题)如图 3 所示,椭圆的中心是坐标原点 O,左、右、上、下顶点均在坐标轴上且分别为 A_1,A_2,B_1,B_2,左、右焦点分别为 F_1,F_2,延长 B_2F_2 交 A_2B_1 于点 P. 若$\angle B_2PA_2$ 是钝角,则此椭圆离心率的取值范围是 ( )

A. $\left(0,\frac{\sqrt{5}+1}{4}\right)$　　B. $\left(\frac{\sqrt{5}+1}{4},1\right)$

C. $\left(0,\frac{\sqrt{5}-1}{2}\right)$　　D. $\left(\frac{\sqrt{5}-1}{2},1\right)$

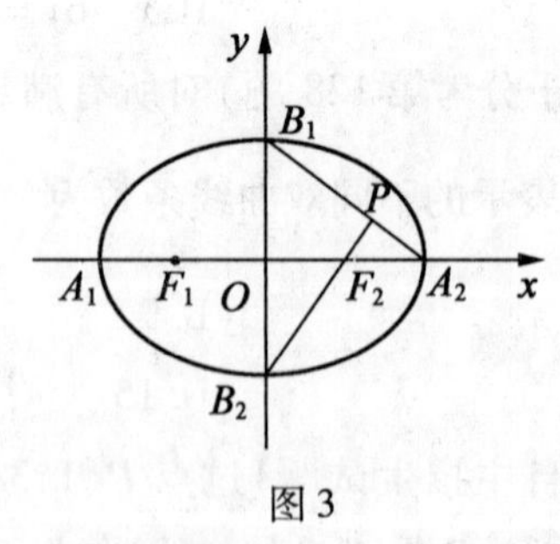

图 3

59. (2007 年全国高中数学联赛第一试第一题第 5 题)设圆 O_1 和圆 O_2 是两个定圆,动圆 P 与这两个定圆都相切,则圆 P 的圆心轨迹不可能是 ( )

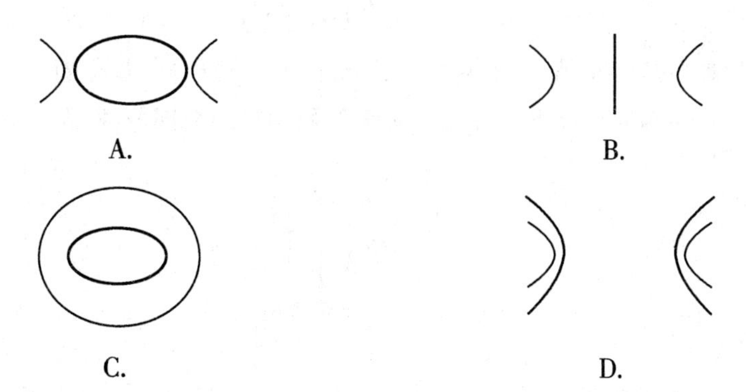

60. 双曲线$\frac{x^2}{a^2}-\frac{y^2}{b^2}=1(a>0,b>0)$的左、右焦点为 F_1,F_2,P 是双曲线上一点，满足$|PF_2|=|F_1F_2|$，直线 PF_1 与圆 $x^2+y^2=a^2$ 相切，则双曲线的离心率为 ( )

A. $\frac{5}{4}$ B. $\sqrt{3}$

C. $\frac{2\sqrt{3}}{3}$ D. $\frac{5}{3}$

61. (2017 年高考全国卷Ⅰ文科第 12 题)设 A,B,是椭圆 $C:\frac{x^2}{3}+\frac{y^2}{m}=1$ 长轴的两个端点，若 C 上存在点 M 满足$\angle AMB=120°$，则 m 的取值范围是 ( )

A. $(0,1]\cup[9,+\infty)$ B. $(0,\sqrt{3}],[9,+\infty)$

C. $(0,1]\cup[4,+\infty)$ D. $(0,\sqrt{3}]\cup[4,+\infty)$

62. (2017 年高考上海卷第 16 题)在平面直角坐标系 xOy 中，已知椭圆 $C_1:\frac{x^2}{36}+\frac{y^2}{4}=1$ 和 $C_2:x^2+\frac{y^2}{9}=1$. P 为 C_1 上的动点，Q 为 C_2 上的动点，w 是 $\overrightarrow{OP}\cdot\overrightarrow{OQ}$的最大值. 记 $\Omega=\{(P,Q)\mid P$ 在 C_1 上，Q 在 C_2 上，且$\overrightarrow{OP}\cdot\overrightarrow{OQ}=w\}$，则 Ω 中 ( ).

A. 元素个数为 2 B. 元素个数为 4

C. 元素个数为 8 D. 含有无穷个元素

63. (2014 年高考课标全国卷 II 文科第 12 题)设点 $M(x_0,1)$，若在圆 $O:x^2+y^2=1$上存在点 N，使得$\angle OMN=45°$，则 x_0 的取值范围是 ( )

A. $[-1,1]$ B. $\left[-\frac{1}{2},\frac{1}{2}\right]$

C. $[-\sqrt{2},\sqrt{2}]$　　D. $\left[-\frac{\sqrt{2}}{2},\frac{\sqrt{2}}{2}\right]$

64. (2013 年高考新课标卷 II 理科第 12 题)已知点 $A(-1,0)$, $B(1,0)$, $C(0,1)$, 直线 $y=ax+b(a>0)$将$\triangle ABC$ 分割为面积相等的两部分,则 b 的取值范围是　　(　　)

A. $(0,1)$　　B. $\left(1-\frac{\sqrt{2}}{2},\frac{1}{2}\right)$

C. $\left(1-\frac{\sqrt{2}}{2},\frac{1}{3}\right]$　　D. $\left[\frac{1}{3},\frac{1}{2}\right)$

65. (2013 年高考重庆卷文科第 7 题)已知圆 $C_1:(x-2)^2+(y-3)^2=1$, 圆 $C_2:(x-3)^2+(y-4)^2=9$, M,N 分别是圆 C_1,C_2 上的动点, P 为 x 轴上的动点,则 $|PM|+|PN|$的最小值为　　(　　)

A. $5\sqrt{2}-4$　　B. $\sqrt{17}-1$

C. $6-2\sqrt{2}$　　D. $\sqrt{17}$

66. (2009 年高考北京卷理科第 8 题)点 P 在直线 $l:y=x-1$ 上,若存在过点 P 的直线交抛物线 $y=x^2$ 于 A,B 两点,且 $|PA|=|AB|$,则称点 P 为"$\mathscr{A}$ 点",那么下列结论中正确的是　　(　　)

A. 直线 l 上的所有点都是"$\mathscr{A}$ 点"

B. 直线 l 上仅有有限个点是"$\mathscr{A}$ 点"

C. 直线 l 上的所有点都不是"$\mathscr{A}$ 点"

D. 直线 l 上有无穷多个点(但不是所有的点)是"$\mathscr{A}$ 点"

67. 已知集合 $A=\{(x,y)\ |a|x|+b|y|\leqslant 1(a\geqslant 0,b\geqslant 0)\}$, $B=\{(x,y)\ |\sqrt{x^2+y^2+2x+1}+\sqrt{x^2+y^2-2x+1}\leqslant 2\sqrt{2}\}$,若 $A\subseteq B$,则$\sqrt{2}a+b$ 的取值范围为　　(　　)

A. $(0,2]$　　B. $[1,2]$

C. $[1,+\infty)$　　D. $[2,+\infty)$

68. 已知直线 $l:3x+4y+a=0$(a 是常数)和圆 $C:(x-2)^2+y^2=2$. 若在圆 C 上存在两点 P,Q,在直线 l 上存在一点 M,使得$\angle PMQ=90°$,则 a 的取值范围是　　(　　)

A. $[-18,6]$　　B. $[6-5\sqrt{2},6+5\sqrt{2}]$

C. $[-16,4]$　　D. $[-6-5\sqrt{2},-6+5\sqrt{2}]$

69. (2015 年北京市东城期末考试试题第 8 题)已知圆 $C:x^2+y^2=2$,直线 $l:x+2y-4=0$,点 $P(x_0,y_0)$在直线 l 上. 若存在圆 C 上的点 Q,使得$\angle OPQ=$

$45°$（O 为坐标原点），则 x_0 的取值范围是（　　）

A. $[0,1]$　　B. $\left[0,\frac{8}{5}\right]$

C. $\left[-\frac{1}{2},1\right]$　　D. $\left[-\frac{1}{2},\frac{8}{5}\right]$

70. 过原点 O 斜率为正数的直线 l 分别交双曲线 $x^2-y^2=4\sqrt{2}$ 的左、右两支于点 P,Q. 若将坐标平面沿双曲线的一条渐近线 a 折成直二面角，则折叠后线段 PQ 长的最小值为（　　）

A. $2\sqrt{2}$　　B. $3\sqrt{2}$

C. $4\sqrt{2}$　　D. 4

71. 如图4所示，内外两个椭圆的离心率相同，从外层椭圆的右顶点 A 和上顶点 B 分别向内层椭圆引切线 AC,BD（切点分别是 C,D）. 若这两条切线的斜率之积为 $-\frac{1}{4}$，则内层椭圆的离心率为（　　）

A. $\frac{1}{2}$　　B. $\frac{\sqrt{2}}{2}$

C. $\frac{\sqrt{3}}{2}$　　D. $\frac{3}{4}$

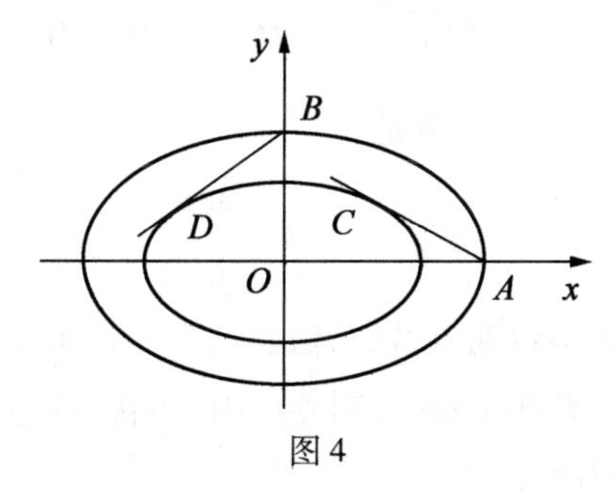

图4

72. 设 P 为椭圆 $C:\frac{x^2}{a^2}+\frac{y^2}{b^2}=1(a>b>0)$ 上的动点，F_1,F_2 为椭圆 C 的两个焦点，若 I 为 $\triangle PF_1F_2$ 的内心，则直线 IF_1,IF_2 的斜率之积（　　）

A. 是定值

B. 不是定值，但存在最大值

C. 不是定值，但存在最小值

D. 不是定值，且不存在最大值和最小值

73.（2018年北京市海淀期末考试试题）已知点 F 为抛物线 $C:y^2=2px(p>$

0)的焦点,点 K 为点 F 关于坐标原点的对称点,点 M 在抛物线 C 上,则下列说法错误的是 ( )

A. 使得 $\triangle MFK$ 为等腰三角形的点 M 有且仅有 4 个

B. 使得 $\triangle MFK$ 为直角三角形的点 M 有且仅有 4 个

C. 使得 $\angle MKF=\dfrac{\pi}{4}$的点 M 有且仅有 4 个

D. 使得 $\angle MKF=\dfrac{\pi}{6}$的点 M 有且仅有 4 个

74. 已知椭圆有这样的光学性质:从椭圆的一个焦点出发的光线,经椭圆反射后,反射光线必经过椭圆的另一个焦点. 今有一个水平放置的椭圆形台球盘,点 A,B 是它的两个焦点,长轴长为 $2a$,焦距为 $2c$. 当静放在点 A 的小球(小球的半径不计),从点 A 沿直线击出,经椭圆壁反射后再回到点 A 时,小球经过的路程是 ( )

A. $4a$　　B. $2(a-c)$

C. $2(a+c)$　　D. 以上三种情况都有可能

75. (2018 年北京市顺义二模)已知点 $A(-1,-1)$. 若曲线 T 上存在两点 B,C,使得$\triangle ABC$ 为正三角形,则称 T 为“正三角形”曲线. 给定下列三条曲线:

①$x+y-3=0(0\leqslant x\leqslant 3)$;②$x^2+y^2=2(-\sqrt{2}\leqslant x\leqslant 0)$;③$y=-\dfrac{1}{x}(x>0)$.

其中,“正三角形”曲线的个数是 ( )

A. 0　　B. 1

C. 2　　D. 3

76. (2015 年北京市丰台期末考试试题)在平面直角坐标系 xOy 中,如果菱形 $OABC$ 的边长为 2,点 B 在 y 轴上,则菱形内(不含边界)的整点(横纵坐标都是整数的点)个数的取值集合是 ( )

A. $\{1,3\}$　　B. $\{0,1,3\}$

C. $\{0,1,3,4\}$　　D. $\{0,1,2,3,4\}$

77. 若 P 为椭圆$\dfrac{x^2}{16}+\dfrac{y^2}{9}=1$ 在第一象限上的动点,过点 P 引圆 $x^2+y^2=9$ 的两条切线 PA,PB,切点分别为 A,B,直线 AB 与 x 轴、y 轴分别交于点 M,N,则$\triangle OMN$ 面积的最小值为 ( )

A. $\dfrac{9}{2}$　　B. $\dfrac{9}{2}\sqrt{3}$

C. $\frac{27}{4}$　　D. $\frac{27}{4}\sqrt{3}$

78. 已知F_1, F_2分别为双曲线$\frac{x^2}{a^2}-\frac{y^2}{b^2}=1$的左、右焦点,$P$为双曲线左支上的任意一点. 若$\frac{|PF_2|^2}{|PF_1|}$的最小值为$8a$,则该双曲线的离心率的取值范围为　(　　)

A. $(1,+\infty)$　　B. $(0,3]$

C. $(1,2]$　　D. $(1,3]$

79. 有一张长为8,宽为4的矩形纸片$ABCD$,按图5所示的方法进行折叠,使每次折叠后点B都在AD上,此时将点B记为B_1(注:图5中的EF为折痕,点F也可落在CD边上),若过点B_1作$B_1T // CD$交EF于点T,则点T的轨迹为　(　　)

A. 椭圆　　B. 双曲线

C. 抛物线　　D. 圆

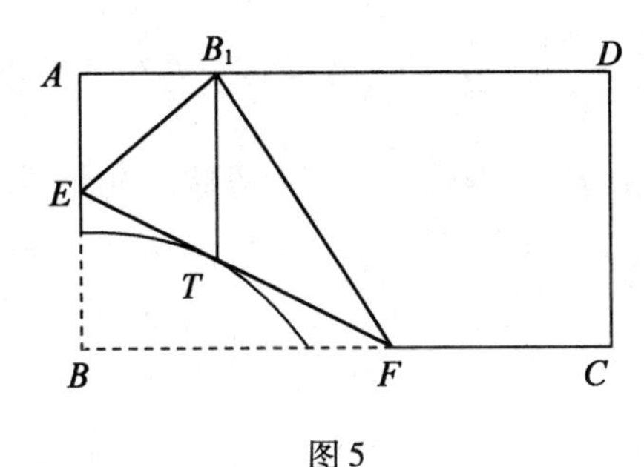

图5

80. (1)如图6所示,以椭圆两焦点为直径端点的圆与该椭圆有四个交点,这四个交点连同两个焦点是一个正六边形的六个顶点,则该椭圆的离心率为　(　　)

A. $\frac{\sqrt{2}}{2}$　　B. $\sqrt{3}-1$

C. $\frac{\sqrt{3}}{2}$　　D. $\frac{\sqrt{5}-1}{2}$

(2)以双曲线两焦点为直径端点的圆与该双曲线有四个交点,这四个交点连同两个焦点是一个正六边形的六个顶点,则该双曲线的离心率为　(　　)

A. $\sqrt{2}+1$　　B. $\sqrt{3}+1$

C. $\sqrt{2}$　　D. $\sqrt{3}$

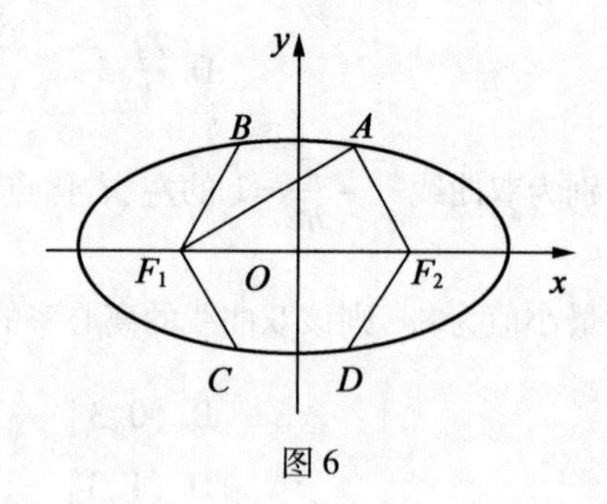

图6

81. 若点 P 为曲线 $xy-\frac{5}{2}x-2y+3=0$ 上的任意一点，O 为坐标原点，则 $|OP|$ 的最小值为　　（　　）

A. $\frac{\sqrt{5}}{2}$　　　B. $\frac{\sqrt{6}}{2}$

C. $\sqrt{2}$　　　D. $\frac{2}{3}\sqrt{3}$

82. 若椭圆 $C:\frac{x^2}{a^2}+\frac{y^2}{b^2}=1(a>b>0)$ 的左、右焦点分别为 F_1,F_2，若椭圆 C 上恰好有6个不同的点 P，使得 $\triangle F_1F_2P$ 为等腰三角形，则椭圆 C 的离心率的取值范围是　　（　　）

A. $\left(\frac{1}{3},\frac{2}{3}\right)$　　　B. $\left(\frac{1}{2},1\right)$

C. $\left(\frac{2}{3},1\right)$　　　D. $\left(\frac{1}{3},\frac{1}{2}\right)\cup\left(\frac{1}{2},1\right)$

83. 已知正六边形 $ABCDEF$ 的边长是2，一条抛物线恰好经过该六边形相邻的四个顶点，则抛物线的焦点到准线的距离是　　（　　）

A. $\frac{\sqrt{3}}{4}$　　　B. $\frac{\sqrt{3}}{2}$

C. $\sqrt{3}$　　　D. $2\sqrt{3}$

84. (2018年高考浙江卷第17题)已知点 $P(0,1)$，椭圆 $\frac{x^2}{4}+y^2=m(m>1)$ 上两点 A,B 满足 $\overrightarrow{AP}=2\overrightarrow{PB}$，则当 $m=$________时，点 B 横坐标的绝对值最大.

85. (2018年中国科学技术大学自主招生数学试题第8题)若动点 P 在圆 $(x-2)^2+(y-1)^2=1$ 上运动，向量 $\overrightarrow{PO}$（O 是坐标原点）绕点 P 逆时针方向旋

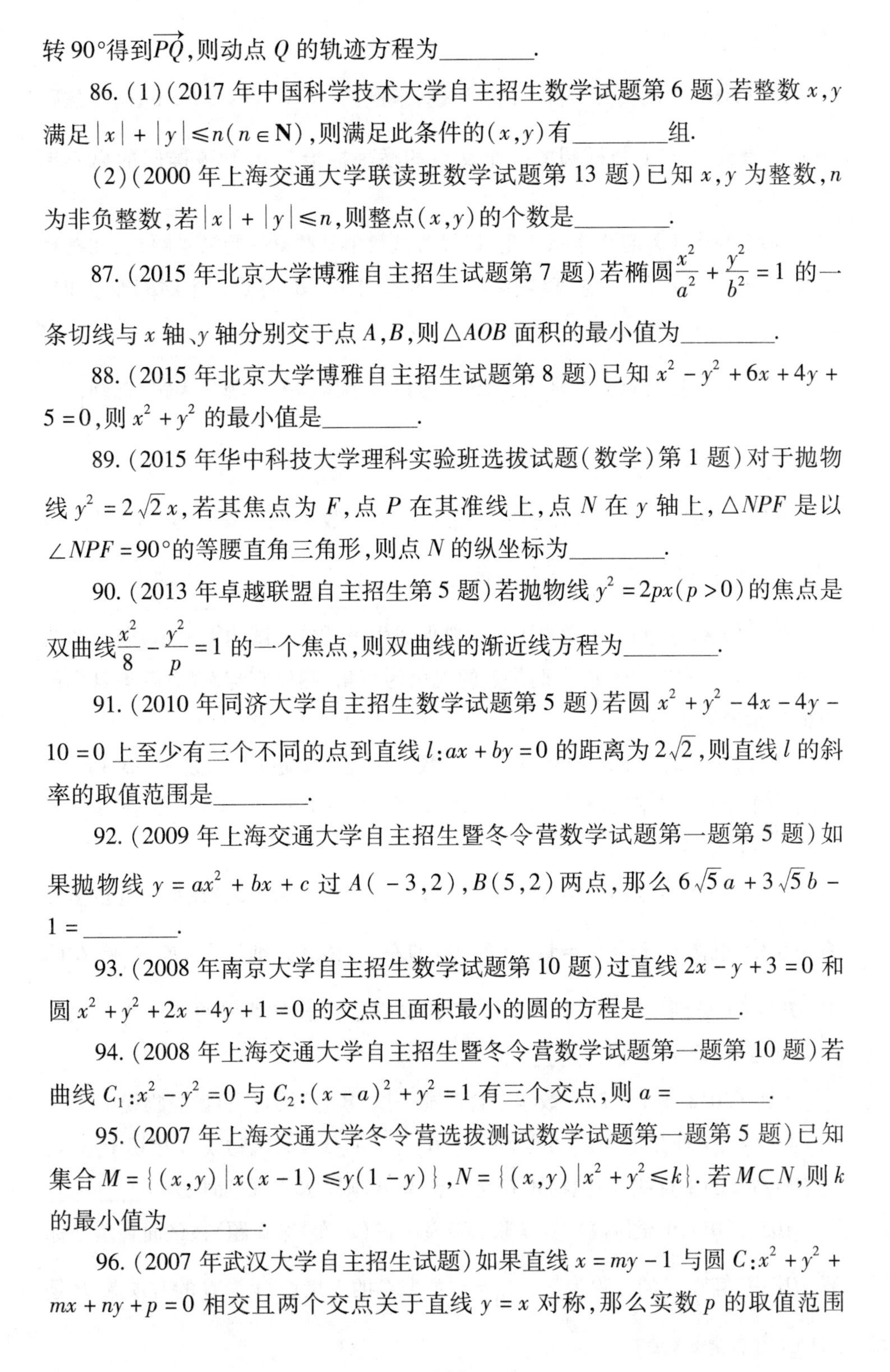

转 90°得到$\overrightarrow{PQ}$,则动点 Q 的轨迹方程为________.

86. (1)(2017 年中国科学技术大学自主招生数学试题第 6 题)若整数 x,y 满足 $|x|+|y|\leqslant n(n\in\mathbf{N})$,则满足此条件的$(x,y)$有________组.

(2)(2000 年上海交通大学联读班数学试题第 13 题)已知 x,y 为整数,n 为非负整数,若 $|x|+|y|\leqslant n$,则整点(x,y)的个数是________.

87. (2015 年北京大学博雅自主招生试题第 7 题)若椭圆$\frac{x^2}{a^2}+\frac{y^2}{b^2}=1$ 的一条切线与 x 轴、y 轴分别交于点 A,B,则$\triangle AOB$ 面积的最小值为________.

88. (2015 年北京大学博雅自主招生试题第 8 题)已知 $x^2-y^2+6x+4y+5=0$,则 x^2+y^2 的最小值是________.

89. (2015 年华中科技大学理科实验班选拔试题(数学)第 1 题)对于抛物线 $y^2=2\sqrt{2}x$,若其焦点为 F,点 P 在其准线上,点 N 在 y 轴上,$\triangle NPF$ 是以$\angle NPF=90°$的等腰直角三角形,则点 N 的纵坐标为________.

90. (2013 年卓越联盟自主招生第 5 题)若抛物线 $y^2=2px(p>0)$的焦点是双曲线$\frac{x^2}{8}-\frac{y^2}{p}=1$ 的一个焦点,则双曲线的渐近线方程为________.

91. (2010 年同济大学自主招生数学试题第 5 题)若圆 $x^2+y^2-4x-4y-10=0$ 上至少有三个不同的点到直线 $l:ax+by=0$ 的距离为 $2\sqrt{2}$,则直线 l 的斜率的取值范围是________.

92. (2009 年上海交通大学自主招生暨冬令营数学试题第一题第 5 题)如果抛物线 $y=ax^2+bx+c$ 过 $A(-3,2)$,$B(5,2)$两点,那么 $6\sqrt{5}a+3\sqrt{5}b-1=$________.

93. (2008 年南京大学自主招生数学试题第 10 题)过直线 $2x-y+3=0$ 和圆 $x^2+y^2+2x-4y+1=0$ 的交点且面积最小的圆的方程是________.

94. (2008 年上海交通大学自主招生暨冬令营数学试题第一题第 10 题)若曲线 $C_1:x^2-y^2=0$ 与 $C_2:(x-a)^2+y^2=1$ 有三个交点,则 $a=$________.

95. (2007 年上海交通大学冬令营选拔测试数学试题第一题第 5 题)已知集合 $M=\{(x,y)\mid x(x-1)\leqslant y(1-y)\}$,$N=\{(x,y)\mid x^2+y^2\leqslant k\}$. 若 $M\subset N$,则 k 的最小值为________.

96. (2007 年武汉大学自主招生试题)如果直线 $x=my-1$ 与圆 $C:x^2+y^2+mx+ny+p=0$ 相交且两个交点关于直线 $y=x$ 对称,那么实数 p 的取值范围为________.

97.(2006 年武汉大学自主招生试题)椭圆$\frac{x^2}{a^2}+\frac{y^2}{b^2}=1(a>b>0)$的半焦距为 c,若直线 $y=2x$ 与椭圆的一个交点的横坐标恰为 c,则该椭圆的离心率为________.

98.(2005 年复旦大学保送生、推优考试数学试题第一题第 4 题)已知抛物线 $y=2x^2+2ax+a^2$ 与直线 $y=x+1$ 交于 A,B 两点,当 $|AB|$ 最大时,$a=$________.

99.(2004 年复旦大学推优、保送生考试数学试题第一题第 3 题)椭圆$\frac{x^2}{16}+\frac{y^2}{9}=1$ 内接矩形周长的最大值是________.

100.(2004 年复旦大学推优、保送生考试数学试题第一题第 7 题)若$\frac{(x-4)^2}{4}+\frac{y^2}{9}=1$,则$\frac{x^2}{4}+\frac{y^2}{9}$的最大值为________.

101.(2003 年同济大学自主招生暨保送生考试数学试题第 9 题)若双曲线 $x^2-y^2=1$ 上一点 P 对左、右两焦点的视角为直角,则以它与左、右两焦点为顶点的三角形面积是________.

102.(2002 年上海交通大学联读班数学试题第 2 题)若函数 $y=ax+b(a,b\in\mathbf{Z})$的图像与三条抛物线 $y=x^2+3$,$y=x^2+6x+7$,$y=x^2+4x+5$ 分别有 2,1,0 个公共点,则$(a,b)=$________.

103.(2018 年全国高中数学联合竞赛一试(A 卷)第 4 题)在平面直角坐标系 xOy 中,椭圆 C:$\frac{x^2}{a^2}+\frac{y^2}{b^2}=1(a>b>0)$的左、右焦点分别是 F_1,F_2,椭圆 C 的弦 ST 与 UV 分别平行于 x 轴与 y 轴,且相交于点 P. 已知线段的长分别为 1,2,3,6,则$\triangle PF_1F_2$ 的面积为________.

104.(2018 年全国高中数学联合竞赛一试(B 卷)第 6 题)设抛物线 C:$y^2=2x$ 的准线与 x 轴交于点 A,过点 $B(-1,0)$作一直线 l 与抛物线 C 相切于点 K,过点 A 作 l 的平行线,与抛物线 C 交于点 M,N,则$\triangle KMN$ 的面积为________.

105.(2017 年全国高中数学联合竞赛一试(A 卷)第 3 题)在平面直角坐标系 xOy 中,椭圆 C 的方程为$\frac{x^2}{9}+\frac{y^2}{10}=1$,$F$ 为 C 的上焦点,A 为 C 的右顶点,P 是

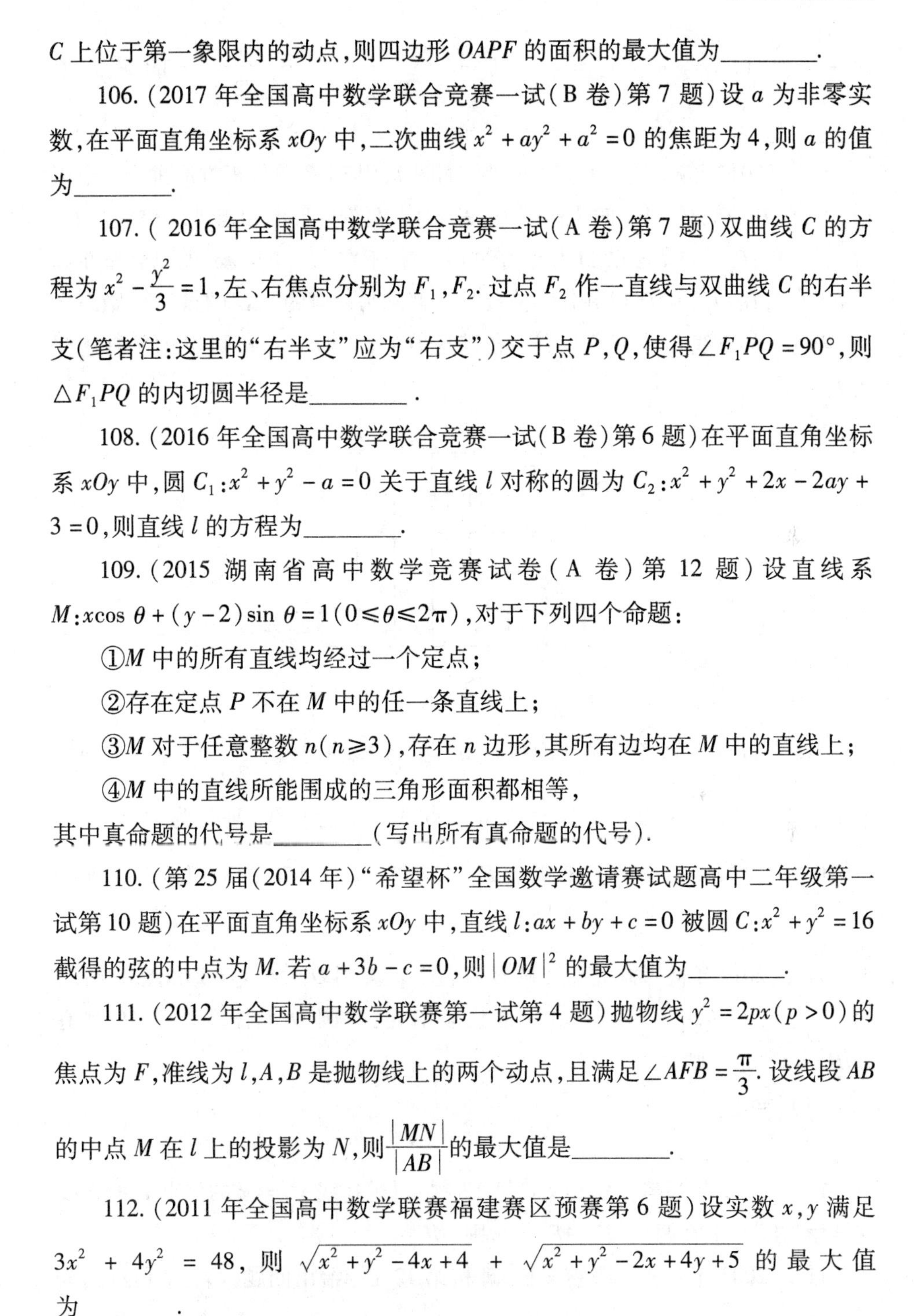

C 上位于第一象限内的动点，则四边形 $OAPF$ 的面积的最大值为________.

106.（2017 年全国高中数学联合竞赛一试（B 卷）第 7 题）设 a 为非零实数，在平面直角坐标系 xOy 中，二次曲线 $x^2+ay^2+a^2=0$ 的焦距为 4，则 a 的值为________.

107.（2016 年全国高中数学联合竞赛一试（A 卷）第 7 题）双曲线 C 的方程为 $x^2-\frac{y^2}{3}=1$，左、右焦点分别为 F_1,F_2. 过点 F_2 作一直线与双曲线 C 的右半支（笔者注：这里的"右半支"应为"右支"）交于点 P,Q，使得 $\angle F_1PQ=90°$，则 $\triangle F_1PQ$ 的内切圆半径是________.

108.（2016 年全国高中数学联合竞赛一试（B 卷）第 6 题）在平面直角坐标系 xOy 中，圆 $C_1:x^2+y^2-a=0$ 关于直线 l 对称的圆为 $C_2:x^2+y^2+2x-2ay+3=0$，则直线 l 的方程为________.

109.（2015 湖南省高中数学竞赛试卷（A 卷）第 12 题）设直线系 $M:x\cos\theta+(y-2)\sin\theta=1(0\leqslant\theta\leqslant2\pi)$，对于下列四个命题：

①M 中的所有直线均经过一个定点；

②存在定点 P 不在 M 中的任一条直线上；

③M 对于任意整数 $n(n\geqslant3)$，存在 n 边形，其所有边均在 M 中的直线上；

④M 中的直线所能围成的三角形面积都相等，

其中真命题的代号是________（写出所有真命题的代号）.

110.（第 25 届（2014 年）"希望杯"全国数学邀请赛试题高中二年级第一试第 10 题）在平面直角坐标系 xOy 中，直线 $l:ax+by+c=0$ 被圆 $C:x^2+y^2=16$ 截得的弦的中点为 M. 若 $a+3b-c=0$，则 $|OM|^2$ 的最大值为________.

111.（2012 年全国高中数学联赛第一试第 4 题）抛物线 $y^2=2px(p>0)$ 的焦点为 F，准线为 l，A,B 是抛物线上的两个动点，且满足 $\angle AFB=\frac{\pi}{3}$. 设线段 AB 的中点 M 在 l 上的投影为 N，则 $\frac{|MN|}{|AB|}$ 的最大值是________.

112.（2011 年全国高中数学联赛福建赛区预赛第 6 题）设实数 x,y 满足 $3x^2+4y^2=48$，则 $\sqrt{x^2+y^2-4x+4}+\sqrt{x^2+y^2-2x+4y+5}$ 的最大值为________.

113.（2018 年高考上海卷第 12 题）已知实数 x_1,x_2,y_1,y_2 满足：$x_1^2+y_1^2=1$，

$x_2^2+y_2^2=1$, $x_1x_2+y_1y_2=\frac{1}{2}$, 则 $\frac{|x_1+y_1-1|}{\sqrt{2}}+\frac{|x_2+y_2-1|}{\sqrt{2}}$ 的最大值为________.

114.(2017 年高考上海卷第 12 题)如图 7,用 35 个单位正方形拼成一个矩形,点 P_1,P_2,P_3,P_4 以及四个标记为"▲"的点在正方形的顶点处. 设集合 $\Omega=\{P_1,P_2,P_3,P_4\}$,点 $P\in\Omega$. 过 P 作直线 l_P,使得不在 l_P 上的"▲"的点分布在 l_P 的两侧. 用 $D_1(l_P)$ 和 $D_2(l_P)$ 分别表示 l_P 一侧和另一侧的"▲"的点到 l_P 距离之和. 若过 P 的直线 l_P 中有且只有一条满足 $D_1(l_P)=D_2(l_P)$,则 Ω 中所有这样的 P 为________.

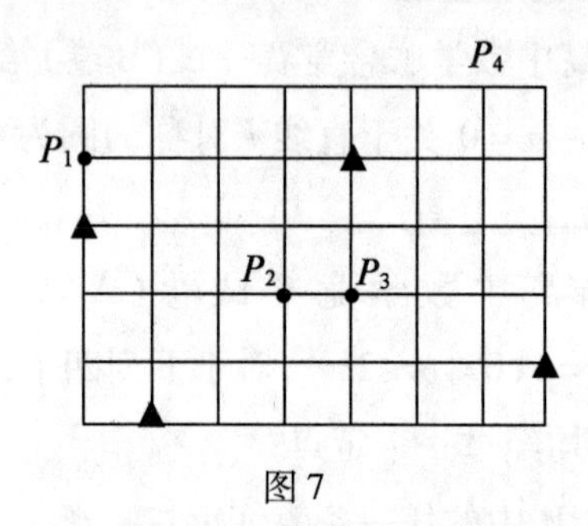

图 7

115.(2016 年高考天津卷理科第 14 题)设抛物线 $\begin{cases}x=2pt^2\\y=2pt\end{cases}$ (t 为参数,$p>0$)的焦点为 F,准线为 l. 过抛物线上一点 A 作 l 的垂线,垂足为 B. 设点 $C\left(\frac{7p}{2},0\right)$,$AF$ 与 BC 相交于点 E. 若 $|CF|=2|AF|$,且 $\triangle ACE$ 的面积为 $3\sqrt{2}$,则 p 的值为________.

116.(2014 年高考湖北卷文科第 17 题) 已知圆 $O:x^2+y^2=1$ 和点 $A(-2,0)$,若定点 $B(b,0)$ $(b\neq-2)$ 和常数 λ 满足:对圆 O 上任意一点 M,都有 $|MB|=\lambda|MA|$,则:

(1)$b=$________;

(2)$\lambda=$________.

117.(2012 年高考安徽卷文科第 12 题)过抛物线 $y^2=4x$ 的焦点 F 的直线交该抛物线于 A,B 两点. 若 $|AF|=3$,则 $|BF|=$________.

118.(2003 年高考上海卷文科、理科第 12 题)给出问题:F_1,F_2 是双曲线 $\frac{x^2}{16}-\frac{y^2}{20}=1$ 的焦点,点 P 在双曲线上. 若点 P 到焦点 F_1 的距离等于 9,求点 P

到焦点 F_2 的距离. 某学生的解答如下:双曲线的实轴长为 8,由 $||PF_1|-|PF_2||=8$,即 $|9-|PF_2||=8$,得 $|PF_2|=1$ 或 17.

该学生的解答是否正确?若正确,请将他的解题依据填在下面空格内;若不正确,将正确的结果填在下面空格内. ________.

119. 若平面区域 $\begin{cases}2x+y-2\leqslant 0\\ x-y\geqslant 0\\ y\geqslant 0\end{cases}$ 恰好被一个面积最小的圆覆盖,则该圆的标准方程为________.

120. 若 $\begin{cases}x+y\geqslant 4\\ x+3y\leqslant 10\\ y\geqslant \log_2 x\end{cases}$,则 $\dfrac{x}{y}$ 的取值范围是________.

121. 已知点 $A(3,1)$,点 M,N 分别在直线 $y=x$ 和 $y=0$ 上. 当 $\triangle AMN$ 的周长最小时,点 M,N 的坐标分别是________.

122. 若从点 $P(2a,0)$ 看椭圆 $\dfrac{x^2}{a^2}+\dfrac{y^2}{b^2}=1(a>b>0)$ 上的两点得到最大视角为 $2\arctan\dfrac{1}{2}$,则 $\dfrac{b}{a}=$________.

123. 如图 8 所示,已知椭圆 $C:\dfrac{x^2}{a^2}+\dfrac{y^2}{b^2}=1(a>b>0)$ 的左、右焦点分别为 F_1,F_2,点 P,Q 分别在椭圆 C 上和椭圆 C 内,点 Q 在线段 PF_2 的延长线上. 若 $QP\perp QF_1$,$\sin\angle F_1PQ=\dfrac{5}{13}$,则椭圆 C 的离心率的取值范围是________.

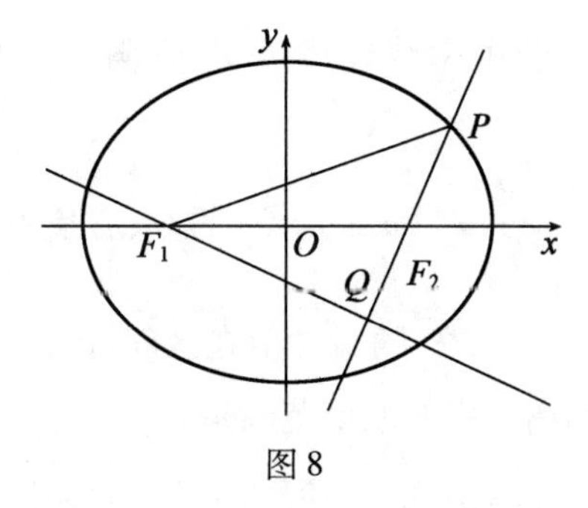

图 8

124. 在平面直角坐标系 xOy 中,抛物线系 $y^2=mx+2m^2+1(m\in\mathbf{R})$ 在坐标平面上不经过的区域的面积是________.

125. 若双曲线 M 上存在四个点 A,B,C,D,使得四边形 $ABCD$ 是正方形,则

双曲线 M 的离心率的取值范围是________.

126. 与动直线 $2mx+(1-m^2)y-4m-4=0(m\in\mathbf{R})$ 均相切的定圆方程是________.

127. 若直线 $\sqrt{2}ax+by=1$ 与圆 $x^2+y^2=1$ 交于 A,B 两点,且 $\triangle OAB$ 是直角三角形,则点 $P(a,b)$ 与点 $(0,1)$ 之间距离的最大值是________.

128. 设 A 是椭圆 $\frac{x^2}{a^2}+\frac{y^2}{b^2}=1(a>b>0)$ 长轴的一个端点,若该椭圆上存在点 P 使得 $AP\perp OP$(O 是坐标原点),则该椭圆离心率 e 的取值范围是________.

129. 已知点 $A\left(-\frac{1}{2},\frac{1}{2}\right)$ 在抛物线 $C:y^2=2px(p>0)$ 的准线上,点 M,N 在抛物线 C 上,且位于 x 轴的两侧,O 是坐标原点,若 $\overrightarrow{OM}\cdot\overrightarrow{ON}=3$,则点 A 到动直线 MN 的最大距离为________.

130. (1) 到点 $F(2,-2)$ 与直线 $l:y=x-3$ 距离相等的点的轨迹是________;

(2) 到点 $F(1,-2)$ 与直线 $l:y=x-3$ 距离相等的点的轨迹是________.

131. (1) 若动点 P 到定点 $F(1,0)$ 的距离比它到直线 $x=-2$ 的距离小 1,则点 P 的轨迹方程是________;

(2) 若动点 P 到定点 $F(1,0)$ 的距离比它到 y 轴距离大 1,则点 P 的轨迹方程是________.

132. (1) 椭圆 C 的中心是坐标原点 O,右焦点为 F,右准线为 l. 若直线 l 上存在点 M 使得线段 OM 的中垂线经过点 F,则椭圆 C 的离心率的取值范围是________.

(2) 已知椭圆 $C:\frac{x^2}{a^2}+\frac{y^2}{b^2}=1(a>b>0)$ 的左、右焦点分别为 F_1,F_2,P 为椭圆 C 上的任意一点. 若 $\overrightarrow{PF_1}\cdot\overrightarrow{PF_2}$ 的最大值在区间 $[c^2,3c^2]$ 上(其中 c 是椭圆 C 的半焦距),则椭圆 C 的离心率的取值范围是________.

(3) 如图 9 所示,若椭圆 $C:\frac{x^2}{a^2}+\frac{y^2}{b^2}=1(a>b>0)$ 与圆 $x^2+y^2=\left(\frac{b}{2}+c\right)^2$(其中 c 是椭圆 C 的半焦距)有四个不同的公共点,则椭圆 C 的离心率的取值范围是________.

(4)已知双曲线 $C:\frac{x^2}{a^2}-\frac{y^2}{b^2}=1(a>0,b>0)$ 的左、右焦点分别为 F_1,F_2. 若双曲线 C 上存在点 P 使得 $|PF_1|=2|PF_2|$,则双曲线 C 的离心率的取值范围是________.

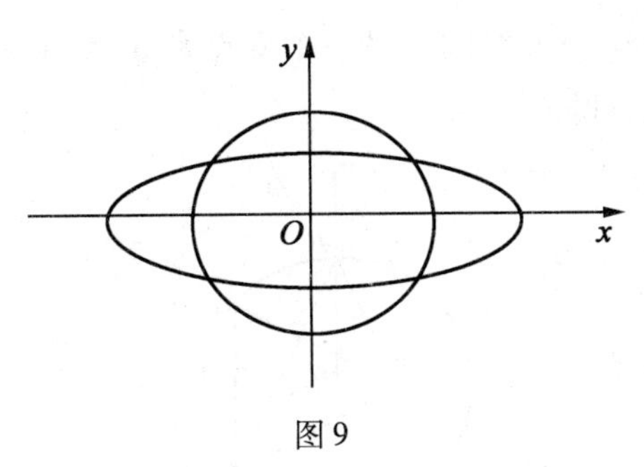

图9

(5)如图10所示,过双曲线 $C:\frac{x^2}{a^2}-\frac{y^2}{b^2}=1(a>0,b>0)$ 的左焦点 F 作直线与圆 $x^2+y^2=\frac{a^2}{4}$ 相切于点 E,且该直线与双曲线 C 的右支交于点 P. 若 $\overrightarrow{OE}=\frac{1}{2}(\overrightarrow{OF}+\overrightarrow{OP})$,则双曲线 C 的离心率为________.

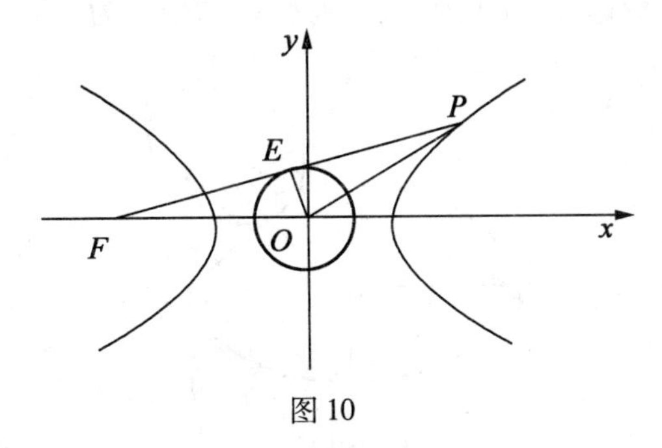

图10

133. 抛物线上的动点与顶点、焦点的距离之比的取值范围是________.

134. 设以 $F_1(-2,0)$,$F_2(2,0)$ 为焦点的椭圆与直线 $x+\sqrt{3}y+4=0$ 有唯一公共点,则该椭圆的长轴长为________.

135. 过抛物线 $y^2=2px(p>0)$ 的焦点作倾斜角为 $60°$ 的直线,与抛物线分别交于 A,B 两点(点 A 在 x 轴上方),则 $\frac{|AF|}{|BF|}=$________.

136. 已知两点 $A(1,1)$,$B(3,3)$,点 P 是 x 轴正半轴上的动点. 当 $\angle APB$ 最大时,点 P 的横坐标是________.

137. 若在圆 $C:(x-3)^2+(y-4)^2=r^2(r>0)$上存在两个不同的点 P,Q，使得$|OP|=|OQ|=1$，则 r 的取值范围是________.

138. 如图 11 所示，椭圆$\frac{x^2}{a^2}+\frac{y^2}{b^2}=1(a>b>0)$的左、右焦点和上顶点分别是 F_1,F_2,B，直线 BF_2 与该椭圆的另一个交点是 A，点 A 关于 x 轴的对称点是 C. 若 $F_1C\perp AB$，则该椭圆的离心率是________.

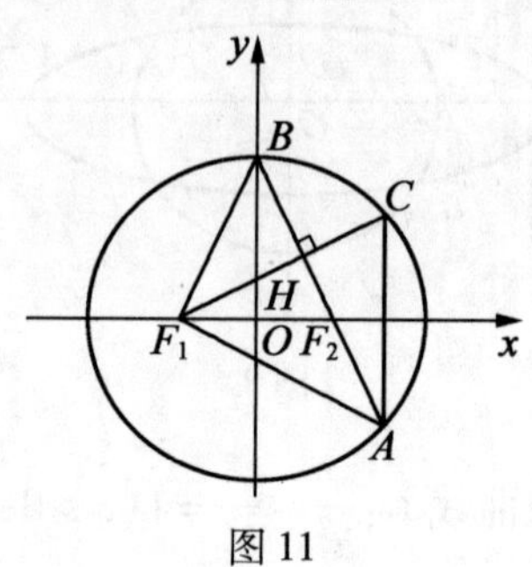

图 11

139. 如图 12 所示，点 A,B 分别是椭圆$\frac{x^2}{4}+\frac{y^2}{2}=1$的左、右顶点，动点 M 满足 $MB\perp AB$，直线 AM 交该椭圆于点 P，在 x 轴上有异于点 A,B 的定点 Q，以 MP 为直径的圆经过直线 BP,MQ 的交点，则点 Q 的坐标为________.

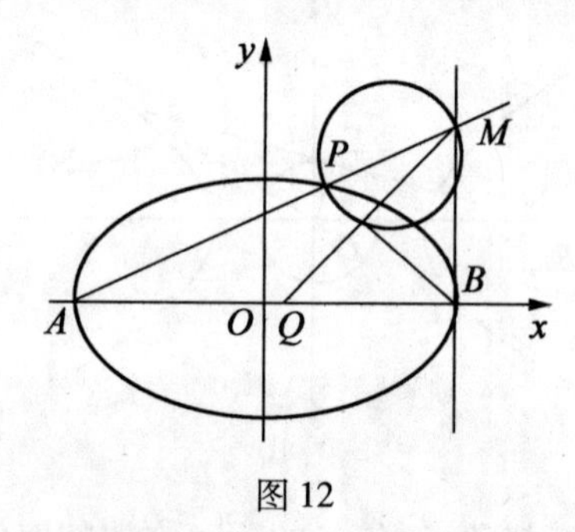

图 12

140. 如图 13 所示，若过坐标原点 O 的射线与圆$(x-1)^2+(y-1)^2=2$和椭圆$\frac{25}{144}x^2+y^2=1$分别交于点 P,Q，则$\overrightarrow{OP}\cdot\overrightarrow{OQ}$的最大值是________.

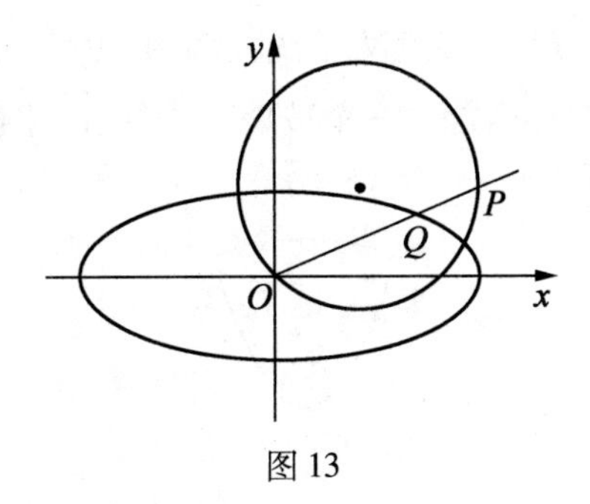

图 13

141. 已知椭圆 $\Gamma:\frac{x^2}{a^2}+\frac{y^2}{b^2}=1(a>b>0)$ 的左、右焦点分别为 $F_1(-c,0)$，$F_2(c,0)$，若椭圆 Γ 上的点 P 使得 $\triangle PF_1F_2$ 为直角三角形，则这样的点 P 个数的集合是________.

142. 若点 P 在双曲线 $\Gamma:\frac{x^2}{9}-y^2=1$ 上，F_1，F_2 为双曲线 Γ 的左、右焦点，射线 PH 是 $\angle F_1PF_2$ 的平分线，$F_1H\perp PH$，O 为坐标原点，则 $|OH|=$________.

143. 已知 F_1，F_2 分别是双曲线 $C:\frac{x^2}{a^2}-\frac{y^2}{b^2}=1(a>0,b>0)$ 的左、右焦点，若双曲线 C 的左支上存在一点 P 与点 F_2 关于直线 $y=\frac{b}{a}x$ 对称，则双曲线 C 的离心率为________.

144. 已知双曲线 $\frac{x^2}{a^2}-\frac{y^2}{b^2}=1(a>0,b>0)$ 的左、右焦点分别是 F_1，F_2，半焦距是 c. 若该双曲线上存在不是顶点的点 P 使得 $c\tan\angle PF_1F_2=a\tan\angle PF_2F_1$，则该双曲线离心率的取值范围是________.

145. 如图 14 所示，圆 C 和 x 轴、y 轴以及曲线 $y=\frac{3}{x}$ 均相切，则圆 C 的半径是________.

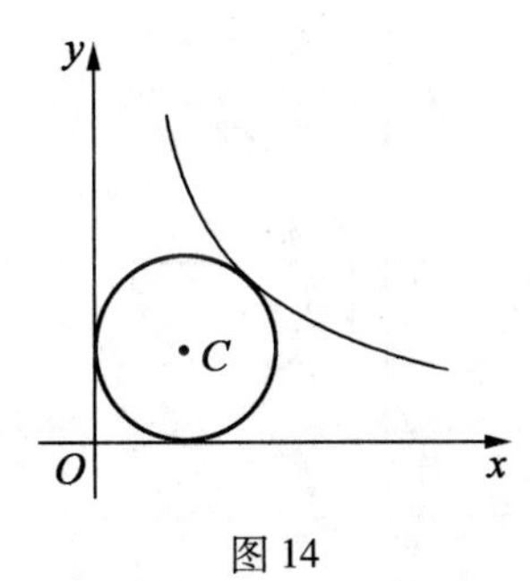

图 14

146. (1) 如图 15 所示，一只酒杯的轴截面是抛物线的一部分，其方程是 $x^2=2y(0\leqslant y\leqslant 20)$. 在此杯内放入一个玻璃球，要使该球触及酒杯底部，则玻璃球的半径 r 的取值范围是________;

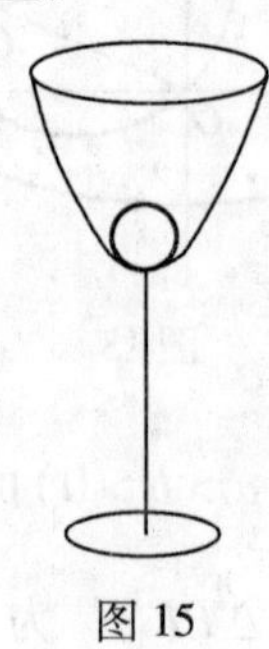

图 15

(2) 若抛物线 $x^2=2y$ 的顶点是抛物线上到点 $A(0,a)$ 的距离最近的点，则 a 的取值范围是________.

147. 若 $\begin{cases}x+y\leqslant 4\\ \sqrt{3}x-y\geqslant 0\\ y\geqslant 0\end{cases}(x,y\in\mathbf{R})$，则存在 $\theta\in\mathbf{R}$，使得 $x\cos\theta+y\sin\theta=1$ 成立的点 $P(x,y)$ 构成的区域的面积是________.

148. 若存在两条过点 $P(1,-2)$ 且互相垂直的直线与曲线 $y=ax^2$ 都无公共点，则实数 a 的取值范围是________.

149. 若双曲线 $C:\dfrac{x^2}{a^2}-\dfrac{y^2}{b^2}=1(a>0,b>0)$ 的焦距为 $2c$，直线 l 过点 $(a,0)$ 和点 $(0,b)$，且点 $(1,0)$ 与点 $(-1,0)$ 到直线 l 的距离之和不小于 $\dfrac{4}{5}c$，则双曲线 C 的离心率 e 的取值范围是________.

150. 如图 16 所示，过抛物线 $y^2=2px(p>0)$ 的焦点 F 的直线 l 交抛物线于点 A,B，交其准线于点 C. 若 $|BC|=2|BF|$，$|AF|=3$，则 $p=$________

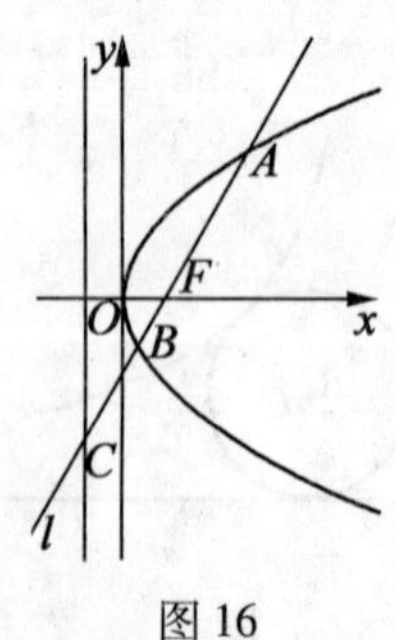

图 16

151. 已知 O 为坐标原点,若点 P 为曲线 $xy-\frac{5}{2}x-2y+3=0$ 上的动点,则 $|OP|$ 的最小值为________.

152. 如图 17 所示,半圆 $O_1,O_2,O_3,\cdots,O_n$ 依次外切,且圆心都在线段 AC 上,CM_1 是半圆 $O_1,O_2,O_3,\cdots,O_n$ 的公切线,切点分别为 $M_1,M_2,M_3,\cdots,M_n$. 若 $AB_1=2$, $\angle M_1O_1C=\theta$(θ 已知),则 $\lim\limits_{n\to\infty}(O_1M_1+O_2M_2+O_3M_3+\cdots+O_nM_n)=$________.

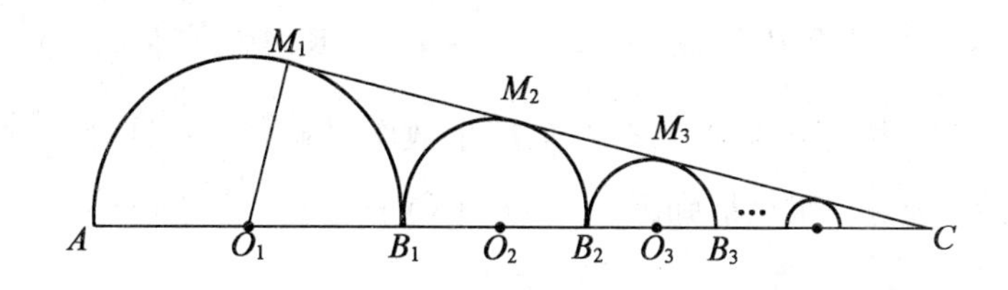

图 17

153. 在平面直角坐标系 xOy 中,到定点$(\sqrt{3},\sqrt{2\,012})$与定直线 $x+\sqrt{5}=0$ 的距离之和等于 $\sqrt{15}$ 的点的轨迹是________.

154. 把满足条件 $|x|+|y|\leqslant 1$ 的点(x,y)组成的平面区域的面积记为 S_1,满足条件 $x^2+y^2\leqslant 1$ 的点(x,y)组成的平面区域的面积记为 S_2,满足条件$[x]^2+[y]^2\leqslant 1$ 的点(x,y)组成的平面区域的面积记为 S_3(其中的$[x]$,$[y]$分别表示不大于 x,y 的最大整数),则在下列结论中所有正确结论的序号是________:

①点(S_2,S_3)在直线 $y=x$ 左上方的区域内;

②点(S_2,S_3)在直线 $x+y=7$ 左下方的区域内;

③$S_1<S_3<S_2$;

④$S_3>S_2>S_1$.

155. (2018 年中国科学技术大学自主招生数学试题第 9 题)已知过点$(-1,0)$的直线 m 与抛物线 $y=x^2$ 交于两点 A,B, $\triangle AOB$(O 是坐标原点)的面积是 3,求直线 m 的方程.

156. (2018 年复旦大学自主招生考试数学试题第 4 题)在极坐标系中,曲线 $C:\rho^2-6\rho\cos\theta-8\rho\sin\theta+16=0$ 上一点与曲线 $D:\rho^2-2\rho\cos\theta-4\rho\sin\theta+4=0$ 上一点的距离的最大值是多少?

157. (2018 年复旦大学自主招生考试数学试题第 9 题)已知直线 $l_1:mx+$

$y-1=0$，$l_2: x-my+2+m=0$ 分别过定点 A，B，若这两条直线交于点 P，求 $|PA|+|PB|$ 的取值范围.

158.（2018 年复旦大学自主招生考试数学试题第 15 题）已知两点 $A(0,1)$，$B(1,-1)$，直线 $ax+by=1$ 与线段 AB 有公共点，求 a^2+b^2 的最小值.

159.（2018 年上海交通大学自主招生数学试题第 9 题）已知 $g(a,b)=(a+5-3|\cos b|)^2+(a-2|\sin b|)^2$，求 $g(a,b)$ 的最小值.

160.（2018 年上海交通大学自主招生数学试题第 11 题）已知动点 A 在椭圆 $\frac{x^2}{25}+\frac{y^2}{16}=1$ 上，动点 B 在圆 $(x-6)^2+y^2=1$ 上，求 $|AB|$ 的最大值.

161.（2018 年上海交通大学自主招生数学试题第 13 题）已知光线从点 $A(1,1)$ 出发，经过 y 轴反射到圆 $(x-5)^2+(y-7)^2=1$ 上的一点 P，若光线从点 A 到点 P 经过的路程为 R，求 R 的最小值.

162.（2018 年武汉大学自主招生数学试题第 2 题）如图 18，在平面直角坐标系 xOy 中，已知 F_1，F_2 分别是椭圆 $E: \frac{x^2}{a^2}+\frac{y^2}{b^2}=1(a>b>0)$ 的左、右焦点，A，B 分别是椭圆 E 的左、右顶点，$D(1,0)$ 为线段 OF_2 的中点，且 $\overrightarrow{AF_2}+5\overrightarrow{BF_2}=0$.

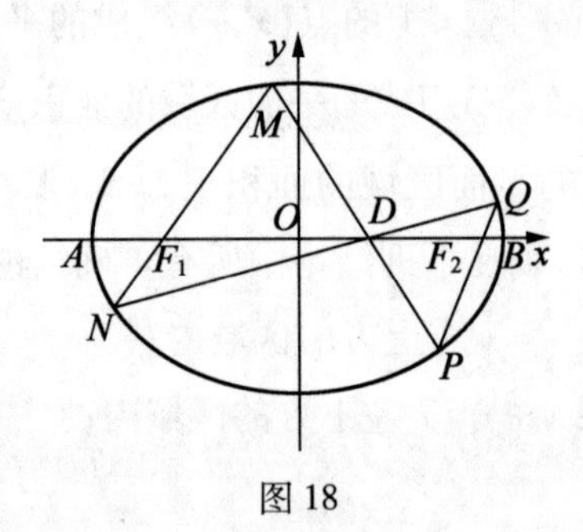

图 18

（1）求椭圆 E 的方程；

（2）若 M 为椭圆 E 上异于点 A，B 的动点，联结 MF_1 并延长交椭圆 E 于点 N，联结 MD，ND 并分别延长交椭圆 E 于点 P，Q，联结 PQ. 设直线 MN，PQ 的斜率均存在且分别为 k_1，k_2，试问是否存在常数 λ，使得 $k_1+\lambda k_2=0$ 恒成立？若存在，求出 λ 的值；若不存在，请说明理由.

163.（2017 年中国科学技术大学自主招生数学试题第 9 题）椭圆 $C: \frac{x^2}{4}+y^2=1$，双曲线 $T: xy=4$.

(1)求 C 上一点 $\left(\frac{4}{\sqrt{5}},\frac{1}{\sqrt{5}}\right)$ 处的切线方程;

(2)若点 P 在 C 上,点 Q 在 T 上,求证 $|PQ|>\frac{6}{5}$.

164.(2015 年北京大学优秀中学生体验营综合测试数学科目试题文科第 5 题即理科第 3 题)椭圆 $\frac{x^2}{a^2}+\frac{y^2}{b^2}=1(a>b>0)$ 上一点 P 到两焦点的夹角为 α,求点 P 与两焦点围成的三角形的面积.

165.(清华大学 2015 年数学物理体验营数学试题第 4 题)已知椭圆 $L:\frac{x^2}{a^2}+\frac{y^2}{b^2}=1(a>b>0)$ 的离心率为 $\frac{\sqrt{2}}{2}$,F_1,F_2 分别为椭圆的左、右焦点,点 $\left(1,\frac{\sqrt{2}}{2}\right)$ 在椭圆上. 设 A 是椭圆上的一个动点,弦 AB,AC 分别过焦点 F_1,F_2,且 $\overrightarrow{AF_1}=\lambda_1\overrightarrow{F_1B}$,$\overrightarrow{AF_2}=\lambda_2\overrightarrow{F_2C}$.

(1)求椭圆的方程;

(2)求 $\lambda_1+\lambda_2$ 的值;

(3)求 $\triangle F_1AC$ 的面积 S 的最大值.

166.(2015 年上海交通大学自主招生试题)在平面直角坐标系内,若一个圆的圆心的横坐标和纵坐标均为无理数,求证:该圆上不可能存在 3 个整点(整点指其横坐标和纵坐标均为整数).

167.(2015 年复旦大学自主招生数学试题第 3 题)如图 19 所示,已知椭圆 $C_1:\frac{x^2}{9}+\frac{y^2}{5}=1$ 的右焦点为 F,点 $M(x_0,y_0)$ 在圆 $C_2:x^2+y^2=5$ 上,其中 $x_0>0$,$y_0>0$;过点 M 引圆 C_2 的切线交椭圆于 P,Q 两点. 求证:$\triangle PFQ$ 的周长为定值.

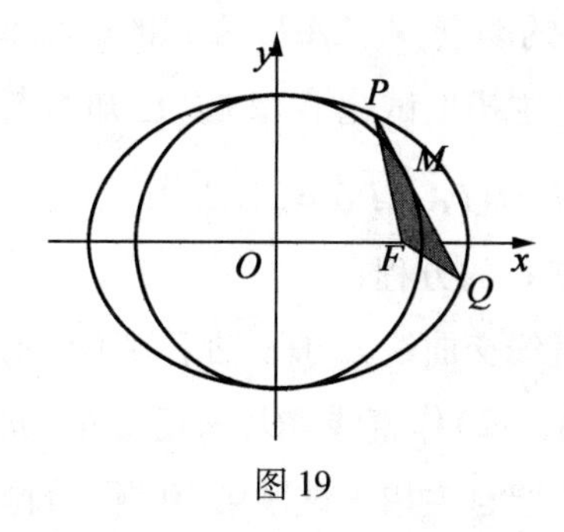

图 19

168. (2014 年华约自主招生试题第 5 题)从椭圆$\frac{x^2}{a^2}+\frac{y^2}{b^2}=1$上的动点 M 作圆 $x^2+y^2=b^2$ 的两条切线,切点分别为 P,Q,直线 PQ 与 x 轴、y 轴分别交于点 E,F,求$\triangle EOF$ 面积的最小值.

169. (2014 年卓越联盟自主招生试题第 10 题)已知双曲线$\frac{x^2}{a^2}-\frac{y^2}{b^2}=1(a>0,b>0)$的两条渐近线斜率之积为 -3,A,B 分别为左支和右支上的动点.

(1)若直线 AB 的斜率为 1,且经过点 $D(0,5a)$,$\overrightarrow{AD}=\lambda\overrightarrow{DB}$,求实数 λ 的值;

(2)若点 A 关于 x 轴的对称点为点 M,直线 AB,MB 分别与 x 轴交于点 P,Q,点 O 为坐标原点,求证:$|OP|\cdot|OQ|=a^2$.

170. (2013 年华约自主招生试题第 3 题)已知 $k>0$,在 y 轴的同侧的两点 A,B 分别在直线 $y=kx,y=-kx$ 上,且满足 $|OA|\cdot|OB|=1+k^2$,其中 O 是坐标原点. 设线段 AB 的中点 M 的轨迹为曲线 C.

(1)求曲线 C 的方程;

(2)若抛物线 $x^2=2py(p>0)$与曲线 C 相切于两点,求证:这两点各在一条定直线上. 并求出两条切线的方程.

171. (2013 年华东师范大学自主招生试题第 3 题)已知 $x,y\in\mathbf{R}$,求$\sqrt{16x^2+9y^2+64x-6y+65}-\sqrt{16x^2+9y^2-16x-6y+5}$的最大值.

172. (2013 年华东师范大学自主招生试题第 8 题)已知椭圆方程为$\frac{x^2}{16}+\frac{y^2}{9}=1$,过长轴的顶点 $A(-4,0)$的两条斜率乘积为 $-\frac{9}{16}$的直线交椭圆于另两点 B,C,问直线 BC 是否过定点 D. 若存在,求出点 D 的坐标;若不存在,说明理由.

173. (2012 年北约自主招生试题第 5 题)已知点 $A(-2,0)$,$B(0,2)$,若点 C 是圆 $x^2-2x+y^2=0$ 上的动点,求$\triangle ABC$ 面积的最小值.

174. (2012 年华约自主招生试题第 12 题)已知两点 $A(-2,0)$,$B(2,0)$,动点 P 在 y 轴上的射影是 H,且$\overrightarrow{PA}\cdot\overrightarrow{PB}=2|\overrightarrow{PH}|^2$.

(1)求动点 P 的轨迹 C 的方程;

(2)已知过点 B 的直线交曲线 C 于 x 轴下方不同的两点 M,N. 设 MN 的中点为 R,过点 R 与点 $Q(0,-2)$作直线 RQ,求直线 RQ 斜率的取值范围.

175. (2012 年卓越联盟自主招生试题第 10 题)设抛物线 $y^2=2px(p>0)$的

焦点是 F,A,B 是该抛物线上互异的两点,线段 AB 的中垂线交 x 轴于点 $D(a,0)$,$m=|AF|+|BF|$.

(1)证明:a 是 p,m 的等差中项;

(2)若 $m=3p$,平行于 y 轴的直线 l 被以 AD 为直径的圆截得的弦长恒为定值,求直线 l 的方程.

176.(2012年北京大学保送生考试第4题)射线 l_1,l_2 同时过点 O,直线 l 与 l_1,l_2 分别相交于点 P,Q,且线段 PQ 的中点为 M.若 $\triangle POQ$ 的面积为定值 c,证明:

(1)点 M 的轨迹关于 l_1,l_2 的夹角平分线 m 对称;

(2)点 M 的轨迹为双曲线的一支.

177.(2012年清华大学保送生考试题第7题)抛物线 $y=\frac{1}{2}x^2$ 与直线 $y=x+4$围成的区域中有矩形 $ABCD$,且点 A,B 在抛物线上,点 D 在直线上,其中点 B 在 y 轴右侧,且 AB 长为 $2t(t>0)$.

(1)当 AB 与 x 轴平行时,求矩形 $ABCD$ 的面积 $S(t)$的函数表达式;

(2)当直线 CD 与直线 $y=x+4$ 重合时,求矩形 $ABCD$ 面积的最大值.

178.(2012年清华大学保送生考试试题第10题)在 $\triangle AOB$ 内(含边界),其中 O 为坐标原点,点 A 在 y 轴的正方向上,点 B 在 x 轴的正方向上,且有 $OA=OB=2$.

(1)用不等式组表示 $\triangle AOB$ 的区域;

(2)求证:在 $\triangle AOB$ 内的任意的11个点,总可以分成两组,使一组的横坐标之和不大于6,使另一组的纵坐标之和不大于6.

179.(2011年北约自主招生试题第2题)求过抛物线 $y=2x^2-2x-1$,$y=-5x^2+2x+3$的交点的直线方程.

180.(2011年北约自主招生试题第6题)C_1 和 C_2 是平面上两个不重合的固定圆,C 是该平面上的一个动圆,C 和 C_1,C_2 都相切,则 C 的圆心的轨迹是哪种曲线?证明你的结论.

181.(2011年华约自主招生试题第14题)已知双曲线 $C:\frac{x^2}{a^2}-\frac{y^2}{b^2}=1(a>0,b>0)$,$F_1$,$F_2$ 分别为 C 的左、右焦点.P 为 C 右支上一点,且使 $\angle F_1PF_2=\frac{\pi}{3}$,又 $\triangle F_1PF_2$ 的面积为 $3\sqrt{3}a^2$.

(1)求 C 的离心率 e；

(2)设 A 为 C 的左顶点，Q 为第一象限内 C 上的任意一点，问是否存在常数 $\lambda(\lambda>0)$，使得 $\angle QF_2A=\lambda\angle QAF_2$ 恒成立. 若存在，求出 λ 的值；若不存在，请说明理由.

182.(2011 年北京大学保送生考试试题第 1 题)点 P 为双曲线上任一点，PQ 为双曲线在点 P 处的切线，F_1,F_2 为双曲线的焦点，求证：PQ 平分 $\angle F_1PF_2$.

183.(2011 年北京大学保送生考试数学试题第 5 题)单位圆 $x^2+y^2=1$ 上有三点 $A(x_1,y_1),B(x_2,y_2),C(x_3,y_3)$，若 $x_1+x_2+x_3=y_1+y_2+y_3=0$，求证 $x_1^2+x_2^2+x_3^2=y_1^2+y_2^2+y_3^2=\dfrac{3}{2}$.

184.(2011 年清华大学保送生考试试题第二题第 1 题)已知 $x^2+(y-4)^2=12$ 与 $x^2=ky$ 有 A,B,C,D 四个交点.

(1)求 k 的取值范围；

(2)求四边形 $ABCD$ 面积最大时 k 的值.

185.(2011 年北京大学优秀中学生夏令营试题第 3 题)抛物线上有两点 A,B，该抛物线在这两点处的切线交于点 K，线段 AB 的中点为 C，求证：线段 KC 的中点在抛物线上.

186.(2011 年中南财经政法大学自主招生试题)如图 20 所示，已知椭圆 $C:\dfrac{x^2}{a^2}+\dfrac{y^2}{b^2}=1(a>b>0)$ 的一个焦点到长轴的两个端点的距离分别为 $2+\sqrt{3}$ 和 $2-\sqrt{3}$，该椭圆的右顶点、上顶点分别是 A,B，直线 $y=kx(k>0)$ 与 AB 相交于点 D，与椭圆相交于 E,F 两点.

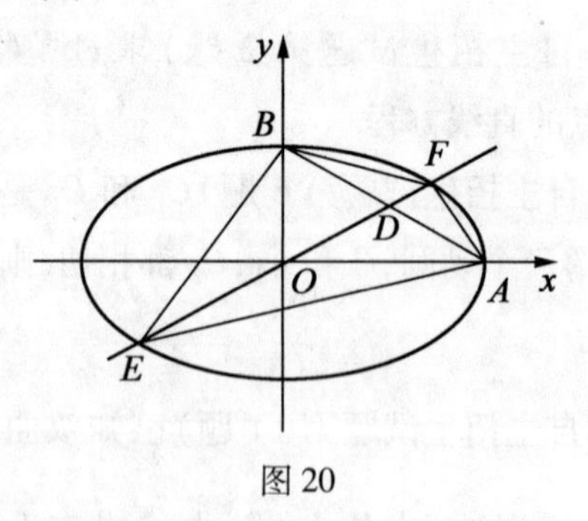

图 20

(1)求此椭圆的方程；

(2)若 $\overrightarrow{ED}=6\overrightarrow{DF}$，求 k 的值；

(3)求四边形 $AEBF$ 面积的最大值.

187.(2010年北约自主招生试题第3题)已知 A,B 为抛物线 $y=1-x^2$ 上在 y 轴两侧的点,求该抛物线过点 A,B 的切线与 x 轴围成的图形面积的最小值.

188.(2010年华约自主招生试题第12题)如图21所示,设 A,B,C,D 为抛物线 $x^2=4y$ 上两两互异的四点,点 A,D 关于该抛物线的对称轴对称,直线 BC 平行于该抛物线在点 D 处的切线 l. 设点 D 到直线 AB,AC 的距离分别为 d_1,d_2,已知 $d_1+d_2=\sqrt{2}\,|AD|$.

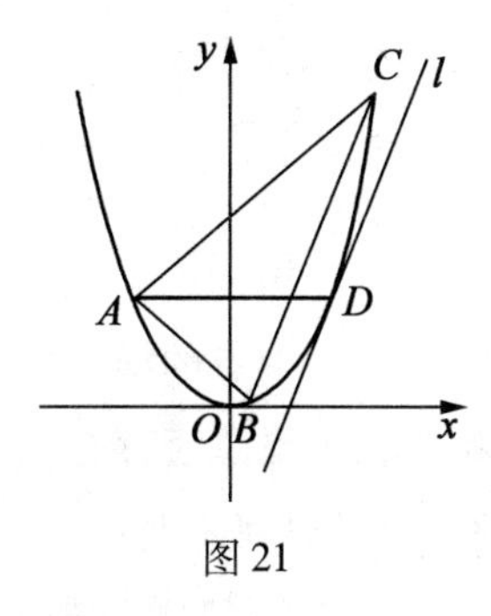

图21

(1)判断△ABC 是锐角三角形、直角三角形、钝角三角形中的哪一种三角形,并说明理由;

(2)若△ABC 的面积为240,求点 A 的坐标及直线 BC 的方程.

189.(2010年同济大学自主招生试题)如图22所示,已知动直线 l 过点 $P(4,0)$,交抛物线 $y^2=2ax(a>0)$ 于 A,B 两点. 坐标原点 O 是 PQ 的中点,设直线 AQ,BQ 的斜率分别为 k_{AQ},k_{BQ}.

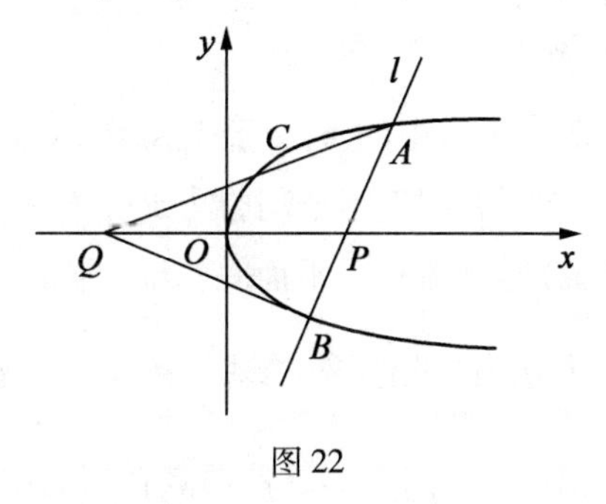

图22

(1)求证:$k_{AQ}+k_{BQ}=0$;

(2)当 $a=2$ 时,是否存在垂直于 x 轴的直线 l',被以 AP 为直径的圆截得的弦长为定值？若存在，求出直线 l' 的方程；若不存在，说明理由.

190.（2010 年武汉大学自主招生试题）如图 23 所示，对于抛物线 $y^2=4x$ 上的相异两点 A,B，如果弦 AB 不平行于 y 轴且其垂直平分线交 x 轴于点 P，那么称弦 AB 是点 P 的一条相关弦. 已知点 $P_0(x_0,0)$ 存在无穷多条相关弦，其中 $x_0>2$.

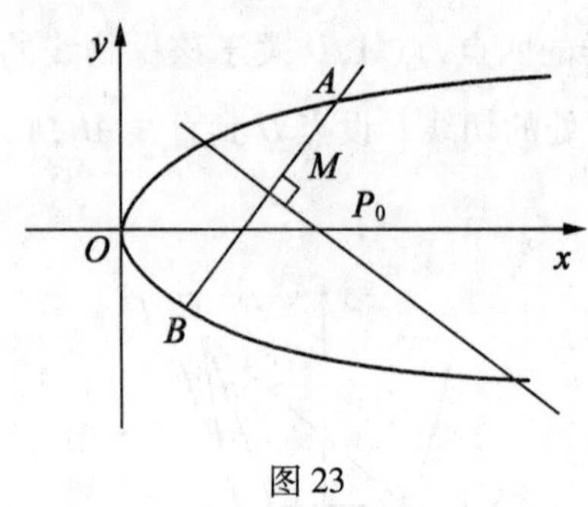

图 23

（1）证明：点 P_0 的所有相关弦的中点的横坐标均相同；

（2）试问：点 P_0 的所有相关弦中点是否存在长度最大的弦？若存在（用 x_0 表示），则求此最大弦长；若不存在，则阐述理由.

191.（2009 年清华大学自主招生数学试题（理科）第 4 题）已知椭圆 $C:\frac{x^2}{a^2}+\frac{y^2}{b^2}=1(a>b>0)$，过椭圆 C 的左顶点 $A(-a,0)$ 的直线 l 与椭圆 C 交于另一点 Q，与 y 轴交于点 R，过原点 O 与 l 平行的直线与椭圆 C 的一个交点是 P. 求证：$|AQ|,\sqrt{2}|OP|,|AR|$ 成等比数列.

192.（2009 年清华大学自主招生数学试题（文科）第 4 题）已知 $|PM|-|PN|=2\sqrt{2}$，点 $M(-2,0),N(2,0)$.

（1）求点 P 的轨迹 W；

（2）直线 $y=k(x-2)$ 与（1）中的 W 交于点 A,B，求 $S_{\triangle AOB}$（O 为坐标原点）.

193.（2009 年清华大学自主招生数学试题（理综）第 3 题）有限条抛物线及其内部（指含焦点的区域）能覆盖整个平面吗？证明你的结论.

194.（2009 年浙江大学自主招生数学试题第 5 题）双曲线 $\frac{x^2}{a^2}-\frac{y^2}{b^2}=1(a>0,b>0)$ 的离心率为 $\sqrt{2}$，$A(x_1,y_1)$，$B(x_2,y_2)$ 两点在双曲线上，且 $x_1\neq x_2$.

（1）若线段 AB 的垂直平分线经过点 $Q(4,0)$，且线段 AB 的中点 M 的坐标为 (x_0,y_0)，试求 x_0 的值；

（2）双曲线上是否存在这样的点 A 与 B，满足$\overrightarrow{OA}\perp\overrightarrow{OB}$？

195.（2009年上海交通大学自主招生暨冬令营数学试题第二题第2题）已知$|m|\leqslant 2\sqrt{2}$，$n>0$，求$y=\left(\sqrt{8-m^2}-\dfrac{16}{n}\right)^2+(m-n)^2$的最小值.

196.（2008年清华大学自主招生保送生测试数学试题第2题）已知三点(a,b)，(c,d)，(x,y)均在单位圆上，求$M=(ax+by-c)^2+(bx-ay+d)^2+(cx+dy+a)^2+(dx-cy-b)^2$的值.

197.（2008年清华大学自主招生保送生测试数学试题第8题）已知在平面直角坐标系 xOy 中，直线 $y=kx$ 与曲线 $C:y=-x^2+5x-1$ 相切于第一象限的点 P.

（1）求 k 的值及点 P 的坐标；

（2）若 $PQ\perp PO$. 点 Q 在曲线 C 上，求点 Q 的坐标；

（3）曲线 C 上是否存在点 R，使得 $S_{\triangle POQ}=S_{\triangle PQR}$（其中点 Q 同第（2）问）？并证明你的结论.

198.（2008年浙江大学自主招生数学试题第2题）椭圆 $x^2+4(y-a)^2=4$ 与抛物线 $x^2=2y$ 有公共点，求 a 的取值范围.

199.（2008年南开大学自主招生数学试题第2题）设点 P，Q 分别在抛物线 $y^2+1=x$ 及 $x^2+1+y=0$ 上，求$|PQ|$的最小值.

200.（2008年武汉大学自主招生试题）已知点 $P\left(0,-\dfrac{3}{2}\right)$，点 A 在 x 轴上，点 B 在 y 轴的正半轴上，点 M 在直线 AB 上，且满足$\overrightarrow{PA}\cdot\overrightarrow{AB}=0$，$\overrightarrow{AM}=3\overrightarrow{AB}$.

（1）当点 A 在 x 轴上移动时，求动点 M 的轨迹 C 的方程；

（2）设 Q 为（1）中的曲线 C 上一点，直线 l 过点 Q 且与曲线 C 在点 Q 处的切线垂直，l 与曲线 C 的另一个交点为 R，当$\overrightarrow{OQ}\cdot\overrightarrow{OR}=0$（$O$ 为坐标原点）时，求直线 l 的方程.

201.（2008年武汉大学自主招生试题）如图24所示，已知 A，B 两点在椭圆 $C:\dfrac{x^2}{m}+y^2=1\ (m>1)$ 上，直线 AB 上两个不同的点 P，Q 满足$|AP|:|PB|=|AQ|:|QB|$，且 P 点的坐标为$(1,0)$.

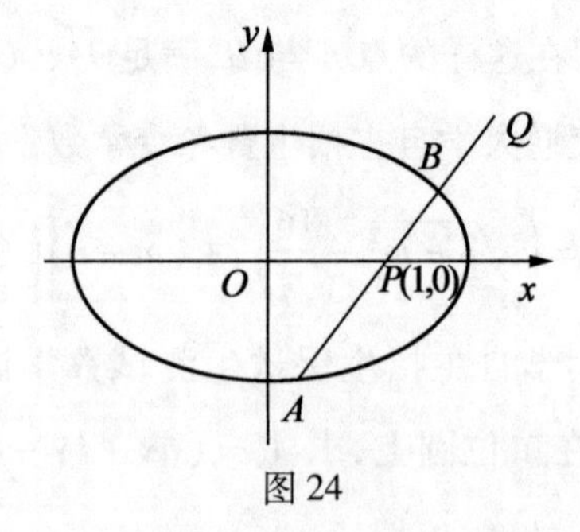

图 24

(1)若 $m=2$,求证:点 Q 在椭圆的准线上;

(2)若 m 为大于 1 的常数,求点 Q 的轨迹方程.

202.(2008 年上海交通大学冬令营数学试题第二题第 5 题)曲线 $y^2=2px$ $(p>0)$ 与圆 $(x-2)^2+y^2=3$ 交于 A,B 两点,线段 AB 的中点在 $y=x$ 上,求 p.

203.(2008 年西北工业大学自主招生试题第 21 题)顶点在原点,焦点在 y 轴上的抛物线,其内接 $\triangle ABC$ 的重心为抛物线的焦点,若直线 BC 的方程为 $x-4y-20=0$.

(1)求抛物线的方程;

(2)设 M 为抛物线上及其内部的点的集合,集合 $N=\{(x,y)\mid x^2+(y-a)^2\leqslant 1\}$,求使 $M\cap N=N$ 成立的充要条件.

204.(2007 年清华大学保送生暨自主招生北京冬令营数学笔试试题第 4 题)(1)求三条直线 $x+y=60,y=\dfrac{1}{2}x,y=0$ 所围成的三角形各边上的整点总个数;

(2)求不等式组 $\begin{cases} y<2x \\ y>\dfrac{1}{2}x \\ x+y\leqslant 60 \end{cases}$ 的整数解的组数.

205.(2007 年清华大学保送生暨自主招生北京冬令营数学笔试试题第 5 题)已知点 $A(-1,-1)$,$\triangle ABC$ 是正三角形,且点 B,C 在双曲线 $xy=1(x>0)$ 的同一支上.

(1)求证:点 B,C 关于直线 $y=x$ 对称;

(2)求 $\triangle ABC$ 的周长.

206.(2007 年北京大学自主招生数学试题第 2 题)证明:对任何实数 k,$x^2+y^2-2kx-(2k+6)y-2k-31=0$ 恒过两个定点.

207.(2007 年武汉大学自主招生试题)如图 25 所示,过抛物线 $C:y^2=8x$ 上一点 $P(2,4)$ 作倾斜角互补的两条直线,分别与抛物线交于 A,B 两点.

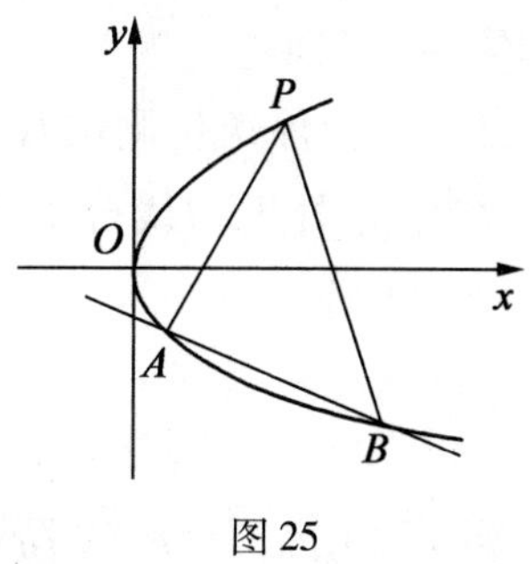

图25

(1)求直线 AB 的斜率;

(2)如果 A,B 两点均在 $y^2=8x(y\leqslant 0)$ 上,求 $\triangle PAB$ 面积的最大值.

208.(2007年武汉大学自主招生试题)过双曲线 $C:x^2-\frac{y^2}{3}=\lambda^2(\lambda>0,\lambda$ 为常数)的左焦点 F 作斜率为 $k(k\neq 0)$ 的动直线 l,l 与双曲线 C 的左、右两支分别交于 A,B 两点,点 M 满足 $\overrightarrow{OM}=\overrightarrow{OA}+\overrightarrow{OB}$,其中 O 为坐标原点.

(1)求点 M 的轨迹方程;

(2)是否存在这样的直线 l,使得四边形 $OAMB$ 为矩形?若存在,求出直线 l 的斜率 k;若不存在,请说明理由.

209.(2007年上海交通大学自主招生暨冬令营数学试题第二题第3题)已知线段 AB 的长度为3,两端均在抛物线 $y^2=x$ 上,试求 AB 的中点 M 到 y 轴的最短距离并求此时点 M 的坐标.

210.(2006年北京大学自主招生保送生测试数学试题第3题)已知 F_1,F_2 是椭圆 $\Gamma:\frac{x^2}{a^2}+\frac{y^2}{b^2}=1(a>b>0)$ 的两个焦点.

(1)如图26所示,直线 l 是椭圆 Γ 的一条切线,H_1,H_2 分别是焦点 F_1,F_2 在切线 l 上的射影,证明:$|F_1H_1|\cdot|F_2H_2|=b^2$;

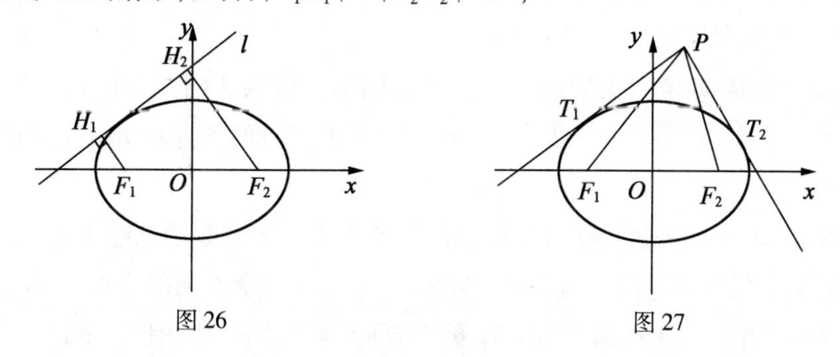

图26　　　　图27

(2)如图27所示,直线 l_1,l_2 是椭圆 Γ 的过椭圆外一点 P 的两条切线,切

点分别为 T_1,T_2,证明:$\angle F_1PT_1=\angle F_2PT_2$.

211.(2006 年清华大学自主招生保送生测试数学试题第 6 题)已知曲线 $y=x^2$ 上有一点 P(非原点),在点 P 处引切线分别交 x 轴、y 轴于点 Q,R,求 $\frac{|PQ|}{|PR|}$的值.

212.(2006 年北京航空航天大学自主招生试题)设动点 Q 对抛物线 $y=x^2+1$ 上任意点 P 都满足向量$\overrightarrow{OP},\overrightarrow{OQ}$的内积$\overrightarrow{OP}\cdot\overrightarrow{OQ}\leqslant 1$,其中 O 为坐标原点.求动点 Q 的集合,并画出这个集合的草图.

213.(2006 年复旦大学推优、保送生考试数学试题第 9 题)已知曲线 $C:\frac{x^2}{4}+y^2=1$关于直线 $y=2x$ 对称的曲线为曲线 C',曲线 C'与曲线 C''关于直线 $y=-\frac{1}{2}x+5$ 对称,求曲线 C',C''的方程.

214.(2006 年复旦大学推优、保送生考试数学试题第 10 题)已知抛物线 $y=ax^2$,直线 l_1,l_2 都过点$(1,-2)$且互相垂直.若抛物线至少与直线 l_1,l_2 中的一条有公共点,求实数 a 的取值范围.

215.(2006 年上海交通大学推优、保送生考试数学试题第 12 题)是否存在以椭圆$\frac{x^2}{a^2}+y^2=1(a>1)$的上顶点 A 为直角顶点且内接于该椭圆的等腰直角三角形?若存在,请求出其个数;若不存在,请说明理由.

216.(2005 年复旦大学自主招生数学试题第二题第 1 题)在四分之一个椭圆上取一点 P,使该椭圆过点 P 的切线与坐标轴所围成的三角形面积最小.

217.(2005 年复旦大学自主招生数学试题第二题第 6 题)直线 l 与双曲线 $xy=1$ 交于 P,Q 两点,直线 l 与 x 轴交于点 A,与 y 轴交于点 B,求证:$|AP|=|BQ|$.

218.(2004 年复旦大学保送生数学试题第二题第 3 题)已知过两抛物线 $C_1:x+1=(y-1)^2$,$C_2:(y-1)^2=-4x-a+1$ 的交点的各自的切线互相垂直,求 a 的值.

219.(2004 年同济大学自主招生优秀考生文化测试数学试卷第 11 题)设抛物线 $y=x^2-(2k-7)x+4k-12$ 与直线 $y=x$ 有两个不同的交点,且交点总可以被一个半径为 1 的圆片所同时覆盖,试问:实数 k 应满足什么条件?

220.(2004 年同济大学自主招生优秀考生文化测试数学试卷第 13 题)设

有抛物线 $y^2=2px(p>0)$，点 B 是抛物线的焦点，点 C 在 x 轴的正半轴上，动点 A 在抛物线上且不为原点. 试问：点 C 在什么范围时，$\angle BAC$ 恒是锐角？

221.（2004 年上海交通大学冬令营数学试题第二题第 5 题）对于两条互相垂直的直线和一个椭圆，已知椭圆无论如何滑动都与这两条直线相切，求椭圆中心的轨迹.

222.（2002 年复旦大学基地班招生数学试题第 11 题）一艘船以 $v_1=10\ \text{km/h}$ 的速度向西行驶，在西南方向 300 km 处有一台风中心，周围 100 km 为暴雨区，且以 $v_2=20\ \text{km/h}$ 的速度向北移动，问该船遭遇暴雨的时间段长度.

223.（2001 年复旦大学基地班招生考试数学试题第 23 题）已知椭圆 $\frac{(x-a)^2}{2}+y^2=1$ 与抛物线 $y^2=\frac{1}{2}x$ 在第一象限内有两个公共点 A,B，线段 AB 的中点 M 在抛物线 $y^2=\frac{1}{4}(x+1)$ 上，求 a.

224.（2001 年上海交通大学联读班数学试题第 22 题）已知抛物线族 $2y=x^2-6x\cos t-9\sin^2 t+8\sin t+9$（$t\in\mathbf{R}$，$t$ 为参数）.

（1）求顶点的轨迹方程；

（2）求在直线 $y=12$ 上截得最大弦长的抛物线及最大弦长.

225.（2000 年复旦大学保送生招生测试数学试题（理科）第二题第 2 题）求证：从椭圆焦点出发的光线经光洁的椭圆壁反射后必经过另一个焦点. 你还知道其他圆锥曲线的光学性质吗？请叙述但不必证明.

226.（2018 年全国高中数学联合竞赛一试（B 卷）第 11 题）如图 28 所示，在平面直角坐标系 xOy 中，A,B 与 C,D 分别是椭圆 $\Gamma:\frac{x^2}{a^2}+\frac{y^2}{b^2}=1(a>b>0)$ 的左、右顶点与上、下顶点. 设 P,Q 是 Γ 上且位于第一象限的两点，满足 $OQ\parallel AP$，M 是线段 AP 的中点，射线 OM 与椭圆 Γ 交于点 R.

证明：线段 OQ,OR,BC 能构成一个直角三角形.

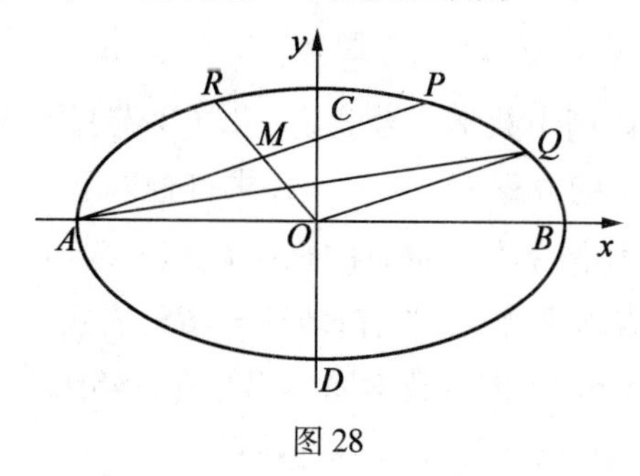

图 28

227.(2018 年全国高中数学联合竞赛一试(A 卷)第 11 题)在平面直角坐标系 xOy 中,设 AB 是抛物线 $y^2=4x$ 的过点 $F(1,0)$ 的弦,$\triangle AOB$ 的外接圆交抛物线于点 P(不同于点 O,A,B). 若 PF 平分 $\angle APB$,求 $|PF|$ 的所有可能值.

228.(2017 年全国高中数学联合竞赛一试(B 卷)第 11 题)在平面直角坐标系 xOy 中有曲线 $C_1:y^2=4x$,曲线 $C_2:(x-4)^2+y^2=8$. 经过 C_1 上一点 P 作一条倾斜角为 45°的直线 l,与 C_2 交于两个不同的点 Q,R,求 $|PQ|\cdot|PR|$ 的取值范围.

229.(2017 年全国高中数学联赛广东省赛区选拔赛试卷第 9 题)设直线 $l:y=x+b$ 与椭圆 $C:\frac{x^2}{25}+\frac{y^2}{9}=1$ 不相交. 过直线 l 上的点 P 作椭圆 C 的切线 PM,PN,切点分别为 M,N,连接 MN.

(1)当点 P 在直线 l 上运动时,证明直线 MN 恒过定点 Q;

(2)当时 $MN/\!/l$,(1)中的定点 Q 平分线段 MN.

230.(2016 年全国高中数学联合竞赛一试(A 卷)第 11 题)如图 29 所示,在平面直角坐标系 xOy 中,F 是 x 轴正半轴上的一个动点. 以 F 为焦点、O 为顶点作抛物线 C. 设 P 是第一象限内 C 上的一点,Q 是 x 轴负半轴上一点,使得 PQ 为 C 的切线,且 $|PQ|=2$. 圆 C_1,C_2 均与直线 OP 相切于点 P,且均与 x 轴相切. 求点 F 的坐标,使圆 C_1 与 C_2 的面积之和取到最小值.

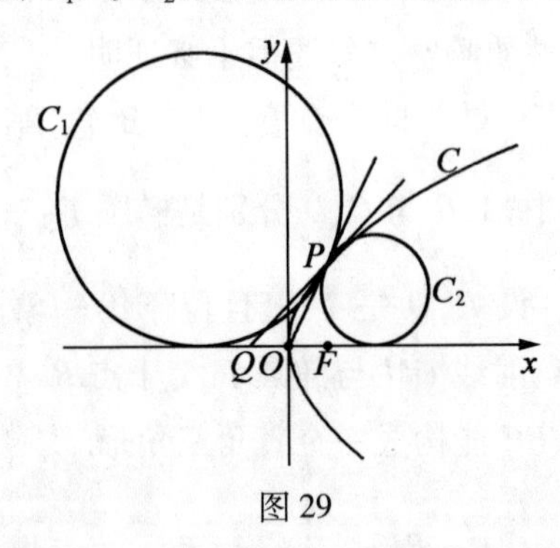

图 29

231.(2016 年全国高中数学联合竞赛一试(B 卷)第 11 题)在平面直角坐标系 xOy 中,双曲线 C 的方程为 $x^2-y^2=1$. 求符合以下要求的所有大于 1 的实数 a:过点$(a,0)$任意作两条互相垂直的直线 l_1 与 l_2,若 l_1 与双曲线 C 交于 P,Q 两点,l_2 与 C 交于 R,S 两点,则总有 $|PQ|=|RS|$成立.

232.(第七届(2016 年)世界数学团体锦标赛青年组试题团体赛第 3 题)在平面直角坐标系 xOy 中,求不等式 $|x|+|y|+|x-2|\leqslant 4$ 表示的区域的面积.

233.（第七届（2016年）世界数学团体锦标赛青年组试题团体赛第10题）已知点 $P(a,b)$ 关于直线 l 的对称点为 $P'(b+1,a-1)$，求直线 l 被圆 $(x-1)^2+(y+2)^2=20$ 截得的弦长.

234.（第七届（2016年）世界数学团体锦标赛青年组试题团体赛第14题）如图30所示，已知 A,B 是抛物线 $y^2=4x$ 上的两点且均不与坐标原点 O 重合，且满足 $\overrightarrow{OA}\cdot\overrightarrow{OB}=0$. 过点 O 作 $OM\perp AB$ 于点 M，直线 AB 交 x 轴于点 C，求 $\triangle OCM$ 面积的最大值.

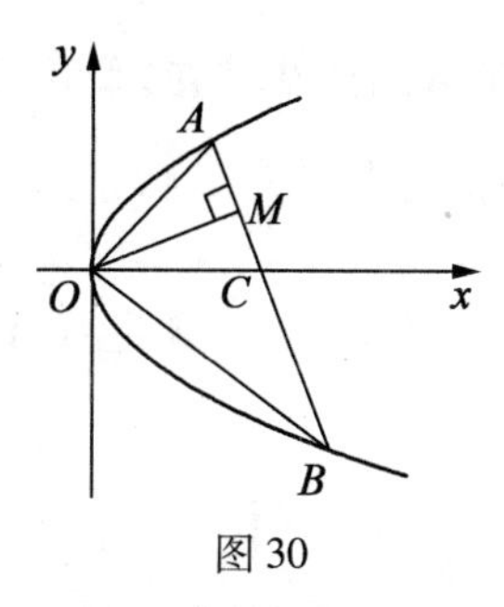

图30

235.（第七届（2016年）世界数学团体锦标赛青年组试题团体赛第20题）如图31所示，在平面直角坐标系 xOy 中，双曲线 $C:\dfrac{x^2}{a^2}-\dfrac{y^2}{b^2}=1(a>0,b>0)$ 的左、右焦点分别是 F_1,F_2，点 P 在双曲线 C 的右支上，且双曲线 C 在点 P 处的切线与 x 轴交于点 M，过点 O 作 $OT/\!/PM$ 交直线 PF_1 于 T. 若 $|PT|=\dfrac{1}{3}|F_1F_2|$，求双曲线 C 的离心率.

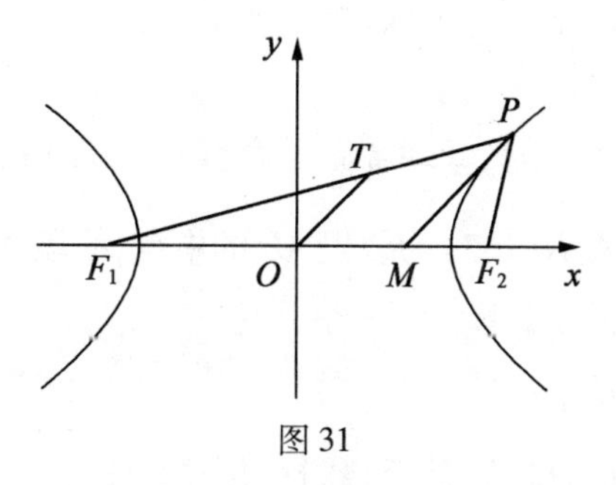

图31

236.（第七届（2016年）世界数学团体锦标赛青年组试题个人赛第14题）已知椭圆 $\Gamma:\dfrac{x^2}{a^2}+\dfrac{y^2}{b^2}=1(a>b>0)$ 的左、右焦点分别为 F_1,F_2，过点 F_1 作倾斜角为30°的直线与椭圆 Γ 在第一象限的交点为 P. 若 $\overrightarrow{F_1F_2}\cdot\overrightarrow{PF_2}=0$，求椭圆 Γ

的离心率.

237.(2015年浙江省高中数学竞赛第17题)已知椭圆 $C_1:\frac{x^2}{a^2}+\frac{y^2}{b^2}=1(a>b>0)$ 的离心率为$\frac{\sqrt{3}}{2}$,右焦点为圆 $C_2:(x-\sqrt{3})^2+y^2=7$ 的圆心.

(1)求椭圆 C_1 的方程;

(2)若直线 l 与曲线 C_1,C_2 都只有一个公共点,记直线 l 与圆 C_2 的公共点为 A,求点 A 的坐标.

238.(2015年湖南省高中数学竞赛试卷(A卷)第14题)如图32,A,B 为椭圆$\frac{x^2}{a^2}+\frac{y^2}{b^2}=1(a>b>0)$和双曲线$\frac{x^2}{a^2}-\frac{y^2}{b^2}=1(a>b>0)$的公共顶点. P,Q 分别为双曲线和椭圆上不同于 A,B 的动点,且满足$\overrightarrow{AP}+\overrightarrow{BP}=\lambda(\overrightarrow{AQ}+\overrightarrow{BQ})(\lambda\in\mathbf{R},|\lambda|>1)$,求证:

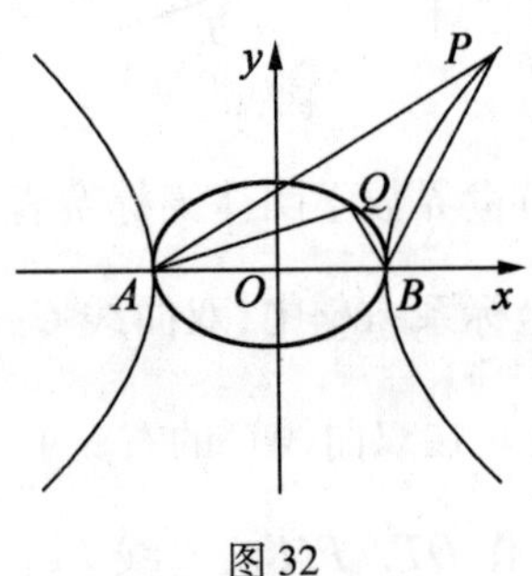

图32

(1)三点 O,P,Q 在同一直线上(笔者注:题中的点 O 为坐标原点);

(2)若直线 AP,BP,AQ,BQ 的斜率分别是 k_1,k_2,k_3,k_4,则 $k_1+k_2+k_3+k_4$ 是定值.

239.(2014年全国高中数学联赛湖北赛区预赛第13题)设 A,B 为双曲线 $x^2-\frac{y^2}{2}=\lambda$ 上的两点,点 $N(1,2)$ 为线段 AB 的中点,线段 AB 的垂直平分线与双曲线交于 C,D 两点.

(1)确定 λ 的取值范围;

(2)试判断 A,B,C,D 四点是否共圆?并说明理由.

240.(1)(2013年全国高中数学联赛湖北预赛试题高二年级第13题)设 $P(x_0,y_0)$ 为椭圆$\frac{x^2}{4}+y^2=1$ 内一定点(不在坐标轴上),过点 P 的两条直线分别与椭圆交于点 A,C 和点 B,D,若 $AB/\!/CD$.

(ⅰ)证明:直线 AB 的斜率为定值;

(ⅱ)过点 P 作 AB 的平行线,与椭圆交于 E,F 两点,证明:点 P 平分线段 EF.

(2)过已知的点 P 作两条直线分别与已知的圆锥曲线 Γ 交于点 A,C 和 B,D(点 P 不在圆锥曲线 Γ 的对称轴上),且 $AB /\!/ CD$.

(ⅰ)证明:直线 AB 的方向固定;

(ⅱ)过点 P 作 AB 的平行线,与曲线 Γ 交于 E,F 两点,证明:点 P 平分线段 EF.

241. (2011 年全国高中数学联赛江苏赛区预赛试题第 11 题)已知圆 $x^2+y^2=1$ 与抛物线 $y=x^2+h$ 有公共点,求实数 h 的取值范围.

242. (2009 年全国高中数学联赛第一试试题第二题第 1 题)设直线 $l: y=kx+m$(其中 k,m 为整数)与椭圆 $\frac{x^2}{16}+\frac{y^2}{12}=1$ 交于不同的两点 A,B,与双曲线 $\frac{x^2}{4}-\frac{y^2}{12}=1$ 交于不同的两点 C,D,问是否存在直线 l,使得向量 $\overrightarrow{AC}+\overrightarrow{BD}=0$,若存在,指出这样的直线有多少条?若不存在,请说明理由.

243. (2008 年全国高中数学联赛第一试第 15 题)如图 33 所示,P 是抛物线 $y^2=2x$ 上的动点,点 B,C 在 y 轴上,圆 $(x-1)^2+y^2=1$ 内切于 $\triangle PBC$,求 $\triangle PBC$ 面积的最小值.

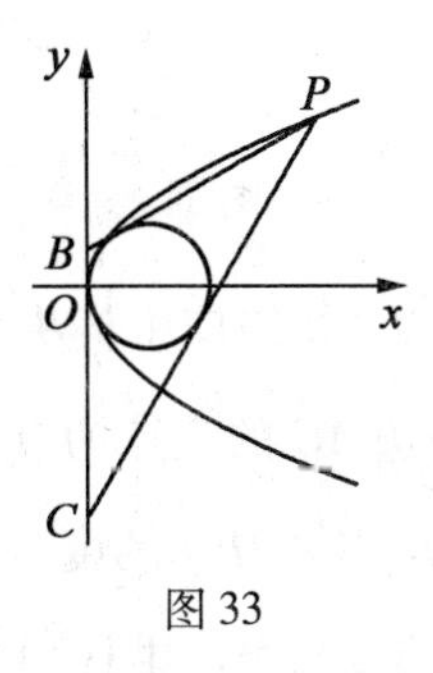

图 33

244. (2007 年全国高中数学联赛湖北省预赛试题第 13 题)过点 $Q(-1,-1)$ 作已知直线 $l: y=\frac{1}{4}x+1$ 的平行线,交双曲线 $\frac{x^2}{4}-y^2=1$ 于点 M,N.

(1)证明:点 Q 是线段 MN 的中点;

(2)分别过点 M,N 作双曲线的切线 l_1,l_2，证明：三条直线 l,l_1,l_2 相交于同一点；

(3)设 P 为直线 l 上的一动点，过点 P 作双曲线的切线 PA,PB，切点分别为 A,B，证明：点 Q 在直线 AB 上.

245.(2004 年全国高中数学联赛四川省初赛第 16 题)已知椭圆 $C:\frac{x^2}{a^2}+\frac{y^2}{b^2}=1(a>b>0)$ 和动圆 $T:x^2+y^2=r^2(b<r<a)$. 若点 A 在椭圆 C 上，点 B 在动圆 T 上，且使直线 AB 与椭圆 C、动圆 T 均相切，求点 A,B 的距离 $|AB|$ 的最大值.

246.(日本第 16 届(2015 年)广中杯预赛试题第 1(2)题)在矩形 $ABCD$ 中，$AB=5$，$BC=8$. 如图 34 所示，作其外接圆，在边 AD 上取点 F 和 G，在外接圆上取点 E 和 H，构成和矩形 $ABCD$ 形状相同的矩形 $EFGH$(EF∶$FG=5$∶8). 请求出边 EH 的长度.

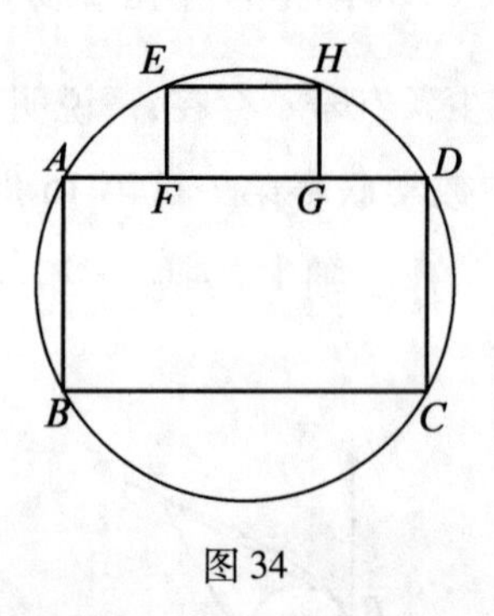

图 34

247.(日本第 12 届(2015 年)初级广中杯决赛试题第 2(1)题)在 $\mathrm{Rt}\triangle ABC$ 中，$\angle B=90°$，$\angle B$ 的平分线与边 AC 的交点为点 P，$\angle C$ 的平分线与边 AB 的交点为点 Q，$\angle AQP=\angle BQC$，请求出 $\angle APQ$ 的度数.

248.(日本第 12 届(2015 年)初级广中杯预赛试题第 10 题)如图 35 所示，在正方形 $ABCD$ 中，记边 AD 的中点为 E，将边 AB 内分为 1∶2 的点为 F，边 BC 的中点为 G，以点 B 为圆心，AB 为半径的扇形的弧与线段 EF 和 DG 分别交于点 P 和点 Q.

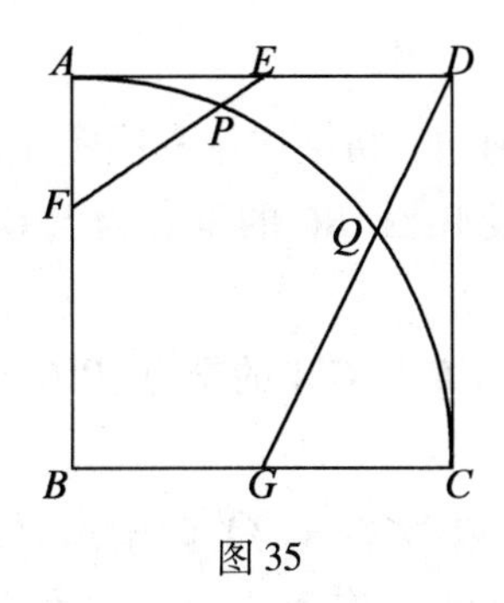

图35

(1)请求出$EP:PF$.

(2)请求出$DQ:QG$.

249.(日本第11届(2014年)初级广中杯决赛试题第2(1)题)在Rt$\triangle ABC$中,$AB=3$,$BC=5$,$\angle ABC=90°$.以斜边AC为一边,向$\triangle ABC$的外侧作正方形$ACDE$,线段BD与AC交于点P,请求出线段的长度比$AP:PC$.(图36可以用来参考,但不一定准确.)

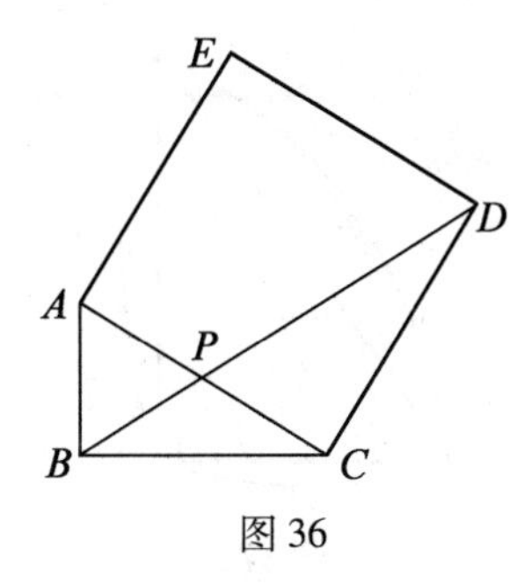

图36

250.(日本第13届(2012年)广中杯预赛试题第1(5)题)在$\triangle ABC$中,$AB=AC=15$,$BC=12$.在边AB上取点D,使得$AD=9$.过点D作边BC的垂线,垂足为E.再在边AC上取点F,使得$BE=CF$.在$\triangle ABC$的内部取点G,使得$\angle ABC:\angle DEG:\angle ADG=2:2:3$.此时,请求出线段$FG$的长度.

251.(日本第11届(2010年)广中杯预赛试题第2(3)题)在$\triangle ABC$中,$AB=3$,$BC=4$,$CA=2$.$\odot E_1$经过点A,且与直线BC相切于点B;$\odot E_2$经过点A,且与直线BC相切于点C;$\odot E_1$和$\odot E_2$除A以外的另一个交点为D.设$\triangle BCD$的外接圆为$\odot E_3$,直线AD与$\odot E_3$除D外的另一个交点为P,请求出CP的长度(只写出答案即可).

252.(日本第2届(2005年)初级广中杯决赛试题第7题)正方形$ABCD$的边长为1,设边CD的中点为M,边AD的中点为N,线段AM和线段BN的交点为P,线段AM和线段CN的交点为Q,线段CN和线段BM的交点为R.请求出

四边形 $BPQR$ 的面积.

253.(日本第1届(2004年)初级广中杯决赛试题第2(4)题)在 Rt$\triangle ABC$ 中,$AB=3$,$BC=5$,$CA=4$. 设 Rt$\triangle ABC$ 的重心为点 G,点 A,B,C 关于点 G 的对称点分别为 A',B',C'.

记 $C'A$ 与 $B'C$ 的交点、$A'B$ 与 $C'A$ 的交点、$B'C$ 与 $A'B$ 的交点分别为点 P,Q,R,请求出$\triangle PQR$ 的面积.

注 在$\triangle XYZ$ 中,若三边 YZ,ZX,XY 的中点分别为 L,M,N,则三条直线 XL,YM,ZN 交于一点,该交点 G 称为$\triangle XYZ$ 的重心. 重心 G 具有下列性质:$XG:GL=YG:GM=ZG:GN=2:1$.

254.(日本第3届(2002年)广中杯预赛试题第8题)a,b,c 都是实数(数轴上实际存在的数),未知数 x 和 y 满足 $x+y=c$. 此时,请用 a,b,c 来表示 $\sqrt{x^2+a^2}+\sqrt{y^2+b^2}$ 的最小值.

另外,如果有必要的话,可以使用绝对值符号"$|\quad|$"(例如 a 的绝对值为 $|a|$);在图37中的直角三角形中,$p^2+q^2=r^2$(勾股定理)也可以使用.

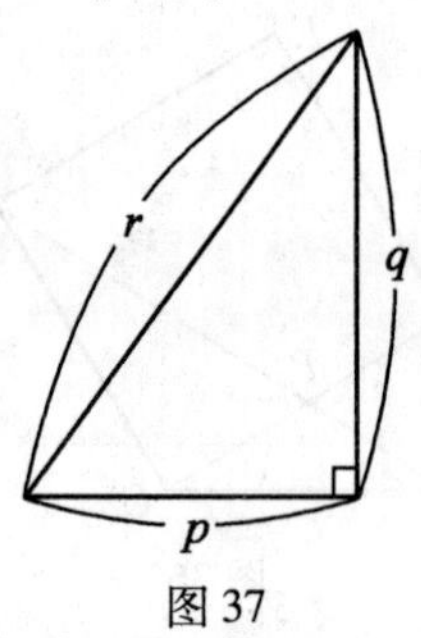

图 37

255.(日本第2届(2001年)广中杯预赛试题第6题)如图38所示,记直线 $y=\frac{\sqrt{3}}{3}x-2$ 与 x 轴和 y 轴的交点分别为 A 和 B. 现在,在第Ⅳ象限及其边界上作$\angle BAC=90°$的等腰直角三角形 ABC,然后在第Ⅲ象限内取点$P(t,-1)$使得 $S_{\triangle ABP}=S_{\triangle ABC}$,请求出 t 的值.

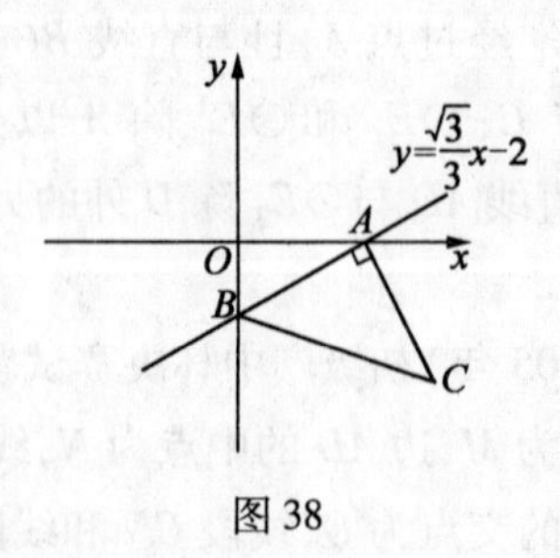

图 38

256. (日本第1届(2000年)广中杯决赛试题第1题)当直线$(3a+2)x-(a-1)y-1=0$不通过第Ⅱ象限(即坐标平面上$x<0,y>0$的部分)时,请求出a的取值范围.

257. (日本大学入学试题)画图表示联结函数$y=\frac{1}{x}$的图象上的两点的线段的中点的集合.

258. (2018年高考全国卷Ⅰ理科第19题)设椭圆$C:\frac{x^2}{2}+y^2=1$的右焦点为F,过点F的直线l与C交于A,B两点,点M的坐标为$(2,0)$.

(1)当l与x轴垂直时,求直线AM的方程;

(2)设O为坐标原点,证明:$\angle OMA=\angle OMB$.

259. (2018年全国卷Ⅲ理科第20题)已知斜率为k的直线l与椭圆$C:\frac{x^2}{4}+\frac{y^2}{3}=1$交于$A,B$两点.线段$AB$的中点为$M(1,m)(m>0)$.

(1)证明:$k<-\frac{1}{2}$;

(2)设F为C的右焦点,P为C上一点,且$\overrightarrow{FP}+\overrightarrow{FA}+\overrightarrow{FB}=0$.证明:$|\overrightarrow{FA}|$,$|\overrightarrow{FP}|$,$|\overrightarrow{FB}|$成等差数列,并求该数列的公差.

260. (2018年高考浙江卷第21题)如图39,已知点P是y轴左侧(不含y轴)一点,抛物线$C:y^2=4x$上存在不同的两点A,B满足PA,PB的中点均在C上.

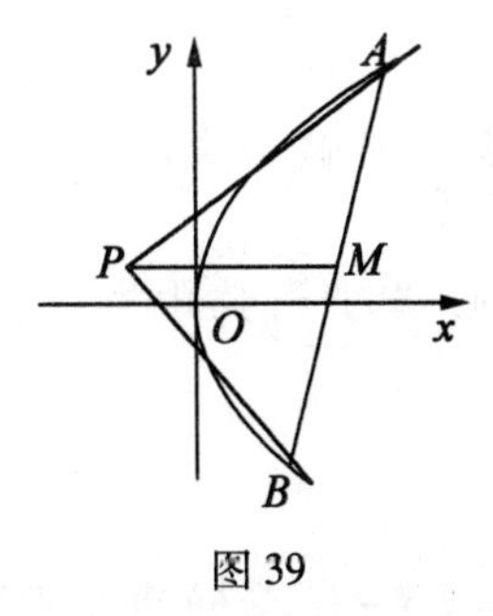

图39

(1)设AB中点为M,证明:PM垂直于y轴;

(2)若P是半椭圆$x^2+\frac{y^2}{4}=1(x<0)$上的动点,求$\triangle PAB$面积的取值范围.

261. (2017年高考江苏卷第17题)如图40,在平面直角坐标系xOy中,椭圆$E:\frac{x^2}{a^2}+\frac{y^2}{b^2}=1(a>b>0)$的左、右焦点分别为$F_1,F_2$,离心率为$\frac{1}{2}$,两准线之

间的距离为8. 点 P 在椭圆 E 上,且位于第一象限,过点 F_1 作直线 PF_1 的垂线 l_1,过点 F_2 作直线 PF_2 的垂线 l_2.

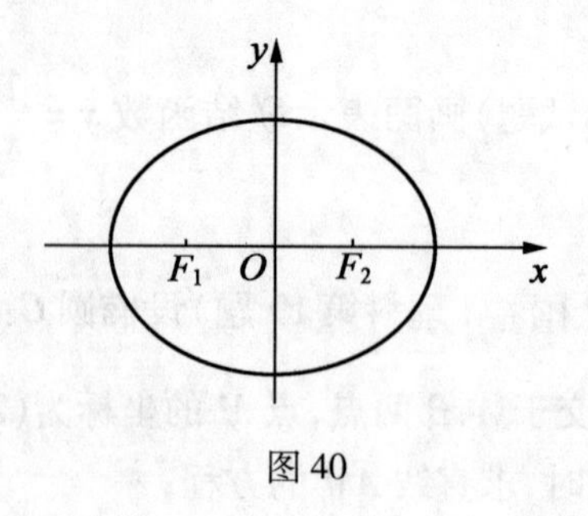

图 40

(1)求椭圆 E 的标准方程;

(2)若直线 l_1,l_2 的交点 Q 在椭圆 E 上,求点 P 的坐标.

262. (2017 年高考全国卷Ⅰ理科数学第 20 题)已知椭圆 $C:\frac{x^2}{a^2}+\frac{y^2}{b^2}=1$ $(a>b>0)$,四点 $P_1(1,1)$,$P_2(0,1)$,$P_3\left(-1,\frac{\sqrt{3}}{2}\right)$,$P_4\left(1,\frac{\sqrt{3}}{2}\right)$中恰有三点在椭圆 C 上.

(1)求 C 的方程;

(2)设直线 l 不经过点 P_2 且与 C 相交于 A,B 两点. 若直线 P_2A 与直线 P_2B 的斜率的和为 -1,证明:l 过定点.

263. (2017 年高考山东卷理科第 21 题)在平面直角坐标系 xOy 中,椭圆 $E:\frac{x^2}{a^2}+\frac{y^2}{b^2}=1(a>b>0)$的离心率为$\frac{\sqrt{2}}{2}$,焦距为 2.

(1)求椭圆 E 的方程;

(2)如图 41,动直线 $l:y=k_1x-\frac{\sqrt{3}}{2}$交椭圆 E 于 A,B 两点,C 是椭圆 E 上一点,直线 OC 的斜率为 k_2,且 $k_1k_2=\frac{\sqrt{2}}{4}$,$M$ 是线段 OC 延长线上一点,且 $|MC|:|AB|=2:3$,$\odot M$ 的半径为 $|MC|$,OS,OT 是 $\odot M$ 的两条切线,切点分别为 S,T. 求 $\angle SOT$ 的最大值,并求取得最大值时直线 l 的斜率.

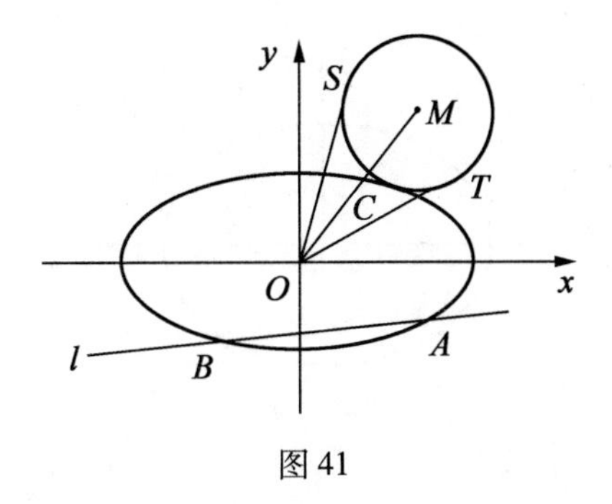

图41

264.(2016年高考全国卷Ⅱ理科第20题)已知椭圆$E:\frac{x^2}{t}+\frac{y^2}{3}=1$的焦点在$x$轴上,$A$是$E$的左顶点,斜率为$k(k>0)$的直线交$E$于$A,M$两点,点$N$在$E$上,$MA\perp NA$.

(1)当$t=4$,$|AM|=|AN|$时,求$\triangle AMN$的面积;

(2)当$2|AM|=|AN|$时,求k的取值范围.

265.(2016年高考全国卷Ⅱ文科第21题)已知A是椭圆$E:\frac{x^2}{4}+\frac{y^2}{3}=1$的左顶点,斜率为$k(k>0)$的直线交$E$与$A,M$两点,点$N$在$E$上,$MA\perp NA$.

(1)当$|AM|=|AN|$时,求$\triangle AMN$的面积;

(2)当$2|AM|=|AN|$时,证明:$\sqrt{3}<k<2$.

266.(2016年高考天津卷理科第19题)设椭圆$\frac{x^2}{a^2}+\frac{y^2}{3}=1(a>\sqrt{3})$的右焦点为$F$,右顶点为$A$.已知$\frac{1}{|OF|}+\frac{1}{|OA|}=\frac{3e}{|FA|}$,其中$O$为原点,$e$为椭圆的离心率.

(1)求椭圆的方程;

(2)设过点A的直线l与椭圆交于点B(点B不在x轴上),垂直于l的直线与l交于点M,与y轴交于点H.若$BF\perp HF$,且$\angle MOA\leqslant MAO$,求直线l的斜率的取值范围.

267.(2016年高考浙江卷理科第19题)如图42,设椭圆$\frac{x^2}{a^2}+y^2=1(a>1)$.

(1)求直线$y=kx+1$被椭圆截得的线段长(用a,k表示);

(2)若任意以点$A(0,1)$为圆心的圆与椭圆至多有3个公共点,求椭圆离心率的取值范围.

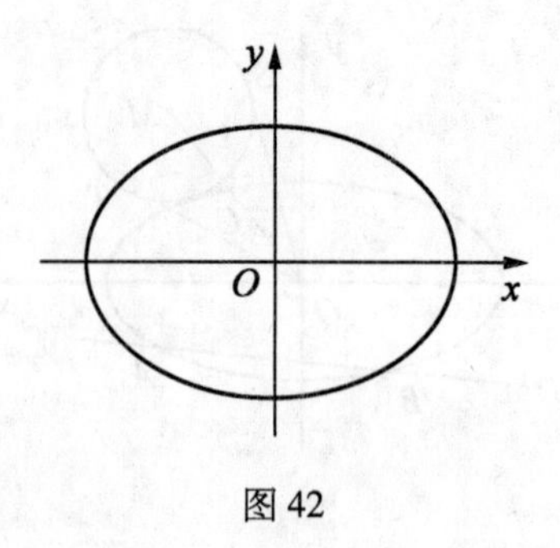

图 42

268.(2016 年高考山东卷理科第 21 题)如图 43,平面直角坐标系 xOy 中,椭圆 $C:\frac{x^2}{a^2}+\frac{y^2}{b^2}=1(a>b>0)$ 的离心率是$\frac{\sqrt{3}}{2}$,抛物线 $E:x^2=2y$ 的焦点 F 是 C 的一个顶点.

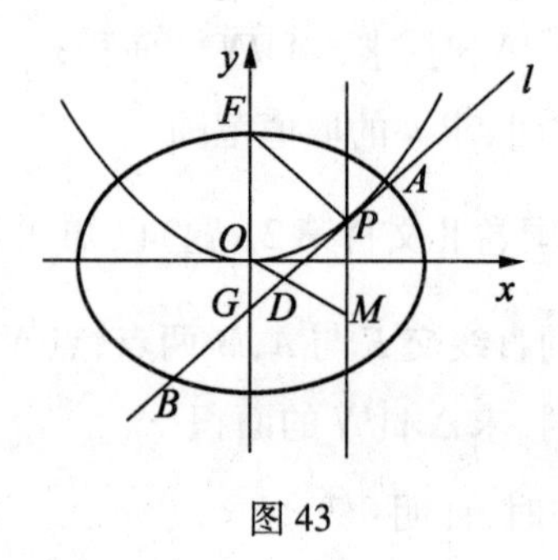

图 43

(1)求椭圆 C 的方程;

(2)设 P 是 E 上的动点,且位于第一象限,E 在点 P 处的切线 l 与 C 交于不同的两点 A,B,线段 AB 的中点为 D,直线 OD 与过 P 且垂直于 x 轴的直线交于点 M.

(ⅰ)求证:点 M 在定直线上;

(ⅱ)直线 l 与 y 轴交于点 G,记 $\triangle PFG$ 的面积为 S_1,$\triangle PDM$ 的面积为 S_2,求$\frac{S_1}{S_2}$的最大值及取得最大值时点 P 的坐标.

269.(2015 年高考天津卷理科第 19 题)已知椭圆$\frac{x^2}{a^2}+\frac{y^2}{b^2}=1(a>b>0)$的左焦点为 $F(-c,0)$,离心率为$\frac{\sqrt{3}}{3}$,点 M 在椭圆上且位于第一象限,直线 FM 被圆 $x^2+y^2=\frac{b^2}{4}$截得的线段的长为 c,$|FM|=\frac{4\sqrt{3}}{3}$.

(1)求直线 FM 的斜率;

(2)求椭圆的方程;

(3)设动点 P 在椭圆上,若直线 FP 的斜率大于$\sqrt{2}$,求直线 OP(O 为原点)的斜率的取值范围.

270.(2015 年高考陕西卷文科第 20 题)如图 44,椭圆 $E:\frac{x^2}{a^2}+\frac{y^2}{b^2}=1(a>b>0)$经过点 $A(0,-1)$,且离心率为$\frac{\sqrt{2}}{2}$.

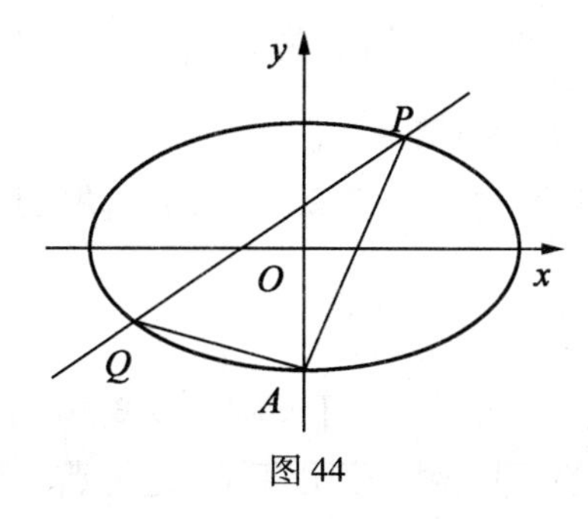

图 44

(1)求椭圆 E 的方程;

(2)经过点$(1,1)$,且斜率为 k 的直线与椭圆 E 交于不同的两点 P,Q(均异于点 A),证明:直线 AP 与 AQ 的斜率之和为 2.

271.(2014 年高考北京卷理科第 19 题)已知椭圆 $C:x^2+2y^2=4$.

(1)求椭圆 C 的离心率;

(2)设 O 为原点,若点 A 在椭圆 C 上,点 B 在直线 $y=2$ 上,且 $OA\perp OB$,求直线 AB 与圆 $x^2+y^2=2$ 的位置关系,并证明你的结论.

272.(2014 年高考北京卷文科第 19 题)已知椭圆 $C:x^2+2y^2=4$.

(1)求椭圆 C 的离心率;

(2)设 O 为原点,若点 A 在椭圆 C 上,点 B 在直线 $y=2$ 上,且 $OA\perp OB$,求线段 AB 长度的最小值.

273.(2014 年高考湖南卷文科第 20 题)如图 45,O 为坐标原点,双曲线 $C_1:\frac{x^2}{a_1^2}-\frac{y^2}{b_1^2}=1(a_1>0,b_1>0)$和椭圆 $C_2:\frac{y^2}{a_2^2}+\frac{x^2}{b_2^2}=1(a_2>b_2>0)$均过点 $P\left(\frac{2\sqrt{3}}{3},1\right)$,且以 C_1 的两个顶点和 C_2 的两个焦点为顶点的四边形是面积为 2 的正方形.

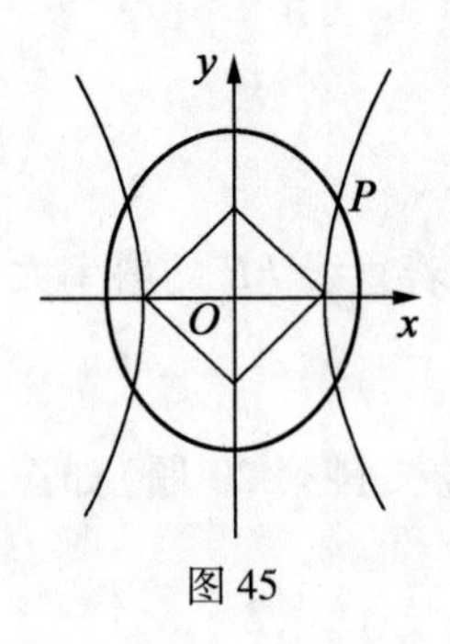

图 45

(1)求 C_1,C_2 的方程;

(2)是否存在直线 l,使得 l 与 C_1 交于 A,B 两点,与 C_2 只有一个公共点,$|\overrightarrow{OA}+\overrightarrow{OB}|=|AB|$? 证明你的结论.

274.(2013 年高考陕西卷理科第 20 题)已知动圆过定点 $A(4,0)$,且在 y 轴上截得弦 MN 的长为 8.

(1)求动圆圆心的轨迹 C 的方程;

(2)已知点 $B(-1,0)$,设不垂直于 x 轴的直线 l 与轨迹 C 交于不同的两点 P,Q,若 x 轴是 $\angle PBQ$ 的角平分线,证明直线 l 过定点.

275.(2012 年福建卷理科第 19 题)如图 46,椭圆 $E:\frac{x^2}{a^2}+\frac{y^2}{b^2}=1(a>b>0)$ 的左焦点为 F_1,右焦点为 F_2,离心率 $e=\frac{1}{2}$. 过 F_1 的直线交椭圆于 A,B 两点,且$\triangle ABF_2$ 的周长为 8.

(1)求椭圆 E 的方程;

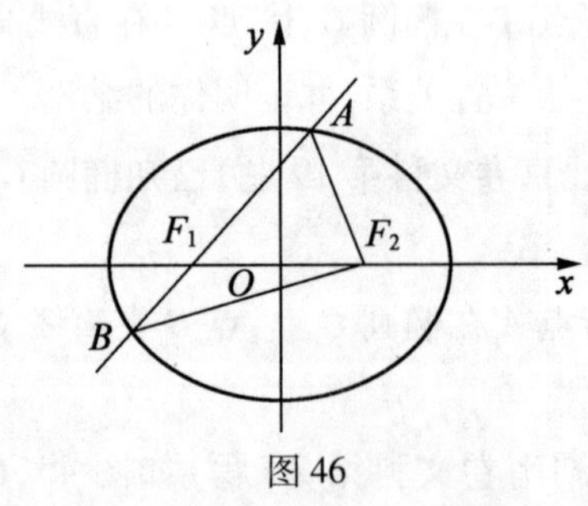

图 46

(2)设动直线 $l:y=kx+m$ 与椭圆 E 有且只有一个公共点 P,且与直线 $x=4$ 相交于点 Q. 试探究:在坐标平面内是否存在定点 M,使得以 PQ 为直径的圆恒过点 M? 若存在,求出点 M 的坐标;若不存在,说明理由.

276.(2009 年高考山东卷理科第 22 题)设椭圆 $E\ \frac{x^2}{a^2}+\frac{y^2}{b^2}=1(a,b>0)$ 过

$M(2,\sqrt{2})$,$N(\sqrt{6},1)$ 两点,O 为坐标原点.

(1) 求椭圆 E 的方程;

(2) 是否存在圆心在原点的圆,使得该圆的任意一条切线与椭圆 E 恒有两个交点 A,B,且$\overrightarrow{OA}\perp\overrightarrow{OB}$?若存在,写出该圆的方程,并求出$|AB|$的取值范围,若不存在说明理由.

277. (2008 年高考山东卷文科第 22 题) 已知曲线 $C_1:\frac{|x|}{a}+\frac{|y|}{b}=1(a>b>0)$ 所围成的封闭图形的面积为$4\sqrt{5}$,曲线 C_1 的内切圆半径为$\frac{2\sqrt{5}}{3}$. 记 C_2 为以曲线 C_1 与坐标轴的交点为顶点的椭圆.

(1) 求椭圆 C_2 的标准方程;

(2) 设AB是过椭圆 C_2 中心的任意弦,l是线段AB的垂直平分线. M是l上异于椭圆中心的点.

(ⅰ) 若$|MO|=\lambda|OA|$(O为坐标原点),当点A在椭圆 C_2 上运动时,求点M 的轨迹方程;

(ⅱ) 若 M 是 l 与椭圆 C_2 的交点,求 $\triangle AMB$ 的面积的最小值.

278. 已知椭圆 $\Gamma:\frac{x^2}{a^2}+\frac{y^2}{b^2}=1(a>b>0)$ 的离心率 $e=\frac{1}{2}$,该椭圆上的点到左焦点 F_1 的距离的最大值是 3.

(1) 求椭圆 Γ 的方程;

(2) 求椭圆 Γ 的外切矩形 $ABCD$ 的面积 S 的取值范围.

279. 如图47 所示,已知中心在原点、焦点在x轴上的椭圆E的离心率为$\frac{1}{2}$,且过点$\left(\sqrt{3},\frac{\sqrt{3}}{2}\right)$.

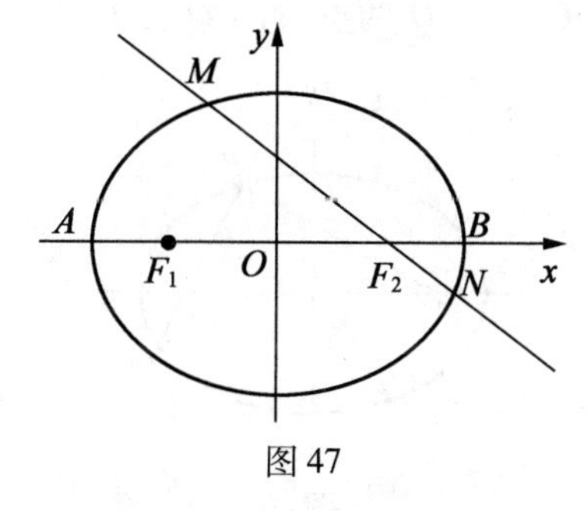

图 47

(1) 求椭圆 E 的方程;

(2) 若椭圆 E 的左、右顶点分别是 A,B,直线 $l:y=k(x-1)(k\neq 0)$ 与椭

圆 E 交于两点 M,N,求证:直线 AM,BN 的交点在与 x 轴垂直的某条定直线上,并求出该直线的方程.

280.(1)如图 48 所示,F_1,F 分别是椭圆$\frac{x^2}{a^2}+\frac{y^2}{b^2}=1(a>b>0)$的左、右焦点,点 B 在该椭圆上,$\angle BFF_1=\theta$,求$|AF|,|BF|,|AB|$;

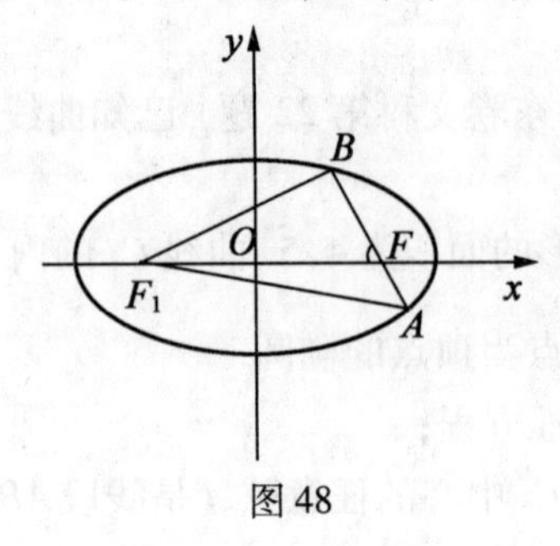

图 48

(2)如图 49 所示,$\square ABCD$ 内接于椭圆$\frac{x^2}{4}+\frac{y^2}{3}=1$,且边 BC,AD 分别经过该椭圆的左、右焦点 F_1,F_2,求 $\square ABCD$ 面积的最大值.

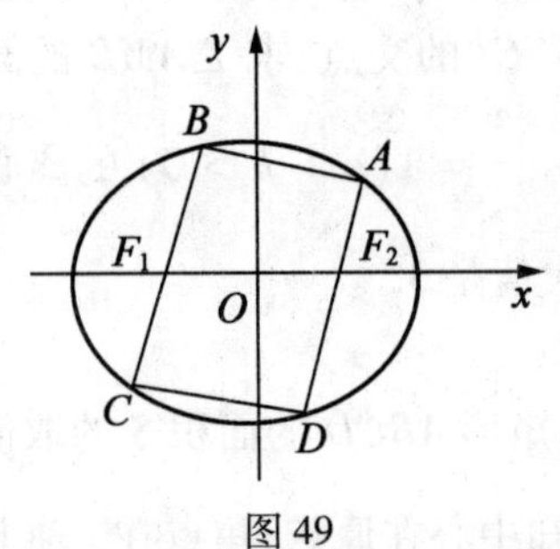

图 49

281. 如图 50 所示,椭圆 $C:\frac{x^2}{a^2}+\frac{y^2}{b^2}=1(a>b>0)$的左、右焦点分别为 F_1, F_2,过 F_2 的直线交椭圆 C 于 P,Q 两点,且 $PQ\perp PF_1$.

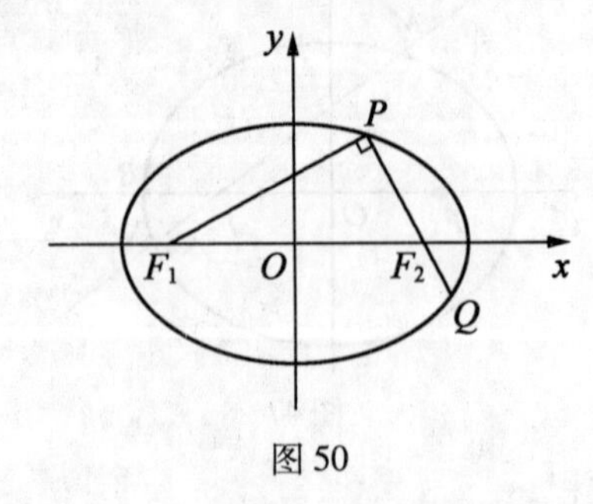

图 50

(1)若$|PF_1|=2+\sqrt{2}$,$|PF_2|=2-\sqrt{2}$,求椭圆 C 的标准方程;

(2) 若$|PF_1| = |PQ|$,求椭圆 C 的离心率 e.

282. 我们把由半椭圆$\frac{x^2}{a^2}+\frac{y^2}{b^2}=1(x\geqslant 0)$与半椭圆$\frac{y^2}{b^2}+\frac{x^2}{c^2}=1(x\leqslant 0)$合成的曲线称作"果圆",其中 $a^2=b^2+c^2$,$a>0$,$b>c>0$. 如图51所示,设点 F_0,F_1,F_2 是相应椭圆的焦点,A_1,A_2 和 B_1,B_2 是"果圆"与 x,y 轴的交点,M 是线段 A_1A_2 的中点.

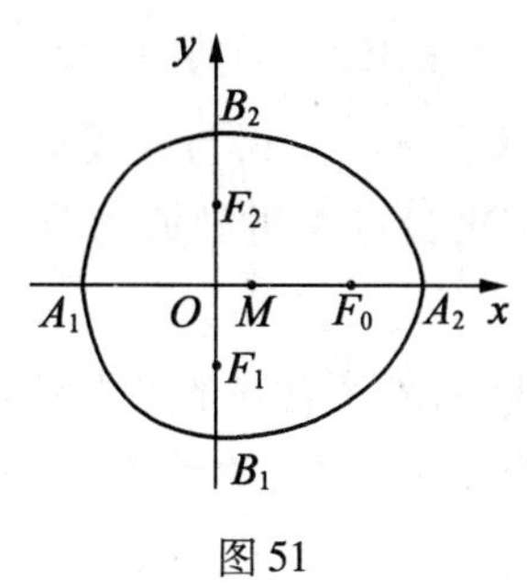

图 51

(1) 若 $\triangle F_0F_1F_2$ 是边长为1的等边三角形,求该"果圆"的方程;

(2) 设 P 是"果圆"的半椭圆$\frac{y^2}{b^2}+\frac{x^2}{c^2}=1(x\leqslant 0)$上任意一点. 求证:当$|PM|$取得最小值时,$P$ 在点 B_1,B_2 或 A_1 处.

283. 如图52所示,已知椭圆$\frac{x^2}{8}+\frac{y^2}{4}=1$的左、右焦点分别为 F_1,F_2,过点 P 的直线 PF_1 和 PF_2 与该椭圆的交点分别为 A,B 和 C,D.

(1) 是否存在点 P,使得$|AB| = 2|CD|$?若存在,请求出点 P 的坐标;若不存在,请说明理由;

(2) 若点 P 在双曲线$\frac{x^2}{4}-\frac{y^2}{2}=1$上运动(但不是其顶点),求证$|AB|+|CD|$为定值,并求出此定值.

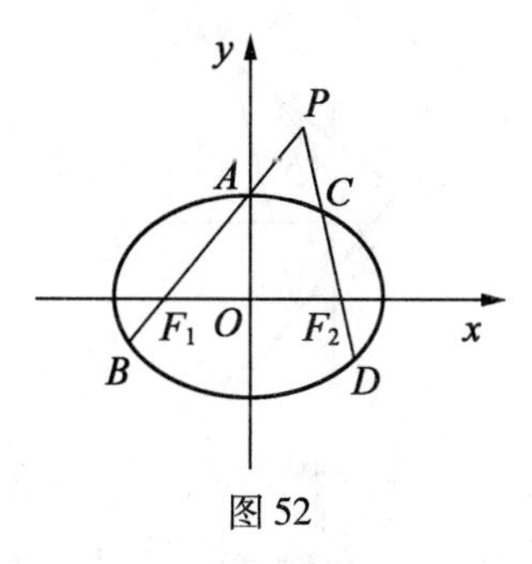

图 52

284. 已知点 $A(-2,0)$,$B(2,0)$,动点 P 满足直线 PA,PB 的斜率之积为常

数 t. 记当 $t=-1$ 时,动点 P 的轨迹为曲线 C_1;当 $t=-\frac{1}{4}$ 时,动点 P 的轨迹为曲线 C_2.

(1) 写出曲线 C_1,C_2 的方程;

(2) 过点 $E(-\sqrt{3},0)$ 的直线 l 与曲线 C_1,C_2 从左到右依次交于四点 P_1,P_2,P_3,P_4,且 $P_1,P_4\in C_1,P_2,P_3\in C_2$. 是否存在直线 l,使得 $|P_1P_2|,|P_2P_3|,|P_3P_4|$ 成等差数列?若存在,请求出直线的方程;若不存在,请说明理由.

285. 已知点 $F(1,0)$,直线 $s:x=-1$,与直线 s 垂直的动直线 n 交 s 于点 M,线段 MF 的中垂线交 n 于点 N,设点 N 的轨迹为曲线 C.

(1) 求曲线 C 的方程;

(2) 已知过定点 $M(2,0)$ 且斜率存在的动直线 l 与曲线 C 交于不同的两点 P,Q,点 P 关于 x 轴对称的点是 P',请问直线 $P'Q$ 是否过定点?并说明理由.

286. 求证:(1)(ⅰ)若抛物线 $y=ax^2+bx+c$ 上的四点 A,B,C,D 的横坐标 x_A,x_B,x_C,x_D 满足 $x_B-x_A=x_D-x_C=p,x_C-x_B=q\neq 0$,则 $\overrightarrow{AD}=\frac{2p+q}{q}\overrightarrow{BC}$;

(ⅱ)若抛物线 $y=ax^2+bx+c$ 上的四点 A,B,C,D 的横坐标 x_A,x_B,x_C,x_D 满足 $x_B-x_A=x_C-x_B=x_D-x_C\neq 0$,则 $\overrightarrow{AD}=3\overrightarrow{BC}$.

(2) 已知 $\forall x\in\mathbf{R},ax^2+bx+c\geqslant 0$. 若 $a<b$,求 $\frac{a+b+c}{b-a}$ 的最小值.

287. 如图 53 所示,$\triangle ADE$ 与 $\triangle BCF$ 分别是抛物线 $y^2=2px(p>0)$ 的外切三角形与内接三角形,其中 B,C,F 均是切点. 求证:

(1) $\frac{|AD|}{|AB|}=\frac{|CE|}{|CA|}=\frac{|EF|}{|ED|}$;

(2) $\frac{S_{\triangle BCF}}{S_{\triangle ADE}}=2$.

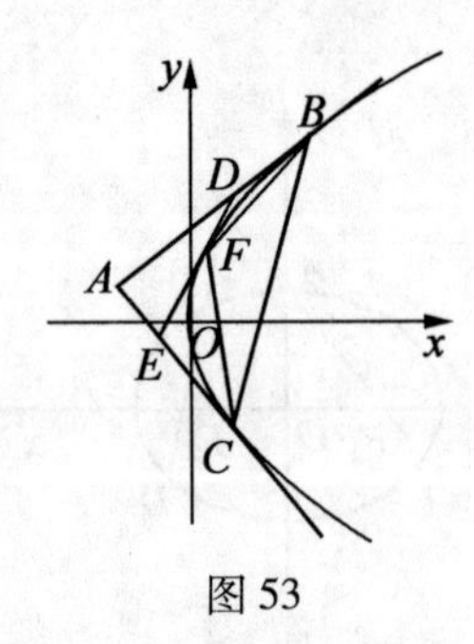

图 53

288. (1) 已知直线 $y=kx+4$ 与椭圆 $\frac{x^2}{4}+y^2=1$ 交于 A,B 两点,O 为坐标

原点. 若 $k_{OA} + k_{OB} = 2$,求 k 的值;

(2) 已知直线 $y = kx + 4$ 与抛物线 $y^2 = 4x$ 交于 A,B 两点,O 为坐标原点. 若 $k_{OA}k_{OB} = 2$,求 k 的值.

289. 已知椭圆 C:$\frac{x^2}{a^2} + \frac{y^2}{b^2} = 1(a > b > 0)$ 的左、右焦点分别为 F_1,F_2,右顶点为 A,上顶点为 B,$|AB| = \frac{\sqrt{3}}{2}|F_1F_2|$.

(1) 求椭圆 C 的离心率;

(2) 设点 P 在椭圆 C 上且以线段 PB 为直径的圆过点 F_1,过点 F_2 的直线 l 与该圆相切于点 M,且 $|MF_2| = 2\sqrt{2}$,求椭圆 C 的方程.

290. 已知椭圆 C:$\frac{x^2}{a^2} + \frac{y^2}{b^2} = 1(a > b > 0)$ 的左焦点为 $F(-2,0)$,离心率为 $\frac{\sqrt{6}}{3}$.

(1) 求椭圆 C 的方程;

(2) 设 O 为坐标原点,点 T 在直线 $x = -3$ 上,过点 F 作直线 TF 的垂线交椭圆 C 于 P,Q 两点. 请问四边形 $OPTQ$ 能否为平行四边形?当四边形 $OPTQ$ 为平行四边形时,求出其面积.

291. 已知直线 l 过点 $P(2,5)$,圆 C:$(x + 2)^2 + (y - 1)^2 = 16$.

(1) 若直线 l 的斜率为 1,且直线 l 与圆 C 交于两点 M,N,求 $|MN|$;

(2) 若直线 l 与圆 C 相切,求直线 l 的方程;

(3) 若直线 l 与圆 C 交于两点 E,F,则圆 C 上是否存在点 D 使得四边形 $EDFC$ 是菱形?若存在,请求出直线 l 的方程;若不存在,请说明理由.

292. 已知椭圆 C:$\frac{x^2}{a^2} + \frac{y^2}{b^2} = 1(a > b > 0)$ 的离心率为 $\frac{\sqrt{2}}{2}$,点 B 与椭圆 C 上的点 $A(-1,1)$ 关于坐标原点对称. P 为椭圆 C 上不同于点 A,B 的动点,直线 AP,BP 的斜率均存在.

(1) 求椭圆 C 的方程;

(2) 求证直线 AP,BP 的斜率之积为定值,并求出这个定值;

(3) 设直线 AP,BP 分别与直线 $x = 3$ 交于点 M,N,求 $|MN|$ 的最小值.

293. 已知椭圆 C 的中心是坐标原点 O,焦点在 x 轴上,其离心率为 $\frac{\sqrt{3}}{3}$,过点 $C(-1,0)$ 的直线 l 与椭圆 C 交于两点 A,B,且 $\overrightarrow{CA} = 2\overrightarrow{BC}$. 求当 $\triangle OAB$ 的面积取

最大值时椭圆 C 的方程.

294. 如图 54 所示,已知椭圆 $C:\frac{x^2}{a^2}+\frac{y^2}{b^2}=1(a>b>0)$ 的离心率为$\frac{\sqrt{3}}{2}$,以椭圆 C 的左顶点 T 为圆心作圆 $T:(x+2)^2+y^2=r^2(r>0)$,设圆 T 与椭圆 C 交于两点 M,N.

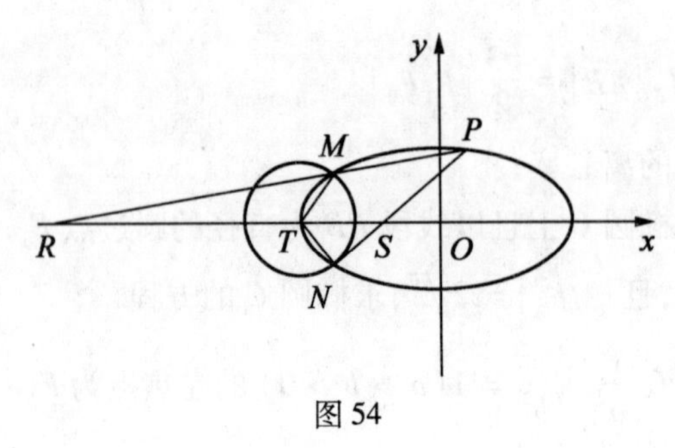

图 54

(1) 求椭圆 C 的方程;

(2) 求$\overrightarrow{TM}\cdot\overrightarrow{TN}$的最小值,并求此时圆 T 的方程;

(3) 设点 P 是椭圆 C 上异于两点 M,N 的任意一点,且直线 MP,NP 分别与 x 轴交于点 R,S,O 为坐标原点,求证:$|OR|\cdot|OS|$为定值.

295. 已知椭圆 $C:\frac{x^2}{a^2}+\frac{y^2}{b^2}=1(a>b>0)$ 的左、右焦点分别为 F_1,F_2,点 P 在椭圆 C 上,且 $PF_1\perp F_1F_2,|PF_1|=\frac{3}{2},|PF_2|=\frac{5}{2}$.

(1) 求椭圆 C 的方程;

(2) 若直线 $l:y=x+m(m<-\sqrt{3})$ 与椭圆 C 交于两点 M,N,与 x 轴 y 轴分别交于点 A,B,求$\frac{|AB|}{|BM|}+\frac{|AB|}{|BN|}$的取值范围.

296. 如图 55 所示,点 D 在 $\triangle ABC$ 的边 BC 上,$\angle BAD=90^\circ,\angle DAC=30^\circ$,$AB=CD=1$,求 BD 的长.

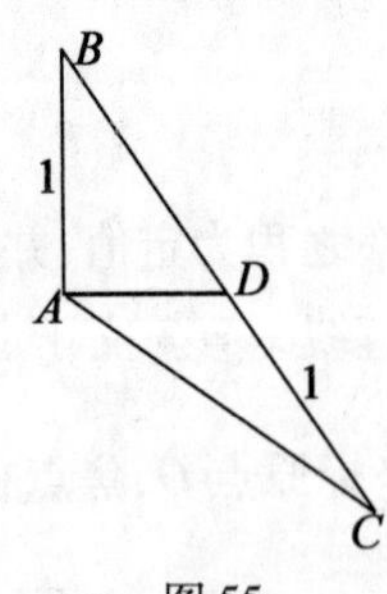

图 55

297. 已知圆 $C_1: x^2+y^2-25=0$ 和圆 $C_2: x^2+y^2-2x-4y-11=0$ 的圆心分别是 O_1, O_2.

(1) 求证:这两个圆相交;

(2) 求这两个圆的公共弦 AB 所在直线的方程;

(3) 求这两个圆的公共弦长 $|AB|$;

(4) 求四边形 O_1AO_2B 的面积 S;

(5) 求这两个圆的公切线长;

(6) 求这两个圆的公切线的方程.

298. (1) 在坐标平面上,已知两定点 $A(-6,0), B(-12,0)$,动点 P 满足 $\frac{|PA|}{|PB|}=\frac{1}{2}$,求动点 P 的轨迹方程.

(2) 已知点 $A(-6,0)$, P 是圆 $C:(x+4)^2+y^2=16$ 上的任意一点,在坐标平面上是否存在定点 B,使得 $\frac{|PA|}{|PB|}=\frac{1}{2}$?若存在,求出点 B 的坐标;若不存在,说明理由.

(3) 已知点 P 是圆 $C:(x+4)^2+y^2=16$ 上的任意一点,在 x 轴上是否存在两个定点 A, B,使得 $\frac{|PA|}{|PB|}=\frac{1}{2}$?若存在,求出点 A, B 的坐标;若不存在,说明理由.

(4) 已知点 $A(-6,0), B(-12,0)$, P 是圆 $C:(x+4)^2+y^2=16$ 上的任意一点,是否存在常数 λ 使得 $\frac{|PA|}{|PB|}=\lambda$?若存在,求出 λ 的值;若不存在,说明理由.

299. 设 A 是定点,点 P, F_1, F_2 分别是椭圆 $\Gamma: \frac{x^2}{a^2}+\frac{y^2}{b^2}=1\ (a>b>0)$ 上的动点和左、右焦点,求证:

(1) 若点 A 在椭圆 Γ 内,则 $|PA|+|PF_1|$ 的取值范围是 $[2a-|AF_2|, 2a+|AF_2|]$, $||PA|-|PF_1||$ 的取值范围是 $[0, |AF_1|]$;

(2) 若点 A 在椭圆 Γ 外,则 $|PA|+|PF_1|$ 的取值范围是 $[|AF_1|, 2a+|AF_2|]$.

(3) 若点 A 在椭圆 Γ 外且线段 AF_1 的中点不在椭圆 Γ 外,则 $||PA|-|PF_1||$ 的取值范围是 $[0, |AF_1|]$.

300. 设 A 是椭圆 $\Gamma: \frac{x^2}{a^2}+\frac{y^2}{b^2}=1\ (a>b>0)$ 长轴的一个端点,若椭圆 Γ 上

存在点 P 使得 $AP \perp OP$,求椭圆 Γ 离心率的取值范围.

301. 设直线 $l: y = kx + m(k \neq 0)$ 与椭圆$\frac{x^2}{4} + y^2 = 1$交于不同的两点A,B,O是坐标原点. 若 $k_{OA} + k_{OB} = \frac{8}{3}k$,求证直线 l 过定点,并求出该定点的坐标.

302. 已知圆锥曲线C的一个焦点为F,该焦点相应的准线为l_F. 一直线交曲线C于两点A,B,交准线l_F于点M,求证直线FM平分$\triangle ABF$中$\angle AFB$的外角.

303. 已知椭圆$C: \frac{x^2}{4} + \frac{y^2}{2} = 1$的上、下顶点分别为$A_1,A_2$,$F$为椭圆$C$的右焦点.

(1) 是否存在直线l交椭圆C于两点A,B,使得点F为$\triangle ABA_1$的垂心?若存在,求出其方程;若不存在,请说明理由.

(2) 设点P是椭圆C上异于顶点的任一点,直线PA_1,PA_2分别交x轴于点M,N,O为坐标原点. 若直线OT与过点M,N的圆G相切于点T,求证:$|OT|$为定值. 并求出该定值.

304. 已知椭圆$G: \frac{x^2}{a^2} + \frac{y^2}{b^2} = 1(a > b > 0)$的离心率为$\frac{\sqrt{3}}{2}$,短半轴长为1.

(1) 求椭圆G的方程;

(2) 设椭圆G的短轴端点分别为A,B,点P是椭圆G上异于点A,B的一动点,直线PA,PB分别与直线$x = 4$相交于M,N两点,以线段MN为直径作圆C:

(ⅰ) 当点P在y轴左侧时,求圆C半径的最小值;

(ⅱ) 是否存在一个圆心在x轴上的定圆与圆C相切?若存在,求出该定圆的方程;若不存在,说明理由.

305. 已知离心率为$\frac{1}{2}$的椭圆$C: \frac{x^2}{a^2} + \frac{y^2}{b^2} = 1(a > b > 0)$过点$M(2,0)$. 过点$Q(1,0)$的直线与椭圆$C$相交于不同的两点$A,B$,设点$P(4,3)$,直线$PA,PB$的斜率分别为$k_1,k_2$.

(1) 求椭圆C的方程;

(2) 求$k_1 + k_2$的取值范围;

(3) 求k_1k_2的取值范围.

306. 点P是椭圆$C: \frac{x^2}{4} + y^2 = 1$(其左、右焦点分别为$F_1,F_2$)上除长轴端点外的任一点,$\angle F_1PF_2$的角平分线$PM$交椭圆$C$的长轴于点$M(m,0)$,求$m$的取值范围.

307. 已知椭圆 $\Gamma:\frac{x^2}{a^2}+\frac{y^2}{b^2}=1(a>b>0)$ 经过点 $M\left(1,\frac{\sqrt{3}}{2}\right)$，$F_1,F_2$ 是椭圆 Γ 的左、右焦点，$|F_1F_2|=2\sqrt{3}$，P 是椭圆 Γ 上的一个动点.

(1) 求椭圆 Γ 的方程；

(2) 若点 P 在第一象限，且 $\overrightarrow{PF_1}\cdot\overrightarrow{PF_2}\leqslant\frac{1}{4}$，求点 P 的横坐标的取值范围；

(3) 是否存在过定点 $N(0,2)$ 的直线 l 与椭圆 Γ 交于不同的两点 A,B，使 $\triangle OAB$ 是直角三角形(其中 O 为坐标原点)?若存在，求出直线 l 的斜率 k；若不存在，请说明理由.

308. 已知点 $F(2,0)$，过点 $A(3,0)$ 的直线与椭圆 $\frac{x^2}{6}+\frac{y^2}{2}=1$ 交于 P,Q 两点，设 $\overrightarrow{AP}=\lambda\overrightarrow{AQ}(\lambda>1)$，点 P 关于 x 轴的对称点为 M，求证：$\overrightarrow{MF}=\lambda\overrightarrow{FQ}$.

309. 给定椭圆 $C:\frac{x^2}{a^2}+\frac{y^2}{b^2}=1(a>b>0)$ 和异于坐标原点 O 的定点 $M(x_0,y_0)$，过点 M 引直线 l 交椭圆 C 于不同的两点 A,B，求 $\triangle OAB$ 的面积 $S_{\triangle OAB}$ 的最大值.

310. 如图56所示，椭圆 $C_1:\frac{x^2}{2}+y^2=1$ 的左、右焦点分别是 F_1,F_2，椭圆 $C_2:\frac{x^2}{2}+y^2=\lambda$ 过点 F_1,F_2，点 P 是椭圆 C_2 上异于 F_1,F_2 的任意一点，直线 PF_1 和 PF_2 与椭圆 C_1 分别交于点 A,B 和点 C,D. 设直线 AB,CD 的斜率分别是 k_1,k_2.

(1) 请问 k_1k_2 是否为定值?并说明理由；

(2) 求 $|AB|\cdot|CD|$ 的最大值.

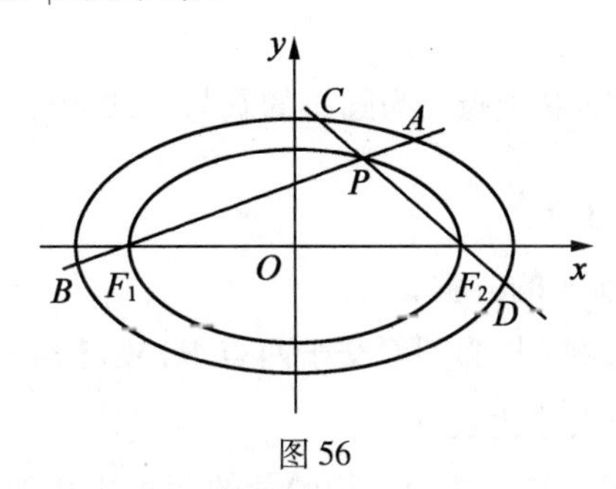

图56

311. (2016年北京市西城期末考试试题) 已知椭圆 $C:\frac{x^2}{a^2}+\frac{y^2}{b^2}=1(a>b>0)$ 的离心率为 $\frac{\sqrt{3}}{2}$，点 $A\left(1,\frac{\sqrt{3}}{2}\right)$ 在椭圆 C 上.

(1) 求椭圆 C 的方程;

(2) 设动直线 l 与椭圆 C 有且仅有一个公共点,判断是否存在以原点 O 为圆心的圆,满足此圆与 l 相交于两点 P_1,P_2(两点均不在坐标轴上),且使得直线 OP_1,OP_2 的斜率之积为定值?若存在,求此圆的方程;若不存在,说明理由.

312. 如图 57 所示,已知椭圆 $C:\frac{x^2}{a^2}+\frac{y^2}{b^2}=1(a>b>0)$ 的离心率 $e=\frac{1}{2}$,右焦点为 F,右顶点为 A,P 为直线 $x=\frac{5}{4}a$ 上的任意一点,且 $\overrightarrow{AF}\cdot(\overrightarrow{PF}+\overrightarrow{PA})=2$.

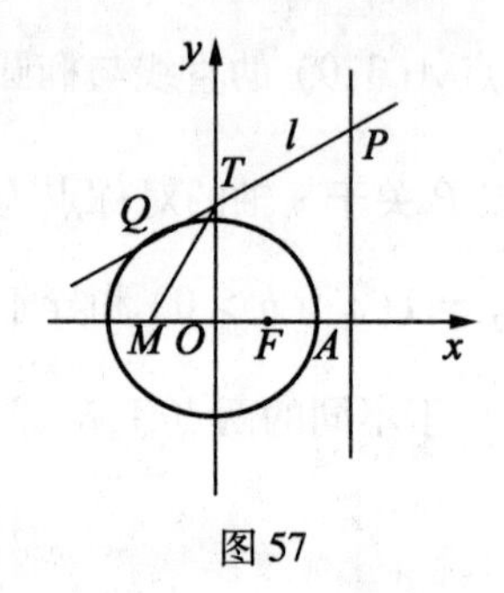

图 57

(1) 求椭圆 C 的方程;

(2) 若过点 P 所作的椭圆 C 的切线 l 与两条坐标轴均不平行,切点为 Q,请问 x 轴上是否存在定点 M 使得 $\sin\angle OTQ=2|\cos\angle QTM|$?若存在,请求出点 M 的坐标;若不存在,请说明理由.

313. 已知椭圆$\frac{x^2}{a^2}+\frac{y^2}{b^2}=1(a>b>0)$ 的一个焦点与抛物线 $E:y^2=4\sqrt{3}x$ 的焦点相同,以椭圆 C 的右顶点 A 为圆心的圆与直线 $y=\frac{b}{a}x$ 相交于 P,Q 两点,且$\overrightarrow{AP}\cdot\overrightarrow{AQ}=0$,$\overrightarrow{OP}=3\overrightarrow{OQ}$.

(1) 求椭圆 C 和圆 A 的方程;

(2) 不过原点的直线 l 与椭圆 C 交于两点 M,N. 已知直线 OM,l,ON 的斜率分别为 k_1,k,k_2 且它们成等比数列.

(ⅰ) 求证:以线段 OM,ON 为直径的圆的面积之和为定值;

(ⅱ) 是否存在直线 l 使得满足$\overrightarrow{OD}=\lambda\overrightarrow{OM}+\mu\overrightarrow{ON}(\lambda^2+\mu^2=1,\lambda\mu\neq 0)$ 的点 D 在椭圆 C 上?若存在,求出直线 l 的方程;若不存在,请说明理由.

314. 已知双曲线 C 的渐近线方程为 $x\pm 2y=0$,点 $A(5,0)$ 到双曲线 C 上的

动点 P 的距离的最小值为$\sqrt{6}$.

（1）求双曲线 C 的方程；

（2）若过点 $B(1,0)$ 的直线 l 交双曲线 C 的上支于点 M、下支于点 N，且 $4\overrightarrow{MB}=5\overrightarrow{BN}$，求直线 l 的方程.

315. 已知抛物线 $y^2=2px(p>0)$ 与双曲线$\frac{x^2}{a^2}-\frac{y^2}{b^2}=1(a>0,b>0)$ 共焦点 F_2，且抛物线与双曲线的两交点 A,B 与焦点 F_2 共线，求双曲线的离心率.

316. 已知二次曲线 $C_k:\frac{x^2}{9-k}+\frac{y^2}{4-k}=1$.

（1）分别求出曲线 C_k 表示椭圆和双曲线的条件；

（2）设$m,n\in\mathbf{N}^*$，$m<n$，是否存在两条曲线 C_m，C_n，其交点 P 与点 $F_1(-\sqrt{5},0)$，$F_2(-\sqrt{5},0)$ 满足$\overrightarrow{PF_1}\cdot\overrightarrow{PF_2}=0$?若存在，求 m,n 的值；若不存在，说明理由.

317. 已知直线 l 与椭圆$\frac{x^2}{a^2}+\frac{y^2}{b^2}=1(a>b>0)$ 相切于点 Q，且与 x 轴、y 轴分别相交于点 R,S.

（1）求以线段 RS 为对角线的矩形 $ORPS$（O 是坐标原点）的顶点 P 的轨迹方程；

（2）在同一坐标系内画出已知椭圆及第（1）问中所求轨迹的草图.

318. 已知椭圆 C 的两个焦点分别为 $F_1(0,-1)$，$F_2(0,1)$，一条准线方程是 $y=4$.

（1）求椭圆 C 的方程；

（2）已知点 P 在椭圆 C 上，且 $|\overrightarrow{PF_1}|-|\overrightarrow{PF_2}|=m(m\geqslant 1)$，当 m 变化时，求 $\frac{\overrightarrow{PF_1}\cdot\overrightarrow{PF_2}}{|\overrightarrow{PF_1}|-|\overrightarrow{PF_2}|}$ 的取值范围.

319. 已知曲线 $C:\frac{x^2}{a^2}-\frac{y^2}{b^2}=1(x\geqslant a>0,b>0)$，点 $M(m,0)$，求证：

（1）若曲线 C 上有且只有一点到点 M 的距离最短，则 $m\leqslant a+\frac{b^2}{a}$；

（2）若曲线 C 上有两点到点 M 的距离最短，则 $m>a+\frac{b^2}{a}$.

320. 已知抛物线 $C:x^2=2py(y>0)$，点 $A(0,a)$，求证：

（1）若抛物线 C 上有且只有一点到点 A 的距离最短，则 $a\leqslant p$；

（2）若抛物线 C 上有两点到点 A 的距离最短，则 $a>p$.

321. 如图 58 所示,要把 P 处的一堆肥料沿道路 PA 和 PB 送到稻田区域 $ABCD$ 中. 已知 $PA = 100$ m,$PB = 150$ m,$BC = 60$ m,$\angle APB = 60°$. 请在稻田区域 $ABCD$ 中确定一条界线,位于界线一侧的区域沿道路 PA 送肥料较近,而另一侧的区域沿道路 PB 送肥料较近.

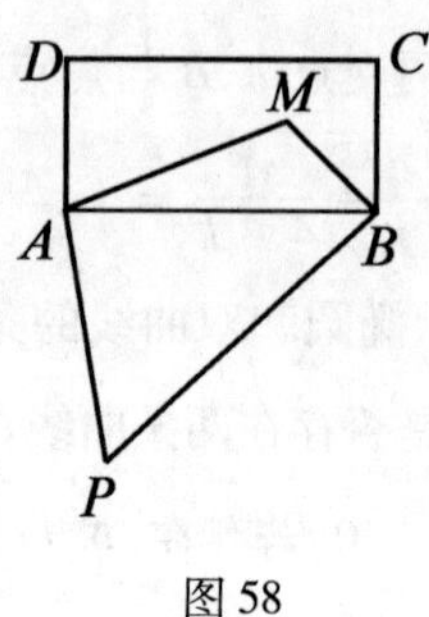

图 58

322. 求出曲线 $2x^2 + 3xy - 2y^2 - 6x + 3y = 0$ 与曲线 $3x^2 + 7xy + 2y^2 - 7x + y - 6 = 0$ 的六个公共点.

323. 求证:曲线 $2x^3 + 2y^3 - 3x^2 - 3y^2 + 1 = 0$ 上有无数个整点.

324. (1) 求证:两条互相垂直且均与曲线 $\lambda x^2 + \mu y^2 = 1(\lambda > 0,\mu > 0)$ 相切的直线的交点的轨迹是圆 $x^2 + y^2 = \frac{1}{\lambda} + \frac{1}{\mu}$;

(2) 在一个平面内给出两条互相垂直的直线,一个椭圆在这个平面内移动,且始终与这两条直线均相切,求证:该椭圆的中心在一个圆上.

325. 若直线 l 与曲线 $y = 2x^4 + 7x^3 + 3x - 5$ 相交于四个不同的点(x_i,y_i) $(i = 1,2,3,4)$,求证:$x_1 + x_2 + x_3 + x_4$ 的值与直线 l 的位置无关.

326. 如图 59 所示,$\triangle ABC$ 的重心是坐标原点 O 且内接于椭圆 Γ:$\frac{x^2}{a^2} + \frac{y^2}{b^2} = 1(a > b > 0)$,$\triangle DEF$ 是椭圆 Γ 的外切三角形,且三边 DE,DF,EF 分别经过点 A,B,C,求证:

(1)$DE \parallel BC,EF \parallel AB,DF \parallel AC$;

(2) 点 A,B,C 分别是边 DE,DF,EF 的中点,且 $\triangle DEF$ 的重心是坐标原点 O.

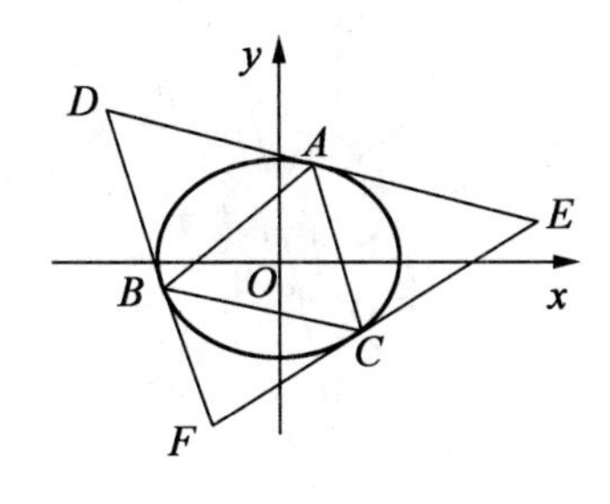

图59

327. (1) 若动点P在椭圆$\Gamma:\frac{x^2}{a^2}+\frac{y^2}{b^2}=1(a>b>0)$上,椭圆$\Gamma$的左、右焦点分别是$F_1,F_2$,椭圆$\Gamma$的中心$O$到$\Gamma$在点$P$处的切线距离为$d$,则$|PF_1|\cdot|PF_2|\cdot d^2=a^2b^2$;

(2) 若动点P在双曲线$\Gamma:\frac{x^2}{a^2}-\frac{y^2}{b^2}=1(a>0,b>0)$上,双曲线$\Gamma$的左、右焦点分别是$F_1,F_2$,双曲线$\Gamma$的中心$O$到$\Gamma$在点$P$处的切线距离为$d$,则$|PF_1|\cdot|PF_2|\cdot d^2=a^2b^2$

328. 若点$(p,q),(r,s)$均在单位圆上,且$pr+qs=0$,则点$(p,r),(q,s)$也在单位圆上.

329. 求证:不能作出已知椭圆的边数大丁四的内接正多边形.

330. 在线段AB上选一点M(不是端点),再在直线AB的同侧作正方形$AMCD$,$MBEF$. 求证:这两个正方形的外接圆的公共弦过定点.

331. 在双曲线$xy=a^2$上有四点$A_i(x_i,y_i)(i=1,2,3,4)$,已知该双曲线在这些点的法线均过点$A_0(x_0,y_0)$,求证:$\sum_{i=1}^{4}x_i=x_0$,$\sum_{i=1}^{4}y_i=y_0$,$\prod_{i=1}^{4}x_i=-a^4$,$\prod_{i=1}^{4}y_i=-a^4$.

332. 如图60所示,双曲线$C:\frac{x^2}{a^2}-\frac{y^2}{b^2}=1(a>0,b>0)$的两条渐近线分别为$l_1,l_2$,点$P(x_0,y_0)$不在双曲线$C$上,也不在直线$l_1,l_2$上. 过点$P$作$l_1$的平行线交双曲线$C$于点$A$,交$l_2$于点$M$;过点$P$再作$l_2$的平行线交双曲线$C$于点$B$,交$l_1$于点$N$. 求证:$AB\parallel MN$.

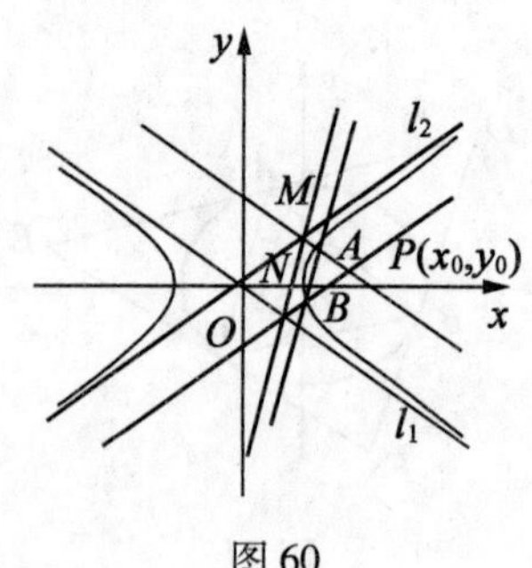

图 60

333. 过点 $P(-a,0)$ 作抛物线 $\Gamma: y^2 = 2px(p > 0)$（其焦点为 F）的两条切线分别交 y 轴于点 A,B，求证：点 P,A,B,F 共圆.

334. 若抛物线 $\Gamma: y^2 = 2px(p > 0)$（其焦点为 F）的三条切线两两相交于 A，B，C 三点，求证：点 A,B,C,F 共圆.

335. 求证：若有四个交点的两条抛物线的对称轴互相垂直，则这四个交点共圆.

336. 求证：(1) 椭圆 Γ（其两个焦点分别为 F,F'）的一条切线与 Γ 的过长轴两个端点的切线分别交于点 P,P'，则点 P,P',F,F' 共圆；

(2) 双曲线 Γ（其两个焦点分别为 F,F'）的一条切线与 Γ 的过实轴两个端点的切线分别交于点 P,P'，则点 P,P',F,F' 共圆.

337. 已知直线 $\sqrt{2}ax + by = 1$ 与圆 $x^2 + y^2 = 1$ 相交于 A,B 两点，且 $\triangle OAB$（O 是坐标原点）是直角三角形，求点 $P(a,b)$ 与点 $(0,1)$ 的距离的取值范围.

338. 已知椭圆 $\Gamma: \frac{x^2}{a^2} + \frac{y^2}{b^2} = 1(a > b > 0)$ 的离心率为 $\frac{\sqrt{2}}{2}$，圆 E（其圆心点 E 在椭圆 Γ 上）过椭圆 Γ 的一个顶点和一个焦点，求这样的点 E 的个数.

339. 已知直线 $l: x - y + m = 0$ 与椭圆 $\Gamma: \frac{(x-2)^2}{4} + \frac{(y+3)^2}{9} = 1$ 相交，求 m 的取值范围.

340. 对于两条互相垂直的直线和一个椭圆，该椭圆无论如何滑动都与这两条直线均相切，求这个椭圆的中心的轨迹方程.

341. 斜率为 $\sqrt{3}$ 的动直线和两抛物线 $y = x^2$，$y = 2x^2 - 3x + 3$ 交于不同的四点，从左到右依次为 A,B,C,D，求 $|AB| - |CD|$ 的值.

342. 已知 P,Q 分别是圆 $x^2 + (y-3)^2 = 1$ 与抛物线 $y = x^2$ 上的点，求 $|PQ|$ 的最小值.

343. 已知 $x^2 + y^2 = 169$，求 $\sqrt{24y - 10x + 338} + \sqrt{24y + 10x + 338}$ 的最大

值和最小值.

344. (1) 求证:若曲线 Γ 是对称中心为坐标原点 O 且焦点在 x 轴上的椭圆或双曲线,曲线 Γ 上的两点 A,B 关于坐标原点 O 对称,点 P 在曲线 Γ 上且异于点 A,B,则 $k_{PA}k_{PB}=e^2-1$(其中 e 是曲线 Γ 的离心率).

(2)(ⅰ)已知椭圆 $C:\frac{x^2}{4}+\frac{y^2}{3}=1$ 的左、右顶点分别为 A_1,A_2,点 P 在椭圆 C 上且直线 PA_2 的斜率的取值范围是 $[-2,-1]$,求直线 PA_1 的斜率的取值范围;

(ⅱ)已知椭圆 $C:\frac{x^2}{a^2}+\frac{y^2}{b^2}=1(a>b>0)$,$M,N$ 是椭圆 C 上关于坐标原点 O 对称的两点,直线 PM,PN 的斜率分别为 $k_1,k_2(k_1k_2\neq 0)$. 若 $|k_1|+|k_2|$ 的最小值为1,求椭圆 C 的离心率;

(ⅲ)已知双曲线 $E:\frac{x^2}{a^2}-\frac{y^2}{b^2}=1(a>0,b>0)$ 的右焦点是 F,左、右顶点分别为 A_1,A_2,过点 F 作直线 A_1A_2 的垂线与双曲线 E 交于 B,C 两点. 若 $A_1B\perp A_2C$,求双曲线 E 的渐近线的斜率;

(ⅳ)已知定椭圆 $E:\frac{x^2}{a^2}+\frac{y^2}{b^2}=1(a>b>0)$ 的左、右顶点分别为 A_1,A_2 与动圆 $F:x^2+y^2=t^2(b<t<a)$ 在第一、二象限的交点分别为 A,B,求直线 AA_1,A_2B 的交点 M 的轨迹方程.

345. 已知 M,N 在抛物线 $x^2=4y$ 上,O 为坐标原点,动直线 OM,ON 的斜率分别为 k_1,k_2. 当 $k_1k_2+k_1+k_2=1$ 时,直线 MN 是否过定点?若过定点,请求出该定点的坐标;若不过定点,请说明理由.

346. 求证:(1)(蝴蝶定理)如图61所示,圆 O 的弦 PQ 的中点为 M,过点 M 任作两弦 AB,CD,弦 AD 与 BC 分别交弦 PQ 于点 X,Y,则 M 为线段 XY 的中点;

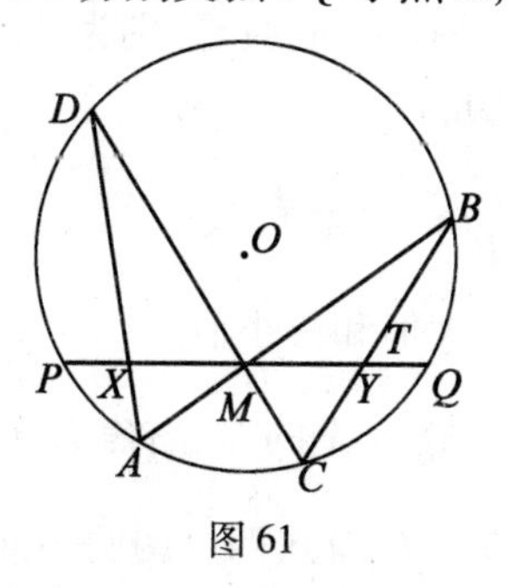

图61

(2)(圆锥曲线的蝴蝶定理)若过圆锥曲线 Γ 的弦 AB 的中点 M 任作两条弦

CD, EF,直线 CE, DF 与直线 AB 分别交于点 P, Q,则 $|MP| = |MQ|$.

347. 已知抛物线 $\Gamma: x^2 = 2py (p > 0)$ 和圆 $I: (x-a)^2 + (y-b)^2 = r^2 (r > 0)$,求证:

(1) 当 $2pb = a^2 + r^2 + 2r\sqrt{a^2 + p^2}$ 时,则抛物线 Γ 上的点全在圆 I 的外部;

(2) 当 $2pb = a^2 + r^2 - 2r\sqrt{a^2 + p^2}$ 时,则抛物线 Γ 上有点在圆 I 的内部.

348. 一个长轴为 $2a$、短轴为 $2b$ 的动椭圆与两互相垂足的定直线恒相切,求该椭圆中心的轨迹方程.

349. 求证:(1) 若直线 l 是椭圆 $\Gamma: \frac{x^2}{a^2} + \frac{y^2}{b^2} = 1 (a > b > 0)$ 的任意一条切线,椭圆 Γ 的左、右焦点 F_1, F_2 到直线 l 的距离分别为 d_1, d_2,则 $d_1 d_2 = b^2$;

(2) 若直线 l 是双曲线 $\Gamma: \frac{x^2}{a^2} - \frac{y^2}{b^2} = 1 (a > 0, b > 0)$ 的任意一条切线,椭圆 Γ 的左、右焦点 F_1, F_2 到直线 l 的距离分别为 d_1, d_2,则 $d_1 d_2 = b^2$.

350. 在平面直角坐标系 xOy 中,求证:

(1) 双曲线 $y = \frac{1}{x}$ 上的任一点的切线与两坐标轴围成三角形的面积为定值;

(2) 曲线 $y = ax + \frac{b}{x}$ 上的任一点的切线与直线 $y = ax$ 及 y 轴围成三角形的面积为定值;

(3) 双曲线 $\frac{x^2}{a^2} - \frac{y^2}{b^2} = 1$ 上的任一点的切线与其两渐近线围成三角形的面积为定值.

351. (普通高中课程标准实验教科书《数学·选修4-4·A版·坐标系与参数方程》(人民教育出版社,2007年第2版)(下简称《选修4-4》)第15页第6题) 已知椭圆的中心为 O,长轴、短轴的长分别为 $2a, 2b (a > b > 0)$,A, B 分别为椭圆上的两点,且 $OA \perp OB$.

(1) 求证: $\frac{1}{|OA|^2} + \frac{1}{|OB|^2}$ 为定值;

(2) 求 $\triangle AOB$ 面积的最大值和最小值.

352. 分别过椭圆 $E: \frac{x^2}{3} + \frac{y^2}{2} = 1$ 的左、右焦点 F_1, F_2 的动直线 l_1, l_2 相交于点 P,与椭圆 E 分别交于 A, B 与 C, D 这四个两两不同的点. 设直线 OA, OB, OC, OD 的斜率分别为 k_1, k_2, k_3, k_4,若 $k_1 + k_2 = k_3 + k_4$,求点 P 的轨迹方程.

§2 “平面解析几何”练习参考答案

1. C. 由抛物线 $x^2 = py$ 与直线 $x + ay + 1 = 0$ 都经过点 $A(2,1)$，可求得抛物线与直线的方程分别为 $x^2 = 4y, x - 3y + 1 = 0$.

把它们联立消去 x 后，可得 $9y^2 - 10y + 1 = 0$，所以 $y_A + y_B = \frac{10}{9}$.

再由抛物线的定义，可得 $|FA| + |FB| = y_A + y_B + \frac{p}{2} = \frac{10}{9} + 2 = \frac{28}{9}$.

2. D. 由 $|PF_1| + |PF_2| = 2a$，可得 $|PF_1| \cdot |PF_2|$ 的取值范围是 $(0, a^2]$，再由题设可得 $2c^2 \in (0, a^2]$，进而可求得答案.

3. A. 由题设可作出本题的图形如图 1 所示，再作 $QH \perp l$ 于点 H.

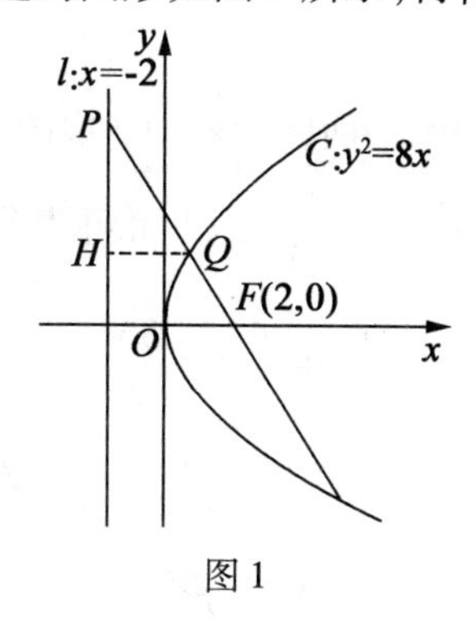

图 1

由 $|FP| = 3|FQ|$，可得 $|QP| = 2|FQ| = 2|HQ|, \angle PFO = \angle PQH = 60°$，所以

$$\cos 60° = \frac{2|OF|}{|PF|} = \frac{4}{|PF|}$$

$$|PF| = 8$$

$$|QF| = \frac{|PF|}{3} = \frac{8}{3}$$

4. B. 可不妨设一对“相关曲线”的两个焦点坐标分别是 $F(-1,0), F_2(1,0)$，一对“相关曲线”中的椭圆和双曲线的长半轴、实半轴长分别是 $a(a > 1)$，$a'(0 < a' < 1)$，可得椭圆和双曲线的离心率分别是 $\frac{1}{a}, \frac{1}{a'}$.

由题设可得 $\frac{1}{a} \cdot \frac{1}{a'} = 1, a' = \frac{1}{a}$.

还可得$\begin{cases}|PF_1|+|PF_2|=2a\\|PF_1|-|PF_2|=2a'\end{cases}$,所以$|PF_1|=a+a'$,$|PF_2|=a-a'$.

在 $\triangle F_1PF_2$ 中,由余弦定理,可得

$$|PF_1|^2+|PF_2|^2-2|PF_1|\cdot|PF_2|\cos 30^\circ=|F_1F_2|^2$$

$$(a+a')^2+(a-a')^2-\sqrt{3}(a+a')(a-a')=2^2$$

$$(2-\sqrt{3})a^2+(2+\sqrt{3})a'^2=4$$

$$(2-\sqrt{3})a^2+(2+\sqrt{3})\left(\frac{1}{a}\right)^2=4(a>1)$$

$$a=2+\sqrt{3}$$

所以题中椭圆的离心率是$\frac{1}{a}=\frac{1}{2+\sqrt{3}}=2-\sqrt{3}$.

注 若把题设中的"P是它们在第一象限的交点"改为"P是它们的一个交点",则答案一样.

5. C. 由题意可得题设中的平面区域即图2中的四边形$ABCD$,其中点$A(0,-1)$,$B\left(\frac{6}{5},\frac{7}{5}\right)$,$C(0,5)$,$D\left(-\frac{6}{5},\frac{7}{5}\right)$,进而可求得四边形$ABCD$的面积为$\frac{1}{2}|AC|\cdot|BD|=\frac{1}{2}(5+1)\cdot\left(\frac{6}{5}+\frac{6}{5}\right)=\frac{36}{5}$.

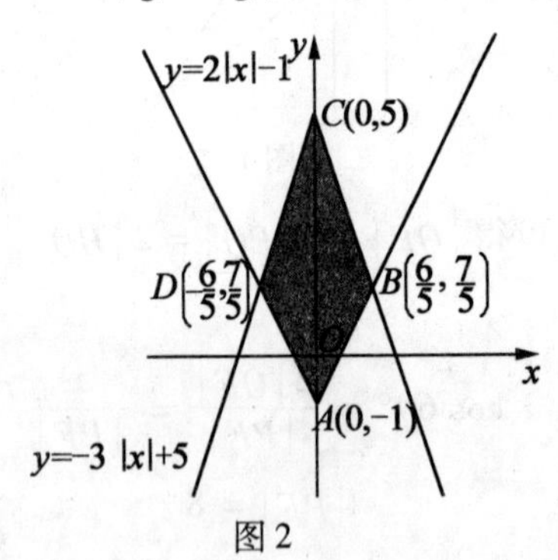

图2

6. B. 圆$x^2+y^2=1$的圆心是$O(0,0)$,半径是1;圆$x^2+y^2-6x+7=0$的圆心是$A(3,0)$,半径是$\sqrt{2}$.

设动圆的圆心为$M(x,y)$,半径是r. 再由题设"……都外切",可得

$$|MO|=r+1$$

$$|MA|=r+\sqrt{2}$$

所以

$$|MA|-|MO|=\sqrt{2}-1<3=|OA|$$

所以动圆的圆心M的轨迹是以点O,A为焦点,实轴长为$\sqrt{2}-1$的双曲线的左支.

7. B. 如图3所示,作$PH\perp x$轴于点H,可设点$P(-m,n)$,$H(-m,0)$,$Q(m,-n)(m>0,n>0,mn=2\sqrt{2})$,可得$PH$垂直于坐标平面的下半平面,从而$PH\perp HQ$,所以由均值不等式,可得

$$\begin{aligned}|PQ|^2&=|PH|^2+|HQ|^2\\&=n^2+(4m^2+n^2)\\&=4m^2+2n^2\\&=4m^2+2\left(\frac{2\sqrt{2}}{m}\right)^2\geqslant 16\end{aligned}$$

进而可得当且仅当点P的坐标是$(-\sqrt{2},2)$时,$|PQ|_{\min}=4$.

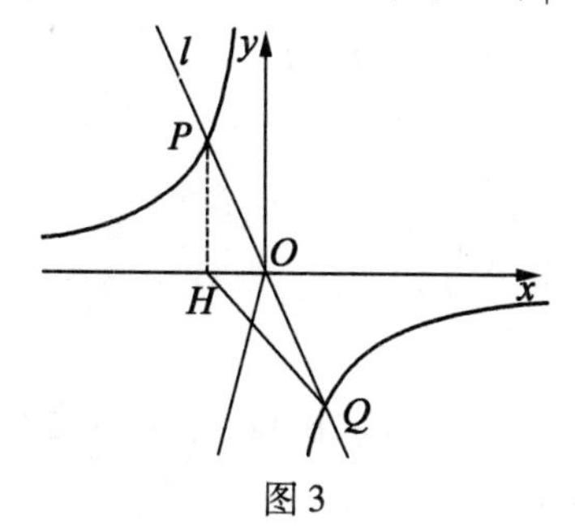

图3

8. **解法1** B. 可设$a=4k,b=\sqrt{7}k(k>0)$,$F_1(-3k,0)$,$F_2(3k,0)$,则椭圆$C_1:\frac{x^2}{16k^2}+\frac{y^2}{7k^2}=1$.

不妨设点P在第一象限,解方程组$\begin{cases}\frac{x^2}{16k^2}+\frac{y^2}{7k^2}=1\\y=\frac{d}{c}x(x>0)\end{cases}$,可求得点$P\left(\frac{4\sqrt{7}kc}{\sqrt{7c^2+16d^2}},\frac{4\sqrt{7}kd}{\sqrt{7c^2+16d^2}}\right)$.

还可得

$$k_{PF_1}k_{PF_2}=\frac{\frac{4\sqrt{7}kd}{\sqrt{7c^2+16d^2}}}{\frac{4\sqrt{7}kc}{\sqrt{7c^2+16d^2}}+3k}\cdot\frac{\frac{4\sqrt{7}kd}{\sqrt{7c^2+16d^2}}}{\frac{4\sqrt{7}kc}{\sqrt{7c^2+16d^2}}-3k}$$

$$= \frac{\dfrac{4\sqrt{7}d}{\sqrt{7c^2+16d^2}}}{\dfrac{4\sqrt{7}c}{\sqrt{7c^2+16d^2}}+3} \cdot \frac{\dfrac{4\sqrt{7}d}{\sqrt{7c^2+16d^2}}}{\dfrac{4\sqrt{7}c}{\sqrt{7c^2+16d^2}}-3}$$

$$= \frac{112d^2}{(4\sqrt{7}c+3\sqrt{7c^2+16d^2})(4\sqrt{7}c-3\sqrt{7c^2+16d^2})}$$

$$= \frac{112d^2}{49c^2-144d^2}$$

$$= -1$$

$$\frac{d^2}{c^2} = \frac{49}{32}$$

所以双曲线 C_2 的离心率是 $\sqrt{1+\frac{d^2}{c^2}}$，即 $\frac{9}{8}\sqrt{2}$.

解法2　B. 可设 $a=4k, b=\sqrt{7}k(k>0), F_1(-3k,0), F_2(3k,0)$，则椭圆 $C_1: \frac{x^2}{16k^2}+\frac{y^2}{7k^2}=1$.

由 $PF_1 \perp PF_2$，可得点 P 在以 F_1F_2 为直径的圆周 $x^2+y^2=9k^2$ 上.

解方程组 $\begin{cases}\frac{x^2}{16k^2}+\frac{y^2}{7k^2}=1 \\ x^2+y^2=9k^2\end{cases}$，可求得点 $P\left(\pm\frac{4}{3}\sqrt{2}k, \pm\frac{7}{3}k\right)$（其中正负号任意选取）.

再由题设可得点 $\left(\frac{4}{3}\sqrt{2}k, \frac{7}{3}k\right)$ 在直线 $y=\frac{d}{c}x$ 上，所以 $\frac{d}{c}=\frac{7}{4\sqrt{2}}$，进而可求得双曲线 C_2 的离心率是 $\sqrt{1+\frac{d^2}{c^2}}$，即 $\frac{9}{8}\sqrt{2}$.

9. C. 可得双曲线 $C_1: \left(\frac{k_1}{4}\right)^2(x-2)^2-(y-2)^2=4\left(\frac{k_1}{4}\right)^2-4$，再由题设可得 $\frac{k_1}{4}=\frac{1}{k_2}(k_2>2)$，所以得双曲线 $C_1: \frac{(y-2)^2}{1^2}-\frac{(x-2)^2}{k_2^2}=4-\frac{4}{k_2^2}\left(4-\frac{4}{k_2^2}>0\right)$，可得其离心率为 $\sqrt{k_2^2+1}$.

还可得双曲线 $C_2: \frac{(x-2)^2}{\left(\frac{1}{k_2}\right)^2}-\frac{(y-2)^2}{1^2}=4k_2^2-4(4k_2^2-4>0)$，可得其离

心率为$\dfrac{\sqrt{\left(\dfrac{1}{k_2}\right)^2+1^2}}{\dfrac{1}{k_2}}=\sqrt{k_2^2+1}$.

所以双曲线 C_1,C_2 离心率的比值是1.

10. B. 因为两圆有公共点(3,4),所以这两圆内切、外切或相交.

若两圆内切,则它们有唯一公切线,不满足题意.

若两圆外切,如图4所示,可设这两圆的圆心分别是 O_1,O_2,则坐标原点 O 及点(3,4),O_1,O_2 共线,且该直线的方程是 $y=\dfrac{4}{3}x$,由公式 $\tan 2\alpha=\dfrac{2\tan\alpha}{1-\tan^2\alpha}$ 还可求得另一条切线的方程是 $y=-\dfrac{24}{7}x$.

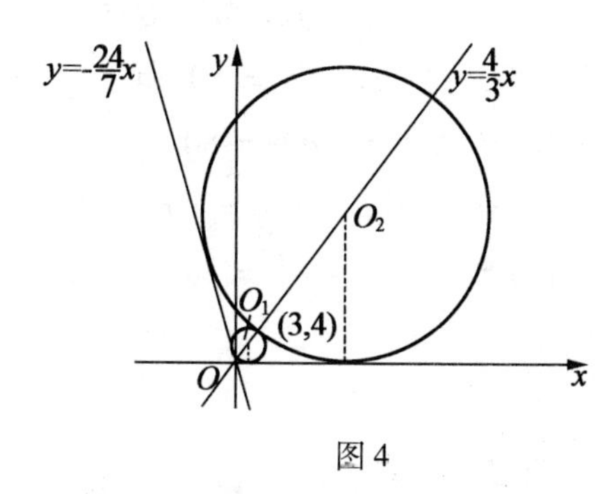

图4

可设点 $O_1(3a,4a),O_2(3b,4b)(0<a<b)$. 由两圆均与 x 轴相切,可得这两圆的半径分别是 $4a,4b$,再由题设可得 $4a\cdot 4b=80,ab=5$.

由两圆外切,可得圆心距等于半径之和,即

$$\sqrt{(3b-3a)^2+(4b-4a)^2}=4a+4b$$

$$b=9a$$

进而可求得圆 O_2 的方程是 $(x-9\sqrt{5})^2+(y-12\sqrt{5})^2=720$,但它不过点(3,4),说明此种情形也不满足题意.

所以两圆相交且一个交点是(3,4). 如图5所示,可设这两圆的圆心分别是 O_1,O_2,则坐标原点 O 及圆心 O_1,O_2 共线,可设该直线的方程是 $y=kx$. 因为两圆上的点均不可能在 x 轴的下方,所以 $k>0$.

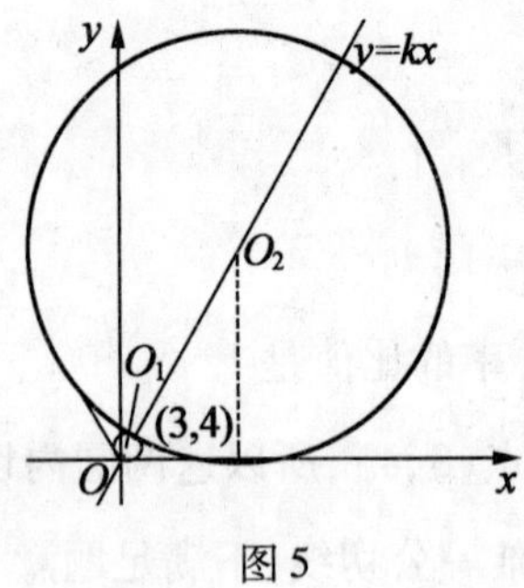

图 5

还可设 $O_1(a,ka)$, $O_2(b,kb)$ $(0<a<b)$. 由两圆均与 x 轴相切,可得这两个圆的半径分别为

$$\sqrt{(3-a)^2+(4-ka)^2}=ka \qquad ①$$

$$\sqrt{(3-b)^2+(4-kb)^2}=kb \qquad ②$$

把式①②两边平方相减后,可得 $a+b=8k+6$, $b=8k+6-a$.

再由两圆的半径之积为 80,可得 $ka\cdot kb=80$,所以

$$k^2a(8k+6-a)=80$$

$$k^2(8ka+6a-a^2)=80$$

把式①两边平方后,可得 $8ka+6a-a^2=25$,所以 $25k^2=80(k>0)$,得 $k=\dfrac{4}{\sqrt{5}}$.

再由公式 $\tan 2\alpha=\dfrac{2\tan\alpha}{1-\tan^2\alpha}$ 可求得另一条切线的斜率是 $-\dfrac{8}{11}\sqrt{5}$.

11. BC. 通过解方程组,可求得点 $A\left(\sqrt{2},\dfrac{\sqrt{2}}{2}\right)$, $B\left(-\sqrt{2},-\dfrac{\sqrt{2}}{2}\right)$, $C\left(-\sqrt{2},\dfrac{\sqrt{2}}{2}\right)$, $D\left(\sqrt{2},-\dfrac{\sqrt{2}}{2}\right)$. 设点 $P(x_0,y_0)$,可得 $\dfrac{x_0^2}{4}+y_0^2=1$.

还可求得直线 $PA: y-\dfrac{\sqrt{2}}{2}=\dfrac{y_0-\dfrac{\sqrt{2}}{2}}{x_0-\sqrt{2}}(x-\sqrt{2})$,进而可求得它与直线 $l_2: y=-\dfrac{1}{2}x$ 的交点 M 的横坐标 $x_M=\dfrac{-\sqrt{2}x_0+2\sqrt{2}y_0}{x_0+2y_0-2\sqrt{2}}$.

再求得直线 $PB: y+\dfrac{\sqrt{2}}{2}=\dfrac{y_0+\dfrac{\sqrt{2}}{2}}{x_0+\sqrt{2}}(x+\sqrt{2})$,进而可求得它与直线 $l_2: y=$

$-\frac{1}{2}x$ 的交点 N 的横坐标 $x_N=\frac{\sqrt{2}x_0-2\sqrt{2}y_0}{x_0+2y_0+2\sqrt{2}}$.

由弦长公式,可得

$$
\begin{aligned}
|OM|\cdot|ON| &= \sqrt{1+\left(-\frac{1}{2}\right)^2}|x_M|\cdot\sqrt{1+\left(-\frac{1}{2}\right)^2}|x_N| \\
&= \frac{5}{4}|x_Mx_N| \\
&= \frac{5}{2}\left(用\frac{x_0^2}{4}+y_0^2=1\right)
\end{aligned}
$$

又因为 $|OA|^2=|OB|^2=|OC|^2=|OD|^2=(\sqrt{2})^2+\left(\frac{\sqrt{2}}{2}\right)^2=\frac{5}{2}$,所以 $|OM|\cdot|ON|=|OA|^2=|OB|^2=|OC|^2=|OD|^2$.

因而,在椭圆 E 上有且仅有 4 个不同的点 Q,使得 $|OQ|^2=|OM|\cdot|ON|$(因为圆 $x^2+y^2=\left(\frac{5}{2}\right)^2$ 与椭圆 E 最多只有四个公共点).

所以选项 A 错误,B 正确.

若在椭圆 E 上的点 Q,使得 $\triangle NOQ\backsim\triangle QOM$,则 $\frac{|QO|}{|MO|}=\frac{|NO|}{|QO|}$, $|OQ|^2=|OM|\cdot|ON|$,所以 $Q\in\{A,B,C,D\}$.

若 $Q\in\{C,D\}$,则四点 O,M,N,Q 共线,不存在 $\triangle NOQ$ 与 $\triangle QOM$,所以 $Q\in\{A,B\}$,进而可得在椭圆 E 上有且仅有 2 个不同的点 Q(即点 A,B),使得 $\triangle NOQ\backsim\triangle QOM$.

得选项 C 正确,D 错误.

12. A. 如图 6 所示,可设射线 OP 的方向为 x 轴的正方向、圆心 O 为坐标原点、线段 OP 的长度为单位长建立平面直角坐标系 xOy,设圆 O 的半径为 $r(r>1)$.

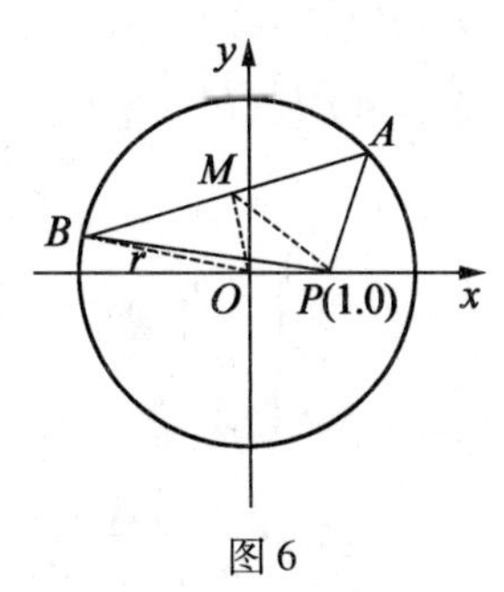

图 6

设点 $M(x,y)$，联结 OB,OM,MP. 可得 $OM\perp AB$，$|BM|=|PM|$，所以

$$
\begin{aligned}
|OB|^2 &= |OM|^2+|BM|^2\\
&= |OM|^2+|PM|^2
\end{aligned}
$$

$$r^2=(x^2+y^2)+[(x-1)^2+y^2]$$

$$\left(x-\frac{1}{2}\right)^2+y^2=\frac{2r^2-1}{4}$$

进而可得点 $M(x,y)$ 的轨迹是圆.

13. AC. 下面研究一般的情形. 如图 7 所示，设椭圆的方程是 $\frac{x^2}{a^2}+\frac{y^2}{b^2}=1$ $(a>b>0,c=\sqrt{a^2-b^2})$，其右准线是 $l:x=\frac{a^2}{c}$，可设直线 l 上的点 $P\left(\frac{a^2}{c},t\right)$.

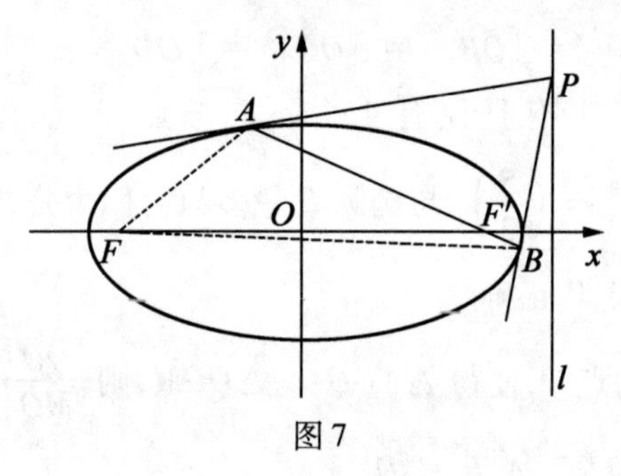

图 7

可得切点弦 AB 所在的直线方程是 $\frac{\frac{a^2}{c}x}{a^2}+\frac{ty}{b^2}=1$，即 $\frac{x}{c}+\frac{ty}{b^2}=1$，它过椭圆的右焦点 $F'(c,0)$，进而可得 $\triangle FAB$ 的周长为定值 $4a$. 得选项 C 正确.

联立直线 AB 与椭圆的方程可得方程组 $\begin{cases}\frac{x}{c}+\frac{ty}{b^2}=1\\ \frac{x^2}{a^2}+\frac{y^2}{b^2}=1\end{cases}$，再得

$$(a^2b^2+c^2t^2)y^2-2b^2c^2ty-b^6=0$$

$$\Delta=4a^2b^4(b^4+c^2t^2)$$

所以

$$
\begin{aligned}
S_{\triangle FAB} &= \frac{1}{2}\cdot 2c|y_A-y_B|\\
&= c|y_A-y_B|\\
&= c\cdot\frac{\sqrt{\Delta}}{a^2b^2+c^2t^2}
\end{aligned}
$$

$$= \frac{2ab^2c\sqrt{b^4 + c^2t^2}}{a^2b^2 + c^2t^2}$$

当 $t = 0$ 时,可得 $S_{\triangle FAB} = \frac{2b^2c}{a}$;当 $t = a$ 时,可得 $S_{\triangle FAB} = \frac{2b^2c}{a^3}\sqrt{b^4 + a^2c^2}$.
可用分析法证得$\frac{2b^2c}{a} > \frac{2b^2c}{a^3}\sqrt{b^4 + a^2c^2}$,所以 $S_{\triangle FAB}$ 不是定值. 得选项 D 错误.

因为椭圆的通径(即过焦点与椭圆的过焦点的对称轴垂直的直线被该椭圆截得的线段)是最短的焦点弦,所以$|AB|$的最小值为$\frac{2b^2}{a}$(对于原题,有$\frac{2b^2}{a} = 1$),因而选项 A 正确,选项 B 错误.

14. **解法** 1　A. 因为由题意可得 $F_2(1,0)$,所以可设直线 $AB: x = my + 1$.
由$\begin{cases} x = my + 1 \\ \frac{x^2}{4} + \frac{y^2}{3} = 1 \end{cases}$,可得$(3m^2 + 4)y^2 + 6my - 9 = 0$.

设点 $A(x_1,y_1)$,$B(x_2,y_2)$,可得 $y_1 + y_2 = -\frac{6m}{3m^2 + 4}$,$y_1y_2 = -\frac{9}{3m^2 + 4}$.

所以

$$S_{\triangle F_1AB} = \frac{1}{2}|F_1F_2| \cdot |y_1 - y_2| = \sqrt{(y_1 + y_2)^2 - 4y_1y_2}$$

$$= 12\sqrt{\frac{m^2 + 1}{(3m^2 + 4)^2}}$$

$$= \frac{12}{\sqrt{9(m^2 + 1) + \frac{1}{m^2 + 1} + 6}} \leqslant 3$$

当且仅当 $m = 0$,即直线 AB 的方程是 $x = 1$ 时取等号.

可得 $\triangle F_1AB$ 的周长是8. 设 $\triangle F_1AB$ 的内切圆半径是 r,可得

$$S_{\triangle F_1AB} = \frac{1}{2} \cdot 8 \cdot r = 4r \leqslant 3$$

$$r \leqslant \frac{3}{4}$$

进而可得 r 的取值范围是$\left(0, \frac{3}{4}\right]$,$\triangle F_1AB$ 的内切圆面积 πr^2 的取值范围是$\left(0, \frac{9}{16}\pi\right]$,从而可得答案.

解法 2　A. 如原题的图 2 所示,可设 $\angle AF_2x = \theta(0 < \theta < \pi)$.

在 $\triangle AF_1F_2$ 中，由椭圆的定义及余弦定理“$|AF_1|^2 = |AF_2|^2 + |F_1F_2|^2 - 2|F_1F_2| \cdot |AF_2|\cos\angle AF_2F_1$”可得

$$(4 - |AF_2|)^2 = |AF_2|^2 + 2^2 + 2 \cdot 2 \cdot |AF_2|\cos\theta$$

$$|AF_2| = \frac{3}{2 + \cos\theta}$$

同理，在 $\triangle BF_1F_2$ 中，可求得

$$|BF_2| = \frac{3}{2 - \cos\theta}$$

所以

$$\begin{aligned}|AB| &= |AF_2| + |BF_2| \\ &= \frac{3}{2 + \cos\theta} + \frac{3}{2 - \cos\theta} \\ &= \frac{12}{4 - \cos^2\theta} \\ &= \frac{12}{\sin^2\theta + 3}\end{aligned}$$

$$\begin{aligned}S_{\triangle F_1AB} &= \frac{1}{2}|F_1F_2| \cdot |AB|\sin\theta \\ &= \frac{1}{2} \cdot 2 \cdot \frac{12}{\sin^2\theta + 3} \cdot \sin\theta \\ &= \frac{12\sin\theta}{\sin^2\theta + 3}\end{aligned}$$

可得 $\triangle F_1AB$ 的周长是8. 设 $\triangle F_1AB$ 的内切圆半径是 r，可得

$$\begin{aligned}\frac{12\sin\theta}{\sin^2\theta + 3} &= S_{\triangle F_1AB} \\ &= \frac{1}{2} \cdot 8 \cdot r \\ &= 4r\end{aligned}$$

$$\begin{aligned}r &= \frac{3\sin\theta}{\sin^2\theta + 3} \\ &= \frac{3}{\sin\theta + \dfrac{3}{\sin\theta}}(0 < \theta < \pi)\end{aligned}$$

可得 $f(x) = x + \frac{3}{x}(0 < x \leqslant 1)$ 是减函数，进而可得 $\sin\theta + \frac{3}{\sin\theta}(0 < \theta <$

π) 的取值范围是$[4,+\infty)$,再得 r 的取值范围是$\left(0,\frac{3}{4}\right]$,$\triangle F_1AB$ 的内切圆面积πr^2 的取值范围是$\left(0,\frac{9}{16}\pi\right]$,从而可得答案.

15. **解法1** AC. 设切线方程为 $y=k(x-1)$. 联立$\begin{cases}y=k(x-1)\\ y=x+\frac{t}{x}\end{cases}$,可得

$$(1-k)x^2+kx+t=0 \quad ①$$

由 $\Delta=0$,可得

$$k^2+4tk-4t=0$$

$$k=-2t\pm2\sqrt{t^2+t}$$

由"…… 两条切线",可得 $t\in(-\infty,-1)\cup(0,+\infty)$.

还可得切点的横坐标,即方程 ① 的两个相等实根,也即$\frac{k}{2(k-1)}$,再由切点在切线 $y=k(x-1)$ 上,可得:

当 $k=-2t+2\sqrt{t^2+t}$ 时,切点为 $M\left(\frac{\sqrt{t^2+t}-t}{2\sqrt{t^2+t}-2t-1},-2\sqrt{t^2+t}\right)$;

当 $k=-2t-2\sqrt{t^2+t}$ 时,切点为 $N\left(\frac{\sqrt{t^2+t}+t}{2\sqrt{t^2+t}+2t+1},2\sqrt{t^2+t}\right)$.

当 $t=\frac{1}{4}$ 时,可求得点 $M\left(-\frac{\sqrt{5}+1}{4},-\frac{\sqrt{5}}{2}\right)$,$N\left(\frac{\sqrt{5}-1}{4},\frac{\sqrt{5}}{2}\right)$. 再由点 $P(1,0)$,可得

$$\overrightarrow{PM}\cdot\overrightarrow{PN}=\left(-\frac{\sqrt{5}+5}{4},-\frac{\sqrt{5}}{2}\right)\cdot\left(\frac{\sqrt{5}-5}{4},\frac{\sqrt{5}}{2}\right)=0$$

即 $PM\perp PN$,得选项 A 正确.

当 $t=\frac{1}{2}$ 时,可求得点 $M\left(-\frac{\sqrt{3}+1}{2},-\sqrt{3}\right)$,$N\left(\frac{\sqrt{3}-1}{2},\sqrt{3}\right)$.

设点 $Q(0,1)$,可得

$$\overrightarrow{QM}=\left(-\frac{\sqrt{3}+1}{2},-(\sqrt{3}+1)\right)$$

$$=-\frac{\sqrt{3}+1}{2}(1,2)$$

$$\overrightarrow{QN}=\left(\frac{\sqrt{3}-1}{2},\sqrt{3}-1\right)$$

$$=\frac{\sqrt{3}-1}{2}(1,2)$$

进而可得$\overrightarrow{QM}$与$\overrightarrow{QN}$共线,所以选项 C 正确.

还可求得

$$\begin{aligned} g(t) &= |MN| \\ &= 2\sqrt{5t^2+5t}, t \in (-\infty, -1) \cup (0, +\infty) \end{aligned}$$

所以 $g(t)$ 在$(-\infty, -1)$,$(0, +\infty)$上分别是减函数和增函数,因而选项 B 错误.

可得 $g(1) = 2\sqrt{10} > 6$,所以选项 D 错误.

解法 2 AC. 先介绍一个结论(见周顺钿发表于《中等数学》2009 年第 3 期第 5 ~ 11 页的文章《常见曲线的切点弦方程》中的定理):

若过二次曲线 $Ax^2+Bxy+Cy^2+Dx+Ey+F=0$ 外一点 $M(x_0,y_0)$ 作其两条切线 MS,MT(S,T 均是切点),则直线 ST 的方程是

$$Ax_0x+B\cdot\frac{x_0y+y_0x}{2}+Cy_0y+D\cdot\frac{x+x_0}{2}+E\cdot\frac{y+y_0}{2}+F=0$$

题设中的曲线 $y=x+\frac{t}{x}$,即 $x^2-xy+t=0$,从而可得直线 MN 的方程是 $2x-y+2t=0$.

联立$\begin{cases}2x-y+2t=0\\x^2-xy+t=0\end{cases}$后,可得 $x^2+2tx-t=0$.

由 $\Delta=4t^2+4t>0$,可得 $t\in(-\infty,-1)\cup(0,+\infty)$.

设点 $M(x_1,y_1)$,$N(x_2,y_2)$,可得 $x_1+x_2=-2t$,$x_1x_2=-t$,所以由弦长公式,可得

$$\begin{aligned} g(t) &= |MN| \\ &= \sqrt{2^2+1}\,|x_1-x_2| \\ &= \sqrt{5}\cdot\sqrt{(x_1+x_2)^2-4x_1x_2} \\ &= \sqrt{5}\cdot\sqrt{(-2t)^2-4\cdot(-t)} \\ &= 2\sqrt{5t^2+5t}, t\in(-\infty,-1)\cup(0,+\infty) \end{aligned}$$

从而可得选项 B,D 均错误.

当 $t=\frac{1}{4}$ 时,可求得直线 MN:$y=2x+\frac{1}{2}$ 与曲线 $y=x+\frac{1}{4x}$ 的交点是

$M\left(-\frac{\sqrt{5}+1}{4},-\frac{\sqrt{5}}{2}\right),N\left(\frac{\sqrt{5}-1}{4},\frac{\sqrt{5}}{2}\right)$. 再由点 $P(1,0)$,可得

$$\overrightarrow{PM}\cdot\overrightarrow{PN}=\left(-\frac{\sqrt{5}+5}{4},-\frac{\sqrt{5}}{2}\right)\cdot\left(\frac{\sqrt{5}-5}{4},\frac{\sqrt{5}}{2}\right)=0$$

即 $PM\perp PN$,得选项 A 正确.

当 $t=\frac{1}{2}$ 时,可求得直线 $MN:y=2x+1$ 与曲线 $y=x+\frac{1}{2x}$ 的交点是

$M\left(-\frac{\sqrt{3}+1}{2},-\sqrt{3}\right),N\left(\frac{\sqrt{3}-1}{2},\sqrt{3}\right)$. 设点 $Q(0,1)$,可得

$$\begin{aligned}\overrightarrow{QM}&=\left(-\frac{\sqrt{3}+1}{2},-(\sqrt{3}+1)\right)\\&=-\frac{\sqrt{3}+1}{2}(1,2)\\\overrightarrow{QN}&=\left(\frac{\sqrt{3}-1}{2},\sqrt{3}-1\right)\\&=\frac{\sqrt{3}-1}{2}(1,2)\end{aligned}$$

进而可得 $\overrightarrow{QM}$ 与 $\overrightarrow{QN}$ 共线,所以选项 C 正确.

16. **解法1** A. 由椭圆 C 的离心率的取值范围为 $\left[\frac{1}{\sqrt{3}},\frac{1}{\sqrt{2}}\right]$,可得 $\frac{a^2-b^2}{a^2}$ 的取值范围为 $\left[\frac{1}{3},\frac{1}{2}\right]$,即 b 的取值范围为 $\left[\frac{a}{\sqrt{2}},\sqrt{\frac{2}{3}}a\right]$,亦即 $\left(\frac{a}{b}\right)^2$ 的取值范围为 $\left[\frac{3}{2},2\right]$.

由 $\begin{cases}y=-x+1\\\frac{x^2}{a^2}+\frac{y^2}{b^2}=1\end{cases}$,可得 $(a^2+b^2)x^2-2a^2x+a^2-a^2b^2=0$.

可得 $\Delta>0$ 恒成立即 $a^2+b^2>1$ 恒成立.

再由 b 的取值范围为 $\left[\frac{a}{\sqrt{2}},\sqrt{\frac{2}{3}}a\right]$,可得 $\Delta>0$ 恒成立,即 $a^2+\left(\frac{a}{\sqrt{2}}\right)^2>1$,亦即 $a>\sqrt{\frac{2}{3}}$.

可设点 $M(x_1,1-x_1),N(x_2,1-x_2)$,得

$$x_1 + x_2 = \frac{2a^2}{a^2 + b^2}$$

$$x_1 x_2 = \frac{a^2 - a^2 b^2}{a^2 + b^2}$$

因为 $OM \perp ON$,所以

$$x_1 x_2 + (1 - x_1)(1 - x_2) = 0$$

$$2x_1 x_2 + 1 = x_1 + x_2$$

$$\frac{2a^2 - 2a^2 b^2}{a^2 + b^2} + 1 = \frac{2a^2}{a^2 + b^2}$$

$$(2a)^2 = 2\left[\left(\frac{a}{b}\right)^2 + 1\right]$$

再由$\left(\frac{a}{b}\right)^2$的取值范围为$\left[\frac{3}{2}, 2\right]$,可得椭圆 C 的长轴长 $2a$ 的取值范围是$[\sqrt{5}, \sqrt{6}]$(它满足 $a > \sqrt{\frac{2}{3}}$),所以所求答案是 A.

解法2 A. 由题设"$OM \perp ON$"知,可设点 $M(x_0, y_0)$, $N(-\lambda y_0, \lambda x_0)$ $(\lambda \neq 0)$.

再由点 M,N 均在椭圆 $C: b^2x^2 + a^2y^2 = a^2b^2$ 上,可得$\begin{cases} b^2x_0^2 + a^2y_0^2 = a^2b^2 \\ b^2y_0^2 + a^2x_0^2 = \dfrac{a^2b^2}{\lambda^2} \end{cases}$,

把得到的两个等式相加后,可得

$$\begin{aligned} |OM|^2 &= x_0^2 + y_0^2 \\ &= \frac{a^2b^2}{a^2 + b^2}\left(\frac{1}{\lambda^2} + 1\right) \\ |ON|^2 &= \lambda^2(x_0^2 + y_0^2) \\ &= \frac{a^2b^2}{a^2 + b^2}(\lambda^2 + 1) \\ |MN|^2 &= |OM|^2 + |ON|^2 \\ &= \frac{a^2b^2}{a^2 + b^2} \cdot \frac{(\lambda^2 + 1)^2}{\lambda^2} \end{aligned}$$

设原点 O 到直线 MN 的距离是 d,可得

$$\begin{aligned} d^2 &= \frac{|OM|^2 \cdot |ON|^2}{|MN|^2} \\ &= \frac{a^2b^2}{a^2 + b^2} \end{aligned}$$

$$d = \frac{ab}{\sqrt{a^2 + b^2}}$$

因为原点 O 到直线 $MN: x + y - 1 = 0$ 的距离 $d = \frac{1}{\sqrt{2}}$，进而可得$(2a)^2 = 2\left[\left(\frac{a}{b}\right)^2 + 1\right]$.

同解法1可得$\left(\frac{a}{b}\right)^2$的取值范围为$\left[\frac{3}{2}, 2\right]$,$\Delta > 0$恒成立即$a > \sqrt{\frac{2}{3}}$.

进而可得椭圆C的长轴长$2a$的取值范围是$[\sqrt{5}, \sqrt{6}]$(它满足$a > \sqrt{\frac{2}{3}}$)，所以所求答案是A.

解法3 A. 可设$\angle xOM = \theta$,由题设“$OM \perp ON$”可得$\angle xON = \theta \pm \frac{\pi}{2}$.

再由三角函数定义，可得点$M(|OM|\cos\theta, |ON|\sin\theta)$；还可得点$N\left(|ON|\cos\left(\theta \pm \frac{\pi}{2}\right), |ON|\sin\left(\theta \pm \frac{\pi}{2}\right)\right)$,即点$N(\mp |ON|\sin\theta, \pm |ON|\cos\theta)$.

又由点M,N均在椭圆C上,可得

$$\begin{cases} \dfrac{\cos^2\theta}{a^2} + \dfrac{\sin^2\theta}{b^2} = \dfrac{1}{|OM|^2} & ① \\ \dfrac{\sin^2\theta}{a^2} + \dfrac{\cos^2\theta}{b^2} = \dfrac{1}{|ON|^2} & ② \end{cases}$$

式①+②为

$$\frac{1}{|OM|^2} + \frac{1}{|ON|^2} = \frac{1}{a^2} + \frac{1}{b^2}$$

设Rt$\triangle OMN$的斜边MN上的高是d,由$(|OM| \cdot |ON|)^2 = (d|MN|)^2 = d^2(|OM|^2 + |ON|^2)$可得

$$\frac{1}{|OM|^2} + \frac{1}{|ON|^2} = \frac{1}{d^2}$$

还可得Rt$\triangle OMN$的斜边MN上的高,即原点O到直线$MN: x + y - 1 = 0$的距离$d = \frac{1}{\sqrt{2}}$,进而可得

$$\frac{1}{a^2} + \frac{1}{b^2} = \frac{1}{d^2} = \frac{1}{2}$$

$$(2a)^2 = 2\left[\left(\frac{a}{b}\right)^2 + 1\right]$$

同解法 1 可得$\left(\frac{a}{b}\right)^2$的取值范围为$\left[\frac{3}{2},2\right]$,$\Delta>0$恒成立即$a>\sqrt{\frac{2}{3}}$.

进而可得椭圆 C 的长轴长 $2a$ 的取值范围是$[\sqrt{5},\sqrt{6}]$(它满足$a>\sqrt{\frac{2}{3}}$),所以所求答案是 A.

17. ACD. 可如图 8 所示建立平面直角坐标系 xAy,并设点 $B(3m,0)$,$C(0,3n)(m>0,n>0)$,进而可得点 $D(m,2n)$,$E(2m,n)$.

由 $AD=a$,$AE=b$,可得$\begin{cases}m^2+4n^2=a^2\\4m^2+n^2=b^2\end{cases}$,解得$\begin{cases}m^2=\dfrac{4b^2-a^2}{15}\\n^2=\dfrac{4a^2-b^2}{15}\end{cases}$.

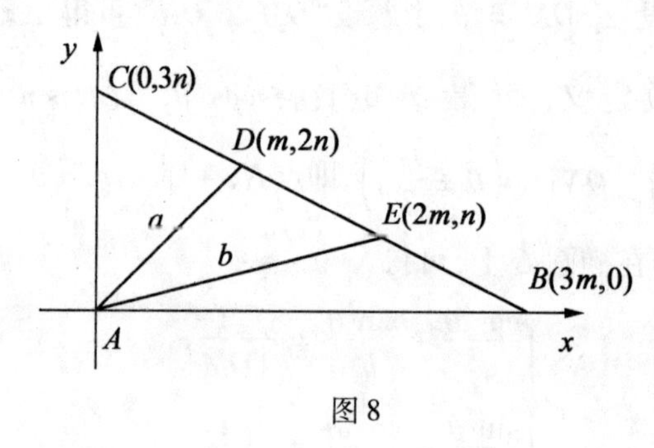

图 8

再由 $m^2>0$,$n^2>0$,可求得$\frac{a}{b}$的取值范围是$\left(\frac{1}{2},2\right)$,进而可得答案.

18. C. 设点 $M(2m,m)$,$N(2n,-n)$,得直线 PM:$y=-\frac{1}{2}x+2m$,PN:$y=\frac{1}{2}x-2n$,进而可求得其交点 $P(2(m+n),m-n)$.

所以$|PM|^2+|PN|^2=(2n)^2+(-n)^2+(2m)^2+m^2=5(m^2+n^2)$为定值.

再由点 $P(2(m+n),m-n)$ 在椭圆$\frac{x^2}{a^2}+\frac{y^2}{b^2}=1$上,可得$\frac{4(m+n)^2}{a^2}+\frac{(m-n)^2}{b^2}=1$,即

$$\left(\frac{4}{a^2}+\frac{1}{b^2}\right)(m^2+n^2)+\frac{2}{a^2b^2}(4b^2-a^2)mn=1$$

在 m^2+n^2 为定值(当然点 $P(2(m+n),m-n)$ 在已知的椭圆上)时恒成立,所以 $4b^2-a^2=0$,即$\frac{a}{b}=2$.

选项 C 正确,进而还可得选项 A,B,D 均错误.

19. **解法 1**　B. 可设该菱形的四个顶点坐标依次是$(r_1\cos\theta,r_1\sin\theta)$,$(-r_2\sin\theta,r_2\cos\theta)$,$(-r_1\cos\theta,-r_1\sin\theta)$,$(r_2\sin\theta,-r_2\cos\theta)$$(r_1,r_2\in[2,3])$,得

$$\frac{(r_1\cos\theta)^2}{4}+\frac{(r_1\sin\theta)^2}{9}=1 \tag{①}$$

$$\frac{(-r_2\sin\theta)^2}{4}+\frac{(r_2\cos\theta)^2}{9}=1 \tag{②}$$

由式 ① 和式 ② 整理得

$$\frac{\cos^2\theta}{4}+\frac{\sin^2\theta}{9}=\frac{1}{r_1^2} \tag{③}$$

$$\frac{\sin^2\theta}{4}+\frac{\cos^2\theta}{9}=\frac{1}{r_2^2} \tag{④}$$

把式 ③ 和式 ④ 相加后,可得

$$\frac{1}{r_1^2}+\frac{1}{r_2^2}=\frac{1}{4}+\frac{1}{9}=\frac{13}{36}$$

$$\frac{1}{r_1^2}\cdot\frac{1}{r_2^2}=\frac{1}{r_1^2}\left(\frac{13}{36}-\frac{1}{r_1^2}\right)\left(\frac{1}{9}\leqslant\frac{1}{r_1^2}\leqslant\frac{1}{4}\right)$$

进而可求得$\frac{1}{r_1^2}\cdot\frac{1}{r_2^2}$的取值范围是$\left[\left(\frac{1}{6}\right)^2,\left(\frac{13}{72}\right)^2\right]$,再得该菱形面积 $2r_1r_2$ 的取值范围是$\left[\frac{144}{13},12\right]$,所以选 B.

解法 2　B. 由解法 1 中式 ③ 和式 ④ 相乘,可得

$$\begin{aligned}\frac{1}{r_1^2r_2^2}&=\left(\frac{1}{16}+\frac{1}{81}\right)\sin^2\theta\cos^2\theta+\frac{1}{36}(\sin^4\theta+\cos^4\theta)\\&=\left(\frac{1}{16}+\frac{1}{81}\right)\sin^2\theta\cos^2\theta+\frac{1}{36}(1-2\sin^2\theta\cos^2\theta)\\&=\frac{25}{72^2}\sin^22\theta+\frac{1}{36}\end{aligned}$$

进而可得$\frac{1}{r_1^2r_2^2}$的取值范围是$\left[\left(\frac{1}{6}\right)^2,\left(\frac{13}{72}\right)^2\right]$,再得该四边形的面积 $2r_1r_2$ 的取值范围是$\left[\frac{144}{13},12\right]$.

注　用同样的方法还可证得该题一般情形的结论(即本书第54 ~55页定理5)成立.

20. AB. 由下面的结论可立得答案.

如图9所示,在平面直角坐标系 xOy 中,若倾斜角为 θ 且过抛物线 $\Gamma: y^2 = 2px(p>0)$ 的焦点 F 的直线与该抛物线交于两点 $A(x_1, y_1)$, $B(x_2, y_2)$(其中点 A 在 x 轴上方),弦 AB 的中点是 $M(x_0, y_0)$,点 A, M, B 在抛物线 Γ 的准线 l 上射影分别是 A_1, M_1, B_1. 则:

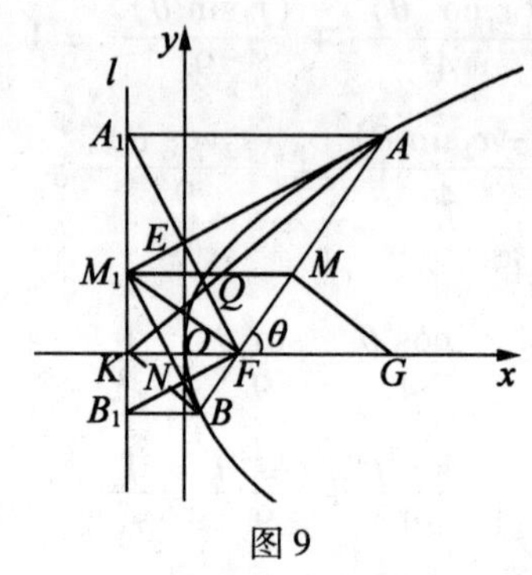

图9

(1) $|AF| = x_1 + \frac{p}{2} = \frac{p}{1-\cos\theta}$, $|BF| = x_2 + \frac{p}{2} = \frac{p}{1+\cos\theta}$, $|AB| = \frac{2p}{\sin^2\theta}$;

(2) AM_1 平分 $\angle A_1AF$, BM_1 平分 $\angle B_1BF$, FA_1 平分 $\angle AFO$, FB_1 平分 $\angle BFO$;

(3) $\angle AM_1B = 90°$,以 AB 为直径的圆与准线 l 相切于点 M_1;

(4) $M_1F \perp AB$, $|M_1F| = \frac{p}{\sin\theta}$;

(5) $\angle A_1FB_1 = 90°$,以 A_1B_1 为直径的圆与直线 AB 相切于点 F;

(6) 设 AM_1 与 y 轴交于点 E, BM_1 与 y 轴交于点 N,则 A_1, E, F 三点共线且 $AM_1 \perp A_1F$, B_1, N, F 三点共线且 $BM_1 \perp B_1F$;

(7) $AM_1 /\!/ FB_1$, $BM_1 /\!/ FA_1$;

(8) 以 AF 为直径的圆与 y 轴相切于点 E,以 BF 为直径的圆与 y 轴相切于点 N(其中点 E, N 同(6));

(9) 设线段 AB 的中垂线与 x 轴交于点 G,则四边形 $FGMM_1$ 为平行四边形,且 $|FG| = \frac{|AB|}{2}$;

(10) 设线段 MM_1 与抛物线 Γ 交于点 Q, 则 $|M_1Q| = |QM|$, $|AB| = 4|FQ|$.

证明如下:

(1) 设$|AF| = t$,可得点$A\left(\frac{p}{2} + t\cos\theta, t\sin\theta\right)$,所以$x_1 = \frac{p}{2} + t\cos\theta$.

再由抛物线的定义,可得$t = |AF| = |AA_1| = x_1 + \frac{p}{2} = p + t\cos\theta$,所以$|AF| = t = \frac{p}{1-\cos\theta}$.

同理,可证得$|BF| = x_2 + \frac{p}{2} = \frac{p}{1+\cos\theta}$.

进而可得$|AB| = |AF| + |BF| = \frac{2p}{\sin^2\theta}$,所以欲证结论成立.

(2) 由$|M_1M| = \frac{1}{2}(|A_1A| + |B_1B|) = \frac{1}{2}|AB| = |AM|$,可得$\angle M_1AM = \angle AM_1M = \angle A_1AM_1$,$AM_1$ 平分$\angle A_1AF$.

同理,可得BM_1 平分$\angle B_1BF$.

由$|AF| = |AA_1|$,可得$\angle AFA_1 = \angle AA_1F = \angle A_1FO$,$FA_1$ 平分$\angle AFO$.

同理,可得FB_1 平分$\angle BFO$.

(3) 由$M_1M \perp l$于点M_1及(2)中证得的$|M_1M| = \frac{1}{2}|AB|$可得欲证结论成立.

(4) 由(2)的结论可得$\triangle AA_1M_1 \cong \triangle AFM_1$(边角边),所以$\angle M_1FA = \angle M_1A_1A = 90°$,$M_1F \perp AB$.

再由(1)的结论及射影定理,可得$|M_1F| = \sqrt{|AF| \cdot |BF|} = \frac{p}{\sin\theta}$.

(5) 由(2)的后两个结论可得$\angle A_1FB_1 = 90°$,再由(4)的第一个结论可得以A_1B_1为直径的圆与直线AB相切于点F.

(6) 由点$A(x_1, y_1)$,可得点$A_1\left(-\frac{p}{2}, y_1\right)$,$F\left(\frac{p}{2}, 0\right)$,所以线段$A_1F$的中点$E'\left(0, \frac{y_1}{2}\right)$在$y$轴上.

由(5)的结论$\angle A_1FB_1 = 90°$及M_1是A_1B_1的中点,可得$|M_1A_1| = |M_1F|$. 再由$|AA_1| = |AF|$,可得AM_1是线段A_1F的中垂线.

因而三条直线A_1F,AM_1,y轴共点E'. 再由题设,可得点E',E重合,所以

A_1,E,F 三点共线,且 $AM_1 \perp A_1F$.

同理,可得 B_1,N,F 三点共线且 $BM_1 \perp B_1F$.

(7) 由结论(3)(6),可得 $\angle AM_1F + \angle FM_1N = 90° = \angle NFM_1 + \angle FM_1N$, $\angle AM_1F = \angle NFM_1$,所以 $AM_1 // FB_1$.

同理,可得 $BM_1 // FA_1$.

(8) 由 E 为线段 A_1F 的中点且 $\angle AEF = 90°$,设线段 AF 的中点是 R,可得 $ER \perp y$ 轴,进而可得以 AF 为直径的圆与 y 轴相切于点 E.

同理,可得以 BF 为直径的圆与 y 轴相切于点 N.

(9) 由 $M_1F \perp AB$, $MG \perp AB$,可得 $M_1F // MG$. 又因为 $M_1M // FG$,所以四边形 $FGMM_1$ 为平行四边形.

进而可得 $|FG| = |M_1M| = \dfrac{|AA_1| + |BB_1|}{2} = \dfrac{|AB|}{2}$.

(10) 在 $\mathrm{Rt}\triangle M_1FM$ 中,由 $|QF| = |QM_1|$,可得点 Q 为斜边 MM_1 的中点,所以 $|M_1Q| = |QM|$, $|AB| = 2|M_1M| = 4|FQ|$.

21. ABCD. 由余弦定理及椭圆的定义,可得

$$
\begin{aligned}
\cos\angle F_1PF_2 &= \frac{|PF_1|^2 + |PF_2|^2 - |F_1F_2|^2}{2|PF_1|\cdot|PF_2|} \\
&= \frac{(|PF_1| + |PF_2|)^2 - |F_1F_2|^2}{2|PF_1|\cdot|PF_2|} - 1 \\
&= \frac{2b^2}{|PF_1|\cdot|PF_2|} - 1
\end{aligned}
$$

所以

$$
\begin{aligned}
&\angle F_1PF_2 = 90° \\
\Leftrightarrow &\begin{cases} |PF_1|\cdot|PF_2| = 2b^2 \\ |PF_1| + |PF_2| = 2a \end{cases} \\
\Leftrightarrow &(z-a)^2 = a^2 - 2b^2(\text{其中 } z = |PF_1| \text{或} |PF_2|)
\end{aligned}
$$

进而可得选项 A,B 均正确.

设椭圆 C 的半焦距为 $c = \sqrt{a^2 - b^2}$.

可得 $\triangle F_1PF_2$ 的周长 $2a + 2c < 4a$,所以选项 C 正确.

还可得 $\triangle F_1PF_2$ 的面积 $\dfrac{1}{2}\cdot 2c\cdot|y_P| \leqslant bc \leqslant \dfrac{b^2 + c^2}{2} = \dfrac{a^2}{2}$,所以选项 D 正确.

也可由 $\triangle F_1PF_2$ 的面积$\frac{1}{2}|PF_1|\cdot|PF_2|\sin\angle F_1PF_2\leqslant\frac{1}{2}|PF_1|\cdot|PF_2|\leqslant$ $\frac{1}{2}\left(\frac{|PF_1|+|PF_2|}{2}\right)^2=\frac{a^2}{2}$,得选项 D 正确.

22. **解法**1 C. 设点 $P(x_0,y_0)\left(y_0^2=b^2-\frac{b^2}{a^2}x_0^2\right)$,可求得点 $M\left(\frac{1}{2}x_0-y_0,-\frac{1}{4}x_0+\frac{1}{2}y_0\right)$,$N\left(\frac{1}{2}x_0+y_0,\frac{1}{4}x_0+\frac{1}{2}y_0\right)$,因为

$$\begin{aligned}|MN|^2&=\frac{1}{4}x_0^2+4y_0^2\\&=\frac{1}{4}x_0^2+4\left(b^2-\frac{b^2}{a^2}x_0^2\right)\\&=\left(\frac{1}{4}-\frac{4b^2}{a^2}\right)x_0^2+4b^2(-a\leqslant x_0\leqslant a)\end{aligned}$$

为定值,所以$\frac{1}{4}=\frac{4b^2}{a^2}$,于是$\sqrt{\frac{a}{b}}=2$.

解法2 C. 可设点 $M(2m,-m)$,$N(2n,n)$,得直线 $PM:y=\frac{1}{2}x-2m$,$PN:y=-\frac{1}{2}x+2n$,进而可求得其交点 $P(2(m+n),n-m)$,所以 $|MN|^2=5\left(m^2+n^2-\frac{6}{5}mn\right)$ 为定值.

再由点 $P(2(m+n),m-n)$ 在椭圆$\frac{x^2}{a^2}+\frac{y^2}{b^2}=1$ 上,可得$\frac{4(m+n)^2}{a^2}+\frac{(m-n)^2}{b^2}=1$,即

$$\left(\frac{4}{a^2}+\frac{1}{b^2}\right)\left(m^2+n^2-\frac{6}{5}mn\right)+\frac{4}{5}\left(\frac{16}{a^2}-\frac{1}{b^2}\right)mn=1$$

在 $5\left(m^2+n^2-\frac{6}{5}mn\right)$为定值(当点 $P(2(m+n),n-m)$ 在已知的椭圆上)时恒成立,所以$\frac{16}{a^2}=\frac{1}{b^2}$,即$\sqrt{\frac{a}{b}}=2$.

选项 C 正确,进而还可得选项 A,B,D 均错误.

注 本题与 2017 年清华大学能力测试(数学部分试题)中的一道题如出一辙:

已知椭圆$\frac{x^2}{a^2}+\frac{y^2}{b^2}=1(a>b>0)$,直线$l_1:y=-\frac{1}{2}x$,直线$l_2:y=\frac{1}{2}x$,$P$为已知椭圆上的任意一点,过点$P$作$PM\parallel l_1$且与直线$l_2$交于点$M$,作$PN\parallel l_2$且与直线$l_1$交于点$N$. 若$|PM|^2+|PN|^2$为定值,则 ( )

A. $ab=2$ B. $ab=3$

C. $\frac{a}{b}=2$ D. $\frac{a}{b}=3$

(答案:C.)

23. ABD. 可设点$A(x_1,x_1^2)$,$B(x_2,x_2^2)(x_1x_2\neq0)$,由题设可得$\overrightarrow{OA}\cdot\overrightarrow{OB}=x_1x_2(1+x_1x_2)=0$,$x_1x_2=-1$,$x_2=-\frac{1}{x_1}$.

对于选项A,由$|OA|\cdot|OB|=\sqrt{x_1^2(1+x_1^2)\cdot\frac{1}{x_1^2}\left(1+\frac{1}{x_1^2}\right)}=\sqrt{2+x_1^2+\frac{1}{x_1^2}}\geqslant2$(均值不等式),可知其正确(还可得,当且仅当$x_1=\pm1$时,$|OA|\cdot|OB|=2$).

对于选项B,由选项A正确及均值不等式可得$|OA|+|OB|\geqslant2\sqrt{|OA|\cdot|OB|}\geqslant2\sqrt{2}$,所以选项B也正确(还可得,当且仅当$x_1=\pm1$时,$|OA|+|OB|=2\sqrt{2}$).

对于选项C,可得直线AB的方程为$y-x_1^2=\frac{x_2^2-x_1^2}{x_2-x_1}(x-x_1)$,即$y=(x_1+x_2)x-x_1x_2$,亦即$y=\left(x_1-\frac{1}{x_1}\right)x+1$,它不过抛物线$C$的焦点$\left(0,\frac{1}{4}\right)$,所以选项C错误.(一般性的结论是:若$A$,$B$是抛物线$C:y=ax^2$上的两个动点,且均与坐标原点$O$不重合则$OA\perp OB\Leftrightarrow$直线$AB$过定点$(a,0)$.)

对于选项D,在"对选项C"的分析中已得直线AB的方程为$y=\left(x_1-\frac{1}{x_1}\right)x+1$,它过点$(0,1)$,由"垂线段最短"可得点$O$到直线$AB$的距离不大于1,即选项D正确.

24. BCD. 若$r=0$,则集合$A=\{(0,0)\}$,$B=\{(a,b)\}$,得$A\cap B$的元素个数是0或1,与题设$A\cap B$的元素个数是2矛盾!所以$r\neq0$.

因而题设即两个半径均为$|r|$的圆$O:x^2+y^2=r^2$与圆$C:(x-a)^2+(y-b)^2=r^2$交于相异的两点$M(x_1,y_1)$,$N(x_2,y_2)$(图10).

所以$0<|OC|<2|r|$,即$0<a^2+b^2<4r^2$,得选项A错误.

可得四边形$OMCN$是菱形,其两条对角线OC与MN互相垂直平分,进而可得选项B,C均正确.

由$|MO|^2=|MC|^2$,可得$x_1^2+y_1^2=(x_1-a)^2+(y_1-b)^2$,即$a^2+b^2=2ax_1+2by_1$,所以选项D正确.

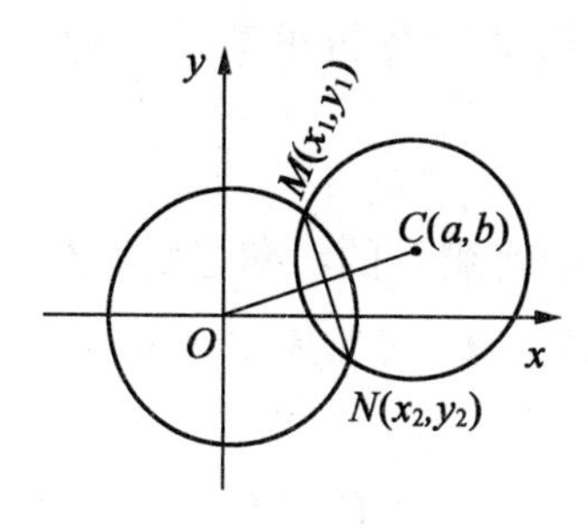

图10

把两个圆的方程相减后,可求得其公共弦所在直线的方程MN:$2ax+2by-a^2-b^2=0$,再由点$M(x_1,y_1)$在该直线上,也可得选项D正确.

25. ABD. 如图11所示:区域D表示过点$P(-1,-2)$的直线$y+2=k(x+1)$的下方(因为点$(-\infty,0)$满足不等式$y+2\leqslant k(x+1)$)与正方形$ABCD$(可得其边长为$2\sqrt{2}$,所以其面积为8)围成的图形.

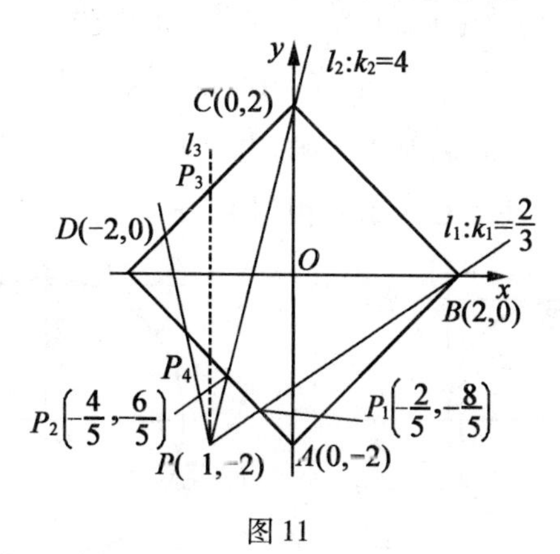

图11

选项A正确:若$S=4$(为正方形$ABCD$面积的一半),则直线$y+2=k(x+1)$过坐标原点,所以该直线的斜率$k=\frac{-2}{-1}=2$.

选项B正确:在图11中可得$|AP_1|=\frac{2}{5}\sqrt{2}$,$S_{\triangle ABP_1}=\frac{1}{2}\cdot 2\sqrt{2}\cdot\frac{2}{5}\sqrt{2}=\frac{4}{5}$,

所以存在 $k \in \left(0,\frac{2}{3}\right)$，使得 $S=\frac{1}{2}$；当 k 不存在时，$S_{\triangle DP_3P_4}=1$，可得 $k_{PD}=\frac{0-(-2)}{(-2)-(-1)}=-2$，所以存在 $k\in(-\infty,-2)$，使得 $S=\frac{1}{2}$.（还可得：若 $S=\frac{1}{2}$，则 k 的值有且仅有 2 个.）

选项 C 错误：由对选项 B 的分析可知，当且仅当 $k\in(-\infty,-2)\cup\left(0,\frac{2}{3}\right]$ 时，D 为三角形.

选项 D 正确：由图 11 中直线 l_2 的斜率是 4 可得.

26. ACD. 若 $(a,b)(a,b\in\mathbf{Z})$ 是圆周 $x^2+y^2=r^2$ 上的一个整点，可得 $r\neq 0$，所以 a,b 不同时为 0.

（1）若点 $(a,b)(a=0,b\neq 0)$ 在圆周 $x^2+y^2=r^2$ 上，则四个两两互异的点 $(0,\pm b)$，$(\pm b,0)$ 也均在该圆周上.

（2）若点 $(a,b)(a\neq 0,b=0)$ 在圆周 $x^2+y^2=r^2$ 上，则四个两两互异的点 $(\pm a,0)$，$(0,\pm a)$ 也均在该圆周上.

（3）若点 $(a,b)(ab\neq 0,a=b)$ 在圆周 $x^2+y^2=r^2$ 上，则四个两两互异的点 $(\pm a,a)$，$(\pm a,-a)$ 也均在该圆周上.

（4）若点 $(a,b)(ab\neq 0,a\neq b)$ 在圆周 $x^2+y^2=r^2$ 上，则八个两两互异的点 $(\pm a,b)$，$(\pm a,-b)$，$(\pm b,a)$，$(\pm b,-a)$ 也均在该圆周上.

所以题设中的 n 一定是 4 的倍数，因而排除选项 B.

由图 12（$r=1$）可知，选项 A 正确；由图 13（$r=\sqrt{10}$）可知，选项 C 正确（当 $r=\sqrt{5}$ 时，也可得选项 C 正确）；由图 14（$r=5$）可知，选项 D 正确.

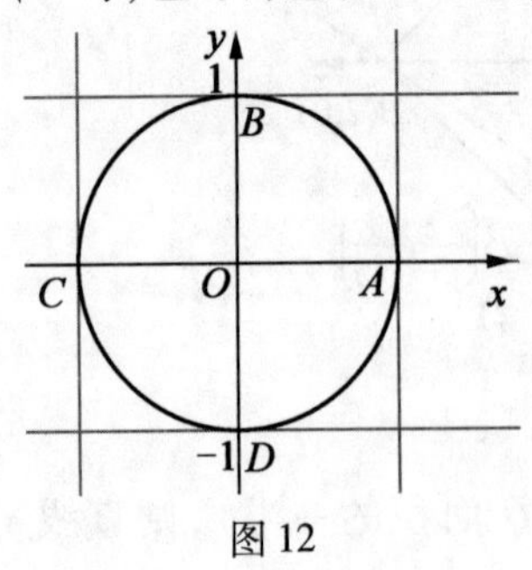

图 12

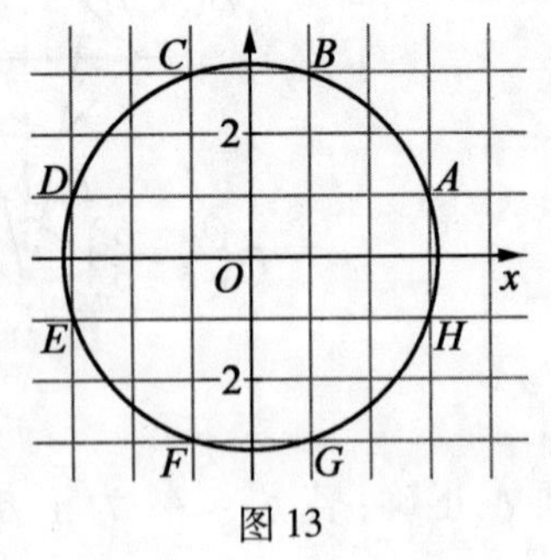

图 13

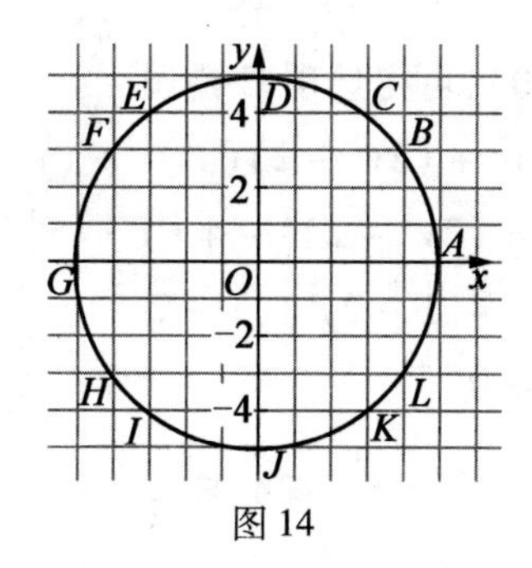

图 14

27. BC. 把选项 A 中的方程化成直角坐标方程为 $x+y=1$,它表示直线,所以选项 A 错误.

把选项 B 中的方程化成直角坐标方程为

$$2\sqrt{x^2+y^2}=1-y \quad (y\leqslant 1)$$

$$\frac{x^2}{\frac{1}{3}}+\frac{\left(y+\frac{1}{3}\right)^2}{\frac{4}{9}}=1$$

所以选项 B 正确.

把选项 C 中的方程化成直角坐标方程为

$$2\sqrt{x^2+y^2}=1+x \quad (x\geqslant -1)$$

$$\frac{\left(x-\frac{1}{3}\right)^2}{\frac{4}{9}}+\frac{y^2}{\frac{1}{3}}=1$$

所以选项 C 正确.

把选项 D 中的方程化成直角坐标方程为

$$\sqrt{x^2+y^2}=1-2y \quad \left(y\leqslant\frac{1}{2}\right)$$

$$\frac{\left(y-\frac{2}{3}\right)^2}{\frac{1}{9}}-\frac{x^2}{\frac{1}{3}}=1 \quad \left(y\leqslant\frac{1}{3}\right)$$

所以选项 D 错误.

28. **解法 1**　ABD. 设 $f(x,y)=y^4+(2x^2+2)y^2+(x^4-2x^2)$,可得 $f(x,y)=f(x,-y)=f(-x,y)=f(-x,-y)$,所以曲线 L 关于 x 轴、y 轴、坐标原点均对称,因而选项 A,B 均正确.

由曲线 L 经过点$(\sqrt{2},0)$,可得选项C错误.

由$f(x,y)=0$,即$(x^2)^2+(2y^2-2)(x^2)^1+(y^4+2y^2)=0$,可得

$$\begin{aligned}\Delta&=(2y^2-2)^2-4\cdot 1\cdot(y^4+2y^2)\\&=4(1+2y^2)(1-2y^2)\\&\geqslant 0\end{aligned}$$

即
$$-\frac{1}{2}\leqslant y\leqslant\frac{1}{2}$$

所以选项D正确.

解法2 ABD.由$y^4+(2x^2+2)y^2+(x^4-2x^2)=0$,可得

$$(y^2)^2+(2x^2+2)(y^2)^1+(x^4-2x^2)=0$$

$$y^2=\frac{-(2x^2+2)\pm\sqrt{(2x^2+2)^2-4\cdot 1\cdot(x^4-2x^2)}}{2}$$

$$y^2=\sqrt{4x^2+1}-x^2-1$$

曲线 L 关于 x 轴、y 轴、坐标原点均对称,因而选项A,B均正确.

若选项C正确,可得$x^2+y^2=\sqrt{4x^2+1}-1\leqslant 1$, $-\frac{\sqrt{3}}{2}\leqslant x\leqslant\frac{\sqrt{3}}{2}$,这与曲线$L$:$y^2=\sqrt{4x^2+1}-x^2-1$过点$(\sqrt{2},0)$矛盾!所以选项C错误.

在曲线 L 中,可设$x=\frac{1}{2}\tan\theta\left(-\frac{\pi}{2}<\theta<\frac{\pi}{2}\right)$,得

$$\begin{aligned}y^2&=-\frac{1}{4}\left(\frac{1}{\cos\theta}\right)^2+\frac{1}{\cos\theta}-\frac{3}{4}\\&=\frac{1}{4}-\frac{1}{4}\left(\frac{1}{\cos\theta}-2\right)^2\\&\leqslant\frac{1}{4}\left(\frac{1}{\cos\theta}\geqslant 1\right)\end{aligned}$$

即
$$-\frac{1}{2}\leqslant y\leqslant\frac{1}{2}$$

所以选项D正确.

29. D.通过画图知,所得曲线是焦点在 y 轴上,实轴长为$2\sqrt{2}$的等轴双曲线.

30. D.由$\rho=\dfrac{\dfrac{k}{k^2+1}}{1-\dfrac{2k}{k^2+1}\cos\theta}$,可得$0<e=\dfrac{2k}{k^2+1}\leqslant 1$,由此知选D.

31. **解法1** A. 如图15所示，可得点 $F(1,0)$，$C(-1,0)$，直线 $AB:y=x-1$，再得点 $A(3+2\sqrt{2},2+2\sqrt{2})$，$B(3-2\sqrt{2},2-2\sqrt{2})$，所以，再由到角公式可求得

$$\tan\angle ACB=\frac{k_{CA}-k_{CB}}{1+k_{CA}k_{CB}}=2\sqrt{2}$$

解法2 A. 如图15所示，同解法1，可求得点 $A(3+2\sqrt{2},2+2\sqrt{2})$，$B(3-2\sqrt{2},2-2\sqrt{2})$，$C(-1,0)$，所以

$$\begin{aligned}\overrightarrow{CA}&=(4+2\sqrt{2},2+2\sqrt{2})\\&=(2+2\sqrt{2})\cdot(\sqrt{2},1)\\\overrightarrow{CB}&=(4-2\sqrt{2},2-2\sqrt{2})\\&=(2\sqrt{2}-2)\cdot(\sqrt{2},-1)\end{aligned}$$

进而可得

$$\cos\angle ACB=\frac{(\sqrt{2},1)\cdot(\sqrt{2},-1)}{|(\sqrt{2},1)|\cdot|(\sqrt{2},-1)|}=\frac{1}{3}$$

$$\tan\angle ACB=2\sqrt{2}$$

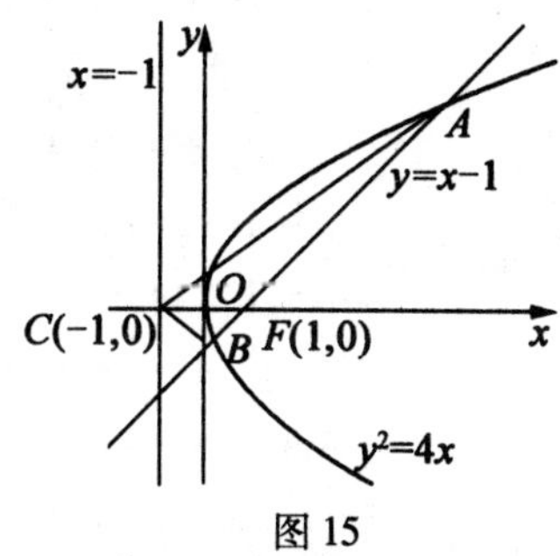

图15

解法3 A. 同解法1，可得抛物线 $y^2=4x$ 的准线 $l:x=-1$，焦点 $F(1,0)$，直线 $AB:y=x-1$.

如图16所示，作 $AA'\perp l$ 于点 A'，$BB'\perp l$ 于点 B'，可设 $\angle ACF=\angle CAA'=\alpha$，$\angle BCF=\angle CBB'=\beta\left(\alpha,\beta\in\left(0,\frac{\pi}{2}\right)\right)$.

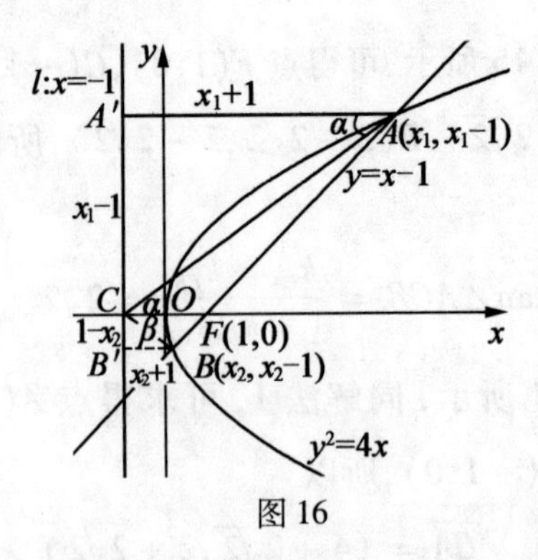

图 16

还可设点 $A(x_1, x_1-1), B(x_2, x_2-1)(0<x_2<1<x_1)$，由抛物线的定义可得

$$\tan\alpha=\frac{|A'C|}{|AA'|}=\frac{x_1-1}{x_1+1}$$

$$\tan\beta=\frac{|B'C|}{|BB'|}=\frac{1-x_2}{x_2+1}$$

所以

$$\tan\alpha+\tan\beta=\frac{x_1-1}{x_1+1}+\frac{1-x_2}{x_2+1}=\frac{2(x_1-x_2)}{x_1x_2+x_1+x_2+1}$$

$$\tan\alpha\tan\beta=\frac{x_1-1}{x_1+1}\cdot\frac{1-x_2}{x_2+1}=\frac{-x_1x_2+x_1+x_2-1}{x_1x_2+x_1+x_2+1}$$

再得

$$\tan\angle ACB=\tan(\alpha+\beta)=\frac{\tan\alpha+\tan\beta}{1-\tan\alpha\tan\beta}=\cdots=\frac{x_1-x_2}{x_1x_2+1}=\frac{\sqrt{(x_1+x_2)^2-4x_1x_2}}{x_1x_2+1}$$

由 $\begin{cases}y=x-1\\y^2=4x\end{cases}$，可得 $x^2-6x+1=0$，并且 x_1, x_2 是该一元二次方程的两个根，所以

$$x_1 + x_2 = 6$$

$$x_1 x_2 = 1$$

进而可求得 $\tan\angle ACB = 2\sqrt{2}$.

32. A. 设抛物线方程为 $y^2 = 2px$,点 $A(x_A, y_A)$,$B(x_B, y_B)$,$C(x_C, y_C)$.

由$\begin{cases} y^2 = 2px \\ 4x + y - 20 = 0 \end{cases}$,可得 $2y^2 + py - 20p = 0$.

所以 $y_B + y_C = -\frac{p}{2}$,$x_B + x_C = 10 - \frac{y_B + y_C}{4} = 10 + \frac{p}{8}$.

由 $\triangle ABC$ 的重心是抛物线的焦点 $F\left(\frac{p}{2}, 0\right)$,可得

$$\begin{cases} x_A + x_B + x_C = x_A + 10 + \frac{p}{8} = \frac{3p}{2} \\ y_A + y_B + y_C = y_A - \frac{p}{2} = 0 \end{cases}$$

$$\begin{cases} x_A = \frac{11p}{8} - 10 \\ y_A = \frac{p}{2} \end{cases}$$

再由 $y_A^2 = 2px_A$,可求得 $p = 8$,所以选 A.

33. D. 选项 A,B,C,D 化为普通方程分别为:$x^2 + y^2 + 2x + 2\sqrt{3}y = 5$,$x^2 + y^2 - 6x - 4y = 0$,$x^2 + y^2 - x = 1$,$x^2 - y^2 + 2x + 2y - 1$,前三者均表示圆,第四者表示双曲线.

34. 如图 17 所示,椭圆$\frac{x^2}{25} + \frac{y^2}{16} = 1$ 上的点到圆 $x^2 + (y - 6)^2 = 1$ 上的点的距离的最大值 = 椭圆上的动点到圆心的最大距离 + 圆的半径. 设圆 $x^2 + (y - 6)^2 = 1$ 的圆心为 O',$P(5\cos\theta, 4\sin\theta)$ 是椭圆$\frac{x^2}{25} + \frac{y^2}{16} = 1$ 上的动点,可得

$$\begin{aligned} |PO'|^2 &= \cdots = 125 - (8 + 3\sin\theta)^2 \\ &\leqslant 125 - (8 - 3)^2 \\ &= 100 \end{aligned}$$

即 $|PO'|_{\max} = 10$,所求最大值是 11.

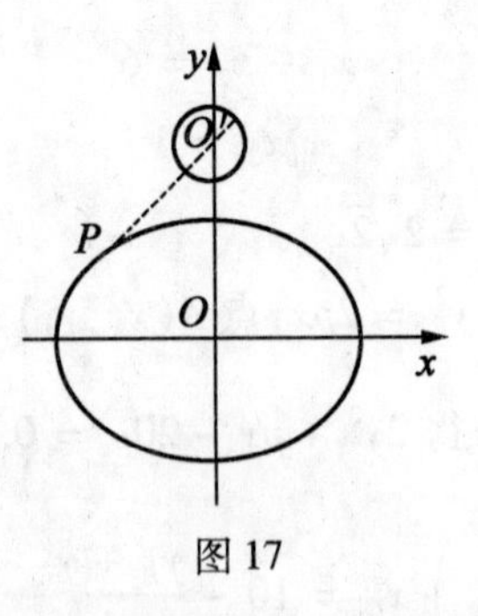

图 17

35. B. 动直线 $y = mx + b$ 过定点 $(0,b)$，该定点应在椭圆内，即选 B.

36. D. 由题设可得 $\dfrac{4}{2a\sqrt{k}} = \dfrac{\sqrt{a^2-4}}{a}$，$k = \dfrac{4}{a^2-4}$.

把椭圆 C_2 的右准线 $x = \dfrac{a^2}{\sqrt{a^2-4}}$ 代入双曲线 $C_1: \dfrac{x^2}{a^2} - \dfrac{y^2}{4} = \dfrac{4}{a^2-4}$ 的方程后，可得 $y \pm 2$，所以截得的线段长为 4.

37. B. 如图 18 所示，可证 $AC \perp BC$，$CF \perp AB$，再由射影定理可得答案.

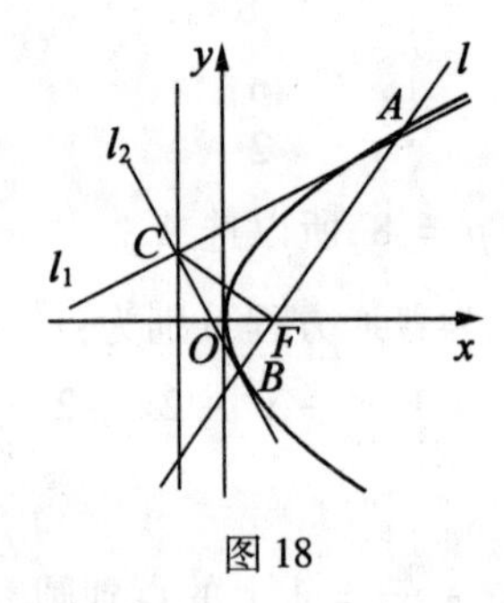

图 18

38. C. 根据题设，可设

$$C_1: \frac{(y-1)^2}{a^2} - \frac{(x-1)^2}{b^2} = 1(a > b > 0)$$

$$C_2: \frac{(y-1)^2}{A^2} - \frac{(x-1)^2}{B^2} = 1(B > A > 0)$$

且 $\dfrac{1}{a^2} - \dfrac{1}{b^2} = \dfrac{1}{A^2} - \dfrac{1}{B^2} = 1$，所以 $\dfrac{1}{a^2} + \dfrac{1}{B^2} = \dfrac{1}{b^2} + \dfrac{1}{A^2}$.

又因为 $k_1k_2 = 1$，所以 $\dfrac{a}{b} \cdot \dfrac{B}{A} = 1$，$\dfrac{2}{aB} = \dfrac{2}{bA}$.

由此，可得

$$\begin{cases}\left(\frac{1}{a}+\frac{1}{B}\right)^2=\left(\frac{1}{A}+\frac{1}{b}\right)^2\\\left(\frac{1}{a}-\frac{1}{B}\right)^2=\left(\frac{1}{A}-\frac{1}{b}\right)^2\end{cases}$$

$$\begin{cases}\frac{1}{a}+\frac{1}{B}=\frac{1}{A}+\frac{1}{b}\\\frac{1}{a}-\frac{1}{B}=\frac{1}{A}-\frac{1}{b}\end{cases}\text{或}\begin{cases}\frac{1}{a}+\frac{1}{B}=\frac{1}{b}+\frac{1}{A}\\\frac{1}{a}-\frac{1}{B}=\frac{1}{b}-\frac{1}{A}\end{cases}$$

再由 $a>b>0,B>A>0$,可得 $a=A,b=B$,所以 $e_1=e_2,\frac{e_1}{e_2}=1$.

39. C. 用斜率理解$\frac{y+1}{x}$的几何意义,作图后可知点$(0,-1)$在直线 $x-ky-2=0$ 上,所以 $k=2$.

40. B. 任取双曲线 $x^2-y^2=1$ 上的点(x_0,y_0),设其关于圆周 C 的对称点为(x_0t,y_0t),得$\sqrt{x_0^2+y_0^2}\cdot\sqrt{x_0^2t^2+y_0^2t^2}=1$,即$|t|=\frac{1}{x_0^2+y_0^2}$.

令 $x=x_0t,y=y_0t$,得

$$x^2=x_0^2t^2=\frac{x_0^2}{(x_0^2+y_0^2)^2}$$

$$y^2=y_0^2t^2=\frac{y_0^2}{(x_0^2+y_0^2)^2}$$

$$x^2-y^2=\frac{x_0^2-y_0^2}{(x_0^2+y_0^2)^2}$$

$$=\frac{1}{(x_0^2+y_0^2)^2}$$

$$x^2+y^2=\frac{x_0^2+y_0^2}{(x_0^2+y_0^2)^2}$$

$$=\frac{1}{x_0^2+y_0^2}$$

$$x^2-y^2=(x^2+y^2)^2$$

此即点 P^* 的轨迹方程.

41. B. 由题意可得$\begin{cases}x=x'\cos\theta-y'\sin\theta\\y=x'\sin\theta+y'\cos\theta\end{cases}$,代入 $3x^2-2\sqrt{3}xy+5y^2-6=0$ 后,并注意 xy 项的系数为0,得

$$-6\sin\theta\cos\theta-2\sqrt{3}(\cos^2\theta-\sin^2\theta)+10\sin\theta\cos\theta=0$$

$$\sin 2\theta - \sqrt{3}\cos 2\theta = 0$$

$$2\sin\left(2\theta - \frac{\pi}{3}\right) = 0$$

$$2\theta - \frac{\pi}{3} = k\pi$$

$$\theta = \frac{k\pi}{2} + \frac{\pi}{6}(k \in \mathbf{Z})$$

且
$$\begin{cases}\sin 2\theta = \frac{\sqrt{3}}{2}\\ \cos 2\theta = \frac{1}{2}\end{cases} 或 \begin{cases}\sin 2\theta = -\frac{\sqrt{3}}{2}\\ \cos 2\theta = -\frac{1}{2}\end{cases}$$

对于前者,可得椭圆$\frac{x'^2}{3} + y'^2 = 1$;对于后者,可得椭圆 $x'^2 + \frac{y'^2}{3} = 1$.

所以选 B.

42. C. 由题意可得题设中的三条直线共点或仅有两条平行,进而可得直线 $x + ky = 0$(即图 19 中的虚线) 的位置有三种情形(图 19).

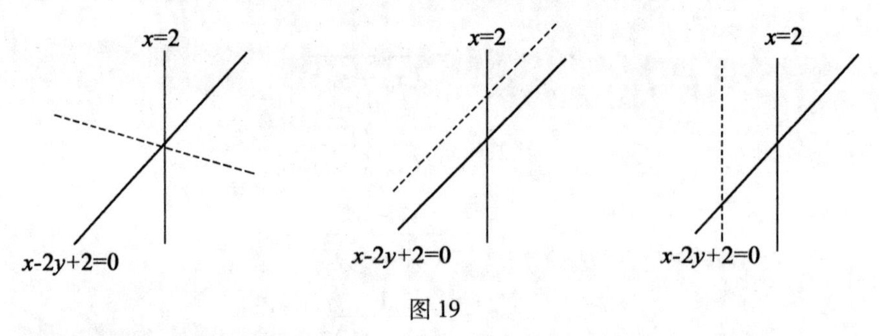

图 19

由此可求得 $k = -1, -2, 0$.

43. D. 由于最短的弦 $l_1 \perp OP$,所以直线 $l_1: ax + by - a^2 - b^2 = 0$,可得 $l_1 \perp l_2$.

由 $a^2 + b^2 < r^2$,可得圆心 O 到直线 l_2 的距离为$\frac{r^2}{\sqrt{a^2 + b^2}} > r$,所以直线 l_2 与圆 O 相离.

44. C. 得点 O 到直线 l 的距离为$\frac{1}{2}$,即$\frac{|m|}{\sqrt{5}} = \frac{1}{2}, m = \pm\frac{\sqrt{5}}{2}$.

45. A. 由椭圆定义可求得 $|PF_1| = \frac{5}{3}\sqrt{6}, |PF_2| = \frac{\sqrt{6}}{3}$. 由余弦定理可求得

$\cos\angle F_1PF_2 = \dfrac{1}{5}$，$\sin\angle F_1PF_2 = \dfrac{2}{5}\sqrt{6}$，所以 $\triangle PF_1F_2$ 的面积为$\dfrac{1}{2}|PF_1|\cdot|PF_2|\sin\angle F_1PF_2 = \dfrac{2}{3}\sqrt{6}$.

46. D. 因为可证以 AB 为直径的圆与准线相切.

47. C. 设 PF_1 的中点是 A，可得 $|AF_1| = |AF_2| = |AP|$，所以 $PF_2 \perp x$ 轴. 由通径长是$\dfrac{2b^2}{a}$知，$|PF_2| = \dfrac{\sqrt{3}}{2}$. 再由椭圆的定义，得 $|PF_1| = \dfrac{7}{2}\sqrt{3}$，所以 $|PF_1|$是$|PF_2|$的 7 倍.

48. B. 若 $\angle F_1PF_2 = 90°$，可得$\begin{cases}|PF_1| + |PF_2| = 8\\|PF_1|^2 + |PF_2|^2 = |F_1F_2|^2 = 28\end{cases}$，即$\begin{cases}|PF_1| + |PF_2| = 8\\|PF_1|\cdot|PF_2| = 18\end{cases}$，但此方程组无解，所以 $\angle F_1PF_2 \neq 90°$.

因而可不妨设 $\angle PF_1F_2 = 90°$，由通径长是$\dfrac{2b^2}{a}$，可得点 P 到 x 轴的距离为$\dfrac{b^2}{a} = \dfrac{9}{4}$.

49. B. 如图20所示，集合 A 表示抛物线 $y = x^2$ 的内部（即含焦点的区域）和该抛物线上的点组成的区域，集合 B 表示圆 $x^2 + (y - a)^2 = 1$ 的内部和该圆上的点组成的区域.

由$\begin{cases}y = x^2\\x^2 + (y - a)^2 = 1\end{cases}$，可得 $y^2 + (1 - 2a)y + a^2 - 1 = 0$.

因为 $A \cap B = B$，即 $B \subseteq A$，所以由题意可得 $\Delta = 5 - 4a \leqslant 0$，$a \geqslant \dfrac{5}{4}$，所以选 B.

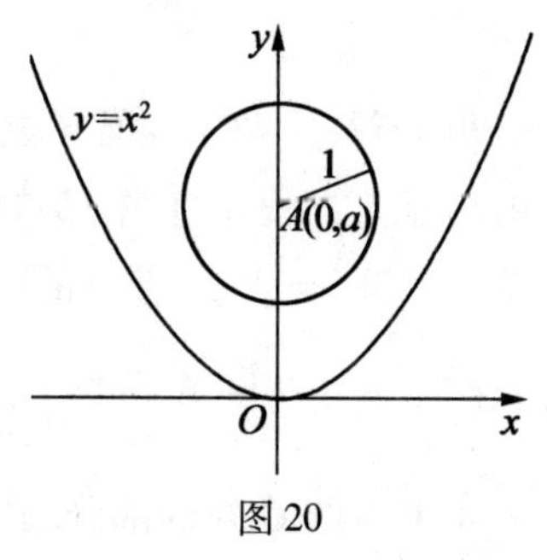

图 20

50. 如图 21 所示建立平面直角坐标系，可得点 $A\left(0,\dfrac{\sqrt{3}}{2}a\right)$，$E\left(-\dfrac{a}{6},0\right)$，

$C\left(\frac{a}{2},0\right),D\left(-\frac{a}{6},\frac{\sqrt{3}}{3}a\right)$,所以 $k_{AE}=3\sqrt{3},k_{CD}=-\frac{\sqrt{3}}{2}$.

再由两直线的夹角公式,可求得答案.

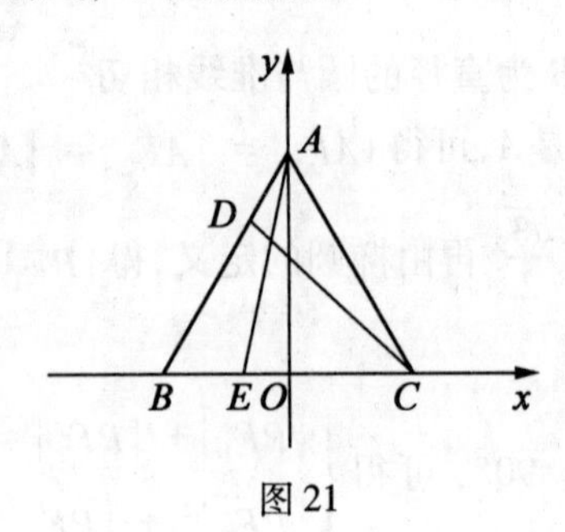

图 21

51. B. 可得方程组 $\begin{cases}x^2+(y-1)^2=1\\x^2+\frac{(y+1)^2}{9}=1\end{cases}$ 的解为 $(x,y)=(0,2)$,

$\left(\pm\frac{\sqrt{3}}{2},\frac{1}{2}\right)$,联结这三个点得边长为$\sqrt{3}$ 的等边三角形.

52. A. 可得$\overrightarrow{AB}=(3,-4),\overrightarrow{AC}=(-8,-6),\frac{\overrightarrow{AB}}{|\overrightarrow{AB}|}+\frac{\overrightarrow{AC}}{|\overrightarrow{AC}|}=\left(-\frac{1}{5},-\frac{7}{5}\right)$.

因为两个单位向量$\frac{\overrightarrow{AB}}{|\overrightarrow{AB}|},\frac{\overrightarrow{AC}}{|\overrightarrow{AC}|}$可以是一个菱形的一组邻边,所以 $\angle A$ 的平分线所在直线的一个方向向量是$\left(-\frac{1}{5},-\frac{7}{5}\right)$,所以该直线的斜率 $k=7$,进而可得答案.

53. A. 由离心率 $e=C_m^n>1$,得 $m>n$,再得不同的 e 只有6个值 $C_5^1,C_5^2,C_4^1,C_4^2,C_3^1,C_2^1$. 所以共有 6 条.

注 此题也是 2015 年湖南省高中数学竞赛试卷(A 卷) 第 4 题.

54. B. 设点 $Q(x',y')$,由切点弦方程知直线 AB 的方程是 $x'x+y'y=4$. 又点 $P(1,3)$ 在该直线上,所以 $x'+3y'=1$,即点 Q 的轨迹在直线 $x+3y=4$ 上.

由$\frac{4}{\sqrt{10}}<2$ 可得直线 $x+3y=4$ 与圆 C 相交,又因为点 Q 在圆 C 外,所以点 Q 的轨迹为直线 $x+3y=4$ 上在圆 C 外的部分.

55. A. 由圆锥曲线的第二定义可证.

56. A. (过程略.)

57. E. 由方程组$\begin{cases}x^2+y^2=a^2\\y=x^2-a\end{cases}$，可得

$$x^2+(x^2-a)^2=a^2$$
$$x^2(x^2-2a+1)=0$$
$$x=0\text{或}x^2=2a-1(x\neq0)$$

因为x的值有且仅有3个，所以$2a-1>0,a>\frac{1}{2}$.

且当$a>\frac{1}{2}$时，题设中两条曲线的三个公共点是$(0,-a)$，$(\sqrt{2a-1},a-1)$，$(-\sqrt{2a-1},a-1)$.

综上所述，可得所求答案是E.

58. D. 可设椭圆的方程为$\frac{x^2}{a^2}+\frac{y^2}{b^2}=1(a>b>0)$，再设$c=\sqrt{a^2-b^2}$.

再由$\angle B_2PA_2$是钝角可得

$$\overrightarrow{B_1A_2}\cdot\overrightarrow{F_2B_2}=(a,-b)\cdot(-c,-b)$$
$$=b^2-ac<0$$
$$\left(\frac{c}{a}\right)^2+\frac{c}{a}-1>0$$
$$\frac{\sqrt{5}-1}{2}<\frac{c}{a}<1$$

59. A. 设圆O_1和圆O_2的半径分别是r_1,r_2，$|O_1O_2|=2c$，可得圆P的圆心轨迹是焦点均为O_1,O_2离心率分别为$\frac{2c}{r_1+r_2}$或$\frac{2c}{|r_1-r_2|}$的曲线（当$r_1=r_2$时，线段O_1O_2的中垂线是轨迹的一部分；当$c=0$时，轨迹是两个同心圆）. 当$r_1=r_2$且$r_1+r_2<2c$时，圆P的圆心轨迹即选项B；当$0<2c<|r_1-r_2|$时，圆P的圆心轨迹即选项C；当$r_1\neq r_2$且$r_1+r_2<2c$时，圆P的圆心轨迹即选项D. 因为选项A中的椭圆和双曲线的焦点不重合，所以圆P的圆心轨迹不可能是选项A.

60. D. 如图22所示，作$F_2H\perp F_1P$于点H，可得点H是线段F_1P的中点.

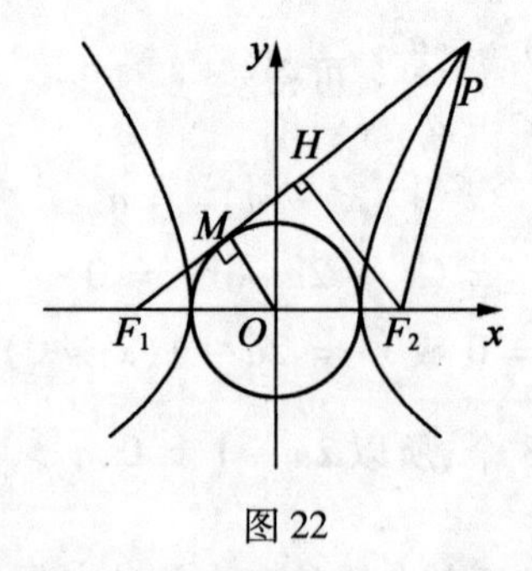

图 22

再作 $OM\perp F_1P$ 于点 M，可得点 M 是线段 F_1H 的中点，所以 $|PF_1|=4|MF_1|$.

在 $\mathrm{Rt}\triangle OMF_1$ 中，可得 $|OM|=a,|OF_1|=c(c=\sqrt{a^2+b^2}),|MF_1|=b$，所以 $|PF_1|=4b$.

再由双曲线的定义，可得 $|PF_1|-|PF_2|=2a$，即 $4b-2c=2a$，进而可求得答案.

61. A. 我们先证明“当且仅当椭圆上的点（非长轴的端点）在短轴的端点处时，它与该椭圆的长轴形成的张角最大”.

不妨设椭圆 $\Gamma:\dfrac{x^2}{a^2}+\dfrac{y^2}{b^2}=1(a>b>0,c=\sqrt{a^2-b^2})$，其左、右顶点分别是 $P(-a,0),Q(a,0)$. 设椭圆 Γ 上的动点 N（非长轴的端点）在上方，可设点 $N(a\cos\theta,b\sin\theta)(0<\theta<\pi)$.

可得

$$\begin{aligned}\overrightarrow{PN}&=(a\cos\theta+a,b\sin\theta)\\&=2\cos\frac{\theta}{2}\left(a\cos\frac{\theta}{2},b\sin\frac{\theta}{2}\right)\\\overrightarrow{QN}&=(a\cos\theta-a,b\sin\theta)\\&=2\sin\frac{\theta}{2}\left(-a\sin\frac{\theta}{2},b\cos\frac{\theta}{2}\right)\end{aligned}$$

所以

$$\begin{aligned}\cos\angle PNQ&=\frac{\overrightarrow{NP}\cdot\overrightarrow{NQ}}{|\overrightarrow{NP}|\cdot|\overrightarrow{NQ}|}\\&=\frac{\overrightarrow{PN}\cdot\overrightarrow{QN}}{|\overrightarrow{PN}|\cdot|\overrightarrow{QN}|}\end{aligned}$$

$$= \frac{-\frac{c^2}{2}\sin\theta}{\sqrt{b^2 + c^2\cos^2\frac{\theta}{2}} \cdot \sqrt{b^2 + c^2\sin^2\frac{\theta}{2}}}$$

$$= \frac{-c^2\sin\theta}{\sqrt{4a^2b^2 + c^4\sin^2\theta}}$$

$$= \frac{-c^2}{\sqrt{\frac{4a^2b^2}{\sin^2\theta} + c^4}}(0 < \theta < \pi)$$

$$\tan\angle PNQ = \frac{-2ab}{c^2\sin\theta}(0 < \theta < \pi)$$

从而当且仅当 $\theta = \frac{\pi}{2}$ 即点 N 是椭圆 Γ 的上顶点时 $\angle PNQ$ 最大,进而可得欲证结论成立.

由“椭圆 $C: \frac{x^2}{3} + \frac{y^2}{m} = 1$” 可得 $m \in (0,3) \cup (3, +\infty)$.

(1) 当 $m \in (0,3)$ 时,“C 上存在点 M 满足 $\angle AMB = 120°$”,即 $\angle ATB \geqslant 120°$,也即 $\angle ATO \geqslant 60°$(其中 T,O 分别是椭圆 C 的上顶点和坐标原点),所以 $\tan\angle ATO = \frac{\sqrt{3}}{\sqrt{m}} \geqslant \tan 60° = \sqrt{3}$,得此时 m 的取值范围是$(0,1]$.

(2) 当 $m \in (3, +\infty)$ 时,同理可求得此时 m 的取值范围是$[9, +\infty)$.

综上所述,可得答案.

62. D. 可设点 $P(6\cos\theta, 2\sin\theta)$,$Q(\cos\alpha, 3\sin\alpha)$,得$\overrightarrow{OP} \cdot \overrightarrow{OQ} = 6\cos(\theta - \alpha) \leqslant 6$,进而可得 $w = 6$.

当$\overrightarrow{OP} \cdot \overrightarrow{OQ} = 6$ 时,$\cos(\theta - \alpha) = 1$,此时 $\theta = \alpha + 2k\pi(k \in \mathbf{Z})$,即$\overrightarrow{OP}$与$\overrightarrow{OQ}$同向. 进而可得答案.

63. **解法1** A. 如图23所示,过点 M 作圆 O 的两条切线 MA,MB,切点分别为 A,B,由题设得 $\angle OMB \geqslant \angle OMN = 45°$,所以 $\angle AMB \geqslant 90°$,得 $x_0 \in [-1, 1]$.

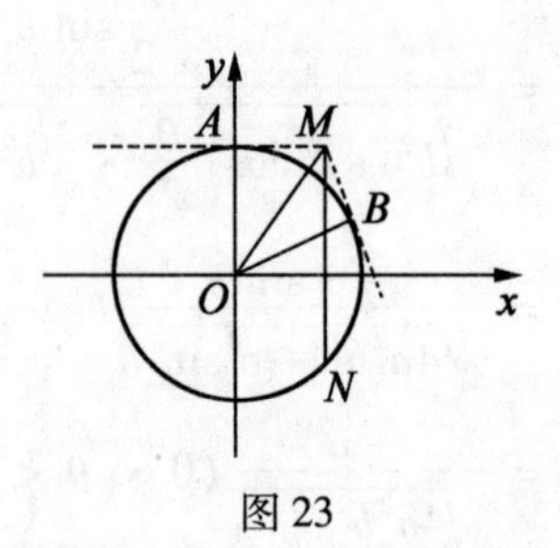

图23

解法2 A. 如图24所示，过点 O 作 $OP \perp MN$ 于点 P，得 $|OP| = |OM|\sin 45° \leqslant 1$，$|OM| = \sqrt{x_0^2+1} \leqslant \sqrt{2}$，$x_0 \in [-1,1]$.

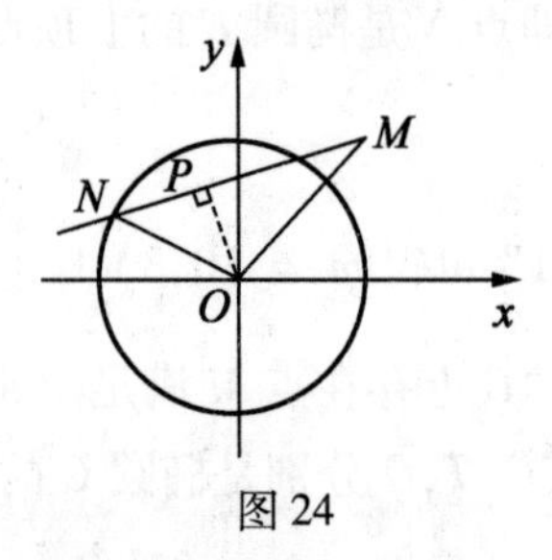

图24

解法3 A. 如图25所示，在 $\triangle OMN$ 中，$ON = 1$，$\angle OMN = 45°$，所以 $\triangle OMN$ 的外接圆直径为 $2R = \dfrac{ON}{\sin\angle OMN} = \sqrt{2}$. 因此，点 M 在直径为 $\sqrt{2}$ 的动圆 C 上.

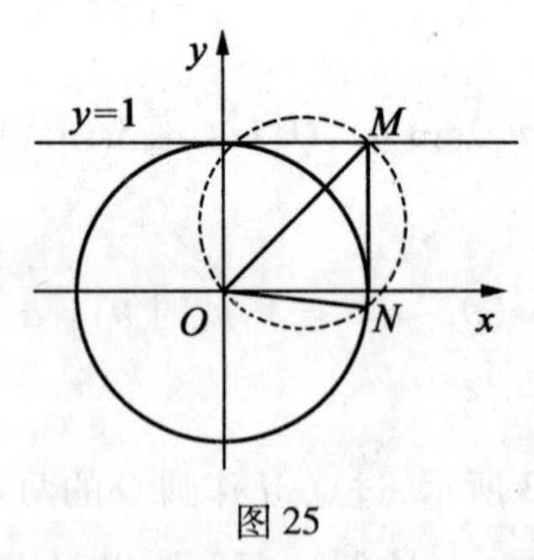

图25

注 这里再编写一道这类题:

已知圆 $C: x^2+y^2=2$，直线 $l: x+2y-4=0$，点 $P(x_0,y_0)$ 在直线 l 上. 若存在圆 C 上的点 Q，使得 $\angle OPQ = 45°$（O 为坐标原点），则 x_0 的取值范围是

（　　）

A. $[0,1]$　　　　B. $\left[0,\dfrac{8}{5}\right]$

C. $\left[-\frac{1}{2},1\right]$　　D. $\left[-\frac{1}{2},\frac{8}{5}\right]$

解　B. 如图 26 所示，过点 O 作 $OH\perp PQ$ 于点 H，可得 $|OH|=|OP|\sin 45°\leqslant\sqrt{2}$，$|OP|\leqslant 2$.

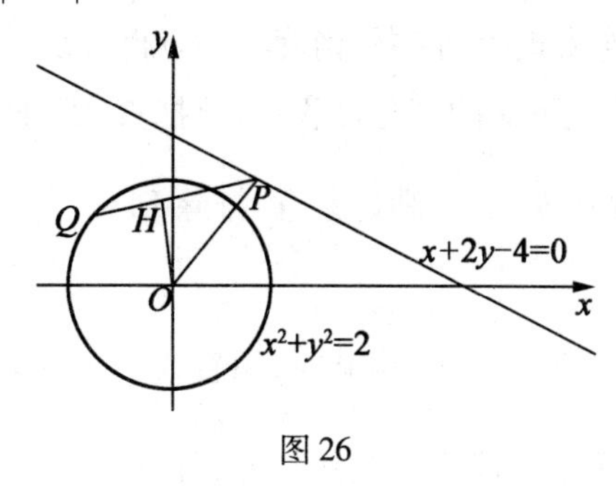

图 26

由题意可得 $y_0=\frac{4-x_0}{2}$，所以

$$\sqrt{x_0^2+\left(\frac{4-x_0}{2}\right)^2}\leqslant 2$$

$$0\leqslant x_0\leqslant\frac{8}{5}$$

可得 x_0 的取值范围是 $\left[0,\frac{8}{5}\right]$.

64. **解法**1　B.（排除法）通过画图可得：当 $b\to 0^+$ 时，直线 $y=ax+b(a>0)$ 将 $\triangle ABC$ 分割为两部分，上面的部分面积大；当 $b\to 1^-$ 时，直线 $y=ax+b(a>0)$ 将 $\triangle ABC$ 分割为两部分，上面的部分面积小. 所以排除 A.

如图 27 所示，$\triangle ABC$ 的 BC 边上的中线所在的直线 $l:y=\frac{1}{3}x+\frac{1}{3}$ 满足题意，此时 $b=\frac{1}{3}$，直线 l 与 y 轴交于点 $D\left(0,\frac{1}{3}\right)$.

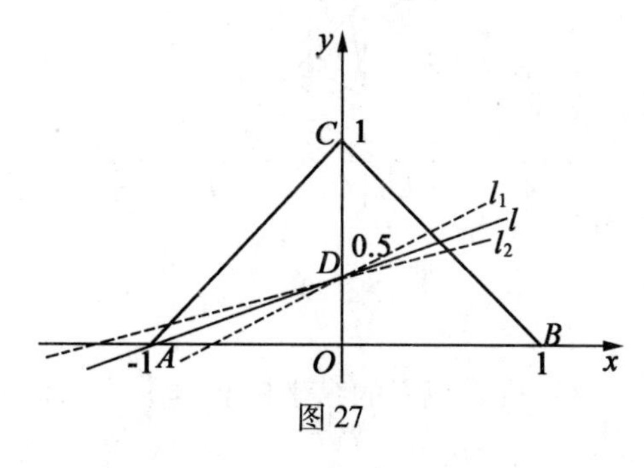

图 27

把直线 l 绕点 D 沿逆时针方向稍稍旋转一下得直线 l_1，l_1 将 $\triangle ABC$ 分割为两部分，得上面的部分面积比下面的部分面积大，再把直线 l_1 向上平移一下，就可使两部分面积相等，即存在 $b > \frac{1}{3}$ 满足题意. 排除 C.

把直线 l 绕点 D 沿顺时针方向稍稍旋转一下得直线 l_2，l_2 将 $\triangle ABC$ 分割为两部分，得上面的部分比下面的部分面积小，再把直线 l_1 向下平移一下，就可使两部分面积相等，即存在 $b < \frac{1}{3}$ 满足题意. 排除 D.

所以选 B.

解法 2 B. 如图 28 所示，当 $a = 0$ 时，用直线 $y = b$ 截 $\triangle ABC$ 得 $\triangle EFC$. 由相似三角形的面积比等于对应高的比的平方，可得 $\frac{1-b}{1} = \frac{1}{\sqrt{2}}$，$b = 1 - \frac{\sqrt{2}}{2}$. 所以当 $a \to 0^+$ 时，$b \to 1 - \frac{\sqrt{2}}{2}$.

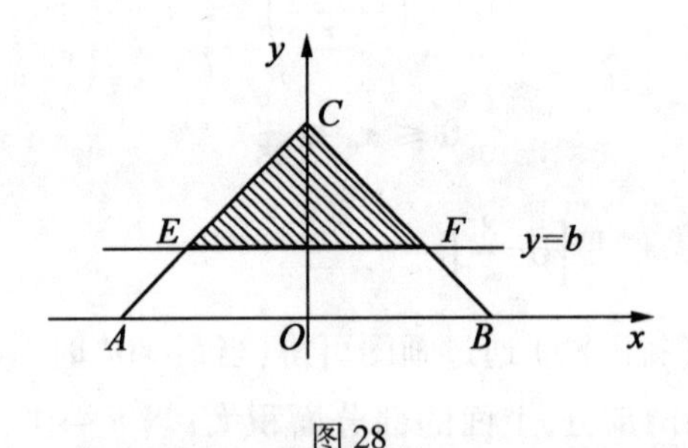

图 28

如图 29 所示，当 $a \to +\infty$ 时，设直线 $y = ax + b$ 与线段 BC 交于点 F，与线段 AO 交于点 E.

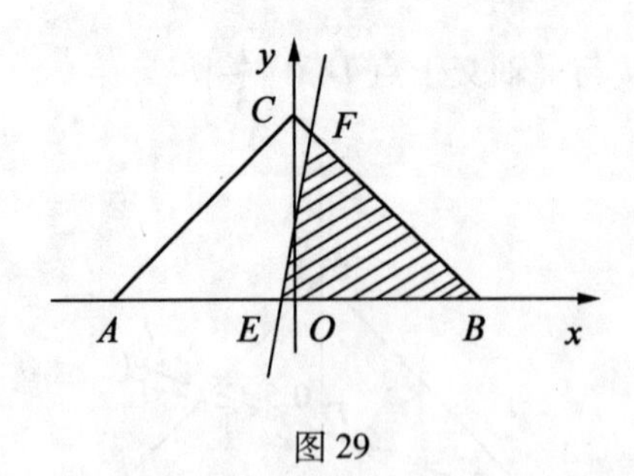

图 29

联立 $\begin{cases} y = ax + b \\ y = -x + 1 \end{cases}$ 后，可得点 F 的纵坐标 $y_F = \frac{a+b}{a+1}$；联立 $\begin{cases} y = ax + b \\ y = 0 \end{cases}$ 后，

可得点 E 的横坐标 $x_E=-\frac{b}{a}$.

再由 $\triangle EFB$ 的面积等于 $\frac{1}{2}$，可得 $\frac{1}{2}\cdot\left(1+\frac{b}{a}\right)\cdot\frac{a+b}{a+1}=\frac{1}{2}$，$b=\sqrt{a^2+a}-a=\frac{1}{\sqrt{1+\frac{1}{a}}+1}$，得当 $a\to+\infty$ 时，$b\to\frac{1}{2}$.

所以 $1-\frac{\sqrt{2}}{2},\frac{1}{2}$ 都是所求 b 的取值范围的边界(且取不到). 由此可排除选项 A，C，D，所以选 B.

解法3　B.(1)如图30所示，当直线 $y=ax+b(a>0)$ 经过点 A 和 BC 的中点 $M\left(\frac{1}{2},\frac{1}{2}\right)$ 时，满足题意，此时 $a=b=\frac{1}{3}$.

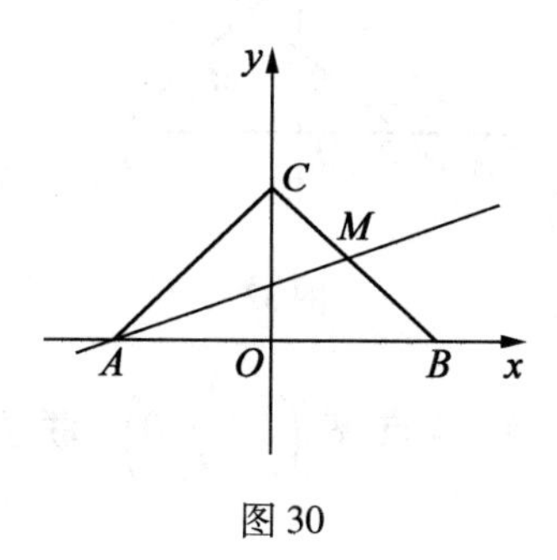

图30

(2)如图31所示，当直线 $y=ax+b(a>0)$ 与线段 AC，BM 均相交时，可得 $0<a<\frac{1}{3}$.

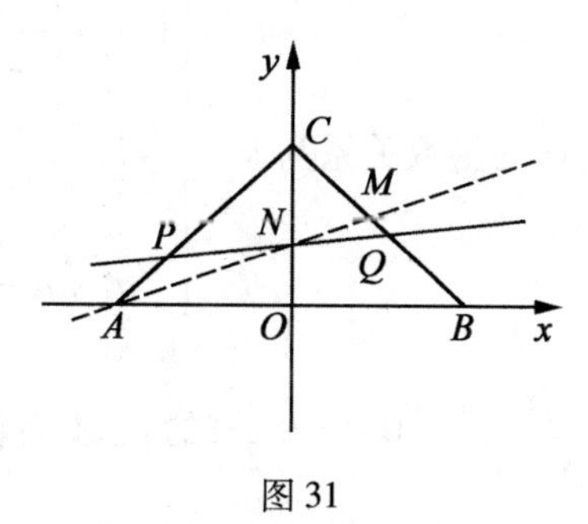

图31

联立 $\begin{cases}y=x+1\\y=ax+b\end{cases}$ 后，可得点 $P\left(\frac{b-1}{1-a},\frac{b-a}{1-a}\right)$；联立 $\begin{cases}y=-x+1\\y=ax+b\end{cases}$ 后，可得

点$Q\left(\dfrac{1-b}{a+1},\dfrac{a+b}{a+1}\right)$.

设直线 $y=ax+b$ 与 y 轴相交于点 $N(0,b)$，由 $\triangle ABC$ 的面积为 1，可得 $\triangle CPQ$ 的面积为 $\dfrac{1}{2}$，于是 $S_{\triangle CPQ}=\dfrac{1}{2}|NC|\cdot(x_Q-x_P)=\dfrac{1}{2}$，所以 $(1-b)\left(\dfrac{1-b}{a+1}-\dfrac{b-1}{1-a}\right)=1$，即 $b=1-\sqrt{\dfrac{1-a^2}{2}}$.

(3) 如图 32 所示，当直线 $y=ax+b(a>0)$ 与线段 AO,MC 均相交时，可得 $a>\dfrac{1}{3}$.

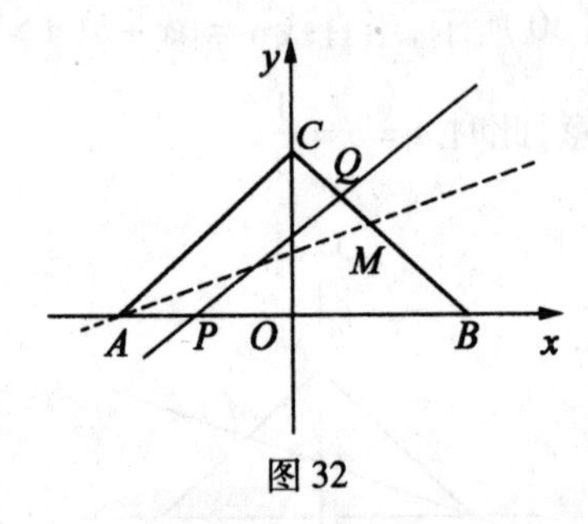

图 32

联立 $\begin{cases}y=0\\y=ax+b\end{cases}$ 后，可得点 $P\left(-\dfrac{b}{a},0\right)$，联立 $\begin{cases}y=-x+1\\y=ax+b\end{cases}$ 后，可得点$Q\left(\dfrac{1-b}{a+1},\dfrac{a+b}{a+1}\right)$.

由 $\triangle PBQ$ 的面积等于$\dfrac{1}{2}$，得$\dfrac{1}{2}\left(1+\dfrac{b}{a}\right)\cdot\dfrac{a+b}{a+1}=\dfrac{1}{2}$，即 $b=\sqrt{a^2+a}-a$.

综上所述，可得 b 与 a 的函数关系为 $b=\begin{cases}1-\sqrt{\dfrac{1-a^2}{2}}\left(0<a<\dfrac{1}{3}\right)\\\dfrac{1}{3}\left(a=\dfrac{1}{3}\right)\\\sqrt{a^2+a}-a\left(a>\dfrac{1}{3}\right)\end{cases}$.

可得函数 $b=1-\sqrt{\dfrac{1-a^2}{2}}\left(0<a<\dfrac{1}{3}\right)$的值域为$\left(1-\dfrac{\sqrt{2}}{2},\dfrac{1}{3}\right)$；函数 $b=\sqrt{a^2+a}-a=\dfrac{1}{\sqrt{1+\dfrac{1}{a}}+1}\left(a>\dfrac{1}{3}\right)$的值域为$\left(\dfrac{1}{3},\dfrac{1}{2}\right)$. 进而可得所求 b 的取值

范围是$\left(1-\frac{\sqrt{2}}{2},\frac{1}{2}\right)$.

65. A. 如图 33 所示,可得$|PM|\geqslant|PC_1|-1$,$|PN|\geqslant|PC_2|-3$,所以$|PM|+|PN|\geqslant|PC_1|+|PC_2|-4$.

作点$C_1(2,3)$关于x轴对称点$C'_1(2,-3)$后,可得$|PC_1|+|PC_2|=|PC'_1|+|PC_2|\geqslant|C'_1C_2|=5\sqrt{2}$.

在图 34 的情形中可得$|PM|+|PN|$的最小值为$5\sqrt{2}-4$.

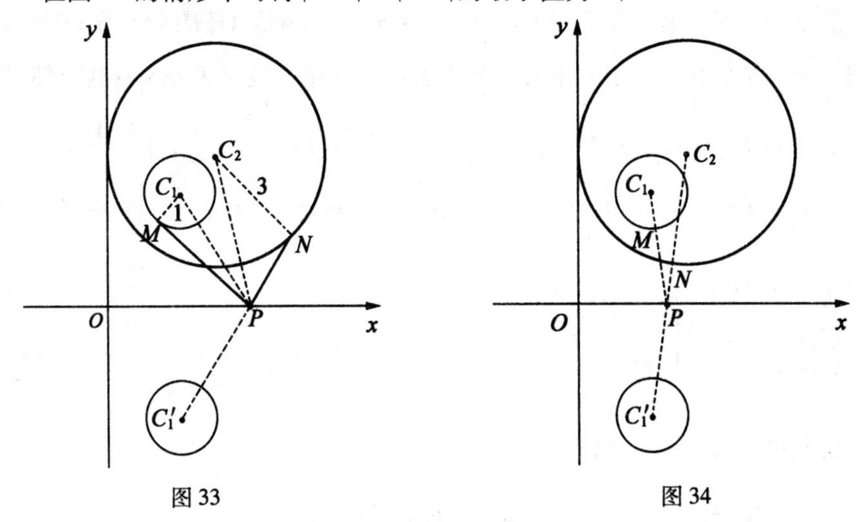

图 33　　　图 34

66. A. 如图 35 所示,可设点$A(n,n^2)$,$P(x,x-1)$. 由点A是BP的中点,可得点$B(2n-x,2n^2-x+1)$.

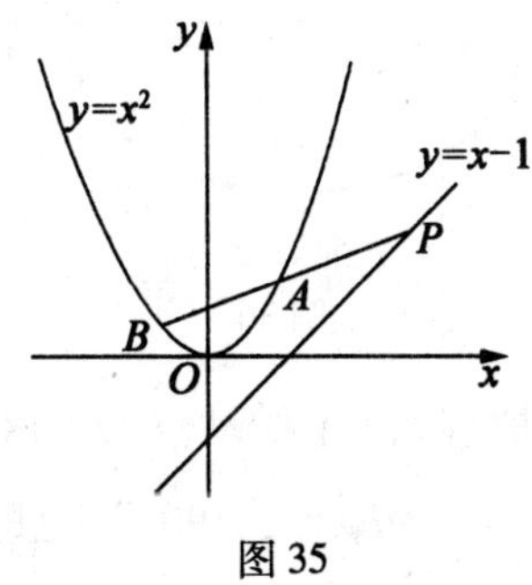

图 35

由点B在抛物线$y=x^2$上,可得

$$2n^2-x+1=(2n-x)^2$$

$$x^2-(4n-1)x+2n^2-1=0$$

因为该一元二次方程的判别式$\Delta=8n^2-8n+5=8\left(n-\frac{1}{2}\right)^2+1>0$,所以

该方程恒有实数解,所以选 A.

67. D. 设点 $M(x,y)$,$F_1(-1,0)$,$F_2(1,0)$,可得等式表示的几何意义是 $|MF_1|+|MF_2|=2\sqrt{2}$($2\sqrt{2}>2=|F_1F_2|$),它表示椭圆 $C:\frac{x^2}{2}+y^2=1$. 所以集合 B 表示的区域是椭圆 C 及其内部(图 36),其中椭圆 C 的上顶点、右顶点分别是 $E(0,1)$,$F(\sqrt{2},0)$.

若 $a=0$,可得集合 A 中的 $x\in(-\infty,+\infty)$,不满足 $A\subseteq B$,所以 $a>0$. 同理可得 $b>0$. 进而由对称性可作出集合 A 表示的区域是菱形 $PQRS$ 及其内部(图 36),其中点 P,Q,R,S 的坐标分别是 $\left(0,\frac{1}{b}\right)$,$\left(\frac{1}{a},0\right)$,$\left(0,-\frac{1}{b}\right)$,$\left(-\frac{1}{a},0\right)$.

进而可得,$A\subseteq B\Leftrightarrow$ 点 E 在点 P 的上方且点 F 在点 Q 的右边 $\Leftrightarrow$

$$\begin{cases}1\geqslant\frac{1}{b}(b>0)\\ \sqrt{2}\geqslant\frac{1}{a}(a>0)\end{cases}\Leftrightarrow\begin{cases}\sqrt{2}a\geqslant1\\ b\geqslant1\end{cases}.$$

由此可得 $\sqrt{2}a+b$ 的取值范围为 $[2,+\infty)$.

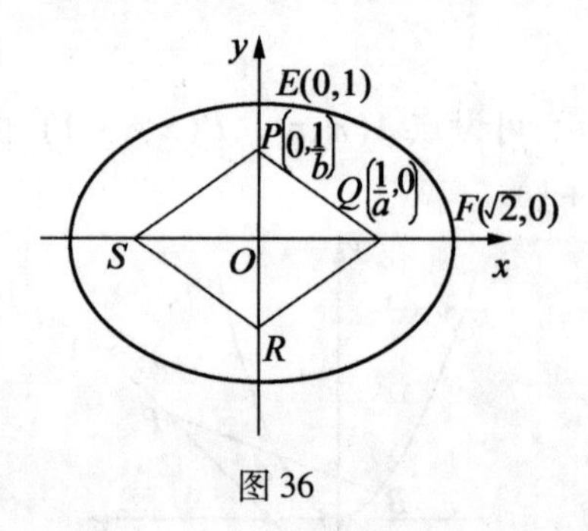

图 36

68. C. 如图 37 所示,先把直线 l 上的动点 M 相对固定. "圆 C 上存在两点 P,Q,使得 $\angle PMQ=90°$" 即 "$(\angle PMQ)_{\min}\geqslant90°$",也即过点 M 所作的圆 C 的两条切线 MP',MQ' 所成的角 $\angle P'MQ'\geqslant90°$,即 $\angle CMP'\geqslant45°$.

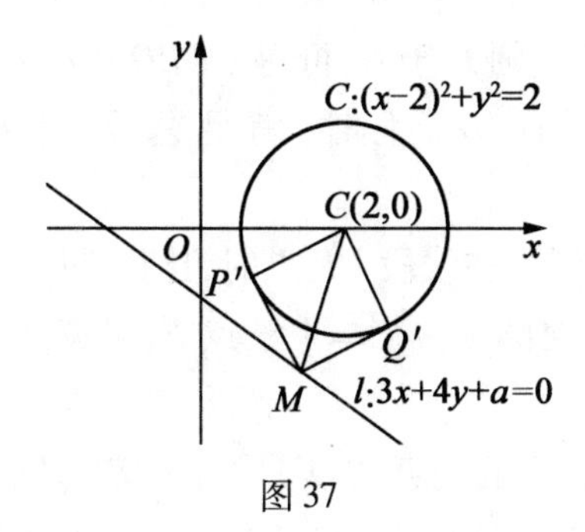

图 37

因为 $\angle CMP'$ 是锐角，所以 $\angle CMP' \geqslant 45^\circ$，即 $\sin\angle CMP' = \frac{\sqrt{2}}{|CM|} \geqslant \frac{\sqrt{2}}{2}$，$|CM| \leqslant 2$，也即 $|CM|_{\max} \leqslant 2$，圆心 C 到直线 l 的距离 $\frac{|3\times2+4\times0+a|}{\sqrt{3^2+4^2}} \leqslant 2$，$a \in [-16,4]$.

69. B. 如图 38 所示，过点 A 作直线 AB 切圆 $C: x^2+y^2=2$（其圆心为坐标原点 O）于点 B，若 $\angle OAB = 45^\circ$，可得 $|OA| = 2$，进而可得点 A 的轨迹是圆 $x^2+y^2=4$.

可求得直线 $l: x+2y-4=0$ 与圆 $x^2+y^2=4$ 的两个交点是 $D(0,2)$，$E\left(\frac{8}{5},\frac{6}{5}\right)$.

当点 P 在线段 DE 上时，延长 OP 交 $\overset{\frown}{DE}$ 于点 P'，作 $P'T$ 切圆 C 于 T，可得 $\angle OP'T = 45^\circ$.

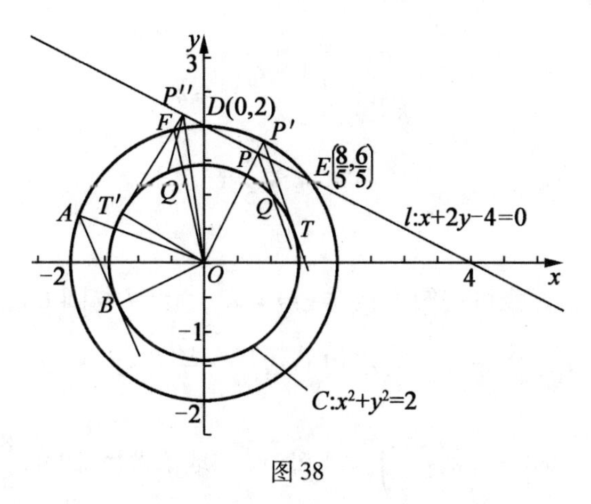

图 38

再作射线 $PQ /\!/ P'T$ 交圆 C 于 Q,可得 $\angle OPQ = \angle OP'T = 45°$.

因而,当点 P 在线段 DE 上时,满足题设:存在圆 C 上的点 Q,使得 $\angle OPQ = 45°$.

当点 P 在直线 l 上但不在线段 DE 上时,比如是图 38 中的点 P'',作 $P''T'$ 切圆 C 于点 T',线段 $P''T'$ 交圆 $x^2 + y^2 = 4$ 于点 F,可得 $\angle OFT' = 45°$,$\angle OP''T' < \angle OFT' = 45°$.

进而可得,对于圆 C 上的任意点 Q',均有 $\angle OP''Q' \leqslant \angle OP''T' < 45°$.

当点 P 在直线 l 上但不在线段 DE 上时,不满足题设:对于圆 C 上的点 Q,均有 $\angle OPQ < 45°$.

综上所述,可得答案是 B.

注 (1)本题可能还有别的简洁解法(比如下面的解法),但以上解法才是本质的解法.

解法 1 B. 如图 39 所示,过点 O 作 $OH \perp PQ$ 于点 H,得 $|OH| = |OP| \cdot \sin 45° \leqslant \sqrt{2}$,$|OP| \leqslant 2$.

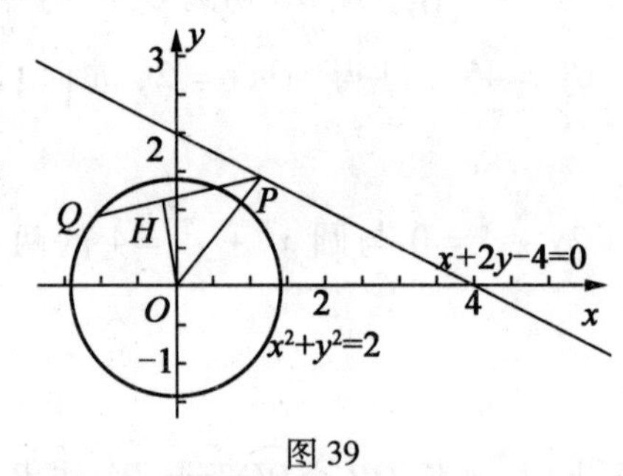

图 39

由题意可得 $y_0 = \dfrac{4 - x_0}{2}$,所以

$$\sqrt{x_0^2 + \left(\frac{4 - x_0}{2}\right)^2} \leqslant 2$$

$$0 \leqslant x_0 \leqslant \frac{8}{5}$$

所以选 B.

解法 2 B. 由题意可得圆 C 的半径 $r = \sqrt{2}$,直线 l 与圆 C 相离,作 $OH \perp PQ$ 于点 H,可得点 H 不在圆 C 外,所以 $|OH| = \dfrac{|OP|}{\sqrt{2}} \leqslant r = \sqrt{2}$,$|OP|^2 \leqslant 4$. 得点 $P\left(x_0, 2 - \dfrac{x_0}{2}\right)$,所以 $x_0^2 + \left(2 - \dfrac{x_0}{2}\right)^2 \leqslant 4$,得 x_0 的取值范围是 $[0, \dfrac{8}{5}]$.

(2)笔者猜测本题由2014年高考课标全国卷Ⅱ文科第12题或理科第16题改编而成,这两道题分别是:

(2014年高考课标全国卷Ⅱ文科第12题)设点$M(x_0,1)$,若在圆$O:x^2+y^2=1$上存在点N,使得$\angle OMN=45°$,则x_0的取值范围是 ( )

A. $[-1,1]$ B. $\left[-\frac{1}{2},\frac{1}{2}\right]$

C. $[-\sqrt{2},\sqrt{2}]$ D. $\left[-\frac{\sqrt{2}}{2},\frac{\sqrt{2}}{2}\right]$

(答案:A.)

(2014年高考课标全国卷Ⅱ理科第16题)设点$M(x_0,1)$,若在圆$O:x^2+y^2=1$上存在点N,使得$\angle OMN=45°$,则x_0的取值范围是________.

(答案:$[-1,1]$.)

70. **解法1** D. 如图40所示,等轴双曲线$x^2-y^2=4\sqrt{2}$的两条渐近线a,b互相垂直,所以折叠后渐近线b(设b变为b',P变为P')垂直于半平面xOy.

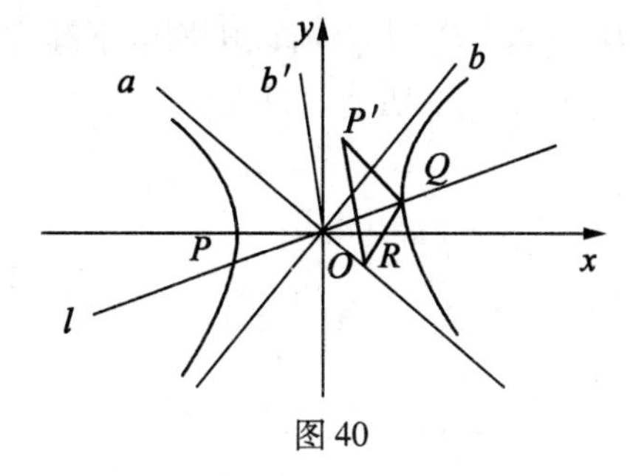

图40

可设点$P(-m,-n)$,$Q(m,n)(m>0,n>0)$,则$m^2-n^2=4\sqrt{2}$.

过点Q作$QR\perp a$于点R,连结$P'R$,则$QR\perp$平面$P'OR$.

在平面直角坐标系中直线a的方程为$x+y=0$,直线QR的方程为$x-y=m-n$,由此可得点$R\left(\frac{m-n}{2},\frac{n-m}{2}\right)$.

由两点间的距离公式,可得

$$|QR|^2=\frac{1}{2}(m+n)^2$$

$$\begin{aligned}|P'R|^2&=|PR|^2\\&=\frac{1}{4}(3m-n)^2+\frac{1}{4}(3n-m)^2\end{aligned}$$

$$\begin{aligned}|P'Q|^2&=|QR|^2+|P'R|^2\\&=3m^2+3n^2-2mn\end{aligned}$$

$$=(m+n)^2+2(m-n)^2$$

因为 $m^2-n^2=4\sqrt{2}$,即 $m-n=\dfrac{4\sqrt{2}}{m+n}$,所以

$$\begin{aligned}|P'Q|^2&=(m+n)^2+2(m-n)^2\\&=(m+n)^2+\frac{64}{(m+n)^2}\\&\geqslant 16\end{aligned}$$

当且仅当 $m+n=2\sqrt{2}$,$m-n=2$,即 $m=\sqrt{2}+1$,$n=\sqrt{2}-1$ 时取等号.

所以折叠后线段 PQ 长的最小值等于 4.

解法 2　D. 设 $\begin{cases}x+y=s\\x-y=t\end{cases}$,得平面直角坐标系 xOy 下的双曲线 $x^2-y^2=4\sqrt{2}$,即平面直角坐标系 sOt 下的双曲线 $st=4\sqrt{2}$.

可设前者的点 $P(-m,-n)$,$Q(m,n)$($m>0$,$n>0$,$mn=4\sqrt{2}$)及渐近线 a 分别对应着后者的点 $A(-u,-v)$,$B(u,v)$($u>0$,$v>0$)及 y 轴.

作 $AH\perp y$ 轴于点 H,可得 $PH\perp HQ$,所以由均值不等式,可得

$$\begin{aligned}|AB|^2&=|AH|^2+|HB|^2\\&=u^2+(u^2+4v^2)\\&=2u^2+4v^2\\&=2u^2+4\left(\frac{4\sqrt{2}}{u}\right)^2\\&\geqslant 32\end{aligned}$$

进而可得当且仅当点 A 的坐标是 $(-2\sqrt{2},-2)$ 时,$|AB|_{\min}=4\sqrt{2}$.

因为以上变换是旋转变换而不是平移变换,所以所求 PQ 长的最小值不一定是 $4\sqrt{2}$.

可得后者的点 $A(-2\sqrt{2},-2)$,$H(0,-2)$,$B(2\sqrt{2},2)$ 分别对应着前者的点 $P(-1-\sqrt{2},1-\sqrt{2})$,$R(-1,1)$,$Q(\sqrt{2}+1,\sqrt{2}-1)$,所以

$$\begin{aligned}|PQ|_{\min}&=\sqrt{|PR|^2+|RQ|^2}\\&=4\end{aligned}$$

71. C. 设内层椭圆的方程为 $\dfrac{x^2}{a^2}+\dfrac{y^2}{b^2}=1$($a>b>0$),还可设点 $A(\lambda a,0)$,$B(0,\lambda b)$($\lambda>1$).

可设切线 AC:$y=k_1(x-\lambda a)$($k_1<0$),把它与内层椭圆的方程联立后,可得

$$(a^2k_1^2+b^2)x^2-2\lambda a^3k_1^2x+a^2(\lambda^2a^2k_1^2-b^2)=0$$

由 $\Delta_1=0$,可求得 $k_1=-\dfrac{b}{a\sqrt{\lambda^2-1}}$.

可设切线 $BD: y=k_2x+\lambda b(k_2>0)$,把它与内层椭圆的方程联立后,可得

$$(a^2k_2^2+b^2)x^2+2\lambda k_2a^2bx+(\lambda^2-1)a^2b^2=0$$

由 $\Delta_2=0$,可求得 $k_2=\dfrac{b}{a}\sqrt{\lambda^2-1}$.

再由题设,可得

$$\begin{aligned}k_1k_2&=-\frac{b}{a\sqrt{\lambda^2-1}}\cdot\frac{b}{a}\sqrt{\lambda^2-1}\\&=-\left(\frac{b}{a}\right)^2\\&=-\frac{1}{4}\end{aligned}$$

$$\frac{b}{a}=\frac{1}{2}$$

进而可求得答案.

72. **解法1** A. 如图41所示,在$\triangle PF_1F_2$中,由正弦定理可得

$$\begin{aligned}\frac{|PF_1|}{\sin\angle PF_2F_1}=\frac{|PF_2|}{\sin\angle PF_1F_2}\\=\frac{|F_1F_2|}{\sin\angle F_1PF_2}\end{aligned}$$

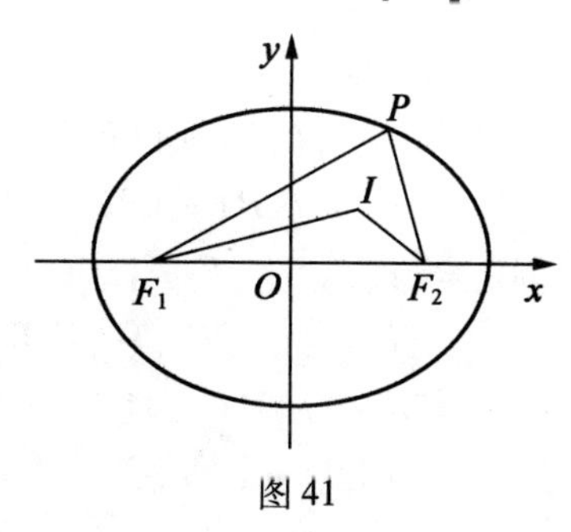

图41

可设$\angle PF_1I=\angle IF_1F_2=\alpha$, $\angle PF_2I=\angle IF_2F_1=\beta$; $\alpha,\beta\in\left(0,\dfrac{\pi}{2}\right)$,得

$$\begin{aligned}\frac{|PF_1|}{\sin 2\beta}=\frac{|PF_2|}{\sin 2\alpha}\\=\frac{|F_1F_2|}{\sin 2(\alpha+\beta)}\end{aligned}$$

$$\frac{|PF_1|+|PF_2|}{\sin 2\alpha+\sin 2\beta}=\frac{|F_1F_2|}{\sin 2(\alpha+\beta)}$$

设$|F_1F_2|=2c(c=\sqrt{a^2-b^2})$,可得

$$\begin{aligned}\frac{c}{a}&=\frac{\sin 2(\alpha+\beta)}{\sin 2\alpha+\sin 2\beta}\\&=\frac{2\sin(\alpha+\beta)\cos(\alpha+\beta)}{2\sin(\alpha+\beta)\cos(\alpha-\beta)}\\&=\frac{\cos(\alpha+\beta)}{\cos(\alpha-\beta)}\end{aligned}$$

设椭圆C的离心率为$e=\frac{c}{a}$,可得

$$e\cos\alpha\cos\beta+e\sin\alpha\sin\beta=\cos\alpha\cos\beta-\sin\alpha\sin\beta$$

$$(1+e)\sin\alpha\sin\beta=(1-e)\cos\alpha\cos\beta$$

$$\tan\alpha\tan\beta=\frac{1-e}{1+e}$$

即直线IF_1,IF_2的斜率之积为定值$\frac{e-1}{e+1}$(其中e是椭圆C的离心率).

解法2 A. 如图42所示,设$\triangle PF_1F_2$的一个旁切圆的圆心是J,可得F_1,I,J三点共线.

设圆J与切线F_1F_2,F_1P,PF_2分别切于点M,N,T,由切线长定理和椭圆的定义可得

$$\begin{aligned}|F_1F_2|+|F_2M|&=|F_1M|\\&=|F_1N|\\&=|F_1P|+|PN|\\&=|F_1P|+|PT|\end{aligned}$$

$$\begin{aligned}2c+|F_2M|&=|F_1F_2|+|F_2M|\\&=|F_1P|+|PF_2|-|F_2T|\\&=2a-|F_2M|\end{aligned}$$

$$|F_2M|=a-c$$

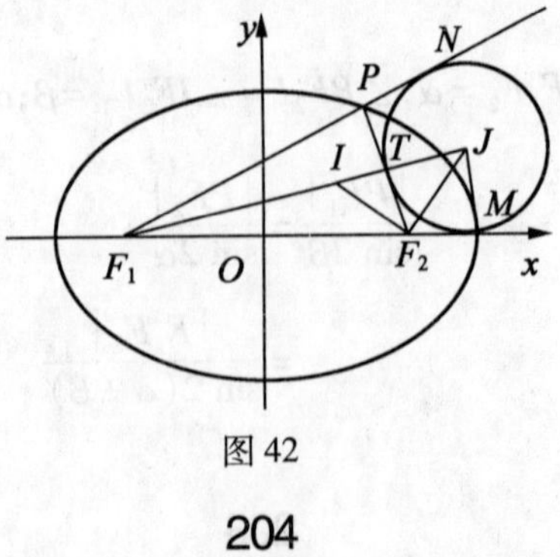

图42

所以 M 是椭圆 C 的右顶点, $JM\perp x$ 轴. 因而

$$\begin{aligned}k_{IF_2}k_{IF_1} &= -\tan\angle IF_2F_1\cdot\tan\angle IF_1F_2\\&=-\tan\left(\frac{\pi}{2}-\angle JF_2M\right)\cdot\tan\angle JF_1M\\&=-\cot\angle JF_2M\cdot\tan\angle JF_1M\\&=-\frac{a-c}{|y_J|}\cdot\frac{|y_J|}{a+c}\\&=\frac{e-1}{e+1}\text{(其中 } e \text{ 是椭圆 } C \text{ 的离心率)}\end{aligned}$$

73. C. 选项 A 正确:

若 $|MF|=|MK|$, 则点 M 在线段 KF 的中垂线即 y 轴上, 又因为点 M 在抛物线 C 上, 可得点 M 是坐标原点 O, 但 F,O,K 三点共线, 此时不存在 $\triangle MFK$, 得此时不成立.

若 $|KM|=|KF|$, 则点 M 在以 K 为圆心 $|KF|$ 为半径的圆上, 进而可得此时的点 M 有且仅有 2 个.

若 $|FM|=|FK|$, 则点 M 在以 F 为圆心 $|KF|$ 为半径的圆上(由抛物线的定义, 还可得 $MF\perp x$ 轴, 作 $MH\perp$ 准线于点 H, 可得正方形 $KFMH$), 进而可得此时的点 M 有且仅有 2 个.

由 $|MF|=|MK|$ 不成立, 可知不会出现正 $\triangle MFK$ 的情形, 因而 $|KM|=|KF|$ 和 $|FM|=|FK|$ 不会同时成立, 因而选项 A 正确.

选项 B 正确:

$\angle FMK=90^\circ$ 即点 M 在以线段 KF 为直径的圆上, 可得此时的点 M 有且仅有 2 个.

$\angle MFK=90^\circ$ 即 $MF\perp x$ 轴, 可得此时的点 M 有且仅有 2 个.

可得 $\angle MKF<90^\circ$, 所以满足 $\angle MKF=90^\circ$ 的点 M 不存在.

综上所述, 可得选项 B 正确.

选项 C 错误:

当点 M 在 x 轴上方时, 若 $\angle MKF=\frac{\pi}{4}$, 可得直线 $KM:y=x+\frac{p}{2}$, 进而可得直线 KM 与抛物线 $C:y^2=2px$ 相切, 且切点为 $\left(\frac{p}{2},p\right)$.

同理, 可得当点 M 在 x 轴下方时, 若 $\angle MKF=\frac{\pi}{4}$, 可得直线 KM 抛物线

$C:y^2=2px$ 相切,且切点为$\left(\frac{p}{2},-p\right)$.

综上所述,使得$\angle MKF=\frac{\pi}{4}$的点 M 有且仅有 2 个.

由对“选项 C 错误”的论述可知选项 D 正确:使得$\angle MKF=\frac{\pi}{6}$的直线 KM 与抛物线 $C:y^2=2px$ 相交,因而使得$\angle MKF=\frac{\pi}{6}$的点 M 有且仅有 4 个.

74. D.(过程略.)

75. C. 如图 43 所示,可得曲线①即线段 RT,线段 RT 的中点是 $H\left(\frac{3}{2},\frac{3}{2}\right)$,可得 $AH\perp RT$,且

$$\tan\angle HAT=\frac{|HT|}{|AH|}$$

$$=\frac{\frac{3}{\sqrt{2}}}{\frac{5}{\sqrt{2}}}$$

$$=\frac{3}{5}>\frac{1}{\sqrt{3}}$$

$$=\tan\frac{\pi}{6}$$

$$\angle HAT>\frac{\pi}{6}$$

进而可得线段 RT 上存在唯一的一对点 B,C,使得$\triangle ABC$ 为正三角形,所以曲线①为“正三角形”曲线.

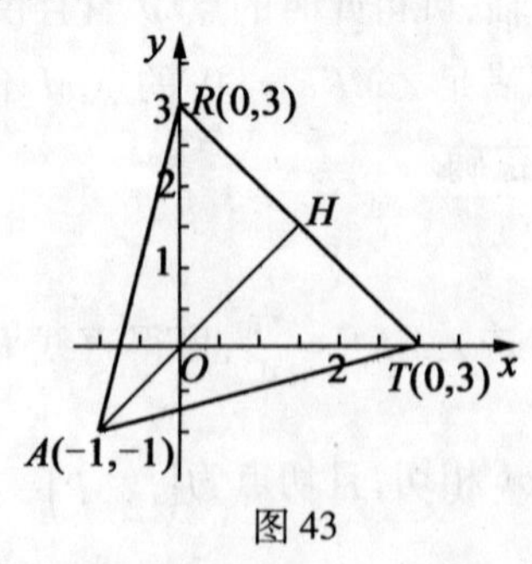

图 43

如图 44 所示,可得曲线②,即半圆$\overset{\frown}{DAF}$. 若曲线②为“正三角形”曲线,则半

圆$\overset{\frown}{DAF}$上存在两点 B,C,使得$\triangle ABC$为正三角形.

可设射线 OE 按逆时针方向旋转到射线 OB,OC 的位置所形成的最小正角分别是 α,β($\frac{\pi}{2}\leqslant\alpha<\beta\leqslant\frac{3\pi}{2}$,两个等号不能同时取到),由三角函数定义可得点 $B(\sqrt{2}\cos\alpha,\sqrt{2}\sin\alpha)$,$C(\sqrt{2}\cos\beta,\sqrt{2}\sin\beta)$.

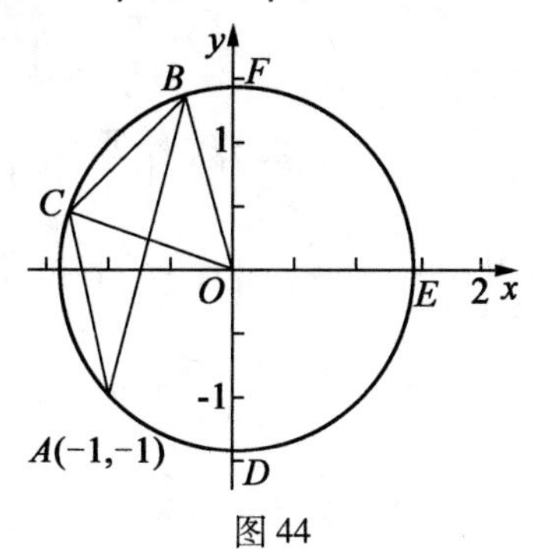

图 44

再由$|AB|^2=|AC|^2=|BC|^2$,可得

$$\begin{aligned}&(\sqrt{2}\cos\alpha+1)^2+(\sqrt{2}\sin\alpha+1)^2\\=&(\sqrt{2}\cos\beta+1)^2+(\sqrt{2}\sin\beta+1)^2\\=&(\sqrt{2}\cos\alpha-\sqrt{2}\cos\beta)^2+(\sqrt{2}\sin\alpha-\sqrt{2}\sin\beta)^2\end{aligned}$$

即

$$\begin{aligned}4+4\sin\left(\alpha+\frac{\pi}{4}\right)&=4+4\sin\left(\beta+\frac{\pi}{4}\right)\\&=4-4\cos(\alpha-\beta)\end{aligned}$$

$$\begin{aligned}\sin\left(\alpha+\frac{\pi}{4}\right)&=\sin\left(\beta+\frac{\pi}{4}\right)\\&=-\cos(\alpha-\beta)\end{aligned}$$

由 $\sin\left(\alpha+\frac{\pi}{4}\right)=\sin\left(\beta+\frac{\pi}{4}\right)$,可得

$$\sin\left(\alpha+\frac{\pi}{4}\right)-\sin\left(\beta+\frac{\pi}{4}\right)=0$$

$$2\cos\left(\frac{\alpha+\beta}{2}+\frac{\pi}{4}\right)\sin\frac{\alpha-\beta}{2}=0$$

由"$\frac{\pi}{2}\leqslant\alpha<\beta\leqslant\frac{3\pi}{2}$,两个等号不能同时取到"可得 $-\frac{\pi}{2}<\frac{\alpha-\beta}{2}<0$,$\sin\frac{\alpha-\beta}{2}<0$;$\frac{3\pi}{4}<\frac{\alpha+\beta}{2}+\frac{\pi}{4}<\frac{7\pi}{4}$,所以$\frac{\alpha+\beta}{2}+\frac{\pi}{4}=\frac{3\pi}{2}$, $-\beta=\alpha-\frac{5\pi}{2}$.

再由 $\sin\left(\alpha+\frac{\pi}{4}\right)=-\cos(\alpha-\beta)$,可得

$$\sin\left(\alpha+\frac{\pi}{4}\right)=-\cos\left(2\alpha-\frac{5\pi}{2}\right)$$

$$\cos\left(\frac{\pi}{4}-\alpha\right)=-\cos\left(\frac{\pi}{2}-2\alpha\right)$$

$$=-\cos 2\left(\frac{\pi}{4}-\alpha\right)$$

$$=1-2\cos^2\left(\frac{\pi}{4}-\alpha\right)$$

$$2\cos^2\left(\alpha-\frac{\pi}{4}\right)+\cos\left(\alpha-\frac{\pi}{4}\right)-1=0$$

$$\cos\left(\alpha-\frac{\pi}{4}\right)=-1\text{ 或}\frac{1}{2}\left(\frac{\pi}{4}\leqslant\alpha-\frac{\pi}{4}<\frac{5\pi}{4}\right)$$

$$\alpha-\frac{\pi}{4}=\pi\text{ 或}\frac{\pi}{3}$$

$$\alpha=\frac{5\pi}{4}\text{或}\frac{7\pi}{12}$$

再由 $-\beta=\alpha-\frac{5\pi}{2}$,可得 $\alpha=\beta=\frac{5\pi}{4}$或$(\alpha,\beta)=\left(\frac{7\pi}{12},\frac{23\pi}{12}\right)$,但它们均不满足 $\frac{\pi}{2}\leqslant\alpha<\beta\leqslant\frac{3\pi}{2}$,所以曲线②不为“正三角形”曲线.

如图 45 所示,若曲线③上存在两点 B,C,使得$\triangle ABC$ 为正三角形.

可设直线 $BC:y=kx+b$,点 $B\left(x_1,-\frac{1}{x_1}\right),C\left(x_2,-\frac{1}{x_2}\right)(0<x_1<x_2)$.

联立$\begin{cases}y=kx+b\\y=-\frac{1}{x}\end{cases}$,可得 $kx^2+bx+1=0$,且 $\Delta=b^2-4k>0,x_1+x_2=-\frac{b}{k}>0$, $x_1x_2=\frac{1}{k}>0$. 因而 $0<b<k$.

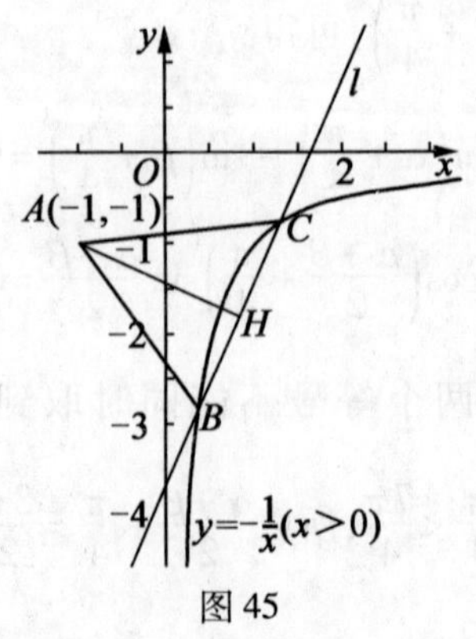

图 45

还可得$|BC|=\sqrt{k^2+1}|x_1-x_2|=\cdots=\frac{\sqrt{k^2+1}}{k}\sqrt{b^2-4k}$,点$A$到直线$l$的距离$d=\frac{|b+1-k|}{\sqrt{k^2+1}}$.

由正$\triangle ABC$,可得$d=\frac{\sqrt{3}}{2}|BC|$,即

$$\frac{|b+1-k|}{\sqrt{k^2+1}}=\frac{\sqrt{3}}{2}\cdot\frac{\sqrt{k^2+1}}{k}\sqrt{b^2-4k}$$

$$2k|b+1-k|=\sqrt{3}(k^2+1)\sqrt{b^2-4k}$$

设边BC的中点是H,可求得直线AH:$x+ky+k+1=0$,进而可求得点H的横坐标是$x_H=-\frac{bk+k+1}{k^2+1}$.

由中点坐标公式,可得$x_H=\frac{x_1+x_2}{2}=-\frac{b}{2k}$,所以$-\frac{bk+k+1}{k^2+1}=-\frac{b}{2k}$,$b=\frac{2k}{1-k}$. 由$0<b<k$,可得$k>1$.

从而

$$2k\left|\frac{2k}{1-k}+1-k\right|=\sqrt{3}(k^2+1)\sqrt{\left(\frac{2k}{1-k}\right)^2-4k}$$

$$k\left|\frac{k^2+1}{1-k}\right|=\sqrt{3}(k^2+1)\sqrt{\frac{-k^3+3k^2-k}{(1-k)^2}}$$

$$k=\sqrt{3}\cdot\sqrt{-k^3+3k^2-k}$$

$$3k^2-8k+3=0(k>1)$$

$$k=\frac{4+\sqrt{7}}{3}$$

再由$b=\frac{2k}{1-k}$,可求得$b=-1-\sqrt{7}$. 所求的k,b满足$\Delta=b^2-4k>0$,因而曲线③为“正三角形”曲线(且相应的正三角形是唯一的).

76. D. 不妨设点B在y轴的正半轴上.

当$|OB|=1$时,可得点$A\left(\frac{\sqrt{15}}{4},\frac{1}{2}\right)$,$C\left(-\frac{\sqrt{15}}{4},\frac{1}{2}\right)$,进而可得满足题设的

整点个数是 0.

如图 46 所示，当 $|OB|=\frac{6}{5}$ 时，可得点 $A\left(\frac{\sqrt{91}}{5},\frac{3}{5}\right)$，$C\left(-\frac{\sqrt{91}}{5},\frac{3}{5}\right)$，进而可得满足题设的整点是 $(0,1)$，个数是 1.

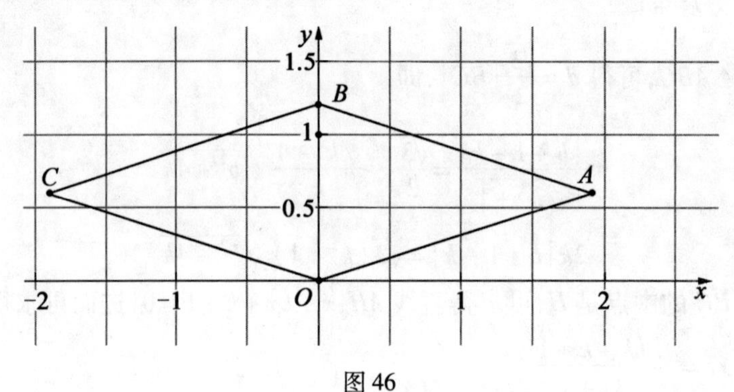

图 46

如图 47 所示，当 $|OB|=2\sqrt{2}$ 时，可得点 $A(\sqrt{2},\sqrt{2})$，$C(-\sqrt{2},\sqrt{2})$，进而可得满足题设的整点是 $(0,1)$，$(0,2)$，个数是 2（由此可排除选项 A，B，C，选 D）.

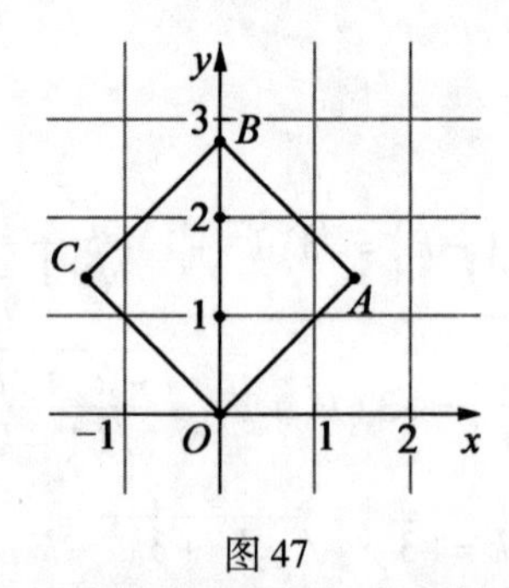

图 47

如图 48 所示，当 $|OB|=2$ 时，可得点 $A(\sqrt{3},0)$，$C(-\sqrt{3},0)$，进而可得满足题设的整点是 $(-1,1)$，$(0,1)$，$(1,1)$，个数是 3.

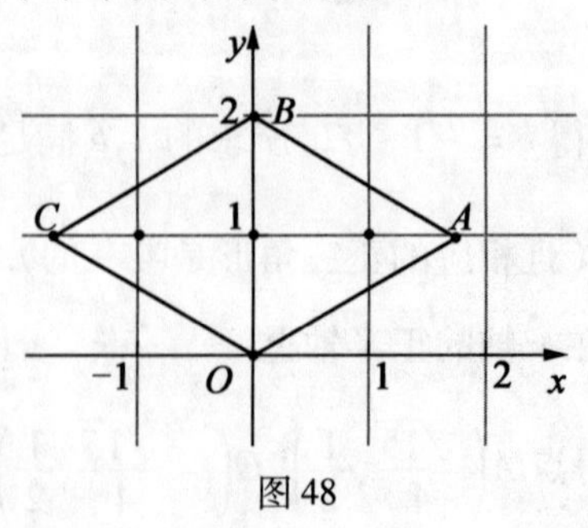

图 48

如图49所示，当$|OB|=\frac{5}{2}$时，可得点$A\left(\frac{\sqrt{39}}{4},\frac{3}{4}\right)$，$C\left(-\frac{\sqrt{39}}{4},\frac{3}{4}\right)$，进而可得满足题设的整点是$(-1,1)$，$(0,1)$，$(0,2)$，$(1,1)$，个数是4.

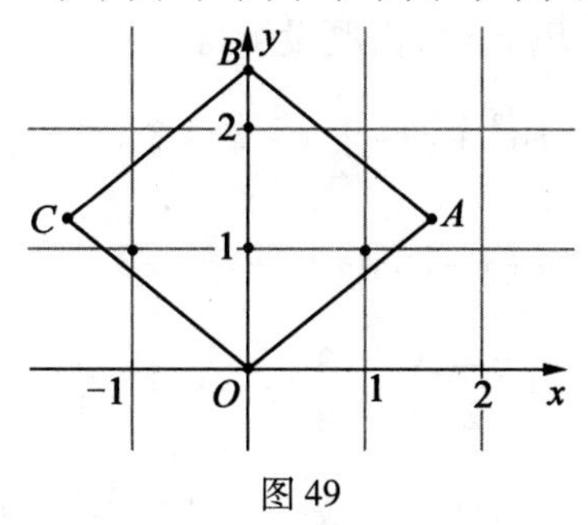

图49

77. C. 可设点$P(4\cos\theta,3\sin\theta)\left(0<\theta<\frac{\pi}{2}\right)$，可得直线$AB$的方程为$4x\cos\theta+3y\sin\theta=9$.

进而可得$|OM|=\frac{9}{4\cos\theta}$，$|ON|=\frac{3}{\sin\theta}$，所以$\triangle OMN$面积

$$S_{\triangle OMN}=\frac{1}{2}|OM|\cdot|ON|$$
$$=\frac{27}{4\sin 2\theta}$$
$$\geqslant\frac{27}{4}$$

当且仅当$\theta=\frac{\pi}{4}$即点P的坐标是$\left(2\sqrt{2},\frac{3}{2}\sqrt{2}\right)$时，$(S_{\triangle OMN})_{\min}=\frac{27}{4}$.

78. D. 由$|PF_2|-|PF_1|=2a$及均值不等式，可得

$$\frac{|PF_2|^2}{|PF_1|}=\frac{(|PF_1|+2a)^2}{|PF_1|}$$
$$=|PF_1|+\frac{4a^2}{|PF_1|}+4a$$
$$\geqslant 8a$$

当且仅当$|PF_1|=\frac{4a^2}{|PF_1|}$即$|PF_1|=2a$时$\left(\frac{|PF_2|^2}{|PF_1|}\right)_{\min}=8a$.

又因为$|PF_1|_{\min}=c-a$，所以$2a\geqslant c-a$，$1<\frac{c}{a}\leqslant 3$.

79. C.（过程略.）

80. (1) B. 如原题的图所示，得$\angle F_1AF_2=90°$，$\angle AF_2F_1=60°$，$|AF_2|=c$，

$|AF_1|=\sqrt{3}c$,所以$\sqrt{3}c+c=2a$,$e=\dfrac{c}{a}=\sqrt{3}-1$.

(2)B. 解法同上.

81. **解法1** A. 设点$P(x,y)$,由题设可得

$$\begin{aligned}x^2+y^2&=x^2+y^2+xy-\frac{5}{2}x-2y+3\\&=y^2+(x-2)y+x^2-\frac{5}{2}x+3\\&=\left(y+\frac{x-2}{2}\right)^2+\frac{3}{4}(x-1)^2+\frac{5}{4}\\&\geqslant\frac{5}{4}\left(\text{当且仅当}(x,y)=\left(1,\frac{1}{2}\right)\text{时取等号}\right)\end{aligned}$$

所以$|OP|_{\min}=\dfrac{\sqrt{5}}{2}$.

解法2 A. 设点$P(x,y)$,由题设可得

$$\begin{aligned}x^2+y^2&=x^2+y^2+xy-\frac{5}{2}x-2y+3\\&=x^2+\left(y-\frac{5}{2}\right)x+y^2-2y+3\\&=\left(x+\frac{2y-5}{4}\right)^2+\frac{3}{4}\left(y-\frac{1}{2}\right)^2+\frac{5}{4}\\&\geqslant\frac{5}{4}\left(\text{当且仅当}(x,y)=\left(1,\frac{1}{2}\right)\text{时取等号}\right)\end{aligned}$$

所以$|OP|_{\min}=\dfrac{\sqrt{5}}{2}$.

82. D. 椭圆C的上、下顶点均满足题设;除此之外,还有满足题设的4个不同的点P,由椭圆的对称性知,这4个点分别在4个不同的象限. 可不妨设点P在第一象限,得$|PF_1|>|PF_2|$(因为y轴上的点P满足$|PF_1|=|PF_2|$).

当$|PF_1|=|F_1F_2|=2c\left(c=\sqrt{a^2-b^2}\text{,下同}\right)$时,得$|PF_2|=2a-2c<2c$,$a<2c$,$\dfrac{1}{2}<e<1$(还可验证此时$\triangle PF_1F_2$满足任意两边之和大于第三边).

当$|PF_2|=|F_1F_2|=2c$时,得$|PF_1|=2a-2c>2c$,$a>2c$,但还要满足$\triangle PF_1F_2$满足任意两边之和大于第三边即$a<3c$,所以$2c<a<3c$,$\dfrac{1}{3}<e<\dfrac{1}{2}$.

得椭圆C的离心率e的取值范围是$\left(\dfrac{1}{3},\dfrac{1}{2}\right)\cup\left(\dfrac{1}{2},1\right)$.

83. B. 如图50所示，可设抛物线方程为 $y^2=2px(p>0)$，点 $A(t,1)$，$F(s,2)$，可得 $\begin{cases}1^2=2pt\\2^2=2ps\end{cases}$，$s=4t$.

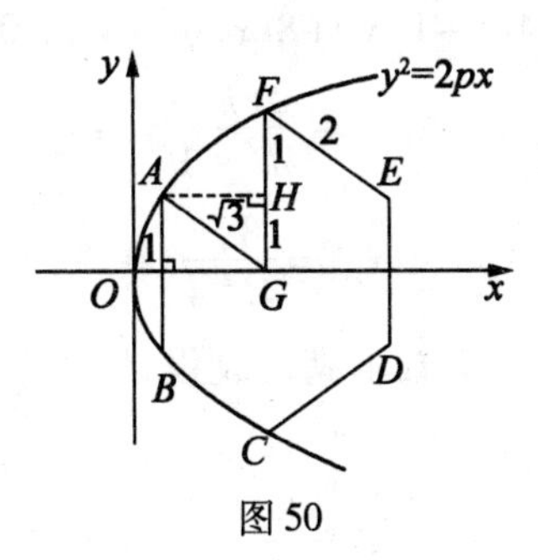

图50

还可得 $s=t+\sqrt{3}$，所以 $t=\frac{\sqrt{3}}{3}$，进而可求得 $p=\frac{\sqrt{3}}{2}$，即抛物线的焦点到准线的距离是$\frac{\sqrt{3}}{2}$.

84. **解法1** 5. 设点 $A(x_1,y_1)$，$B(x_2,y_2)$，由$\overrightarrow{AP}=2\overrightarrow{PB}$，可得 $x_1=-2x_2$，$y_1=3-2y_2$.

再由点 A，B 均在椭圆$\frac{x^2}{4}+y^2=m(m>1)$上，可得

$$\begin{cases}\frac{(-2x_2)^2}{4}+(3-2y_2)^2=m\\\frac{x_2^2}{4}+y_2^2=m\end{cases}$$

再得

$$y_2=\frac{m+3}{4}$$

又由$\frac{x_2^2}{4}+y_2^2=m$，可得 $x_2^2=4-\frac{1}{4}(m-5)^2(m>1)$.

所以当且仅当 $m=5$ 时（此时点 $A(\pm4,-1)$，$B(\mp2,2)$），x_2^2取到最大值且最大值是4，所以点 B 的横坐标的绝对值的最大值为2.

解法2 5. 由$\overrightarrow{AP}=2\overrightarrow{PB}$，可得 A，P，B 三点共线. 设点 $A(x_1,y_1)$，$B(x_2,y_2)$，可得$x_1=-2x_2$.

当直线 AB 的斜率不存在时，可得直线 AB：$x=0$，所以点 B 的横坐标的绝对值是0.

当直线 AB 的斜率存在时,可设直线 $AB:y=kx+1$,联立 $\begin{cases}y=kx+1\\ \dfrac{x^2}{4}+y^2=m\end{cases}$,可得

$$(4k^2+1)x^2+8kx+4-4m=0$$

$$x_1+x_2=-\frac{8k}{4k^2+1}=-x_2$$

$$|x_2|=\frac{8|k|}{4k^2+1}$$

当 $k=0$ 时,可得 $x_1=x_2=0$,不满足题设,所以 $|k|>0$. 再由均值不等式,可得

$$|x_2|\leqslant\frac{8|k|}{2\sqrt{4k^2\cdot 1}}=2$$

当且仅当 $4k^2=1$ 时,$|x_2|_{\max}=2$,此时 $x_1x_2=\dfrac{4-4m}{4k^2+1}=2-2m=-2x_2^2=-8$, $m=5$.

85. $(x-3)^2+(y+1)^2=2$. 可设点 $P(2+\cos\theta,1+\sin\theta)$,得 $\overrightarrow{PO}=(-2-\cos\theta,-1-\sin\theta)$.

由结论"向量 (a,b) 沿逆时针方向旋转 $90°$ 后得到的向量对应的复数是 $(a+b\mathrm{i})\cdot\mathrm{i}=-b+a\mathrm{i}$",可得 $\overrightarrow{PQ}=(1+\sin\theta,-2-\cos\theta)$,进而可得点 $Q(3+\sin\theta+\cos\theta,-1+\sin\theta-\cos\theta)$,进而可求得答案.

86. (两问的解法及答案均相同.) $2n(n+1)+1$. 当 $n=0,1$ 时,答案分别为 1,5.

当 $n\geqslant 2$ 时,如图 51 所示,可得区域 $|x|+|y|\leqslant n(x,y\in\mathbf{R})$ 是图 51 中的正方向及其内部.

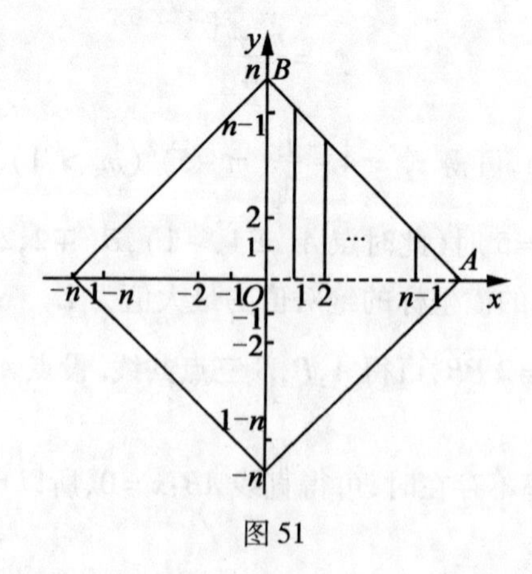

图 51

该区域除坐标原点 $O(0,0)$ 外的$\frac{1}{4}$部分可以是图 51 中的$\triangle OAB$(但不包括边 OA 上的点),其中点 $A(n,0)$,$B(0,n)$. 且此时,可得 $x=0,1,2,\cdots,n-1$.

当 $x=0$ 时,$y=1,2,3,\cdots,n$,得 n 个整点;当 $x=1$ 时,$y=1,2,3,\cdots,n-1$,得 $n-1$ 个整点;…;当 $x=n-1$ 时,$y=1$.

此时得 $n+(n-1)+\cdots+1=\frac{1}{2}n(n+1)$个整点.

再由对称性,可得答案为$\frac{1}{2}n(n+1)\cdot 4+1=2n(n+1)+1$.

87. **解法 1**　$|ab|$. 可设切点 $P(x_0,y_0)$ $(x_0y_0\neq 0)$,得切线方程为$\frac{x_0x}{a^2}+\frac{y_0y}{b^2}=1$.

再得点 $A\left(\frac{a^2}{x_0},0\right)$,$B\left(0,\frac{b^2}{y_0}\right)$,所以

$$S_{\triangle AOB}=\frac{1}{2}|OA|\cdot|OB|$$

$$=\frac{|ab|}{2|x_0y_0|}|ab|$$

由点 $P(x_0,y_0)$ 在椭圆$\frac{x^2}{a^2}+\frac{y^2}{b^2}=1$ 上,可得$\frac{x_0^2}{a^2}+\frac{y_0^2}{b^2}=1$.

再由均值不等式,可得

$$1=\frac{x_0^2}{a^2}+\frac{y_0^2}{b^2}$$

$$\geqslant\frac{2|x_0y_0|}{|ab|}$$

$$\frac{|ab|}{2|x_0y_0|}\geqslant 1$$

所以 $S_{\triangle AOB}\geqslant|ab|$,进而可得$\triangle AOB$ 面积的最小值为$|ab|$.

解法 2　$|ab|$. 可设切点 $P(a\cos\theta,b\sin\theta)$ $(\sin\theta\cos\theta\neq 0)$,得切线方程为$\frac{\cos\theta}{a}x+\frac{\sin\theta}{b}y=1$,再得点 $A\left(\frac{a}{\cos\theta},0\right)$,$B\left(0,\frac{b}{\sin\theta}\right)$.

所以 $S_{\triangle AOB}=\frac{1}{2}\left|\frac{a}{\cos\theta}\right|\cdot\left|\frac{b}{\sin\theta}\right|=\frac{|ab|}{|\sin 2\theta|}\geqslant|ab|$,进而可得$\triangle AOB$ 面积的最小值为$|ab|$.

解法3 $|ab|$. 作伸缩变换 $\varphi:\begin{cases}x'=\dfrac{x}{|a|}\\ y'=\dfrac{y}{|b|}\end{cases}$,得椭圆 $C:\dfrac{x^2}{a^2}+\dfrac{y^2}{b^2}=1$,变为单位圆 $C':x'^2+y'^2=1$.

可得椭圆 C 的切线 AB 变为单位圆 C' 的切线 $A'B'$,且点 A',B'分别在平面直角坐标系 $x'O'y'$的坐标轴 x'轴、y'轴上.

设切线 $A'B'$ 上的切点为$(\cos\theta,\sin\theta)$$(\cos\theta\sin\theta\neq 0)$,得切线 $A'B'$:$x'\cos\theta+y'\sin\theta=1$,再得点 $A'\left(\dfrac{1}{\cos\theta},0\right)$,$B'\left(0,\dfrac{1}{\sin\theta}\right)$,所以

$$\begin{aligned}S_{\triangle A'O'B'}&=\frac{1}{2}\left|\frac{1}{\cos\theta}\right|\cdot\left|\frac{1}{\sin\theta}\right|\\&=\left|\frac{1}{\sin 2\theta}\right|\\&\geqslant 1\end{aligned}$$

可得 $S_{\triangle AOB}=|a|\cdot|b|S_{\triangle A'O'B'}\geqslant|ab|$,进而可得$\triangle AOB$ 面积的最小值为$|ab|$.

88. **解法1** $\dfrac{1}{2}$. 由 $x^2+6x+5=(x+1)(x+5)$,$-y^2+4y+5=(y+1)\cdot(-y+5)$,可得所给方程为

$$(x+y+1)(x-y+5)=0$$

即

$$x+y+1=0\text{ 或 }x-y+5=0$$

(1)当 $x+y+1=0$ 时,$-y=x+1$,可得

$$\begin{aligned}x^2+y^2&=x^2+(x+1)^2\\&=2\left(x+\frac{1}{2}\right)^2+\frac{1}{2}\\&\geqslant\frac{1}{2}\end{aligned}$$

(2)当 $x-y+5=0$ 时,$y=x+5$,可得

$$\begin{aligned}x^2+y^2&=x^2+(x+5)^2\\&=2\left(x+\frac{5}{2}\right)^2+\frac{25}{2}\\&\geqslant\frac{25}{2}\\&>\frac{1}{2}\end{aligned}$$

综上所述，x^2+y^2 的最小值是$\frac{1}{2}$.

解法2 $\frac{1}{2}$. 由解法1可得所给方程为

$$(x+y+1)(x-y+5)=0$$

即
$$x+y+1=0 \text{ 或 } x-y+5=0$$

所以点 $P(x,y)$ 在图52中的两条互相垂直的直线 $x+y+1=0$，$x-y+5=0$ 上.

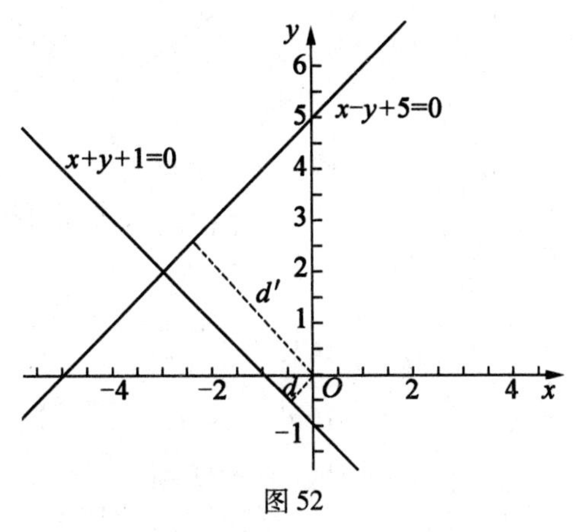

图52

可得坐标原点 $O(0,0)$ 到直线 $x+y+1=0$，$x-y+5=0$ 的距离分别是

$$d=\frac{\sqrt{2}}{2}$$

$$d'=\frac{5}{2}\sqrt{2},\ d<d'$$

x^2+y^2 表示坐标原点 $O(0,0)$ 到点 $P(x,y)$ 距离的平方，所以 x^2+y^2 的最小值是$\left(\frac{\sqrt{2}}{2}\right)^2=\frac{1}{2}$.

89. $\pm\frac{3}{2}\sqrt{2}$. 如图53所示，可得点 $F\left(\frac{1}{\sqrt{2}},0\right)$，设点 $N(0,a)$，$P\left(-\frac{1}{\sqrt{2}},b\right)$，可得 $\overrightarrow{PN}=\left(\frac{1}{\sqrt{2}},a-b\right)$，$\overrightarrow{PF}=(\sqrt{2},-b)$.

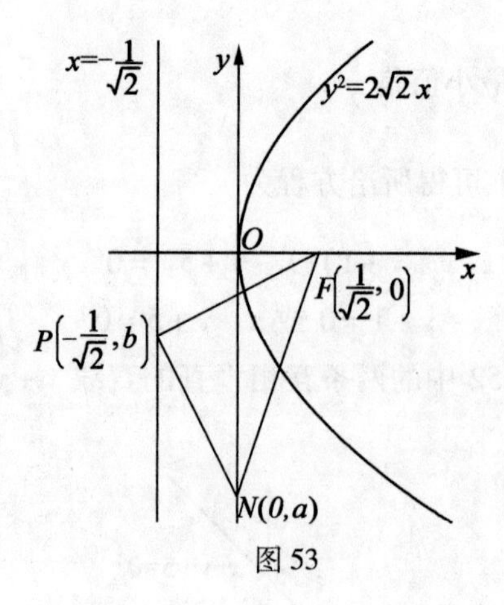

图 53

由题设,可得$\begin{cases}\overrightarrow{PN}\cdot\overrightarrow{PF}=0\\|\overrightarrow{PN}|^2=|\overrightarrow{PF}|^2\end{cases}$,即$\begin{cases}b^2+1=ab\\b=\dfrac{2a^2-3}{4a}\end{cases}$,进而可得

$$\left(\frac{2a^2-3}{4a}\right)^2+1=a\cdot\frac{2a^2-3}{4a}$$

$$4a^4-16a^2-9=0$$

$$(2a^2+1)(2a^2-9)=0$$

$$a=\pm\frac{3}{2}\sqrt{2}$$

即点 N 的纵坐标为 $\pm\frac{3}{2}\sqrt{2}$.

90. $y=\pm x$. 先由 $8+p=\left(\frac{p}{2}\right)^2(p>0)$ 得 $p=8$,进而可求出渐近线方程.

91. $[2-\sqrt{3},2+\sqrt{3}]$. 通过画图可知,题设即 $3\sqrt{2}\geqslant 2\sqrt{2}+\frac{2|a+b|}{\sqrt{a^2+b^2}}$,由此可求得直线 l 的斜率 $-\frac{a}{b}$的取值范围是$[2-\sqrt{3},2+\sqrt{3}]$.

92. **解法 1** -1. 由点 A,B 在抛物线上,可得

$$\begin{cases}9a-3b+c=2 & ①\\25a+5b+c=2 & ②\end{cases}$$

由式②-①把这两个等式相减后可得$b=-2a$,从而可得答案.

解法 2 -1. 因为题中抛物线的对称轴是 $x=\frac{-3+5}{2}=1=-\frac{b}{2a}$,$2a+b=0$,所以 $6\sqrt{5}a+3\sqrt{5}b-1=3\sqrt{5}(2a+b)-1=-1$.

93. $\left(x+\frac{3}{5}\right)^2+\left(y-\frac{9}{5}\right)^2=\frac{19}{5}$. 两交点为所求圆的一条直径的端点.

94. ±1. 注意到题中的曲线 C_1, C_2 的解析式中 y 的指数均是2(是偶数),所以当点(x_0,y_0)是曲线 C_1, C_2 的交点时,点$(x_0,-y_0)$也是它们的交点.

而它们的交点个数3是奇数,所以 $y_0=-y_0$, $y_0=0$.

再由曲线 C_1 的解析式可得曲线 C_1, C_2 有交点$(0,0)$,再由曲线 C_2 的解析式可得 $a=\pm1$.

经检验知,$a=\pm1$ 满足题意,所以 ±1 就是所求的答案.

95. 2. 由题意可得 $k>0$,并且圆$\left(x-\frac{1}{2}\right)^2+\left(y-\frac{1}{2}\right)^2=\left(\frac{\sqrt{2}}{2}\right)^2$ 内切或内含于圆 $x^2+y^2=(\sqrt{k})^2$.

又因为两圆的圆心距是$\frac{\sqrt{2}}{2}$,所以由题设可得$\frac{\sqrt{2}}{2}\leqslant\sqrt{k}-\frac{\sqrt{2}}{2}$,即 $k\geqslant2$,得 k 的最小值为2.

96. $\left(-\infty,-\frac{3}{2}\right)$. 可得直线 $x=my-1$ 与直线 $y=x$ 垂直,所以 $m=-1$.

由垂径定理可得圆心在直线 $y=x$ 上,所以 $m=n=-1$,圆 C:$x^2+y^2-x-y+p=0$,由此可得 $p<\frac{1}{2}$,由圆 C 与直线 $x=-y-1$ 有两个交点,可得 $p<-\frac{3}{2}$.

97. $\sqrt{2}-1$. 由点$(c,2c)$在椭圆上可求.

98. $-\frac{1}{2}$. 由题意可得一元二次方程 $2x^2+(2a-1)x+a^2-1=0$,且 $\Delta\geqslant0$,所以$\frac{-1-\sqrt{10}}{2}\leqslant a\leqslant\frac{-1+\sqrt{10}}{2}$. 再由弦长公式可得 $|AB|=\sqrt{5-2\left(a+\frac{1}{2}\right)^2}$,进而可得答案.

99. 20. 由点差法可证“圆或椭圆内除中心外的点是唯一一条弦的中点”,由此可得椭圆的内接平行四边形的中心就是该椭圆的中心.

接着还可证得“椭圆的内接矩形各边与该椭圆的对称轴平行或垂直”.

设椭圆$\frac{x^2}{a^2}+\frac{y^2}{b^2}=1(a>b>0)$的内接矩形 $A_1A_2A_3A_4$ 各顶点的坐标分别是 $A_1(a\cos\alpha,b\sin\alpha)$, $A_2(a\cos\beta,b\sin\beta)$, $A_3(-a\cos\alpha,-b\sin\alpha)$, $A_4(-a\cos\beta,$

$-b\sin\beta)(0\leqslant\alpha<\beta<\pi+\alpha<\pi+\beta<2\pi)$（即 $0\leqslant\alpha<\beta<\pi$），且得 $|OA_1|=|OA_2|$（O 是坐标原点），所以

$$a^2\cos^2\alpha+b^2\sin^2\alpha=a^2\cos^2\beta+b^2\sin^2\beta$$
$$(a^2-b^2)\cos^2\alpha+b^2=(a^2-b^2)\cos^2\beta+b^2$$
$$\cos^2\alpha=\cos^2\beta$$
$$\beta=\pi-\alpha$$
$$b\sin\alpha=b\sin\beta$$

由此可得欲证结论成立.

由此结论知，可设该矩形在第一象限的顶点坐标是 $(4\cos\theta,3\sin\theta)$ $\left(0<\theta<\frac{\pi}{2}\right)$，所以该矩形的周长是 $4(4\cos\theta+3\sin\theta)\left(0<\theta<\frac{\pi}{2}\right)$.

再由辅助角公式，可得当且仅当该矩形在第一象限的顶点坐标是 $\left(\frac{16}{5},\frac{9}{5}\right)$ 时，该矩形的周长最大且最大值是 20.

100. 9. 可设 $x=4+2\cos\theta, y=3\sin\theta$，得 $\frac{(4+2\cos\theta)^2}{4}+\frac{(3\sin\theta)^2}{9}=4\cos\theta+5$，进而可得答案.

101. 1. 设左、右两焦点分别为 F_1,F_2，得 $||PF_1|-|PF_2||=2,|PF_1|^2+|PF_2|^2=8$. 进而可得 $|PF_1|\cdot|PF_2|=2$，所以所求面积为 $\frac{1}{2}|PF_1|\cdot|PF_2|=1$.

102. $(2,3)$. 由 $\Delta_1>0,\Delta_2=0,\Delta_3<0$ 及 $a,b\in\mathbf{Z}$ 可得答案.

103. $\sqrt{15}$. 由椭圆的对称性可设本题对应的图形如图 54 所示.

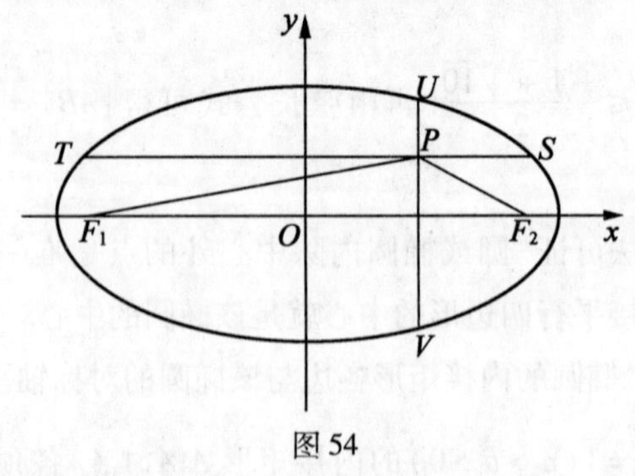

图 54

可得点 P 的坐标为 $\left(\frac{6+2}{2}-2,\frac{3+1}{2}-1\right)$，即 $(2,1)$，还可得点 $S(4,1),U(2,$

2).

再由两点 S,U 均在椭圆 C 上可求得 $a^2=20,b^2=5$,所以椭圆 C 的半焦距是 $\sqrt{15}$,因此 $\triangle PF_1F_2$ 的面积为 $\frac{1}{2}\cdot 2\sqrt{15}\cdot 1=\sqrt{15}$.

104. $\frac{1}{2}$. 由题设可得点 $A\left(-\frac{1}{2},0\right)$. 可设抛物线 C 的切线 l 的方程是 $y=k(x+1)$,用判别式法可求得 $k=\pm\frac{1}{\sqrt{2}}$.

当 $k=\frac{1}{\sqrt{2}}$时,可求得切点 $K(1,\sqrt{2})$,直线 AMN 的方程是 $y=\frac{1}{\sqrt{2}}\left(x+\frac{1}{2}\right)$,即 $x-\sqrt{2}y+\frac{1}{2}=0$,点 K 到直线 AMN 的距离是$\frac{1}{2\sqrt{3}}$.

将直线 AMN 的方程与抛物线 C 的方程联立后,可得 $x^2-3x+\frac{1}{4}=0$,由弦长公式可求得 $|MN|=2\sqrt{3}$.

所以 $\triangle KMN$ 的面积为$\frac{1}{2}\cdot 2\sqrt{3}\cdot\frac{1}{2\sqrt{3}}=\frac{1}{2}$.

105. $\frac{3}{2}\sqrt{11}$. 由题设可得点 $A(3,0)$,$F(0,1)$,可设点 $P(3\cos\theta,\sqrt{10}\sin\theta)$ $\left(0<\theta<\frac{\pi}{2}\right)$,得

$$\begin{aligned}S_{\text{四边形}OAPF}&=S_{\triangle OAP}+S_{\triangle OFP}\\&=\frac{1}{2}\cdot 3\cdot\sqrt{10}\sin\theta+\frac{1}{2}\cdot 1\cdot 3\cos\theta\\&=\frac{3}{2}\sqrt{11}\sin\left(\theta+\arctan\frac{1}{\sqrt{10}}\right)\end{aligned}$$

从而可得当且仅当 $\theta=\arctan\sqrt{10}$时,$(S_{\text{四边形}OAPF})_{\max}=\frac{3}{2}\sqrt{11}$.

106. $\frac{1-\sqrt{17}}{2}$. 题中的二次曲线方程可写成$\frac{y^2}{-a}-\frac{x^2}{a^2}=1$,因而 $-a>0$,得二次曲线为双曲线$\frac{y^2}{(\sqrt{-a})^2}-\frac{x^2}{a^2}=1$.

由半焦距为 2,可得 $2^2=a^2-a(a<0)$,解得 $a=\frac{1-\sqrt{17}}{2}$.

107. $\sqrt{7}-1$. 如图 55 所示,可得 $|F_1F_2|=2\sqrt{1+3}=4$, $|PF_1|-|PF_2|=$

$|QF_1|-|QF_2|=2$.

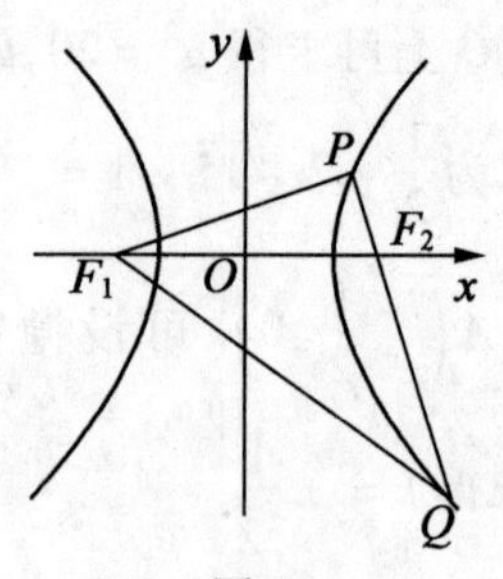

图 55

再由$\angle F_1PQ=90°$,可得$|PF_1|^2+|PF_2|^2=|F_1F_2|^2=16$,所以

$$\begin{aligned}|PF_1|+|PF_2|&=\sqrt{2(|PF_1|^2+|PF_2|^2)-(|PF_1|-|PF_2|)^2}\\&=\sqrt{2\cdot 16-2^2}\\&=2\sqrt{7}\end{aligned}$$

从而可得$\triangle F_1PQ$的内切圆半径长是

$$\begin{aligned}&\frac{1}{2}(|PF_1|+|PQ|-|F_2Q|)\\&=\frac{1}{2}(|PF_1|+|PF_2|)-\frac{1}{2}(|QF_1|-|QF_2|)\\&=\sqrt{7}-1\end{aligned}$$

108. $2x-4y+5=0$. 由题设可得圆 C_1,C_2 的标准方程分别为

$$C_1:x^2+y^2=a$$
$$C_2:(x+1)^2+(y-a)^2=a^2-2$$

由它们关于直线 l 对称,可得两圆的半径相等,所以 $a=a^2-2>0$,解得$a=2$.

进而可得圆 C_1,C_2 的圆心分别为点 $O_1(0,0)$,$O_2(-1,2)$,再得直线 l 即线段 O_1O_2 的中垂线,可求得直线 l 的方程为 $2x-4y+5=0$.

109. **解法 1** ②③. 可得点 $P(0,2)$到直线 $x\cos\theta+(y-2)\sin\theta=1$ 的距离是 1,所以直线系 M 是圆 $x^2+(y-2)^2=1$ 的切线组成的集合,从而直线系 M 中有两条平行的直线,比如当 $\theta=0,\pi$ 时,得①错误.

可得定点(0,2)不在 M 中的任一条直线上,所以②正确.

由直线系 M 是圆 $x^2+(y-2)^2=1$ 的切线组成的集合,可得③正确.

④错误:由图 56 可得,当正$\triangle ABC$ 的内切圆半径为 1 时,$\triangle ABC$ 的面积是 $3\sqrt{3}$;当正$\triangle ADE$ 的旁切圆半径为 1 时,$\triangle ADE$ 的面积是$\frac{\sqrt{3}}{3}$.

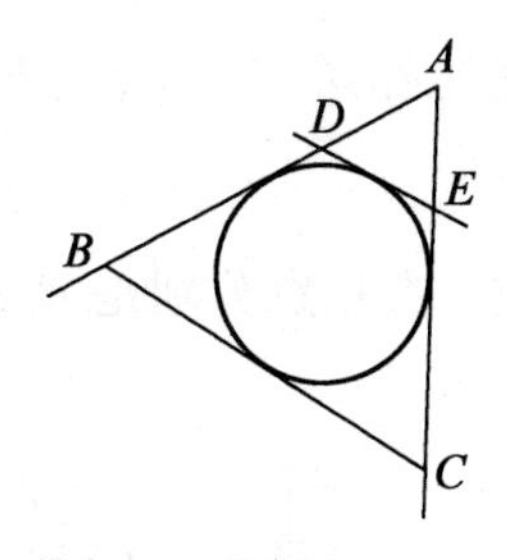

图56

解法2 ②③. 先把直线系 $M: x\cos\theta + (y-2)\sin\theta = 1 (0 \leqslant \theta \leqslant 2\pi)$ 沿向量 $(0, -2)$ 平移,得到直线系 $M': x\cos\theta + y\sin\theta = 1 (0 \leqslant \theta \leqslant 2\pi)$,可得它表示单位圆 $x^2 + y^2 = 1$ 上的任一点 $(\cos\theta, \sin\theta) (0 \leqslant \theta \leqslant 2\pi)$ 的切线的集合.

由此可得:

命题①假,因为圆 $x^2 + y^2 = 1$ 有平行切线;

命题②真,因为单位圆 $x^2 + y^2 = 1$ 的圆心 $(0,0)$ 不会在该圆的切线上,并且单位圆 $x^2 + y^2 = 1$ 内的点都不会在该圆的切线上;

命题③真,因为单位圆 $x^2 + y^2 = 1$ 的外切正 $n (n \geqslant 3)$ 边形的所有边均是该圆的切线;

命题④假,因为圆 $x^2 + y^2 = 1$ 可能是一个正三角形的内切圆,也可能是一个正三角形的旁切圆,而这两个正三角形的面积不相等.

注 此题源于2009年高考江西卷理科第16题,只是在表述上略有改动.

110. 10. 由 $c - a + 3b$ 可得直线 l 过点 $P(-1, -3)$,还可得点 P 在圆 C 内.

由垂径定理的推论,可得 $OM \perp l$,进而可得 $|OM| \leqslant |OP| = \sqrt{10}$,进而可得答案.

111. 1. 由抛物线的定义及中位线定理,可得

$$\begin{aligned}
|AB|^2 &= |AF|^2 + |BF|^2 - 2|AF| \cdot |BF| \cos\frac{\pi}{3} \\
&= (|AF| + |BF|)^2 - 3|AF| \cdot |BF| \\
&\geqslant (|AF| + |BF|)^2 - 3\left(\frac{|AF| + |BF|}{2}\right)^2 \\
&= \left(\frac{|AF| + |BF|}{2}\right)^2 \\
&= |MN|^2
\end{aligned}$$

当且仅当 $|AF| = |BF|$ 时取等号.

所以所求最大值是1.

112. $8+\sqrt{13}$. 在平面直角坐标系 xOy 中,点 $P(x,y)$ 在椭圆 $\Gamma:\frac{x^2}{16}+\frac{y^2}{12}=1$ 上.

如图 57 所示,椭圆 Γ 的左、右焦点分别是 $F_1(-2,0)$, $F_2(2,0)$,长轴长是 8.

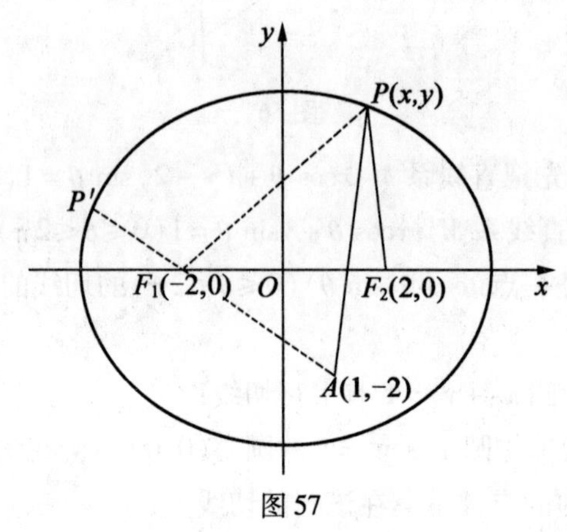

图 57

设点 $A(1,-2)$,射线 AF_1 与椭圆 Γ 的焦点是 P',可得

$$\begin{aligned}&\sqrt{x^2+y^2-4x+4}+\sqrt{x^2+y^2-2x+4y+5}\\=&|PF_2|+|PA|\\=&|PA|-|PF_1|+8\\\leqslant&|AF_1|+8\\=&8+\sqrt{13}\end{aligned}$$

当且仅当点 P, P' 重合时, $(\sqrt{x^2+y^2-4x+4}+\sqrt{x^2+y^2-2x+4y+5})_{\max}=8+\sqrt{13}$.

113. $\sqrt{2}+\sqrt{3}$. 把题设中的前两个等式相加后,再减去最后一个等式的 2 倍,可得 $(x_1-x_2)^2+(y_1-y_2)^2=1$,即平面直角坐标系中的两点 $A(x_1,y_1)$, $B(x_2,y_2)$ 之间的距离 $|AB|=1$.

还可得题设等价于实数 x_1,x_2,y_1,y_2 满足 $x_1^2+y_1^2=1$, $x_2^2+y_2^2=1$, $|AB|=1$.

可得本题即求单位圆上距离为 1 的两个动点 A, B 到直线 $l:x+y-1=0$ 的距离之和(由梯形的中位线定理可知,距离之和即线段 AB 的中点 H 到直线 l 的距离的 2 倍)的最大值.

如图 58 所示,由垂径定理及勾股定理可求得单位圆上长为 1 的动弦 AB 的

中点 $H(x,y)$ 的轨迹是圆 $x^2+y^2=\left(\frac{\sqrt{3}}{2}\right)^2$.

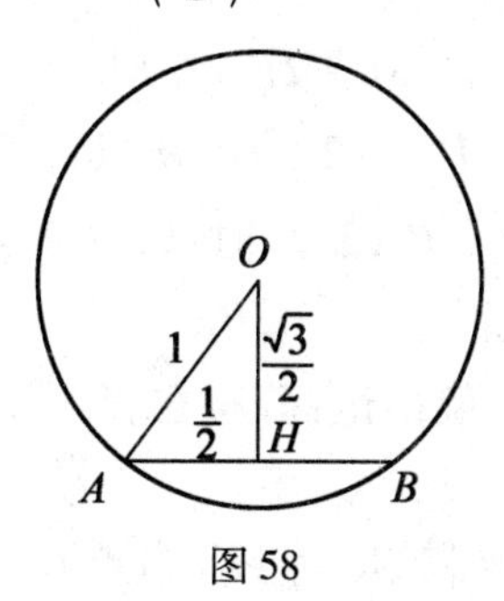

图 58

所以本题即求圆 $x^2+y^2=\left(\frac{\sqrt{3}}{2}\right)^2$ 上的动点 H 到直线 l 的距离的 2 倍的最大值. 再由图 59 可求得答案是 $2\left(\frac{\sqrt{3}}{2}+\frac{\sqrt{2}}{2}\right)=\sqrt{2}+\sqrt{3}$.

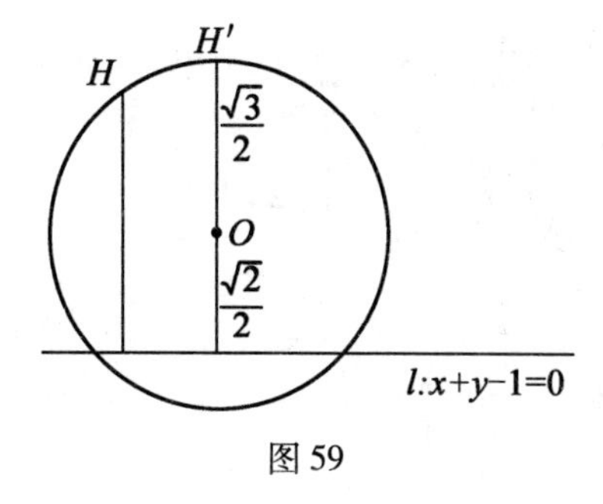

图 59

114. P_1, P_3, P_4. 如图 60 所示建立平面直角坐标系 xOy, 可得点 $P_1(0,4)$, $P_2(3,2)$, $P_3(4,2)$, $P_4(6,5)$, $A(0,3)$, $B(1,0)$, $C(7,1)$, $D(4,4)$

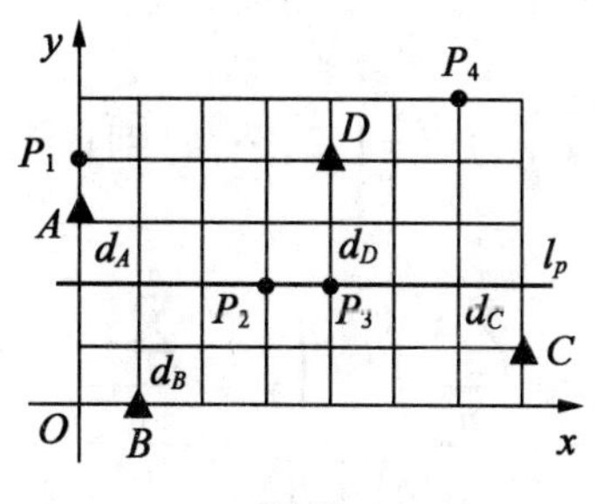

图 60

设直线 $l_P: Ex+Ey+G=0$. 用 $d_H=\frac{Ex_0+Fy_0+G}{\sqrt{E^2+F^2}}$ 表示点 $H(x_0,y_0)$ 到直线 l_P 的有向距离, 由题设可得 $d_A+d_B+d_C+d_D=0$, 即

$$\frac{3F+G}{\sqrt{E^2+F^2}}+\frac{E+G}{\sqrt{E^2+F^2}}+\frac{7E+F+G}{\sqrt{E^2+F^2}}+\frac{4E+4F+G}{\sqrt{E^2+F^2}}=0$$

$$3E+2F+G=0$$

进而可得直线 l_P:$E(x-3)+F(y-2)=0$,所以直线 l_P 过定点 $P_2(3,2)$.

还可证得:当直线 l_P 过点 $P_2(3,2)$ 时,$D_1(l_P)=D_2(l_P)$.

综上所述,可得所求答案是 P_1,P_3,P_4.

注 关于本题有以下一般结论:分布在直线 l 两侧的点 $A_i(x_i,y_i)(i=1,2,\cdots,n)$ 到直线 l 的距离之和相等$\Leftrightarrow$直线 l 过点 $G\left(\frac{\sum\limits_{i=1}^{n}x_i}{n},\frac{\sum\limits_{i=1}^{n}y_i}{n}\right)$.

证明 "$\Rightarrow$"设直线 l:$Ax+By+C=0$,由题设可得

$$\sum_{i=1}^{n}\frac{Ax_i+By_i+C}{\sqrt{A^2+B^2}}=0$$

$$A\sum_{i=1}^{n}x_i+B\sum_{i=1}^{n}y_i+nC=0$$

$$A\cdot\frac{\sum\limits_{i=1}^{n}x_i}{n}+B\cdot\frac{\sum\limits_{i=1}^{n}y_i}{n}+C=0$$

所以直线 l 过点 $G\left(\frac{\sum\limits_{i=1}^{n}x_i}{n},\frac{\sum\limits_{i=1}^{n}y_i}{n}\right)$.

"$\Leftarrow$"若直线 l 过点 $G\left(\frac{\sum\limits_{i=1}^{n}x_i}{n},\frac{\sum\limits_{i=1}^{n}y_i}{n}\right)$,可设直线 l:$A\left(x-\frac{\sum\limits_{i=1}^{n}x_i}{n}\right)+B\left(y-\frac{\sum\limits_{i=1}^{n}y_i}{n}\right)=0$,点 $A_i(x_i,y_i)(i=1,2,\cdots,n)$ 到直线 l 的有向距离之和为

$$\sum_{i=1}^{n}\frac{A\left(x_i-\frac{\sum\limits_{i=1}^{n}x_i}{n}\right)+B\left(y_i-\frac{\sum\limits_{i=1}^{n}y_i}{n}\right)}{\sqrt{A^2+B^2}}$$

$$=\frac{A\left(\sum\limits_{i=1}^{n}x_i-n\cdot\frac{\sum\limits_{i=1}^{n}x_i}{n}\right)+B\left(\sum\limits_{i=1}^{n}y_i-n\cdot\frac{\sum\limits_{i=1}^{n}y_i}{n}\right)}{\sqrt{A^2+B^2}}$$

$= 0$

所以分布在直线 l 两侧的点 $A_i(x_i, y_i)(i=1,2,\cdots,n)$ 到直线 l 的距离之和相等.

115. $\sqrt{6}$. 抛物线的普通方程为 $y^2=2px$，点 $F\left(\frac{p}{2},0\right)$，$|CF|=\frac{7}{2}p-\frac{p}{2}=3p$（图61）.

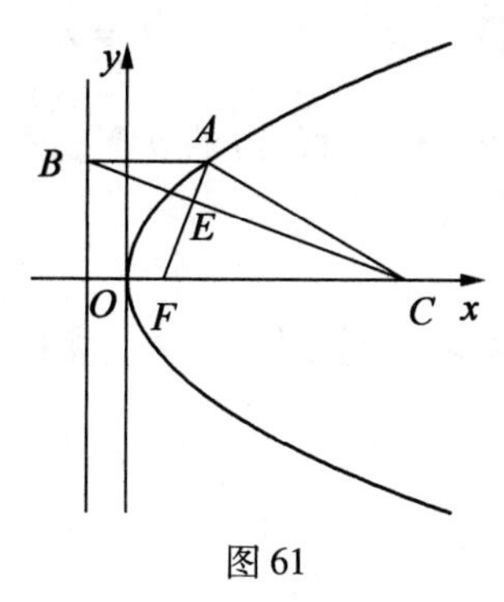

图61

又因为 $|CF|=2|AF|$，所以 $|AF|=\frac{3}{2}p$. 由抛物线的定义得 $|AB|=\frac{3}{2}p$，所以 $x_A=p$.

再由点 A 在抛物线上，可得 $|y_A|=\sqrt{2}p$.

由 $CF /\!/ AB$，可得 $\frac{|EF|}{|EA|}=\frac{|CF|}{|AB|}=\frac{3p}{\frac{3}{2}p}=2$，所以 $S_{\triangle ACF}=3S_{\triangle ACE}=9\sqrt{2}$，即 $\frac{1}{2}\times 3p\times\sqrt{2}p=9\sqrt{2}(p>0)$，可得 $p=\sqrt{6}$.

116. **解法1**　(1) $-\frac{1}{2}$. (2) $\frac{1}{2}$.

设点 $M(x,y)$，由 $|MB|=\lambda|MA|$，得 $(x-b)^2+y^2=\lambda^2[(x+2)^2+y^2]$.

再由 $x^2+y^2=1$，可得 $-2bx+b^2+1=4\lambda^2x+5\lambda^2$，所以 $-2b=4\lambda^2$，$b^2+1=5\lambda^2$，$\lambda>0$.

可得 $\lambda=1,\frac{1}{2}$. 但 $\lambda=1$ 时，$b=-2$. 所以可得答案.

解法2　(1) $-\frac{1}{2}$. (2) $\frac{1}{2}$.

可选点 $M(1,0)$ 和点 $M(0,1)$，代入 $|MB|=\lambda|MA|$，可得

$$\begin{cases}b^2+1=5\lambda^2\\(b-1)^2=9\lambda^2\end{cases}$$

解得

$$\begin{cases}b=-\dfrac{1}{2}\\\lambda=\dfrac{1}{2}\end{cases}$$

解法3 可设点 $M(\cos\theta,\sin\theta)$.

由 $|MB|=\lambda|MA|$,得 $(\cos\theta-b)^2+\sin^2\theta=\lambda^2[(\cos\theta+2)^2+\sin^2\theta]$,即 $-2b\cos\theta+b^2+1=4\lambda^2\cos\theta+5\lambda^2$ 对任意的 θ 都成立,所以 $\begin{cases}-2b=4\lambda^2\\b^2+1=5\lambda^2\end{cases}$.

由 $|MB|=\lambda|MA|$,得 $\lambda>0$. 又因为 $b\neq-2$,所以 $\begin{cases}b=-\dfrac{1}{2}\\\lambda=\dfrac{1}{2}\end{cases}$.

117. **解法1** $\dfrac{3}{2}$. 如图62所示,可设点 $A(x_0,y_0)(y_0<0)$,易知抛物线 $y^2=4x$ 的焦点为 $F(1,0)$,抛物线的准线方程为 $x=-1$.

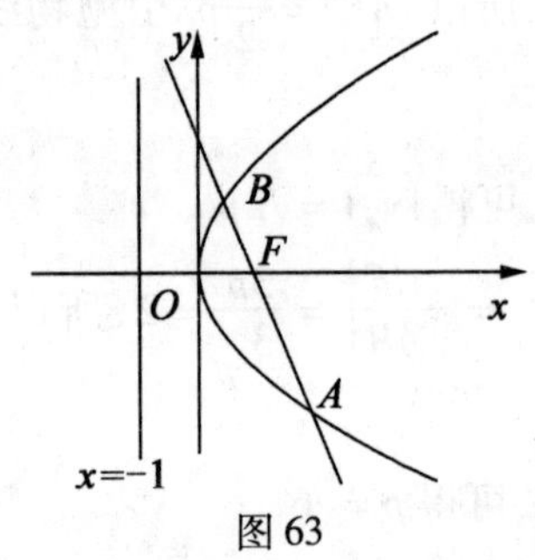

图63

由抛物线的定义,可得 $|AF|=x_0-(-1)=3$,解得 $x_0=2$,所以 $y_0=-2\sqrt{2}$. 即点 $A(2,-2\sqrt{2})$.

所以直线 AB 的斜率为 $k=-\dfrac{2\sqrt{2}-0}{2-1}=-2\sqrt{2}$,直线 AB 的方程为 $y=-2\sqrt{2}x+2\sqrt{2}$.

联立 $\begin{cases}y=-2\sqrt{2}x+2\sqrt{2}\\y^2=4x\end{cases}$,消去 y 得 $2x^2-5x+2=0$,可得 A,B 两点横坐标之积为1,所以点 B 的横坐标为 $\dfrac{1}{2}$. 再由抛物线的定义得 $|BF|=\dfrac{1}{2}-(-1)=\dfrac{3}{2}$.

解法2 $\dfrac{3}{2}$. 在图62中设 $\angle AFx=\theta\left(0<\theta<\dfrac{\pi}{2}\right)$,由由抛物线的定义,可得

$3=2+3\cos\theta,\cos\theta=\frac{1}{3}$.

还可得$|BF|=2-|BF|\cos\theta$,进而可求得$|BF|=\frac{3}{2}$.

118. $|PF_2|=17$. 因为可证得结论:双曲线$\frac{x^2}{a^2}-\frac{y^2}{b^2}=1(a>0,b>0,c=\sqrt{a^2+b^2})$左支上任一点$P$到左焦点$F$的距离$|PF|$的取值范围是$[c-a,+\infty)$,右支上任一点$Q$到左焦点$F$的距离$|QF|$的取值范围是$[c+a,+\infty)$.

119. $\left(x-\frac{1}{2}\right)^2+\left(y-\frac{1}{6}\right)^2=\frac{5}{18}$. 先得题中的区域是以三点$(0,0)$,$(1,0)$,$\left(\frac{2}{3},\frac{2}{3}\right)$为顶点的锐角三角形,所以满足题设的圆即该三角形的外接圆.

120. $\left[\frac{1}{3},2\right]$. 先作出可行域,如图63所示,还可求得直线$x+y=4$与直线$x+3y=10$的交点$A(1,3)$,直线$x+3y=10$与曲线$y=\log_2 x$的交点$C(4,2)$.

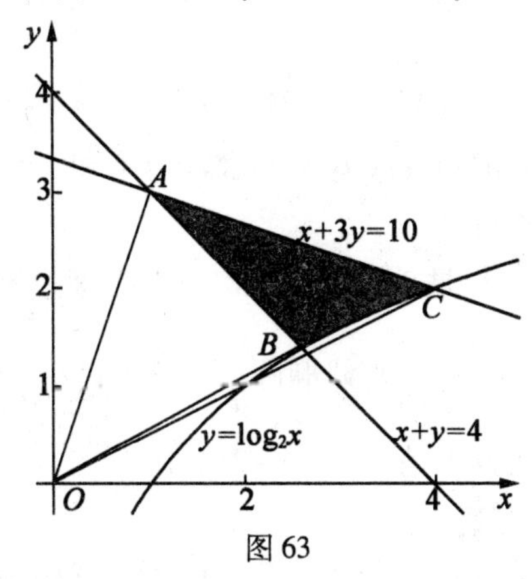

图63

进而可得$\left(\frac{y}{x}\right)_{\max}=k_{OA}=3$

设直线$x+y=4$与曲线$y=\log_2 x$的交点为$B(x_0,y_0)$,可得$x_0+3\log_2 x_0=10$,再用反证法可证得$x_0<\frac{8}{3}$,所以$0<x_0<\frac{8}{3}$. 又由$y_0=4-x_0$,可得$y_0>\frac{4}{3}$. 所以$k_{OB}=\frac{y_0}{x_0}>\frac{2}{4}=k_{OC}$.

再由曲线$y=\log_2 x$上凸,可得$\left(\frac{y}{x}\right)_{\min}=k_{OC}=\frac{1}{2}$. 所以$\frac{y}{x}$的取值范围是$\left[\frac{1}{2},3\right]$,$\frac{x}{y}$的取值范围是$\left[\frac{1}{3},2\right]$.

121. $\left(\frac{5}{3},\frac{5}{3}\right),\left(\frac{5}{2},0\right)$. 如图 64 所示，分别作点 $A(3,1)$ 关于直线 $y=x$ 和 $y=0$ 的对称点 $B(1,3)$，$C(3,-1)$.

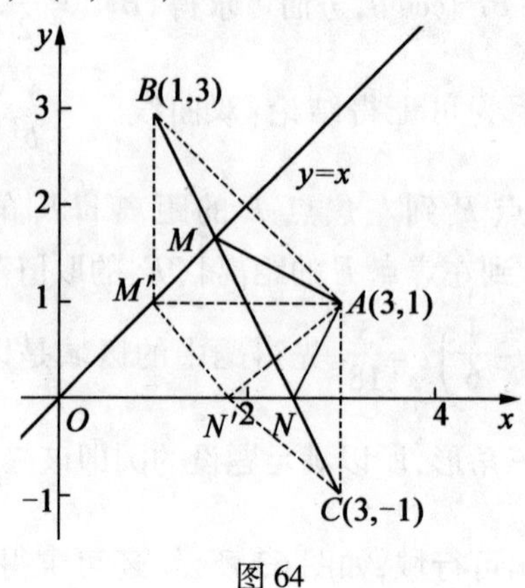

图 64

当点 M,N 分别在直线 $y=x$ 和 $y=0$ 上的点 M',N' 处时，可得 $\triangle AM'N'$ 的周长为

$$|AM'|+|M'N'|+|N'A|=|BM'|+|M'N'|+|N'C|\geqslant|BC|$$

所以当且仅当点 M,N 分别是直线 BC 与直线 $y=x$ 和 $y=0$ 的交点时 $\triangle AMN$ 的周长最小.

可求得直线 BC 的方程是 $2x+y-5=0$，从而可通过解方程组求得答案.

122. $\frac{\sqrt{3}}{2}$. 若过点 $P(2a,0)$ 的直线椭圆 $\frac{x^2}{a^2}+\frac{y^2}{b^2}=1(a>b>0)$ 相切，可得其斜率存在，从而可设该切线方程是 $y=k(x-2a)$.

把它代入椭圆的方程后，可得

$$(a^2k^2+b^2)x^2-4a^3k^2x+4a^4k^2-a^2b^2=0$$

令其判别式 $\Delta=\cdots=-4a^2b^2(3a^2k^2-b^2)=0$，得 $k=\pm\frac{1}{\sqrt{3}}\cdot\frac{b}{a}$.

由题意，可得 $\frac{1}{\sqrt{3}}\cdot\frac{b}{a}=\frac{1}{2},\frac{b}{a}=\frac{\sqrt{3}}{2}$.

123. $\left(\frac{1}{5},\frac{\sqrt{5}}{3}\right)$. 由题设不妨设 $|PF_1|=13$，$|QF_1|=5$，$|PQ|=12$，$|F_2Q|=x$. $|PF_2|=12-x$.

可得 $2a=|PF_1|+|PF_2|=13+(12-x)=25-x$，所以

$$\text{点 } Q \text{ 在椭圆 } C \text{ 内} \Leftrightarrow |QF_1|+|QF_2|<2a$$

$$\Leftrightarrow\begin{cases}x>0\\5+x<25-x\end{cases}$$

$$\Leftrightarrow 0<x<10$$

还可得椭圆 C 的焦距 $2c=|F_1F_2|=\sqrt{|QF_1|^2+|F_2Q|^2}=\sqrt{25+x^2}$,所以椭圆 C 的离心率为

$$\frac{2c}{2a}=\frac{\sqrt{25+x^2}}{25-x}(0<x<10)$$

由 $\left(\frac{\sqrt{25+x^2}}{25-x}\right)'=\frac{\frac{x(25-x)}{\sqrt{25+x^2}}+\sqrt{25+x^2}}{(25-x)^2}>0(0<x<10)$,可得 $y=\frac{\sqrt{25+x^2}}{25-x}$ $(0<x<10)$是增函数,进而可求得答案.

124. $2\sqrt{2}\pi$. 抛物线系 $y^2=mx+2m^2+1(m\in\mathbf{R})$在坐标平面上不经过的区域,即关于 m 的一元二次方程

$$2m^2+xm+1-y^2=0$$

无实数解时对应的点(x,y)表示的区域,即

$$\Delta=x^2-4\cdot2(1-y^2)<0$$

$$\frac{x^2}{8}+y^2<1$$

由长半轴、短半轴长分别是 a,b 的椭圆面积是 πab,可得所求答案是 $2\sqrt{2}\pi$.

125. $[\sqrt{2},+\infty]$. 设双曲线 $M:\frac{x^2}{a^2}-\frac{y^2}{b^2}=1(a>0,b>0)$,可得一条渐近线的斜率$\frac{b}{a}$大于正方形 $ABCD$ 的对角线 AC 的斜率 1,进而可得双曲线 M 的离心率$e>\sqrt{2}$.

当双曲线 M 的离心率 $e>\sqrt{2}$时,双曲线 $M:\frac{x^2}{a^2}-\frac{y^2}{b^2}=1(a>0,b>0)$的一条渐近线 $y=\frac{b}{a}x$ 的斜率$\frac{b}{a}>1$,因而过坐标原点 O 作斜率为 1 的直线与双曲线 M 一定会相交,设在第一、三象限的交点分别是 A,C,再过点 A,C 分别作 x 轴的平行线与双曲线 M 交于另外的点 B,D,可得正方形 $ABCD$.

综上所述,可得所求答案是$[\sqrt{2},+\infty)$.

126. **解法1** $(x-2)^2+(y-2)^2=4$. 取 $m=0,1,-1$,分别得对应的直线

为 $y=4, x=4, x=0$，与这三条直线均相切的定圆方程只可能是 $(x-2)^2+(y-2)^2=4$ 或 $(x-2)^2+(y-6)^2=4$. 再验证知，可得答案是前者.

解法 2　$(x-2)^2+(y-2)^2=4$. 设所求定圆的圆心为 (a,b)，得

$$\frac{|2ma+(1-m^2)b-4m-4|}{\sqrt{(2m)^2+(1-m^2)^2}}$$

$$=\frac{|bm^2+(4-2a)m+4-b|}{m^2+1}$$

$$=\text{定值 } r(m\in\mathbf{R})$$

所以 $4-2a=0, b=4-b$，解得 $a=b=2$.

进而可求得定值 $r=2$.

所以所求定圆的方程是 $(x-2)^2+(y-2)^2=4$.

127. **解法 1**　$[\sqrt{2}-1,\sqrt{2}+1]$. 由 $\triangle OAB$ 是直角三角形及 $|OA|=|OB|=1$，可得 $OA\perp OB$.

如图 65 所示，设 C 是线段 AB 的中点，由点到直线的距离公式，可得

$$\frac{1}{\sqrt{2a^2+b^2}}=\frac{1}{\sqrt{2}}$$

$$a^2+\frac{b^2}{2}=1$$

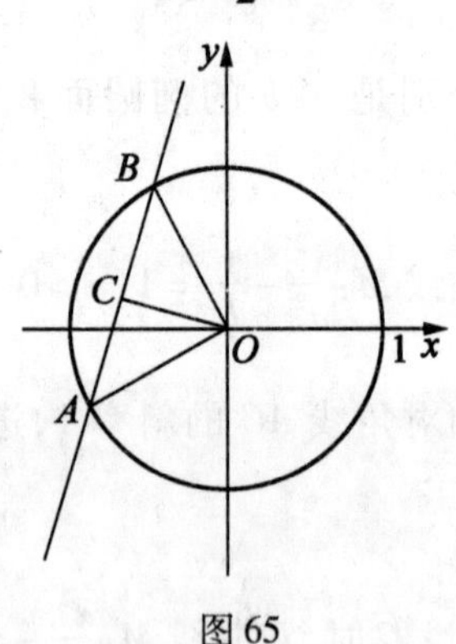

图 65

所以在平面直角坐标系 aOb 中，点 $P(a,b)$ 在如图 66 所示的椭圆（其上焦点为 $F(0,1)$，长半轴长、半焦距分别为 $\sqrt{2}$ 和 1）上，得点 $P(a,b)$ 与点 $F(0,1)$ 之间的距离为 $|FP|$，进而可得答案.

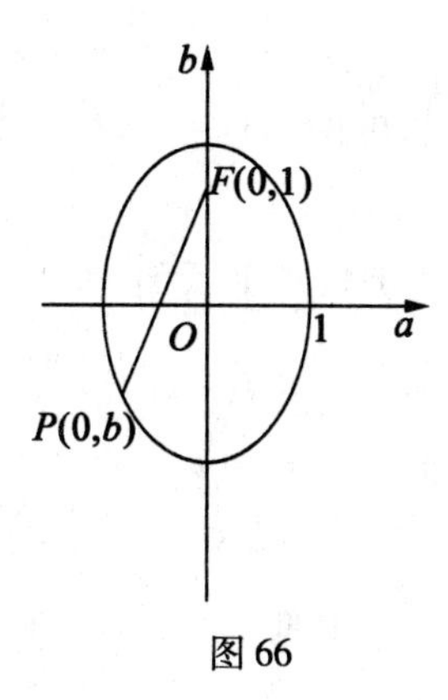

图66

解法2　$[\sqrt{2}-1,\sqrt{2}+1]$. 在解法1中,已得 $a^2+\frac{b^2}{2}=1$,所以可设 $(a,b)=(\cos\theta,\sqrt{2}\sin\theta)(\theta\in\mathbf{R})$.

可得点 $P(a,b)$ 与点 $F(0,1)$ 之间的距离

$$\begin{aligned} d=\sqrt{a^2+(b-1)^2}&=\sqrt{\cos^2\theta+(\sqrt{2}\sin\theta-1)^2}\\ &=\sqrt{\sin^2\theta-2\sqrt{2}\sin\theta+2}\\ &=\sqrt{2}-\sin\theta \end{aligned}$$

再由 $\theta\in\mathbf{R}$,可得答案.

128. $\left(\frac{\sqrt{2}}{2},1\right)$. 不妨设点 $A(a,0)$,$P(x_0,y_0)$,由 $AP\perp OP$,可得

$$\begin{aligned} \overrightarrow{AP}\cdot\overrightarrow{OP}&=(x_0-a,y_0)\cdot(x_0,y_0)\\ &=x_0(x_0-a)+y_0^2\\ &=0 \end{aligned}$$

再由 $\frac{x_0^2}{a^2}+\frac{y_0^2}{b^2}=1(x_0\neq a)$,可解得 $x_0=\frac{ab^2}{c^2}(c=\sqrt{a^2-b^2})$.

再由　$a<x_0<a$,可求得所求椭圆离心率 e 的取值范围是 $\left(\frac{\sqrt{2}}{2},1\right)$.

129. $\frac{5}{2}\sqrt{2}$. 由点 $A\left(-\frac{1}{2},\frac{1}{2}\right)$ 在抛物线 C 的准线 $x=-\frac{p}{2}$ 上,可得 $-\frac{p}{2}=-\frac{1}{2}$,$p=1$,可得抛物线 $y^2=2x$.

设直线 MN 的方程为 $x=my+t(t>0)$. 由 $\begin{cases}x=my+t\\y^2=2x\end{cases}$,可得 y^2-2my-

$2t=0$.

设点 $M\left(\frac{y_1^2}{2},y_1\right),N\left(\frac{y_2^2}{2},y_2\right)$,可得 $y_1y_2=-2t$. 再由 $\overrightarrow{OM}\cdot\overrightarrow{ON}=3$,可得

$$\begin{aligned}\frac{y_1^2}{2}\cdot\frac{y_2^2}{2}+y_1y_2&=\left(\frac{y_1y_2}{2}\right)^2+y_1y_2\\&=t^2-2t\\&=3(t>0)\end{aligned}$$

所以 $$t=3$$

所以动直线 MN 过定点 $H(3,0)$,进而可得点 A 到动直线 MN 的最大距离为 $|AH|=\frac{5}{2}\sqrt{2}$.

130. (1)以 F 为焦点、l 为准线的抛物线. 由点 F 不在直线 l 上可得答案.

(2)直线 $x+y+1=0$. 由点 F 在直线 l 上,可得所求点的轨迹是直线 l 的过点 F 的垂线,即直线 $x+y+1=0$.

131. (1)$y^2=4x$. 设点 $P(x,y)$.

若 $x\leqslant-2$,通过画图可知不满足题意.

若 $x>-2$,题设即动点 P 到定点 $F(1,0)$ 的距离与它到直线 $x=-1$ 的距离相等,得点 P 的轨迹是以 F 为焦点、直线 $x=-1$ 为准线的抛物线在直线 $x=-2$右边的部分,其方程是 $y^2=4x$.

综上所述,可得所求轨迹方程是 $y^2=4x$.

(2)$y^2=4x$ 及 $y=0(x<0)$. 设点 $P(x,y)$.

若 $x<0$,可得题设即动点 P 到定点 $F(1,0)$ 与它到直线 $x=-1$ 的距离相等,可得其轨迹是直线 $x=1$ 过点 F 的垂线在 y 轴左侧的部分,其方程是 $y=0$ $(x<0)$.

若 $x\geqslant0$,可得题设即动点 P 到定点 $F(1,0)$ 与它到直线 $x=1$ 的距离相等,可得其轨迹是以 F 为焦点、直线 $x=-1$ 为准线的抛物线不在 y 轴左侧的部分,其方程是 $y^2=4x$.

综上所述,可得所求轨迹方程是 $y^2=4x$ 及 $y=0(x<0)$.

132. (1)$\left[\frac{\sqrt{2}}{2},1\right)$. 如图 67 所示,由题设可得 $c=|FO|=|FM|\geqslant|FH|=\frac{a^2}{c}-c$,由此可得椭圆 C 的离心率$\frac{c}{a}$的取值范围是$\left[\frac{\sqrt{2}}{2},1\right)$.

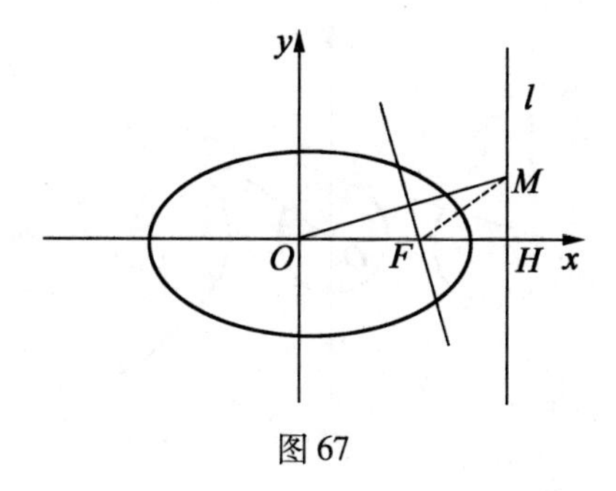

图 67

(2) $\left[\frac{1}{2},\frac{\sqrt{2}}{2}\right]$. 设点 $P(x,y)$, 得 $y^2=b^2-\frac{b^2}{a^2}x^2(-a\leqslant x\leqslant a)$. 可得点 $F_1(-c,0)$, $F_2(c,0)$, 所以

$$\overrightarrow{PF_1}\cdot\overrightarrow{PF_2}=\overrightarrow{F_1P}\cdot\overrightarrow{F_2P}$$
$$=(x+c,y)\cdot(x-c,y)$$
$$=x^2-c^2+y^2$$
$$x^2-c^2+y^2=x^2-c^2+b^2-\frac{b^2}{a^2}x^2$$
$$=\frac{c^2}{a^2}x^2+a^2-2c^2(-a\leqslant x\leqslant a)$$

进而可得 $\overrightarrow{PF_1}\cdot\overrightarrow{PF_2}$ 的最大值是 a^2-c^2.

再由题设, 可得 $c^2\leqslant a^2-c^2\leqslant 3c^2$, 进而可求得答案.

(3) $\left(\frac{\sqrt{5}}{5},\frac{3}{5}\right)$. 题设即 $b<\frac{b}{2}+c<a$. 不妨设 $a=1$, 进而可求得答案.

(4) $(1,3]$. 可得 $|PF_1|=2|PF_2|$, $||PF_1|-|PF_2||=2a$, 所以 $|PF_2|=2a$, $|PF_1|=4a$.

由 $2c=|FF_2|\leqslant|PF_1|+|PF_2|=6a$($c$ 表示双曲线 C 的半焦距), 可得双曲线 C 的离心率 $\frac{c}{a}$ 的取值范围是 $(1,3]$.

(5) $\frac{\sqrt{10}}{2}$. 如图 68 所示, 设双曲线 C 的右焦点为 F', 连结 PF'. 由 $\overrightarrow{OE}=\frac{1}{2}(\overrightarrow{OF}+\overrightarrow{OP})$, 可得 E 是线段 FP 的中点. 进而可得坐标原点 O 是线段 FF' 的中点, 所以 $|PF'|=2|OE|=a$, $PF'\,/\!/\,OE$.

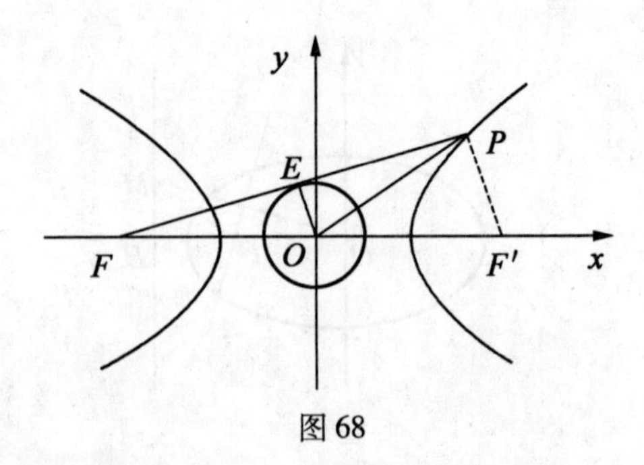

图 68

再由双曲线的定义,可得$|PF|-|PF'|=2a$,$|PF|=3a$.

由直线 FP 与圆 $x^2+y^2=\frac{a^2}{4}$ 相切于点 E,可得 $OE\perp PF$. 又因为 $PF'\parallel OE$,所以 $PF'\perp PF$. 由勾股定理,可得$|FF'|=\sqrt{10}a$.

所以双曲线 C 的离心率为$\frac{\sqrt{10}a}{2a}=\frac{\sqrt{10}}{2}$.

133. $\left[0,\frac{2}{3}\sqrt{3}\right]$. 设抛物线 $C:y^2=2px(p>0)$ 上的动点 $M(2pt^2,2pt)(t\in\mathbf{R})$、顶点 $O(0,0)$、焦点 $F\left(\frac{p}{2},0\right)$. 由抛物线的定义,可得$|MO|=2p\sqrt{t^2(t^2+1)}$,$|MF|=2pt^2+\frac{p}{2}$,所以$\frac{|MO|}{|MF|}=\frac{\sqrt{t^2(t^2+1)}}{t^2+\frac{1}{4}}$.

设 $t^2+\frac{1}{4}=s\left(s\geqslant\frac{1}{4}\right)$,可得

$$\left(\frac{|MO|}{|MF|}\right)^2=\frac{\left(s-\frac{1}{4}\right)\left(s+\frac{3}{4}\right)}{s^2}$$
$$=\frac{1}{3}\left(3-\frac{3}{4s}\right)\left(1+\frac{3}{4s}\right)$$

再设$\frac{3}{4s}=u(0<u\leqslant 3)$,可得

$$\left(\frac{|MO|}{|MF|}\right)^2=\frac{1}{3}(3-u)(1+u)$$
$$=\frac{4}{3}-\frac{1}{3}(u-1)^2(0<u\leqslant 3)$$

由此可求得答案.

134. **解法 1** $2\sqrt{7}$. 设该椭圆的长轴长为 $2a(a>2)$,则该椭圆的方程为

$\frac{x^2}{a^2}+\frac{y^2}{a^2-4}=1$,即

$$(a^2-4)x^2+a^2y^2=a^4-4a^2 \qquad ①$$

所给直线方程即 $-x=\sqrt{3}y+4$,把它代入式①可得

$$(a^2-4)(\sqrt{3}y+4)^2+a^2y^2=a^4-4a^2$$

$$(4a^2-12)y^2+8\sqrt{3}(a^2-4)y-a^4+20a^2-64=0$$

由题意,可得

$$\begin{aligned}\Delta &=192(a^2-4)^2+4(4a^2-12)(a^4-20a^2+64)\\ &=16(a^6-11a^4+28a^2)\\ &=16a^2(a^2-4)(a^2-7)\\ &=0\end{aligned}$$

解得 $a=\sqrt{7}$,所以长轴长为 $2a=2\sqrt{7}$.

解法2 $2\sqrt{7}$. 如图69所示,作点 F_1 关于直线 $x+\sqrt{3}y+4=0$ 的对称点 F'_1,可求得点 $F'_1(-3,-\sqrt{3})$.

设直线 $x+\sqrt{3}y+4=0$ 与椭圆的唯一公共点是 A,由椭圆的光学性质“从椭圆一个焦点射出的光线经该椭圆反射后的光线过椭圆的另一个焦点”可得三点 F'_1,A,F_2 共线,进而可得长轴长为

$$\begin{aligned}2a &=|AF_1|+|AF_2|\\ &=|AF'_1|+|AF_2|\\ &=2\sqrt{7}\end{aligned}$$

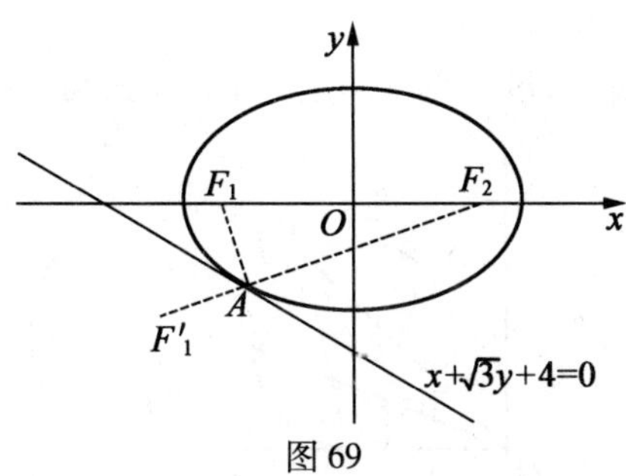

图69

135. **解法1** 3. 可得直线 $AB:y=\sqrt{3}\left(x-\frac{p}{2}\right)$,把它与抛物线的方程 $y^2=2px$ 联立,消去 y 后,可得

$$3x^2-5px+\frac{3}{4}p^2=0$$

$$x=\frac{3}{2}p\text{ 或 }\frac{1}{6}p$$

即 $x_A=\frac{3}{2}p, x_B=\frac{1}{6}p$.

再由抛物线的定义可得，$\frac{|AF|}{|BF|}=\frac{x_A+\frac{p}{2}}{x_B+\frac{p}{2}}=\frac{2p}{\frac{2p}{3}}=3$.

解法2　3. 如图70所示，过点 A,B 分别作抛物线准线 l 的垂线，垂足分别为 A',B'，由抛物线的定义知，可设 $|AF|=|AA'|=a$，$|BF|=|BB'|=b$.

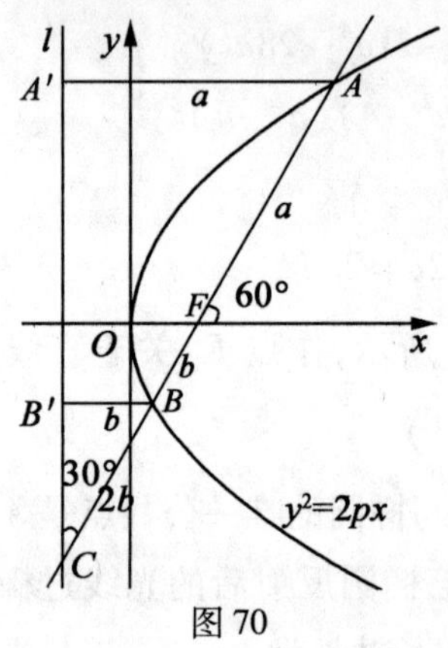

图 70

再由 $\angle AFx=60°$，可得 $\angle ACA'=30°$. 所以 $AC=2a, BC=2b$.

再由 $|AC|=|AF|+|FB|+|BC|$，可得 $2a=a+b+2b$，$a=3b$，所以 $\frac{|AF|}{|BF|}=\frac{a}{b}=3$.

136. $\sqrt{6}$. 如图71所示，过两点 A,B 作一圆，使其与 x 轴的正半轴相切.

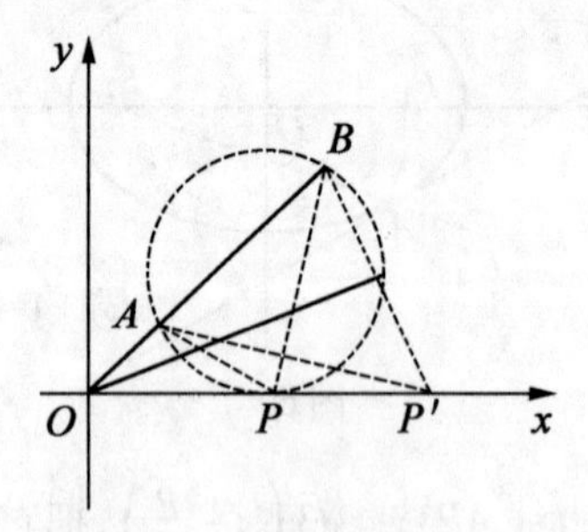

图 71

当 $\angle APB$ 最大时，P 为该圆与 x 轴正半轴的切点.

由切割线定理，可得 $|OP|^2=|OA|\cdot|OB|=\sqrt{2}\cdot 3\sqrt{2}=6$，$|OP|=\sqrt{6}$，所

以点 P 的横坐标是$\sqrt{6}$.

137. $(4,6)$. 如图 72 所示,题意即单位圆与圆 C 相交,其充要条件是 $|r-1|<|OC|<r+1$.

再由 $|OC|=5$,可求得答案.

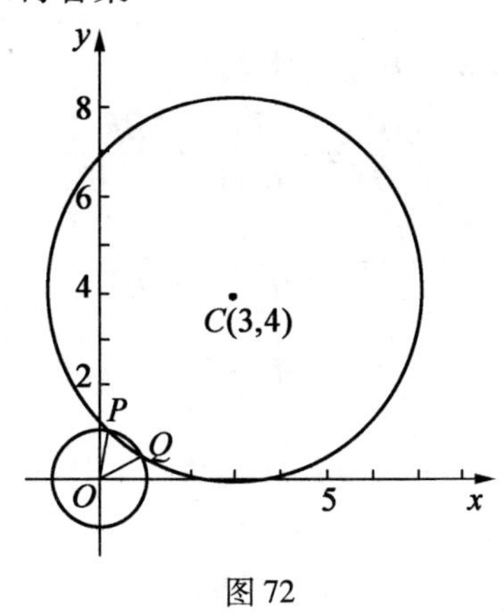

图 72

140. **解法 1** $\frac{\sqrt{5}}{5}$. 可设点 $A(x_0,y_0)$,$C(x_0,-y_0)$,可得

$$\frac{x_0^2}{a^2}+\frac{y_0^2}{b^2}=1 \quad ①$$

由 $k_{AB}=k_{F_2B}$,可得

$$\frac{b-y_0}{-x_0}=\frac{b}{-c} \quad ②$$

由 $F_1C\perp AB$,可得

$$k_{F_1C}\cdot k_{AB}=\frac{-y_0}{x_0+c}\cdot\frac{b}{-c}=-1$$

$$by_0+c(x_0+c)=0 \quad ③$$

又因为

$$c^2=a^2-b^2 \quad ④$$

由式①②③④可求得该椭圆的离心率是$\frac{\sqrt{5}}{5}$.(这种解法消元技巧高.)

解法 2 $\frac{\sqrt{5}}{5}$. 可得$\angle OBF_2=90°-\angle BHC=90°-\angle F_1HO=\angle CF_1O$,所以等腰$\triangle BF_1F_2\backsim$等腰$\triangle F_1AC$.

所以 $\angle F_1BH=\angle AF_1F_2$, $\angle BF_1H=90°-\angle F_1BF_2=90°-\angle AF_1C=$

$\angle F_1AF_2$,得$\triangle BF_1H \backsim \triangle F_1AF_2$,所以

$$\frac{|F_1B|+|F_1H|}{|AF_1|+|AF_2|}=\frac{|BH|}{|F_1F_2|}$$

$$\frac{a+|F_1H|}{2a}=\frac{|BH|}{2c} \tag{⑤}$$

还可得$\text{Rt}\triangle BOF_2 \backsim \text{Rt}\triangle F_1OH$,所以

$$\frac{|BO|}{|F_1O|}=\frac{|OF_2|}{|OH|}=\frac{|BF_2|}{|F_1H|}$$

$$\frac{b}{c}=\frac{c}{|OH|}=\frac{a}{|F_1H|}$$

$$|OH|=\frac{c^2}{b}$$

$$|F_1H|=\frac{ac}{b}$$

$$|BH|=b-|OH|=b-\frac{c^2}{b}$$

又由式⑤,可得

$$c\left(a+\frac{ac}{b}\right)=a\left(b-\frac{c^2}{b}\right)$$

$$b=2c$$

再由$c^2=a^2-b^2$,可求得该椭圆的离心率是$\frac{\sqrt{5}}{5}$.

139. **解法1** (0,0). 可设点$M(2,m)$,得直线$AM:y=\frac{m}{4}(x+2)$.

联立$\begin{cases}y=\frac{m}{4}(x+2)\\ \frac{x^2}{4}+\frac{y^2}{2}=1\end{cases}$,得

$$(m^2+8)x^2+4m^2x+4(m^2-8)=0$$

所以

$$\begin{aligned}x_Ax_P&=-2x_P\\&=\frac{4(m^2-8)}{m^2+8}\end{aligned}$$

$$x_P=\frac{2(8-m^2)}{m^2+8}$$

再由点P在直线AM上,可得点$P\left(\frac{2(8-m^2)}{m^2+8},\frac{8m}{m^2+8}\right)$.

又因为点 $B(2,0)$,所以 $k_{PB}=\dfrac{\dfrac{8m}{m^2+8}-0}{\dfrac{2(8-m^2)}{m^2+8}-2}=-\dfrac{2}{m}$.

设点 $Q(x,0)$,得 $k_{MQ}=\dfrac{m-0}{2-x}=-\dfrac{1}{k_{PB}}=\dfrac{m}{2}$,即 $x=0$,所以点 Q 的坐标为(0,0).

解法2　(0,0). 可证得结论"若点 A,B 分别是椭圆 $\dfrac{x^2}{a^2}+\dfrac{y^2}{b^2}=1(a>b>0)$ 的左、右顶点,点 P 是该椭圆上异于点 A,B 的动点,则 $k_{PA}k_{PB}=-\dfrac{b^2}{a^2}$"(还可把此结论推广为:若关于坐标原点对称的两点 A,B 均在椭圆 $\dfrac{x^2}{a^2}+\dfrac{y^2}{b^2}=1(a>b>0)$ 上,点 P 是该椭圆上异于点 A,B 的动点,则 $k_{PA}k_{PB}=-\dfrac{b^2}{a^2}$).

下面用此结论来简捷解答本题.

可设点 $M(2,m)$,$Q(x,0)$,得 $k_{MA}k_{PB}=k_{PA}k_{PB}=-\dfrac{2}{4}=-\dfrac{1}{2}$.

又因为 $k_{MQ}k_{PB}=-1$,所以 $\dfrac{k_{MA}}{k_{MQ}}=\dfrac{1}{2}$,即

$$\frac{\dfrac{m-0}{2-(-2)}}{\dfrac{m-0}{2-x}}=\frac{1}{2}$$

$$x=0$$

所以点 Q 的坐标为(0,0).

140. $\dfrac{26}{5}$. 当 $|\overrightarrow{OP}|=0$ 时,$\overrightarrow{OP}\cdot\overrightarrow{OQ}=0$. 下面研究 $|\overrightarrow{OP}|>0$ 的情形.

设 $\angle xOP=\alpha$,可得点 $P(|\overrightarrow{OP}|\cos\alpha,|\overrightarrow{OP}|\sin\alpha)$,所以

$$(|\overrightarrow{OP}|\cos\alpha-1)^2+(|\overrightarrow{OP}|\sin\alpha-1)^2=2$$

$$|\overrightarrow{OP}|=2(\sin\alpha+\cos\alpha)>0$$

还可得点 $Q(|\overrightarrow{OQ}|\cos\alpha,|\overrightarrow{OQ}|\sin\alpha)$,所以

$$\frac{25}{144}(|\overrightarrow{OQ}|\cos\alpha)^2+(|\overrightarrow{OQ}|\sin\alpha)^2=1$$

$$|\overrightarrow{OQ}|=\frac{1}{\sqrt{\dfrac{25}{144}\cos^2\alpha+\sin^2\alpha}}$$

由柯西不等式,可得

$$\left(\frac{25}{144}\cos^2\alpha+\sin^2\alpha\right)\left(\frac{144}{25}+1\right)\geqslant(\cos\alpha+\sin\alpha)^2$$

所以

$$|\overrightarrow{OQ}|\leqslant\frac{13}{5(\sin\alpha+\cos\alpha)}$$

因而

$$\begin{aligned}\overrightarrow{OP}\cdot\overrightarrow{OQ}&=|\overrightarrow{OP}|\cdot|\overrightarrow{OQ}|\\&\leqslant2(\sin\alpha+\cos\alpha)\cdot\frac{13}{5(\sin\alpha+\cos\alpha)}\\&=26\end{aligned}$$

又因为当$(\sin\alpha,\cos\alpha)=\left(\frac{25}{\sqrt{21\ 361}},\frac{144}{\sqrt{21\ 361}}\right)$时,可得$\overrightarrow{OP}\cdot\overrightarrow{OQ}=26$.

再由$0<26$,可得$(\overrightarrow{OP}\cdot\overrightarrow{OQ})_{\max}=26$.

141. $\{4,6,8\}$. 当 Rt$\triangle PF_1F_2$ 中$\angle F_1$ 为直角时,可得满足题设的点 P 个数是 2;当 Rt$\triangle PF_1F_2$ 中$\angle F_2$ 为直角时,可得这样的点 P 的个数也是 2. 如图 73 所示.

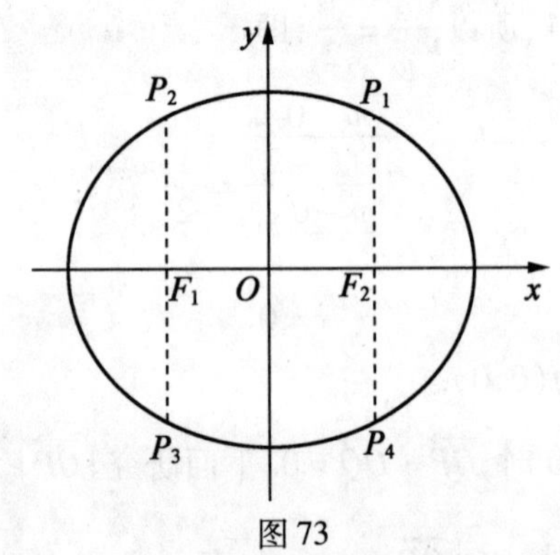

图 73

当 Rt$\triangle PF_1F_2$ 中$\angle P$ 为直角时,可得满足题设的点 P 就是以线段 F_1F_2 为直径的圆与椭圆 Γ 的公共点,包括下面的三种情形:

(1)当 $c<b$ 时,可得满足题设的点 P 的个数是 0,如图 74 所示(因为以线段 F_1F_2 为直径的圆在椭圆 Γ 内,所以$\angle F_1PF_2<\angle F_1P'F_2=90°$).

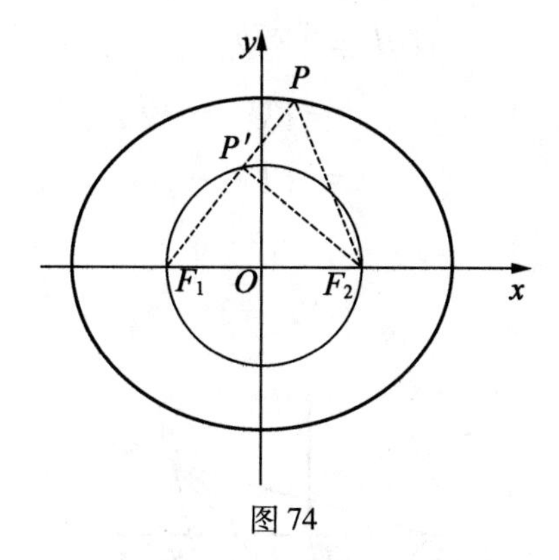

图74

(2)当 $c=b$ 时,可得满足题设的点 P 的个数是2(这样的点 P 就是椭圆 Γ 短轴的两个端点),如图75所示.

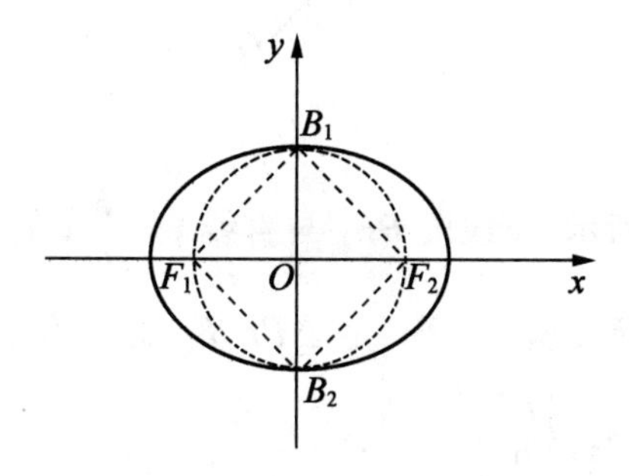

图75

(3)当 $c>b$ 时,可得满足题设的点 P 的个数是4,如图76所示。

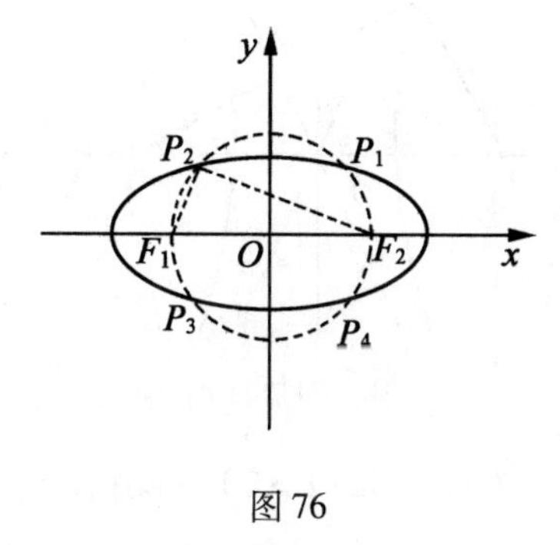

图76

综上所述,可得本题的答案为$\{4,6,8\}$.

142. 3. 如图77所示,延长 PF_2,F_1H 交于点 Q,由"两线合一推等腰"可得 $|PF_1|=|PQ|$,且 H 是 F_1Q 的中点,所以

$$
\begin{aligned}
2|OH| &= |F_2Q| \\
&= |PQ| - |PF_2| \\
&= |PF_1| - |PF_2| \\
&= 2\times 3 = 6
\end{aligned}
$$

$$|OH| = 3$$

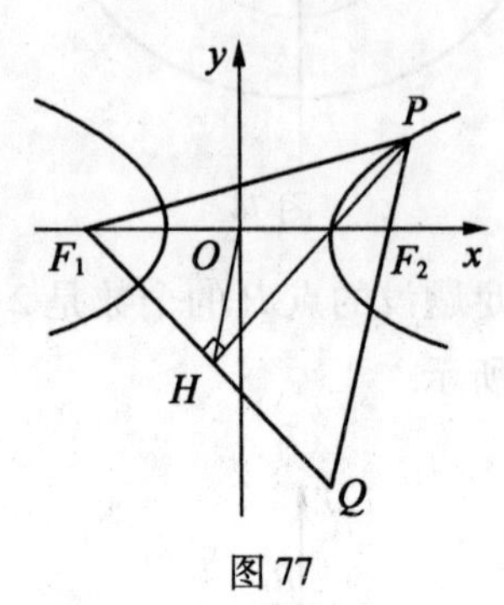

图 77

143. $\sqrt{5}$. 如图 78 所示，设线段 PF_2 与直线 $y=\dfrac{b}{a}x$ 的交点为 M，可得 M 是 PF_2 的中点，$OM\perp PF_2$，所以 OM 是 $\triangle PF_1F_2$ 的中位线，可得 $PF_1\perp PF_2$，$\tan\angle PF_1F_2=\tan\angle MOF_2$，$\dfrac{|PF_2|}{|PF_1|}=\dfrac{b}{a}$.

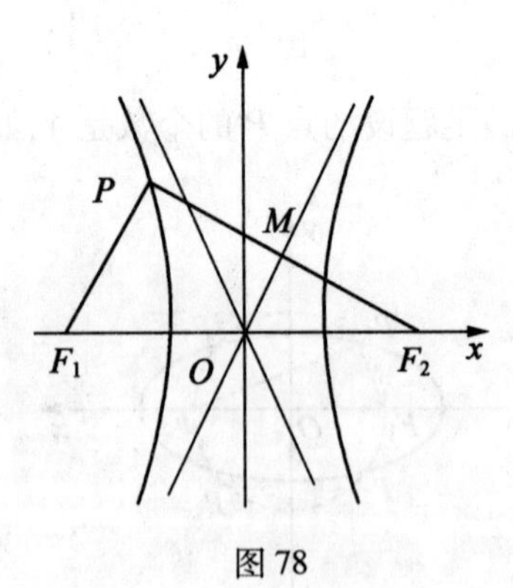

图 78

所以可设 $|PF_2|=bt$，$|PF_1|=at(t>0)$，再由 $|PF_1|^2+|PF_2|^2=|F_1F_2|^2$，可得

$$(at)^2+(bt)^2=(2c)^2=4(a^2+b^2)$$

$$t=2$$

所以 $|PF_2|=2b$，$|PF_1|=2a$.

又由双曲线的定义,可得 $|PF_2|-|PF_1|=2a$,所以 $b=2a,c=\sqrt{5}a,e=\frac{c}{a}=\sqrt{5}$.

144. $(1+\sqrt{2},+\infty)$. 由题设,可得$\frac{\tan\angle PF_2F_1}{\tan\angle PF_1F_2}=\frac{c}{a}>1>0$,$\tan\angle PF_2F_1$ 与 $\tan\angle PF_1F_2$ 同号. 又因为在$\triangle PF_1F_2$ 中,$\angle PF_2F_1$ 与$\angle PF_1F_2$ 不可能都是钝角,所以它们都是锐角,且 $\tan\angle PF_2F_1>\tan\angle PF_1F_2>0,0<\angle PF_1F_2<\angle PF_2F_1<\frac{\pi}{2}$,得点 P 在该双曲线的右支上.

如图 79 所示,作 $PH\perp F_1F_2$ 于点 H. 设 $|HF_2|=t$,可得 t 的取值范围是 $(0,c-a)$.

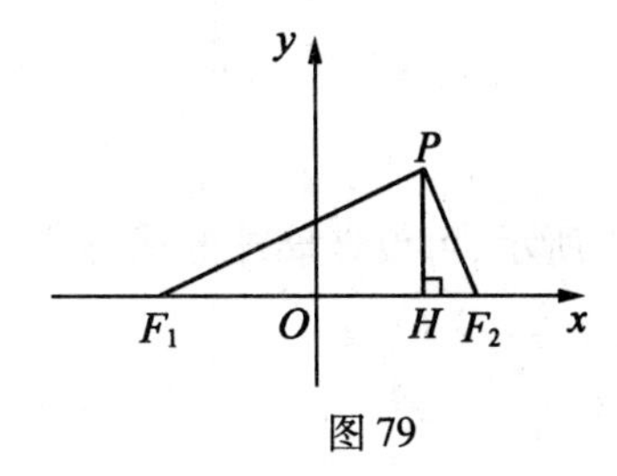

图 79

由 $c\tan\angle PF_1F_2=a\tan\angle PF_2F_1$,可得

$$c\cdot\frac{|PH|}{2c-t}=a\cdot\frac{|PH|}{t}$$

$$t=\frac{2ac}{a+c}$$

再由 t 的取值范围是$(0,c-a)$,可得

$$0<\frac{2ac}{a+c}<c-a$$

$$c^2-2ac-a^2>0$$

$$\left(\frac{c}{a}\right)^2-2\left(\frac{c}{a}\right)-1>0\left(\frac{c}{a}>1\right)$$

$$\frac{c}{a}>1+\sqrt{2}$$

进而可得答案.

145. $2\sqrt{3}-\sqrt{6}$. 如图 80 所示,设圆 C 和 x 轴、y 轴以及曲线 $y=\frac{3}{x}$分别切于点 A,B,D.

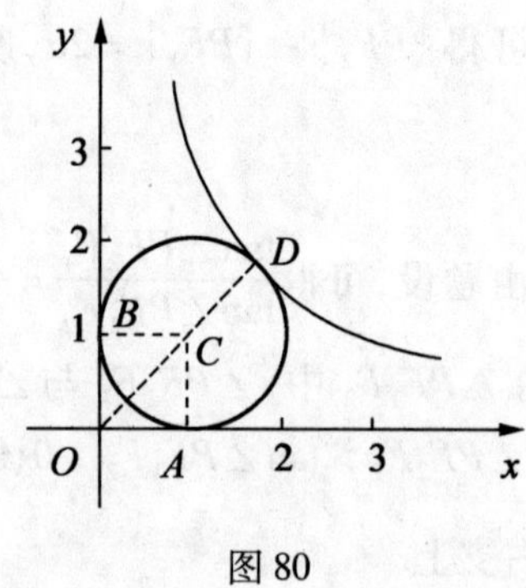

图 80

由对称性可得点 C,D 在直线 $y=x$ 上,所以点 $D(\sqrt{3},\sqrt{3})$,$|OD|=\sqrt{6}$.

由 $|CA|=|CD|$,$|OC|=\sqrt{2}|CA|$ 及 $|OC|+|CD|=|OD|$,可得

$$\sqrt{2}|CA|+|CA|=\sqrt{6}$$

$$|CA|=2\sqrt{3}-\sqrt{6}$$

即圆 C 的半径是 $2\sqrt{3}-\sqrt{6}$.

146.(1)$(0,1]$. 如图 81 所示,可设玻璃球的球心是 $C(0,r)$,半径是 $r(r>0)$.

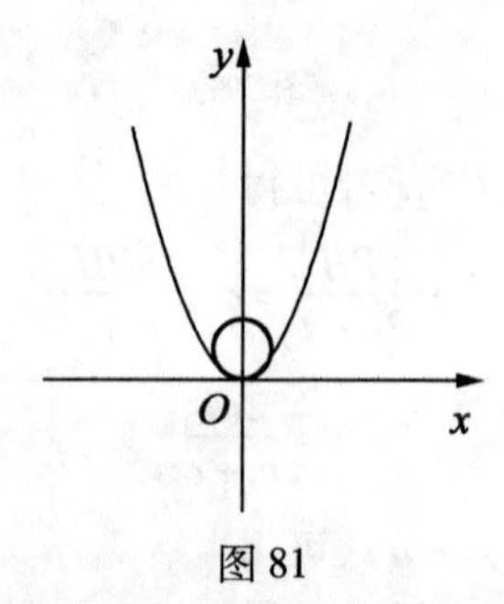

图 81

可设抛物线 $x^2=2y(0\leqslant y\leqslant 20)$ 上非顶点的任一点是 $P(2t,2t^2)(0<|t|\leqslant\sqrt{10})$.

所以 $|PC|>r$ 恒成立,即

$$(2t-0)^2+(2t^2-r)^2>r^2(0<|t|\leqslant\sqrt{10})$$

$$t^2+1>r(0<t^2\leqslant 10)$$

恒成立,所以 r 的取值范围是 $(0,1]$.

(2)$(-\infty,1]$. 抛物线 $x^2=2y$ 上的任一点 $P(x,y)(x^2=2y(y\geqslant 0))$ 到点 $A(0,a)$ 的距离的平方是

$$\begin{aligned} d^2 &= (x-0)^2+(y-a)^2 \\ &= 2y+(y-a)^2 \\ &= (y+1-a)^2+2a-1(y\geqslant 0) \end{aligned}$$

当 $a-1\leqslant 0$ 即 $a\leqslant 1$ 时,当且仅当 $y=0$ 时 d^2 取到最小值,得此时满足题意;当 $a-1>0$ 即 $a>1$ 时,当且仅当 $y=a-1(a-1>0)$ 时 d^2 取到最小值,得此时不满足题意.

所以所求 a 的取值范围是 $(-\infty,1]$.

147. $12-4\sqrt{3}-\frac{\pi}{6}$. 令 $X=\cos\theta, Y=\sin\theta$,在平面直角坐标系 XOY 内,可得直线 $xX+yY=1$ 与圆 $X^2+Y^2=1$ 有公共点 (x,y),所以 $\frac{1}{\sqrt{x^2+y^2}}\leqslant 1$,即 $x^2+y^2\geqslant 1$.

如图82所示,可得所求答案为 $S_{\triangle OAB}-S_{扇形OCD}=12-4\sqrt{3}-\frac{\pi}{6}$.

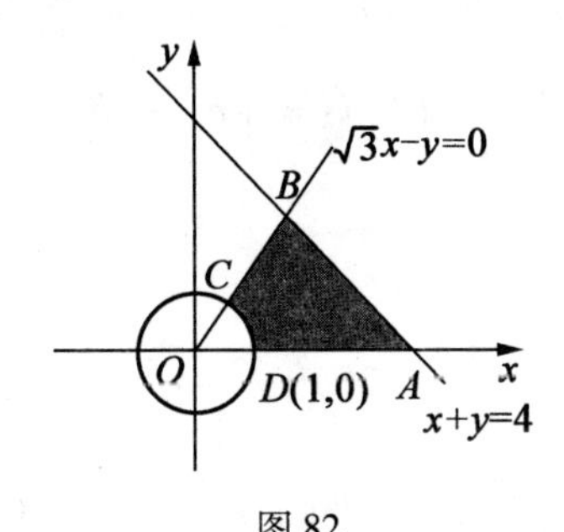

图82

148. $\left(\frac{1}{8},+\infty\right)$. 可先得 $a>0$ 且满足题意的两条互相垂直的直线的斜率均存在,所以可设这两条直线分别是 $y+2=k(x-1)$, $y+2=-\frac{1}{k}(x-1)$.

由方程组 $\begin{cases} y+2=k(x-1) \\ y=ax^2 \end{cases}$ 无实数解即方程 $ax^2-kx+k+2=0$ 无实数解,可得 $\Delta_1=k^2-4ak-8a<0$.

由方程组 $\begin{cases} y+2=-\frac{1}{k}(x-1) \\ y=ax^2 \end{cases}$ 无实数解,可得 $\Delta_2=\left(-\frac{1}{k}\right)^2-4a\left(-\frac{1}{k}\right)-8a<0$.

可得题设即存在非零实数 k,使得$\begin{cases}\Delta_1<0\\ \Delta_2<0\end{cases}$,即

$$\begin{cases}2a-2\sqrt{a^2+2a}<k<2a+2\sqrt{a^2+2a}\\ k<\dfrac{a-\sqrt{a^2+2a}}{4a}\text{或}k>\dfrac{a+\sqrt{a^2+2a}}{4a}\end{cases}$$

所以

$$\frac{a-\sqrt{a^2+2a}}{4a}>2a-2\sqrt{a^2+2a}\text{或}\frac{a+\sqrt{a^2+2a}}{4a}<2a+2\sqrt{a^2+2a}$$

即

$$(8a-1)(\sqrt{a^2+2a}-a)>0\text{或}(8a-1)(\sqrt{a^2+2a}+a)>0$$

也即

$$a>\frac{1}{8}$$

所以实数 a 的取值范围是$\left(\frac{1}{8},+\infty\right)$.

149. $\left[\frac{\sqrt{5}}{2},\sqrt{5}\right]$. 由题设可得直线 $l:bx+ay-ab=0$,所以$\frac{|b-ab|}{c}+\frac{ab+b}{c}\geqslant\frac{4}{5}c$.

(1)当 $a\geqslant1$ 时,可得$\frac{2ab}{c}\geqslant\frac{4}{5}c$,$25a^2(c^2-a^2)\geqslant4c^4$,$\frac{\sqrt{5}}{2}\leqslant e\leqslant\sqrt{5}$.

(2)当$0<a<1$ 时,可得$\frac{2b}{c}\geqslant\frac{4}{5}c$,$25(ae)^2-25a^2\geqslant4(ae)^4$,$\frac{25(e^2-1)}{4e^4}\geqslant a^2$.

此时,由当$0<a<1$ 时$\frac{25(e^2-1)}{4e^4}\geqslant a^2$ 恒成立,可得$\frac{25(e^2-1)}{4e^4}\geqslant1$,$\frac{\sqrt{5}}{2}\leqslant e\leqslant\sqrt{5}$.

综上所述,可得所求 e 的取值范围是$\left[\frac{\sqrt{5}}{2},\sqrt{5}\right]$.

150. $\frac{3}{2}$. 如图 83 所示,分别过点 A,B 作准线的垂线,垂足分别为 A',B'.

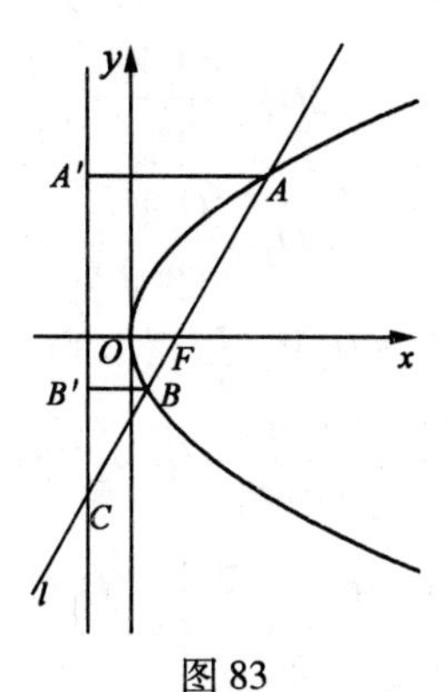

图 83

由 $|BC|=2|BF|=2|BB'|$，可得 $\angle BCB'=30°$. 又因为 $|AA'|=|AF|=3$，所以 $|AC|=6$，$|CF|=4|OF|=2p=3$，$p=\dfrac{3}{2}$.

151. $\dfrac{\sqrt{5}}{2}$. 设点 $P(x,y)$，可得

$$
\begin{aligned}
|OP|^2 &= x^2+y^2\\
&= x^2+y^2+xy-\frac{5}{2}x-2y+3\\
&= \left(\frac{1}{2}x+y-1\right)^2+\frac{3}{4}(x-1)^2+\frac{5}{4}\\
&\geqslant \frac{5}{4}
\end{aligned}
$$

进而可得当且仅当点 P 的坐标是 $\left(1,\dfrac{1}{2}\right)$ 时，$|OP|_{\min}=\dfrac{\sqrt{5}}{2}$.

152. $\dfrac{1+\cos\theta}{2\cos\theta}$. 如图 84 所示，联结 O_2M_2.

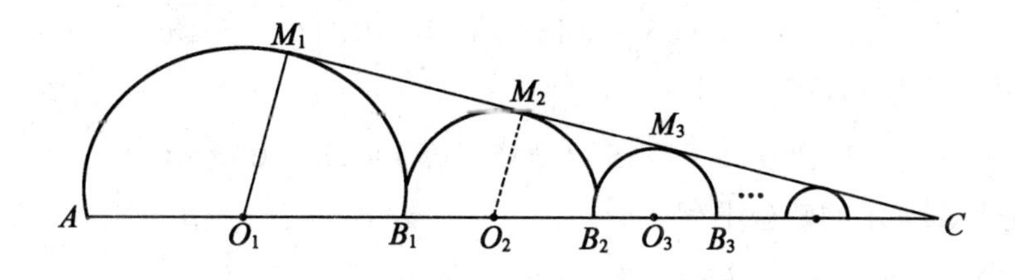

图 84

由 $\angle O_1M_1C=\angle O_2M_2C=90°$，可得 $O_1M_1 /\!/ O_2M_2$，$\angle M_2O_2C=\angle M_1O_1C=\theta$，所以

$$CO_1=\frac{O_1M_1}{\cos\theta}$$

$$CO_2=\frac{O_2M_2}{\cos\theta}$$

又因为 $CO_1=CO_2+O_2M_2+O_1M_1$，可得

$$\frac{O_1M_1}{\cos\theta}=\frac{O_2M_2}{\cos\theta}+O_2M_2+O_1M_1$$

$$O_2M_2=\frac{1-\cos\theta}{1+\cos\theta}O_1M_1$$

同理，可得

$$O_3M_3=\frac{1-\cos\theta}{1+\cos\theta}O_2M_2,\cdots,O_nM_n=\frac{1-\cos\theta}{1+\cos\theta}O_{n-1}M_{n-1}$$

即 $\{O_nM_n\}$ 是首项为 $O_1M_1=\frac{AB_1}{2}=1$，公比为 $\frac{1-\cos\theta}{1+\cos\theta}$ 的等比数列.

又因为 $0<\frac{1-\cos\theta}{1+\cos\theta}<1$，所以

$$\lim_{n\to\infty}(O_1M_1+O_2M_2+O_3M_3+\cdots+O_nM_n)$$

$$=\frac{1}{1-\frac{1-\cos\theta}{1+\cos\theta}}$$

$$=\frac{1+\cos\theta}{2\cos\theta}$$

153. 不存在. 设所求轨迹上的动点为 $P(x,y)$，可得

$$\sqrt{(x-\sqrt{3})^2+(y-\sqrt{2\,012})^2}+|x+\sqrt{5}|=\sqrt{15} \quad ①$$

(1) 当 $x\geqslant-\sqrt{5}$ 时，方程①为

$$(x-\sqrt{3})^2+(y-\sqrt{2\,012})^2=(\sqrt{15}-\sqrt{5}-x)^2(-\sqrt{5}\leqslant x\leqslant\sqrt{15}-\sqrt{5})$$

$$(y-\sqrt{2\,012})^2=2(\sqrt{3}+\sqrt{5}-\sqrt{15})x+17-10\sqrt{3}(-\sqrt{5}\leqslant x\leqslant\sqrt{15}-\sqrt{5}) \quad ②$$

用分析法，可证得

$$2(\sqrt{3}+\sqrt{5}-\sqrt{15})(\sqrt{15}-\sqrt{5})+17-10\sqrt{3}<0$$

所以方程②表示的轨迹不存在.

(2) 当 $x<-\sqrt{5}$ 时，方程①为

$$(x-\sqrt{3})^2+(y-\sqrt{2\,012})^2=(x+\sqrt{15}+\sqrt{5})^2(-\sqrt{15}-\sqrt{5}\leqslant x\leqslant-\sqrt{5})$$

$$(y-\sqrt{2\,012})^2=2(\sqrt{3}+\sqrt{5}+\sqrt{15})x+17+10\sqrt{3}(-\sqrt{15}-\sqrt{5}\leqslant x\leqslant-\sqrt{5}) \quad ③$$

用分析法,可证得

$$2(\sqrt{3}+\sqrt{5}+\sqrt{15})(-\sqrt{5})+17+10\sqrt{3}<0$$

所以方程③表示的轨迹不存在.

综上所述,可得所求轨迹不存在.

154. ①④. 容易作出 S_1, S_2 对应的图形分别如图 85,图 86 所示,进而可求得 $S_1=2$, $S_2=\pi$.

接下来,我们画出满足条件 $[x]^2+[y]^2\leqslant 1$ 的点 (x,y) 组成的平面区域.

由题意可得 $[x]=-1,0$,或 1.

当 $[x]=-1$ 时,得 $[y]=0$,即 $\begin{cases}-1\leqslant x<0\\0\leqslant y<1\end{cases}$;

当 $[x]=0$ 时,得 $[y]=-1,0$,或 1,即 $\begin{cases}0\leqslant x<1\\-1\leqslant y<2\end{cases}$;

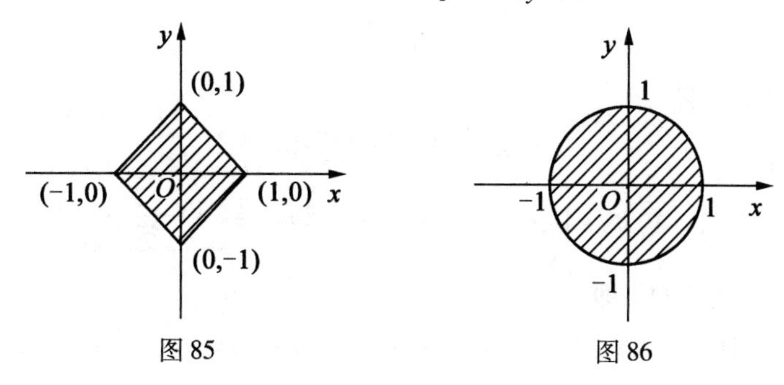

图 85　　图 86

当 $[x]=1$ 时,得 $[y]=0$,即 $\begin{cases}1\leqslant x<2\\0\leqslant y<1\end{cases}$.

进而可画出 S_3 对应的区域,如图 87 所示,可求得 $S_3=5$.

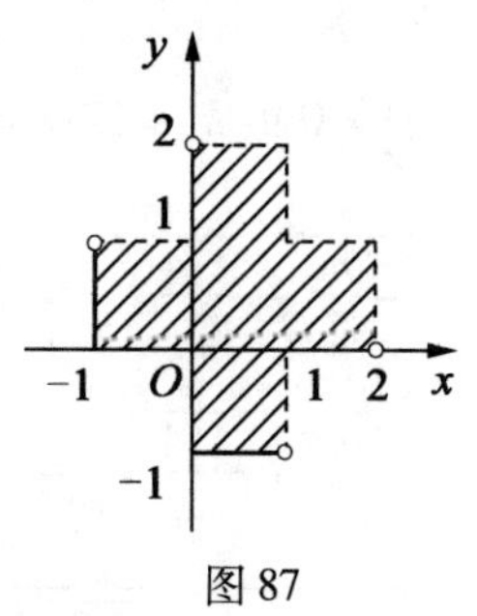

图 87

由 $S_1=2$, $S_2=\pi$, $S_3=5$,可得本题的答案是①④.

155. 可设直线 m: $y=k(x+1)$,联立 $\begin{cases}y=k(x+1)\\y=x^2\end{cases}$,可得 $x^2-kx-k=0$.

由 $\Delta = k^2 + 4k > 0$,可得 $k < -4$ 或 $k > 0$.

设点 $A(x_1, y_1)$, $B(x_2, y_2)$,可得 $x_1 + x_2 = k$, $x_1 x_2 = -k$.

可得 $|AB| = \sqrt{k^2+1}\,|x_1 - x_2| = \sqrt{k^2+1} \cdot \frac{\sqrt{\Delta}}{1} = \sqrt{k^2+1} \cdot \sqrt{k^2+4k}$,坐标原点 O 到直线 AB 的距离 $d = \frac{|k|}{\sqrt{k^2+1}}$,所以

$$S_{\triangle AOB} = \frac{1}{2}|AB| \cdot d$$

$$= \frac{1}{2}\sqrt{k^4 + 4k^3}$$

$$= 3$$

$$k^4 + 4k^3 - 36 = 0 \quad ①$$

设

$$m = \sqrt[3]{12\sqrt{21} - 36} - \sqrt[3]{12\sqrt{21} + 36} = -1.829\,8\cdots \quad ②$$

可得 $2m + 4 > 0$,且

$$m^3 + 36m + 72 = 0$$

$$(2m+4)k^2 + 4mk + m^2 + 36 = \left(\sqrt{2m+4}\,k + \frac{2m}{\sqrt{2m+4}}\right)^2$$

进而可得方程①,即

$$k^4 + 4k^3 + (2m+4)k^2 + 4mk + m^2 = (2m+4)k^2 + 4mk + m^2 + 36$$

$$(k^2 + 2k + m)^2 = \left(\sqrt{2m+4}\,k + \frac{2m}{\sqrt{2m+4}}\right)^2$$

$$k^2 + 2k + m = \sqrt{2m+4}\,k + \frac{2m}{\sqrt{2m+4}} \text{ 或 } k^2 + 2k + m + \sqrt{2m+4}\,k + \frac{2m}{\sqrt{2m+4}} = 0$$

$$k^2 + (2 - \sqrt{2m+4})k + m - \frac{2m}{\sqrt{2m+4}} = 0 \text{ 或 } k^2 + (2 + \sqrt{2m+4})k + m + \frac{2m}{\sqrt{2m+4}} = 0$$

$$k_1 = \sqrt{\frac{m}{2} + 1} + \sqrt{2 - \frac{m}{2} - \frac{4}{\sqrt{m+2}}} - 1 = -0.186\,1\cdots$$

$$k_2 = \sqrt{\frac{m}{2} + 1} - \sqrt{2 - \frac{m}{2} - \frac{4}{\sqrt{m+2}}} - 1 = -1.230\,4\cdots$$

$$k_3 = -\sqrt{\frac{m}{2} + 1} + \sqrt{2 - \frac{m}{2} + 2\sqrt{\frac{2}{m+2}}} - 1 = 1.834\,1\cdots \quad ③$$

$$k_4 = -\sqrt{\frac{m}{2} + 1} - \sqrt{2 - \frac{m}{2} + 2\sqrt{\frac{2}{m+2}}} - 1 = -4.417\,5\cdots \quad ④$$

再由 $k<-4$ 或 $k>0$,可得所求直线 m 的方程是 $y=k_3(x+1)$ 或 $y=k_4(x+1)$,其中 k_3,k_4,m 的值见式②③④.

注 解答此题需要用到实系数一元三次方程及四次方程的求根公式,可见甘志国著《初等数学研究(II)上》(哈尔滨工业大学出版社,2009)第295~301页.

156. $4+2\sqrt{2}$. 在平面直角坐标系 xOy 中,可得曲线 $C:x^2+y^2-6x-8y+16=0$,即 $C:(x-3)^2+(y-4)^2=3^2$,其圆心是 $O_1(3,4)$,半径是 $r_1=3$;曲线 D:$x^2+y^2-2x-4y+4=0$,即 $D:(x-1)^2+(y-2)^2=1^2$,其圆心是 $O_2(1,2)$,半径是 $r_2=1$.

由 $|O_1O_2|=\sqrt{(3-1)^2+(4-2)^2}=2\sqrt{2}$,$r_1+r_2=4$,$r_1-r_2=2$,可得 $r_1-r_2<|O_1O_2|<r_1+r_2$,所以所求答案是 $r_1+|O_1O_2|+r_2=4+4\sqrt{2}$.

157. **解法1** 可得点 $A(0,1)$,$B(-2,1)$. 由 $m\cdot 1+1\cdot(-m)=0$,可得 $l_1\perp l_2$,所以点 P 的轨迹是以线段 AB 为直径的圆 $(x+1)^2+(y-1)^2=1$,因而可设点 $P(-1+\cos\alpha,1+\sin\alpha)$,得

$$
\begin{aligned}
&(|PA|+|PB|)^2\\
&=\left[\sqrt{(-1+\cos\alpha)^2+(\sin\alpha)^2}+\sqrt{(1+\cos\alpha)^2+(\sin\alpha)^2}\right]^2\\
&=\left(\sqrt{2-2\cos\alpha}+\sqrt{2+2\cos\alpha}\right)^2\\
&=4\left(\left|\sin\frac{\alpha}{2}\right|+\left|\cos\frac{\alpha}{2}\right|\right)^2=4(1+|\sin\alpha|)
\end{aligned}
$$

进而可得 $(|PA|+|PB|)^2$ 的取值范围是 $[4,8]$,$|PA|+|PB|$ 的取值范围是 $[2,2\sqrt{2}]$.

解法2 由题设可得点 $A(0,1)$,$B(-2,1)$. 由 $m\cdot 1+1\cdot(-m)=0$,可得 $l_1\perp l_2$,所以点 P 的轨迹是以线段 AB 为直径的圆.

可得 $|PA|^2+|PB|^2=|AB|^2=4$,所以可设 $|PA|=2\cos\theta$,$|PB|=2\sin\theta$ $\left(0\leqslant\theta\leqslant\frac{\pi}{2}\right)$,再得

$$
\begin{aligned}
|PA|+|PB|&=2(\cos\theta+\sin\theta)\\
&=2\sqrt{2}\sin\left(\theta+\frac{\pi}{4}\right)\left(0\leqslant\theta\leqslant\frac{\pi}{2}\right)
\end{aligned}
$$

进而可得 $|PA|+|PB|$ 的取值范围是 $[2,2\sqrt{2}]$.

注 本题与2014年高考四川卷文科第9题如出一辙,这道高考题是:

设 $m\in\mathbf{R}$,过定点 A 的动直线 $x+my=0$ 和过定点 B 的动直线 $mx-y-m+$

$3=0$ 交于点 $P(x,y)$，则 $|PA|+|PB|$ 的取值范围是 ( )

A. $[\sqrt{5},2\sqrt{5}]$　　　　B. $[\sqrt{10},2\sqrt{5}]$

C. $[\sqrt{10},4\sqrt{5}]$　　　　D. $[2\sqrt{5},4\sqrt{5}]$

(答案:B)

158. 由题设可得点 A,B 在直线 $ax+by-1=0$ 的异侧，由线性规划知识“同侧同号、异侧异号”可知，题设即 $(a\cdot 0+b\cdot 1-1)[a\cdot 1+b\cdot(-1)-1]<0$，$(b-1)(a-b-1)<0$. 如图 88 所示，在平面直角坐标系 aOb 中其表示的区域是 $\angle BAC$，$\angle HAD$ 的内部及其边界(记作区域 Ω).

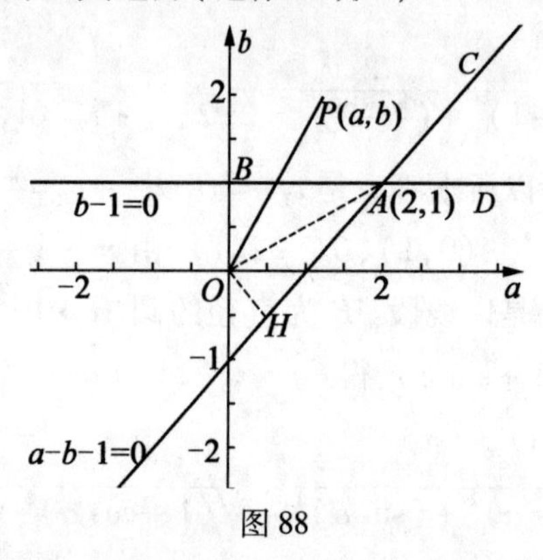

图 88

由 $a^2+b^2=[\sqrt{(a-0)^2+(b-0)^2}]^2$，可知 a^2+b^2 的几何意义是:坐标原点 O 到区域 Ω 上的点 $P(a,b)$ 的距离的平方.

由点 O 到直线 $a-b-1=0$ 的距离是 $|OH|=\dfrac{|0-0-1|}{\sqrt{1^2+(-1)^2}}=\dfrac{1}{\sqrt{2}}$，点 O 到直线 $b-1=0$ 的距离是 $|OB|=1$ 及 $|OA|=\sqrt{2^2+1^2}=\sqrt{5}$，进而可得 a^2+b^2 的最小值是 $\left(\dfrac{1}{\sqrt{2}}\right)^2$，即 $\dfrac{1}{2}$.

159. **解法 1**　由题设可得 $\sqrt{g(a,b)}$ 的几何意义是两点 $A(a+5,a)$，$B(3|\cos b|,2|\sin b|)$ 间的距离 $|AB|$.

如图 89 所示，还可得动点 A 的轨迹是直线 $x-y-5=0$，动点 B 的轨迹是曲线 $\dfrac{x^2}{9}+\dfrac{y^2}{4}=1(x\geqslant 0,y\geqslant 0)$(该曲线是椭圆 $\dfrac{x^2}{9}+\dfrac{y^2}{4}=1$ 在第一象限的部分及其端点).

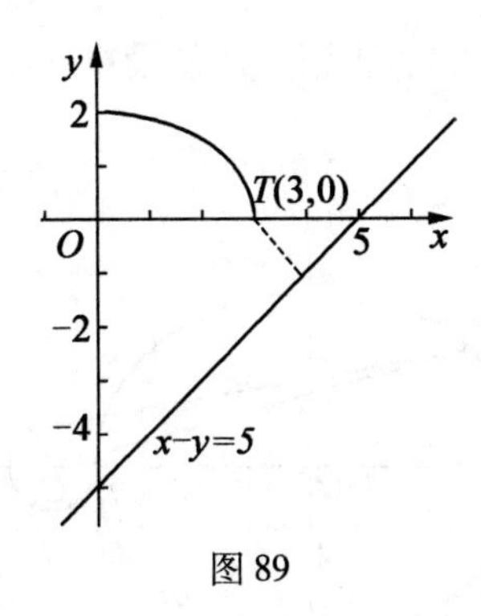

图89

由数形结合思想,可得 $\sqrt{g(a,b)}$ 的最小值,即椭圆 $\frac{x^2}{9}+\frac{y^2}{4}=1$ 的右顶点 $T(3,0)$ 到直线 $x-y-5=0$ 的距离 $\frac{|3-0-5|}{\sqrt{1^2+(-1)^2}}=\sqrt{2}$,所以 $g(a,b)$ 的最小值是2.

解法 2 由题设可得 $\sqrt{g(a,b)}$ 的几何意义是两点 $A(a+5,a)$,$B(3|\cos b|,2|\sin b|)$ 间的距离 $|AB|$.

还可得动点 A 的轨迹是直线 $x-y-5=0$,动点 B 到该直线的距离是

$$\begin{aligned}d&=\frac{|3|\cos b|-2|\sin b|-5|}{\sqrt{1^2+(-1)^2}}\\&=\frac{5+2|\sin b|-3|\cos b|}{\sqrt{2}}\\&\geqslant\frac{5+2\times0-3\times1}{\sqrt{2}}\\&=\sqrt{2}\end{aligned}$$

$$d\geqslant\sqrt{2}\text{(当且仅当 }b=k\pi(k\in\mathbf{Z})\text{ 时取等号)}$$

即 $$\sqrt{g(a,b)}\geqslant\sqrt{2}\text{(当且仅当 }a=-1,b=k\pi(k\in\mathbf{Z})\text{ 时取等号)}$$

进而可得 $g(a,b)$ 的最小值是2.

160. 如图90所示,可设 $A(5\cos\alpha,4\sin\alpha)$,题设中圆的圆心是 $C(6,0)$,可得

$$\begin{aligned}|CA|^2&=(5\cos\alpha-6)^2+(4\sin\alpha-0)^2\\&=9\cos^2\alpha-60\cos\alpha+52\\&=9\left(\cos\alpha-\frac{10}{3}\right)^2-48\end{aligned}$$

所以当且仅当 $\cos\alpha=-1$，即点 A 是题设中椭圆的左端点 $D(-5,0)$ 时，$|CA|_{\max}=11$.

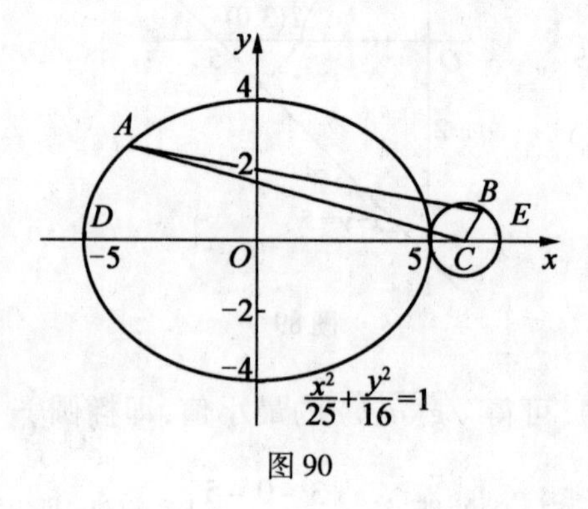

图 90

所以 $|AB|\leqslant|AC|+|CB|=|AC|+1\leqslant12$，进而可得当且仅当点 A 与点 D 重合且点 B 与点 $E(7,0)$ 重合时，$|AB|_{\max}=12$.

161. 如图 91 所示，可得题设即求点 A 关于 y 轴的对称点 $A'(-1,1)$ 到圆上一点的距离的最小值.

设题中的圆心为 $B(5,7)$，连结 $A'B$ 与该圆交于点 P，可得所求答案为

$$|A'P|=|A'B|-|BP|$$
$$=6\sqrt{2}-1$$

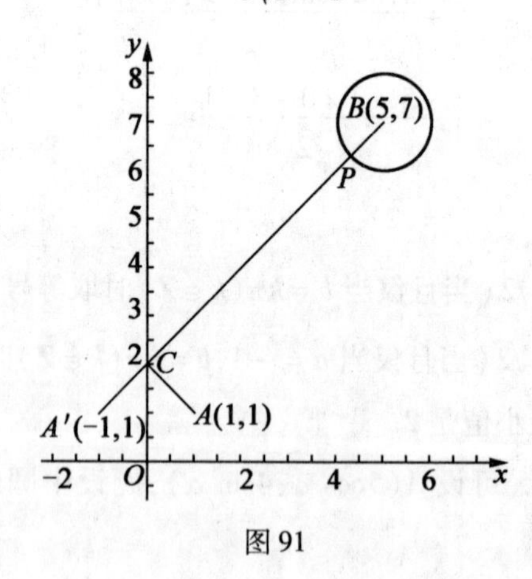

图 91

162. (1) 由题设 $D(1,0)$ 为线段 OF_2 的中点，可得点 $F_2(2,0)$，所以 $\sqrt{a^2-b^2}=2$.

再由 $\overrightarrow{AF_2}+5\overrightarrow{BF_2}=0$，可得 $(2+a,0)+5(2-a,0)=0$，$a=3$.

进而可求得椭圆 E 的方程是$\frac{x^2}{9}+\frac{y^2}{5}=1$.

(2)可设点 $M(x_0,y_0)\left(y_0\neq0,\frac{x_0^2}{9}+\frac{y_0^2}{5}=1\right)$. 再由直线 MF_1 的斜率 k_1 存在,

可求得直线 MF_1 的方程为 $y=\frac{y_0}{x_0+2}(x+2)$.

联立$\begin{cases}y=\frac{y_0}{x_0+2}(x+2)\\\frac{x^2}{9}+\frac{y^2}{5}=1\end{cases}$后,可得

$$(5x_0^2+9y_0^2+20x_0+20)x^2+36y_0^2x+36y_0^2-45x_0^2-180x_0-180=0$$

因为 $5x_0^2+9y_0^2=45$,所以

$$(4x_0+13)x^2+(36-4x_0^2)x-13x_0^2-36x_0=0$$

可得 $x_0\in(-3,3)$, 所以 $4x_0+13>0$, 进而可求得点 $N\left(-\frac{13x_0+36}{4x_0+13},-\frac{5y_0}{4x_0+13}\right)$.

(Ⅰ)当直线 ND 的斜率不存在时,可求得 $x_0=-\frac{49}{17}$,再得点 $N\left(1,\pm\frac{2}{3}\sqrt{10}\right)$.

(ⅰ)当点 N 的坐标是 $\left(1,\frac{2}{3}\sqrt{10}\right)$时, 可求得点 $Q\left(1,-\frac{2}{3}\sqrt{10}\right)$, $M\left(-\frac{49}{17},-\frac{10}{51}\sqrt{10}\right)$,$P\left(\frac{199}{67},\frac{20}{201}\sqrt{10}\right)$,再求得

$$k_1=k_{MN}=\frac{2}{9}\sqrt{10}$$

$$k_2=k_{PQ}=\frac{7}{18}\sqrt{10}$$

进而可得存在常数 λ,使得 $k_1+\lambda k_2=0$ 恒成立,且 $\lambda=-\frac{4}{7}$.

(ⅱ)当点 N 的坐标是 $\left(1,-\frac{2}{3}\sqrt{10}\right)$时, 可求得点 $Q\left(1,\frac{2}{3}\sqrt{10}\right)$, $M\left(-\frac{49}{17},\frac{10}{51}\sqrt{10}\right)$,$P\left(\frac{199}{67},-\frac{20}{201}\sqrt{10}\right)$,再求得

$$k_1=k_{MN}=-\frac{2}{9}\sqrt{10}$$

$$k_2=k_{PQ}=-\frac{7}{18}\sqrt{10}$$

进而可得存在常数 λ,使得 $k_1+\lambda k_2=0$ 恒成立,且 $\lambda=-\frac{4}{7}$.

(Ⅱ)当直线 ND 的斜率存在时,可求得直线 ND:$y=\frac{5y_0}{17x_0+49}(x-1)$.

联立 $\begin{cases}y=\frac{5y_0}{17x_0+49}(x-1)\\ \frac{x^2}{9}+\frac{y^2}{5}=1\end{cases}$ 后,可得

$$(132x_0^2+833x_0+1\ 313)x^2+(25x_0^2-225)x-1\ 313x_0^2-7\ 497x_0-10\ 692=0$$

由 $x_0\in(-3,3)$,可得 $33x_0+101>0$,从而可求得点 $Q\left(\frac{101x_0+297}{33x_0+101},\right.$ $\left.\frac{20y_0}{33x_0+101}\right)$.

(ⅰ)当直线 MD 的斜率不存在时,可求得 $x_0=1$,再得点 $M\left(1,\pm\frac{2}{3}\sqrt{10}\right)$.

①当点 M 的坐标是 $\left(1,\frac{2}{3}\sqrt{10}\right)$ 时,可求得点 $P\left(1,-\frac{2}{3}\sqrt{10}\right)$,$N\left(-\frac{49}{17},-\frac{10}{51}\sqrt{10}\right)$,$Q\left(\frac{199}{67},\frac{20}{201}\sqrt{10}\right)$,再求得

$$k_1=k_{MN}=\frac{2}{9}\sqrt{10}$$

$$k_2=k_{PQ}=\frac{7}{18}\sqrt{10}$$

进而可得存在常数 λ,使得 $k_1+\lambda k_2=0$ 恒成立,且 $\lambda=-\frac{4}{7}$.

②当点 M 的坐标是 $\left(1,-\frac{2}{3}\sqrt{10}\right)$ 时,可求得点 $P\left(1,\frac{2}{3}\sqrt{10}\right)$,$N\left(-\frac{49}{17},\frac{10}{51}\sqrt{10}\right)$,$Q\left(\frac{199}{67},-\frac{20}{201}\sqrt{10}\right)$,再求得

$$k_1=k_{MN}=-\frac{2}{9}\sqrt{10}$$

$$k_2=k_{PQ}=-\frac{7}{18}\sqrt{10}$$

进而可得存在常数 λ,使得 $k_1+\lambda k_2=0$ 恒成立,且 $\lambda=-\frac{4}{7}$.

（ⅱ）当直线 MD 的斜率存在时，可求得直线 MD：$y=\frac{y_0}{x_0-1}(x-1)$.

联立$\begin{cases}y=\frac{y_0}{x_0-1}(x-1)\\ \frac{x^2}{9}+\frac{y^2}{5}=1\end{cases}$后，可得

$$(x_0-5)x^2+(9-x_0^2)x+5x_0^2-9x_0=0$$

进而可求得点 $P\left(\frac{5x_0-9}{x_0-5},\frac{4y_0}{x_0-5}\right)$.

从而可求得

$$k_1=k_{MN}=\frac{y_0}{x_0+2}$$

$$k_2=k_{PQ}=\frac{7y_0}{4(x_0+2)}$$

进而可得存在常数 λ，使得 $k_1+\lambda k_2=0$ 恒成立，且 $\lambda=-\frac{4}{7}$.

综上所述，可得存在常数 λ，使得 $k_1+\lambda k_2=0$ 恒成立，且 $\lambda=-\frac{4}{7}$.

163.（1）椭圆 C 在点$\left(\frac{4}{\sqrt{5}},\frac{1}{\sqrt{5}}\right)$附近的曲线的函数是 $y=\frac{1}{2}\sqrt{4-x^2}$.

由复合函数的求导法则，可得 $y'=\frac{1}{2}\cdot\frac{-2x}{2\sqrt{4-x^2}}=\frac{-x}{2\sqrt{4-x^2}}$，所以所求切线的斜率是

$$y'\Big|_{x=\frac{4}{\sqrt{5}}}=\frac{-x}{2\sqrt{4-x^2}}\Big|_{x=\frac{4}{\sqrt{5}}}=-1$$

进而可求得所求切线方程是 $x+y-\sqrt{5}=0$.

（1）的另解：对于椭圆 C：$\frac{x^2}{4}+y^2=1$，两边对 x 求导，（由隐函数的求导法则）可得

$$\frac{x}{2}+2y\cdot y'=0$$

进而可得椭圆 C 在点$\left(\frac{4}{\sqrt{5}},\frac{1}{\sqrt{5}}\right)$处的切线斜率 y'满足

$$\frac{1}{2}\cdot\frac{4}{\sqrt{5}}+2\cdot\frac{1}{\sqrt{5}}\cdot y'=0$$

解得 $y'=-1$,从而可求得所求切线方程是 $x+y-\sqrt{5}=0$.

(2)如图92所示,还可求得曲线 $xy=4(x>0)$ 与第(1)问中所求的切线平行的切线是 $l: x+y-4=0$,且切点是 $B(2,2)$,作 $BH\perp l$ 于点 H,可得点 $H\left(\frac{\sqrt{5}}{2},\frac{\sqrt{5}}{2}\right)$, $|BH|=\frac{|4-\sqrt{5}|}{\sqrt{1^2+1^2}}=\frac{4-\sqrt{5}}{\sqrt{2}}$.

因为点 H 与第(1)问中的切点 $A\left(\frac{4}{\sqrt{5}},\frac{1}{\sqrt{5}}\right)$ 不重合,所以 $|PQ|>|BH|=\frac{4-\sqrt{5}}{\sqrt{2}}$.

还可用分析法证得 $\frac{4-\sqrt{5}}{\sqrt{2}}>\frac{6}{5}$,所以 $|PQ|>\frac{6}{5}$.

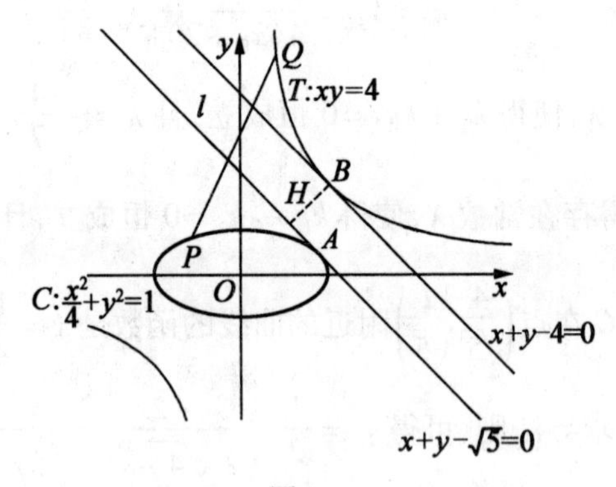

图 92

164. 设该椭圆的两焦点分别为 F_1,F_2,焦距为 $2c(c=\sqrt{a^2-b^2})$.

由余弦定理,可得

$$|PF_1|^2+|PF_2|^2-2|PF_1|\cdot|PF_2|\cos\alpha=4c^2 \quad ①$$

由椭圆的定义,可得 $|PF_1|+|PF_2|=2a$,平方后得

$$|PF_1|^2+|PF_2|^2+2|PF_1|\cdot|PF_2|=4a^2 \quad ②$$

由式① - ②

$$2|PF_1|\cdot|PF_2|(1+\cos\alpha)=4b^2$$

$$|PF_1|\cdot|PF_2|=\frac{b^2}{\cos^2\frac{\alpha}{2}}$$

所以

$$S_{\triangle PF_1F_2}=\frac{1}{2}|PF_1|\cdot|PF_2|\sin\alpha=\frac{b^2\cdot 2\sin\frac{\alpha}{2}\cos\frac{\alpha}{2}}{2\cos^2\frac{\alpha}{2}}=b^2\tan\frac{\alpha}{2}$$

即所求答案为 $b^2\tan\frac{\alpha}{2}$.

165. (1)可求得椭圆的方程为$\frac{x^2}{2}+y^2=1$.

(2)由(1)可得点 $F_1(-1,0)$, $F_2(1,0)$,设点 $A(x_0,y_0)$, $B(x_1,y_1)$, $C(x_2,y_2)$.

当 $y_0=0$ 时,根据对称性,可不妨设点 $A(\sqrt{2},0)$,得 $\lambda_1+\lambda_2=\frac{\sqrt{2}+1}{\sqrt{2}-1}+\frac{\sqrt{2}-1}{\sqrt{2}+1}=6$.

当 $y_0\neq 0$ 时,联立直线 AB 的方程 $x=\frac{x_0+1}{y_0}y-1$ 与椭圆的方程$\frac{x^2}{2}+y^2=1$,得

$$\left[\left(\frac{x_0+1}{y_0}\right)^2+2\right]y^2-\frac{2(x_0+1)}{y_0}y-1=0$$

由韦达定理,可得 $y_1=\frac{-y_0}{(x_0+1)^2+2y_0^2}$.

同理,可得 $y_2=\frac{-y_0}{(x_0-1)^2+2y_0^2}$.

由$\overrightarrow{AF_1}=\lambda_1\overrightarrow{F_1B}$, $\overrightarrow{AF_2}=\lambda_2\overrightarrow{F_2C}$可得 $\lambda_1y_1+y_0=0$, $\lambda_2y_2+y_0=0$,所以

$$\begin{aligned}\lambda_1+\lambda_2&=-\frac{y_0}{y_1}-\frac{y_0}{y_2}\\&=[(x_0+1)^2+2y_0^2]+[(x_0-1)^2+2y_0^2]\\&=6\end{aligned}$$

综上所述,可得 $\lambda_1+\lambda_2=6$.

(3)设点 $A(x_0,y_0)$, $B(x_1,y_1)$, $C(x_2,y_2)$.

可设直线 AC 的方程 $x=ky+1$,与椭圆的方程$\frac{x^2}{2}+y^2=1$ 联立,得

$$(k^2+2)y^2+2ky-1=0$$

所以

$$y_0+y_2=-\frac{2k}{k^2+2}$$

$$y_0y_2=-\frac{1}{k^2+2}$$

所以

$$\begin{aligned}|y_0-y_2|^2&=(y_0+y_2)^2-4y_0y_2\\&=\frac{2(4k^2+4)}{(k^2+2)^2}\\&\leqslant 2\end{aligned}$$

$$|y_0-y_2|\leqslant\sqrt{2}\text{（当且仅当 }k=0\text{ 时取等号）}$$

所以$\triangle F_1AC$的面积$S=\frac{1}{2}\cdot 2\cdot|y_0-y_2|\leqslant\sqrt{2}$，即$S$的最大值是$\sqrt{2}$.

166. **证法 1**　我们将证得更强的结论：

若圆C的圆心为(a,b)（a,b不是均为有理数），则圆C上不可能存在3个有理点（横、纵坐标均为有理数的点叫做有理点）.

不妨设b为无理数，圆C的半径为r.

假设圆C上存在3个两两互异的有理点$A(x_1,y_1)$，$B(x_2,y_2)$，$C(x_3,y_3)$，得

$$(x_1-a)^2+(y_1-b)^2=r^2 \quad ①$$

$$(x_2-a)^2+(y_2-b)^2=r^2 \quad ②$$

$$(x_3-a)^2+(y_3-b)^2=r^2$$

由式②－①，可得

$$(x_2-x_1)(x_2+x_1-2a)+(y_2-y_1)(y_2+y_1-2b)=0$$

若$x_2-x_1=0$，则$y_2-y_1\neq 0$，所以$y_2+y_1=2b$. 而该等式的左、右两边分别是有理数和无理数，矛盾！所以$x_2-x_1\neq 0$. 从而，可得

$$x_2+x_1-2a+\frac{y_2-y_1}{x_2-x_1}(y_2+y_1-2b)=0 \quad ③$$

同理，可得

$$x_3+x_1-2a+\frac{y_3-y_1}{x_3-x_1}(y_3+y_1-2b)=0 \quad ④$$

由式④－③，可得

$$\left(x_3-x_2+\frac{y_3-y_1}{x_3-x_1}y_3-\frac{y_2-y_1}{x_2-x_1}y_2\right)+\left(\frac{y_3-y_1}{x_3-x_1}-\frac{y_2-y_1}{x_2-x_1}\right)(y_1-2b)=0$$

由 y_1-2b 为无理数,$x_3-x_2+\frac{y_3-y_1}{x_3-x_1}y_3-\frac{y_2-y_1}{x_2-x_1}y_2$,$\frac{y_3-y_1}{x_3-x_1}-\frac{y_2-y_1}{x_2-x_1}$均为有理数,可得

$$\frac{y_3-y_1}{x_3-x_1}-\frac{y_2-y_1}{x_2-x_1}=0 \quad ⑤$$

$$x_3-x_2+\frac{y_3-y_1}{x_3-x_1}y_3-\frac{y_2-y_1}{x_2-x_1}y_2=0 \quad ⑥$$

把式⑤代入式⑥,可得

$$x_3-x_2+\frac{y_2-y_1}{x_2-x_1}(y_3-y_2)=0$$

$$(x_2-x_1)(x_3-x_2)+(y_2-y_1)(y_3-y_2)=0$$

$$(x_2-x_1,y_2-y_1)\cdot(x_3-x_2,y_3-y_2)=0$$

$$\overrightarrow{AB}\cdot\overrightarrow{BC}=0$$

得 AC 是该圆的一条直径,所以 $y_1+y_3=2b$. 而该等式的左、右两边分别是有理数和无理数,矛盾!

所以假设错误,得欲证结论成立.

证法2 我们将证得更强的结论:

若圆 C 的圆心为(a,b)(a,b 不是均为有理数),则圆 C 上不可能存在3个有理点(横、纵坐标均为有理数的点叫做有理点).

假设圆 C 上存在3个两两互异的有理点 $A(x_1,y_1)$,$B(x_2,y_2)$,$C(x_3,y_3)$,得线段 AB 的中垂线 m 的方程是

$$(x-x_1)^2+(y-y_1)^2=(x-x_2)^2+(y-y_2)^2$$

即

$$2(x_1-x_2)x+2(y_1-y_2)y=x_1^2-x_2^2+y_1^2-y_2^2$$

同理,可得线段 AC 的中垂线 n 的方程是

$$2(x_1-x_3)x+2(y_1-y_3)y=x_1^2-x_3^2+y_1^2-y_3^2$$

而圆 C 的圆心(a,b)就是直线 m,n 的交点,所以方程组

$$\begin{cases}2(x_1-x_2)x+2(y_1-y_2)y=x_1^2-x_2^2+y_1^2-y_2^2\\2(x_1-x_3)x+2(y_1-y_3)y=x_1^2-x_3^2+y_1^2-y_3^2\end{cases}$$

有唯一的一组实数解(且这组实数解就是$(x,y)=(a,b)$). 因为该方程组中的系数及常数项均是有理数,所以由加减消元法或代入消元法可知 a,b 均为有理数. 但这与题设相矛盾! 得欲证结论成立.

167. 由题设可得切线 $PQ:x_0x+y_0y=5$,把它与椭圆 C_1 的方程联立后,可得

$$\begin{cases}5y_0^2x^2 + 9(y_0y)^2 = 45y_0^2 \\ y_0y = 5 - x_0x \\ y_0^2 = 5 - x_0^2\end{cases}$$

$$5(5 - x_0^2)x^2 + 9(5 - x_0x)^2 = 45(5 - x_0^2)$$

$$(4x_0^2 + 25)x^2 - 90x_0x + 45x_0^2 = 0$$

$$\begin{aligned}\Delta &= (-90x_0)^2 - 4(4x_0^2 + 25)\cdot 45x_0^2 \\ &= 720x_0^2(5 - x_0^2) \\ &= 720x_0^2y_0^2 \\ &> 0\end{aligned}$$

设点 $P(x_1,y_1)$,$Q(x_2,y_2)$,可得 $x_1 + x_2 = \dfrac{90x_0}{4x_0^2 + 25}$.

由 $y_0^2 = 5 - x_0^2$,可得

$$\begin{aligned}|PQ| &= \sqrt{\left(-\frac{x_0}{y_0}\right)^2 + 1}\cdot|x_1 - x_2| \\ &= \sqrt{\left(-\frac{x_0}{y_0}\right)^2 + 1}\cdot\frac{\sqrt{720x_0^2y_0^2}}{4x_0^2 + 25} \\ &= \frac{60x_0}{4x_0^2 + 25}\end{aligned}$$

又由 $|PF| = 3 - \dfrac{2}{3}x_1$,$|QF| = 3 - \dfrac{2}{3}x_2$,可得 $\triangle PFQ$ 的周长为定值 6,即

$$\begin{aligned}|PQ| + |PF| + |QF| &= \frac{60x_0}{4x_0^2 + 25} + 6 - \frac{2}{3}(x_1 + x_2) \\ &= \frac{60x_0}{4x_0^2 + 25} + 6 - \frac{2}{3}\cdot\frac{90x_0}{4x_0^2 + 25} \\ &= 6\end{aligned}$$

168. **解法1** 设点 $M(x_0,y_0)(x_0y_0 \neq 0)$,得直线 $PQ:x_0x + y_0y = b^2$,它过点 $E\left(\dfrac{b^2}{x_0},0\right)$,$F\left(0,\dfrac{b^2}{y_0}\right)$,所以 $S_{\triangle EOF} = \dfrac{b^4}{2|x_0y_0|}$.

由均值不等式,可得 $1 = \dfrac{x_0^2}{a^2} + \dfrac{y_0^2}{b^2} \geqslant \dfrac{2|x_0y_0|}{|ab|}$,$2|x_0y_0| \leqslant |ab|$,所以

$$S_{\triangle EOF} = \frac{b^4}{2|x_0y_0|} \geqslant \frac{b^4}{|ab|} = \left|\frac{b^3}{a}\right|$$

进而可得当且仅当 $(x_0,y_0) = \left(\pm\dfrac{\sqrt{2}}{2}a,\dfrac{\sqrt{2}}{2}b\right)$ 或 $\left(\pm\dfrac{\sqrt{2}}{2}a,-\dfrac{\sqrt{2}}{2}b\right)$ 时,$\triangle EOF$

的面积取到最小值,且最小值是$\left|\dfrac{b^3}{a}\right|$.

解法2 设点$M(a\cos\alpha,b\sin\alpha)(\cos\alpha\sin\alpha\neq 0)$,得直线$PQ:ax\cos\alpha+by\sin\alpha=b^2$,它过点$E\left(\dfrac{b^2}{a\cos\alpha},0\right)$,$F\left(0,\dfrac{b}{\sin\alpha}\right)$,所以

$$\begin{aligned}S_{\triangle EOF}&=\frac{1}{2}\left|\frac{b^2}{a\cos\alpha}\right|\cdot\left|\frac{b}{\sin\alpha}\right|\\&=\frac{|b^3|}{|a||\sin 2\alpha|}\\&\geqslant\left|\frac{b^3}{a}\right|.\end{aligned}$$

进而可得$\triangle EOF$面积的最小值是$\left|\dfrac{b^3}{a}\right|$.

169. 由题设可得$-\dfrac{b^2}{a^2}=-3$,$b=\sqrt{3}a$,所以双曲线方程为$\dfrac{x^2}{a^2}-\dfrac{y^2}{3a^2}=1(a>0)$.

(1)直线AB的方程为$y=x+5a$,与双曲线的方程联立得点$A(-2a,3a)$,$B(7a,12a)$,所以$\overrightarrow{AD}=\lambda\ \overrightarrow{DB}$即$(2a,2a)=\lambda(7a,7a)$,$\lambda=\dfrac{2}{7}$.

(2)设点$A(x_A,y_A)$,$M(x_A,-y_A)$,$B(x_B,y_B)$,进而可求得$x_P=-\dfrac{x_Ay_B-x_By_A}{y_A-y_B}$,$x_Q=\dfrac{x_Ay_B+x_By_A}{y_A+y_B}$,所以

$$\begin{aligned}|OP|\cdot|OQ|&=\left|\frac{x_Ay_B-x_By_A}{y_A-y_B}\cdot\frac{x_Ay_B+x_By_A}{y_A+y_B}\right|\\&=\left|\frac{x_A^2y_B^2-x_B^2y_A^2}{y_A^2-y_B^2}\right|\end{aligned}$$

再由$x_A^2=a^2+\dfrac{y_A^2}{3}$,$x_B^2=a^2+\dfrac{y_B^2}{3}$,可得欲证结论成立.

170. (1)可设点$A(x_1,kx_1)$,$B(x_2,-kx_2)$,$M(x,y)$.由$|OA|\cdot|OB|=1+k^2$及$x_1x_2>0$,得$x_1x_2=1$,即

$$\left(\frac{x_1+x_2}{2}\right)^2-\left(\frac{x_1-x_2}{2}\right)^2=1$$

又因为

$$x=\frac{x_1+x_2}{2}$$

$$y=\frac{kx_1-kx_2}{2}$$

所以点 M 的轨迹方程为 $x^2-\frac{y^2}{k^2}=1$，它表示中心在坐标原点，左、右焦点分别为$(-\sqrt{k^2+1},0)$，$(\sqrt{k^2+1},0)$，实轴长为 2 的双曲线.

(2)联立$\begin{cases}x^2-\frac{y^2}{k^2}=1\\ x^2=2py\end{cases}$，得 $y^2-2pk^2y+k^2=0$.

由题设并画出草图后可得其判别式 $\Delta=0$，即 $pk=1$，由此可得切点的纵坐标为 k，横坐标为 $\pm\sqrt{2}$. 所以左、右两切点分别在直线 $x=-\sqrt{2}$，$x=\sqrt{2}$ 上.

由 $x^2=2py$，得 $y'=\frac{x}{p}=kx$.

由此可求得该抛物线过左、右两切点$(-\sqrt{2},k)$，$(\sqrt{2},k)$的切线方程分别为

$$y=-\sqrt{2}kx-k$$

$$y=\sqrt{2}kx-k$$

此即题中两曲线的两条公切线方程.

171. **解法 1**　设 $u=\sqrt{16x^2+9y^2+64x-6y+65}-\sqrt{16x^2+9y^2-16x-6y+5}$，又设 $X=4x$，$Y=3y$，可得

$$\begin{aligned}u&=\sqrt{(X+8)^2+(Y-1)^2}-\sqrt{(X-2)^2+(Y-1)^2}\\&=\frac{20(X+3)}{\sqrt{(X+8)^2+(Y-1)^2}+\sqrt{(X-2)^2+(Y-1)^2}}\\&\leqslant\frac{20(X+3)}{|X+8|+|X-2|}\text{（当且仅当 }Y=1\text{ 时取等号）}\end{aligned}$$

当 $X\leqslant-3$ 时，$u\leqslant0$.

当 $-3<X<2$ 时，$u\leqslant\frac{20(X+3)}{|X+8|+|X-2|}=\frac{20(X+3)}{(X+8)+(2-X)}=2(X+3)<10$.

当 $X\geqslant2$ 时，$u\leqslant\frac{20(X+3)}{|X+8|+|X-2|}=\frac{20(X+3)}{(X+8)+(X-2)}=10$.

进而可得所求答案是 10.

解法 2　设 $u=\sqrt{16x^2+9y^2+64x-6y+65}-\sqrt{16x^2+9y^2-16x-6y+5}$，又设 $X=4x$，$Y=3y$，可得

$$u=\sqrt{(X+8)^2+(Y-1)^2}-\sqrt{(X-2)^2+(Y-1)^2}$$

它表示平面直角坐标系 XOY 上的动点 $P(X,Y)$ 与定点 $A(-8,1)$,$B(2,1)$ 的距离之差的最大值.

作图后,可得所求答案是10.

172. 通过计算可证. 还可证得一般性的结论:设过椭圆 $\frac{x^2}{a^2}+\frac{y^2}{b^2}=1(a>b>0)$ 的顶点 $A(-a,0)$ 的直线分别交该椭圆于另两点 B,C,则直线恒过坐标原点.

173. 如图93所示,因为△ABC 的底边长 $|AB|=2\sqrt{2}$ 为定值,所以△ABC 的面积最小即点 C 到直线 AB 的距离最小. 过圆 $x^2-2x+y^2=0$ 的圆心 $D(1,0)$ 作线段 $DH\perp AB$ 于点 H 且交此圆于点 C',则当且仅当点 C 在点 C' 处时△ABC 的面积最小.

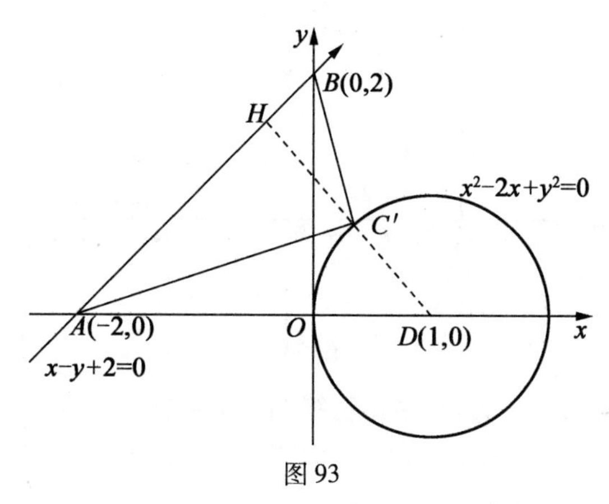

图93

由点到直线的距离公式,可求得点 $D(1,0)$ 到直线 $AB:x-y+2=0$ 的距离是 $\frac{3}{\sqrt{2}}$,所以△ABC 面积的最小值是△ABC' 的面积,即 $\frac{1}{2}\cdot 2\sqrt{2}\left(\frac{3}{\sqrt{2}}-1\right)=3-\sqrt{2}$.

174. (1)设点 $P(x,y)$,可得

$$\overrightarrow{PA}\cdot\overrightarrow{PB}=\overrightarrow{AP}\cdot\overrightarrow{BP}$$
$$=(x+2,y)\cdot(x-2,y)$$
$$=x^2-4+y^2$$

再由 $|\overrightarrow{PH}|=|x|$,$\overrightarrow{PA}\cdot\overrightarrow{PB}=2|\overrightarrow{PH}|^2$,可得动点 P 的轨迹 C 的方程是 $y^2-x^2=4$.

(2)可设直线 $BR:x=my+2(m\neq 0)$,把它代入 $y^2-x^2=4$,得方程

$$(m^2-1)y^2+4my+8=0$$

有两个不相等的负数根,可求得 $1<m<\sqrt{2}$.

还可得 MN 的中点 $R\left(\frac{2}{1-m^2},\frac{2m}{1-m^2}\right)$,所以

$$k_{RQ}=1+m-m^2$$

$$=\frac{5}{4}-\left(m-\frac{1}{2}\right)^2(1<m<\sqrt{2})$$

$$k_{RQ}\in(\sqrt{2}-1,1)$$

即所求答案为$(\sqrt{2}-1,1)$.

175.(1)如图 94 所示,联结 DA,DB.

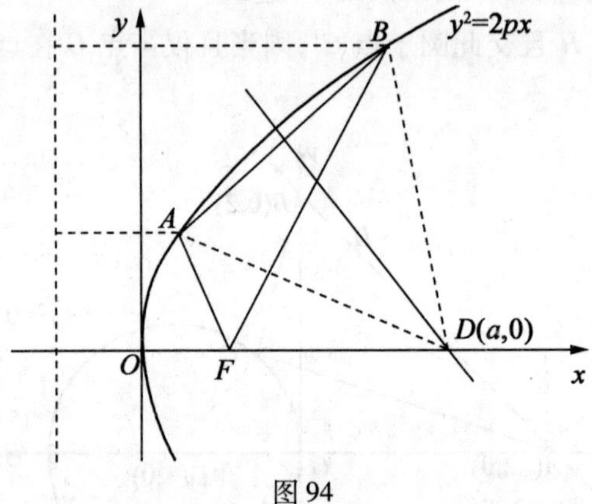

图 94

设点 $A(x_1,y_1)$,$B(x_2,y_2)$,由抛物线的定义可得

$$m=|AF|+|BF|=x_1+x_2+p$$

又由 $|DA|=|DB|$,可得

$$(x_1-a)^2+y_1^2=(x_2-a)^2+y_2^2$$

$$(x_1+x_2-2a)(x_1-x_2)=y_2^2-y_1^2=2p(x_2-x_1)$$

可得 $x_1\neq x_2$(否则线段 AB 的中垂线是 x 轴,与题设"相交"矛盾),所以

$$x_1+x_2-2a=-2p$$

$$p+m=2a$$

即 a 是 p,m 的等差中项.

(2)由 $m=3p$,可得 $a=2p$,点 $D(2p,0)$.

设点 $A(2pt^2,2pt)$,得以 AD 为直径的圆的圆心为 $O'(p+pt^2,pt)$.

如图 95 所示,由弦长为定值,可得 R^2-d^2 为定值,其中 R 为圆 O'的半径,d 为圆心 O'到直线 l 的距离.

又设 $l:x=n$,可得

$$R^2-d^2=\frac{1}{4}[(2pt^2-2p)^2+(2pt)^2]-(p+pt^2-n)^2$$

$$=p^2[(t^2+1)^2-3t^2]-[p(t^2+1)-n]^2$$
$$=(2np-3p^2)t^2+(2np-n^2)$$

所以$2np-3p^2=0$，$n=\frac{3}{2}p$，即直线l的方程为$x=\frac{3}{2}p$（还可得弦长恒为定值$\sqrt{3}p$）.

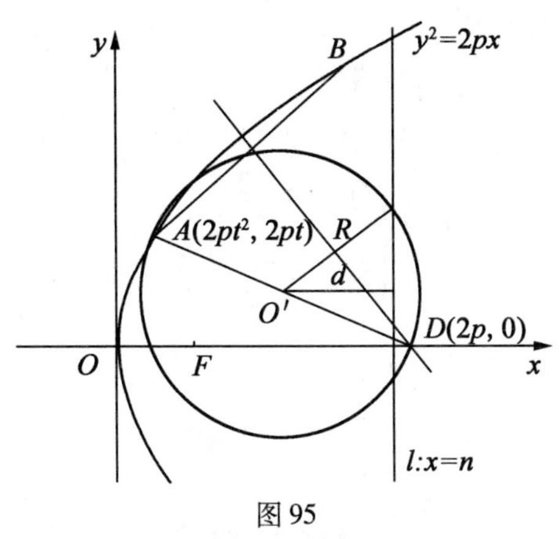

图95

注 此题与2007年高考湖北卷理科第19题（也即文科第21题）类似.

176. (1)如图96所示，在射线l_1上截取$OQ_1=OQ$，在射线l_2上截取$OP_1=OP$. 当点M是其轨迹上的任意一点时，其关于角平分线的对称点恰为线段P_1Q_1的中点M_1.

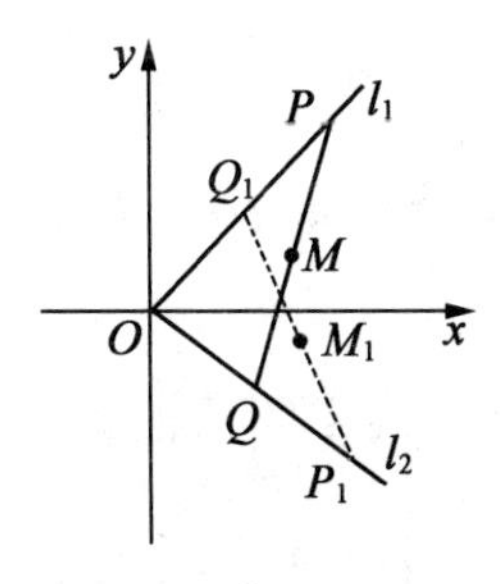

图96

因为$\triangle POQ$的面积为定值c，所以$\triangle P_1OQ_1$的面积也为定值c，得点M_1也在轨迹上. 证毕.

(2)以O为坐标原点，l_1，l_2的夹角平分线所在直线为x轴，建立如图96所示的平面直角坐标系.

设$\angle xOP=\theta\left(0<\theta<\frac{\pi}{2}\right)$，点$P(x_1,x_1\tan\theta)(x_1>0)$，$Q(x_2,x_2\tan\theta)(x_2>0)$，$M(x,y)$，则由$\triangle POQ$的面积为定值$c$，得

$$\frac{1}{2}|OP|\cdot|OQ|\sin 2\theta=c$$

$$(1+\tan^2\theta)\sin 2\theta\cdot x_1x_2=2c$$

$$x_1x_2=\frac{c}{\tan\theta}$$

由线段 PQ 的中点为 M,得

$$\begin{cases}x_1+x_2=2x\\(x_1-x_2)\tan\theta=2y\end{cases}$$

$$\begin{cases}x_1+x_2=2x & ①\\x_1-x_2=\dfrac{2y}{\tan\theta} & ②\end{cases}$$

式$①^2-②^2$为

$$x_1x_2=x^2-\frac{y^2}{\tan^2\theta}$$

即

$$x^2-\frac{y^2}{\tan^2\theta}=\frac{c}{\tan\theta}$$

所以点 M 的轨迹为以射线 l_1,l_2 所在直线为渐近线的双曲线的右支,即位于 l_1,l_2 的夹角内部的那一支.

(2)的另证:以 O 为坐标原点,l_1,l_2 的夹角平分线所在直线为 x 轴,建立如图96所示的平面直角坐标系 xOy.

设$\angle xOP=\theta\left(0<\theta<\dfrac{\pi}{2}\right)$,点 $M(x,y)$ 由三角函数定义可得点 $P(a\cos\theta,a\sin\theta)$,$Q(b\cos(-\theta),b\sin(-\theta))$(即 $Q(b\cos\theta,-b\sin\theta)$),再由中点坐标公式可得

$$\begin{cases}x=\dfrac{a+b}{2}\cos\theta\\y=\dfrac{a-b}{2}\sin\theta\end{cases}$$

所以$\dfrac{x^2}{\cos^2\theta}-\dfrac{y^2}{\sin^2\theta}=ab$.

再由 $S_{\triangle AOB}=\dfrac{1}{2}ab\sin 2\theta=c$,$ab=\dfrac{c}{\sin\theta\cos\theta}$,可得点 M 的轨迹方程为

$$\frac{x^2}{\cos^2\theta}-\frac{y^2}{\sin^2\theta}=\frac{c}{\sin\theta\cos\theta}$$

$$x^2-\frac{y^2}{\tan^2\theta}=\frac{c}{\tan\theta}$$

所以点 M 的轨迹为以射线 l_1, l_2 所在直线为渐近线的双曲线的右支，即位于 l_1, l_2 的夹角内部的那一支.

注 179 题第(2)问的证明也给出了第(1)问的代数证明.

177. (1)如图 97 所示，得点 $A\left(-t, \frac{1}{2}t^2\right)$，$D(-t, 4-t)(t>0)$. 因为点 D 在点 A 的上方，所以 $4-t>\frac{1}{2}t^2$，$0<t<2$，所以 $S(t)=2t\left(4-t-\frac{1}{2}t^2\right)=-t^3-2t^2+8t(0<t<2)$.

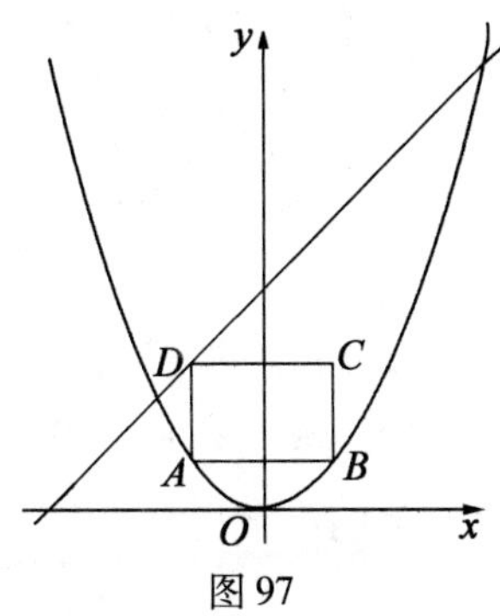

图 97

(2)如图 98 所示，得抛物线 $y=\frac{1}{2}x^2$ 与直线 $y=x+4$ 在第二象限的交点 $E(-2,2)$，可得 $k_{CE}=1$. 又因为 $k_{AD}=-1$，点 D 在抛物线内的线段 $y=x+4$ 上(包括左端点)，所以点 A 必在 y 轴右侧(包括原点 O).

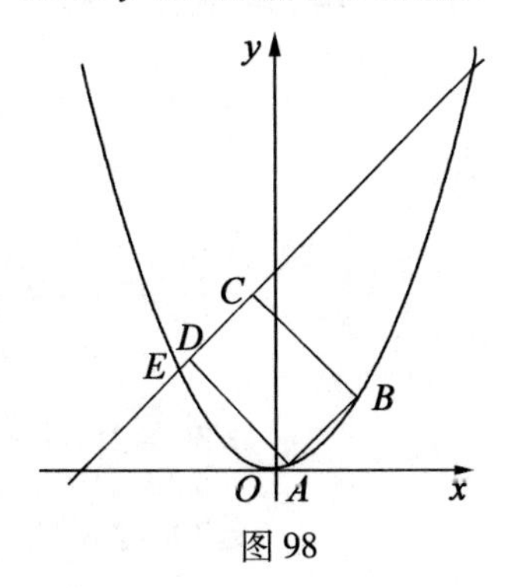

图 98

设 $AB: y=x+b$，得 $b\leqslant 0$.

联立 $\begin{cases} y=\frac{1}{2}x^2 \\ y=x+b \end{cases}$，得 $x^2-2x-2b=0$.

设点 $A(x_1, y_1)$，$B(x_2, y_2)$，可得 $x_1+x_2=2$，$x_1x_2=-2b$，所以 $|AB|=$

$\sqrt{2(4+8b)}=2t, b=\dfrac{t^2-2}{4}(0<t\leqslant\sqrt{2})$.

由平行线间的距离公式,得 $|AD|=\dfrac{\left|4-\dfrac{t^2-2}{4}\right|}{\sqrt{2}}=\dfrac{4-\dfrac{t^2-2}{4}}{\sqrt{2}}=\dfrac{18-t^2}{4\sqrt{2}}$,所以

$S_{矩形ABCD}=2t\cdot\dfrac{18-t^2}{4\sqrt{2}}=\dfrac{\sqrt{2}}{4}(18t-t^3)(0<t\leqslant\sqrt{2})$.

用导数可求得:当且仅当 $t=\sqrt{2}$ 时,矩形 $ABCD$ 的面积取到最大值,且最大值是 8.

178. (1) $\begin{cases}x+y-2\leqslant 0\\x\geqslant 0\\y\geqslant 0\end{cases}$.

(2)先研究 11 个点全在线段 AB 上的情形:

设点 $P_i(x_i,y_i)(0\leqslant x_i\leqslant 2,0\leqslant y_i\leqslant 2,x_i+y_i=2)(i=1,2,\cdots,11)$,可不妨设 $x_1\leqslant x_2\leqslant\cdots\leqslant x_{11}$,得 $y_1\geqslant y_2\geqslant\cdots\geqslant y_{11}$.

当 $\begin{cases}x_1+x_2+\cdots+x_k\leqslant 6\\x_1+x_2+\cdots+x_{k+1}>6\end{cases}$ 时,把 $x_1,x_2,\cdots,x_k$ 分为一组,同时得出 $x_{k+1}>\dfrac{6}{k+1}$(假设 $x_{k+1}\leqslant\dfrac{6}{k+1}$,得 $x_1+x_2+\cdots+x_{k+1}\leqslant 6$),所以 $y_{k+1}<2-\dfrac{6}{k+1}=\dfrac{2k-4}{k+1}$.

把 $y_{k+1},y_{k+2},\cdots,y_{11}$ 分为另一组,得 $y_{k+1}+y_{k+2},\cdots+y_{11}<\dfrac{2k-4}{k+1}(11-k)=\dfrac{-2k^2+26k-44}{k+1}$.

令 $t=k+1$,可得

$$\begin{aligned}y_{k+1}+y_{k+2}+\cdots+y_{11}&<\frac{-2t^2+30t-72}{t}\\&=30-2\left(t+\frac{36}{t}\right)\\&\leqslant 30-2\cdot 12\\&=6\end{aligned}$$

此时获证.

当点 $P_i(x_i,y_i)(i=1,2,\cdots,11)$ 均在 $\triangle AOB$ 内时,欲证的结论更容易获证.

179. **解法 1** 由 $\begin{cases}y=2x^2-2x-1\\y=-5x^2+2x+3\end{cases}$,可得

$$7x^2-4x-4=0$$

$$x=\frac{2\pm4\sqrt{2}}{7}$$

进而可求得两个交点分别为$A\left(\frac{2+4\sqrt{2}}{7},-\frac{24\sqrt{2}+5}{49}\right)$,$B\left(\frac{2-4\sqrt{2}}{7},\frac{24\sqrt{2}-5}{49}\right)$.

再求得直线AB的斜率为$-\frac{6}{7}$,所以直线AB的方程为

$$y+\frac{24\sqrt{2}+5}{49}=-\frac{6}{7}\left(x-\frac{2+4\sqrt{2}}{7}\right)$$

$$6x+7y-1=0$$

解法2 设开口向上的抛物线$y=2x^2-2x-1$与开口向下的抛物线$y=-5x^2+2x+3$的两个交点分别为$A_i(x_i,y_i)(i=1,2)$,可得

$$\begin{cases}y_i=2x_i^2-2x_i-1\\ y_i=-5x_i^2+2x_i+3\end{cases}(i=1,2)$$

$$\begin{cases}5y_i=10x_i^2-10x_i-5 & ①\\ 2y_i=-10x_i^2+4x_i+6 & ②\end{cases}(i=1,2)$$

式①+②为

$$6x_i+7y_i-1=0(i=1,2)$$

所以点$A_i(x_i,y_i)(i=1,2)$均在直线$6x+7y-1=0$上.再由“两点确定一条直线”,可得直线A_1A_2的方程就是$6x+7y-1=0$.

180. 设圆C_1,C_2,C的圆心分别为O_1,O_2,O,半径分别为r_1,r_2,r(不妨设$r_1>r_2$).

下面分两种情形讨论.

(1)当$r_1=r_2$时.

(Ⅰ)若圆C_1,C_2外离:

(ⅰ)当圆C与圆C_1,C_2均外切或均内切时,可得$|OO_1|=|OO_2|$;

(ⅱ)当圆C与圆C_1,C_2中的一个外切、另一个内切时,可得$||OO_1|-|OO_2||=2r_1<|O_1O_2|$

所以此时所求轨迹是线段O_1O_2的中垂线及以O_1,O_2为焦点且实轴长为$2r_1$的双曲线.

(Ⅱ)若圆C_1,C_2外切:

(ⅰ)当圆C与圆C_1,C_2均外切或均内切时,可得$|OO_1|=|OO_2|$;

（ⅱ）当圆 C 与圆 C_1, C_2 中的一个外切、另一个内切时，可得 $||OO_1|-|OO_2||=2r_1=|O_1O_2|$.

所以此时所求轨迹是线段 O_1O_2 的中垂线（但要去掉线段 O_1O_2 的中点）及在直线 O_1O_2 上去掉线段 O_1O_2 后得到的两条射线（但这两条射线均不包括端点）.

（Ⅲ）若圆 C_1, C_2 相交：

（ⅰ）当圆 C 与圆 C_1, C_2 均外切或均内切时，可得 $|OO_1|=|OO_2|$；

（ⅱ）当圆 C 与圆 C_1, C_2 中的一个外切、另一个内切时，可得 $|OO_1|+|OO_2|=r_1+r_2>|O_1O_2|$.

所以此时所求轨迹是线段 O_1O_2 的中垂线及以 O_1, O_2 为焦点且长轴长为 r_1+r_2 的椭圆，但均要去掉两圆 C_1, C_2 的交点.

（2）当 $r_1>r_2$ 时.

（Ⅰ）若圆 C_1, C_2 外离：

（ⅰ）当圆 C 与圆 C_1, C_2 均外切或均内切时，可得 $||OO_1|-|OO_2||=r_1-r_2<|O_1O_2|$；

（ⅱ）当圆 C 与圆 C_1, C_2 中的一个外切、另一个内切时，可得 $||OO_1|-|OO_2||=r_1+r_2<|O_1O_2|$.

所以此时所求轨迹是以 O_1, O_2 为焦点且实轴长为 r_1-r_2 的双曲线及以 O_1, O_2 为焦点且实轴长为 r_1+r_2 的双曲线.

（Ⅱ）若圆 C_1, C_2 外切：

（ⅰ）当圆 C 与圆 C_1, C_2 均外切或均内切时，可得 $||OO_1|-|OO_2||=r_1-r_2<|O_1O_2|$；

（ⅱ）当圆 C 与圆 C_1, C_2 中的一个外切、另一个内切时，可得 $||OO_1|-|OO_2||=r_1+r_2=|O_1O_2|$.

所以此时所求轨迹是以 O_1, O_2 为焦点且实轴长为 r_1-r_2 的双曲线（但要去掉两圆 C_1, C_2 的切点）及在直线 O_1O_2 上去掉线段 O_1O_2 后得到的两条射线（但这两条射线均不包括端点）.

（Ⅲ）若圆 C_1, C_2 相交：

（ⅰ）当圆 C 与圆 C_1, C_2 均外切或均内切时，可得 $||OO_1|-|OO_2||=r_1-r_2<|O_1O_2|$；

（ⅱ）当圆 C 与圆 C_1, C_2 中的一个外切、另一个内切时，可得 $|OO_1|+|OO_2|=r_1+r_2>|O_1O_2|$.

所以此时所求轨迹是以 O_1, O_2 为焦点且实轴长为 r_1-r_2 的双曲线及以 O_1, O_2 为焦点且长轴长为 r_1+r_2 的椭圆，但均要去掉两圆 C_1, C_2 的交点.

（Ⅳ）若圆 C_1, C_2 内切：

（ⅰ）当圆 C 与圆 C_1, C_2 均外切或均内切时，可得 $||OO_1|-|OO_2||=r_1-r_2=|O_1O_2|$；

(ⅱ)当圆 C 与圆 C_1,C_2 分别内切、外切时,可得 $|OO_1|+|OO_2|=r_1+r_2>|O_1O_2|$.

所以此时所求轨迹是以 O_1,O_2 为焦点且实轴长为 r_1-r_2 的双曲线以及 O_1,O_2 为焦点且长轴长为 r_1+r_2 的椭圆,但均要去掉两圆 C_1,C_2 的切点.

(Ⅴ)若圆 C_1 内含圆 C_2 且不是同心圆:

(ⅰ)当圆 C 与圆 C_1,C_2 均内切时,可得 $|OO_1|=r_1-r$,$|OO_2|=r-r_2$,再得 $|OO_1|+|OO_2|=r_1-r_2>|O_1O_2|$;

(ⅱ)当圆 C 与圆 C_1 内切与圆 C_2 外切时,可得 $|OO_1|=r_1-r_2$,$|OO_2|=r+r_2$,再得 $|OO_1|+|OO_2|=r_1+r_2>|O_1O_2|$.

所以此时所求轨迹是以点 O_1 为圆心且半径分别为 $\frac{r_1+r_2}{2}$,$\frac{r_1-r_2}{2}$ 的两个圆.

所以此时所求轨迹是以 O_1,O_2 为焦点且长轴长分别为 r_1+r_2,r_1-r_2 的两个椭圆.

(Ⅵ)若点 O_1,O_2 重合:

(ⅰ)当圆 C 与圆 C_1,C_2 均内切时,可得 $|OO_1|=r-r_2=r_1-r$. 再得 $|OO_1|=\frac{r_1-r_2}{2}$;

(ⅱ)当圆 C 与圆 C_1 内切与圆 C_2 外切时,可得 $|OO_1|=r+r_2=r_1-r$,再得 $|OO_1|=\frac{r_1+r_2}{2}$.

所以此时所求轨迹是以点 O_1 为圆心且半径分别为 $\frac{r_1+r_2}{2}$,$\frac{r_1-r_2}{2}$ 的两个圆.

181. (1)如图99所示,利用双曲线的定义,将原题转化为:在 $\triangle PF_1F_2$ 中,$\angle F_1PF_2=\frac{\pi}{3}$,$\triangle F_1PF_2$ 的面积为 $3\sqrt{3}a^2$,E 为 PF_1 上一点,$PE=PF_2$,$EF_1=2a$,$F_1F_2=2c$,求 $\frac{c}{a}$.

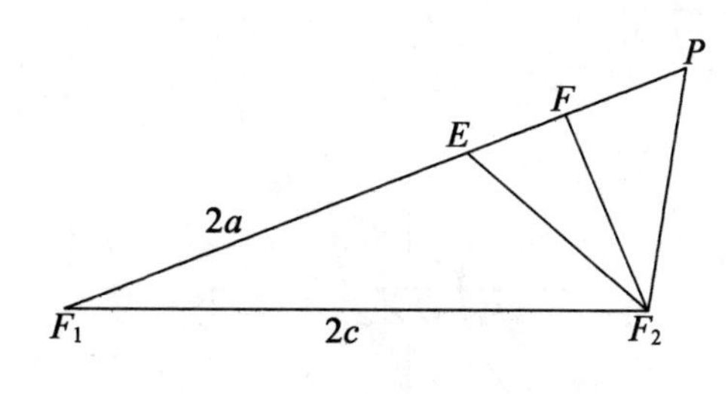

图99

作 $FF_2 \perp PF_1$ 于点 F，可设 $PE = PF_2 = EF_2 = x, FF_2 = \frac{\sqrt{3}}{2}x$，得 $S_{\triangle F_1PF_2} = \frac{1}{2}PF_1 \cdot FF_2 = \frac{1}{2}(x+2a)\frac{\sqrt{3}}{2}x = 3\sqrt{3}a^2, x = (\sqrt{13}-1)a$.

在 $\triangle EF_1F_2$ 中由余弦定理可得 $c=2a, e=2$.

(2)由 $e = \frac{c}{a} = 2$，可得 $c^2 = 4a^2, b^2 = 3a^2$. 还可得点 $A(-a,0), F_2(2a,0), C: 3x^2 - y^2 = 3a^2$.

可设点 $Q(r,s)$，得 $3r^2 - s^2 = 3a^2$，即 $s^2 = 3(r^2 - a^2)$.

因为 $\tan\angle QAF_2 = \frac{s}{r+a}, \tan\angle QF_2A = \frac{s}{2a-r}$ 所以

$$\begin{aligned}\tan 2\angle QAF_2 &= \frac{\frac{2s}{r+a}}{1-\left(\frac{s}{r+a}\right)^2} \\ &= \frac{2s(r+a)}{(r+a)^2 - s^2} \\ &= \frac{2s(r+a)}{(r+a)^2 - 3(r^2-a^2)} \\ &= \cdots = \tan\angle QF_2A\end{aligned}$$

$$\angle QF_2A = 2\angle QAF_2$$

即存在常数 $\lambda = 2$，使得 $\angle QF_2A = \lambda\angle QAF_2$ 恒成立.

182. 设双曲线的方程是 $\frac{x^2}{a^2} - \frac{y^2}{b^2} = 1 (a>0, b>0)$. 如图 100 所示，不妨设点 $P(x_0, y_0)$ 在该双曲线的右支上，可得

$$|PF_1| = ex_0 + a$$
$$|PF_2| = ex_0 - a$$

其中 $e = \frac{c}{a}, c = \sqrt{a^2+b^2}$.

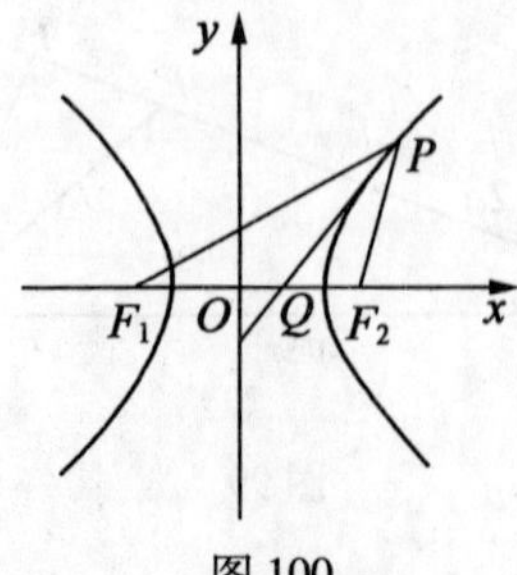

图 100

也可得直线 $PQ:\frac{x_0x}{a^2}-\frac{y_0y}{b^2}=1$. 当点 Q 在轴上时,得点 $Q\left(\frac{a^2}{x_0},0\right)$,所以

$$|F_1Q|=\frac{a^2}{x_0}+c$$

$$|F_2Q|=c-\frac{a^2}{x_0}$$

$$\frac{|F_1Q|}{|F_2Q|}=\frac{cx_0+a^2}{cx_0-a^2}$$

又因为$\frac{|PF_1|}{|PF_2|}=\frac{ex_0+a}{ex_0-a}=\frac{cx_0+a^2}{cx_0-a^2}$,所以$\frac{|PF_1|}{|PF_2|}=\frac{|F_1Q|}{|F_2Q|}$,得欲证结论成立.

183. 由题意知$\triangle ABC$ 的重心为原点 O 即与外心重合,所以$\triangle ABC$ 是正三角形.

不妨设$\angle xOA=\theta$,得$\angle xOB=\theta+\frac{2\pi}{3}$, $\angle xOC=\theta+\frac{4\pi}{3}$,所以

$$\begin{aligned}x_1^2+x_2^2+x_3^2&=\cos^2\theta+\cos^2\left(\theta+\frac{2\pi}{3}\right)+\cos^2\left(\theta+\frac{4\pi}{3}\right)\\&=\cdots=\frac{3}{2}\end{aligned}$$

同理可得 $y_1^2+y_2^2+y_3^2=3-(x_1^2+x_2^2+x_3^2)=\frac{3}{2}$. 所以欲证结论成立.

184. (1) 显然 $k>0$. 由$\begin{cases}x^2+(y-4)^2=12\\x^2=ky\end{cases}$,得

$$y^2+(k-8)y+4=0 \quad ①$$

题设即方程①有两个不相等的正数根 y_1,y_2,也即

$$\begin{cases}\Delta=(k-8)^2-16>0\\y_1+y_2=8-k>0\\y_1y_2=4>0\end{cases}$$

由此求得 k 的取值范围是$(0,4)$.

(2) 可设点 $A(km,km^2)$,$B(kn,kn^2)$$(k>0,m>n>0)$,则点 $C(-kn,kn^2)$,$D(-km,km^2)$,且方程①的两根恰为 km^2,kn^2,所以

$$\begin{cases}km^2+kn^2=8-k\\km^2\cdot kn^2=4\end{cases}$$

即

$$\begin{cases}m^2+n^2=\dfrac{8}{k}-1\\ mn=\dfrac{2}{k}\end{cases}$$

$$\begin{aligned}S_{\text{四边形}ABCD}&=\frac{1}{2}(2km+2kn)(km^2-kn^2)\\&=k^2\sqrt{(m+n)^2(m^2-n^2)^2}\\&=k^2\sqrt{[(m^2+n^2)+2mn][(m^2+n^2)^2-(2mn)^2]^2}\\&=k^2\sqrt{\left(\frac{8}{k}-1+2\cdot\frac{2}{k}\right)\left[\left(\frac{8}{k}-1\right)^2-4\cdot\frac{4}{k^2}\right]}\\&=\sqrt{-k^4+28k^3-240k^2+576k}\end{aligned}$$

记$f(k)=-k^4+28k^3-240k^2+576k(0<k<4)$,可得

$$f'(k)=-4(k-12)(k^2-9k+12)(0<k<4)$$

进而可求得:当且仅当$k=\dfrac{9-\sqrt{33}}{2}$时,四边形$ABCD$的面积最大.

185. 可设抛物线的方程为$\Gamma:x^2=2py(p>0)$,又设点$A(x_1,y_1)$,$B(x_2,y_2)$,则抛物线Γ在点A,B处的切线方程分别为

$$l_A:x_1x=p(y+y_1)$$
$$l_B:x_2x=p(y+y_2)$$

设点$K(m,n)$,由K为l_A,l_B的交点,得

$$\begin{cases}x_1m=p(n+y_1)\\ x_2m=p(n+y_2)\end{cases}$$

所以点A,B均在直线$mx=p(y+n)$上,得直线$AB:mx=p(y+n)$.

由$\begin{cases}x^2=2py\\ mx=p(y+n)\end{cases}$,可得

$$x^2-2mx+2pn=0$$
$$x_1+x_2=2m$$

所以线段AB的中点C的横坐标为$x_C=m$,纵坐标为$y_C=\dfrac{m}{p}x_C-n=\dfrac{m^2}{p}-n$.

由此可得线段KC的中点$M\left(m,\dfrac{m^2}{2p}\right)$在抛物线$\Gamma$上.

186. (1) $\frac{x^2}{4}+y^2=1$.

(2)由(1)可得直线 $AB:x+2y=2$,设点 $D(x_0,kx_0)$,$E(x_1,kx_1)$,$F(x_2,kx_2)$ $(x_1<x_2)$.

因为 x_1,x_2 满足方程 $(4k^2+1)x^2=4$,所以 $x_2=-x_1=\frac{2}{\sqrt{4k^2+1}}$.

由 $\overrightarrow{ED}=6\overrightarrow{DF}$,得 $x_0-x_1=6(x_2-x_0)$,所以 $x_0=\frac{x_1+6x_2}{7}=\frac{5}{7}x_2=\frac{10}{7\sqrt{4k^2+1}}$.

由点 D 在 AB 上,得 $x_1+2kx_0=2$,$x_0=\frac{2}{2k+1}$.

所以 $\frac{2}{2k+1}=\frac{10}{7\sqrt{4k^2+1}}$,解得 $k=\frac{2}{3}$ 或 $\frac{3}{8}$.

(3)点 E,F 到直线 AB 的距离分别为

$$h_1=\frac{|x_1+2kx_1-2|}{\sqrt{5}}=\frac{2\left|2k+1+\sqrt{4k^2+1}\right|}{\sqrt{5(4k^2+1)}}$$

$$h_2=\frac{|x_2+2kx_2-2|}{\sqrt{5}}=\frac{2\left|2k+1-\sqrt{4k^2+1}\right|}{\sqrt{5(4k^2+1)}}$$

又因为 $|AB|=\sqrt{5}$,所以

$$S_{\text{四边形}AEBF}=\frac{1}{2}|AB|(h_1+h_2)=\cdots=2\sqrt{\frac{4k^2+4k+1}{4k^2+1}}\leqslant 2\sqrt{2}\left(\text{当且仅当 }k=\frac{1}{2}\text{ 时取等号}\right)$$

即四边形 $AEBF$ 面积的最大值 $2\sqrt{2}$.

187. 如图101所示,设点 $A(x_1,1-x_1^2)$,$B(x_2,1-x_2^2)$ $(x_1<0<x_2)$,两切线交于点 E.

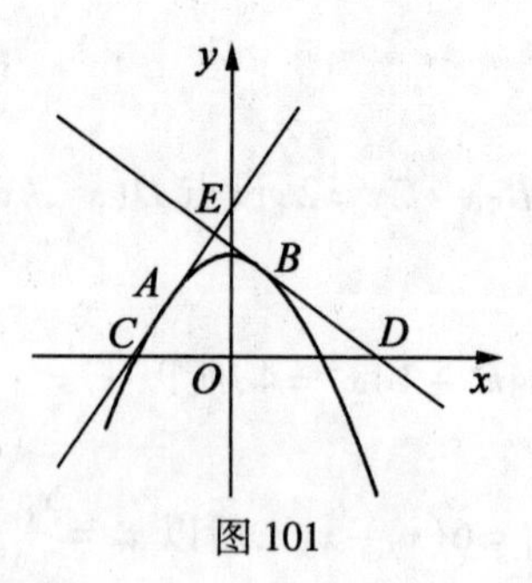

图 101

用导数知识可求得直线 $AC:y=-2x_1x+x_1^2+1$，$BD:y=-2x_2x+x_2^2+1$.

再得点 $C\left(\frac{1}{2}\left(x_1+\frac{1}{x_1}\right),0\right)$，$D\left(\frac{1}{2}\left(x_2+\frac{1}{x_2}\right),0\right)$，$E\left(\frac{x_1+x_2}{2},1-x_1x_2\right)$.

因为 $|CD|=\frac{1}{2}\left(x_2-x_1+\frac{1}{x_2}-\frac{1}{x_1}\right)$，所以

$$\begin{aligned}S_{\triangle CDE}&=\frac{1}{2}|CD|\cdot y_E\\&=\frac{1}{4}\left(x_2-x_1+\frac{1}{x_2}-\frac{1}{x_1}\right)(1-x_1x_2)\end{aligned}$$

设 $x_1=-a$，$x_2=b(a>0,b>0)$，可得

$$\begin{aligned}S_{\triangle CDE}&=\frac{1}{4}\left(a+b+\frac{1}{a}+\frac{1}{b}\right)(1+ab)\\&=\frac{1}{4}\left(a^2b+ab^2+2a+2b+\frac{1}{a}+\frac{1}{b}\right)\\&=\frac{1}{4}(a+b)\left(ab+\frac{1}{ab}+2\right)\end{aligned}$$

由均值不等式，可得

$$S_{\triangle CDE}\geqslant\frac{1}{2}\sqrt{ab}\left(ab+\frac{1}{ab}+2\right)$$

设 $\sqrt{ab}=s(s>0)$，可得

$$\begin{aligned}S_{\triangle CDE}&\geqslant\frac{1}{2}\left(s^3+2s+\frac{1}{s}\right)\\&=\frac{1}{2}\left(s^3+\frac{s}{3}\cdot 6+\frac{1}{9s}\cdot 9\right)\\&\geqslant\frac{1}{2}\cdot 16\cdot\sqrt[16]{s^3\cdot\left(\frac{s}{3}\right)^6\cdot\left(\frac{1}{9s}\right)^9}\\&=\frac{8}{9}\sqrt{3}\end{aligned}$$

可得当且仅当$\begin{cases}a=b=s\\ s^3=\dfrac{s}{3}=\dfrac{1}{9s}\end{cases}$，即 $a=b=\dfrac{1}{\sqrt{3}}$，亦即 $x_2=-x_1=\dfrac{1}{\sqrt{3}}$ 时，$(S_{\triangle CDE})_{\min}=\dfrac{8}{9}\sqrt{3}$.

注 也可用导数求得函数 $g(s)=s^3+2s+\dfrac{1}{s}(s>0)$ 的最小值：

由 $g'(s)=3s^2+2-\dfrac{1}{s^2}(s>0)$ 可得，函数 $g(s)$ 在区间 $\left(0,\dfrac{1}{\sqrt{3}}\right)$，$\left(\dfrac{1}{\sqrt{3}},+\infty\right)$ 上分别是减函数、增函数，所以当且仅当 $s=\dfrac{1}{\sqrt{3}}$ 时函数 $g(s)$ 取到最小值.

188. 如原题中的图 21 所示.

(1) 设点 $A(x_0,\frac{1}{4}x_0^2)$，$B(x_1,\frac{1}{4}x_1^2)$，$C(x_2,\frac{1}{4}x_2^2)$，得点 $D(-x_0,\frac{1}{4}x_0^2)$.

由 $y'=\dfrac{1}{2}x$ 可知点 D 处的斜率 $k=-\dfrac{1}{2}x_0$，因此可设直线 BC 的方程为 $y=-\dfrac{1}{2}x_0x+b$.

把直线 BC 的方程代入 $y=\dfrac{1}{4}x^2$，整理得 $x^2+2x_0x-4b=0$，所以 $x_1+x_2=-2x_0$.

因为 AB，AC 都不平行于 y 轴，所以直线 AB，AC 斜率之和为

$$\begin{aligned}k_{AB}+k_{AC}&=\frac{\frac{1}{4}(x_1^2-x_0^2)}{x_1-x_0}+\frac{\frac{1}{4}(x_2^2-x_0^2)}{x_2-x_0}\\&=\frac{1}{4}(x_1+x_2+2x_0)\\&=0\end{aligned}$$

即直线 AB，AC 的倾斜角互补，而 AD 平行于 x 轴，所以 AD 平分 $\angle CAB$.

又由 $d_1+d_2=\sqrt{2}AD$，可得 $|AD|=\sqrt{2}d_1$. 进而可得 $\angle DAC=\angle DAB=45^\circ$，$\angle CAB=90^\circ$，$\triangle ABC$ 为直角三角形.

(2) 由(1)的解答，可以设直线 AB，AC 的方程分别为

$$y-\frac{1}{4}x_0^2=-(x-x_0) \quad ①$$

$$y-\frac{1}{4}x_0^2=x-x_0 \quad ②$$

把式①和式②分别代入 $y=\frac{1}{4}x^2$，可得

$$x^2+4x-x_0^2-4x_0=0$$

$$x^2-4x-x_0^2+4x_0=0$$

所以 $|AB|=2\sqrt{2}|x_0+2|$，$|AC|=2\sqrt{2}|x_0-2|$.

由题设，可得 $\frac{1}{2}|AB||AC|=240$，所以 $\frac{1}{2}\times 8|x_0^2-4|=240$，解得 $x=\pm 8$，即点 $A(8,16)$ 或点 $A(-8,16)$.

当取点 $A(-8,16)$ 时，求得点 $B(4,4)$，又因为直线 BC 的斜率 $-\frac{1}{2}x_0=4$，所以直线 BC 方程为 $y-4=4(x-4)$，即 $4x-y-12=0$.

同理，当取点 $A(8,16)$ 时，可得直线 BC 的方程为 $4x+y+12=0$.

189. (1) 设点 $A(x_1,y_1)$，$B(x_2,y_2)$，直线 AQ 交抛物线于点 $C(x_3,y_3)$，可得直线 AQ：$x=k_1y-4$，AB：$x=k_2y+4$.

由 $\begin{cases}x=k_1y-4\\ y^2=2ax\end{cases}$，可得 $y^2-2ak_1y+8a=0$，所以 $y_1y_2=-8a$. 同理，可得 $y_1y_3=8a$.

所以 $y_2=-y_3$. 得点 B,C 关于 x 轴对称，即直线 AQ,BQ 关于 x 轴对称，得 $k_{AQ}+k_{BQ}=0$.

(2) 可设点 $A\left(\frac{y^2}{4},y\right)$，可得 AP 的中点 $O'\left(\frac{y^2+16}{8},\frac{y}{2}\right)$（图 102），则圆的半径 $r=|O'P|=\sqrt{\left(\frac{y^2+16}{8}-4\right)^2+\left(\frac{y}{2}\right)^2}$.

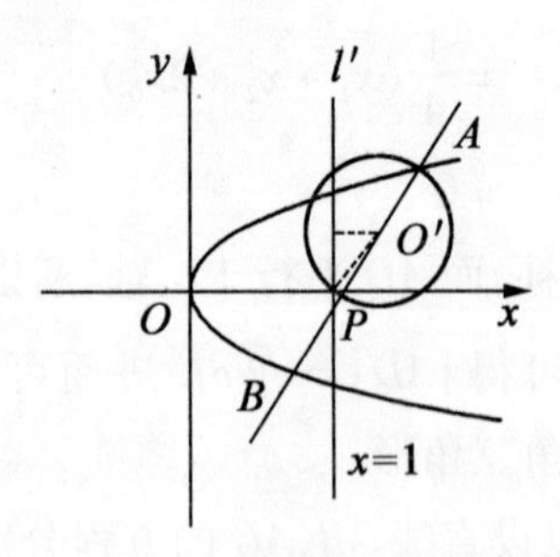

图 102

若直线 l' 存在，可设 l'：$x=t$，得

$$\left(\frac{y^2+16}{8}-4\right)^2+\left(\frac{y}{2}\right)^2-\left(t-\frac{y^2+16}{8}\right)^2=\left(\frac{m}{2}\right)^2$$

$$-t^2+\frac{y^2+16}{4}t-\frac{3}{4}y^2=\frac{m^2}{4}$$

$$\frac{t-3}{4}y^2-t^2+4t=\frac{m^2}{4}$$

因为该式与 y 的取值无关,所以 $t=3$,即存在直线 l'满足题意,且直线 l'的方程为 $x=3$.

190. (1)设 AB 为点 P_0 的任意一条相关弦,又设点 $A(x_1,y_1)$,$B(x_2,y_2)$,得 $y_1^2=4x_1$,$y_2^2=4x_2$,进而可得 $(y_1+y_2)(y_1-y_2)=4(x_1-x_2)$. 由 $x_1\neq x_2$ 得 $y_1+y_2\neq 0$.

设弦 AB 的中点为 $M(x_M,y_M)$,得 $k_{AB}=\frac{y_1-y_2}{x_1-x_2}=\frac{4}{y_1+y_2}=\frac{2}{y_M}$.

所以得弦 AB 的垂直平分线 l:$y-y_M=-\frac{y_M}{2}(x-x_M)$.

又因为点 $P_0(x_0,0)$ 在直线 l 上,所以 $-y_M=-\frac{y_M}{2}(x_0-x_M)$. 由 $y_M\neq 0$,可得 $x_M=x_0-2$,即点 P_0 的所有相关弦中点的横坐标为 x_0-2.

(2)由(1)知,直线 AB:$y-y_M=k(x-x_M)$,代入 $y^2=4x$ 后可得

$$k^2x^2+2[k(y_M-kx_M)-2]x+(y_M-kx_M)^2=0$$

$$x_1x_2=\frac{(y_M-kx_M)^2}{k^2}=\left(\frac{y_M}{k}-x_M\right)^2$$

再得

$$\begin{aligned}|AB|^2&=(k^2+1)[(x_1+x_2)^2-4x_1x_2]\\&=4(k^2+1)(x_M^2-x_1x_2)\\&=(y_M^2+4)(4x_M-y_M^2)\\&=-t^2+4(x_0-3)t+16(x_0-2)\\&=-[t-2(x_0-3)]^2+4(x_0-1)^2\end{aligned}$$

其中 $t=y_M^2$. 因为点 M 在抛物线的内部,所以 $0<y_M^2<4x_M-4(x_0-2)$,所以 $t\in(0,4x_0-8)$.

若 $x_0>3$,得 $2(x_0-3)\in(0,4x_0-8)$,所以当 $t=2(x_0-3)$ 即 $y_M^2=2(x_0-3)$ 时,$|AB|_{\max}=2(x_0-1)$;若 $2<x_0\leqslant 3$,得 $2(x_0-3)\leqslant 0$,$|AB|^2$ 在 $(0,4x_0-8)$ 上是减函数,所以 $0<|AB|^2<16(x_0-2)$,得 $|AB|^2$ 不存在最大值.

综上所述,当 $x_0>3$ 时,点 P_0 的所有相关弦中存在长度最大的弦,并且最大值为 $2(x_0-1)$;当 $2<x_0\leqslant 3$ 时,点 P_0 的所有相关弦中不存在长度最大的弦.

191. 设直线 $OP: y = kx$，得直线 $AR: y = k(x+a)$，所以点 $R(0, ka)$，$|AR| = a\sqrt{1+k^2}$.

由 $\begin{cases} y = k(x+a) \\ \dfrac{x^2}{a^2} + \dfrac{y^2}{b^2} = 1 \end{cases}$，可得

$$(a^2k^2 + b^2)x^2 + 2a^3k^2x + a^4k^2 - a^2b^2 = 0$$

因为该方程有一个根是 $-a$，所以由韦达定理可求得 $x_Q = \dfrac{ab^2 - a^3k^2}{a^2k^2 + b^2}$.

再由弦长公式，可求得 $|AQ| = \dfrac{2ab^2\sqrt{1+k^2}}{a^2k^2+b^2}$，所以 $|AQ| \cdot |AR| = \dfrac{2a^2b^2(1+k^2)}{a^2k^2+b^2}$.

由 $\begin{cases} y = kx \\ \dfrac{x^2}{a^2} + \dfrac{y^2}{b^2} = 1 \end{cases}$，可得 $x_P = \pm \dfrac{ab}{\sqrt{a^2k^2+b^2}}$，再由弦长公式，可求得 $|OP|^2 = \dfrac{a^2b^2(1+k^2)}{a^2k^2+b^2}$.

所以 $|AQ| \cdot |AR| = 2|OP|^2$，即欲证结论成立.

192. (1) 由双曲线的定义，可得点 P 的轨迹 W 为以点 $(-2,0)$，$(2,0)$ 为焦点、实轴长为 $2\sqrt{2}$ 的双曲线的右支，其方程为 $x^2 - y^2 = 2(x \geqslant \sqrt{2})$.

(2) 设点 $A(x_1, y_1)$，$B(x_2, y_2)$，得 $|k| > 1$.

由 $\begin{cases} x^2 - y^2 = 2 \\ y = k(x-2) \end{cases}$，得 $(k^2-1)x^2 - 4k^2x + (4k^2+2) = 0$，所以

$$x_1 + x_2 = \frac{4k^2}{k^2-1}$$

$$x_1x_2 = \frac{4k^2+2}{k^2-1}$$

$$|AB| = \sqrt{1+k^2}\,|x_1 - x_2| = \frac{2\sqrt{2}(k^2+1)}{k^2-1}$$

而坐标原点 O 到直线 $y = k(x-2)$ 的距离 $d = \dfrac{2|k|}{\sqrt{1+k^2}}$，所以

$$S_{\triangle AOB} = \frac{1}{2} \cdot \frac{2\sqrt{2}(k^2+1)}{k^2-1} \cdot \frac{2|k|}{\sqrt{1+k^2}}$$

$$=\frac{2|k|\sqrt{2k^2+2}}{k^2-1}(|k|>1)$$

193. **解法1** 不能. 假设有限条抛物线及其内部能覆盖整个平面,则一定有有限条抛物线的内部能覆盖整个平面. 所以平面直角坐标系上的定点 A(其坐标待定)在某一条定抛物线 Γ:$(ax+by+c)^2=dx+ey+f$(得 $ax+by+c=0$, $dx+ey+f=0$ 表示两条相交直线)内.

设抛物线 Γ 的焦点坐标是(s,t),把抛物线 Γ 沿向量$(-s,-t)$平移后,抛物线 Γ 变为抛物线 Γ':$(ax+by+c')^2=dx+ey+f'$(其焦点坐标为坐标原点$(0,0)$);又设定点 A 变为两相交直线 $ax+by+c'=0$, $dx+ey+f''=0$ 的交点 A',得点 A'在抛物线Γ':$(ax+by+c')^2=dx+ey+f'$上.

因为点 A 在抛物线 Γ 内,所以平移后,点 A'也在抛物线 Γ'内. 前后矛盾!所以欲证结论成立.

解法2 不能. 若有限条抛物线(设其组成的集合是 A)及其内部能覆盖整个平面,则存在直线 l 与这有限条抛物线的对称轴均不平行且均不重合,可得这有限条抛物线能覆盖直线 l.

集合 A 中的每一条抛物线与直线 l 的位置关系是以下三种情形之一:(1)相交;(2)相切;(3)相离.

对于情形(1),抛物线及其内部仅覆盖直线 l 上的一条线段;对于情形(2),抛物线及其内部仅覆盖直线 l 上的一个点;对于情形(3),抛物线及其内部不能覆盖直线 l 上的任意一个点.

因而用有限条抛物线及其内部不能覆盖直线 l,得欲证结论成立.

解法3 不能. 有限条抛物线的对称轴为有限条直线. 可在坐标平面内取一条与这些有限条对称轴均不平行的直线 l.

因为与抛物线的对称轴不平行的直线最多只能被一条抛物线覆盖其上的某条线段,于是这些抛物线只能覆盖直线 l 上的有限条线段.

因此,有限条抛物线及其内部不能覆盖整个平面.

注 同理可证:有限条双曲线及其内部(指含焦点的区域)不能覆盖整个平面.

194. (1) 由离心率为$\sqrt{2}$,可得 $a=b$,双曲线方程为 $x^2-y^2=a^2(a>0)$.

由线段 AB 的中点 M 的坐标为(x_0,y_0)及点差法,可得 $k_{AB}=\frac{y_1-y_2}{x_1-x_2}=\frac{x_1+x_2}{y_1+y_2}=\frac{x_0}{y_0}$, $k_{MQ}=\frac{y_0}{x_0-4}$.

所以 $k_{AB}\cdot k_{MQ}=\dfrac{x_0}{y_0}\cdot\dfrac{y_0}{x_0-4}=\dfrac{x_0}{x_0-4}=-1$，得 $x_0=2$.

(2)若存在点 A 与点 B 满足 $\overrightarrow{OA}\perp\overrightarrow{OB}$，得 $x_1x_2+y_1y_2=0$，$x_1^2x_2^2=y_1^2y_2^2$，即

$$(a^2+y_1^2)(a^2+y_2^2)=y_1^2y_2^2$$

$$a^2(a^2+y_1^2+y_2^2)=0$$

这将与 $a>0$ 矛盾！所以不存在满足题设的点 A 与点 B.

195. 设点 $A(\sqrt{8-m^2},m)$，$B(\dfrac{16}{n},n)$，得 $y=|AB|^2$.

可得点 A 在半圆 $x^2+y^2=8(x\geqslant0)$ 上，点 B 在曲线 $y=\dfrac{16}{x}(x>0)$ 上.

如图 103 所示，可得

$$\begin{aligned}y&=|AB|^2\\&\geqslant(|OB|-2\sqrt{2})^2\\&=\left[\sqrt{\left(\frac{16}{n}\right)^2+n^2}-2\sqrt{2}\right]^2\\&\geqslant\left(\sqrt{2\times\frac{16}{n}\times n}-2\sqrt{2}\right)^2\\&=8\end{aligned}$$

进而可得：当且仅当 $\begin{cases}O,A,B\text{ 三点共线}\\ \dfrac{16}{n}=n\end{cases}$，即点 $(n,m)=(4,2)$ 时，$y_{\min}=8$.

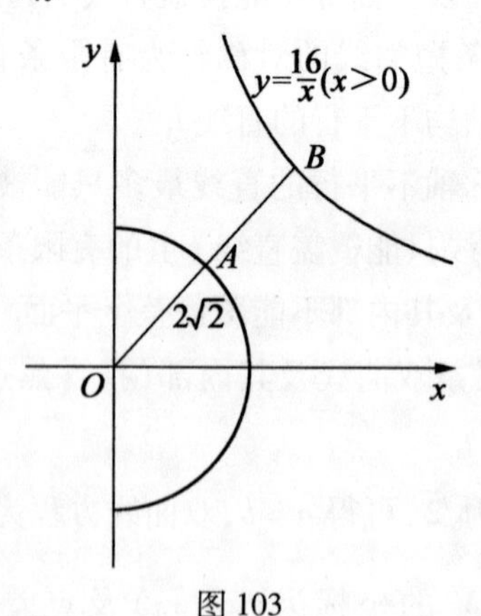

图 103

196. 设直线 $l_1:ax+by-c=0$，$l_2:bx-ay+d=0$，$l_3:cx+dy+a=0$，$l_4:dx-cy-b=0$，又设点 $P(x,y)$ 到直线 l_i 的距离为 d_i，垂足为 $h_i(i=1,2,3,4)$，可得

$M=d_1^2+d_2^2+d_3^2+d_4^2$.

可得 $l_1\perp l_2$，$l_3\perp l_4$，如图 104 所示，设 l_1 与 l_2，l_2 与 l_3，l_3 与 l_4，l_4 与 l_1 的交点分 A，B，C，D，由三个角是直角的四边形的矩形，可得四边形 PH_1AH_2，PH_2BH_3，PH_3CH_4，PH_4DH_1 均是矩形（图 104 不准确，如果画的太准确，反而不能展示解题的真实过程）.

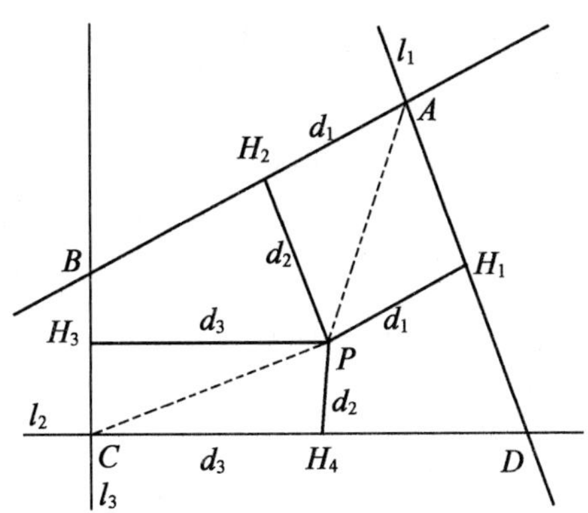

图 104

联结 PA，PC 后，由勾股定理可得

$$M=(d_1^2+d_2^2)+(d_3^2+d_4^2)=|PA|^2+|PC|^2$$

设坐标原点 O 到直线 l_1 的距离为 $d'_1(i=1,2,3,4)$，同理可得

$$|OA|^2+|OC|^2=(d_1'^2+d_2'^2)+(d_3'^2+d_4'^2)$$

再由点到直线的距离公式及点 (a,b)，(c,d) 均在单位圆上，可得

$$|OA|^2+|OC|^2=\left(\frac{c^2}{a^2+b^2}+\frac{d^2}{b^2+a^2}\right)+\left(\frac{a^2}{c^2+d^2}+\frac{b^2}{d^2+c^2}\right)=\frac{c^2+d^2}{a^2+b^2}+\frac{a^2+b^2}{c^2+d^2}=\frac{1}{2}+\frac{1}{1}=2$$

所以点 A，C 均在单位圆上.

通过解方程组还可求得点 $A(ac-bd,ad+bc)$，$C(-(ac-bd),-(ad+bc))$，所以单位圆上的两点 A，C 关于坐标原点对称，因而 AC 为单位圆的直径.

又因为点 $P(x,y)$ 在单位圆上，所以 $PA\perp PC$，由勾股定理可得

$$M=|PA|^2+|PC|^2=|AC|^2=2^2=4$$

197. 如图 105 所示.

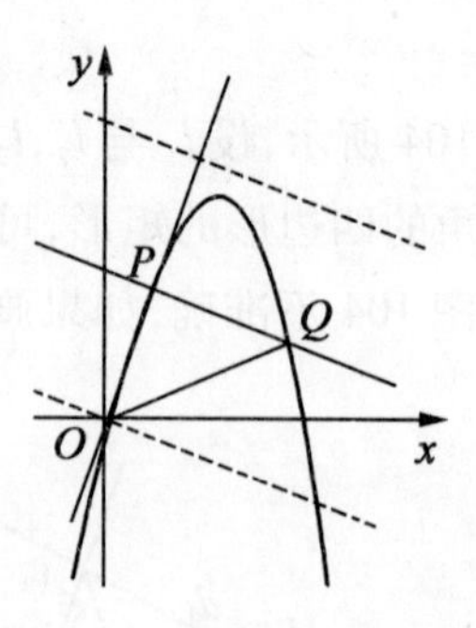

图 105

(1)由直线 $y=kx$ 与曲线 $C:y=-x^2+5x-1$ 相切,可得关于 x 的一元二次方程

$$-x^2+5x-1=kx$$
$$x^2+(k-5)x+1=0$$

有两个相等的实数解,即 $\Delta=(k-5)^2-4=0,k=3$ 或 $k=7$.

若 $k=7$,可得切点 P 的横坐标是 $-\frac{k-5}{2}=-1$,此时不满足切点 P 在第一象限.

若 $k=3$,可求得切点 $P(1,3)$,此时满足切点 P 在第一象限.

综上所述,可得所求 k 的值是3,点 P 的坐标是(1,3).

(2)由(1)的答案,可得直线 $PQ:y=-\frac{1}{3}(x-1)+3$,解方程组 $\begin{cases}y=-\frac{1}{3}(x-1)+3\\y=-x^2+5x-1\end{cases}$ 后,要求得点 Q 的坐标是 $\left(\frac{13}{3},\frac{17}{9}\right)$.

(3)可得 $S_{\triangle POQ}=S_{\triangle PQR}$,即点 $R,Q\left(\frac{13}{3},\frac{17}{9}\right)$ 到直线 $OP:3x-y=0$ 的距离相等. 可求得点 Q 到直线 OP 的距离是 $\frac{10}{9}\sqrt{10}$.

可设点 $R(t,-t^2+5t-1)\left(t\neq\frac{13}{3}\right)$,得

$$\frac{|2t-(-t^2+5t-1)|}{\sqrt{1^2+3^2}}=\frac{10}{9}\sqrt{10}\left(t\neq\frac{13}{3}\right)$$

$$t=-\frac{7}{3}$$

进而可得满足题设的点 R 存在,且其坐标为 $\left(-\frac{7}{3},-\frac{163}{9}\right)$.

198. 可设公共点是椭圆上的点$(2\cos\theta, a+\sin\theta)(0\leqslant\theta<2\pi)$,由它在抛物线上,可得

$$\begin{aligned} a &= 2\cos^2\theta-\sin\theta \\ &= \frac{17}{8}-2\left(\sin\theta+\frac{1}{4}\right)^2 (0\leqslant\theta<2\pi) \end{aligned}$$

由此可求得 a 的取值范围是$\left[-1,\frac{17}{8}\right]$.

199. 如图 106 所示,题中的两条抛物线关于直线 $y=-x$ 对称.

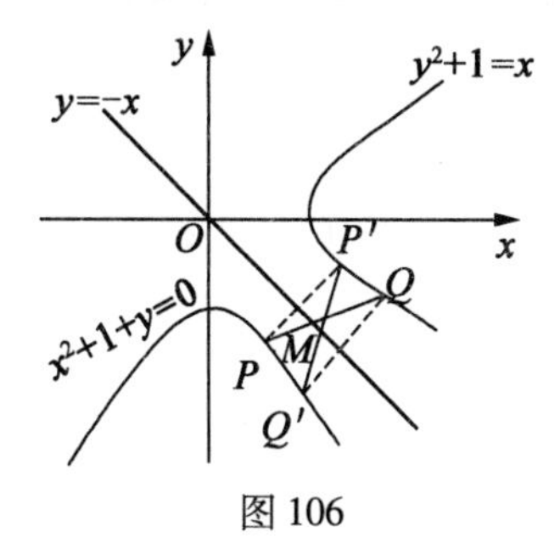

图 106

先证:当$|PQ|$取最小值时,点 P,Q 也关于直线 $y=-x$ 对称.

假设点 P,Q 不关于 $y=-x$ 对称,可设点 P,Q 关于直线 $y=-x$ 的对称点分别是 P',Q'(它们分别在两条抛物线上),且$|PQ|=|P'Q'|$,线段 $PQ,P'Q'$的交点 M 在直线 $y=-x$ 上,所以

$$\begin{aligned} 2|PQ| &= |PQ|+|P'Q'| \\ &= |PM|+|P'M|+|QM|+|Q'M| \\ &> |PP'|+|QQ'| \end{aligned}$$

说明$|PP'|<|PQ|$或$|QQ'|<|PQ|$,这与“$|PQ|$最小”矛盾! 即欲证结论成立.

所以所求最小值即抛物线 $y=-x^2-1$ 上的点到直线 $y=-x$ 的距离的最小值的 2 倍.

设 T 是抛物线 $y=-x^2-1$ 上平行于直线 $y=-x$ 的切线的切点,用导数可求得点 $T\left(\frac{1}{2},-\frac{5}{4}\right)$.

又因为点 T 到直线 $y=-x$ 的距离为$\frac{3}{8}\sqrt{2}$,所以$|PQ|$的最小值是$\frac{3}{4}\sqrt{2}$.

200. (1)设点 $A(x_0,0)(x_0\neq 0)$,由射影定理可得$|OA|^2=|OB|\cdot|OP|$,所以点 $B\left(0,\frac{2}{3}x_0^2\right)$.

再由$\overrightarrow{AM}=3\overrightarrow{AB}$,得点$M(-2x_0,2x_0^2)(x_0\neq 0)$,所以动点$M$的轨迹$C$的方程是$x^2=2y(x\neq 0)$.

(2)设点$Q\left(x_0,\dfrac{x_0^2}{2}\right)(x_0\neq 0)$,可得$l:y=-\dfrac{1}{x_0}(x-x_0)+\dfrac{x_0^2}{2}$,求得点$R\left(-\dfrac{2}{x_0}-x_0,\dfrac{x_0^2}{2}+\dfrac{2}{x_0^2}+2\right)$.

再由$\overrightarrow{OQ}\cdot\overrightarrow{OR}=0$可求得$x_0=\pm\sqrt{2}$,所以直线$l$的方程为$y=-\dfrac{\sqrt{2}}{2}x+2$或$y=\dfrac{\sqrt{2}}{2}x+2$.

201.(1)可设直线$AB:y=k(x-1)$,点$A(x_1,y_1)$,$B(x_2,y_2)$,$Q(x_0,y_0)$.由题设得$\dfrac{1-x_1}{x_2-1}=\dfrac{x_0-x_1}{x_0-x_2}$,即

$$2x_1x_2-(x_1+x_2)=x_0(x_1+x_2-2) \quad ①$$

由$\begin{cases}x^2+2y^2=2\\y=k(x-1)\end{cases}$,得$(2k^2+1)x^2-4k^2x+2k^2-2=0$.所以

$$x_1+x_2=\frac{4k^2}{2k^2+1}$$

$$x_1x_2=\frac{2k^2-2}{2k^2+1}$$

再由式①,可得

$$2\cdot\frac{2k^2-2}{2k^2+1}-\frac{4k^2}{2k^2+1}=x_0\left(\frac{4k^2}{2k^2+1}-2\right)$$

$$x_0=2$$

即欲证结论成立.

(2)由$\begin{cases}\dfrac{x^2}{m}+y^2=1\\y=k(x-1)\end{cases}$,得$(mk^2+1)x^2-2mk^2x+m(k^2-1)=0$.再由式①,得

$$\frac{2mk^2-2m}{mk^2+1}-\frac{2mk^2}{mk^2+1}=x_0\cdot\frac{2mk^2-2-2mk^2}{mk^2+1}$$

$$x_0=m$$

所以点Q的轨迹方程是$x=m$.

202.如图107所示,设点$A(x_1,y_1)$,$B(x_2,y_2)$.联立$\begin{cases}y^2=2px\\(x-2)^2+y^2=3\end{cases}$,得

$$x^2+2(p-2)x+1=0 \quad ①$$

由式①有两个不相等的正根,得 $0<p<1$.

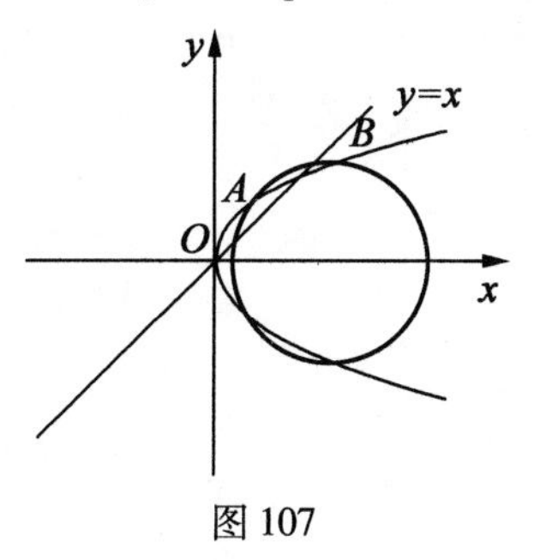

图 107

由 $\dfrac{x_1+x_2}{2}=\dfrac{y_1+y_2}{2}$,可得

$$y_1^2+y_2^2+2y_1y_2=(x_1+x_2)^2$$

$$2p(x_1+x_2)+2y_1y_2=(x_1+x_2)^2$$

$$y_1y_2=4(2-p)(1-p)>0$$

又因为 $y_1^2y_2^2=4p^2x_1x_2=4p^2$,所以 $y_1y_2=2p=4(2-p)(1-p)>0$.

由 $0<p<1$,得 $p=\dfrac{7-\sqrt{17}}{4}$.

23. (1)设抛物线的方程是 $x^2=my(m\neq 0)$,与直线 BC 的方程联立得

$$4x^2-mx+20m=0$$

$$x_B+x_C=\frac{m}{4}$$

$$y_B+y_C=\frac{m}{16}-10$$

再由$\triangle ABC$ 的重心为抛物线的焦点$\left(0,\dfrac{m}{4}\right)$,得点 $A\left(-\dfrac{m}{4},\dfrac{11}{16}m+10\right)$. 由点 A 在抛物线上,得 $m=-16$,所求抛物线的方程为 $x^2=-16y$.

(2)当圆 $x^2+(y-a)^2=1$ 与抛物线 $x^2=-16y$ 相切时,是边界位置. 联立这两个方程,消元后令判别式 $\Delta=0$,得 $a=-\dfrac{65}{16}$,所以当且仅当 $a\leqslant-\dfrac{65}{16}$时满足题意.

204. (1)如图 108 所示,可得题设中的三角形是$\triangle OAB$,其中点 $O(0,0)$, $A(40,20)$, $B(60,0)$.

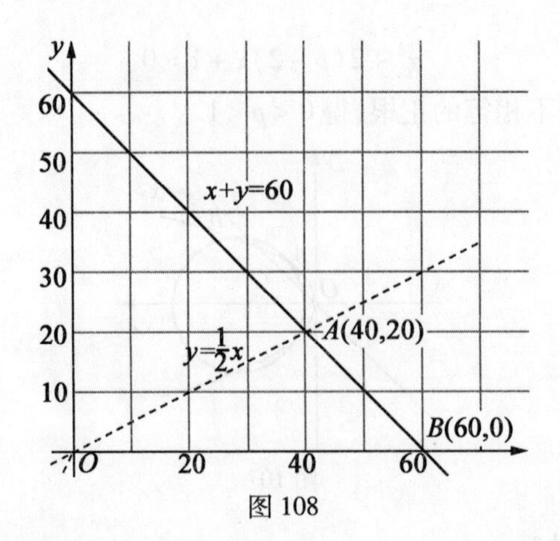

图 108

可得边 OA 上的整点是 21 个：$(2a,a)(a=0,1,2,\cdots,20)$；边 AB（不包括端点）上的整点是 19 个：$(60-b,b)(b=1,2,3,\cdots,19)$；边 OB（不包括端点 O）上的整点是 60 个：$(c,0)(c=1,2,3,\cdots,60)$.

所以所求答案为 $21+19+60=100$.

(2)如图 109 所示，可得题设中的不等式组表示的区域是 $\triangle OAC$ 内部及边界 AC，其中点 $O(0,0)$，$A(40,20)$，$C(20,40)$.

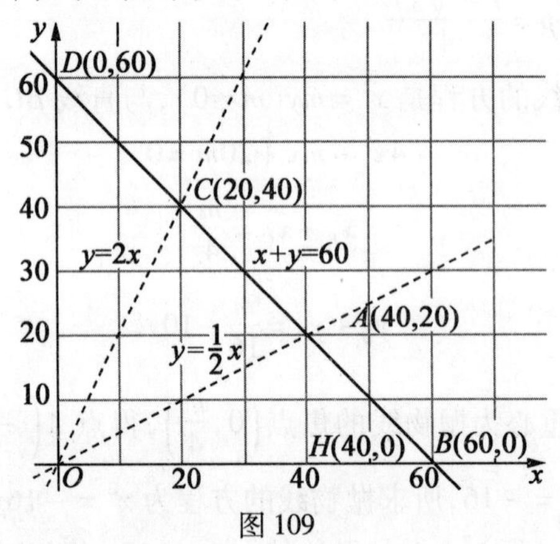

图 109

直线 $x+y=60$ 与 x 轴，y 轴的交点分别是点 $B(60,0)$，$D(0,60)$.

在边 BD 上横坐标是整数的点为 $(60,0)$，$(59,1)$，$(58,2)$，$\cdots$，$(0,60)$，所以 $\triangle OBD$ 内部及其边界上的整点个数是

$$1+2+3+\cdots+61=1\ 891$$

设点 $H(40,0)$，可得 $AH\perp OB$.

在边 OA 上横坐标是整数的点为 $(0,0)$，$(1,0.5)$，$(2,1)$，$(3,1.5)$，$(4,2)$，$(5,2.5)$，$\cdots$，$(38,19)$，$(39,19.5)$，$(40,20)$，所以 $\triangle OAH$ 内部及其边界上的整

点个数是

$$\begin{aligned}&1+1+2+2+3+3+\cdots+20+20+21\\=&2(1+2+3+\cdots+20)+21\\=&441\end{aligned}$$

在边 BA(不包括端点 A)上横坐标是整数的点为(60,0),(59,1),(58,2),…,(41,19),所以$\triangle BHA$ 内部及其边界(但不包括边界 AH)上的整点个数是

$$1+2+3+\cdots+20=210$$

所以$\triangle OAB$ 内部及其边界上的整点个数是 $441+210=651$.

在图 109 中,$\triangle ODC$ 与$\triangle OBA$ 关于直线 $y=x$ 对称,所以$\triangle ODC$ 内部及其边界上的整点(a,b)与$\triangle OAB$ 内部及其边界上的整点(b,a)一一对应,所以两者的整点个数一样,都是 651,且两者的公共整点是(0,0).

所以所求答案是 $1891-651\times2+1=590$.

205. 设点 $B\left(s,\frac{1}{s}\right)$,$C\left(t,\frac{1}{t}\right)$$(s>0,t>0,s\neq t)$.

由 $|AB|^2=|AC|^2$,得

$$(s+1)^2+\left(\frac{1}{s}+1\right)^2=(t+1)^2+\left(\frac{1}{t}+1\right)^2$$

$$(s+1)^2-(t+1)^2=\left(\frac{1}{t}+1\right)^2-\left(\frac{1}{s}+1\right)^2$$

$$(s-t)(s+t+2)=\left(\frac{1}{t}-\frac{1}{s}\right)\left(\frac{1}{t}+\frac{1}{s}+2\right)$$

$$(s-t)(s+t+2)=\frac{s-t}{st}\cdot\frac{s+t+2st}{st}$$

$$(s+t+2)(st)^2-2(st)-(s+t)=0$$

$$(st-1)[(s+t+2)st+s+t]=0(s>0,t>0)$$

$$st=1$$

可得点 $B(s,t)$,$C(t,s)$,所以点 B,C 关于直线 $y=x$ 对称.

(2)由 $|AB|=|BC|$及 $st=1$,可得

$$\begin{aligned}(s+1)^2+\left(\frac{1}{s}+1\right)^2&=(s-t)^2+\left(\frac{1}{s}-\frac{1}{t}\right)^2\\&=\left(s-\frac{1}{s}\right)^2+\left(\frac{1}{s}-s\right)^2\end{aligned}$$

$$\left(s+\frac{1}{s}\right)^2-2\left(s+\frac{1}{s}\right)-8=0$$

$$s+\frac{1}{s}=4$$

所以$\triangle ABC$的周长为

$$3|AB|=3\sqrt{(s+1)^2+\left(\frac{1}{s}+1\right)^2}$$

$$=3\sqrt{\left(s+\frac{1}{s}\right)^2+2\left(s+\frac{1}{s}\right)}$$

$$=6\sqrt{6}$$

206. 题中的曲线即$-2k(x+y+1)+(x^2+y^2-6y-31)=0$.

对任何实数k,该曲线过定点(x_0,y_0)的充要条件是$\begin{cases}x_0+y_0+1=0\\x_0^2+y_0^2-6y_0-31=0\end{cases}$,得点$(x_0,y_0)=(2,-3),(-6,5)$. 可得欲证成立.

207. (1)设点$A(x_1,y_1)$,$B(x_2,y_2)$,可得

$$k_{PA}+k_{PB}=\frac{y_1-4}{x_1-2}+\frac{y_2-4}{x_2-2}$$

$$=\frac{y_1-4}{\frac{y_1^2}{8}-2}+\frac{y_2-4}{\frac{y_2^2}{8}-2}$$

$$=\frac{4}{y_1+4}+\frac{4}{y_2+4}$$

$$=0$$

$$y_1+y_2=-8$$

再由$y_1^2=8x_1$减去$y_2^2=8x_2$后,可得

$$(y_1+y_2)(y_1-y_2)=8(x_1-x_2)$$

$$-8(y_1-y_2)=8(x_1-x_2)$$

$$k_{AB}=\frac{y_1-y_2}{x_1-x_2}=-1$$

注 这道小题的一般的规律是:直线AB的斜率,即抛物线C在点P处切线斜率的相反数.

(2)设点$A(x_1,y_1)$,$B(x_2,y_2)$,得直线AB:$y-y_1=-\left(x-\frac{y_1^2}{8}\right)$,即$x+y-\frac{y_1^2}{8}-y_1=0$,所以点$P$到直线$AB$的距离$d=\frac{\left|6-\frac{y_1^2}{8}-y_1\right|}{\sqrt{2}}$,且

$$|AB|=\sqrt{2}|y_1-y_2|$$

$$=2\sqrt{2}|y_1+4|\text{（因为在(1)的解答中已得 }y_1+y_2=-8\text{）}$$

所以

$$S_{\triangle PAB}=\frac{1}{2}\cdot\frac{\left|6-\frac{y_1^2}{8}-y_1\right|}{\sqrt{2}}\cdot 2\sqrt{2}|y_1+4|$$

$$=\frac{1}{8}|(y_1+4)[(y_1+4)^2-64]|$$

又由 $y_1+y_2=-8, y_1\leqslant 0, y_2\leqslant 0$，可得 $y_1\in[-8,0]$.

设 $y_1+4=t$，得 $t\in[-4,4]$. 还可得 $8S_{\triangle PAB}=64|t|-|t|^3(0\leqslant|t|\leqslant 4)$.

设 $f(u)=64u-u^3(0\leqslant u\leqslant 4)$，下证其是增函数：

设 $0\leqslant u_1<u_2\leqslant 4$，得 $f(u_1)-f(u_2)=(u_1-u_2)[64-(u_1^2+u_1u_2+u_2^2)]$.

可得

$$u_1^2+u_1u_2+u_2^2<3u_2^2\leqslant 3\cdot 4^2=48$$

$$64-(u_1^2+u_1u_2+u_2^2)>0$$

所以

$$f(u_1)-f(u_2)=(u_1-u_2)[64-(u_1^2+u_1u_2+u_2^2)]<0$$

$$f(u_1)<f(u_2)$$

由 $f(u)=64u-u^3(0\leqslant u\leqslant 4)$ 是增函数，可得 $f(u)_{\max}=f(4)=192$，所以 $S_{\triangle PAB}$ 的最大值是 $\frac{192}{8}$，即 24.

208.（1）由题设可得点 $F(-2\lambda,0)$，直线 $l: y=k(x+2\lambda)$. 设点 $A(x_1,y_1)$，$B(x_2,y_2)$.

由 $\begin{cases}x^2-\frac{y^2}{3}=\lambda^2\\ y=k(x+2\lambda)\end{cases}$，得 $(k^2-3)x^2+4\lambda k^2x+(4k^2+3)\lambda^2=0$.

所以 $x_1+x_2=\frac{4\lambda k^2}{3-k^2}$，$x_1x_2=\frac{(4k^2+3)\lambda^2}{k^2-3}<0$. 由此，还得 $-\sqrt{3}<k<\sqrt{3}$ 且 $k\neq 0$，$y_1+y_2=k(x_1+x_2+4\lambda)=k\left(\frac{4\lambda k^2}{3-k^2}+4\lambda\right)=\frac{12\lambda k}{3-k^2}$.

设点 $M(x,y)$，可得

$$\overrightarrow{OM}=\overrightarrow{OA}+\overrightarrow{OB}$$

$$=(x_1+x_2, y_1+y_2)$$

$$=\left(\frac{4\lambda k^2}{3-k^2},\frac{12\lambda k}{3-k^2}\right)$$

由此可得点 M 的轨迹方程是 $3x^2+12\lambda x-y^2=0(x>0)$.

(2)若满足题意的直线 l 存在,使得$\overrightarrow{OA}\perp\overrightarrow{OB}$,即

$$\begin{aligned}x_1x_2+y_1y_2&=(k^2+1)x_1x_2+2\lambda k^2(x_1+x_2)+4\lambda^2k^2\\&=\cdots=0\end{aligned}$$

$$k=\pm\frac{\sqrt{15}}{5}$$

所以满足题意的直线 l 存在,且直线 l 的斜率 $k=\pm\frac{\sqrt{15}}{5}$.

209. 设抛物线 $y^2=x$ 的准线是 $l:x=-\frac{1}{4}$,焦点是 $F\left(\frac{1}{4},0\right)$.

如图 110 所示,作 $AA'\perp l,BB'\perp l,MM'\perp l$,垂足分别为 A',B',M'. 又设 MM'与 y 轴交于点 H.

由题设,可得

$$\begin{aligned}3&=|AB|\leqslant|AF|+|BF|\\&=|AA'|+|BB'|\\&=2|MM'|\\&=2\left(|MH|+\frac{1}{4}\right)\end{aligned}$$

即
$$|MH|\geqslant\frac{5}{4}$$

当且仅当焦点 F 在线段 AB 上时取等号.

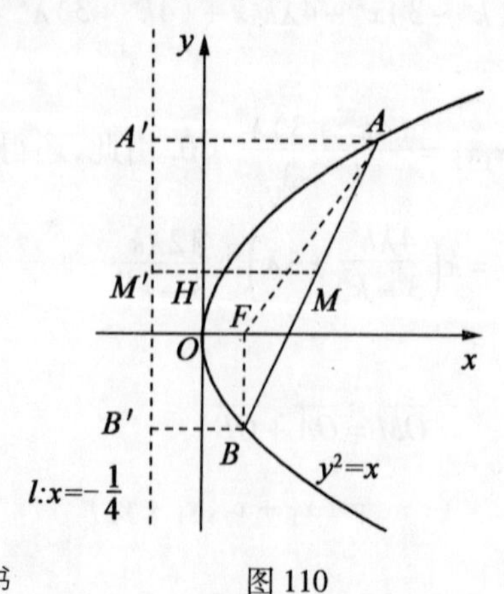

图 110

因为抛物线 $y^2=x$ 的通径长(是1)小于3,所以有且仅有两种情形使直线 AB 过焦点 F(且这两种情形的直线 AB 的斜率互为相反数),即点 M 到 y 轴的最短距离 $|MH|$ 的最小值是 $\frac{5}{4}$.

可设直线 AFB:$x=my+\frac{1}{4}$,把它代入 $y^2=x$,可得 $y^2-my-\frac{1}{4}=0$.

设点 $A(x_1,y_1)$,$B(x_2,y_2)$,可得 $y_1+y_2=m$,$y_1y_2=-\frac{1}{4}$,所以

$$\begin{aligned}3&=|AB|\\&=\sqrt{m^2+1}\cdot\sqrt{(y_1+y_2)^2-4y_1y_2}\\&=m^2+1\end{aligned}$$

$$m=\pm\sqrt{2}$$

可得 AB 的中点 M 的纵坐标是 $\frac{y_1+y_2}{2}=\frac{m}{2}=\pm\frac{\sqrt{2}}{2}$,再由中点 M 在直线 AFB:$x=my+\frac{1}{4}$ 上,可得点 M 的坐标是 $\left(\frac{5}{4},\pm\frac{\sqrt{2}}{2}\right)$.

求点 M 的坐标的另解:此时 $x_M=\frac{5}{4}$. 设点 $A(x_1,y_1)$,$B(x_2,y_2)$,由点差法可得

$$\begin{aligned}k_{AB}&=\frac{y_2-y_1}{x_2-x_1}\\&=\frac{y_2-y_1}{y_2^2-y_1^2}\\&=\frac{1}{y_2+y_1}\\&=\frac{1}{2y_M}\end{aligned}$$

$$\begin{aligned}k_{MF}&=\frac{y_M-0}{x_M-\frac{1}{4}}\\&=y_M\end{aligned}$$

由 A,B,M,F 四点共线,可得 $k_{AB}=k_{MF}$,解得 $y_M=\pm\frac{\sqrt{2}}{2}$,所以求得点 M 的坐标是 $\left(\frac{5}{4},\pm\frac{\sqrt{2}}{2}\right)$.

210. (1) 设点 $F_1(-c,0)$，$F_2(c,0)$ $(c=\sqrt{a^2+b^2})$，切线 l 与椭圆 Γ 的切点是 (x_0,y_0)，得切线 l 的方程为 $\frac{x_0x}{a^2}+\frac{y_0y}{b^2}=1$，即 $b^2x_0x+a^2y_0y=a^2b^2$.

由点到直线的距离公式，可得

$$|F_1H_1|=\frac{b^2(a^2+cx_0)}{\sqrt{b^4x_0^2+a^4y_0^2}}$$

$$|F_2H_2|=\frac{b^2(a^2-cx_0)}{\sqrt{b^4x_0^2+a^4y_0^2}}$$

所以可得

$$|F_1H_1|\cdot|F_2H_2|=b^2$$

$$\Leftrightarrow b^2(a^4-c^2x_0^2)=b^4x_0^2+a^4y_0^2$$

$$\Leftrightarrow b^2a^4=b^2a^2x_0^2+a^4y_0^2$$

$$\Leftrightarrow \frac{x_0^2}{a^2}+\frac{y_0^2}{b^2}=1$$

而切点 (x_0,y_0) 在椭圆 Γ 上，所以 $\frac{x_0^2}{a^2}+\frac{y_0^2}{b^2}=1$ 成立，即欲证结论成立.

(2) 证明此小题要用到椭圆的光学性质“从椭圆的一个焦点发出的光线，经过椭圆反射后，反射光线交于椭圆的另一个焦点上”（可见全日制普通高级中学教科书（必修）《数学·第二册（上）》（人民教育出版社，2006 年）第 138 ~ 139 页的阅读材料“圆锥曲线的光学性质及其应用”，其证明见本书第 42 页 (2)).

如图 111 所示，作点 F_1 关于直线 PT_1 的对称点 F'_1，则由椭圆的光学性质知三点 F'_1，T_1，F_2 共线，联结 $F_1F'_1$，T_1F_1，F'_1F_2，可得 $|F'_1F_2|=|F'_1T_1|+|T_1F_2|=|F_1T_1|+|T_1F_2|=2a$.

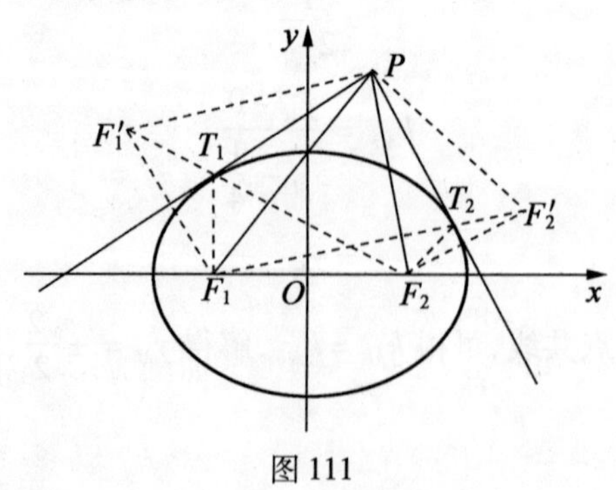

图 111

再作点 F_2 关于直线 PT_2 的对称点 F'_2，得三点 F'_2,T_2,F_1 共线，联结 $F_2F'_2$，T_2F_2,F'_2F_1，可得 $|F'_2F_1| = |F'_2T_2| + |T_2F_1| = |F_2T_2| + |T_2F_1| = 2a$.

所以 $|F'_1F_2| = |F_1F'_2|$，进而可得 $\triangle F'_1PF_2 \cong \triangle F_1PF'_2$（边边边），所以

$$\angle F'_1PF_2 - \angle F_1PF_2 = \angle F_1PF'_2 - \angle F_1PF_2$$
$$2\angle F_1PT_1 = 2\angle F_2PT_2$$
$$\angle F_1PT_1 = \angle F_2PT_2$$

211. 设 $P(t,t^2)$，可得切线方程为 $y-t^2=2t(x-t)$，$Q\left(\frac{t}{2},0\right)$，$R(0,-t)^2$，所以

$$\frac{|PQ|}{|PR|}=\frac{|t|\sqrt{t^2+\frac{1}{4}}}{|t|\sqrt{4t^2+1}}=\frac{1}{2}$$

也可用弦长公式来求

$$\frac{|PQ|}{|PR|}=\frac{|x_P-x_Q|}{|x_p-x_R|}=\frac{\left|t-\frac{t}{2}\right|}{|t-0|}=\frac{1}{2}$$
$$\frac{|PQ|}{|PR|}=\frac{|y_P-y_Q|}{|y_p-y_R|}=\frac{|t^2-0|}{|t^2-(t^2)|}=\frac{1}{2}$$

212. 设点 $Q(a,b)$，$P(x,x^2+1)$. 由 $\overrightarrow{OP}\cdot\overrightarrow{OQ}\leqslant 1$，得 $ax+b(x^2+1)\leqslant 1$ $(x\in\mathbf{R})$ 恒成立.

记 $f(x)=bx^2+ax+b-1$. 要使 $f(x)\leqslant 0(x\in\mathbf{R})$ 恒成立，可得 $b\leqslant 0$.

若 $b=0$，得 $a=0$，此时 $f(x)=-1$，满足题意.

若 $b<0$，得 $\Delta=a^2-4b(b-1)\leqslant 0$.

总之，动点 Q 的集合为 $A=\{(a,b)\mid a^2-4b^2+4b\leqslant 0\}$.（图略.）

213. 可求得曲线 C' 上的动点 (x,y) 关于直线 $y=2x$ 的对称点为 $\left(\frac{4y-3x}{5},\frac{4x+3y}{5}\right)$，该点在曲线 C 上，所以曲线 C' 的方程是

$$\frac{(3x-4y)^2}{100}+\frac{(4x+3y)^2}{25}=1$$

即

$$73x^2+72xy+52y^2=100$$

用同样的方法可求得曲线 C'' 的方程，但下面的方法更简洁.

因为曲线 C' 与曲线 C'' 关于直线 $y=-\frac{1}{2}x+5$ 对称，直线 $y=-\frac{1}{2}x+5$ 与直

线 $y=2x$ 的交点为(2,4)，且这两直线互相垂直，所以曲线 C'' 与曲线 C 关于点(2,4)对称. 有此可求得曲线 C'' 的方程是

$$\frac{(x-4)^2}{4}+(y-8)^2=1$$

214. **解法1**　先看 $a<0$ 的情形：如图112所示，显然，无论点(1，-2)在抛物线 $y=ax^2$ 内，还是在该抛物线外或在该抛物线上，均满足题意.

若 $a>0$，过点(1，-2)作抛物线 $y=ax^2$ 的切线，设两条切线的张角为 θ.

若 $\theta<90°$，则总可以找出两条互相垂直的直线，使它们与抛物线 $y=ax^2$ 不相交(图113)；若 $\theta\geqslant 90°$，则过点(1，-2)且互相垂直的两条直线中，必有一条与抛物线 $y=ax^2$ 有公共点(图114).

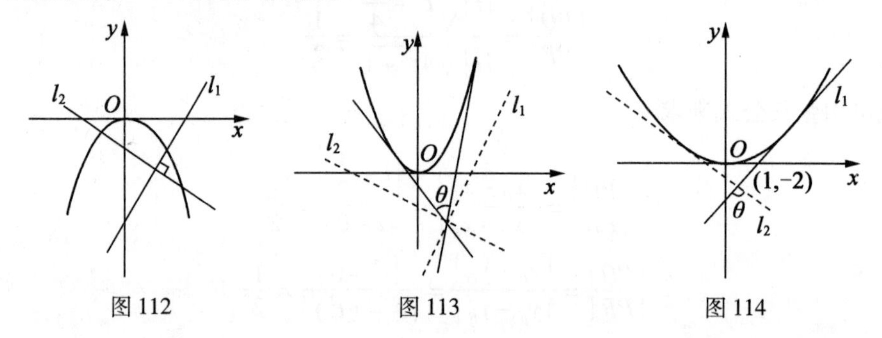

图112　　图113　　图114

于是，原问题转化为：过点(1,2)作抛物线 $y=ax^2$ 的切线，使得这两条切线对抛物线的张角 $\theta\geqslant 90°$.

设过点(1，-2)的切线方程为 $y=k(x-1)-2$. 由 $\begin{cases}y=k(x-1)-2\\ y=ax^2\end{cases}$，可得

$$ax^2-kx+k+2=0$$

得 $\Delta=k^2-4ak-8a=0$. 设 $\Delta=0$ 的两根分别为 k_1,k_2，则

$$\theta\geqslant 90°\Leftrightarrow k_1k_2\geqslant -1\Leftrightarrow 0<a\leqslant\frac{1}{8}$$

所以所求实数 a 的取值范围是 $(-\infty,0)\cup\left(0,\frac{1}{8}\right]$.

解法2　当 $-2\leqslant a<0$ 时，点(1，-2)不在抛物线外，此时过该点作两条互相垂直的直线 l_1,l_2 都与抛物线有公共点，即此时满足题意.

当 $a<-2$ 或 $a>0$ 时，点(1，-2)在抛物线外，过该点作该抛物线的两条切线 l'_1,l'_2，如图115所示.

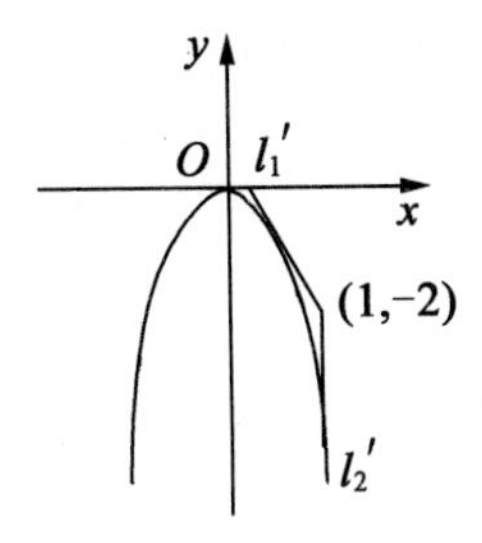

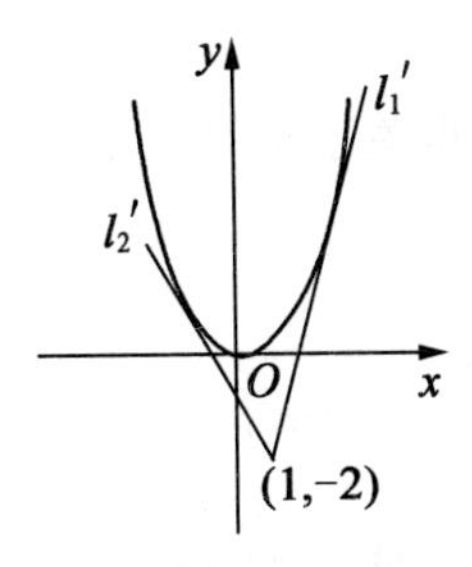

图 115

可设切线方程为 $y=k(x-1)-2$. 由 $\begin{cases}y=k(x-1)-2\\ y=ax^2\end{cases}$,可得

$$ax^2-kx+k+2=0$$

再得 $\Delta=k^2-4ak-8a=0$. 设该方程的两根分别为 $k_1,k_2(k_1>k_2)$,即切线 l'_1,l'_2 的斜率,再设切线 l'_1 到 l'_2 的角为 θ,当且仅当 $\theta\geqslant 90°$时满足题意.

当 $\theta>90°$时,由到角公式可得 $\dfrac{-4\sqrt{a^2+2a}}{1-8a}<0$,即 $a<\dfrac{1}{8}$.

当 $\theta=90°$时,$k_1k_2=-8a=-1,a=\dfrac{1}{8}$.

综上所述,可得所求实数的取值范围是 $(-\infty,0)\cup\left(0,\dfrac{1}{8}\right]$.

215. 由题设可得点 $A(0,1)$,不妨设题设中的等腰直角三角形是 $\triangle ABC$, $AB\perp AC$, $|AB|=|AC|$.

还可设直线 AB 的方程是 $y=kx+1(k>0)$,AC 的方程是 $y=-\dfrac{1}{k}x+1$.

由 $\begin{cases}y=kx+1\\ \dfrac{x^2}{a^2}+y^2=1\end{cases}$,可得 $(a^2k^2+1)x^2+2a^2kx=0$,进而可求得

$$|AB|=\frac{2|k|a^2}{a^2k^2+1}\sqrt{k^2+1}$$

同理,可求得

$$|AC|=\frac{2\left|-\dfrac{1}{k}\right|a^2}{a^2\left(-\dfrac{1}{k}\right)^2+1}\sqrt{\left(-\frac{1}{k}\right)^2+1}=\frac{2a^2}{k^2+a^2}\sqrt{k^2+1}$$

由 $|AB|=|AC|$ 及 $k>0$,可得

$$k^3-a^2k^2+a^2k-1=0$$

$$(k-1)[k^2-(a^2-1)k+1]=0$$

由 $a>1$ 可得关于 k 的一元二次方程 $k^2-(a^2-1)k+1=0$ 的判别式 $\Delta>0\Leftrightarrow a>\sqrt{3}$.

由此可得：

(1)当 $1<a\leqslant\sqrt{3}$ 时，$k=1$，所以满足题设的等腰直角三角形存在且唯一.

(2)当 $a>\sqrt{3}$ 时，$k=1$ 或 $\dfrac{a^2-1\pm\sqrt{a^4-2a^2-3}}{2}$（可证这三个值两两不等），所以满足题设的等腰直角三角形有且仅有3个.

216. 设点 $P(x_0,y_0)(x_0>0,y_0>0)$，得切线方程为 $\dfrac{x_0x}{a^2}+\dfrac{y_0y}{b^2}=1$，所以可得点 $A\left(\dfrac{a^2}{x_0},0\right),B\left(0,\dfrac{b^2}{y_0}\right)$，再得 $S_\triangle=\dfrac{a^2b^2}{2x_0y_0}$.

由 $\dfrac{x_0^2}{a^2}+\dfrac{y_0^2}{b^2}=1$，可得 $1\geqslant\dfrac{2x_0y_0}{ab}$，$x_0y_0\leqslant\dfrac{ab}{2}$. 再得当且仅当 $(x_0,y_0)=\left(\dfrac{a}{\sqrt{2}},\dfrac{b}{\sqrt{2}}\right)$ 时 $(S_\triangle)_{\min}=ab$.

217. 如图116所示，可设直线 $l:y=kx+m(k\neq0)$，则预证 $|AP|=|BQ|\Leftrightarrow AB,PQ$ 的中点重合 $\Leftrightarrow x_P+x_Q=x_A+x_B$.

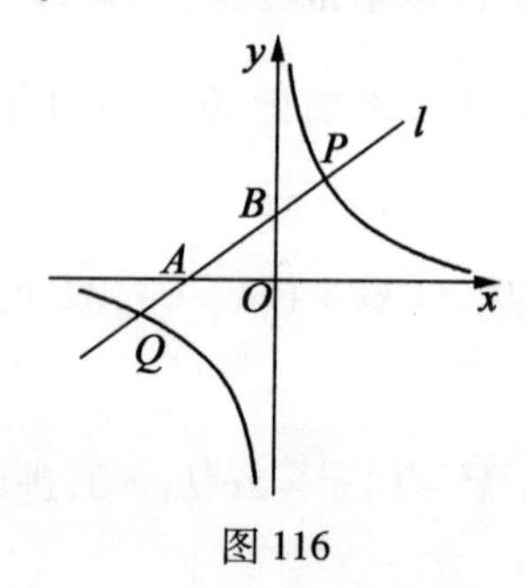

图116

由 $\begin{cases}y=kx+m\\xy=1\end{cases}$，可得 $kx^2+mx-1=0$，所以 $x_P+x_Q=-\dfrac{m}{k}$.

又因为点 $A\left(-\dfrac{m}{k},0\right),B(0,m)$，所以 $x_P+x_Q=x_A+x_B$. 所以线段 PQ,AB 的中点重合，所以 $|AP|=|BQ|$.

218. 由题设可得交点 (x_0,y_0) 满足 $\begin{cases}x_0=-\dfrac{a}{5}\\(y_0-1)^2=1-\dfrac{a}{5}\end{cases}$.

再由隐函数的求导法则,可得 $k_1=\frac{1}{2(y_0-1)}, k_2=-\frac{2}{y_0-1}$.

又由 $k_1\cdot k_2=-1$,可得 $a=0$.

219. 联立 $\begin{cases} y=x^2-(2k-7)x+4k-12 \\ y=x \end{cases}$,得

$$x^2-(2k-6)x+4k-12=0$$

由 $\Delta>0$,得 $k<3$ 或 $k>7$.

由弦长公式可求得两交点间的距离为 $\sqrt{2}\cdot\sqrt{(2k-6)^2-4(4k-12)}\leqslant 2$,可得 $5-\frac{3}{2}\sqrt{2}\leqslant k\leqslant 5+\frac{3}{2}\sqrt{2}$.

综上所述,得所求实数 k 的取值范围是 $\left[5-\frac{3}{2}\sqrt{2},3\right)\cup\left(7,5+\frac{3}{2}\sqrt{2}\right]$.

220. 可设点 $C(2px_0,0)\left(x_0>0 \text{ 且 } 2px_0\neq\frac{p}{2}\right)$, $A(2pt^2,2pt)(t\neq 0)$,又点 $B\left(\frac{p}{2},0\right)$,题意即

$$\overrightarrow{BA}\cdot\overrightarrow{CA}=\left(2pt^2-\frac{p}{2},2pt\right)\cdot(2pt^2-2px_0,2pt)>0$$

$$t^4-\left(x_0-\frac{3}{4}\right)t^2+\frac{x_0}{4}>0$$

设 $t^2=u(u>0)$,得 $u^2+\frac{3}{4}u>x_0\left(u-\frac{1}{4}\right)(u>0)$ 恒成立,即 $\frac{u^2+\frac{3}{4}u}{u-\frac{1}{4}}>x_0\left(u>\frac{1}{4}\right)$ 恒成立.

设 $u-\frac{1}{4}=v(v>0)$,得 $\left(v+\frac{1}{4v}\right)_{\min}+\frac{5}{4}>x_0(v>0)$,即 $x_0<\frac{9}{4}$, $2px_0<\frac{9}{2}p$.

综上所述,当且仅当点 C 在 x 轴上且横坐标的取值范围是 $\left(0,\frac{p}{2}\right)\cup\left(\frac{p}{2},\frac{9p}{2}\right)$ 时,$\angle BAC$ 恒是锐角.

221. 如图117所示,以这两条互相垂直的直线为坐标轴建立平面直角坐标系 xOy.

设椭圆与 x 轴,y 轴分别相切于点 P,Q,椭圆的长轴、焦距、短轴长分别为

$2a, 2c, 2b = 2\sqrt{a^2 - c^2}$.

设椭圆的两个焦点分别为 $F_i(x_i, y_i)(i = 1, 2)$，中心为点 $M(x_0, y_0)$.

设焦点 $F_1(x_1, y_1)$ 关于 x 轴，y 轴的对称点分别是 A, B，可得点 F_2, P, A 三点共线，F_2, Q, B 三点共线.

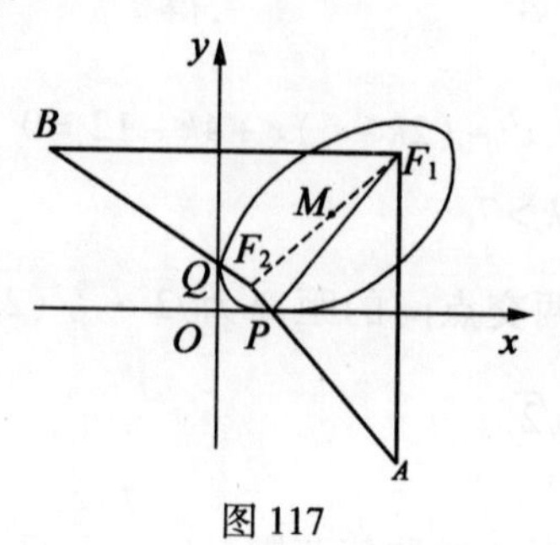

图 117

也可得 $|PF_2| + |PF_1| = |AF_2| = 2a$，点 $A(x_1, -y_1)$.

在 $\triangle AF_1F_2$ 中，点 M 为 F_1F_2 的中点，由中线长公式，可得

$$2(c^2 + |AM|^2) = 4y_1^2 + 4a^2$$

$$c^2 + (x_0 - x_1)^2 + (y_0 + y_1)^2 = 2y_1^2 + 2a^2 \quad ①$$

同理，在 $\triangle BF_1F_2$ 中，可得

$$c^2 + (x_0 + x_1)^2 + (y_0 - y_1)^2 = 2x_1^2 + 2a^2 \quad ②$$

由式①+②，可得

$$2c^2 + 2x_0^2 + 2y_0^2 + 2x_1^2 + 2y_1^2 = 2x_1^2 + 2y_1^2 + 4a^2$$

$$x_0^2 + y_0^2 = a^2 + b^2$$

所以所求的轨迹方程是 $x^2 + y^2 = a^2 + b^2 (b \leqslant |x| \leqslant a)$，它表示的轨迹是四段圆弧.

222. 取船的初始点为坐标原点 O，分别取正东、正北方向分别为 x 轴、y 轴的正方向，建立如图 118 所示的平面直角坐标系 xOy.

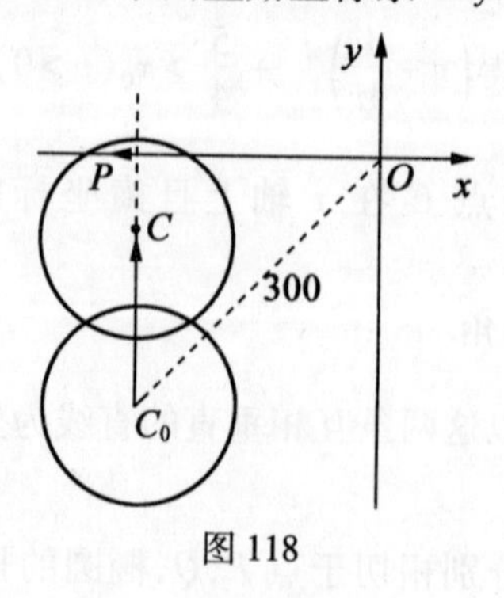

图 118

可得台风中心的初始点为 $C_0\left(-\dfrac{300}{\sqrt{2}},-\dfrac{300}{\sqrt{2}}\right)$，经过 t h 后船到达点 $P(-10t,0)$，台风中心到达点 $C\left(-\dfrac{300}{\sqrt{2}},-\dfrac{300}{\sqrt{2}}+20t\right)$，此时暴雨区的边界为圆

$$\left(x+\frac{300}{\sqrt{2}}\right)^2+\left(y+\frac{300}{\sqrt{2}}-20t\right)^2=100^2 \qquad ①$$

把点 $P(-10t,0)$ 的坐标代入式①后，可得

$$t^2-18\sqrt{2}t+160=0$$

设该船遭遇暴雨的最初时刻、最后时刻分别为 t_1,t_2，可求得 $t_2-t_1=2\sqrt{2}$(h)．即该船遭遇暴雨的时间段长度为 $2\sqrt{2}$ h(约为2.8 h，即2 h50 min)．

223. 如图119所示，联立 $\begin{cases}\dfrac{(x-a)^2}{2}+y^2=1\\ y^2=\dfrac{1}{2}x\end{cases}$，可得 $x^2-(2a-1)x+(a^2-2)=0$．

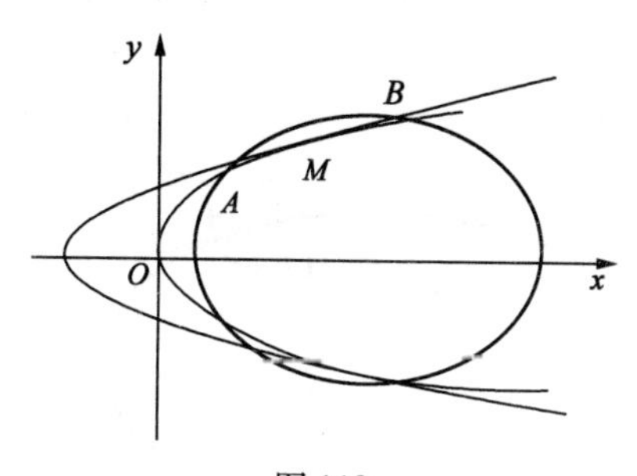

图119

设两个公共点 A,B 的横坐标分别为 x_1,x_2，得 $x_1+x_2=2a-1,x_1x_2=a^2-2$．所以线段 AB 的中点 M 的横坐标为 $x_0=a-\dfrac{1}{2}$，纵坐标为 $y_0=\dfrac{y_1+y_2}{2}=\dfrac{\sqrt{2}}{4}(\sqrt{x_1}+\sqrt{x_2})$．

由题意，可得 $4y_0^2=x_0+1$，即

$$\frac{1}{2}(\sqrt{x_1}+\sqrt{x_2})^2=a+\frac{1}{2}$$

$$x_1+x_2+2\sqrt{x_1x_2}=2a+1$$

$$2a-1+2\sqrt{a^2-2}=2a+1(a>0)$$

$$a=\sqrt{3}$$

还可检验 $a=\sqrt{3}$ 满足题意，所以 $a=\sqrt{3}$.

224. (1)得抛物线 $2y=(x-3\cos t)^2+8\sin t$ 的顶点为 $(3\cos t, 4\sin t)$，所以所求轨迹方程为 $\frac{x^2}{9}+\frac{y^2}{16}=1$.

(2)直线 $y=12$ 与题设中的抛物线联立，得 $(x-3\cos t)^2+8\sin t=24$，设其两根为 x_1, x_2，可得弦长为

$$\begin{aligned}|x_1-x_2| &= \sqrt{(x_1+x_2)^2-4x_1x_2} \\ &= \cdots = \sqrt{96-32\sin t} \\ &\leqslant 8\sqrt{2}\end{aligned}$$

所以，当且仅当 $\sin t=-1, \cos t=0$，即抛物线为 $x^2=2y+8$ 时，截得的弦长最大，且最大弦长是 $8\sqrt{2}$.

225. 如图 120 所示，设 P 为椭圆 Γ（其左、右焦点分别是 F_1, F_2）上任意给定的点，过点 P 作 $\angle F_1PF_2$ 的外角平分线所在的直线 l（$\angle 3=\angle 4$）. 先证明 l 和 Γ 相切于点 P，只要证明 l 上异于 P 的点 P' 都在椭圆 Γ 的外部，即证 $P'F_1+P'F_2>PF_1+PF_2$.

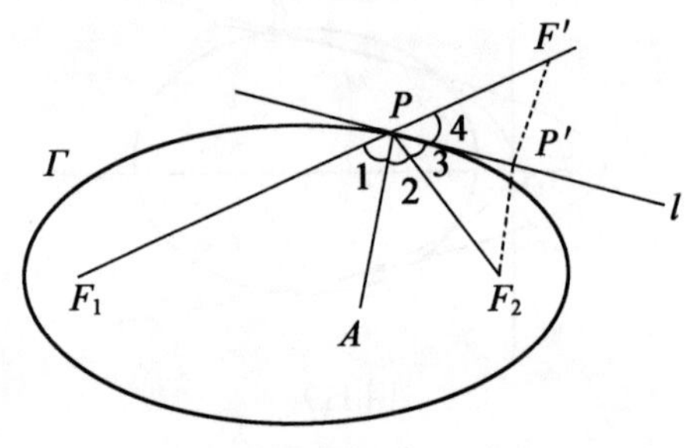

图 120

在直线 PF_1 上选取点 F'，使 $PF'=PF_2$，得 $\triangle P'PF' \cong \triangle P'PF_2$，所以 $P'F'=P'F_2$，还得

$$\begin{aligned}P'F_1+P'F_2 &= P'F_1+P'F'>F_1F' \\ &= F_1P+PF' \\ &= PF_1+PF_2\end{aligned}$$

再过点 P 作 $\angle F_1PF_2$ 的平分线 PA（$\angle 1=\angle 2$），易得 $PA\perp l$，入射角等于反射角，这就证得了预证结论成立.

双曲线的光学性质：从双曲线焦点出发的光线经双曲线的内壁反射后，其反射光线的反向延长线必经过另一个焦点

抛物线的光学性质：从抛物线的焦点出发的一组光线经抛物线的椭圆壁反

射后形成一组与对称轴平行的直线.

226. 设点 $P(x_0,y_0)$. 由 $\overrightarrow{OQ}\parallel\overrightarrow{AP}$, $\overrightarrow{AP}=\overrightarrow{OP}-\overrightarrow{OA}$; $\overrightarrow{OR}\parallel\overrightarrow{OM}$, $\overrightarrow{OM}=\frac{1}{2}(\overrightarrow{OP}+\overrightarrow{OA})$, 所以存在 $\lambda,\mu\in\mathbf{R}$, 使得

$$\overrightarrow{OQ}=\lambda(\overrightarrow{OP}-\overrightarrow{OA})$$

$$\overrightarrow{OR}=\mu(\overrightarrow{OP}+\overrightarrow{OA})$$

进而可得点 $Q(\lambda(x_0+a),\lambda y_0)$, $R(\mu(x_0-a),\mu y_0)$. 再由点 Q,R 都在椭圆 Γ 上, 可得

$$\lambda^2\left[\frac{(x_0+a)^2}{a^2}+\frac{y_0^2}{b^2}\right]=\mu^2\left[\frac{(x_0-a)^2}{a^2}+\frac{y_0^2}{b^2}\right]=1$$

再由 $\frac{x_0^2}{a^2}+\frac{y_0^2}{b^2}=1$, 可得

$$\lambda^2\left(2+\frac{2x_0}{a}\right)=\mu^2\left(2-\frac{2x_0}{a}\right)=1$$

$$\lambda^2=\frac{a}{2(a+x_0)}$$

$$\mu^2=\frac{a}{2(a-x_0)}$$

因此

$$\begin{aligned}|OQ|^2+|OR|^2&=\lambda^2[(x_0+a)^2+y_0^2]+\mu^2[(x_0-a)^2+y_0^2]\\&=\frac{a}{2(a+x_0)}[(x_0+a)^2+y_0^2]+\frac{a}{2(a-x_0)}[(x_0-a)^2+y_0^2]\\&=\frac{a(a+x_0)}{2}+\frac{ay_0^2}{2(a+x_0)}+\frac{a(a-x_0)}{2}+\frac{ay_0^2}{2(a-x_0)}\\&=a^2+\frac{ay_0^2}{2}\left(\frac{1}{a+x_0}+\frac{1}{a-x_0}\right)\\&=a^2+\frac{ay_0^2}{2}\cdot\frac{2a}{a^2-x_0^2}\\&=a^2+\frac{a\cdot b^2\left(1-\frac{x_0^2}{a^2}\right)}{2}\cdot\frac{2a}{a^2-x_0^2}\\&=a^2+b^2\\&=|BC|^2\end{aligned}$$

从而线段 OQ,OR,BC 能构成一个直角三角形.

227. 可设点$A\left(\frac{y_1^2}{4},y_1\right),B\left(\frac{y_2^2}{4},y_2\right),P\left(\frac{y_3^2}{4},y_3\right)$,由题设可得$0,y_1,y_2,y_3$两两不等.

可设直线$AB:x=ty+1$,让其与抛物线$y^2=4x$联立,可得$y^2-4ty-4=0$,所以

$$y_1y_2=-4 \quad ①$$

因为$\triangle AOB$的外接圆过坐标原点,所以可设该圆的方程为$x^2+y^2+dx+ey=0$. 让其与抛物线$y^2=4x$联立,可得$\frac{y^4}{16}+\left(1+\frac{d}{4}\right)y^2+ey=0$,且该四次方程的全部实根为$0,y_1,y_2,y_3$,由韦达定理可得

$$0+y_1+y_2+y_3=0$$

$$y_3=-(y_1+y_2) \quad ②$$

由PF平分$\angle APB$及角平分线性质定理,可得$\frac{|PA|}{|PB|}=\frac{|AF|}{|BF|}=\frac{|y_1|}{|y_2|}$,再由式①②可得

$$\begin{aligned}\frac{y_1^2}{y_2^2}&=\frac{|PA|^2}{|PB|^2}\\&=\frac{\left(\frac{y_3^2}{4}-\frac{y_1^2}{4}\right)^2+(y_3-y_1)^2}{\left(\frac{y_3^2}{4}-\frac{y_2^2}{4}\right)^2+(y_3-y_2)^2}\\&=\frac{[(y_1+y_2)^2-y_1^2]^2+16(2y_1+y_2)^2}{[(y_1+y_2)^2-y_2^2]^2+16(2y_2+y_1)^2}\\&=\frac{(y_2^2-8)^2+16(4y_1^2+y_2^2-16)}{(y_1^2-8)^2+16(4y_2^2+y_1^2-16)}\\&=\frac{y_2^4+64y_1^2-192}{y_1^4+64y_2^2-192}\end{aligned}$$

即

$$y_1^6+64y_1^2y_2^2-192y_1^2=y_2^6+64y_1^2y_2^2-192y_2^2$$

$$(y_1^2-y_2^2)(y_1^4+y_1^2y_2^2+y_2^4-192)=0$$

当$y_1^2=y_2^2$时,可得$y_2=-y_1,y_3=0$,点O,P重合,不满足题设,所以$y_1^4+y_1^2y_2^2+y_2^4-192=0$,再由①可得

$$(y_1^2+y_2^2)^2=192+(y_1y_2)^2=208$$

因为$y_1^2+y_2^2=4\sqrt{13}>8=|2y_1y_2|$,所以满足式①及$y_1^2+y_2^2=4\sqrt{13}$的实数

y_1,y_2 存在,对应可得满足题设的点 A,B.

此时,结合式①②,可得

$$\begin{aligned}|PF|&=\frac{y_3^2}{4}+1\\&=\frac{(y_1+y_2)^2+4}{4}\\&=\frac{y_1^2+y_2^2-4}{4}\\&=\frac{\sqrt{208}-4}{4}\\&=\sqrt{13}-1\end{aligned}$$

228. 设点 $P(t^2,2t)$,得直线 $l:y=x+2t-t^2$,把 l 的方程代入曲线 C_2 的方程得

$$(x-4)^2+(x+2t-t^2)^2=8$$

$$2x^2-2(t^2-2t+4)x+(t^2-2t)^2+8=0 \qquad ①$$

由于直线 l 与曲线 C_2 交于两个不同的点,所以关于 x 的方程①的判别式 $\Delta>0$,即

$$\begin{aligned}\frac{\Delta}{4}&=(t^2-2t+4)^2-2[(t^2-2t)^2+8]\\&=\cdots=-t(t-2)(t+2)(t-4)>0\end{aligned}$$

$$t\in(-2,0)\cup(2,4) \qquad ②$$

设点 Q,R 的横坐标分别为 x_1,x_2,由式①可得

$$x_1+x_2=t^2-2t+4$$

$$x_1x_2=\frac{1}{2}[(t^2-2t)^2+8]$$

再由直线 l 的倾斜角为 $45°$,可得

$$\begin{aligned}|PQ|\cdot|PR|&=\sqrt{2}(x_1-t^2)\cdot\sqrt{2}(x_2-t^2)\\&=2x_1x_2-2t^2(x_1+x_2)+2t^4\\&=\cdots=(t^2-2)^2+4 \qquad ③\end{aligned}$$

由式②③可求得 $|PQ|\cdot|PR|$ 的取值范围是 $[4,8)\cup(8,200)$.

注　(1)利用圆 C_2 的圆心到直线 l 的距离小于圆 C_2 的半径,可得不等式 $\left|\frac{4+2t-t^2}{\sqrt{2}}\right|<2\sqrt{2}$,进而也可求得式②.

(2)用圆幂定理可简洁的计算出 $|PQ|\cdot|PR|$. 事实上,圆 C_2 的圆心为 $M(4,0)$,半径为 $r=2\sqrt{2}$,所以

$$\begin{aligned}|PQ|\cdot|PR|&=|PM|^2-r^2\\&=(t^2-4)^2+(2t)^2-(2\sqrt{2})^2\\&=t^4-4t^2+8\end{aligned}$$

229. (1)设点 $P(x_0,y_0)$,$M(x_1,y_1)$,$N(x_2,y_2)$,可得切线 $PM:\frac{x_1x}{25}+\frac{y_1y}{9}=1$,$PN:\frac{x_2x}{25}+\frac{y_2y}{9}=1$.

因为切线 PM,PN 均过点 $P(x_0,y_0)$,所以 $\frac{x_1x_0}{25}+\frac{y_1y_0}{9}=1$,$\frac{x_2x_0}{25}+\frac{y_2y_0}{9}=1$,因而点 $M(x_1,y_1)$,$N(x_2,y_2)$ 均在直线 $\frac{x_0}{25}x+\frac{y_0}{9}y=1$ 上.

再由"两点确定一直线",可得直线 MN 的方程是 $\frac{x_0}{25}x+\frac{y_0}{9}y=1$.

由 $P\in l$,可得 $y_0=x_0+b$,进而可得直线 MN 的方程是 $\frac{x_0}{25}x+\frac{x_0+b}{9}y=1$,即 $x_0\left(\frac{x}{25}+\frac{y}{9}\right)=1-\frac{by}{9}$.

由直线 $l:y=x+b$ 与椭圆 C 不相交,可得 $b\neq 0$.

令 $\frac{x}{25}+\frac{y}{9}=1-\frac{by}{9}=0$,解得 $(x,y)=\left(-\frac{25}{b},\frac{9}{b}\right)$,进而可得直线 MN 恒过定点 $Q\left(-\frac{25}{b},\frac{9}{b}\right)$.

(2)当 $MN/\!/l$ 时,可得直线 MN 的斜率 $-\frac{9x_0}{25(x_0+b)}=1$,因而 $x_0=-\frac{25}{34}b$,得直线 MN 的方程是 $y=x+\frac{34}{b}$.

由 $\begin{cases}y=x+\frac{34}{b}\\\frac{x^2}{25}+\frac{y^2}{9}=1\end{cases}$,可得 $\frac{34}{25}x^2+\frac{68}{b}x+\frac{34^2}{b^2}-1=0$.

所以 $x_1+x_2=-\frac{50}{b}$,得线段 MN 的中点为 $\left(-\frac{25}{b},\frac{9}{b}\right)$,即(1)中的定点 Q,得欲证结论成立.

230. 可设抛物线 C 的方程是 $y^2=2px(p>0)$，点 $Q(-a,0)(a>0)$，圆 C_1 与 C_2 的圆心分别为 $O_1(x_1,y_1)$，$O_2(x_2,y_2)$.

设直线 $PQ:x=my-a(m>0)$，将其与抛物线 C 的方程联立，消去 x 后，可得

$$y^2-2pmy+2pa=0$$

因为直线 PQ 与抛物线 C 相切于点 P，所以上述一元二次方程的判别式

$$\Delta=4p^2m^2-8pa=0$$

$$m=\sqrt{\frac{2a}{p}}$$

进而可得点 $P(a,\sqrt{2pa})$，所以

$$\begin{aligned}|PQ|&=\sqrt{1+m^2}\left|\sqrt{2pa}-0\right|\\&=\sqrt{1+\frac{2a}{p}}\cdot\sqrt{2pa}\\&=\sqrt{4a^2+2pa}\end{aligned}$$

再由 $|PQ|=2$，得

$$4a^2+2pa=4 \qquad ①$$

如图121所示，由直线 OP 与圆 C_1，C_2 均相切于点 P，可得 $OP\perp O_1O_2$.

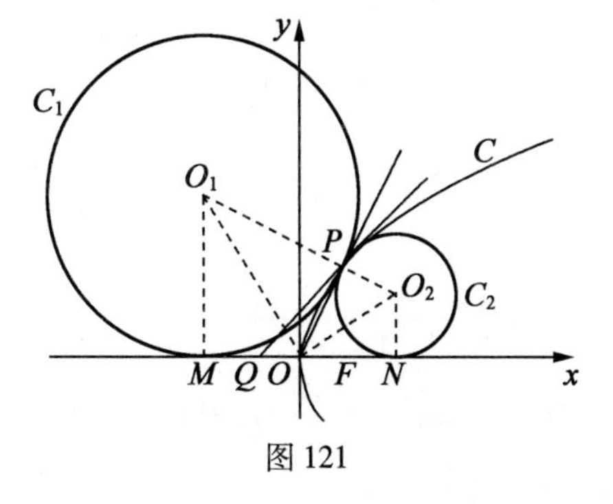

图121

设圆 C_1，C_2 分别与 x 轴切于点 M,N，可得 OO_1，OO_2 分别是 $\angle POM$，$\angle PON$ 的平方线，所以 $\angle O_1OO_2=90°$.

再由射影定理，可得

$$\begin{aligned}y_1y_2&=|O_1M|\cdot|O_2N|\\&=|O_1P|\cdot|O_2P|\\&=|OP|^2\\&=x_P^2+y_P^2\end{aligned}$$

$$= a^2 + 2pa$$

又由式①,可得

$$y_1y_2 = a^2 + 2pa = 4 - 3a^2 \quad ②$$

由 O_1,P,O_2 三点共线,可得

$$\frac{y_1 - \sqrt{2pa}}{\sqrt{2pa} - y_2} = \frac{y_1 - y_P}{y_P - y_2}$$

$$= \frac{|O_1P|}{|PO_2|}$$

$$= \frac{|O_1M|}{|O_2N|}$$

$$= \frac{y_1}{y_2}$$

$$y_1 + y_2 = \frac{2}{\sqrt{2pa}}y_1y_2 \quad ③$$

设 $T = y_1^2 + y_2^2$,则圆 C_1 与 C_2 的面积之和为 πT. 再由式②③,可得

$$T = y_1^2 + y_2^2$$

$$= (y_1 + y_2)^2 - 2y_1y_2$$

$$= \frac{4}{2pa}y_1^2y_2^2 - 2y_1y_2$$

$$= \frac{4}{4-4a^2}(4-3a^2)^2 - 2(4-3a^2)$$

$$= \frac{(4-3a^2)(2-a^2)}{1-a^2}$$

又设 $t = 1 - a^2$. 由 $4t = 4 - 4a^2 = 2pa > 0$,得 $0 < t < 1$,所以

$$T = \frac{(3t+1)(t+1)}{t}$$

$$= 3t + \frac{1}{t} + 4$$

$$\geqslant 4 + 2\sqrt{3}\text{(当且仅当 } t = \frac{1}{\sqrt{3}}\text{,即 } a = \sqrt{1 - \frac{1}{\sqrt{3}}}\text{ 时取等号)}$$

再由式①可得,当且仅当 $\frac{p}{2} = \frac{1-a^2}{a} = \frac{1}{\sqrt{3-\sqrt{3}}}$,即点 F 的坐标是

$\left(\frac{1}{\sqrt{3-\sqrt{3}}},0\right)$时,圆 C_1 与 C_2 的面积之和取到最小值.

231. 若过点$(a,0)$所作的两条互相垂直的直线是 $l_1:x=a$ 与 $l_2:y=0$,可得点 $P(a,\sqrt{a^2-1})$,$Q(a,-\sqrt{a^2-1})$$(a>1)$,$R(1,0)$,$S(-1,0)$.

若$|PQ|=|RS|$,可得 $2\sqrt{a^2-1}=2(a>1)$,所以 $a=\sqrt{2}$.

这就说明满足题设的实数 a 只可能是$\sqrt{2}$.

下面验证 $a=\sqrt{2}$确实满足题设.

事实上,当直线 l_1 与 l_2 中有斜率不存在或斜率为 0 时,由前面的论述可得欲证结论成立.

对于其余的情形,不妨设

$$l_1:y=k(x-\sqrt{2})\text{与}l_2:y=-\frac{1}{k}(x-\sqrt{2})(k\neq 0)$$

其中 $k\neq\pm 1$(否则直线 l_1 将与双曲线 C 的渐近线平行,它与双曲线 C 不可能交于 P,Q 两点).

联立直线 l_1 与双曲线 C 的方程后,可得

$$(k^2-1)x^2+2\sqrt{2}k^2x+2k^2+1=0$$

因为其判别式 $\Delta=4k^2+4>0$,所以直线 l_1 与双曲线 C 交于不同的两点.

同理,可得直线 l_2 也与双曲线 C 交于不同的两点.

由弦长公式,可得

$$\begin{aligned}|PQ|&=\sqrt{k^2+1}\cdot\frac{\sqrt{4k^2+4}}{|k^2-1|}\\&=2\cdot\left|\frac{k^2+1}{k^2-1}\right|\end{aligned}$$

用$-\frac{1}{k}$代替 k 后,可得

$$\begin{aligned}|RS|&=2\cdot\left|\frac{\left(-\frac{1}{k}\right)^2+1}{\left(-\frac{1}{k}\right)^2-1}\right|\\&=2\cdot\left|\frac{k^2+1}{k^2-1}\right|\end{aligned}$$

所以$|PQ|=|RS|$.

综上所述，可得所求的答案是$\sqrt{2}$.

232. 可得区域的边界$|x|+|y|+|x-2|=4$关于x轴对称，所以可先看$y\geqslant 0$的情形，得$y=4-|x|-|x-2|(-1\leqslant x\leqslant 3)$，进而可作出不等式$|x|+|y|+|x-2|\leqslant 4$表示的区域是图122所示的阴影部分，从而可求得答案是12.

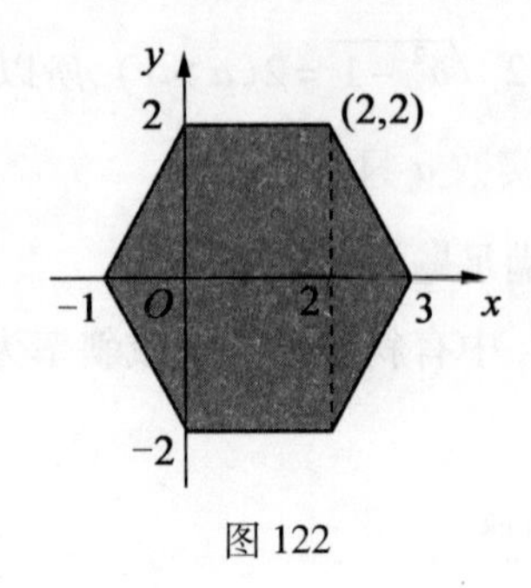

图 122

233. 可求得直线PP'的斜率为$\frac{a-1-b}{b+1-a}=-1$，所以直线l的斜率为1.

又因为线段PP'的中点$\left(\frac{a+b+1}{2},\frac{a+b-1}{2}\right)$在直线$l$上，所以直线$l$的方程为

$$y-\frac{a+b-1}{2}=x-\frac{a+b+1}{2}$$

即$x-y-1=0$.

接下来，由垂径定理、勾股定理及点到直线的距离公式可求得答案是$6\sqrt{2}$.

234. 因为直线AB的斜率不为0，所以可设直线AB的方程为$x=my+b$ $(b\neq 0)$，把它代入抛物线的方程$y^2=4x$后，可得$y^2-4my-4b=0$.

设点$A(my_1+b,y_1)$，$B(my_2+b,y_2)$，可得$y_1+y_2=4m$，$y_1y_2=-4b$.

所以

$$\begin{aligned}\overrightarrow{OA}\cdot\overrightarrow{OB}&=(my_1+b)(my_2+b)+y_1y_2\\&=(m^2+1)y_1y_2+mb(y_1+y_2)+b^2\\&=b^2-4b\\&=0(b\neq 0)\end{aligned}$$

解得$b=4$，可得直线AB的方程为$x=my+4$，因而直线AB与x轴的交点是$C(4,0)$，$|OC|=4$.

在Rt$\triangle OCM$中，可得$|MO|=4\cos\theta$，$|MC|=4\sin\theta$，所以

$$S_{\mathrm{Rt}\triangle OCM}=\frac{1}{2}|MO|\cdot|MC|$$

$$=4\sin 2\theta$$

$$\leqslant 4$$

进而可得$\triangle OCM$面积的最大值是4.

235. 设点$P(x_0,y_0)$,$M(m,0)(m>0)$,由双曲线的第二定义可得

$$|PF_1|=a+ex_0$$

$$|PF_2|=ex_0-a$$

其中e是双曲线C的离心率.

由双曲线C在点P处的切线为PM及双曲线的光学性质,可得射线PM平分$\angle F_1PF_2$,所以

$$\frac{|PF_1|}{|F_1M|}=\frac{|PF_2|}{|F_2M|}$$

$$\frac{a+ex_0}{c+m}=\frac{ex_0-a}{c-m}\text{(其中 }c=\sqrt{a^2+b^2}\text{)}$$

$$emx_0=ac \qquad ①$$

由$\triangle F_1OT\backsim\triangle F_1MP$,可得

$$\frac{|OF_1|}{|OM|}=\frac{|TF_1|}{|TP|}$$

$$\frac{c}{m}=\frac{|TF_1|}{|TP|}$$

$$|F_1T|=\frac{c}{m}|TP|$$

又因为$|PF_1|=|TP|+|F_1T|=|TP|+\frac{c}{m}|TP|$,所以

$$a+ex_0=\frac{m+c}{m}|TP|$$

$$ma+emx_0=(m+c)|TP|$$

再由式①,可得$|TP|=a$. 又由$|PT|=\frac{1}{3}|F_1F_2|=\frac{2}{3}c$,可得$a=\frac{2}{3}c$,双曲线$C$的离心率$e=\frac{3}{2}$.

236. 由题设可得椭圆Γ的半焦距为$c=\sqrt{a^2-b^2}$.

如图 123 所示，由$\overrightarrow{F_1F_2}\cdot\overrightarrow{PF_2}=0$ 可得 $PF_2\perp x$ 轴，进而可求得点 $P\left(c,\dfrac{b^2}{a}\right)$，$|PF_2|=\dfrac{b^2}{a}$.

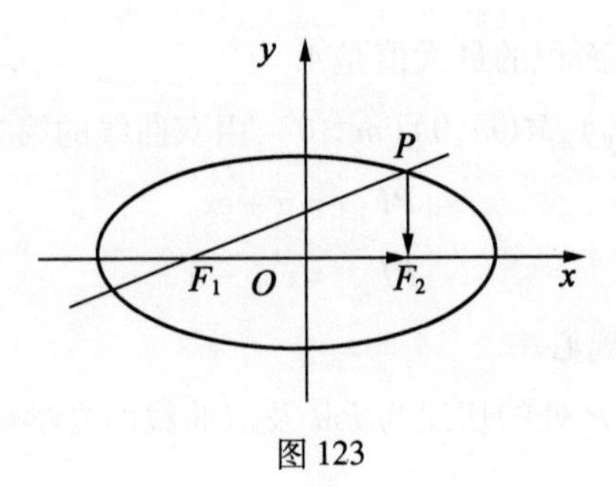

图 123

在 $\mathrm{Rt}\triangle PF_1F_2$ 中，由 $\angle PF_1F_2=30°$，可得$\sqrt{3}|PF_2|=|F_1F_2|$，$\sqrt{3}\cdot\dfrac{b^2}{a}=2c$，进而可求得椭圆 Γ 的离心率 $e=\dfrac{c}{a}=\dfrac{\sqrt{3}}{3}$.

237. **解法 1**　(1)$\dfrac{x^2}{4}+y^2=1$.（过程略.）

(2)如图 124 所示，可设直线 l 与椭圆 C_1 相切于点 $B(2\cos\alpha,\sin\alpha)$，得椭圆 C_1 在点 B 处的切线方程为

$$x\cos\alpha+2y\sin\alpha=2 \qquad ①$$

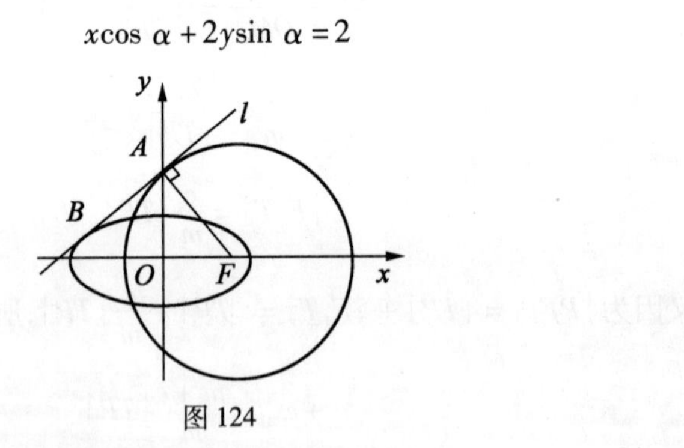

图 124

还可设直线 l 与圆 C_2 相切于点 $A(\sqrt{7}\cos\beta+\sqrt{3},\sqrt{7}\sin\beta)$，得圆 C_2 在点 A 处的切线方程为

$$x\cos\beta+y\sin\beta=\sqrt{3}\cos\beta+\sqrt{7} \qquad ②$$

由式①②表示同一条直线，可得

$$\frac{\cos\alpha}{\cos\beta}=\frac{2\sin\alpha}{\sin\beta}=\frac{2}{\sqrt{3}\cos\beta+\sqrt{7}}$$

所以

$$\cos\alpha=\frac{2\cos\beta}{\sqrt{3}\cos\beta+\sqrt{7}}$$

$$\sin\alpha=\frac{\sin\beta}{\sqrt{3}\cos\beta+\sqrt{7}}$$

$$(2\cos\beta)^2+(\sin\beta)^2=(\sqrt{3}\cos\beta+\sqrt{7})^2$$

$$\cos\beta=-\frac{\sqrt{3}}{\sqrt{7}}$$

$$\sin\beta=\pm\frac{2}{\sqrt{7}}$$

进而可求得点 A 的坐标是$(0,\pm2)$.

解法 2 (1)$\frac{x^2}{4}+y^2=1$.(过程略.)

(2)如图 124 所示,可设直线 l 与椭圆 C_1 相切于点 $B(2\cos\alpha,\sin\alpha)$,同解法 1 可得直线 l 的方程为式①.

由直线①与圆 C_2 相切,可得

$$\frac{2-\sqrt{3}\cos\alpha}{\sqrt{\cos^2\alpha+4\sin^2\alpha}}=\sqrt{7}$$

$$\cos\alpha=-\frac{\sqrt{3}}{2}$$

$$\sin=\pm\frac{1}{2}$$

得直线 l 的方程为 $y=\frac{\sqrt{3}}{2}x+2$ 或 $y=-\frac{\sqrt{3}}{2}x-2$.

再让线 l 与圆 C_2 的方程联立后,可求得切点 A 的坐标是$(0,\pm2)$.

238. (1)由点 O 为线段 AB 的中点,可得$\overrightarrow{AP}+\overrightarrow{BP}=2\overrightarrow{OP}$,$\overrightarrow{AQ}+\overrightarrow{BQ}=2\overrightarrow{OQ}$.

再由题设,可得$\overrightarrow{OP}=\lambda\overrightarrow{OQ}$,所以三点 O,P,Q 在同一直线上.

(2)由题设可得点 $A(-a,0)$,$B(a,0)$. 设点 $P(x_1,y_1)$,$Q(x_2,y_2)$,可得

$$x_1^2-a^2=\frac{a^2}{b^2}y_1^2$$

$$x_2^2-a^2=-\frac{a^2}{b^2}y_2^2$$

所以

$$k_1+k_2=\frac{y_1}{x_1+a}+\frac{y_1}{x_1-a}$$
$$=\frac{2x_1y_1}{x_1^2-a^2}$$
$$=\frac{2b^2}{a^2}\cdot\frac{x_1}{y_1}$$
$$k_3+k_4=\frac{y_2}{x_2+a}+\frac{y_2}{x_2-a}$$
$$=\frac{2x_2y_2}{x_2^2-a^2}$$
$$=-\frac{2b^2}{a^2}\cdot\frac{x_2}{y_2}$$

由(1)的结论可得$\frac{x_1}{y_1}=\frac{x_2}{y_2}$,所以 $k_1+k_2+k_3+k_4=0$,即 $k_1+k_2+k_3+k_4$ 是定值.

239. (1)用点差法可求得直线 AB 的方程是 $y=x+1$,由直线 AB 与双曲线 $x^2-\frac{y^2}{2}=\lambda$ 交于不同的两点,可得 $\lambda>-1$ 且 $\lambda\neq0$.

可得直线 CD 的方程是 $y=-x+3$,由直线 CD 与双曲线 $x^2-\frac{y^2}{2}=\lambda$ 交于不同的两点,可得 $\lambda>-9$ 且 $\lambda\neq0$.

所以 λ 的取值范围是$(-1,0)\cup(0,+\infty)$.

(2)在(1)的解答中已求出 $AB:x-y+1=0$,$CD:x+y-3=0$,所以由直线 AB,CD 组成的曲线方程为$(x-y+1)(x+y-3)=0$,即

$$x^2-y^2-2x+4y-3=0 \quad ①$$

式①与椭圆 $x^2-\frac{y^2}{2}=\lambda$ 的交点 A,B,C,D 的坐标为方程组

$$\begin{cases}3x^2-3y^2-6x+12y-9=0 & ②\\4x^2-2y^2=4\lambda & ③\end{cases}$$

的解,把式③-②整理后得

$$(x+3)^2+(y-6)^2=4\lambda+36 \quad ④$$

即 A,B,C,D 四点必在圆④上.

注 本题与2016年高考四川卷文科第20题,2014年高考全国大纲卷理科第21题(即文科第22题),2011年高考全国大纲卷理科第21题(即文科的

22 题),2005 年高考湖北卷文科第 22 题(即理科第 21 题),2002 年高考江苏第 20 题及 2009 年全国高中数学联赛江苏赛区复赛试题第一试第三题都是二次曲线上的四点共圆问题.

240. (1)(ⅰ)如图 125 所示,设点 $A(x_1,y_1)$,$B(x_2,y_2)$,$C(x_3,y_3)$,$D(x_4,y_4)$.

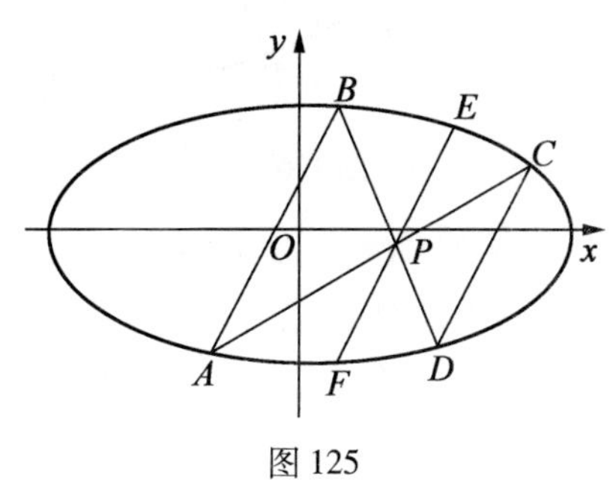

图 125

因为 $AB /\!/ CD$,所以存在 λ 使得$\overrightarrow{AP}=\lambda\overrightarrow{PC}$,$\overrightarrow{BP}=\lambda\overrightarrow{PD}$,即

$$\begin{cases}x_3=\dfrac{(1+\lambda)x_0-x_1}{\lambda}\\y_3=\dfrac{(1+\lambda)y_0-y_1}{\lambda}\end{cases},\begin{cases}x_4=\dfrac{(1+\lambda)x_0-x_2}{\lambda}\\y_4=\dfrac{(1+\lambda)y_0-y_2}{\lambda}\end{cases}$$

再由点 $C(x_3,y_3)$,$D(x_4,y_4)$在椭圆$\dfrac{x^2}{4}+y^2=1$ 上,可得

$$(1+\lambda)^2\left(\frac{x_0^2}{4}+y_0^2\right)-\frac{1}{2}(1+\lambda)(x_0x_1+4y_0y_1)=\lambda^2-1$$

$$(1+\lambda)^2\left(\frac{x_0^2}{4}+y_0^2\right)-\frac{1}{2}(1+\lambda)(x_0x_2+4y_0y_2)=\lambda^2-1$$

进而可得 $k_{AB}=\dfrac{y_2-y_1}{x_2-x_1}=-\dfrac{x_0}{4y_0}$,即欲证结论成立.

(ⅱ)由(ⅰ)的结论可得直线 $EF:y=-\dfrac{x_0}{4y_0}(x-x_0)+y_0$,把它代入椭圆 $\dfrac{x^2}{4}+y^2=1$后化简,可得

$$(x_0^2+4y_0^2)x^2-2x_0(x_0^2+4y_0^2)x+x_0^4+8x_0^2y_0^2+16y_0^4-16y_0^2=0$$

由此可得 $x_E+x_F=2x_0$,所以欲证结论成立.

(2)(ⅰ)如图 126 所示,以点 P 为坐标原点建立适当的平面直角坐标系,可设圆锥曲线 $\Gamma:ax^2+bxy+cy^2+dx+ey+f=0$.

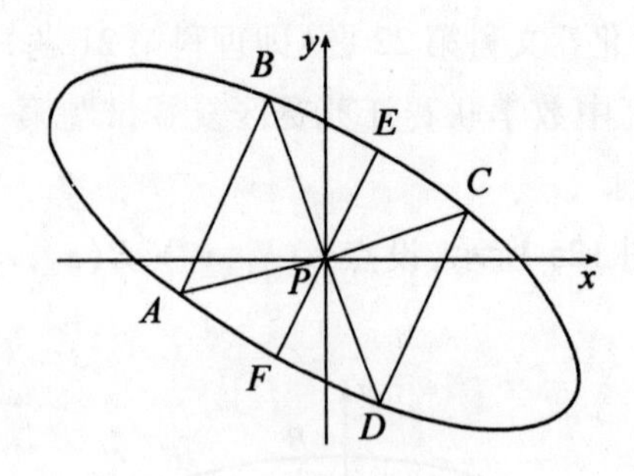

图 126

可设点 $A(x_1,y_1)$,$B(x_2,y_2)$,$C(x_3,y_3)$,$D(x_4,y_4)$.

由 $AB/\!/CD$,可知存在 $\lambda\neq 0,1$ 使得 $x_3=\lambda x_1$,$y_3=\lambda y_1$,$x_4=\lambda x_2$,$y_4=\lambda y_2$.

再由点 $A(x_1,y_1)$,$C(\lambda x_1,\lambda y_1)$ 在曲线 Γ 上,可得

$$ax_1^2+bx_1y_1+cy_1^2+dx_1+ey_1+f=0$$

$$a\lambda^2x_1^2+b\lambda^2x_1y_1+c\lambda^2y_1^2+d\lambda x_1+e\lambda y_1+f=0$$

所以

$$d\lambda x_1+e\lambda y_1+(\lambda+1)f=0$$

同理,可得

$$d\lambda x_2+e\lambda y_2+(\lambda+1)f=0$$

所以 $d(x_2-x_1)+e(y_2-y_1)=0$,向量 $(x_2-x_1,y_2-y_1)/\!/$ 向量 $(-e,d)$,即欲证结论成立.

(ⅱ)由(ⅰ)的结论可得直线 EF:$dx+ey=0$,把它与曲线 Γ 的方程联立后可得

$$(ae^2-ebd+cd^2)x^2+e^2f=0$$

由此可得 $x_E+x_F=2x_0$,所以欲证结论成立.

241. 可得题设即关于 x,y 的方程组 $\begin{cases}x^2+y^2=1\\ y=x^2+h\end{cases}$ 有实数解.

由 $x^2+y^2=1$ 知,可设 $x=\cos\theta$,$y=\sin\theta$,所以题设即存在 θ 使得

$$\sin\theta=\cos^2\theta+h$$

即

$$\begin{aligned}h&=\sin^2\theta+\sin\theta-1\\&=\left(\sin\theta+\frac{1}{2}\right)^2-\frac{5}{4}\end{aligned}$$

再由 $\sin\theta\in[-1,1]$,可得所求实数 h 的取值范围是 $\left[-\frac{5}{4},1\right]$.

242. 由$\begin{cases} y=kx+m \\ \dfrac{x^2}{16}+\dfrac{y^2}{12}=1 \end{cases}$，得$(4k^2+3)x^2+8kmx+4m^2-48=0$.

设点$A(x_1,y_1)$，$D(x_2,y_2)$，可得

$$x_1+x_2=-\frac{8km}{4k^2+3}$$

$$\Delta_1=(8km)^2-4(4k^2+3)(4m^2-48)>0$$

由$\begin{cases} y=kx+m \\ \dfrac{x^2}{4}-\dfrac{y^2}{12}=1 \end{cases}$，可得$(k^2-3)x^2+2kmx+m^2+12=0$.

设点$C(x_3,y_3)$，$D(x_4,y_4)$，可得

$$x_3+x_4=\frac{2km}{3-k^2}$$

$$\Delta_2=(2km)^2-4(k^2-3)(m^2+12)>0$$

由$x_1+x_2=x_3+x_4$，可得$km=0$.

当$k=0$时，由$\Delta_1>0$，$\Delta_2>0$，得$-2\sqrt{3}<m<2\sqrt{3}$. 又$m\in\mathbf{Z}$，所以$m=0$，±1，±2，±3.

当$m=0$时，由$\Delta_1>0$，$\Delta_2>0$，得$-\sqrt{3}<k<\sqrt{3}$. 又$k\in\mathbf{Z}$，所以$k=0$，±1.

所以可得满足条件的直线共有9条.

243. 设点$P(x_0,y_0)$，$B(0,b)$，$C(0,c)$，不妨设$b>c$.

得直线PB的方程为$y-b=\dfrac{y_0-b}{x_0}x$，即$(y_0-b)x-x_0y+x_0b=0$.

又由圆心$(1,0)$到直线PB的距离为1且$x_0>2$，可得$(x_0-2)b^2+2y_1b-x_0=0$.

同理，有$(x_0-2)c^2+2y_0c-x_0=0$.

所以$b+c=\dfrac{-2y_0}{x_0-2}$，$bc=\dfrac{-x_0}{x_0-2}$，$(b-c)^2=\dfrac{4x_0^2+4y_0^2-8x_0}{(x_0-2)^2}$.

因为$y_0^2=2x_0$，所以$b-c=\dfrac{2x_0}{x_0-2}$.

可得$S_{\triangle PBC}=\dfrac{1}{2}(b-c)x_0=(x_0-2)+\dfrac{4}{x_0-2}+4\geqslant2\sqrt{4}+4=8$（当且仅当$x_0=4$，$y_0=\pm2\sqrt{2}$时取等号），所以$\triangle PBC$面积的最小值是8.

244. 设点$M(x_1,y_1)$，$N(x_2,y_2)$.

(1)可求得直线 MN 的方程为 $y=\frac{1}{4}(x-3)$，把它代入到双曲线方程 $\frac{x^2}{4}-y^2=1$ 后，可得 $3x^2+6x-25=0$.

因而 $x_1+x_2=-2=2x_Q$，所以点 Q 是线段 MN 的中点.

(2)由(1)的结论，可得 $x_1+x_2=2x_Q=-2$，$y_1+y_2=2y_Q=-2$.

可求得切线 $l_1:\frac{x_1x}{4}-y_1y=1$，$l_2:\frac{x_2x}{4}-y_2y=1$.

把切线 l_1,l_2 的方程相加，可得 $y=\frac{1}{4}x+1$. 而直线 l 的方程是 $y=\frac{1}{4}x+1$，所以切线 l_1,l_2 的交点在直线 l 上，即三条直线 l,l_1,l_2 相交于同一点.

(3)设点 $P(x_0,y_0)$，$A(x_3,y_3)$，$B(x_4,y_4)$，可得切线 $PA:\frac{x_3x}{4}-y_3y=1$，$PB:\frac{x_4x}{4}-y_4y=1$.

因为点 $P(x_0,y_0)$ 同时在切线 PA,PB 上，所以 $\frac{x_3x_0}{4}-y_3y_0=1$，$\frac{x_4x_0}{4}-y_4y_0=1$，因而点 $A(x_3,y_3)$，$B(x_4,y_4)$ 均在直线 $\frac{x_0}{4}x-y_0y=1$ 上，由“两点确定一直线”可得直线 AB 的方程是 $\frac{x_0}{4}x-y_0y=1$.

由 $P(x_0,y_0)$ 为直线 l 上的一动点，可得 $y_0=\frac{1}{4}x_0+1$，因而直线 AB 的方程是 $\frac{x_0}{4}x-\left(\frac{1}{4}x_0+1\right)y=1$，即 $x_0(x-y)=4(y+1)$，进而可得点 $Q(-1,-1)$ 在直线 AB 上.

245. 如图 127 所示，可不妨设点 A,B 均在第一象限.

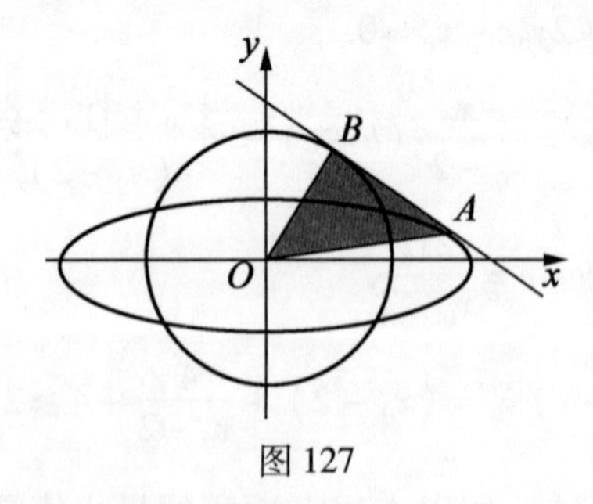

图 127

由点 A 在椭圆 C 上，可设点 $A(a\cos\alpha,b\sin\alpha)\left(0<\alpha<\frac{\pi}{2}\right)$，得椭圆 C 在点

A 处的切线方程为

$$\frac{\cos\alpha}{a}x+\frac{\sin\alpha}{b}y=1 \qquad ①$$

由点 B 在动圆 T 上,可设点 $B(r\cos\beta,r\sin\beta)\left(0<\beta<\frac{\pi}{2}\right)$,得圆 T 在点 B 处的切线方程为

$$x\cos\beta+y\sin\beta=r \qquad ②$$

因为式①②表示同一条直线,所以

$$\frac{\cos\alpha}{a\cos\beta}=\frac{\sin\alpha}{b\sin\beta}=\frac{1}{r}$$

$$\cos\beta=\frac{r}{a}\cos\alpha$$

$$\sin\beta=\frac{r}{b}\sin\alpha$$

$$\frac{\cos^2\alpha}{a^2}+\frac{\sin^2\alpha}{b^2}=\frac{1}{r^2}$$

$$\cos^2\alpha=\frac{a^2(r^2-b^2)}{r^2(a^2-b^2)}$$

所以

$$\begin{aligned}|AB|^2&=|OA|^2-|OB|^2\\&=a^2\cos^2\alpha+b^2\sin^2\alpha-r^2\\&=(a^2-b^2)\cos^2\alpha+b^2-r^2\\&=(a^2+b^2)-\left(r^2+\frac{a^2b^2}{r^2}\right)\\&\leqslant(a^2+b^2)-2ab\\&=(a-b)^2\end{aligned}$$

进而可得 $|AB|$ 的最大值是 $a-b$.

注 由本题的结论还可得2014年高考浙江卷理科第21(2)题的结论成立. 这道高考题是:

如图128所示,设椭圆 $C:\frac{x^2}{a^2}+\frac{y^2}{b^2}=1(a>b>0)$,动直线 l 与椭圆 C 只有一个公共点 P,且点 P 在第一象限.

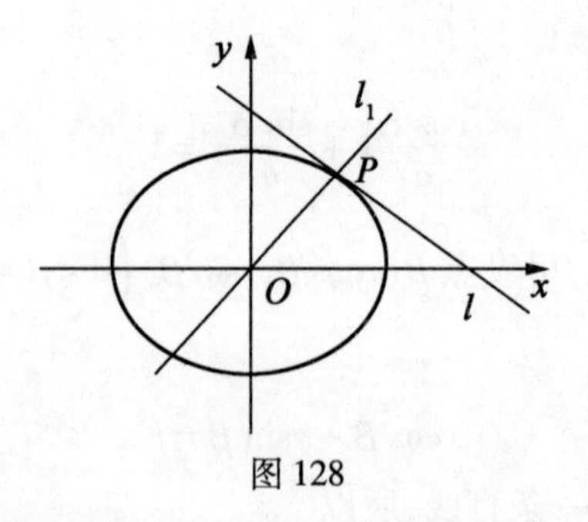

图 128

(1)已知直线 l 的斜率为 k,用 a,b,k 表示点 P 的坐标;

(2)若过原点 O 的直线 l_1 与 l 垂直,证明:点 P 到直线 l_1 的距离的最大值为 $a-b$.

246. 可建立如图 129 所示的平面直角坐标系 xOy,得点 $D\left(4,\frac{5}{2}\right)$.

可设 $EF=5k,FG=8k(0<k<1)$,可得点 $H\left(4k,\frac{5}{2}+5k\right)$.

再由点 H 在矩形 $ABCD$ 的外接圆 $x^2+y^2=\frac{89}{4}$上,可求得 $k=\frac{16}{41}$.

所以 $EH=FG=8k=\frac{128}{41}$,即边 EH 的长度是$\frac{128}{41}$.

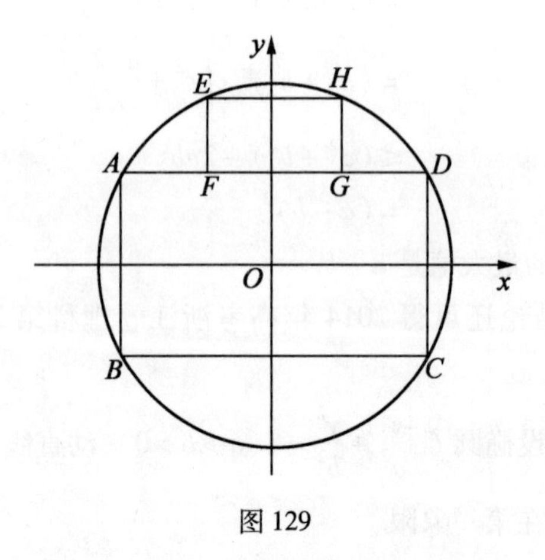

图 129

247. 如建立图 130 所示的平面直角坐标系 xBy,可设 $BC=1$,$\angle BCQ=\angle ACQ=\alpha(0°<\alpha<45°)$.

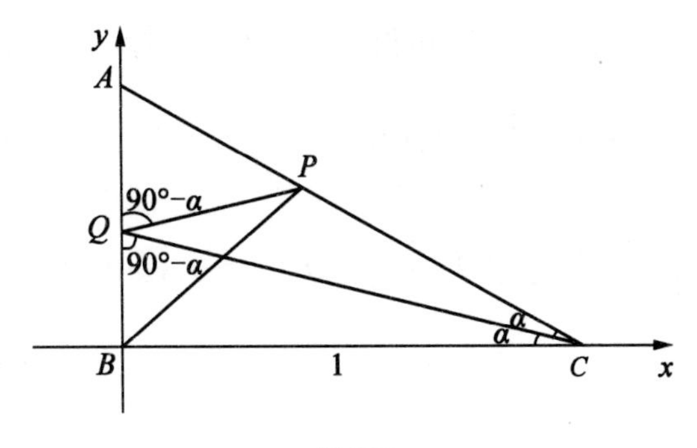

图 130

可得$\angle AQP=\angle BQC=90^\circ-\alpha$,所以直线 QP,QC 关于 y 轴对称,得它们的斜率互为相反数,因而 $k_{PQ}=\tan\alpha$.

由点 $C(1,0)$,$A(0,\tan 2\alpha)$,可得直线 AC 的方程是 $x+\frac{y}{\tan 2\alpha}=1$,直线 BP 的方程是 $y=x$,所以点 $P\left(\frac{2\tan\alpha}{1+2\tan\alpha-\tan^2\alpha},\frac{2\tan\alpha}{1+2\tan\alpha-\tan^2\alpha}\right)$.

还可得点 $Q(0,\tan\theta)$,所以

$$k_{PQ}=\frac{\frac{2\tan\alpha}{1+2\tan\alpha-\tan^2\alpha}-\tan\alpha}{\frac{2\tan\alpha}{1+2\tan\alpha-\tan^2\alpha}-0}$$

$$=\tan\alpha(0^\circ<\alpha<45^\circ)$$

解得

$$\tan\alpha=2\pm\sqrt{3}(0^\circ<\alpha<45^\circ)$$

$$\alpha=15^\circ$$

所以$\angle A=90^\circ-2\alpha$,$\angle APQ=3\alpha=45^\circ$,即$\angle APQ$ 的度数是 45.

248. 可建立如图 131 所示的平面直角坐标系.

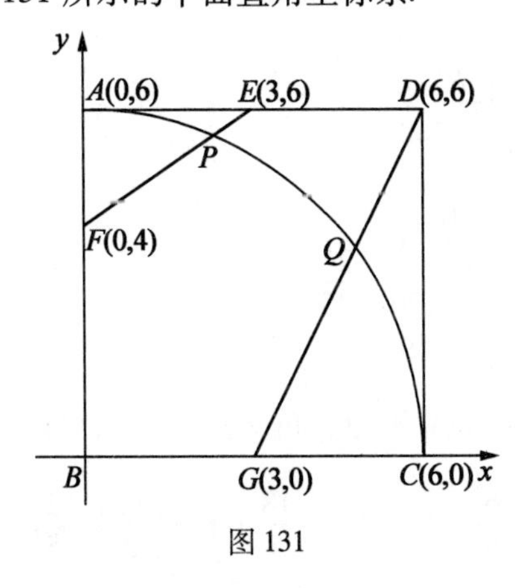

图 131

设正方形 $ABCD$ 的边长为6,可得如图131所示标注的点的坐标.

进而可得直线 $EF:y=\frac{2}{3}x+4$,$DG:y=2x-6$.

又由扇形弧 $APQC$ 的方程是 $x^2+y^2=6^2(x\geqslant 0,y\geqslant 0)$,可求得点 $P\left(\frac{30}{13},\frac{72}{13}\right)$,$Q\left(\frac{24}{5},\frac{18}{5}\right)$.

所以可得本题的答案是:

(1) $EP:PF=\frac{x_E-x_P}{x_P-x_F}=\frac{3-\frac{30}{13}}{\frac{30}{13}-0}=\frac{3}{10}$;

(2) $DQ:QG=\frac{y_D-y_Q}{y_Q-y_G}=\frac{6-\frac{18}{5}}{\frac{18}{5}-0}=\frac{2}{3}$.

249. 在原题所给的图中,可以点 B 为坐标原点,射线 BC 的方向为 x 轴的正方向,射线 BA 的方向为 y 轴的正方向,建立平面直角坐标系.

可得点 $A(0,3)$,$C(5,0)$,$\overrightarrow{CA}=-5+3\mathrm{i}$.

因为 $\overrightarrow{CD}$ 是 $\overrightarrow{CA}$ 绕点 C 顺时针旋转90°得到的,所以 $\overrightarrow{CD}=(-5+3\mathrm{i})\cdot(-\mathrm{i})=3+5\mathrm{i}$,可得点 $D(8,5)$,所以可得直线 BD,AC 的方程分别是 $y=\frac{5}{8}x$,$3x+5y=15$,所以点 $P\left(\frac{120}{49},\frac{75}{49}\right)$.

所以 $\frac{AP}{PC}=\frac{x_P-x_A}{x_C-x_P}=\frac{\frac{120}{49}-0}{5-\frac{120}{49}}=\frac{24}{25}$.

250. 如图132所示,建立平面直角坐标系 xOy,可得点 $B(-6,0)$,$C(6,0)$,$A(0,3\sqrt{21})$,$D\left(-\frac{18}{5},\frac{6}{5}\sqrt{21}\right)$,$E\left(-\frac{18}{5},0\right)$,$F\left(\frac{126}{25},\frac{12}{25}\sqrt{21}\right)$.

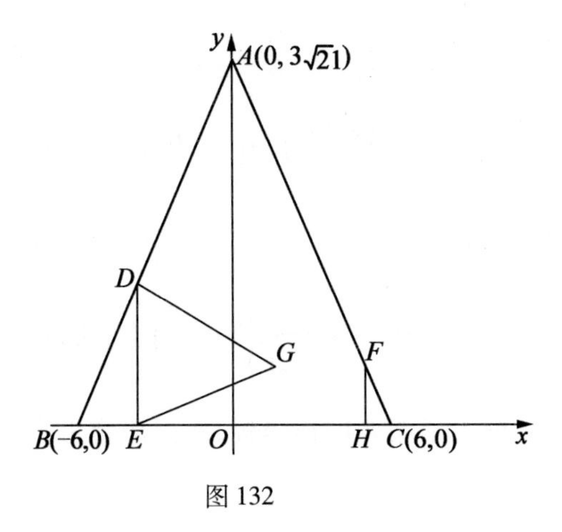

图 132

可得 $\sin\angle GEC=\cos\angle ABC=\dfrac{2}{5}$, $\tan\angle GEC=\dfrac{2}{\sqrt{21}}$, $\cos\dfrac{\angle ABC}{2}=\sqrt{\dfrac{7}{10}}$.

所以直线 EG 的方程是 $y=\dfrac{2}{\sqrt{21}}\left(x+\dfrac{18}{5}\right)$.

由 $\angle ADG=3\cdot\dfrac{\angle ABC}{2}$,可求得 $\cos\angle ADG=-\dfrac{1}{5}\sqrt{\dfrac{7}{10}}$, $\cos\angle BDG=\dfrac{1}{5}\sqrt{\dfrac{7}{10}}$, $\sin\angle BDG=\dfrac{9}{5}\sqrt{\dfrac{3}{10}}$.

又因为 $\cos\angle BDE=\dfrac{\sqrt{21}}{5}$, $\sin\angle BDE=\dfrac{2}{5}$,所以

$$\begin{aligned}\cos\angle EDG&=\cos(\angle BDG-\angle BDE)\\&=\frac{1}{5}\sqrt{\frac{7}{10}}\cdot\frac{\sqrt{21}}{5}+\frac{9}{5}\sqrt{\frac{3}{10}}\cdot\frac{2}{5}\\&=\sqrt{\frac{3}{10}}\end{aligned}$$

还可得 $\sin\angle EDG=\sqrt{\dfrac{7}{10}}$, $\cos\angle DEG=\dfrac{2}{5}$, $\sin\angle DEG=\dfrac{\sqrt{21}}{5}$,所以

$$\begin{aligned}\cos\angle G&=-\cos(\angle EDG+\angle DEG)\\&=\sqrt{\frac{7}{10}}\cdot\frac{\sqrt{21}}{5}-\sqrt{\frac{3}{10}}\cdot\frac{2}{5}\\&=\sqrt{\frac{3}{10}}\end{aligned}$$

可得 $\cos\angle EDG=\cos\angle G,\angle EDG=\angle G,EG=ED=\frac{6}{5}\sqrt{21}$.

所以点 G 在以点 $E\left(-\frac{18}{5},0\right)$ 为圆心，$\frac{6}{5}\sqrt{21}$ 为半径的圆 $\left(x+\frac{18}{5}\right)^2+y^2=\frac{756}{25}$ 上.

又因为点 G 在直线 $EG:y=\frac{2}{\sqrt{21}}\left(x+\frac{18}{5}\right)$ 上，所以可求得点 $G\left(\frac{36}{25},\frac{12}{25}\sqrt{21}\right)$（因为点 G 的横坐标大于点 E 的横坐标，所以应舍去点 G 的横坐标是 $-\frac{216}{25}$ 的情形）.

又因为点 $F\left(\frac{126}{25},\frac{12}{25}\sqrt{21}\right)$，所以线段 FG 的长度是 $\frac{18}{5}$.

251. 先作出本题对应的图形，如图 133 所示，并联结 BP. 在图 133 中以直线 BC 为 x 轴（且射线 BC 的方向为 x 轴的正方向），线段 BC 的中垂线为 y 轴建立平面直角坐标系（这里没有画出坐标系）.

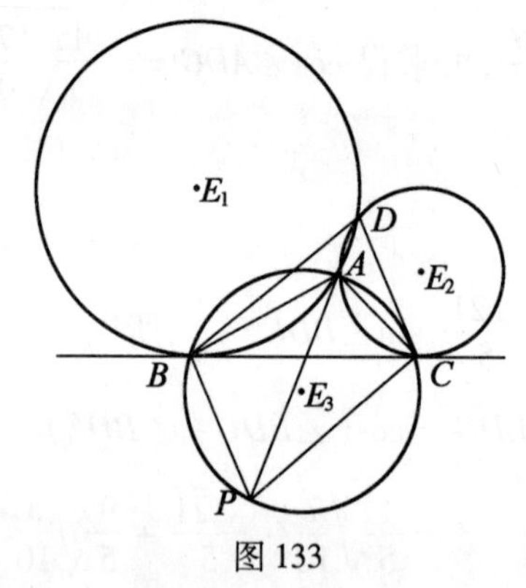

图 133

由 $AB=3,BC=4,CA=2$，可求得点 $B(-2,0),C(2,0),A\left(\frac{5}{8},\frac{3}{8}\sqrt{15}\right)$.

由圆 E_1 经过点 A，且与直线 BC 相切于点 B，可求得圆 E_1 的方程是 $(x+2)^2+\left(y-\frac{4}{5}\sqrt{15}\right)^2=\frac{48}{5}$.

同理可求得圆 E_2 的方程是 $(x-2)^2+\left(y-\frac{16}{45}\sqrt{15}\right)^2=\frac{256}{135}$.

把圆 E_1 和圆 E_2 的方程相减，得它们的公共弦 AD 所在的直线方程是 $y=\frac{3}{5}\sqrt{15}x$.

可求得$\triangle ABC$的外接圆圆E_3的方程是$x^2+\left(y+\frac{2}{15}\sqrt{15}\right)^2=\frac{64}{15}$.

进而可求得直线AD与圆E_3的除D外的另一个交点$P\left(-1,-\frac{3}{5}\sqrt{15}\right)$.

又因为$C(2,0)$,所以可求得$CP=\frac{6}{5}\sqrt{10}$.

注　(1)官方给出的本题答案是3(没有任何过程),笔者猜测是这样解答的:

先作出本题对应的图形,如图134所示,并联结BP.

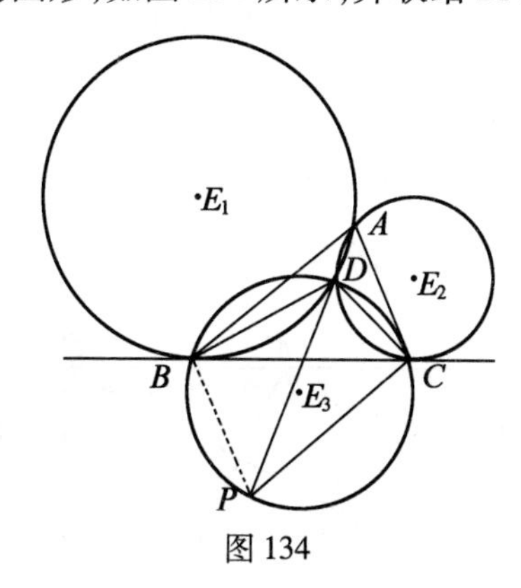

图134

由$\angle CPD=\angle CBD$(同弧所对的圆周角相等)$=\angle BAD$(弦切角等于它所夹弧所对的圆周角),得$AB/\!/CP$.

同理,由$\angle BPD=\angle DCB=\angle CAD$,可得$AC/\!/BP$.

可得$\square ABPC$,所以$CP=AB=3$,即CP的长度是3.

下面分析该解答的错误:

在正确解答中已求得得圆E_1与圆E_2的方程,进而可求得它们的公共点D的坐标是$\left(1,\frac{3}{5}\sqrt{15}\right)$.

由点D的纵坐标$\frac{3}{5}\sqrt{15}$大于点A的纵坐标$\frac{3}{8}\sqrt{15}$,可知点D在点A的上方,即图134有误,这是产生错误答案的根源.

(2)在图133中由$\angle BPA=\angle ACB=\angle CDP$,可得$BP/\!/DC$.

同理有$DB/\!/CP$,所以得平行四边形$CDBP$,$CP=DB$.

在注(1)中已求得点$D\left(1,\frac{3}{5}\sqrt{15}\right)$,又因为点$B(-2,0)$,所以可求得$CP=$

$DB=\frac{6}{5}\sqrt{10}$.

(3)因为已求得直线 $AD:y=\frac{3}{5}\sqrt{15}x$,所以直线 AD 过原点即线段 BC 的中点. 这也是本题的一个伴随结论.

252. 可建立如图 135 所示的平面直角坐标系,并可得点 A,B,C,D,M,N 的坐标.

还可求得直线的方程

$$CN:y=\frac{1}{2}x+\frac{1}{2}$$

$$AM:y=2x$$

$$BN:y=-\frac{1}{2}x+\frac{1}{2}$$

$$BM:y=-2x+2$$

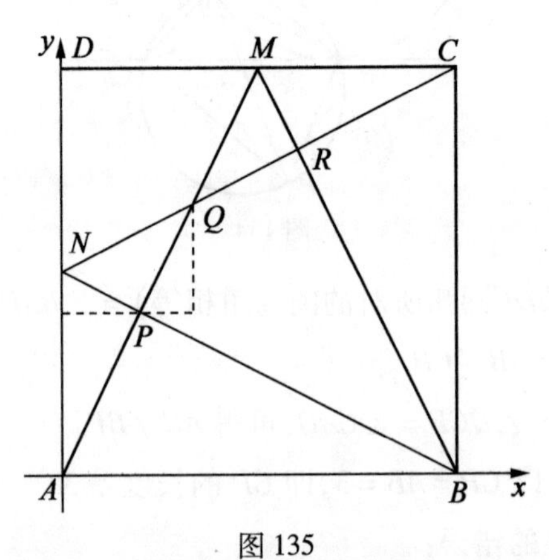

图 135

进而可求得点的坐标 $P\left(\frac{1}{5},\frac{2}{5}\right)$,$Q\left(\frac{1}{3},\frac{2}{3}\right)$,$R\left(\frac{3}{5},\frac{4}{5}\right)$,所以

$$\begin{aligned}S_{\text{四边形}BPQR}&=S_{\triangle BCN}-S_{\triangle PQN}-S_{\triangle BCR}\\&=\frac{1}{2}\cdot 1\cdot 1-\left[\frac{1}{2}\left(\frac{1}{2}-\frac{2}{5}+\frac{2}{3}-\frac{2}{5}\right)\cdot\frac{1}{3}-\frac{1}{2}\cdot\frac{1}{5}\left(\frac{1}{2}-\frac{2}{5}\right)-\right.\\&\left.\quad\frac{1}{2}\left(\frac{1}{3}-\frac{1}{5}\right)\left(\frac{2}{3}-\frac{2}{5}\right)\right]-\frac{1}{2}\cdot 1\cdot\left(1-\frac{3}{5}\right)\\&=\frac{1}{2}-\frac{1}{30}-\frac{1}{5}\\&=\frac{4}{15}\end{aligned}$$

253. 如建立图136所示的平面直角坐标系,可得点的坐标 $A(0,0)$,$B(0,3)$,$C(4,0)$,$G\left(\frac{4}{3},1\right)$,$A'\left(\frac{8}{3},2\right)B'\left(\frac{8}{3},-1\right)C'\left(-\frac{4}{3},2\right)$.

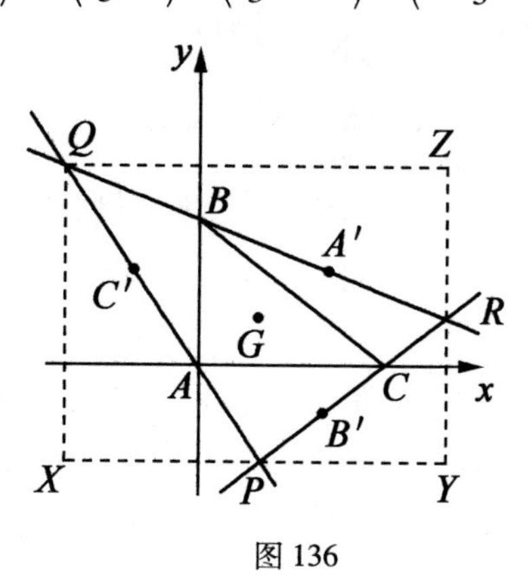

图136

还可求得直线的方程

$$C'A: y=-\frac{3}{2}x$$

$$B'C: y=\frac{3}{4}x-3$$

$$A'B: y=-\frac{3}{8}x+3$$

进而可求得点 $P\left(\frac{4}{3},-2\right)$,$Q\left(-\frac{8}{3},4\right)$,$R\left(\frac{16}{3},1\right)$,$X\left(-\frac{8}{3},-2\right)$,$Y\left(\frac{16}{3},-2\right)$,$Z\left(\frac{16}{3},4\right)$.

再由图136,可得

$$\begin{aligned}S_{\triangle PQR}&=S_{\square QXYZ}-S_{\mathrm{Rt}\triangle PQX}-S_{\mathrm{Rt}\triangle PYR}-S_{\mathrm{Rt}\triangle QRZ}\\&=\left(\frac{16}{3}+\frac{8}{3}\right)(4+2)-\frac{1}{2}\left(\frac{4}{3}+\frac{8}{3}\right)(4+2)-\frac{1}{2}\left(\frac{16}{3}-\frac{4}{3}\right)(1+2)-\frac{1}{2}\left(\frac{16}{3}+\frac{8}{3}\right)(4-1)\\&=48-12-6-12\\&=18\end{aligned}$$

254. 当 $c=0$ 时,$\sqrt{x^2+a^2}+\sqrt{x^2+b^2}\leqslant|a|+|b|=\sqrt{(|a|+|b|)^2+c^2}$. 进而可得,当且仅当 $x=y=0$ 时,$(\sqrt{x^2+a^2}+\sqrt{x^2+b^2})_{\min}=\sqrt{(|a|+|b|)^2+c^2}$.

当 $c\neq0$ 时,可得

$$\sqrt{x^2+a^2}+\sqrt{y^2+b^2}=\sqrt{(x-0)^2+(0-|a|)^2}+\sqrt{(x-c)^2+[0-(-|b|)]^2}$$

它表示 x 轴上的动点 $P(x,0)$ 到两个定点 $A(0,|a|)$,$B(c,-|b|)$ 的距离

之和(图 137).

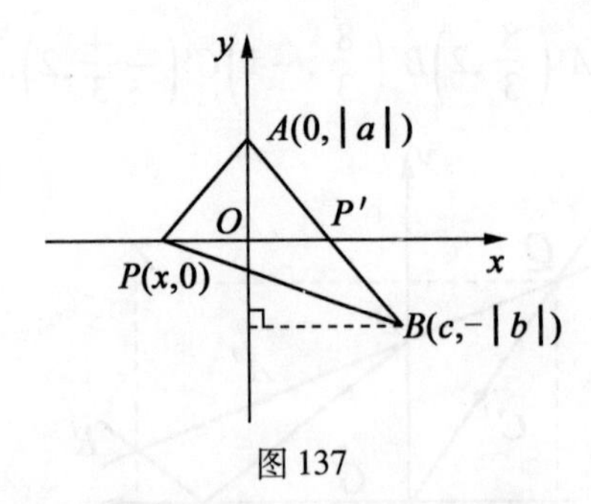

图 137

因为点 A,B(由 $c\neq 0$ 知,点 A,B 不会重合,即直线 AB 唯一存在且不与 x 轴重合)不会在 x 轴的同侧,所以当且仅当点 P 为线段 AB 与 x 轴的公共点时(当 $a=b=0$ 时,公共点的集合即线段 AB;否则公共点唯一存在,即图 137 中的点 P'),$(\sqrt{x^2+a^2}+\sqrt{x^2+b^2})_{\min}=|AB|$.

由勾股定理(原题所给图 37)或两点间距离公式均可求得所求最小值 $|AB|=\sqrt{(|a|+|b|)^2+c^2}$.

255. 由原题所给的图 38 可得点 $A(2\sqrt{3},0)$,$B(0,-2)$,所以 $|CA|=|BA|=4$. 再由 $S_{\triangle ABP}=S_{\triangle ABC}$ 可得点 $P(t,-1)$ 到直线 $AB:y=\frac{\sqrt{3}}{3}x-2$ 的距离是 4,即

$$\frac{\left|\frac{\sqrt{3}}{3}t+1-2\right|}{\sqrt{\left(\frac{\sqrt{3}}{3}\right)^2+(-1)^2}}=4$$

$$t=\sqrt{3}\pm 8$$

又因为点 P 在第Ⅲ象限,所以 $t=\sqrt{3}-8$.

256. 所给直线即 $a(3x-y)+(2x+y-1)=0$,令 $3x-y=2x+y-1=0$,可得 $(x,y)=\left(\frac{1}{5},\frac{3}{5}\right)$. 即所给直线过定点 $A\left(\frac{1}{5},\frac{3}{5}\right)$.

当 $a=1$ 时,所给直线即 $x=\frac{1}{5}$,满足题意.

当 $a\neq 1$ 时,所给直线的斜率 $k=\frac{3a+2}{a-1}$,又因为所给直线不过原点 O,直线 OA 的斜率是 3,所以所给直线不通过第Ⅱ象限,即 $k=\frac{3a+2}{a-1}>3$,解得 $a>1$.

所以所求 a 的取值范围是 $a\geqslant 1$.

257. 设图像上的两点为 $P\left(\alpha,\frac{1}{\alpha}\right)$, $Q\left(\beta,\frac{1}{\beta}\right)(\alpha\neq\beta)$, 线段 PQ 的中点为 $M(x,y)$, 可得

$$x=\frac{\alpha+\beta}{2}$$

$$y=\frac{\alpha+\beta}{2\alpha\beta}=\frac{x}{\alpha\beta}$$

(1) 当 $y\neq 0$ 时, 可得 $\alpha+\beta=2x$, $\alpha\beta=\frac{x}{y}$, 所以 α,β 是关于 t 的一元二次方程

$$t^2-2xt+\frac{x}{y}=0$$

的两个不相等的实数解, 因而其判别式 $\Delta>0$, 即 $\frac{x}{y}(xy-1)>0$, 也即 $xy(xy-1)>0$.

(2) 当 $y=0$ 时, 由 $y=\frac{x}{\alpha\beta}$ 可得 $x=y=0$.

所以所求的集合为 $\left\{(x,y)\ \middle|\ xy(xy-1)>0 \text{ 或 } x=y=0\right\}$. (关于画图, 这里略去.)

258. (1) 由题设可求得点 $F(1,0)$, 直线 l 的方程为 $x=1$. 进而可求得点 A 的坐标为 $\left(1,\frac{\sqrt{2}}{2}\right)$ 或 $\left(1,-\frac{\sqrt{2}}{2}\right)$.

所以 AM 的方程为 $y=-\frac{\sqrt{2}}{2}x+\sqrt{2}$ 或 $y=\frac{\sqrt{2}}{2}x-\sqrt{2}$.

(2) 当直线 l 与 x 轴重合时, 可得 $\angle OMA=\angle OMB=0°$.

当直线 l 与 x 轴垂直时, 可得射线 OM 为 AB 的垂直平分线, 所以 $\angle OMA=\angle OMB$.

当直线 l 与 x 轴不重合也不垂直时, 可设直线 l 的方程为 $y=k(x-1)(k\neq 0)$, 再设点 $A(x_1,y_1)$, $B(x_2,y_2)$.

可得 $x_1<\sqrt{2}$, $x_2<\sqrt{2}$, 直线 MA, MB 的斜率之和为 $k_{MA}+k_{MB}=\frac{y_1}{x_1-2}+\frac{y_2}{x_2-2}$.

由 $y_1=kx_1-k$, $y_2=kx_2-k$, 可得

$$k_{MA}+k_{MB}=\frac{2kx_1x_2-3k(x_1+x_2)+4k}{(x_1-2)(x_2-2)}$$

将 $y=k(x-1)$ 代入 $\frac{x^2}{2}+y^2=1$ 后,可得

$$(2k^2+1)x^2-4k^2x+2k^2-2=0$$

所以 $x_1+x_2=\frac{4k^2}{2k^2+1}$,$x_1x_2=\frac{2k^2-2}{2k^2+1}$,从而

$$2kx_1x_2-3k(x_1+x_2)+4k=\frac{4k^3-4k-12k^3+8k^3+4k}{2k^2+1}=0$$

所以 $k_{MA}+k_{MB}=0$,得 MA,MB 的倾斜角互补,即$\angle OMA=\angle OMB$.

综上所述,可得$\angle OMA=\angle OMB$.

(2)的另证:当直线 l 与 x 轴重合时,可得$\angle OMA=\angle OMB=0°$.

如图 138 所示,当直线 l 与 x 轴不重合时,过点 M 作直线 $l\perp x$ 轴. 由点 $M(2,0)$,可得直线 $l:x=2$ 是椭圆 C 的右准线.

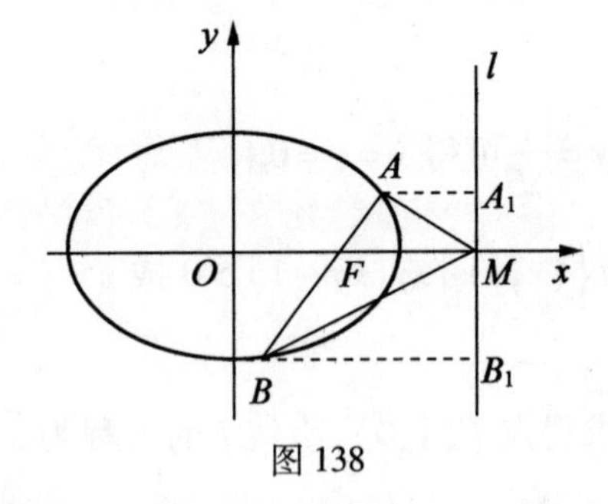

图 138

分别过点 A,B 作椭圆 C 的右准线 l 的垂线,垂足分别为 A_1,B_1.

由椭圆的第二定义,可得 $\frac{|AF|}{|AA_1|}=\frac{|BF|}{|BB_1|}=e=\frac{\sqrt{2}}{2}$($e$ 表示椭圆 C 的离心率),所以 $\frac{|AF|}{|BF|}=\frac{|AA_1|}{|BB_1|}$.

再由 $AA_1 /\!/ FM /\!/ BB_1$,可得 $\frac{|AF|}{|BF|}=\frac{|A_1M|}{|B_1M|}$,所以 $\frac{|AA_1|}{|BB_1|}=\frac{|A_1M|}{|B_1M|}$.

进而可得 $\mathrm{Rt}\triangle AA_1M\backsim\mathrm{Rt}\triangle BB_1M$,因而 $\angle A_1MA=\angle B_1MB$,$\angle OMA=\angle OMB$.

综上所述,可得$\angle OMA=\angle OMB$.

259. (1)设点 $A(x_1,y_1)$,$B(x_2,y_2)$,可得

$$\frac{x_1^2}{4}+\frac{y_1^2}{3}=1 \quad ①$$

$$\frac{x_2^2}{4}+\frac{y_2^2}{3}=1 \quad ②$$

由式① - ②和 $k=\frac{y_1-y_2}{x_1-x_2}$，可得 $\frac{x_1+x_2}{4}+\frac{y_1+y_2}{3}\cdot k=0$.

由中点坐标公式，可得 $\frac{x_1+x_2}{2}=1$，$\frac{y_1+y_2}{2}=m$，于是 $k=-\frac{3}{4m}$.

因为点 $M(1,m)(m>0)$ 在椭圆的内部，所以 $\frac{1}{4}+\frac{m^2}{3}<1$，解得 $0<m<\frac{3}{2}$，所以 $k<-\frac{1}{2}$.

(2)由题意可得点 $F(1,0)$.

设点 $P(x_3,y_3)$，由 $\overrightarrow{FP}+\overrightarrow{FA}+\overrightarrow{FB}=\mathbf{0}$，可得

$$\begin{aligned}&(x_3-1,y_3)+(x_1-1,y_1)+(x_2-1,y_2)\\&=(x_1+x_2+x_3-3,y_1+y_2+y_3)\\&=(0,0)\end{aligned}$$

再由(1)的解答可得 $x_3=3-(x_1+x_2)=1$，$y_3=-(y_1+y_2)=-2m<0$.

又由点 $P(1,-2m)(m>0)$ 在椭圆 C 上，可求得 $m=\frac{3}{4}$，从而得点 $P\left(1,-\frac{3}{2}\right)$，即 $|\overrightarrow{FP}|=\frac{3}{2}$.

于是 $|\overrightarrow{FA}|=\sqrt{(x_1-1)^2+y_1^2}=\sqrt{(x_1-1)^2+3\left(1-\frac{x_1^2}{4}\right)}=2-\frac{x_1}{2}$.

同理，可得 $|\overrightarrow{FB}|=2-\frac{x_2}{2}$.

所以 $|\overrightarrow{FA}|+|\overrightarrow{FB}|=4-\frac{1}{2}(x_1+x_2)=3$.

因而 $2|\overrightarrow{FP}|=|\overrightarrow{FA}|+|\overrightarrow{FB}|$，即 $|\overrightarrow{FA}|$，$|\overrightarrow{FP}|$，$|\overrightarrow{FB}|$ 成等差数列.

设该等差数列的公差为 d，可得

$$\begin{aligned}2|d|&=\left||\overrightarrow{FB}|-|\overrightarrow{FA}|\right|\\&=\frac{1}{2}|x_1-x_2|\\&=\frac{1}{2}\sqrt{(x_1+x_2)^2-4x_1x_2}\end{aligned}$$

由求得的 $m=\frac{3}{4}$ 及(1)的解答中得到的 $k=-\frac{3}{4m}$，可求得直线 l 的斜

率$k=-1$.

再由直线 l 的过点 $M\left(1,\frac{3}{4}\right)$,可求得直线 $l:y=-x+\frac{7}{4}$,把它代入椭圆 C 的方程后可得 $7x^2-14x+\frac{1}{4}=0$.

进而可得 $x_1+x_2=2,x_1x_2=\frac{1}{28}$,再求得 $|d|=\frac{3\sqrt{21}}{28}$,所以该数列的公差为 $\frac{3\sqrt{21}}{28}$或 $-\frac{3\sqrt{21}}{28}$.

260.(1)设点 $P(x_0,y_0)$.

可设线段 PA 的中点坐标是$(r^2,2r)$,则点 $A(2r^2-x_0,4r-y_0)$;还可设线段 PB 的中点坐标是$(s^2,2s)$,则点 $B(2s^2-x_0,4s-y_0)$.

由点 A,B 均在抛物线 $C:y^2=4x$ 上,可得

$$(4r-y_0)^2=4(2r^2-x_0) \quad ①$$

$$(4s-y_0)^2=4(2s^2-x_0) \quad ②$$

由式① - ②可得

$$(4r+4s-2y_0)\cdot 4(r-s)=8(r+s)(r-s)\,(r\neq s)$$

$$r+s=y_0$$

线段AB 的中点 M 的纵坐标是$\frac{(4r-y_0)+(4s-y_0)}{2}=y_0$,即点 P 的纵坐标.

因此,PM 垂直于 y 轴.

(1)的另解:设点 $P(x_0,y_0)$,$A(\frac{1}{4}y_1^2,y_1)$,$B(\frac{1}{4}y_2^2,y_2)$.

因为 PA,PB 的中点在抛物线上,所以 y_1,y_2 为方程$(\frac{y+y_0}{2})^2=4\cdot\frac{\frac{1}{4}y^2+x_0}{2}$,即 $y^2-2y_0y+8x_0-y_0^2=0$ 的两个不同的实数根.

所以 $y_1+y_2=2y_0$,即$\frac{y_1+y_2}{2}=y_0$,也即点 M 的纵坐标等于点 P 的纵坐标.

因此,PM 垂直于 y 轴.

(2)由(1)的另解可知 $y_1+y_2=2y_0,y_1y_2=8x_0-y_0^2$.

所以$|PM|=\frac{1}{8}(y_1^2+y_2^2)-x_0=\frac{3}{4}y_0^2-3x_0$,$|y_1-y_2|=2\sqrt{2(y_0^2-4x_0)}$.

因此,$\triangle PAB$ 的面积 $S_{\triangle PAB}=\frac{1}{2}|PM|\cdot|y_1-y_2|=\frac{3\sqrt{2}}{4}(y_0^2-4x_0)^{\frac{3}{2}}$.

因为 $x_0^2+\frac{y_0^2}{4}=1(-1\leqslant x_0<0)$,所以 $y_0^2-4x_0=-4x_0^2-4x_0+4(-1\leqslant x_0<0)$,进而可求得 $y_0^2-4x_0$ 的取值范围是[4,5].

因此,$\triangle PAB$ 面积的取值范围是$\left[6\sqrt{2},\frac{15}{4}\sqrt{10}\right]$.

261.(1)设椭圆的半焦距为 c.

由题意,可得$\begin{cases}e=\frac{c}{a}=\frac{1}{2}\\ \frac{2a^2}{c}=8\end{cases}$,解得$\begin{cases}a=2\\ c=1\end{cases}$,因此 $b=\sqrt{a^2-c^2}=\sqrt{3}$,所以椭圆 E 的标准方程为$\frac{x^2}{4}+\frac{y^2}{3}=1$.

(2)由(1)的答案可知 F_1 点$(-1,0)$,$F_2(1,0)$.可设点 $P(x_0,y_0)(x_0>0,y_0>0)$.

当 $x_0=1$ 时,l_2 与 l_1 相交于点 F_1,与题设不符所以 $x_0\neq1$,得直线 PF_1 的斜率为$\frac{y_0}{x_0+1}$,直线 PF_2 的斜率为$\frac{y_0}{x_0-1}$.

因为 $l_1\perp PF_1$,$l_2\perp PF_2$,所以直线 l_1 的斜率为$\frac{-x_0-1}{y_0}$,直线 l_2 的斜率为$-\frac{x_0-1}{y_0}$,从而直线 l_1 的方程为 $y=-\frac{x_0+1}{y_0}(x+1)$,直线 l_2 的方程为$y=-\frac{x_0-1}{y_0}\cdot(x-1)$,进而可求得它们的交点 $Q\left(-x_0,\frac{x_0^2-1}{y_0}\right)$.

由点 Q 在椭圆上及椭圆的对称性,可得$\frac{x_0^2-1}{y_0}=\pm y_0$,即 $x_0^2-y_0^2=1$ 或 $x_0^2+y_0^2=1$.

又由点 P 在椭圆 E 上,可得$\frac{x_0^2}{4}+\frac{y_0^2}{3}=1$.

由$\begin{cases}x_0^2-y_0^2=1\\ \frac{x_0^2}{4}+\frac{y_0^2}{3}=1\end{cases}$,可解得 $x_0=\frac{4\sqrt{7}}{7}$,$y_0=\frac{3\sqrt{7}}{7}$;由$\begin{cases}x_0^2+y_0^2=1\\ \frac{x_0^2}{4}+\frac{y_0^2}{3}=1\end{cases}$,得其无解.

因此点 P 的坐标为$\left(\frac{4\sqrt{7}}{7},\frac{3\sqrt{7}}{7}\right)$.

(2)的另解:由(1)的答案可知点 $F_1(-1,0)$,$F_2(1,0)$.

当点 P,Q 在 x 轴的同侧时,如图 139 所示,由 $\angle PF_1Q=\angle PF_2Q=90°$,可

得点 F_1,F_2 在以 PQ 为直径的圆上.

由圆和椭圆均关于 y 轴对称,可得它们的交点 P,Q 也关于 y 轴对称,所以可设点 $P(x_0,y_0),Q(-x_0,y_0)(x_0>0,y_0>0)$.

由 $PF_2\perp QF_2$,可得$\frac{y_0}{x_0-1}\cdot\frac{y_0}{-x_0-1}=-1,y_0^2=x_0^2-1$.

还可得$\frac{x_0^2}{4}+\frac{y_0^2}{3}=1$,进而可求得$(x_0,y_0)=\left(\frac{4}{7}\sqrt{7},\frac{3}{7}\sqrt{7}\right)$,所以点 P 的坐标是$\left(\frac{4}{7}\sqrt{7},\frac{3}{7}\sqrt{7}\right)$.

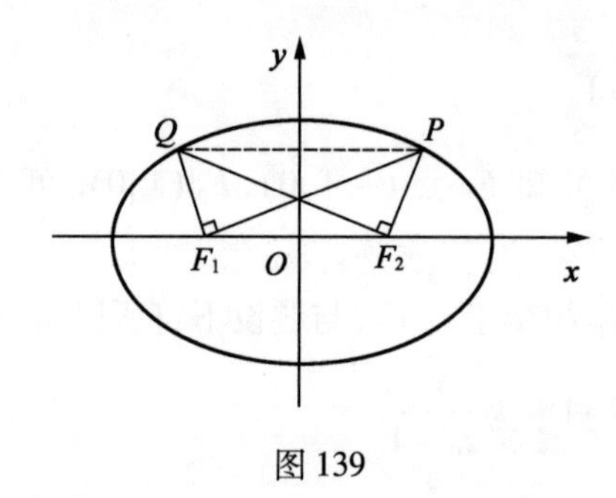

图 139

当点 P,Q 在 x 轴的异侧时,如图 140 所示,由 $\angle PF_1Q=\angle PF_2Q=90°$,可得点 F_1,F_2 在以 PQ 为直径的圆上.

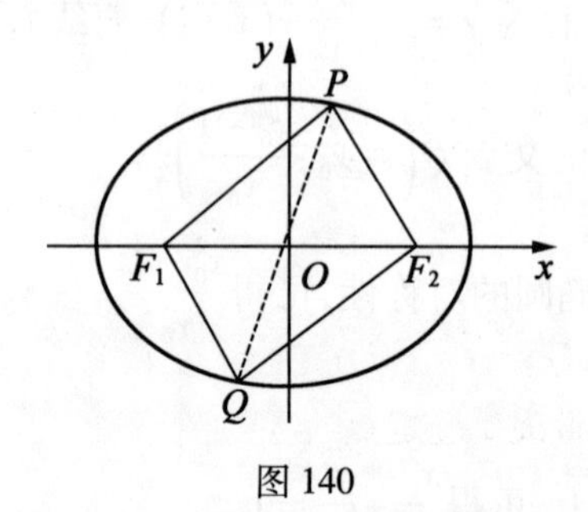

图 140

由圆和椭圆均关于坐标原点 O 对称,可得它们的交点 P,Q 也关于 y 轴对称,所以可设点 $P(x_0,y_0),Q(-x_0,-y_0)(x_0>0,y_0>0)$.

由 $PF_2\perp QF_2$,可得$\frac{y_0}{x_0-1}\cdot\frac{-y_0}{-x_0-1}=-1,y_0^2=1-x_0^2$.

还可得$\frac{x_0^2}{4}+\frac{y_0^2}{3}=1$,进而可求得此时点 P 不存在.

综上所述,可得点 P 的坐标是$\left(\frac{4}{7}\sqrt{7},\frac{3}{7}\sqrt{7}\right)$.

262. (1)若椭圆 C 过点 $P_2(0,1)$,可得 $b=1$,进而可得椭圆 C 不过点 $P_1(1,1)$,所以椭圆 C 过三点 $P_2(0,1)$,$P_3\left(-1,\frac{\sqrt{3}}{2}\right)$,$P_4\left(1,\frac{\sqrt{3}}{2}\right)$,从而可求得椭圆 C 的方程是$\frac{x^2}{4}+y^2=1$.

若椭圆 C 不过点 $P_2(0,1)$,可得椭圆 C 过三点 $P_1(1,1)$,$P_3\left(-1,\frac{\sqrt{3}}{2}\right)$,$P_4\left(1,\frac{\sqrt{3}}{2}\right)$,而椭圆 C 不可能同时过点 $P_1(1,1)$,$P_4\left(1,\frac{\sqrt{3}}{2}\right)$.

综上所述,可得椭圆 C 的方程是$\frac{x^2}{4}+y^2=1$.

(2)可设直线 $P_2A:y=kx+1$,进而可得$\begin{cases}\frac{x^2}{4}+y^2=1\\y=kx+1\end{cases}$ $(x\neq0)$方程组的解,即点 A 的坐标$\left(-\frac{8k}{4k^2+1},\frac{-4k^2+1}{4k^2+1}\right)$.

由题设可得直线 $P_2B:y=(-1-k)x+1$,进而可得点 B 的坐标$\left(-\frac{8(-1-k)}{4(-1-k)^2+1},\frac{-4(-1-k)^2+1}{4(-1-k)^2+1}\right)$,即点$B\left(\frac{8(k+1)}{4(k+1)^2+1},\frac{-4(k+1)^2+1}{4(k+1)^2+1}\right)$.

再求得直线 $AB:y=-\frac{1}{(2k+1)^2}\left(x+\frac{8k}{4k^2+1}\right)+\frac{-4k^2+1}{4k^2+1}$(若 $k=-\frac{1}{2}$,可得点 A,B 重合,不满足题意).

还可验证动直线 AB 过定点$(2,-1)$. 由"两点确定一直线"可知,该动直线不会再过别的定点. 所以直线 l 过定点,且该定点的坐标是$(2,-1)$.

(2)的另证:当直线 l 的斜率存在时,可设直线 $l:y=kx+m$. 由$\begin{cases}\frac{x^2}{4}+y^2=1\\y=kx+m\end{cases}$可得

$$(4k^2+1)x^2+8kmx+4m^2-4=0$$

设点 $A(x_1,kx_1+m)$,$B(x_2,kx_2+m)$,可得

$$x_1+x_2=-\frac{8km}{4k^2+1}$$

$$x_1x_2=\frac{4m^2-4}{4k^2+1}$$

再由题设,可得

$$k_{P_2A}+k_{P_2B}=\frac{kx_1+m-1}{x_1-0}+\frac{kx_2+m-1}{x_2-0}=-1$$

$$(2k+1)x_1x_2=-(m-1)(x_1+x_2)$$

$$(2k+1)\cdot\frac{4m^2-4}{4k^2+1}=-(m-1)\left(-\frac{8km}{4k^2+1}\right)$$

$$(m-1)(m+2k+1)=0$$

由直线 $l:y=kx+m$ 不经过点 $P_2(0,1)$,可得 $m\neq1$,所以 $m=-2k-1$,得直线 $l:y=k(x-2)-1$,所以直线 l 过定点,且该定点的坐标是 $(2,-1)$.

当直线 l 的斜率不存在时,由题设可求得直线 l 的方程是 $x=2$,但此时可求得 A,B 两点的坐标均是 $(2,0)$,不满足题设.

综上所述,可得直线 l 过定点,且该定点的坐标是 $(2,-1)$.

(2)的再证:把原题中的所有图形全部向下平移 1 个单位,原图形中的点 P_2,A,B 平移后分别变为点 $O'(0,0),A',B'$,直线 l,x 轴,y 轴平移后分别变为直线 l',x'轴,y'轴.

椭圆 $C:\frac{x^2}{4}+y^2=1$ 平移后变为椭圆 $C':\frac{x'^2}{4}+(y'+1)^2=1$,即椭圆 $C':x'^2+4y'^2+8y'=0$.

因为直线 l'不过点 $O'(0,0)$,所以可设直线 $l':mx'+ny'=1$.

进而可得,由直线 $O'A',O'B'$组成的曲线方程为

$$x'^2+4y'^2+8y'(mx'+ny')=0$$

即

$$(8n+4)y'^2+8mx'y'+x'^2=0$$

理由:因为该曲线上有三点 O',A',B',又因为该式左边是 x',y'的二次齐次式,所以它可在 **R** 上因式分解为

$$(\alpha x'+\beta y')(\alpha' x'+\beta' y')=0$$

即该曲线表示过原点 O'的两条直线. 又因为不共线的三点 O',A',B'在该曲线上,所以它就是表示由直线 $O'A',O'B'$组成的曲线方程.

因为直线 $O'A',O'B'$的斜率均存在且不相等,所以以下关于$\frac{y'}{x'}$的方程有两个不相等的实根,即 k_1,k_2(得 $8n+4\neq0$)

$$(8n+4)\left(\frac{y'}{x'}\right)^2+8m\left(\frac{y'}{x'}\right)+1=0$$

所以

$$k_1+k_2=-\frac{8m}{8n+4}=-1$$

$$m=n+\frac{1}{2}$$

可得直线 $l':\left(n+\frac{1}{2}\right)x'+ny'=1$,即 $l':n(x'+y')+\frac{1}{2}x'-1=0$.

所以直线 l'经过的定点是方程组$\begin{cases}x'+y'=0\\ \frac{1}{2}x'-1=0\end{cases}$的解$(x',y')=(2,-2)$,进而可得直线 l 过定点,且该定点的坐标是$(2,-1)$.

解毕.

263.(1)由题意知$\frac{c}{a}=\frac{\sqrt{2}}{2}$,$2c=2$,所以 $a=\sqrt{2}$,$b=1$,因此椭圆 E 的方程为$\frac{x^2}{2}+y^2=1$.

(2)设点 $A(x_1,y_1)$,$B(x_2,y_2)$,由$\begin{cases}\frac{x^2}{2}+y^2=1\\ y=k_1x-\frac{\sqrt{3}}{2}\end{cases}$,消去 y 整理得

$$(4k_1^2+2)x^2-4\sqrt{3}k_1x-1=0$$

由题意知 $\Delta>0$,且 $x_1+x_2=\frac{2\sqrt{3}k_1}{2k_1^2+1}$,$x_1x_2=-\frac{1}{2(2k_1^2+1)}$,所以

$$\begin{aligned}|AB|&=\sqrt{1+k_1^2}\,|x_1-x_2|\\&=\sqrt{2}\cdot\frac{\sqrt{1+k_1^2}\sqrt{1+8k_1^2}}{1+2k_1^2}\end{aligned}$$

由题意可知圆 M 的半径 $r=\frac{2}{3}|AB|=\frac{2\sqrt{2}}{3}\cdot\frac{\sqrt{1+k_1^2}\sqrt{1+8k_1^2}}{2k_1^2+1}$.

由题设可知 $k_1k_2=\frac{\sqrt{2}}{4}$,所以 $k_2=\frac{\sqrt{2}}{4k_1}$,因此直线 OC 的方程为 $y=\frac{\sqrt{2}}{4k_1}x$.

联立$\begin{cases}\dfrac{x^2}{2}+y^2=1\\ y=\dfrac{\sqrt{2}}{4k_1}x\end{cases}$,解得$x^2=\dfrac{8k_1^2}{1+4k_1^2}$,$y^2=\dfrac{1}{1+4k_1^2}$,因此$|OC|=\sqrt{x^2+y^2}=\sqrt{\dfrac{1+8k_1^2}{1+4k_1^2}}$.

由题意可知$\sin\dfrac{\angle SOT}{2}=\dfrac{r}{r+|OC|}=\dfrac{1}{1+\dfrac{|OC|}{r}}$,其中

$$\frac{|OC|}{r}=\frac{\sqrt{\dfrac{1+8k_1^2}{1+4k_1^2}}}{\dfrac{2\sqrt{2}}{3}\cdot\dfrac{\sqrt{1+k_1^2}\sqrt{1+8k_1^2}}{2k_1^2+1}}=\frac{3\sqrt{2}}{4}\cdot\frac{1+2k_1^2}{\sqrt{1+4k_1^2}\cdot\sqrt{1+k_1^2}}$$

令$t=1+2k_1^2$,可得$t>1$,$\dfrac{1}{t}\in(0,1)$,因此

$$\frac{|OC|}{r}=\frac{3}{2}\cdot\frac{t}{\sqrt{2t^2+t-1}}=\frac{3}{2}\cdot\frac{1}{\sqrt{2+\dfrac{1}{t}-\dfrac{1}{t^2}}}=\frac{3}{2}\cdot\frac{1}{\sqrt{\dfrac{9}{4}-\left(\dfrac{1}{t}-\dfrac{1}{2}\right)^2}}\geqslant 1$$

当且仅当$\dfrac{1}{t}=\dfrac{1}{2}$,即$t=2$时取等号,此时$k_1=\pm\dfrac{\sqrt{2}}{2}$,所以$\sin\dfrac{\angle SOT}{2}\leqslant\dfrac{1}{2}$,$\dfrac{\angle SOT}{2}\leqslant\dfrac{\pi}{6}$,所以$\angle SOT$的最大值为$\dfrac{\pi}{3}$.

综上所述,可得$\angle SOT$的最大值为$\dfrac{\pi}{3}$,取得最大值时直线l的斜率为$k_1=\pm\dfrac{\sqrt{2}}{2}$.

264. **解法1** (1)可设点$M(x_1,y_1)(y_1>0)$.

当 $t=4$ 时,椭圆 E 的方程为$\frac{x^2}{4}+\frac{y^2}{3}=1$,点 $A(-2,0)$.

由题设及椭圆的对称性知,直线 AM 的倾斜角为$\frac{\pi}{4}$,因此直线 AM 的方程为 $y=x+2$.

将 $x=y-2$ 代入$\frac{x^2}{4}+\frac{y^2}{3}=1$ 得 $7y^2-12y=0$,解得 $y=0$ 或 $y=\frac{12}{7}$,所以 $y_1=\frac{12}{7}$.

因此△AMN 的面积 $S_{\triangle AMN}=2\times\frac{1}{2}\times\frac{12}{7}\times\frac{12}{7}=\frac{144}{49}$.

(2)如图 141 所示. 可设直线 AM:$x=my-a$,其中 $m=\frac{1}{k}$,$a=\sqrt{t}$.

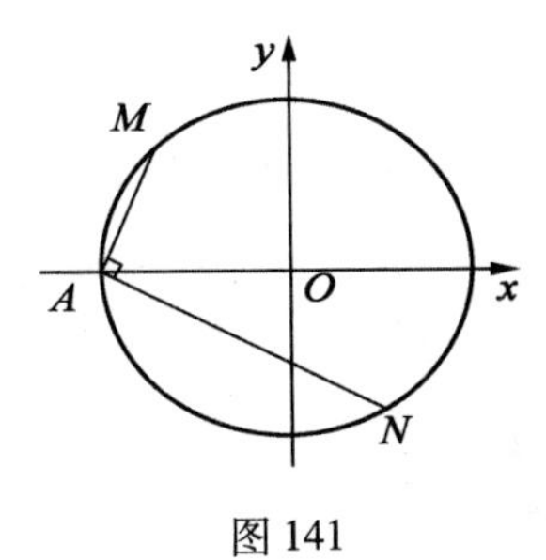

图 141

由$\begin{cases}x=my-a\\ \frac{x^2}{a^2}+\frac{y^2}{3}=1\end{cases}$,可得$(3m^2+a^2)y^2-6may=0$,所以 $y_M=\frac{6ma}{3m^2+a^2}$.

同理可得 $y_N=\frac{\frac{6a}{-n}}{3\left(\frac{1}{m}\right)^2+a^2}=\frac{-6ma}{a^2m^2+3}$.

由 $2|AM|=|AN|$,可得

$$2\sqrt{1+m^2}\cdot\left|\frac{6ma}{3m^2+a^2}\right|=\sqrt{1+\frac{1}{m^2}}\cdot\left|\frac{-6ma}{a^2m^2+3}\right|$$

$$a^2=\frac{3(m^2-2m)}{2m^3-1}>3$$

$$\frac{1}{2}<m<\sqrt[3]{\frac{1}{2}}$$

再由 $m=\frac{1}{k}$,可得所求 k 的取值范围是$(\sqrt[3]{2},2)$.

解法2 (1)设点$M(x_0,y_0)(x_0>-2,y_0>0)$,线段MN交x轴于点D.

因为$|AM|=|AN|$,$AM\perp AN$,所以$MD\perp AD$,$|MD|=|AD|$.

由$\frac{x_0^2}{4}+\frac{y_0^2}{3}=1$,可得$y_0=\frac{\sqrt{12-3x_0^2}}{2}$.

又因为$|AD|=|-2-x_0|=|2+x_0|$,所以$\frac{\sqrt{12-3x_0^2}}{2}=|2+x_0|$,解之得$x_0=-\frac{2}{7}$.

可得$|AD|=\frac{12}{7}$,所以$S_{\triangle AMN}=2\times\frac{1}{2}\times\left(\frac{12}{7}\right)^2=\frac{144}{49}$.

(2)由题意知$t>3$,$k>0$,$A(-\sqrt{t},0)$.

将直线AM的方程$y=k(x+\sqrt{t})$代入$\frac{x^2}{t}+\frac{y^2}{3}=1$,可得

$$(3+tk^2)x^2+2t\sqrt{t}k^2x+t^2k^2-3t=0$$

由$x_1\cdot(-\sqrt{t})=\frac{t^2k^2-3t}{3+tk^2}$,可得$x_1=\frac{\sqrt{t}(3-tk^2)}{3+tk^2}$,所以$|AM|=|x_1+\sqrt{t}|\sqrt{1+k^2}=\frac{6\sqrt{t(1+k^2)}}{3+tk^2}$.

由题设知,直线AN的方程为$y=-\frac{1}{k}(x+\sqrt{t})$,同理可求得$|AN|=\sqrt{1+k^2}\cdot\frac{6\sqrt{t}}{3k+\frac{t}{k}}$.

再由$2|AM|=|AN|$,可得

$$(k^3-2)t=3k(2k-1) \qquad ①$$

当$k=\sqrt[3]{2}$时式①不成立,因此$t=\frac{3k(2k-1)}{k^3-2}$.

所以$t>3\Leftrightarrow\frac{k^3-2k^2+k-2}{k^3-2}=\frac{(k-2)(k^2+1)}{k^3-2}<0\Leftrightarrow\frac{k-2}{k^3-2}<0$.

由此得$\begin{cases}k-2>0\\k^3-2<0\end{cases}$或$\begin{cases}k-2<0\\k^3-2>0\end{cases}$解得$\sqrt[3]{2}<k<2$.

因此k的取值范围是$(\sqrt[3]{2},2)$.

265. **解法1** (1)当$t=4$时,由$|AM|=|AN|$及椭圆的对称性,可得直线

AM 的倾斜角为$\frac{\pi}{4}$.

又因为点 $A(-2,0)$,所以直线 AM 的方程为 $y=x+2$.

联立$\begin{cases}\frac{x^2}{4}+\frac{y^2}{3}=1\\ y=x+2\end{cases}$,可得 $7x^2+16x+4=0$,所以 $x_M\cdot x_A=\frac{4}{7}$.

又因为 $x_A=-2$,所以 $x_M=-\frac{2}{7}$,得 $S_{\triangle AMN}=2\times\frac{1}{2}\times\left(-\frac{2}{7}+2\right)^2=\frac{144}{49}$.

(2)如图 142 所示,将直线 AM 的方程 $y=k(x+2)(k>0)$ 代入$\frac{x^2}{4}+\frac{y^2}{3}=1$,得

$$(3+4k^2)x^2+16k^2x+16k^2-12=0$$

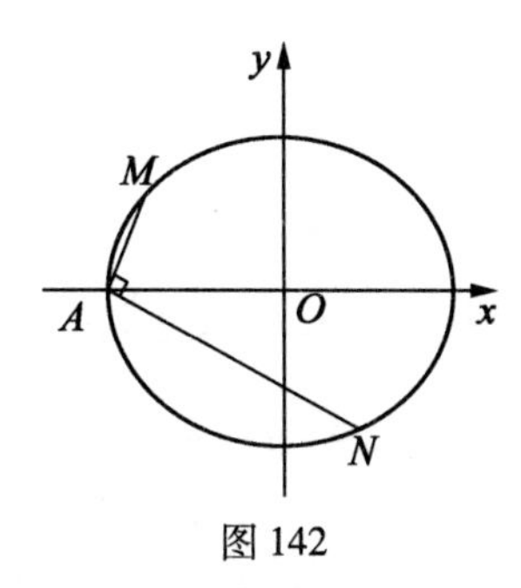

图 142

所以 $x_1\cdot(-2)=\frac{16k^2-12}{3+4k^2}$,得 $x_1=\frac{2(3-4k^2)}{3+4k^2}$,故再得 $|AM|=|x_1+2|\sqrt{1+k^2}=\frac{12\sqrt{1+k^2}}{3+4k^2}$.

由题设,可得直线 AN 的方程为 $y=-\frac{1}{k}(x+2)$,同理可得 $|AN|=\frac{12k\sqrt{1+k^2}}{3k^2+4}$.

由 $2|AM|=|AN|$,可得$\frac{2}{3+4k^2}=\frac{k}{3k^2+4}$,即 $4k^3-6k^2+3k-8=0$.

设$f(t)=4t^3-6t^2+3t-8$,则 k 是$f(t)$的零点.

因为$f'(t)=12t^2-12t+3=3(2t-1)^2\geqslant 0$,所以$f(t)$在$(0,+\infty)$上单调递增.

又因为$f(\sqrt{3})=15\sqrt{3}-26<0$,$f(2)=6>0$,所以$f(t)$在$(0,+\infty)$上有唯一的零点,且零点 k 在$(\sqrt{3},2)$内,即$\sqrt{3}<k<2$.

解法2 (1)可设点 $M(x_1,y_1)(y_1>0)$.

由$|AM|=|AN|$及椭圆的对称性,可得直线AM的倾斜角为$\frac{\pi}{4}$.

又因为点$A(-2,0)$,所以直线AM的方程为$y=x+2$.

将$x=y-2$代入$\frac{x^2}{4}+\frac{y^2}{3}=1$,得$7y^2-12y=0$.

解得$y=0$或$y=\frac{12}{7}$,所以$y_1=\frac{12}{7}$.

所以$\triangle AMN$的面积$S_{\triangle AMN}=2\times\frac{1}{2}\times\frac{12}{7}\times\frac{12}{7}=\frac{144}{49}$.

(2)如图142所示.在解法1(2)中,已得$4k^3-6k^2+3k-8=0$,所以

$$(2k)^3-3(2k)^2+3(2k)-1=15$$

$$(2k-1)^3=15$$

可证$(2\sqrt{3}-1)^3=30\sqrt{3}-37<15<(2\cdot 2-1)^3$,所以

$$(2\sqrt{3}-1)^3<(2k-1)^3<(2\cdot 2-1)^3$$

$$2\sqrt{3}-1<2k-1<2\cdot 2-1$$

$$\sqrt{3}<k<2$$

解法3 (1)设点$M(x_0,y_0)(x_0>-2,y_0>0)$,且MN交x轴于点D.

由$|AM|=|AN|$,且$AM\perp AN$,可得$MD\perp AD$,$|MD|=|AD|$.

由$\frac{x_0^2}{4}+\frac{y_0^2}{3}=1$,可得$y_0=\frac{\sqrt{12-3x_0^2}}{2}$.

又因为$|AD|=|-2-x_0|=|2+x_0|$,所以$\frac{\sqrt{12-3x_0^2}}{2}=|2+x_0|$,解之得$x_0=-\frac{2}{7}$.

所以$|AD|=\frac{12}{7}$,所以$S_{\triangle AMN}=2\times\frac{1}{2}\times\left(\frac{12}{7}\right)^2=\frac{144}{49}$.

(2)如图142所示.设$m=\frac{1}{k}(m>0)$,得直线AM:$x=my-2$,把它代入椭圆E的方程,得

$$\left(\frac{m^2}{4}+\frac{1}{3}\right)y^2-my=0$$

所以可得点M的纵坐标为$\frac{12m}{3m^2+4}$.

同理,可得点 N 的纵坐标为$\dfrac{12\left(-\dfrac{1}{m}\right)}{3\left(-\dfrac{1}{m}\right)^2+4}$.

再由 $2|AM|=|AN|$,可得

$$2\sqrt{1+m^2}\cdot\frac{12m}{3m^2+4}=\sqrt{1+\left(-\frac{1}{m}\right)^2}\cdot\frac{12\left(-\frac{1}{m}\right)}{3\left(-\frac{1}{m}\right)^2+4}$$

$$8m^3-3m^2+6m-4=0$$

又因为 $m=\dfrac{1}{k}$,所以 $4k^3-6k^2+3k-8=0$.

接下来,同解法1或解法2,可证得$\sqrt{3}<k<2$.

266. (1)由题设得椭圆的半焦距为 $c=\sqrt{a^2-3}$,可得$\dfrac{1}{|OF|}+\dfrac{1}{|OA|}=\dfrac{3e}{|FA|}$,即

$$\frac{1}{c}+\frac{1}{a}=\frac{3c}{a(a-c)}$$

$$a=2c$$

又因为 $c=\sqrt{a^2-3}$,可求得 $a^2=4$,所以所求椭圆的方程为$\dfrac{x^2}{4}+\dfrac{y^2}{3}=1$.

(2)如图143所示,可设直线 l 的斜率为 $k(k\neq 0)$,得直线 l 的方程为 $y=k(x-2)$.

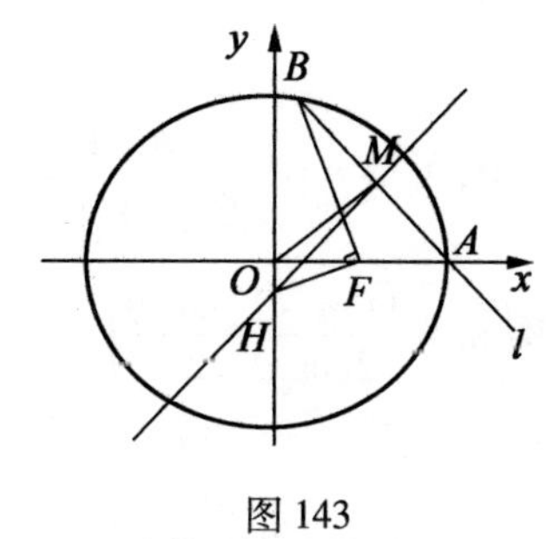

图143

设点 $B(x_B,y_B)$,由方程组$\begin{cases}\dfrac{x^2}{4}+\dfrac{y^2}{3}=1\\ y=k(x-2)\end{cases}$消去 y,得

$$(4k^2+3)x^2-16k^2x+16k^2-12=0$$

由韦达定理,可得 $x_A x_B=2x_B=\dfrac{16k^2-12}{4k^2+3}$,$x_B=\dfrac{8k^2-6}{4k^2+3}$,从而 $y_B=\dfrac{-12k}{4k^2+3}$.

还可得点 $F(1,0)$. 设点 $H(0,y_H)$,得$\overrightarrow{FH}=(-1,y_H)$,$\overrightarrow{BF}=\left(\dfrac{9-4k^2}{4k^2+3},\dfrac{12k}{4k^2+3}\right)$.

由 $BF\perp HF$,可得$\overrightarrow{BF}\cdot\overrightarrow{HF}=0$,所以$\dfrac{4k^2-9}{4k^2+3}+\dfrac{12ky_H}{4k^2+3}=0$,解得 $y_H=\dfrac{9-4k^2}{12k}$.

因此直线 MH 的方程为 $y=-\dfrac{1}{k}x+\dfrac{9-4k^2}{12k}$.

设点 $M(x_M,y_M)$,由方程组 $\begin{cases}y=-\dfrac{1}{k}x+\dfrac{9-4k^2}{12k}\\ y=k(x-2)\end{cases}$ 消去 y 后,可求得 $x_M=\dfrac{20k^2+9}{12(k^2+1)}$.

在$\triangle MAO$ 中,$\angle MOA\leqslant\angle MAO$ 即$|MA|\leqslant|MO|$,也即

$$(x_M-2)^2+y_M^2\leqslant x_M^2+y_M^2$$

$$x_M\geqslant 1$$

$$\frac{20k^2+9}{12(k^2+1)}\geqslant 1$$

$$k\leqslant-\frac{\sqrt{6}}{4}\text{或}k\geqslant\frac{\sqrt{6}}{4}$$

所以所求直线 l 的斜率的取值范围为$\left(-\infty,-\dfrac{\sqrt{6}}{4}\right]\cup\left[\dfrac{\sqrt{6}}{4},+\infty\right)$.

(2)的另解:如图 143 所示. 可设点 $B(2\cos\theta,\sqrt{3}\sin\theta)$ $(\sin\theta\neq 0)$,$H(0,h)$.

由 $BF\perp HF$ 即$\overrightarrow{FB}\cdot\overrightarrow{FH}=0$,可得 $h=\dfrac{2\cos\theta-1}{\sqrt{3}\sin\theta}$.

由点 $M\in l$ 知,可设点 $M\left(m,\dfrac{\sqrt{3}(m-2)\sin\theta}{2\cos\theta-2}\right)$.

由 $HM\perp AB$,可得

$$\overrightarrow{HM}\cdot\overrightarrow{AB}=\left(m,\frac{\sqrt{3}(m-2)\sin\theta}{2\cos\theta-2}-\frac{2\cos\theta-1}{\sqrt{3}\sin\theta}\right)\cdot(2\cos\theta-2,\sqrt{3}\sin\theta)$$

$$\frac{m}{2}(\cos\theta-7)+\cos\theta+4=0$$

所以

$$m=\frac{8+2\cos\theta}{7-\cos\theta}$$

在$\triangle MAO$中，$\angle MOA\leqslant\angle MAO$，所以$|MA|\leqslant|MO|$，所以$m\geqslant1$，即$-\frac{1}{3}\leqslant\cos\theta<1$（因为$\sin\theta\neq0$）.

再由$\cos\theta=\frac{1-\tan^2\frac{\theta}{2}}{1+\tan^2\frac{\theta}{2}}$，可得$\tan\frac{\theta}{2}\in(-\sqrt{2},0)\cup(0,\sqrt{2})$.

可得直线l的斜率为

$$\frac{\sqrt{3}\sin\theta}{2\cos\theta-2}=\frac{\sqrt{3}\cdot\dfrac{2\tan\frac{\theta}{2}}{1+\tan^2\frac{\theta}{2}}}{2\left(\dfrac{1-\tan^2\frac{\theta}{2}}{1+\tan^2\frac{\theta}{2}}-1\right)}=-\frac{\sqrt{3}}{2\tan\frac{\theta}{2}}$$

进而可求得直线l的斜率的取值范围为$\left(-\infty,-\frac{\sqrt{6}}{4}\right]\cup\left[\frac{\sqrt{6}}{4},+\infty\right)$.

267. (1)可设直线$y=kx+1$被椭圆截得的线段为AM.

由$\begin{cases}y=kx+1\\\frac{x^2}{a^2}+y^2=1\end{cases}$可得$(1+a^2k^2)x^2+2a^2kx=0$，解得$x_1=0$，$x_2=-\frac{2a^2k}{1+a^2k^2}$.

所以$|AM|=\sqrt{1+k^2}|x_1-x_2|=\frac{2a^2|k|}{1+a^2k^2}\sqrt{1+k^2}$.

(2)联立圆与椭圆的方程，观察易知圆与椭圆的公共点至多有4个.

当有4个公共点时，由对称性可设y轴左侧的椭圆上有两个不同的点P，Q，满足$|AP|=|AQ|$.

记直线AP，AQ的斜率分别为k_1，k_2，可得$k_1>0$，$k_2>0$，$k_1\neq k_2$.

所以直线AP，AQ的方程分别为$y=k_1x+1$，$y=k_2x+1$.

由(1)的结论，可得

$$|AP|=\frac{2a^2|k_1|}{1+a^2k_1^2}\sqrt{1+k_1^2}$$

$$|AQ|=\frac{2a^2|k_2|}{1+a^2k_2^2}\sqrt{1+k_2^2}$$

$$\frac{2a^2|k_1|\sqrt{1+k_1^2}}{1+a^2k_1^2}=\frac{2a^2|k_2|\sqrt{1+k_2^2}}{1+a^2k_2^2}$$

$$(k_1^2-k_2^2)[1+k_1^2+k_2^2+a^2(2-a^2)k_1^2k_2^2]=0$$

$$1+k_1^2+k_2^2+a^2(2-a^2)k_1^2k_2^2=0$$

$$\left(\frac{1}{k_1^2}+1\right)\left(\frac{1}{k_2^2}+1\right)=1+a^2(a^2-2)$$

可得这个关于 k_1,k_2 的方程有解的充要条件是 $1+a^2(a^2-2)>1$，即 $a>\sqrt{2}$.

所以任意以点 $A(0,1)$ 为圆心的圆与椭圆至多有3个公共点的充要条件为 $1<a\leqslant\sqrt{2}$.

再由椭圆的离心率 $e=\frac{\sqrt{a^2-1}}{a}=\sqrt{1-\frac{1}{a^2}}$，可得所求离心率的取值范围为 $\left(0,\frac{\sqrt{2}}{2}\right]$.

(2)的另解：题设的反面即"存在圆 $x^2+(y-1)^2=r^2(r>0)$ 与椭圆 $x^2+a^2y^2=a^2(a>1)$ 有4个公共点"，也即关于 y 的一元二次方程

$$(a^2-1)y^2+2y+(r^2-a^2-1)=0(a>1)$$

在 $(-1,1)$ 上有两个不相等的实数解（此时，对于每一个 y，x 都有两个互为相反数的值，共可得4个公共点；若 $y=\pm1$，由椭圆方程可得 $x=0$，得不到4个公共点）.

设 $f(y)=(a^2-1)y^2+2y+(r^2-a^2-1)=0$，可得其充要条件是存在正数 r，使得

$$\begin{cases}-1<-\dfrac{2}{2(a^2-1)}<1(a>1)\\ f(-1)=r^2-4>0\\ f(1)=r^2>0\\ \Delta=4-4(a^2-1)(r^2-a^2-1)>0\end{cases}$$

即

$$\begin{cases}a>\sqrt{2}\\ 4<r^2<(a^2-1)+\dfrac{1}{a^2-1}+2\end{cases}$$

当 $a>\sqrt{2}$ 时，可得 $4<(a^2-1)+\frac{1}{a^2-1}+2$ 恒成立，所以题设的反面即 $a>$

$\sqrt{2}$. 因而题设即 $1<a\leqslant\sqrt{2}$,进而可求得答案是$\left(0,\frac{\sqrt{2}}{2}\right]$.

268. **解法** 1　(1)椭圆 C 的方程是 $x^2+4y^2=1$.(过程略.)

(2)(ⅰ)如原题中的图 43 所示,设点 $P(x_0,y_0)(x_0>0,y_0>0)$,$A(x_1,y_1)$,$B(x_2,y_2)$,则 $k_l=x_0$,又 $y_0=\frac{x_0^2}{2}$,得 $l:y=x_0(x-\frac{x_0}{2})$.

联立$\begin{cases}y=x_0(x-\frac{x_0}{2})\\x^2+4y^2=1\end{cases}$,得$(1+4x_0^2)x^2-4x_0^3x+x_0^4-1=0$,所以

$$x_1+x_2=\frac{4x_0^3}{1+4x_0^2}$$

$$y_1+y_2=\frac{-x_0^2}{1+4x_0^2}$$

再得点 $D\left(\frac{2x_0^3}{1+4x_0^2},\frac{-x_0^2}{2(1+4x_0^2)}\right)$.

所以 $k_{OD}=\frac{y_D}{x_D}=-\frac{1}{4x_0}$,于是 $l_{OD}:y=-\frac{1}{4x_0}x$. 当 $x=x_M=x_0$ 时,$y_M=-\frac{1}{4}$,得点 M 在定直线 $y=-\frac{1}{4}$上.

(ⅱ)由题意可得点 $G(0,-\frac{x_0^2}{2})$,于是 $|FG|=\frac{1}{2}-\left(-\frac{x_0^2}{2}\right)=\frac{1+x_0^2}{2}$.

又因为△PFG 的边 FG 上的高为 $h_1=x_P=x_0$,所以

$$S_1=\frac{1}{2}\cdot|FG|\cdot h_1=\frac{x_0(1+x_0^2)}{4}$$

又因为 $|PM|=y_P-y_M=\frac{2x_0^2+1}{4}$,△$PDM$ 的边 DM 上的高为 $h_2=x_P-x_D-\frac{x_0(2x_0^2+1)}{1+4x_0^2}$,所以

$$S_2=\frac{1}{2}\cdot|PM|\cdot h_2=\frac{x_0(2x_0^2+1)^2}{8(1+4x_0^2)}.$$

由此可得

$$\frac{S_1}{S_2}=\frac{2(1+x_0^2)(1+4x_0^2)}{(2x_0^2+1)^2}$$

$$= 2 + \frac{2}{4x_0^2 + \frac{1}{x_0^2} + 4}$$

$$\leqslant \frac{9}{4}$$

当且仅当 $\frac{1}{x_0^2} = 4x_0^2$ 即 $x_0 = \frac{\sqrt{2}}{2}$ 时，$\frac{S_1}{S_2}$ 取得最大值 $\frac{9}{4}$，且此时点 P 的坐标是 $\left(\frac{\sqrt{2}}{2}, \frac{1}{4}\right)$.

解法2 (1)同解法1.

(2)(ⅰ)由解法1可得点 $D\left(\frac{2x_0^3}{1+4x_0^2}, \frac{-x_0^2}{2(1+4x_0^2)}\right)$，则有 $k_{OD} = \frac{y_D}{x_D} = \frac{y_M}{x_M}$，即 $\frac{-x_0^2}{2(1+4x_0^2)} \cdot \frac{1+4x_0^2}{2x_0^3} = \frac{y_M}{x_0}$，可得 $y_M = -\frac{1}{4}$，所以点 M 在定直线 $y = -\frac{1}{4}$ 上.

(ⅱ)由解法1可得 $\frac{S_1}{S_2} = \frac{2(1+x_0^2)(1+4x_0^2)}{(2x_0^2+1)^2}$. 设 $t = 2x_0^2 + 1 (t > 1)$，所以

$$\frac{S_1}{S_2} = \frac{(t+1)(2t-1)}{t^2}$$

$$= -\left(\frac{1}{t} - \frac{1}{2}\right)^2 + \frac{9}{4}$$

$$\leqslant \frac{9}{4}$$

当且仅当 $\frac{1}{t} = \frac{1}{2}$，即 $t=2$ 也即 $x_0 = \frac{\sqrt{2}}{2}$ 时，$\frac{S_1}{S_2}$ 取得最大值 $\frac{9}{4}$，此时点 P 的坐标是 $\left(\frac{\sqrt{2}}{2}, \frac{1}{4}\right)$.

解法3 (1)略.

(2)(ⅰ)可设点 $P(2t, 2t^2)(t>0)$，可求得切线 l 的方程是 $y = 2tx - 2t^2$，进而可得点 $G(0, -2t^2)$.

设点 $A(x_1, y_1)$，$B(x_2, y_2)$，可得

$$x_1^2 + 4y_1^2 = 1 \qquad ①$$

$$x_2^2 + 4y_2^2 = 1 \qquad ②$$

把式② - ①分解因式(即点差法)，可得

$$\begin{aligned}k_l&=k_{AB}\\&=\frac{y_2-y_1}{x_2-x_1}\\&=\frac{x_2+x_1}{-4(y_2+y_1)}\\&=\frac{x_D}{-4y_D}\\&=\frac{1}{-4k_{OD}}\end{aligned}$$

又因为 $k_l=2t$,所以 $k_{OD}=k_{OM}=-\frac{1}{8t}$,得直线 OM 的方程是 $y=-\frac{1}{8t}x$.

又因为 $x_M=x_P=2t$,所以 $y_M=-\frac{1}{4}$,得点 M 在定直线 $y=-\frac{1}{4}$上.

(ⅱ)由点 $P(2t,2t^2)(t>0)$,$G(0,-2t^2)$,$F\left(0,\frac{1}{2}\right)$,可得

$$\begin{aligned}S_1&=S_{\triangle PFG}\\&=\frac{1}{2}\left(\frac{1}{2}+2t^2\right)\cdot 2t\end{aligned}$$

如图 144 所示,设点 D 到直线 OG,PM 的距离分别是 d_0,d_2,则点 O 到直线 PM 的距离是 d_0+d_2.

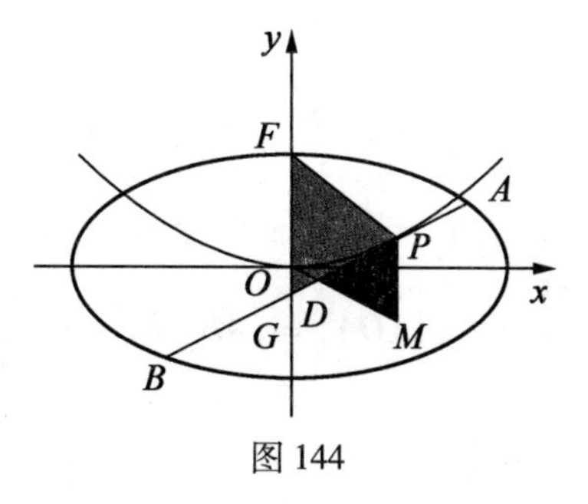

图 144

由 $\triangle ODG\backsim\triangle MDP$,可得

$$\frac{|OG|}{|PM|}=\frac{d_0}{d_2}$$

$$\frac{|PM|+|OG|}{|PM|}=\frac{d_0+d_2}{d_2}$$

$$d_2=\frac{|PM|}{|PM|+|OG|}(d_0+d_2)$$

所以

$$
\begin{aligned}
S_2 &= S_{\triangle PDM} \\
&= \frac{1}{2}|PM|d_2 \\
&= \frac{|PM|^2(d_0+d_2)}{2(|PM|+|OG|)}
\end{aligned}
$$

因为$|PM|=2t^2+\frac{1}{4}$，$|OG|=2t^2$，$d_0+d_2=2t$，所以

$$
S_2=\frac{\left(2t+\frac{1}{4}\right)^2\cdot 2t}{2\left(2t^2+\frac{1}{4}+2t^2\right)}
$$

所以

$$
\begin{aligned}
\frac{S_1}{S_2} &= \frac{(16t^2+1)(8t^2+2)}{(8t^2+1)^2} \\
&\leqslant \frac{1}{(8t^2+1)^2}\left[\frac{(16t^2+1)+(8t^2+2)}{2}\right]^2 \\
&= \frac{9}{4}
\end{aligned}
$$

进而可得：当且仅当$16t^2+1=8t^2+2(t>0)$，即$t=\frac{1}{2\sqrt{2}}$，也即点P的坐标是$\left(\frac{\sqrt{2}}{2},\frac{1}{4}\right)$时，$\left(\frac{S_1}{S_2}\right)_{\max}=\frac{9}{4}$.

269. (1)由已知椭圆的离心率为$\frac{\sqrt{3}}{3}$，可得$a=\sqrt{3}c$，$b=\sqrt{2}c$.

如图145所示，设直线FM与圆的一个交点是B，作$OA\perp FM$于点A，由$|AB|=\frac{c}{2}$，$|OB|=\frac{b}{2}=\frac{\sqrt{2}c}{2}$，可得$|OA|=|AB|=\frac{c}{2}=\frac{|OF|}{2}$，$\angle AFO=30°$，所以直线$FM$的斜率为$\tan 30°=\frac{\sqrt{3}}{3}$.

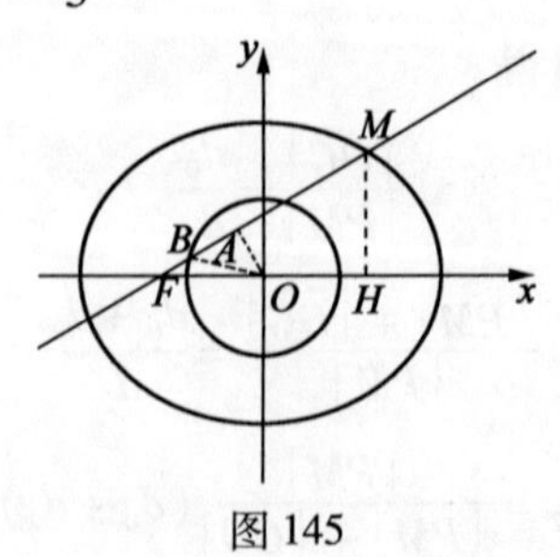

图145

(2) 如图 145 所示，作 $MH \perp x$ 轴于点 H，由 $|FM| = \frac{4\sqrt{3}}{3}$，可得点 $M\left(2-c,\frac{2}{\sqrt{3}}\right)$. 再由点 M 在椭圆$\frac{x^2}{a^2}+\frac{y^2}{b^2}=1$，即$\frac{x^2}{3c^2}+\frac{y^2}{2c^2}=1$ 上，可求得 $c=1$，所以所求椭圆的方程为$\frac{x^2}{3}+\frac{y^2}{2}=1$.

(3) 设点 P 的坐标为 (x,y)，直线 FP 的斜率为 t，则 $t=\frac{y}{x+1}$，即

$$y=t(x+1)\ (x\neq -1) \quad ①$$

将式①与椭圆方程联立得

$$\begin{cases} y=t(x+1) \\ \frac{x^2}{3}+\frac{y^2}{2}=1 \end{cases}$$

消去 y，整理得 $2x^2+3t^2(x+1)^2=6$.

又由题设，可得 $t=\sqrt{\frac{6-2x^2}{3(x+1)^2}}>\sqrt{2}$，解得 $-\frac{3}{2}<x<-1$ 或 $-1<x<0$.

设直线 OP 的斜率为 m，则 $m=\frac{y}{x}$，即 $y=mx\ (x\neq 0)$. 与椭圆方程联立，整理可得 $m^2=\frac{2}{x^2}-\frac{2}{3}$.

(ⅰ) 当 $-\frac{3}{2}<x<-1$ 时，有 $y=t(x+1)<0$，因此 $m>0$，于是 $m=\sqrt{\frac{2}{x^2}-\frac{2}{3}}$，得 $m\in\left(\frac{\sqrt{2}}{3},\frac{2\sqrt{3}}{3}\right)$.

(ⅱ) 当 $-1<x<0$ 时，有 $y=t(x+1)>0$，因此 $m<0$，于是 $m=-\sqrt{\frac{2}{x^2}-\frac{2}{3}}$，得 $m\in\left(-\infty,-\frac{2\sqrt{3}}{3}\right)$.

综上所述，可得直线 OP 的斜率的取值范围是$\left(-\infty,-\frac{2\sqrt{3}}{3}\right)\cup\left(\frac{\sqrt{2}}{3},\frac{2\sqrt{3}}{3}\right)$.

(3) 的另解：可得椭圆$\frac{x^2}{3}+\frac{y^2}{2}=1$ 的上顶点为 $A(0,\sqrt{2})$，直线 FA 的斜率恰好为$\sqrt{2}$，直线 FA 与该椭圆的另一个交点为 $B\left(-\frac{3}{2},-\frac{\sqrt{2}}{2}\right)$. 通过作图后可得下

面的两种情形：

当点 P 在 x 轴上方时，可得点 $P\left(x,\sqrt{2-\frac{2}{3}x^2}\right)(-1<x<0)$，所以此时直线 OP 的斜率 $k=\frac{\sqrt{2-\frac{2}{3}x^2}}{x}=-\sqrt{\frac{2}{x^2}-\frac{2}{3}}(-1<x<0)$，可得此时 k 的取值范围是$\left(-\infty,-\frac{2\sqrt{3}}{3}\right)$.

当点 P 不在 x 轴上方时，可得点 $P\left(x,-\sqrt{2-\frac{2}{3}x^2}\right)\left(-\frac{3}{2}<x<-1\right)$，所以此时直线 OP 的斜率 $k=-\frac{\sqrt{2-\frac{2}{3}x^2}}{x}=\sqrt{\frac{2}{x^2}-\frac{2}{3}}\left(-\frac{3}{2}<x<-1\right)$，此时可得 k 的取值范围是$\left(\frac{\sqrt{2}}{3},\frac{2\sqrt{3}}{3}\right)$.

所以直线 OP 的斜率的取值范围是$\left(-\infty,-\frac{2\sqrt{3}}{3}\right)\cup\left(\frac{\sqrt{2}}{3},\frac{2\sqrt{3}}{3}\right)$.

270. (1) $\frac{x^2}{2}+y^2=1$.（过程略.）

(2) 我们先把该题中对应的所有图形沿向量 $\overrightarrow{AO}=(0,1)$（$O$ 是坐标原点）平移：椭圆 E 变为椭圆 $E':\frac{x^2}{2}+(y-1)^2=1$，即 $x^2+2y^2-4y=0$；因为原题中的直线 PQ 不经过点 A（把点 A 平移后得到的点是 $O(0,0)$），所以可设把直线 PQ 平移后得到的直线 $P'Q'$ 的方程为 $mx+ny=1$.

由直线 PQ 经过点 $(1,1)$，得直线 $P'Q'$ 经过点 $(1,2)$，所以 $m+2n=1$.

平移后得到的点 P'，Q' 的坐标均适合方程 $x^2+2y^2-4y(mx+ny)=0$，即

$$(1-2n)\left(\frac{y}{x}\right)^2-2m\left(\frac{y}{x}\right)+\frac{1}{2}=0$$

$$m\left(\frac{y}{x}\right)^2-2m\left(\frac{y}{x}\right)+\frac{1}{2}=0\text{（因为 }m+2n=1\text{）}$$

平移后得到的直线 OP'，OQ' 的斜率 k_1，k_2 就是这个关于 $\frac{y}{x}$ 的一元二次方程的两个根，由韦达定理得 $k_1+k_2=2$.

直线 AP,AQ 平移后分别变为直线 OP',OQ'，而把直线平移后得到直线的方向向量不变(因而其斜率也不变)，所以在原题对应的图形中，有直线 AP 与 AQ 的斜率之和为2.

得欲证结论成立.

271. (1)$\frac{\sqrt{2}}{2}$.(过程略.)

(2)作 $OH\perp AB$ 于点 H. 由 $OA\perp OB$ 知，可设点 $A(2\cos\theta,\sqrt{2}\sin\theta)$，$B(-\sqrt{2}\tan\theta,2)$，所以 $|OA|^2=2+2\cos^2\theta$，$|OB|^2=\frac{2+2\cos^2\theta}{\cos^2\theta}$.

由 $2S_{\triangle OAB}=|OA|\cdot|OB|=|AB|\cdot|OH|$，可得

$$\frac{1}{|OH|^2}=\frac{1}{|OA|^2}+\frac{1}{|OB|^2}$$
$$=\cdots=\frac{1}{2}$$

所以 $|OH|=\sqrt{2}$，即直线 AB 与圆 $x^2+y^2=2$ 相切.

(2)的另解：可设点 $A\left(x_0,\pm\sqrt{2-\frac{x_0^2}{2}}\right)(x_0\neq 0)$，$B(t,2)$.

由 $OA\perp OB$，可得$\overrightarrow{OA}\cdot\overrightarrow{OB}=0$，进而可得 $t^2=\frac{8}{x_0^2}-2(0<x_0^2\leqslant 4)$.

再由 $2S_{\triangle OAB}=|OA|\cdot|OB|=|AB|\cdot|OH|$，可得

$$\frac{1}{|OH|^2}=\frac{1}{|OA|^2}+\frac{1}{|OB|^2}$$
$$=\frac{1}{\frac{x_0^2}{2}+2}+\frac{1}{\frac{8}{x_0^2}+2}$$
$$=\frac{1}{2}$$

所以 $|OH|=\sqrt{2}$，即直线 AB 与圆 $x^2+y^2=2$ 相切.

注 由此解法，还可得到一般结论：

设 A 是椭圆$\frac{x^2}{a^2}+\frac{y^2}{b^2}=1(a>b>0)$上的动点，$B$ 是曲线 $y^2=\frac{a^2b^2}{a^2-b^2}$上的动点，且 $OA\perp OB$，则：

(1)动直线 AB 与圆 $x^2+y^2=b^2$ 恒相切；

(2)作 $OH\perp AB$ 于点 H，则动点 H 的轨迹方程是 $x^2+y^2=b^2$.

还可再推广为：

设点 A,B 分别在曲线 $\lambda x^2+\mu y^2=1,(a-\mu)x^2+(a-\lambda)y^2=1(a>0)$ 上，且 $OA\perp OB$，则直线 AB 与圆 $x^2+y^2=\frac{1}{a}$ 相切.

证明 可设 $\angle xOA=\theta$，则 $\angle xOB=\theta\pm\frac{\pi}{2}$. 由三角函数的定义，得点 $A(|OA|\cos\theta,|OA|\sin\theta)$，$B(\mp|OB|\sin\theta,\pm|OB|\cos\theta)$.

再由题设，可得

$$\lambda\cos^2\theta+\mu\sin^2\theta=\frac{1}{|OA|^2} \qquad ①$$

$$(a-\mu)\sin^2\theta+(a-\lambda)\cos^2\theta=\frac{1}{|OB|^2} \qquad ②$$

式①+②为

$$\frac{1}{|OA|^2}+\frac{1}{|OB|^2}=a$$

设 Rt$\triangle OAB$ 的斜边 AB 上的高为 OH，得

$$|OH|^2=\frac{|OA|^2\cdot|OB|^2}{|AB|^2}=\frac{|OA|^2\cdot|OB|^2}{|OA|^2+|OB|^2}=\frac{1}{\frac{1}{|OA|^2}+\frac{1}{|OB|^2}}=\frac{1}{a}$$

所以欲证结论成立.

272. (1)$\frac{\sqrt{2}}{2}$.（过程略.）

(2)由 $OA\perp OB$ 知，可设点 $A(2\cos\theta,\sqrt{2}\sin\theta)$，$B(-\sqrt{2}\tan\theta,2)$，所以

$$|AB|^2=(2\cos\theta+\sqrt{2}\tan\theta)^2+(\sqrt{2}\sin\theta-2)^2=2\cos^2\theta+\frac{2-2\cos^2\theta}{\cos^2\theta}+6=2\left(\cos^2\theta+\frac{1}{\cos^2\theta}\right)+4$$

所以当且仅当 $\cos^2\theta=1$，即点 A,B 的坐标分别是 $(\pm2,0),(0,2)$

时，$|AB|_{\min}=2\sqrt{2}$.

(2)的另解：可设点$A\left(x_0, \pm\sqrt{2-\frac{x_0^2}{2}}\right)(x_0\neq0)$，$B(t,2)$.

由$OA\perp OB$，可得$\overrightarrow{OA}\cdot\overrightarrow{OB}=0$，进而可得$t^2=\frac{8}{x_0^2}-2(0<x_0^2\leqslant4)$，所以

$$\begin{aligned}|AB|^2&=|OA|^2+|OB|^2\\&=\frac{8}{x_0^2}+2+x_0^2+\frac{4-x_0^2}{2}\\&=\frac{8}{x_0^2}+\frac{x_0^2}{2}+4\\&\geqslant8(\text{均值不等式})\end{aligned}$$

进而可得当且仅当$x_0^2=4$，即点A,B的坐标分别是$(0,2)$，$(\pm2,0)$时，$|AB|_{\min}=2\sqrt{2}$.

273. (1)设曲线C_2的焦距为$2c_2$，由题意知，$2c_2=2$，$2a_1=2$，从而$a_1=1$，$c_2=1$.

因为点$P\left(\frac{2\sqrt{3}}{3},1\right)$在双曲线$x^2-\frac{y2}{b_1^2}=1$上，所以$\left(\frac{2\sqrt{3}}{3}\right)^2-\frac{1}{b_1^2}=1$，得$b_1^2=3$.

由椭圆的定义，得

$$\begin{aligned}2a_2&=\sqrt{\left(\frac{2\sqrt{3}}{3}\right)^2+(1-1)^2}+\sqrt{\left(\frac{2\sqrt{3}}{3}\right)^2+(1+1)^2}\\&=2\sqrt{3}\end{aligned}$$

于是$a_2=\sqrt{3}$，$b_2^2=a_2^2-c_2^2=2$.

所以曲线C_1,C_2的方程分别为$x^2-\frac{y^2}{3}=1$，$\frac{y^2}{3}+\frac{x^2}{2}=1$.

(2)由$|\overrightarrow{OA}+\overrightarrow{OB}|=|AB|=|\overrightarrow{OA}-\overrightarrow{OB}|$，两边平方后可得$\overrightarrow{OA}\perp\overrightarrow{OB}$.

设$\angle xOA=\theta$，可得$\angle xOB=\theta\pm\frac{\pi}{2}$. 由三角函数的定义，可得点$A(|OA|\cos\theta, |OA|\sin\theta)$，$B(\mp|OB|\sin\theta, \pm|OB|\cos\theta)$.

由点A,B均在曲线$x^2-\frac{y^2}{3}=1$上，可得

$$\cos^2\theta-\frac{\sin^2\theta}{3}=\frac{1}{|OA|^2} \qquad ①$$

$$\sin^2\theta - \frac{\cos^2\theta}{3} = \frac{1}{|OB|^2} \quad ②$$

式① + ②为$\frac{1}{|OA|^2} + \frac{1}{|OB|^2} = \frac{2}{3}$.

设坐标原点 O 到直线 AB 的距离为 d,可得

$$\begin{aligned} d^2 &= \frac{|OA|^2 \cdot |OB|^2}{|AB|^2} \\ &= \frac{|OA|^2 \cdot |OB|^2}{|OA|^2 + |OB|^2} \\ &= \frac{1}{\frac{1}{|OA|^2} + \frac{1}{|OB|^2}} \\ &= \frac{3}{2} \end{aligned}$$

所以直线 AB 是圆 $x^2 + y^2 = \frac{3}{2}$的切线.

但圆 $x^2 + y^2 = \frac{3}{2}$在椭圆 C_2:$\frac{y^2}{3} + \frac{x^2}{2} = 1$ 内,所以直线 AB 与椭圆 C_2 有两个公共点,不满足题设,即不存在直线 l 满足题设.

274. (1)如图 146 所示,设动圆圆心 $O_1(x,y)$,由题意,得$|O_1A| = |O_1M|$.

当点 O_1 不在 y 轴上时,过点 O_1 作 $O_1H \perp MN$ 交 MN 于点 H,得 H 是 MN 的中点,所以$|O_1M| = \sqrt{x^2 + 4^2}$.

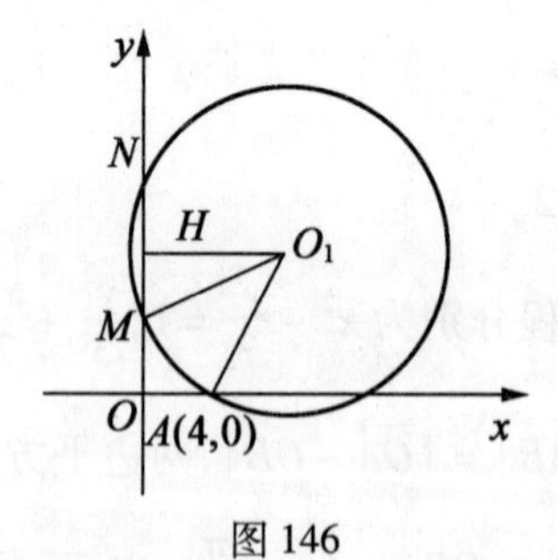

图 146

又因为$|O_1A| = \sqrt{(x-4)^2 + y^2}$,所以$\sqrt{(x-4)^2 + y^2} = \sqrt{x^2 + 4^2}$.

化简得 $y^2 = 8x(x \neq 0)$.

又当点 O_1 在 y 轴上时,点 O_1 与点 O 重合,点 O_1 的坐标(0,0)也满足方程 $y^2 = 8x$.

所以动圆圆心的轨迹 C 的方程为 $y^2 = 8x$.

(2)如图147所示,由题意知,可设直线 l 的方程为 $y=kx+b(k\neq 0)$,点 $P(x_1,y_1)$,$Q(x_2,y_2)$.

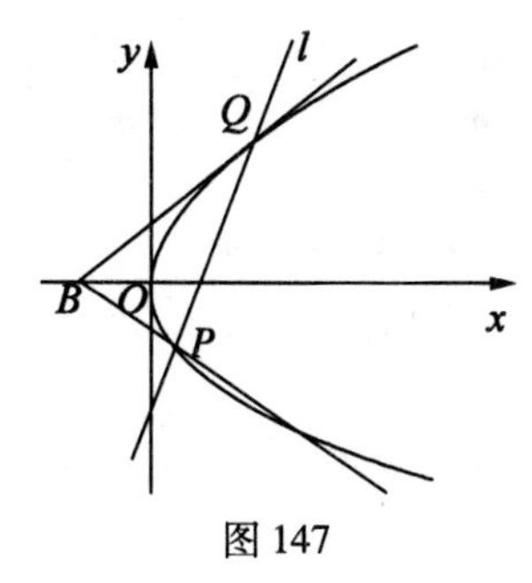

图147

将 $y=kx+b$ 代入 $y^2=8x$ 中,得 $k^2x^2+(2bk-8)x+b^2=0$,其中$\Delta=-32kb+64>0$.

由韦达定理,可得

$$x_1+x_2=\frac{8-2bk}{k^2}$$

$$x_1x_2=\frac{b^2}{k^2} \qquad ①$$

因为 x 轴是$\angle PBQ$的角平分线,所以$\frac{y_1}{x_1+1}=-\frac{y_2}{x_2+1}$,即

$$y_1(x_2+1)+y_2(x_1+1)=0$$

$$(kx_1+b)(x_2+1)+(kx_2+b)(x_1+1)=0$$

$$2kx_1x_2+(b+k)(x_1+x_2)+2b=0$$

再由式①,可得

$$2kb^2+(k+b)(8-2bk)+2k^2b=0$$

$$k=-b(\text{满足 }\Delta>0)$$

所以直线 l 的方程为 $y=k(x-1)$,即直线 l 过定点(1,0).

注 此题第(2)问在表述上有不严密之处,建议把"x 轴是$\angle PBQ$的角平分线"改为"$\angle PBQ$的角平分线在 x 轴上".

275. (1)由$\triangle ABF_2$的周长为8,可得$4a=8$,$a=2$.再由离心率$e=\frac{1}{2}$,可求得椭圆 E 的方程为$\frac{x^2}{4}+\frac{y^2}{3}=1$.

(2)由$\begin{cases}y=kx+m\\ \frac{x^2}{4}+\frac{y^2}{3}=1\end{cases}$,得$(4k^2+3)x^2+8kmx+4m^2-12=0$.

因为动直线 $l:y=kx+m$ 与椭圆 E 有且只有一个公共点 $P(x_0,y_0)$，所以 $m\neq0$ 且 $\Delta=0$（即 $m^2=4k^2+3$）.

还得 $x_0=-\dfrac{4km}{4k^2+3}=-\dfrac{4k}{m}$，$y_0=kx_0+m=\dfrac{3}{m}$，即点 $P\left(-\dfrac{4k}{m},\dfrac{3}{m}\right)$.

由 $\begin{cases}y=kx+m\\x=4\end{cases}$，可求得点 $Q(4,4k+m)$.

由 $m^2=4k^2+3$ 知：

可选 $(k,m)=(0,\sqrt{3})$，得点 $P(0,\sqrt{3})$，$Q(4,\sqrt{3})$，此时可得以 PQ 为直径的圆为 $C_1:(x-2)^2+(y-\sqrt{3})^2=4$.

还可选 $(k,m)=(0,-\sqrt{3})$，得点 $P(0,-\sqrt{3})$，$Q(4,-\sqrt{3})$，此时可得以 PQ 为直径的圆为 $C_2:(x-2)^2+(y+\sqrt{3})^2=4$.

还可选 $(k,m)=\left(-\dfrac{1}{2},2\right)$，得 $P\left(1,\dfrac{3}{2}\right)$，$Q(4,0)$，此时可得以 PQ 为直径的圆为 $C_3:\left(x-\dfrac{5}{2}\right)^2+\left(y-\dfrac{3}{4}\right)^2=\dfrac{45}{16}$.

可求得 C_1,C_2,C_3 的公共点是 $(1,0)$.

所以，若在坐标平面内存在定点 M，使得以 PQ 为直径的圆恒过点 M，则定点 M 的坐标只可能是 $(1,0)$.

下面证明当定点 M 的坐标是 $(1,0)$ 时，以 PQ 为直径的圆恒过点 M

$$\begin{aligned}\overrightarrow{MP}\cdot\overrightarrow{MQ}&=\left(-\frac{4k}{m}-1,\frac{3}{m}\right)\cdot(3,4k+m)\\&=-\frac{12k}{m}-3+\frac{12k}{m}+3\\&=0\end{aligned}$$

综上所述可得，在坐标平面内是否存在定点 M，使得以 PQ 为直径的圆恒过点 M，且点 M 的坐标是 $(1,0)$.

276.（1）$\dfrac{x^2}{8}+\dfrac{y^2}{4}=1$

（2）由 $\overrightarrow{OA}\perp\overrightarrow{OB}$ 知，可不妨设 $\angle xOA=\theta$，$\angle xOB=\theta+\dfrac{\pi}{2}$，由三角函数的定义，可得点 $A(|OA|\cos\theta,|OA|\sin\theta)$，$B\left(|OB|\cos\left(\theta+\dfrac{\pi}{2}\right),|OB|\sin\left(\theta+\dfrac{\pi}{2}\right)\right)$（即点 $B(-|OB|\sin\theta,|OB|\cos\theta)$）. 由点 A,B 在椭圆 $E:\dfrac{x^2}{8}+\dfrac{y^2}{4}=1$ 上，可得

$$\frac{\cos^2\theta}{8}+\frac{\sin^2\theta}{4}=\frac{1}{|OA|^2} \quad ①$$

$$\frac{\sin^2\theta}{8}+\frac{\cos^2\theta}{4}=\frac{1}{|OB|^2} \quad ②$$

由式①+②得

$$\frac{1}{|OA|^2}+\frac{1}{|OB|^2}=\frac{1}{8}+\frac{1}{4}=\frac{3}{8}$$

设坐标原点 O 到直线 AB 的距离是 d,由勾股定理可得

$$(d\cdot|AB|)^2=(|OA|\cdot|OB|)^2$$

$$\begin{aligned}\frac{1}{d^2}&=\frac{|AB|^2}{|OA|^2\cdot|OB|^2}\\&=\frac{|OA|^2+|OB|^2}{|OA|^2\cdot|OB|^2}\\&=\frac{1}{|OA|^2}+\frac{1}{|OB|^2}\\&=\frac{3}{8}\end{aligned} \quad ③$$

$$d^2=\frac{8}{3}$$

所以存在圆心在原点的圆,使得该圆的任意一条切线与椭圆 E 恒有两个交点 A,B,且 $\overrightarrow{OA}\perp\overrightarrow{OB}$,并且该圆的方程是 $x^2+y^2=\frac{8}{3}$.

式①×②得

$$\begin{aligned}\frac{1}{|OA|^2\cdot|OB|^2}&=\left(\frac{1}{64}+\frac{1}{16}\right)\sin^2\theta\cos^2\theta+\frac{1}{32}(\sin^4\theta+\cos^4\theta)\\&=\left(\frac{1}{64}+\frac{1}{16}\right)\sin^2\theta\cos^2\theta+\frac{1}{32}[(\sin^2\theta+\cos^2\theta)^2-2\sin^2\theta\cos^2\theta]\\&=\frac{1}{256}\sin^22\theta+\frac{1}{32}\end{aligned}$$

进而可求得 $\frac{1}{|OA|^2\cdot|OB|^2}$ 的取值范围是 $\left[\frac{1}{32},\frac{9}{256}\right]$,即 $|OA|^2\cdot|OB|^2$ 的取值范围是 $\left[\frac{256}{9},32\right]$.

再由式③中的 $\frac{|AB|^2}{|OA|^2\cdot|OB|^2}=\frac{3}{8}$,可得 $|AB|^2$ 的取值范围是 $\left[\frac{32}{3},12\right]$,即 $|AB|$ 的取值范围是 $\left[\frac{4}{3}\sqrt{6},2\sqrt{3}\right]$.

277. (1) 由题意得$\begin{cases}2ab=4\sqrt{5},\\ \dfrac{ab}{\sqrt{a^2+b^2}}=\dfrac{2\sqrt{5}}{3}.\end{cases}$ 又由 $a>b>0$，可解得 $a^2=5, b^2=4$.

因此所求椭圆的标准方程为$\dfrac{x^2}{5}+\dfrac{y^2}{4}=1$.

(2)(ⅰ) $\dfrac{x^2}{4}+\dfrac{y^2}{5}=\lambda^2(\lambda\neq0)$.（过程略.）

(ⅱ) 由题意可不妨设$\angle xOA=\theta, \angle xOM=\theta+\dfrac{\pi}{2}$，由三角函数的定义，可得点 $A(|OA|\cos\theta, |OA|\sin\theta)$, $M\left(|OM|\cos\left(\theta+\dfrac{\pi}{2}\right), |OM|\sin\left(\theta+\dfrac{\pi}{2}\right)\right)$（即点 $M(-|OM|\sin\theta, |OM|\cos\theta)$）. 由点 A, M 在椭圆 $C_2: \dfrac{x^2}{5}+\dfrac{y^2}{4}=1$ 上，可得

$$\frac{\cos^2\theta}{5}+\frac{\sin^2\theta}{4}=\frac{1}{|OA|^2} \quad ①$$

$$\frac{\sin^2\theta}{5}+\frac{\cos^2\theta}{4}=\frac{1}{|OM|^2} \quad ②$$

由式①×②得

$$\begin{aligned}\frac{1}{|OA|^2\cdot|OM|^2}&=\left(\frac{1}{25}+\frac{1}{16}\right)\sin^2\theta\cos^2\theta+\frac{1}{20}(\sin^4\theta+\cos^4\theta)\\&=\frac{41}{400}\sin^2\theta\cos^2\theta+\frac{1}{20}[(\sin^2\theta+\cos^2\theta)^2-2\sin^2\theta\cos^2\theta]\\&=\frac{1}{1\,600}\sin^2 2\theta+\frac{1}{20}\\&\leqslant\frac{81}{1\,600}\end{aligned}$$

$$|OA|\cdot|OM|\geqslant\frac{40}{9}$$

$$S_{\triangle AMB}=2S_{\triangle OAM}=|OA|\cdot|OM|\geqslant\frac{40}{9}$$

即$\triangle AMB$ 的面积的最小值是$\dfrac{40}{9}$.

278. (1) 设椭圆 Γ 的半焦距 $c=\sqrt{a^2-b^2}$. 由题设，可得$\begin{cases}\dfrac{c}{a}=\dfrac{1}{2}\\ a+c=3\end{cases}$，即$\begin{cases}a=2\\ c=1\end{cases}$，所以 $b=\sqrt{3}$，从而可得椭圆 Γ 的方程是$\dfrac{x^2}{4}+\dfrac{y^2}{3}=1$.

(2)当矩形 $ABCD$ 有一组对边的斜率不存在时,可求得 $S=8\sqrt{3}$.

当矩形 $ABCD$ 各边的斜率均存在时,可设 $k_{AB}=k_{CD}=k, k_{BC}=k_{AD}=-\frac{1}{k}$.

又设直线 $AB:y=kx+m$. 由 $\begin{cases} y=kx+m \\ \frac{x^2}{a^2}+\frac{y^2}{b^2}=1 \end{cases}$,可得

$$(4k^2+3)x^2+8kmx+(4m^2-12)=0$$

由直线 AB 与椭圆 Γ 相切,可得 $\Delta=(8km)^2-4(4k^2+3)(4m^2-12)=0$,即 $m^2=4k^2+3$.

还可得直线 $CD:y=kx-m$,可求得直线 AB,CD 的距离为

$$\begin{aligned} d &= \frac{|2m|}{\sqrt{k^2+1}} \\ &= 2\sqrt{\frac{m^2}{k^2+1}} \\ &= 2\sqrt{\frac{4k^2+3}{k^2+1}} \end{aligned}$$

再设直线 $BC:y=-\frac{1}{k}x+n$. 由直线 BC 与椭圆 Γ 相切,可得 $n^2=\frac{4}{k^2}+3$.

还可得直线 $AD:y=-\frac{1}{k}x-n$,可求得直线 BC,AD 的距离为

$$\begin{aligned} d' &= \frac{|2n|}{\sqrt{\frac{1}{k^2}+1}} \\ &= 2\sqrt{\frac{n^2k^2}{k^2+1}} \\ &= 2\sqrt{\frac{3k^2+4}{k^2+1}} \end{aligned}$$

所以

$$\begin{aligned} S &= dd' \\ &= 2\sqrt{\frac{4k^2+3}{k^2+1}}\cdot 2\sqrt{\frac{3k^2+4}{k^2+1}} \end{aligned}$$

可设 $k^2+1=t(t>1)$,得

$$S=4\sqrt{12+\frac{1}{t}-\left(\frac{1}{t}\right)^2}$$

$$=4\sqrt{\frac{49}{4}-\left(\frac{1}{t}-\frac{1}{2}\right)^2}\left(0<\frac{1}{t}<1\right)$$

进而可得此时 S 的取值范围是$(8\sqrt{3},14]$.

综上所述,可得所求 S 的取值范围是$[8\sqrt{3},14]$.

279. (1)椭圆 E 的方程是$\frac{x^2}{4}+\frac{y^2}{3}=1$.(过程略.)

(2)由(1)可得点$A(-2,0),B(2,0)$.

因为直线 l 的斜率存在且不为0,所以可重设直线 l 的方程为 $x=ty+1(t\neq 0)$,把它代入椭圆 E 的方程后可得$(3t^2+4)y^2+6ty-9=0$.

设点 $M(x_1,y_1),N(x_2,y_2)(y_1y_2\neq 0)$,可得

$$y_1+y_2=-\frac{6t}{3t^2+4} \quad ①$$

$$y_1y_2=-\frac{9}{3t^2+4} \quad ②$$

由式$\frac{①}{②}$得

$$4ty_1y_2=6y_1+6y_2 \quad ③$$

还可得直线 AM 的方程为 $x=\frac{x_1+2}{y_1}y-2$,即 $x=\frac{ty_1+3}{y_1}y-2$;直线 BN 的方程为 $x=\frac{x_2-2}{y_2}y+2$,即 $x=\frac{ty_2-1}{y_2}y+2$.

进而可求得直线 AM,BN 的交点的纵坐标是$\frac{4y_1y_2}{y_1+3y_2}$. 再由式③可得交点的横坐标是

$$\frac{ty_1+3}{y_1}\cdot\frac{4y_1y_2}{y_1+3y_2}-2=\frac{4ty_1y_2-2y_1+6y_2}{y_1+3y_2}=4$$

因而直线 AM,BN 的交点在与 x 轴垂直的某条定直线上,且该直线的方程是$x=4$.

280. (1)在$\triangle BFF_1$ 中,由椭圆的定义及余弦定理可得

$$(2a-|BF|)^2=4c^2+|BF|^2-2\cdot 2c\cdot|BF|\cos\theta$$

$$|BF|=\frac{b^2}{a-c\cos\theta}$$

同理,在$\triangle AFF_1$ 中

$$|AF|=\frac{b^2}{a-c\cos(\pi-\theta)}=\frac{b^2}{a+c\cos\theta}$$

所以

$$\begin{aligned}|AB| &= |AF| + |BF| \\ &= \frac{b^2}{a + c\cos\theta} + \frac{b^2}{a - c\cos\theta} \\ &= \frac{2ab^2}{a^2 - c^2\cos^2\theta}\end{aligned}$$

(2)如原题中的图49所示,设$\angle AF_2F_1 = \theta(0 < \theta < \pi)$,由第(1)问的结论可得$|AD| = \dfrac{12}{4 - \cos^2\theta}$.

还可得▱$ABCD$的边AD上的高为$|F_1F_2|\sin\theta = 2\sin\theta$,所以▱$ABCD$的面积为

$$\begin{aligned}\frac{12}{4 - \cos^2\theta} \cdot 2\sin\theta &= \frac{24\sin\theta}{3 + \sin^2\theta} \\ &= \frac{24}{\dfrac{3}{\sin\theta} + \sin\theta}\end{aligned}$$

再由$y = x + \dfrac{3}{x}(0 < x \leqslant 1)$是减函数可得:当且仅当$\sin\theta = 1$,即$\theta = \dfrac{\pi}{2}$时,▱$ABCD$的面积取到最大值,且最大值是6.

281.(1)由椭圆的定义可得$2a = |PF_1| + |PF_2| = (2 + \sqrt{2}) + (2 - \sqrt{2}) = 4$,所以$a = 2$.

设椭圆C的半焦距为c,由已知$PF_1 \perp PF_2$,可得

$$\begin{aligned}2c &= |F_1F_2| \\ &= \sqrt{|PF_1|^2 + |PF_2|^2} \\ &= \sqrt{(2 + \sqrt{2})^2 + (2 - \sqrt{2})^2} \\ &= 2\sqrt{3}\end{aligned}$$

所以$c = \sqrt{3}$,$b = \sqrt{a^2 - c^2} = 1$,所以椭圆C的标准方程为$\dfrac{x^2}{4} + y^2 = 1$.

(2)如图148所示,联结F_1Q.

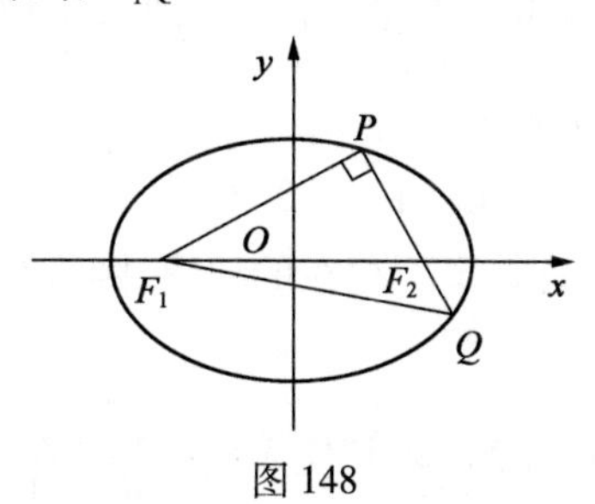

图148

由椭圆的定义，可得 $|PF_1|+|PF_2|=2a$，$|QF_1|+|QF_2|=2a$，所以 $|PF_1|+|PQ|+|F_1Q|=4a$.

再由 $|PF_1|=|PQ|$，$PF_1\perp PQ$，可得 $|PF_1|=\dfrac{4a}{2+\sqrt{2}}=4a-2\sqrt{2}a$，$|PF_2|=2\sqrt{2}a-2a$.

又由 $|PF_1|^2+|PF_2|^2=|F_1F_2|^2$，可得

$$(4a-2\sqrt{2}a)^2+(2\sqrt{2}a-2a)^2=4c^2$$

$$e^2=\frac{c^2}{a^2}=9-6\sqrt{2}$$

$$=3(3-2\sqrt{2})$$

$$=[\sqrt{3}(\sqrt{2}-1)]^2$$

即 $e=\sqrt{6}-\sqrt{3}$.

282. (1) 因为 $F_0(c,0)$，$F_1(0,-\sqrt{b^2-c^2})$，$F_2(0,\sqrt{b^2-c^2})$，所以 $|F_0F_1|=\sqrt{(b^2-c^2)+c^2}=b=1$，$|F_1F_2|=2\sqrt{b^2-c^2}=1$.

于是 $c^2=\dfrac{3}{4}$，$a^2=b^2+c^2=\dfrac{7}{4}$.

所以所求“果圆”的方程为 $\dfrac{4}{7}x^2+y^2=1(x\geqslant 0)$，$y^2+\dfrac{4}{3}x^2=1(x\leqslant 0)$.

(2) 由 M 是线段 A_1A_2 的中点，点 $A_1(-c,0)$，$A_2(a,0)$，可得点 $M\left(\dfrac{a-c}{2},0\right)$.

设点 $P(x,y)$，可得 $\dfrac{y^2}{b^2}+\dfrac{x^2}{c^2}=1$，即 $y^2=b^2-\dfrac{b^2}{c^2}x^2$.

也可得 $|PM|^2=\left(x-\dfrac{a-c}{2}\right)^2+y^2=\left(1-\dfrac{b^2}{c^2}\right)x^2-(a-c)x+\dfrac{(a-c)^2}{4}+b^2$ $(-c\leqslant x\leqslant 0)$.

因为 $1-\dfrac{b^2}{c^2}<0$，所以 $|PM|^2$ 的最小值只能在 $x=0$ 或 $x=-c$ 处取到.

即当 $|PM|$ 取得最小值时，P 在点 B_1，B_2 或 A_1 处.

283. (1) 假设存在点 P，使得 $|AB|=2|CD|$.

若直线 PF_1 和 PF_2 中有斜率不存在的情形，则直线 PF_1 的斜率存在（设为 k_1），直线 $PF_2\perp x$ 轴.

可得直线 $PF_1:y=k_1(x+2)$，将其代入椭圆 $\dfrac{x^2}{8}+\dfrac{y^2}{4}=1$ 的方程后，可得

$$(2k_1^2+1)x^2-8k_1^2x+8k_1^2-8=0$$

设点 $A(x_1,y_1)$,$B(x_2,y_2)$,可得 $x_1+x_2=\frac{8k_1^2}{2k_1^2+1}$,$x_1x_2=\frac{8k_1^2-8}{2k_1^2+1}$,所以

$$|AB|=\sqrt{k_1^2+1}\cdot\sqrt{(x_1+x_2)^2-4x_1x_2}$$
$$=\cdots=4\sqrt{2}\cdot\frac{k_1^2+1}{2k_1^2+1}$$

由直线 $PF_2\perp x$ 轴,可得 $|CD|=2\sqrt{2}$. 再由 $|AB|=2|CD|$,可得

$$4\sqrt{2}\cdot\frac{k_1^2+1}{2k_1^2+1}=2\cdot 2\sqrt{2}$$
$$\frac{k_1^2+1}{2k_1^2+1}=1$$

而显然 $\frac{k_1^2+1}{2k_1^2+1}<1$,所以此时不符合题意,因而直线 PF_1 和 PF_2 的斜率(可分别设为 k_1,k_2)均存在.

可求得

$$|AB|=4\sqrt{2}\cdot\frac{k_1^2+1}{2k_1^2+1} \quad ①$$

$$|CD|=4\sqrt{2}\cdot\frac{k_2^2+1}{2k_2^2+1} \quad ②$$

再由 $|AB|=2|CD|$,可得

$$2k_1^2k_2^2+3k_1^2+1=0$$

此式显然不成立.

综上所述,可得满足题意的点 P 不存在.

(2)设点 $P(x_0,y_0)(x_0\neq\pm 2,y_0\neq 0)$,得 $\frac{x_0^2}{4}-\frac{y_0^2}{2}=1$. 注意到双曲线 $\frac{x^2}{4}-\frac{y^2}{2}=1$ 的左、右顶点恰好是椭圆 $\frac{x^2}{8}+\frac{y^2}{4}=1$ 的左、右焦点,进而可得直线 PF_1 和 PF_2 的斜率(可分别设为 k_1,k_2)均存在,所以

$$k_1k_2=\frac{y_0}{x_0+2}\cdot\frac{y_0}{x_0-2}$$
$$=\frac{y_0^2}{x_0^2-4}$$
$$=\frac{\frac{x_0^2}{2}-2}{x_0^2-4}$$

$$=\frac{1}{2}$$

由式①+②可得

$$|AB|+|CD|=4\sqrt{2}\left(\frac{k_1^2+1}{2k_1^2+1}+\frac{k_2^2+1}{2k_2^2+1}\right)$$

$$=4\sqrt{2}\left(\frac{k_1^2+1}{2k_1^2+1}+\frac{k_1^2k_2^2+k_1^2}{2k_1^2k_2^2+k_1^2}\right)$$

$$=4\sqrt{2}\left(\frac{k_1^2+1}{2k_1^2+1}+\frac{\frac{1}{4}+k_1^2}{2\cdot\frac{1}{4}+k_1^2}\right)$$

$$=4\sqrt{2}\left(\frac{k_1^2+1}{2k_1^2+1}+\frac{4k_1^2+1}{4k_1^2+2}\right)$$

$$=6\sqrt{2}$$

即$|AB|+|CD|$为定值,且该定值为$6\sqrt{2}$.

284.(1)设动点$P(x,y)(x\neq\pm 2)$,可得

$$k_{PA}=\frac{y}{x+2}$$

$$k_{PB}=\frac{y}{x-2}$$

$$k_{PA}\cdot k_{PB}=\frac{y^2}{x^2-4}=t$$

当$t=-1$时,可得曲线C_1的方程为$x^2+y^2=4(y\neq 0)$;当$t=-\frac{1}{4}$时,可得曲线C_2的方程为$\frac{x^2}{4}+y^2=1(y\neq 0)$.

(2)由(1)的答案可知曲线C_1,C_2的方程分别是$x^2+y^2=4(y\neq 0)$,$\frac{x^2}{4}+y^2=1(y\neq 0)$.

假设存在直线l,使得$|P_1P_2|$,$|P_2P_3|$,$|P_3P_4|$成等差数列,可得$|P_1P_2|+|P_3P_4|=2|P_2P_3|$,$|P_1P_4|=3|P_2P_3|$.

可设直线$l:x=my-\sqrt{3}$,点$P_1(x_1,y_1)$,$P_2(x_2,y_2)$,$P_3(x_3,y_3)$,$P_4(x_4,y_4)$.

圆$x^2+y^2=4$的圆心即坐标原点O到直线l的距离$d=\frac{\sqrt{3}}{\sqrt{m^2+1}}$,所以

$$|P_1P_4|=2\sqrt{|OP_1|^2-d^2}$$

$$=2\sqrt{2^2-\left(\frac{\sqrt{3}}{\sqrt{m^2+1}}\right)^2}$$

$$=2\sqrt{\frac{4m^2+1}{m^2+1}}$$

联立$\begin{cases}\frac{x^2}{4}+y^2=1\\x=my-\sqrt{3}\end{cases}$,可得$(m^2+4)y^2-2\sqrt{3}my-1=0$,所以

$$y_2+y_3=\frac{2\sqrt{3}m}{m^2+4}$$

$$y_2y_3=-\frac{1}{m^2+4}$$

$$|P_2P_3|=\sqrt{1+m^2}\,|y_2-y_3|$$

$$=\sqrt{1+m^2}\cdot\sqrt{(y_2+y_3)^2-4y_2y_3}$$

$$=\cdots=\frac{4(m^2+1)}{m^2+4}$$

再由$|P_1P_4|=3|P_2P_3|$,可得

$$2\sqrt{\frac{4m^2+1}{m^2+1}}=3\cdot\frac{4(m^2+1)}{m^2+4}$$

$$(4m^2+1)(m^2+4)^2=36(m^2+1)^3$$

设$m^2+1=t(t\geqslant1)$,可得

$$(4t-3)(t+3)^2=36t^3$$

$$32t^3-21t^2-18t+27=0(t\geqslant1) \quad ①$$

设$f(t)=32t^3-21t^2-18t+27(t\geqslant1)$,可得

$$f'(t)=96t^2-42t-18$$

$$=36t^2+6(t-1)(10t+3)>0(t\geqslant1)$$

所以$f(t)$是增函数,得$f(t)\geqslant f(1)>0(t\geqslant1)$,因而方程①无解.

所以不存在直线l,使得$|P_1P_2|$,$|P_2P_3|$,$|P_3P_4|$成等差数列.

285.(1)由题设,可得$|NM|=|NF|$,所以点N到直线$s:x=-1$的距离等于它到定点$F(1,0)$的距离,再由抛物线的定义可得,所求曲线C的方程是$y^2=4x$.

(2)可设直线$l:x=my+2(m\neq0)$,再设点$P(x_1,y_1)$,$P'(x_1,-y_1)$,$Q(x_2,y_2)$.

由$\begin{cases}y^2=4x\\x=my+2\end{cases}$,可得$y^2-4my-8=0$,所以$y_1y_2=-8$.

可得直线 $P'Q$ 的方程是

$$y=\frac{y_2+y_1}{x_2-x_1}(x-x_1)-y_1$$

即

$$y=\frac{y_2+y_1}{x_2-x_1}\left(x-x_1-\frac{x_2-x_1}{y_2+y_1}y_1\right)$$

因为

$$\begin{aligned}x_1+\frac{x_2-x_1}{y_2+y_1}y_1&=\frac{x_1y_2+x_2y_1}{y_2+y_1}\\&=\frac{\frac{y_1^2}{4}y_2+\frac{y_2^2}{4}y_1}{y_2+y_1}\\&=\frac{\frac{y_1y_2}{4}(y_1+y_2)}{y_2+y_1}\\&=\frac{y_1y_2}{4}\\&=-2\end{aligned}$$

所以直线 $P'Q$ 的方程是 $y=\frac{y_2+y_1}{x_2-x_1}(x+2)$，得直线 $P'Q$ 过定点，且定点的坐标是 $(-2,0)$.

286. (1)(ⅰ)由题设，可得

$$A(x_A,ax_A^2+bx_A+c)$$

$$B(x_A+p,ax_A^2+(2ap+b)x_A+ap^2+bp+c)$$

$$C(x_A+p+q,ax_A^2+(2ap+2aq+b)x_A+ap^2+aq^2+2apq+bp+bq+c)$$

$$D(x_A+2p+q,ax_A^2+(4ap+2aq+b)x_A+4ap^2+aq^2+4apq+2bp+bq+c)$$

从而可求得

$$\overrightarrow{AD}=(2p+q)(1,2ax+a(2p+q)+b)$$

$$\overrightarrow{BC}=q(1,2ax+a(2p+q)+b)$$

所以

$$\overrightarrow{AD}=\frac{2p+q}{q}\overrightarrow{BC}$$

(ⅱ)在(ⅰ)的结论中令 $q=p$ 后，可得欲证结论成立.

(2)设 $f(x)=ax^2+bx+c$，由(1)(ⅱ)的结论，可得

$$f(1)-f(-2)=3[f(0)-f(-1)]$$
$$a+b+c-f(-2)=3(b-a)$$
$$\frac{a+b+c}{b-a}=3+\frac{f(-2)}{b-a}$$

由题设,可得$f(-2)\geqslant 0$. 再由 $a<b$,可得$\frac{a+b+c}{b-a}=3+\frac{f(-2)}{b-a}\geqslant 3$.

当且仅当$\begin{cases}f(-2)=4a-2b+c=0\\ \Delta=b^2-4ac=0\end{cases}$,即 $b=c=4a>0$ 时,$\left(\frac{a+b+c}{b-a}\right)_{\min}=3$.

287. (1)设点 $B(x_1,y_1)$,$C(x_2,y_2)$,$F(x_3.\ y_3)$,可得切线 AB,AC,DE 的方程分别是

$$y_1y=p(x+x_1)$$
$$y_2y=p(x+x_2)$$
$$y_3y=p(x+x_3)$$

进而可求得点 $A\left(\frac{y_1y_2}{2p},\frac{y_1+y_2}{2}\right)$,$E\left(\frac{y_2y_3}{2p},\frac{y_2+y_3}{2}\right)$,$F\left(\frac{y_1y_3}{2p},\frac{y_1+y_3}{2}\right)$,所以

$$\frac{|CE|}{|CA|}=\frac{|x_E-x_C|}{|x_A-x_C|}=\frac{\left|\frac{y_2y_3}{2p}-\frac{y_2^2}{2p}\right|}{\left|\frac{y_1y_2}{2p}-\frac{y_2^2}{2p}\right|}=\frac{|y_3-y_2|}{|y_1-y_2|}$$

同理,可得

$$\frac{|AD|}{|AB|}=\frac{|y_3-y_2|}{|y_1-y_2|}$$
$$\frac{|EF|}{|ED|}=\frac{|y_3-y_2|}{|y_1-y_2|}$$

所以$\frac{|CE|}{|CA|}=\frac{|AD|}{|AB|}=\frac{|EF|}{|ED|}$.

(2)设$\frac{|AD|}{|AB|}=\frac{|CE|}{|CA|}=\frac{|EF|}{|ED|}=t$,可得

$$\frac{S_{\triangle ADE}}{S_{\triangle ABC}}=\frac{\frac{1}{2}|AD|\cdot|AE|\sin A}{\frac{1}{2}|AB|\cdot|AC|\sin A}$$

$$=\frac{|AD|}{|AB|}\cdot\frac{|AE|}{|AC|}$$

$$=t(1-t)$$

$$S_{\triangle ADE}=t(1-t)S_{\triangle ABC}$$

所以
$$S_{\text{四边形}BCED}=\frac{1-t(1-t)}{t(1-t)}S_{\triangle ADE}$$

$$=\frac{t^2-t+1}{t-t^2}S_{\triangle ADE}$$

因为

$$\frac{S_{\triangle CEF}}{S_{\triangle ADE}}=\frac{\frac{1}{2}|EC|\cdot|EF|\sin\angle CEF}{\frac{1}{2}|EA|\cdot|ED|\sin\angle AED}$$

$$=\frac{t^2}{1-t}$$

所以 $S_{\triangle CEF}=\frac{t^2}{1-t}S_{\triangle ADE}$.

同理,可得 $S_{\triangle BDF}=\frac{(1-t)^2}{t}S_{\triangle ADE}$.

所以

$$S_{\triangle BCF}=S_{\text{四边形}BCED}-S_{\triangle CEF}-S_{\triangle BDF}$$

$$=\left[\frac{t^2-t+1}{t-t^2}-\frac{t^2}{1-t}-\frac{(1-t)^2}{t}\right]S_{\triangle ADE}$$

$$=2S_{\triangle ADE}$$

即
$$\frac{S_{\triangle BCF}}{S_{\triangle ADE}}=2$$

288.(1)由$\begin{cases}y=kx+4\\ \frac{x^2}{4}+y^2=1\end{cases}$,可得

$$\frac{x^2}{4}+y^2=\left(\frac{y-kx}{4}\right)^2$$

$$15\left(\frac{y}{x}\right)^2+2k\left(\frac{y}{x}\right)+4-k^2=0(\text{当 }x\neq 0\text{ 时})$$

由 $k_{OA}+k_{OB}=2$ 及韦达定理,可得 $-\frac{2k}{15}=2,k=-15$.

(2)由$\begin{cases}y=kx+4\\ y^2=4x\end{cases}$,可得

$$y^2=x(y-kx)$$

$$\left(\frac{y}{x}\right)^2-\left(\frac{y}{x}\right)+k=0(\text{当 } x\neq 0 \text{ 时})$$

由 $k_{OA}k_{OB}=2$ 及韦达定理,可得 $k=2$.

289. 设椭圆 C 的半焦距为 $c(c=\sqrt{a^2-b^2})$.

(1)由题设 $|AB|=\frac{\sqrt{3}}{2}|F_1F_2|$ 及勾股定理,可得

$$\sqrt{a^2+b^2}=\frac{\sqrt{3}}{2}\cdot 2c$$

$$a^2+(a^2-c^2)=3c^2$$

$$a^2=2c^2$$

所以椭圆 C 的离心率 $e=\frac{c}{a}=\frac{\sqrt{2}}{2}$.

(2)由(1)的解答,可得 $a=\sqrt{2}c,b=c$,所以可设椭圆 C 的方程为 $\frac{x^2}{2c^2}+\frac{y^2}{c^2}=1$,进而可设点 $P(\sqrt{2}c\cos\theta,c\sin\theta)$.

如图149所示,可得

$$k_{F_1B}\cdot k_{F_1P}=\frac{c-0}{0+c}\cdot\frac{c\sin\theta-0}{\sqrt{2}c\cos\theta+c}=-1$$

$$-\sin\theta=\sqrt{2}\cos\theta+1$$

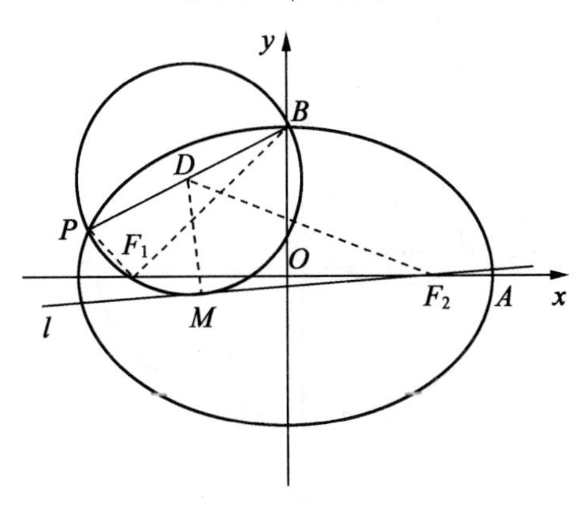

图149

若 $\cos\theta=0$,得 $\sin\theta=-1$,点 $P(0,-c)$,此时可得点 F_2 在以线段 PB 为直径的圆上,所以点 F_2,M 重合,这与题设 $|MF_2|=2\sqrt{2}$ 矛盾! 所以 $\cos\theta\neq 0$.

再由 $(-\sin\theta)^2+\cos^2\theta=1,\cos\theta\neq 0$,可求得 $\cos\theta=-\frac{2}{3}\sqrt{2},\sin\theta=\frac{1}{3}$,所

以点 P 的坐标为$\left(-\frac{4}{3}c,\frac{1}{3}c\right)$,线段 PB 的中点坐标为 $D\left(-\frac{2}{3}c,\frac{2}{3}c\right)$.

可得$|DM|^2=|DB|^2=\frac{5}{9}c^2$,$|DF_2|^2=\frac{29}{9}c^2$,$|MF_2|^2=8$.

再由 $DM\perp MF_2$,可得$|DM|^2+|MF_2|^2=|DF_2|^2$,$\frac{5}{9}c^2+8=\frac{29}{9}c^2$,$c^2=3$,

$b^2=3$,$a^2=6$,所以椭圆 C 的方程是$\frac{x^2}{6}+\frac{y^2}{3}=1$.

(2)的另解:由(1)的解答,可得 $a=\sqrt{2}c$,$b=c$,所以可设椭圆 C 的方程为$\frac{x^2}{2c^2}+\frac{y^2}{c^2}=1$.

如图 150 所示,因为以线段 PB 为直径的圆过点 F_1,所以圆心 D 在弦 F_1B 的中垂线 $y=-x$ 上,所以可设点 $D(-t,t)$.

可得$|DM|^2=|DB|^2=t^2+(t-c)^2$,$|DF_2|^2=(t+c)^2+t^2$,$|MF_2|^2=8$.

再由 $DM\perp MF_2$,可得$|DM|^2+|MF_2|^2=|DF_2|^2$,$t^2+(t-c)^2+8=(t+c)^2+t^2$,$t=\frac{2}{c}$.

又由线段 PB 的中点是 D,可得点 $P\left(-\frac{4}{c},\frac{4}{c}-c\right)$. 由点 P 在椭圆 C:$\frac{x^2}{2c^2}+\frac{y^2}{c^2}=1$上可求得 $c^2=3$,所以所求椭圆 C 的方程是$\frac{x^2}{6}+\frac{y^2}{3}=1$.

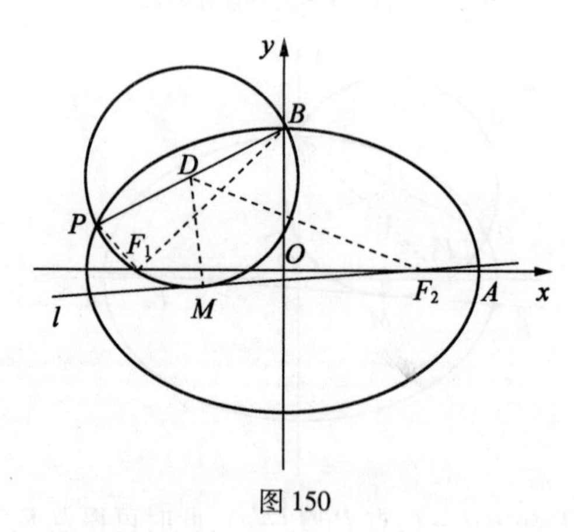

图 150

290. 设椭圆 C 的半焦距为 $c(c=\sqrt{a^2-b^2})$.

(1)由题设可得 $c=2$,$\frac{c}{a}=\frac{\sqrt{6}}{3}$,$a^2=b^2+c^2$,解得 $a^2=6$,$b^2=2$,所以椭圆 C

的方程为$\frac{x^2}{6}+\frac{y^2}{2}=1$.

(2)可设点$T(-3,m)(m\in\mathbf{R})$,得$k_{TF}=\frac{m-0}{-3+2}=-m$,所以由$TF\perp PQ$知可设直线$PQ$的方程为$x=my-2$.

联立$\begin{cases}x=my-2\\ \frac{x^2}{6}+\frac{y^2}{2}=1\end{cases}$,可得$(m^2+3)y^2-4my-2=0$,其判别式$\Delta=24(m^2+1)>0$.

设点$P(x_1,y_1)$,$Q(x_2,y_2)$,可得$y_1+y_2=\frac{4m}{m^2+3}$,$y_1y_2=\frac{-2}{m^2+3}$,所以$x_1+x_2=m(y_1+y_2)-4=\frac{-12}{m^2+3}$.

如图151所示,可得

$$\begin{aligned}\text{四边形 } OPTQ \text{ 为平行四边形} &\Leftrightarrow \overrightarrow{OP}=\overrightarrow{QT}\\ &\Leftrightarrow (x_1,y_1)=(-3-x_2,m-y_2)\\ &\Leftrightarrow \begin{cases}x_1+x_2=\frac{-12}{m^2+3}=-3\\ y_1+y_2=\frac{4m}{m^2+3}=m\end{cases}\\ &\Leftrightarrow m=\pm 1\end{aligned}$$

此时,$S_{\square OPTQ}=2S_{\triangle OPQ}=2\cdot\frac{1}{2}|OF|\cdot|y_1-y_2|=2\cdot\frac{1}{2}\cdot 2\cdot\frac{\sqrt{24(m^2+1)}}{m^2+3}=2\sqrt{3}$.

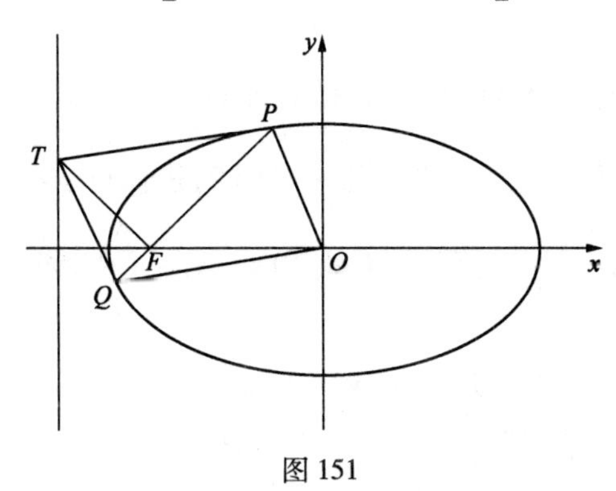

图151

所以四边形$OPTQ$能为平行四边形;当四边形$OPTQ$为平行四边形时,其面积为$2\sqrt{3}$.

(2)的另解:部分解答同上. 如图 152 所示,可得线段 OT 的中点坐标是 $\left(-\frac{3}{2},\frac{m}{2}\right)$,$PQ$ 的中点坐标是 $\left(\frac{-6}{m^2+3},\frac{2m}{m^2+3}\right)$,所以

$$\text{四边形 } OPTQ \text{ 为平行四边形} \Leftrightarrow \begin{cases} \frac{-6}{m^2+3}=-\frac{3}{2} \\ \frac{2m}{m^2+3}=\frac{m}{2} \end{cases} \Leftrightarrow m=\pm 1$$

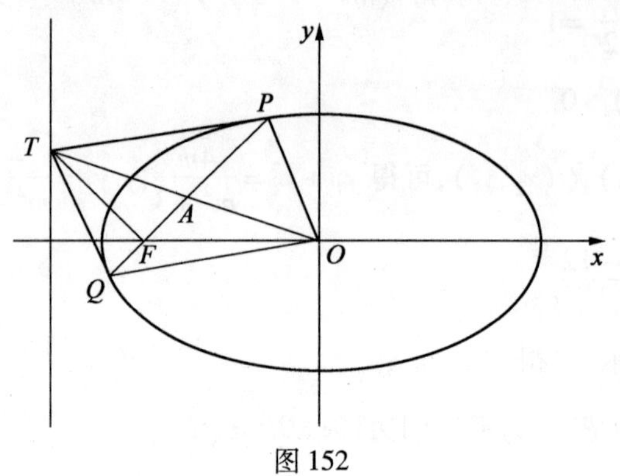

图 152

此时,$S_{\square OPTQ}=2S_{\triangle TPQ}=2\cdot\frac{1}{2}|TF|\cdot|PQ|=2\cdot\frac{1}{2}\cdot\sqrt{2}\cdot\left[\sqrt{m^2+1}\cdot\frac{\sqrt{24(m^2+1)}}{m^2+3}\right]=2\sqrt{3}$.

所以四边形 $OPTQ$ 能为平行四边形;当四边形 $OPTQ$ 为平行四边形时,其面积为 $2\sqrt{3}$.

291. (1)$|MN|=8$.

(2)$x=2$ 或 $y=5$.

(3)可设直线 $l:y-5=k(x-2)$,题意即直线 l 是线段 CD 的中垂线,所以点 C 到直线 l 的距离是圆 C 的半径的一半即 2,进而可求得 $k=\frac{4\pm\sqrt{7}}{3}$,所以满足题意的直线 l 存在,且其方程为 $(4+\sqrt{7})x-3y+7-2\sqrt{7}=0$ 或 $(4-\sqrt{7})x-3y+7+2\sqrt{7}=0$.

292. (1)椭圆 C 的方程是 $x^2+2y^2=3$.

(2)可证 $k_{AP}k_{BP}=-\frac{b^2}{a^2}=-\frac{1}{2}$.

(3)由点 $A(-1,1)$,且与点 B 关于原点对称,可得点 $B(1,-1)$,设点 $P(x_0,y_0)$,$M(3,m)$,$N(3,n)$.

还可得$\overrightarrow{AP}=(x_0+1,y_0-1)$,$\overrightarrow{AM}=(4,m-1)$,$\overrightarrow{BP}=(x_0-1,y_0+1)$,$\overrightarrow{BN}=(2,n+1)$.

由$\overrightarrow{AP}//\overrightarrow{AM}$,$\overrightarrow{BP}//\overrightarrow{BN}$及(2)的结论,可求得$m=\dfrac{4(y_0-1)}{x_0+1}+1=4k_{AP}+1$,$n=\dfrac{2(y_0+1)}{x_0-1}-1=2k_{BP}-1=-\dfrac{1}{k_{AP}}-1$,所以

$$\begin{aligned}|m-n|&=\left|4k_{AP}+\frac{1}{k_{AP}}+2\right|\\&\geqslant\left|4k_{AP}+\frac{1}{k_{AP}}\right|-2\\&\geqslant 2\text{(均值不等式)}\end{aligned}$$

进而可得,当且仅当$k_{AP}=-\dfrac{1}{2}$时$|MN|_{\min}=2$.

293. 设椭圆C的半焦距为c,由椭圆C的离心率为$\dfrac{\sqrt{3}}{3}$,可得椭圆C的方程为$\dfrac{x^2}{3c^2}+\dfrac{y^2}{2c^2}=1$.

设点$A(x_1,y_1)$,$B(x_2,y_2)$,由$\overrightarrow{CA}=2\overrightarrow{BC}$,可得$y_1=-2y_2$.

再设直线$l:x=my-1(m\neq 0)$,把它代入椭圆C的方程$\dfrac{x^2}{3c^2}+\dfrac{y^2}{2c^2}=1$后,可得

$$(2m^2+3)y^2-4my+2-6c^2=0$$

所以

$$y_1+y_2=\frac{4m}{2m^2+3}$$

$$y_1y_2=\frac{2-6c^2}{2m^2+3}$$

再由$y_1=-2y_2$,可得$y_1=\dfrac{8m}{2m^2+3}$,$y_2=\dfrac{-4m}{2m^2+3}$.

还可得

$$\begin{aligned}S_{\triangle OAB}&=S_{\triangle OAC}+S_{\triangle OBC}\\&=\frac{1}{2}|y_1-y_2|\\&=\frac{6|m|}{2|m|^2+3}\end{aligned}$$

$$=\frac{6}{2|m|+\frac{3}{|m|}}$$

$$\leqslant\frac{\sqrt{6}}{2}\text{(均值不等式)}$$

进而可得当且仅当 $m^2=\frac{3}{2}$ 时，$\triangle OAB$ 的面积取到最大值. 此时，可得

$$\begin{aligned}y_1y_2&=\frac{8m}{2m^2+3}\cdot\frac{-4m}{2m^2+3}\\&=\frac{-32m^2}{(2m^2+3)^2}\\&=\frac{2-6c^2}{2m^2+3}\end{aligned}$$

$$c^2=\frac{5}{3}$$

所以所求椭圆 C 的方程是 $\frac{x^2}{5}+\frac{y^2}{\frac{10}{3}}=1$.

294. (1)所求椭圆 C 的方程是 $\frac{x^2}{4}+y^2=1$.

(2)可设点 $M(x_1,y_1)$，$N(x_1,-y_1)$ $(y_1>0)$，得 $y_1^2=1-\frac{x_1^2}{4}$.

由题设可得 $T(-2,0)$，$\overrightarrow{TM}=(x_1+2,y_1)$，$\overrightarrow{TN}=(x_1+2,-y_1)$，所以

$$\begin{aligned}\overrightarrow{TM}\cdot\overrightarrow{TN}&=(x_1+2)^2-y_1^2\\&=(x_1+2)^2-\left(1-\frac{x_1^2}{4}\right)\\&=\frac{5}{4}\left(x_1+\frac{8}{5}\right)^2-\frac{1}{5}\end{aligned}$$

又因为 $-2<x_1<2$，所以可得 $\overrightarrow{TM}\cdot\overrightarrow{TN}$ 的最小值是 $-\frac{1}{5}$.

还可得此时 $y_1=\frac{3}{5}$，$M\left(-\frac{8}{5},\frac{3}{5}\right)$，进而可求圆 T 的方程是 $(x+2)^2+y^2=\frac{13}{25}$.

(3)设点 $P(x_0,y_0)$，可得直线 MP：$y-y_0=\frac{y_0-y_1}{x_0-x_1}(x-x_0)$，令 $y=0$，得

$x_R=\dfrac{x_1y_0-x_0y_1}{y_0-y_1}$.

同理,可得 $x_S=\dfrac{x_1y_0+x_0y_1}{y_0+y_1}$,所以 $x_R\cdot x_S=\dfrac{x_1^2y_0^2-x_0^2y_1^2}{y_0^2-y_1^2}$.

又由点 $P(x_0,y_0)$,$M(x_1,y_1)$ 均在椭圆 C 上,所以 $x_0^2=4(1-y_0^2)$,$x_1^2=4(1-y_1^2)$.

进而可得

$$
\begin{aligned}
x_R\cdot x_S&=\frac{4(1-y_1^2)y_0^2-4(1-y_0^2)y_1^2}{y_0^2-y_1^2}\\
&=\frac{4(y_0^2-y_1^2)}{y_0^2-y_1^2}\\
&=4
\end{aligned}
$$

即欲证结论成立.

295. (1)由椭圆的定义及勾股定理可求得答案是 $\dfrac{x^2}{4}+\dfrac{y^2}{3}=1$.

(2)由题设可得点 $A(-m,0)$,$B(0,m)$,设点 $M(x_1,y_1)$,$N(x_2,y_2)$.

由 $\begin{cases}y=x+m\\ \dfrac{x^2}{4}+\dfrac{y^2}{3}=1\end{cases}$,可得 $7x^2+8mx+4m^2-12=0$.

再由 $\Delta>0$ 及 $m<-\sqrt{3}$ 可求得 m 的取值范围是 $(-\sqrt{7},-\sqrt{3})$,进而可得 $x_1>0$,$x_2>0$.

还可得 $x_1+x_2=-\dfrac{8}{7}m$,$x_1x_2=\dfrac{4m^2-12}{7}$.

由两点间距离公式及弦长公式,可得 $|AB|=-\sqrt{2}m$,$|BM|=\sqrt{2}x_1$,$|BN|=\sqrt{2}x_2$,所以

$$
\begin{aligned}
\frac{|AB|}{|BM|}+\frac{|AB|}{|BN|}&=-m\left(\frac{1}{x_1}+\frac{1}{x_2}\right)\\
&=-m\cdot\frac{x_1+x_2}{x_1x_2}\\
&=\frac{2m^2}{m^2-3}\\
&=2+\frac{6}{m^2-3}\ (-\sqrt{7}<m<-\sqrt{3})
\end{aligned}
$$

进而可求得 $\dfrac{|AB|}{|BM|}+\dfrac{|AB|}{|BN|}$ 的取值范围是 $\left(\dfrac{7}{2},+\infty\right)$.

296. **解法1**　建立如图153所示的平面直角坐标系 xAy，得直线 AC：$x+\sqrt{3}y=0$.

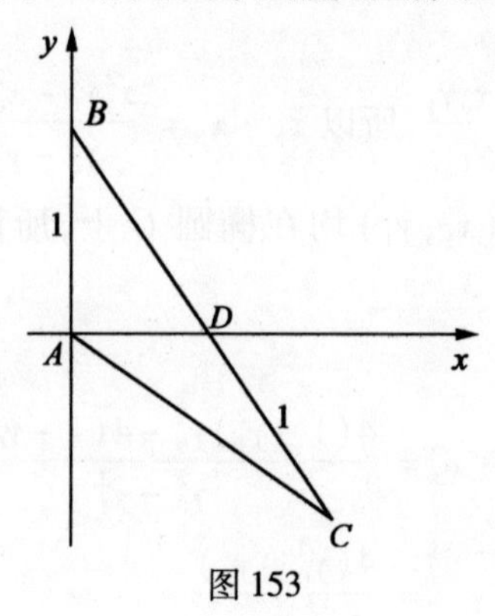

图153

设点 $D(u,0)(u>0)$，可得直线 BC：$\frac{x}{u}+y=1$.

进而可求得点 $C\left(\frac{\sqrt{3}u}{\sqrt{3}-u},\frac{u}{u-\sqrt{3}}\right)$，由 $CD=1$，可得

$$u^4+2\sqrt{3}u-3=0$$

$$(u+\sqrt{3})(u^3-\sqrt{3}u^2+3u-\sqrt{3})=0$$

$$u^3-\sqrt{3}u^2+3u-\sqrt{3}=0$$

$$u(u^2+3)-\sqrt{3}(u^2+1)=0$$

设 $u^2+1=v$，可得 $v^3=4$，$v=\sqrt[3]{4}$，$BD^2=u^2+1=v=(\sqrt[3]{2})^2$，$BD=\sqrt[3]{2}$.

解法2　如图153所示，设 $BD=x(x>1)$.

在$\triangle ABC$中，有$\frac{x+1}{\sin 120^\circ}=\frac{1}{\sin C}$；在$\triangle ACD$中，有$\frac{\sqrt{x^2-1}}{\sin C}=\frac{1}{\sin 30^\circ}$，所以

$$\frac{x+1}{\frac{\sqrt{3}}{2}}=\frac{2}{\sqrt{x^2-1}}$$

即

$$(x+1)\sqrt{(x+1)(x-1)}=\sqrt{3}$$

设 $x+1=t(t>2)$，可得

$$t\sqrt{t(t-2)}=\sqrt{3}$$

$$t^4-2t^3-3=0$$

$$(t+1)(t^3-3t^2+3t-3)=0$$

$$t^3-3t^2+3t-3=0$$

$$(t-1)^3=2$$

$$x^3=2$$

$$x=\sqrt[3]{2}$$

即 $BD=\sqrt[3]{2}$.

297.（1）圆 C_1 即 $x^2+y^2=25$，圆 C_2 即 $(x-1)^2+(y-2)^2=16$. 所以 $O_1(0,0)$，$O_2(1,2)$，$d=|O_1O_2|=\sqrt{5}$，圆 C_1，C_2 的半径分别是 $R=5$，$r=4$.

因为可得 $|R-r|<d<R+r$，所以圆 C_1，C_2 相交.

（2）这两个圆的公共弦 AB 所在直线的方程是

$$(x^2+y^2-25)-(x^2+y^2-2x-4y-11)=0$$

即 $x+2y-7=0$

（3）设直线 O_1O_2 交公共弦 AB 于点 H，用点到直线的距离公式，得 $|O_1H|=\frac{7}{5}\sqrt{5}$.

再由勾股定理，得 $|AH|=\frac{\sqrt{380}}{5}$，$|AB|=2|AH|=\frac{2}{5}\sqrt{380}$.

（4）我们再计算出 $|O_2H|=\frac{2}{5}\sqrt{5}$，又因为 $|O_1O_2|=\sqrt{5}=|O_1H|-|O_2H|$，还注意到点 O_1 在圆 C_1 内，点 O_2 在圆 C_1 内，所以可画出草图如图 154 所示.

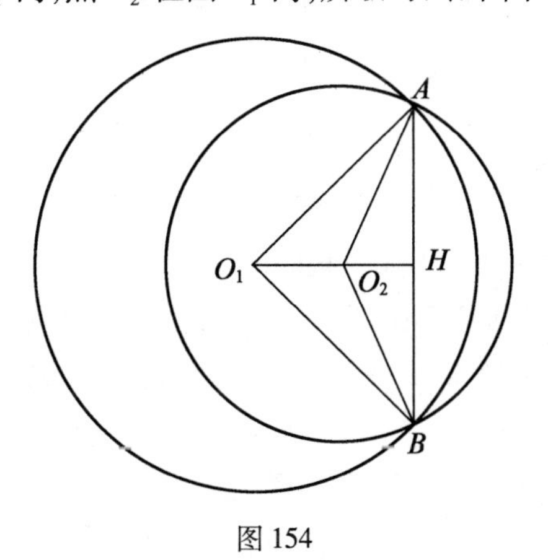

图 154

所以 $S=2\cdot\frac{1}{2}|O_1O_2|\cdot|AH|=2\sqrt{19}$.

（5）因为两圆相交，所以它们只有外公切线.

又因为 $|O_1O_2|=\sqrt{5}$，$R-r=1$，所以外公切线长为 $\sqrt{(\sqrt{5})^2-1^2}=2$.

(6)可设所求直线方程为 $ax+by+c=0$,得

$$\begin{cases}\dfrac{|c|}{\sqrt{a^2+b^2}}=5\\ \dfrac{|a+2b+c|}{\sqrt{a^2+b^2}}=4\end{cases}$$

由线性规划知识,可得

$$\begin{cases}\dfrac{c}{\sqrt{a^2+b^2}}=5\\ \dfrac{a+2b+c}{\sqrt{a^2+b^2}}=4\end{cases} 或 \begin{cases}\dfrac{-c}{\sqrt{a^2+b^2}}=5\\ \dfrac{-(a+2b+c)}{\sqrt{a^2+b^2}}=4\end{cases}$$

进而可求得答案为 $x=5$ 及 $3x-4y+25=0$(图155).

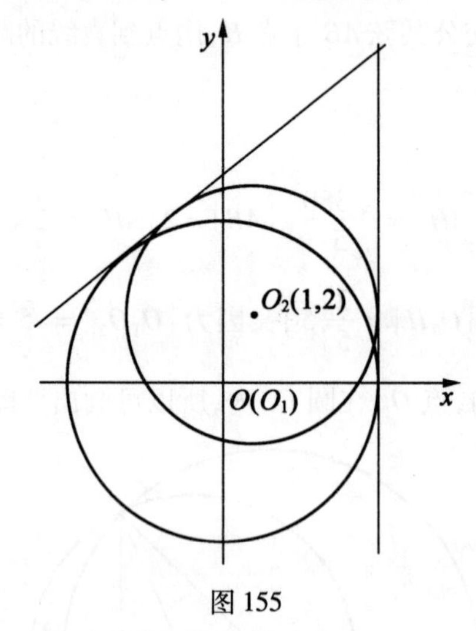

图155

298. (1)$(x+4)^2+y^2=16$.(过程略.)

(2)满足题意的定点 B 存在,且其坐标为$(-12,0)$.(过程略.)

(3)$(x+4)^2+y^2=16$ 即 $x^2+y^2=-8x$,设点 $P(x,y)$,$A(x_1,0)$,$B(x_2,0)$,则由题设得

$$\frac{\sqrt{(x-x_1)^2+y^2}}{\sqrt{(x-x_2)^2+y^2}}=\frac{1}{2}$$

即

$$\frac{-8x+x_1^2-2x_1x}{-8x+x_2^2-2x_2x}=\frac{1}{4}$$

$$2(4x_1-x_2+12)x+(x_2^2-4x_1^2)=0$$

因为该式恒成立,所以 $4x_1-x_2+12=x_2^2-4x_1^2=0$,可得$(x_1,x_2)=(-6,$

$-12)$或$(-2,4)$. 所以满足题意的定点A,B存在,且其坐标为$A(-6,0)$, $B(-12,0)$或$A(-2,0)$, $B(4,0)$.

(4)满足题意的常数λ存在,且$\lambda=\frac{1}{2}$.(过程略.)

299. 略.

300. 题意即以OA为直径的圆$\left(x+\frac{a}{2}\right)^2+y^2=\frac{a^2}{4}$与椭圆有公共点. 联立后可得

$$c^2x^2+a^3x+a^2b^2=0$$

因为两者有公共点$(-a,0)$,所以该一元二次方程有根$x=-a$,由韦达定理,得另一根为$x=-\frac{ab^2}{c^2}$,所以题意即$-\frac{ab^2}{c^2}>-a$,得椭圆Γ离心率的取值范围是$\left(\frac{\sqrt{2}}{2},1\right)$.

301. 若$m=0$,则$k_{OA}=k_{OB}=k$,得$k=0$,与题设矛盾! 所以$m\neq0$.

设点$A(x_1,y_1)$, $B(x_2,y_2)$,可得

$$\frac{x_i^2}{4}+y_i^2=1(i=1,2)$$

$$y_i=kx_i+m(i=1,2)$$

$$\frac{x_i^2}{4}+y_i^2=\left(\frac{y_i-kx_i}{m}\right)^2(i=1,2)$$

因为k_{OA}, k_{OB}均存在,所以$x_i\neq0(i=1,2)$,可得

$$\left(\frac{1}{m^2}-1\right)\left(\frac{y_i}{x_i}\right)^2-\frac{2k}{m^2}\left(\frac{y_i}{x_i}\right)+\frac{k^2}{m^2}-\frac{1}{4}=0(i=1,2)$$

$$k_{OA}+k_{OB}=\frac{2k}{1-m^2}$$

$$=\frac{8}{3}k(k\neq0)$$

$$m=\pm\frac{1}{2}$$

得直线l过定点,且该定点的坐标是$\left(0,-\frac{1}{2}\right)$或$\left(0,\frac{1}{2}\right)$.

302. 如图156所示,分别过点A,B作曲线C的准线l_F的垂线,垂足分别为A_1, B_1.

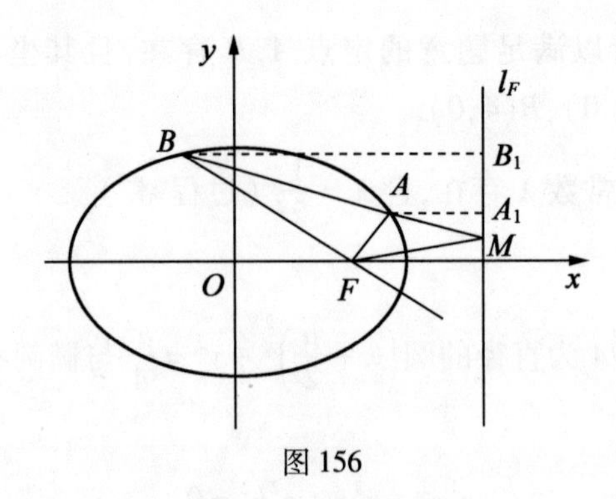

图 156

由椭圆的第二定义,可得$\frac{|AF|}{|AA_1|}=\frac{|BF|}{|BB_1|}=e$($e$ 表示曲线 C 的离心率),所以$\frac{|AF|}{|BF|}=\frac{|AA_1|}{|BB_1|}$.

再由 $AA_1 /\!/ BB_1$,可得$\frac{|AM|}{|BM|}=\frac{|AA_1|}{|BB_1|}$,所以$\frac{|AF|}{|BF|}=\frac{|AM|}{|BM|}$.

再由三角形外角平分线定理的逆定理,可得欲证结论成立.

303. (1)若存在满足题设的直线 l,则由 $AB\perp A_1F$,可得直线 l 的斜率为 1,因而可设 $l: y=x+m$.

由$\begin{cases} y=x+m \\ \frac{x^2}{4}+\frac{y^2}{2}=1 \end{cases}$,可得 $3x^2+4mx+2m^2-4=0$.

设点 $A(x_1,x_1+m)$,$B(x_2,x_2+m)$,由韦达定理可得

$$x_1+x_2=-\frac{4}{3}m$$

$$x_1x_2=\frac{2m^2-4}{3}$$

所以

$$\begin{aligned} \overrightarrow{A_1A}\cdot\overrightarrow{FB} &= (x_1,x_1+m-\sqrt{2})\cdot(x_2-\sqrt{2},x_2+m) \\ &= 2x_1x_2+(m-\sqrt{2})(x_1+x_2)+m(m-\sqrt{2}) \\ &= \cdots = m^2+\frac{\sqrt{2}}{3}m-\frac{8}{3} \\ &= 0 \end{aligned}$$

解得 $m=\sqrt{2}$ 或 $m=-\frac{4}{3}\sqrt{2}$.

经检验知,只有 $m=-\frac{4}{3}\sqrt{2}$ 满足题意,所以存在直线 l 满足题意,且其方程

是 $y = x - \frac{4}{3}\sqrt{2}$.

(2)可设点 $P(x_0, y_0)(x_0^2 = 4 - 2y_0^2)$.

由点 $A_1(0, \sqrt{2})$, $A_2(0, -\sqrt{2})$, 可得直线

$$PA_1: y - \sqrt{2} = \frac{y_0 - \sqrt{2}}{x_0}x$$

$$PA_2: y + \sqrt{2} = \frac{y_0 + \sqrt{2}}{x_0}x$$

进而可求得 $x_M = -\frac{\sqrt{2}x_0}{y_0 - \sqrt{2}}$, $x_N = \frac{\sqrt{2}x_0}{y_0 + \sqrt{2}}$.

可设圆 G 的圆心为 $\left(\frac{1}{2}\left(\frac{\sqrt{2}x_0}{y_0 + \sqrt{2}} - \frac{\sqrt{2}x_0}{y_0 - \sqrt{2}}\right), h\right)$, 即 $\left(\frac{2x_0}{2 - y_0^2}, h\right)$, 得圆 G 的半径 r 满足

$$\begin{aligned} r^2 &= \left(\frac{2x_0}{2 - y_0^2} - \frac{\sqrt{2}x_0}{y_0 + \sqrt{2}}\right)^2 + h^2 \\ &= \left(\frac{\sqrt{2}x_0y_0}{y_0^2 - 2}\right)^2 + h^2 \\ &= \frac{8y_0^2}{x_0^2} + h^2 \end{aligned}$$

又因为 $|OG|^2 = \left(\frac{2x_0}{2 - y_0^2}\right)^2 + h^2 = \frac{16}{x_0^2} + h^2$, 所以

$$\begin{aligned} |OT|^2 &= |OG|^2 - r^2 \\ &= \frac{16}{x_0^2} + h^2 - \frac{8y_0^2}{x_0^2} - h^2 \\ &= 4 \end{aligned}$$

$$|OT| = 2$$

即 $|OT|$ 为定值 2.

(2)的另解:可设点 $P(x_0, y_0)(x_0^2 = 4 - 2y_0^2)$. 同上可求得 $x_M = -\frac{\sqrt{2}x_0}{y_0 - \sqrt{2}}$, $x_N = \frac{\sqrt{2}x_0}{y_0 + \sqrt{2}}$.

由切割线定理,可得

$$
\begin{aligned}
|OT|^2 &= |OM| \cdot |ON| \\
&= \left|\frac{\sqrt{2}x_0}{y_0-\sqrt{2}} \cdot \frac{\sqrt{2}x_0}{y_0+\sqrt{2}}\right| \\
&= \left|\frac{2x_0^2}{y_0^2-2}\right| \\
&= \left|\frac{2(4-2y_0^2)}{y_0^2-2}\right| \\
&= 4
\end{aligned}
$$

$$|OT| = 2$$

即 $|OT|$ 为定值2.

304. (1) 椭圆 G 的方程为 $\frac{x^2}{4}+y^2=1$.

(2)(ⅰ)设点 $P(x_0,y_0)(x_0\in[-2,0))$,由题设得点 $A(0,1)$,$B(0,-1)$.

所以直线 PA 的方程为 $y-1=\frac{y_0-1}{x_0}x$.

令 $x=4$,得 $y_M=\frac{4(y_0-1)}{x_0}+1$.

同理可得 $y_N=\frac{4(y_0+1)}{x_0}-1$.

进而可得得 $|MN|=\left|2-\frac{8}{x_0}\right|$.

所以圆 C 半径 $r=\left|1-\frac{4}{x_0}\right|(-2\leqslant x_0<0)$.

得当且仅当 $x_0=-2$ 时,圆 C 的半径最小且最小值为3.

(ⅱ)当点 P 在左端点时,可得 $M(4,3)$,$N(4,-3)$,所以此时圆 C 的方程为 $(x-4)^2+y^2=9$.

当点 P 在右端点时,可得 $M(4,-1)$,$N(4,1)$,所以此时圆 C 的方程为 $(x-4)^2+y^2=1$.

所以所求的定圆若存在,则只可能是 $(x-2)^2+y^2=1$ 或 $(x-6)^2+y^2=1$.

可证这两个圆均满足题意. 下面只对前者给予证明.

由(ⅰ)知圆 C 的半径 $r=\left|1-\frac{4}{x_0}\right|=\begin{cases}1-\frac{4}{x_0}, & -2\leqslant x_0<0\\ \frac{4}{x_0}-1, & 0<x_0\leqslant 2\end{cases}$.

因为$y_M=\frac{4(y_0-1)}{x_0}+1$，$y_N=\frac{4(y_0+1)}{x_0}-1$，圆$C$的圆心坐标为$(4,\frac{4y_0}{x_0})$，所以圆心距

$$d=\sqrt{(4-2)^2+(\frac{4y_0}{x_0})^2}$$
$$=\sqrt{4+\frac{16(1-\frac{x_0^2}{4})}{x_0^2}}$$
$$=\frac{4}{|x_0|}$$
$$=\begin{cases}-\frac{4}{x_0},-2\leqslant x_0<0\\ \frac{4}{x_0},0<x_0\leqslant 2\end{cases}$$

当$-2\leqslant x_0<0$时，$d=r-R=(1-\frac{4}{x_0})-1=-\frac{4}{x_0}$，此时定圆与圆$C$内切；

当$0<x_0\leqslant 2$时，$d=r+R=(\frac{4}{x_0}-1)+1=\frac{4}{x_0}$，此时定圆与圆$C$外切.

所以欲证结论成立.

所以定圆的方程是$(x-2)^2+y^2=1$或$(x-6)^2+y^2=1$.

305. (1)$C:\frac{x^2}{4}+\frac{y^2}{3}=1$.

(2)当直线AB的斜率不存在时，可不妨设点$A\left(1,\frac{3}{2}\right)$，$B\left(1,-\frac{3}{2}\right)$，可求得$k_1=\frac{1}{2}$，$k_2=\frac{3}{2}$，$k_1+k_2=2$.

当直线AB的斜率存在时，可设直线AB的方程是$y=k(x-1)$.

联立方程组$\begin{cases}\frac{x^2}{4}+\frac{y^2}{3}=1\\ y=k(x-1)\end{cases}$，可得

$(4k^2+3)x^2-8k^2x+(4k^2-12)=0$（其判别式的值恒为正数）

设点$A(x_1,k(x_1-1))$，$B(x_2,k(x_2-1))$，可得

$$x_1+x_2=\frac{8k^2}{4k^2+3}$$
$$x_1x_2=\frac{4k^2-12}{4k^2+3}$$

所以

$$k_1+k_2=\frac{k(x_1-1)-3}{x_1-4}+\frac{k(x_2-1)-3}{x_2-4}$$
$$=\frac{(kx_1-k-3)(x_2-4)+(kx_2-k-3)(x_1-4)}{(x_1-4)(x_2-4)}$$
$$=\frac{2kx_1x_2-(5k+3)(x_1+x_2)+8(k+3)}{x_1x_2-4(x_1+x_2)+16}$$
$$=\cdots=2$$

得 k_1+k_2 的取值范围是$\{2\}$.

(3)当直线 AB 的斜率不存在时,可得 $k_1k_2=\frac{1}{2}\cdot\frac{3}{2}=\frac{3}{4}$.

当直线 AB 的斜率存在时,由第(2)问的解答,可得

$$k_1k_2=\frac{k(x_1-1)-3}{x_1-4}\cdot\frac{k(x_2-1)-3}{x_2-4}$$
$$=\frac{k^2x_1x_2-(k^2+3k)(x_1+x_2)+(k+3)^2}{x_1x_2-4(x_1+x_2)+16}$$
$$=\cdots=\frac{3k^2+2k+3}{4k^2+4}$$
$$=\frac{3}{4}+\frac{1}{4}\cdot\frac{2k}{k^2+1}$$

由 $k^2+1\geqslant|2k|(k\in\mathbf{R})$,可得 $\left|\frac{2k}{k^2+1}\right|\leqslant 1$, $-1\leqslant\frac{2k}{k^2+1}\leqslant 1$,所以 k_1k_2 的取值范围是$\left[\frac{1}{2},1\right]$.

(3)的另解:根据题设可得直线 PA 的方程是 $y=k_1(x-4)+3$.

联立方程组$\begin{cases}\frac{x^2}{4}+\frac{y^2}{3}=1\\ y=k_1(x-4)+3\end{cases}$,可得

$$(4k_1^2+3)x^2-8k_1(4k_1-3)x+8(8k_1^2-12k_1+3)=0$$

由其判别式 $\Delta\geqslant 0$,可得 $1-\frac{\sqrt{2}}{2}\leqslant k_1\leqslant 1+\frac{\sqrt{2}}{2}$.

又由第(2)问的结论知 $k_1+k_2=2$,所以 $k_1k_2=k_1(2-k_1)=1-(k_1-1)^2$,由此可求得 k_1k_2 的取值范围是$\left[\frac{1}{2},1\right]$.

306. 由三角形的角平分线性质,可得

$$\frac{|PF_2|}{|PF_1|}+1=\frac{|MF_2|}{|MF_1|}+1$$

$$\frac{4}{|PF_1|}=\frac{2\sqrt{3}}{m+\sqrt{3}}$$

由题设易知 $|PF_1|$ 的取值范围是 $(2-\sqrt{3},2+\sqrt{3})$，所以可得 m 的取值范围 $\left(-\frac{3}{2},\frac{3}{2}\right)$.

注 本题就是2013年高考山东卷理科压轴题第(Ⅱ)问，以上解法较参考答案要简洁得多.

307. (1) $\frac{x^2}{4}+y^2=1$.

(2) 由 $|F_1F_2|=2\sqrt{3}$，可得点 $F_1(-\sqrt{3},0)$，$F_2(\sqrt{3},0)$. 设点 $P(x,y)$，可得

$$\begin{aligned}\overrightarrow{PF_1}\cdot\overrightarrow{PF_2}&=(-\sqrt{3}-x,-y)\cdot(\sqrt{3}-x,-y)\\&=x^2+y^2-3\\&=x^2+1-\frac{x^2}{4}-3\\&=\frac{3x^2-8}{4}\\&\leqslant\frac{1}{4}\end{aligned}$$

$$-\sqrt{3}\leqslant x\leqslant\sqrt{3}$$

又因为点 P 在第一象限，所以点 P 的横坐标的取值范围是 $(0,\sqrt{3}]$.

(3) 当直线 l 的斜率不存在时，直线 l 为 y 轴，得 A,B,O 三点共线，不满足题意.

当直线 l 的斜率存在时，得直线 l 的方程为 $y=kx+2$，把它代入椭圆 Γ 的方程后可得

$$(4k^2+1)x^2+16kx+12=0$$

由 $\Delta=64k^2-48>0$，得 $k^2>\frac{3}{4}$.

设点 $A(x_1,kx_1+2)$，$B(x_2,kx_2+2)$，得 $x_1+x_2=-\frac{16k}{4k^2+1}$，$x_1x_2=\frac{12}{4k^2+1}$.

由 $\triangle OAB$ 是直角三角形知，包括下面的三种情形：

(ⅰ) 若 $\angle AOB=90°$，得

$$\begin{aligned}\overrightarrow{OA}\cdot\overrightarrow{OB}&=x_1x_2+(kx_1+2)(kx_2+2)\\&=(k^2+1)x_1x_2+2k(x_1+x_2)+4\\&=(k^2+1)\cdot\frac{12}{4k^2+1}+2k\cdot\left(-\frac{16k}{4k^2+1}\right)+4\\&=\frac{4(4-k^2)}{4k^2+1}\\&=0\end{aligned}$$

$$k^2=4(满足\ k^2>\frac{3}{4})$$

所以 $$k=\pm 2$$

(ⅱ)若$\angle BAO=90°$,得直线 OA 的方程为 $y=-\frac{1}{k}x$.

联立方程组$\begin{cases}y=kx+2\\y=-\frac{1}{k}x\end{cases}$,解得点 $A\left(-\frac{2k}{k^2+1},\frac{2}{k^2+1}\right)$.

由点 A 在椭圆 Γ 上,可得

$$\frac{1}{4}\left(-\frac{2k}{k^2+1}\right)^2+\left(\frac{2}{k^2+1}\right)^2=1$$

$$k^4+k^2-3=0$$

$$k=\pm\sqrt{\frac{\sqrt{13}-1}{2}}$$

(ⅲ)若$\angle ABO=90°$,得直线 OB 的方程为 $y=-\frac{1}{k}x$.

同理可求得 $k=\pm\sqrt{\frac{\sqrt{13}-1}{2}}$.

综上所述,可得存在满足题意的直线 l,且直线 l 的斜率 $k=\pm 2$ 或$k=\pm\sqrt{\frac{\sqrt{13}-1}{2}}$.

308. 设点 $P(x_1,y_1)$,$Q(x_2,y_2)$,$M(x_1,-y_1)$.

由$\overrightarrow{AP}=\lambda\overrightarrow{AQ}$,可得$(x_1-3,y_1)=\lambda(x_2-3,y_2)$,$x_1-\lambda x_2=3-3\lambda$,$y_1=\lambda y_2$.

还可得

$$\frac{x_1^2}{6}+\frac{y_1^2}{2}=1 \quad ①$$

$$\frac{\lambda^2x_2^2}{6}+\frac{\lambda^2y_2^2}{2}=\lambda^2 \quad ②$$

式①-②为

$$\frac{x_1^2-\lambda^2x_2^2}{6}=1-\lambda^2$$

$$(x_1-\lambda x_2)(x_1+\lambda x_2)=6(1+\lambda)(1-\lambda)$$

又因为 $x_1-\lambda x_2=3-3\lambda(\lambda>1)$,所以 $x_1+\lambda x_2=2+2\lambda$.

解得 $x_1=\frac{5-\lambda}{2},x_2=\frac{5\lambda-1}{2}$.

所以

$$\begin{aligned}\overrightarrow{MF}&=(2-x_1,y_1)\\&=\left(\frac{\lambda-1}{2},y_1\right)\end{aligned}$$

$$\begin{aligned}\lambda\overrightarrow{FQ}&=\lambda(x_2-2,y_2)\\&=(\lambda x_2-2\lambda,\lambda y_2)\\&=\left(\frac{\lambda-1}{2},y_1\right)\end{aligned}$$

所以$\overrightarrow{MF}=\lambda\overrightarrow{FQ}$.

309. 下面将证明本题的答案是:

(1)当点 M 不在椭圆 $D:\frac{x^2}{a^2}+\frac{y^2}{b^2}=\frac{1}{2}$内,即$\frac{x_0^2}{a^2}+\frac{y_0^2}{b^2}\geqslant\frac{1}{2}$时,当且仅当直线 l 与椭圆 D 相切时,$S_{\triangle OAB}$取到最大值且最大值是$\frac{ab}{2}$;

(2)当点 M 在椭圆 $D:\frac{x^2}{a^2}+\frac{y^2}{b^2}=\frac{1}{2}$内,即$\frac{x_0^2}{a^2}+\frac{y_0^2}{b^2}<\frac{1}{2}$时,当且仅当直线 l 与椭圆 $E:\frac{x^2}{a^2}+\frac{y^2}{b^2}=\frac{x_0^2}{a^2}+\frac{y_0^2}{b^2}$相切于点 M 时,$S_{\triangle OAB}$ 取到最大值且最大值是 $ab\sqrt{\left(\frac{x_0^2}{a^2}+\frac{y_0^2}{b^2}\right)\left(1-\frac{x_0^2}{a^2}-\frac{y_0^2}{b^2}\right)}$.

先证明结论:

(ⅰ)过点 M 的直线 l 与椭圆 $F:\frac{x^2}{a^2}+\frac{y^2}{b^2}=t(0<t<1)$相切时,$S_{\triangle OAB}=ab\sqrt{t(1-t)}=ab\sqrt{\frac{1}{4}-\left(t-\frac{1}{2}\right)^2}$.

当直线 l 的斜率存在时，可设 $l:y=kx+m$.

由$\begin{cases}y=kx+m\\ \dfrac{x^2}{a^2}+\dfrac{y^2}{b^2}=t\end{cases}$，得

$$(a^2k^2+b^2)x^2+2a^2kmx+a^2(m^2-tb^2)=0$$

$$\Delta_1=4a^2b^2(ta^2k^2+tb^2-m^2)=0$$

$$\frac{m^2}{a^2k^2+b^2}=t$$

由$\begin{cases}y=kx+m\\ \dfrac{x^2}{a^2}+\dfrac{y^2}{b^2}=1\end{cases}$，可得

$$(a^2k^2+b^2)x^2+2a^2kmx+a^2(m^2-b^2)=0 \qquad ①$$

$$\Delta_2=4a^2b^2(a^2k^2+b^2-m^2)=0$$

设点 $A(x_1,y_1)$，$B(x_2,y_2)$，由式①可得

$$x_1+x_2=-\frac{2a^2km}{a^2k^2+b^2}$$

$$x_1x_2=\frac{a^2(m^2-b^2)}{a^2k^2+b^2}$$

所以

$$\begin{aligned}S_{\triangle OAB}&=\frac{1}{2}|m|\cdot|x_1-x_2|\\&=\frac{1}{2}|m|\sqrt{(x_1+x_2)^2-4x_1x_2}\\&=\frac{1}{2}|m|\cdot\frac{\sqrt{4a^2b^2(a^2k^2+b^2-m^2)}}{a^2k^2+b^2}\\&=ab\sqrt{\frac{m^2(a^2k^2+b^2-m^2)}{(a^2k^2+b^2)^2}}\\&=ab\sqrt{\frac{m^2}{a^2k^2+b^2}\left(1-\frac{m^2}{a^2k^2+b^2}\right)}\\&=ab\sqrt{t(1-t)}\end{aligned}$$

当直线 l 的斜率不存在时，由“相切”可得 $l:x=\pm a\sqrt{t}$.

所以 $|x_1|=a\sqrt{t}$，把它代入 $\dfrac{x^2}{a^2}+\dfrac{y^2}{b^2}=1$，得 $|y_1|=b\sqrt{1-t}$.

所以 $S_{\triangle OAB}=|x_1y_1|=ab\sqrt{t(1-t)}$.

进而可得结论(ⅰ)成立.

下面再用结论(ⅰ)来证明以上给出的答案是正确的.

(1)当点 M 不在椭圆 $D:\frac{x^2}{a^2}+\frac{y^2}{b^2}=\frac{1}{2}$ 内,即 $\frac{x_0^2}{a^2}+\frac{y_0^2}{b^2}\geqslant\frac{1}{2}$ 时,过点 M 的直线 l 与椭圆 D 一定存在相切的位置关系.

而当直线 l 与椭圆 D 相切时,结论(ⅰ)中的 $t=\frac{1}{2}$,进而可得答案(1)成立.

(2)当点 M 在椭圆 $D:\frac{x^2}{a^2}+\frac{y^2}{b^2}=\frac{1}{2}$ 内,即 $\frac{x_0^2}{a^2}+\frac{y_0^2}{b^2}<\frac{1}{2}$ 时,可得点 M 不在椭圆 $G:\frac{x^2}{a^2}+\frac{y^2}{b^2}=t\left(0<t\leqslant\frac{x_0^2}{a^2}+\frac{y_0^2}{b^2}<\frac{1}{2}\right)$ 内,所以过点 M 的直线 l 与椭圆 G 一定存在相切的位置关系.

而当直线 l 与椭圆 G 相切时,可得 $S_{\triangle OAB}=ab\sqrt{\frac{1}{4}-\left(t-\frac{1}{2}\right)^2}\left(0<t\leqslant\frac{x_0^2}{a^2}+\frac{y_0^2}{b^2}<\frac{1}{2}\right)$,由此可得答案(2)成立.

310. (1)由题设可得点 $F_1(-1,0)$,$F_2(1,0)$,进而还可得 $\lambda=\frac{1}{2}$.

设点 $P(x_0,y_0)$,可得 $\frac{x_0^2}{2}+y_0^2=\frac{1}{2}$,所以

$$\begin{aligned}k_1k_2&=\frac{y_0}{x_0+1}\cdot\frac{y_0}{x_0-1}\\&=\frac{y_0^2}{x_0^2-1}\\&=\frac{\frac{1-x_0^2}{2}}{x_0^2-1}\\&=-\frac{1}{2}\end{aligned}$$

即 k_1k_2 为定值 $-\frac{1}{2}$.

(2)由题设可得直线 $PF_1:y=k_1(x+1)(k_1\neq0)$. 设点 $A(x_1,y_1)$,$B(x_2,y_2)$.

由$\begin{cases}y=k_1(x+1)\\ \dfrac{x^2}{2}+y^2=1\end{cases}$,可得$(2k_1^2+1)x^2+4k_1^2x+2k_1^2-2=0$,所以

$$x_1+x_2=-\frac{4k_1^2}{2k_1^2+1}$$

$$x_1x_2=\frac{2k_1^2-2}{2k_1^2+1}$$

$$\begin{aligned}|AB|&=\sqrt{k_1^2+1}\,|x_1-x_2|\\&=\sqrt{k_1^2+1}\cdot\sqrt{(x_1+x_2)^2-4x_1x_2}\\&=\cdots=\frac{2\sqrt{2}(k_1^2+1)}{2k_1^2+1}\end{aligned}$$

同理,可求得

$$|CD|=\frac{\sqrt{2}(4k_1^2+1)}{2k_1^2+1}$$

所以由均值不等式,可得

$$\begin{aligned}|AB|\cdot|CD|&=\frac{4(4k_1^4+5k_1^2+1)}{(2k_1^2+1)^2}\\&=4+\frac{1}{k_1^2+\dfrac{1}{4k_1^2}+1}\\&\leqslant\frac{9}{2}\end{aligned}$$

当且仅当$k_1=\pm\dfrac{\sqrt{2}}{2}$时,$(|AB|\cdot|CD|)_{\max}=\dfrac{9}{2}$.

311.(1)设椭圆C的半焦距为$c=\sqrt{a^2-b^2}$.

由题意,可得

$$\begin{cases}\dfrac{c}{a}=\dfrac{\sqrt{3}}{2}\\ a^2=b^2+c^2\quad(a>b>0,c>0)\\ \dfrac{1}{a^2}+\dfrac{3}{4b^2}=1\end{cases}$$

可解得$a=2,b=1$.

所以椭圆C的方程为$\dfrac{x^2}{4}+y^2=1$.

(2)存在满足题设的圆,且此圆的方程为 $x^2+y^2=5$. 理由如下:

假设存在圆 $x^2+y^2=r^2(r>0)$满足题设.

当直线 l 的斜率存在时,可设 l 的方程为 $y=kx+m$.

由方程组$\begin{cases} y=kx+m \\ \dfrac{x^2}{4}+y^2=1 \end{cases}$,可得$(4k^2+1)x^2+8kmx+4m^2-4=0$.

因为直线 l 与椭圆 C 有且仅有一个公共点,所以

$$\Delta_1=(8km)^2-4(4k^2+1)(4m^2-4)=0$$

即

$$m^2=4k^2+1 \quad ①$$

由方程组$\begin{cases} y=kx+m \\ x^2+y^2=r^2 \end{cases}$,可得

$$(k^2+1)x^2+2kmx+m^2-r^2=0 \quad ②$$

所以

$$\Delta_2=(2km)^2-4(k^2+1)(m^2-r^2)>0 \quad ③$$

设点 $P_1(x_1,y_1)$,$P_2(x_2,y_2)$,由式②可得 $x_1+x_2=\dfrac{-2km}{k^2+1}$,$x_1\cdot x_2=\dfrac{m^2-r^2}{k^2+1}$.

设直线 OP_1,OP_2 的斜率分别为 k_1,k_2,可得

$$\begin{aligned} k_1k_2 &=\frac{y_1y_2}{x_1x_2} \\ &=\frac{(kx_1+m)(kx_2+m)}{x_1x_2} \\ &=\frac{k^2x_1x_2+km(x_1+x_2)+m^2}{x_1x_2} \\ &=\frac{k^2\cdot\dfrac{m^2-r^2}{k^2+1}+km\cdot\dfrac{-2km}{k^2+1}+m^2}{\dfrac{m^2-r^2}{k^2+1}} \\ &=\frac{m^2-r^2k^2}{m^2-r^2} \end{aligned}$$

再由式①可得 $k_1k_2=\dfrac{(4-r^2)k^2+1}{4k^2+(1-r^2)}$.

所以 k_1k_2 为定值$\Leftrightarrow\dfrac{4-r^2}{4}=\dfrac{1}{1-r^2}\Leftrightarrow r^2=5$.

还可得当圆的方程为 $x^2+y^2=5$ 时,该圆与直线 l 的交点 P_1,P_2 满足直线 OP_1,OP_2 的斜率之积 k_1k_2 为定值 $-\frac{1}{4}$.

还可验证:当$\begin{cases}m^2=4k^2+1\\r^2=5\end{cases}$时

$$\begin{aligned}\Delta_2&=(2km)^2-4(k^2+1)(m^2-r^2)\\&=4[k^2(4k^2+1)-(k^2+1)(4k^2+1-5)]\\&=4(k^2+4)>0\end{aligned}$$

即式③成立.

当直线 l 的斜率不存在时,可得 l 的方程为 $x=\pm 2$. 此时,可得圆 $x^2+y^2=5$ 与直线 l 的交点 P_1,P_2 也满足直线 OP_1,OP_2 的斜率之积 k_1k_2 为定值 $-\frac{1}{4}$.

综上所述可得,当且仅当圆的方程为 $x^2+y^2=5$ 时,圆与直线 l 的交点 P_1,P_2 满足直线 OP_1,OP_2 的斜率之积 k_1k_2 为定值 $-\frac{1}{4}$.

312.(1)由题设可得点 $F(c,0)(c=\sqrt{a^2-b^2})$,$A(a,0)$,可设点$P\left(\frac{5}{4}a,n\right)$,所以

$$\overrightarrow{AF}=(c-a,0)$$

$$\overrightarrow{PF}=\left(c-\frac{5}{4}a,-n\right)$$

$$\overrightarrow{PA}=\left(-\frac{a}{4},-n\right)$$

由$\overrightarrow{AF}\cdot(\overrightarrow{PF}+\overrightarrow{PA})=2$,可得$(2c-3a)(c-a)=4$.

再由 $e=\frac{c}{a}=\frac{1}{2}$,可解得 $a=2,c=1,b=\sqrt{3}$,所以椭圆 C 的方程是$\frac{x^2}{4}+\frac{y^2}{3}=1$.

(2)设 $Q(x_0,y_0)(x_0y_0\neq 0)$,切线 l 的方程为 $y-y_0=k(x-x_0)$.

把切线 l 的方程与椭圆 C 的方程联立后,可得

$$(4k^2+3)x^2-8k(kx_0-y_0)+4(kx_0-y_0)^2-12=0$$

由 $\Delta=0$ 及$\frac{x_0^2}{4}+\frac{y_0^2}{3}=1$,可求得 $k=-\frac{3x_0}{4y_0}$.

所以可得切线 $l:3x_0x+4y_0y-12=0$.

进而可得切线 l 与 y 轴的交点为 $T\left(0,\dfrac{3}{y_0}\right)$，且原点 O 到切线 l 的距离 $d=\dfrac{12}{\sqrt{9x_0^2+16y_0^2}}$，所以

$$\begin{aligned}\sin\angle OTQ&=\frac{d}{|OT|}\\&=\frac{|4y_0|}{\sqrt{9x_0^2+16y_0^2}}\end{aligned}$$

若在 x 轴上存在定点 $M(m,0)$ 使得 $\sin\angle OTQ=2|\cos\angle QTM|$.

由 $\overrightarrow{QT}=\left(-x_0,\dfrac{3-y_0^2}{y_0}\right)=\left(-x_0,\dfrac{3x_0^2}{4y_0}\right)$，$\overrightarrow{QM}=(m-x_0,-y_0)$，可得

$$\begin{aligned}|\cos\angle QTM|&=\frac{|\overrightarrow{QT}\cdot\overrightarrow{QM}|}{|\overrightarrow{QT}|\cdot|\overrightarrow{QM}|}\\&=\frac{|4y_0(m-x_0)+3x_0y_0|}{\sqrt{9x_0^2+16y_0^2}\cdot\sqrt{(m-x_0)^2+y_0^2}}\end{aligned}$$

所以

$$\frac{|4y_0|}{\sqrt{9x_0^2+16y_0^2}}=2\cdot\frac{|4y_0(m-x_0)+3x_0y_0|}{\sqrt{9x_0^2+16y_0^2}\cdot\sqrt{(m-x_0)^2+y_0^2}}$$

再由 $\dfrac{x_0^2}{4}+\dfrac{y_0^2}{3}=1$，可求得 $m=\pm1$.

所以在 x 轴上存在定点 M 使得 $\sin\angle OTQ=2|\cos\angle QTM|$，且定点 M 的坐标是 $(1,0)$ 或 $(-1,0)$.

313. (1) 如图 157 所示，设线段 PQ 的中点是 T，联结 AT，则 $AT\perp PQ$.

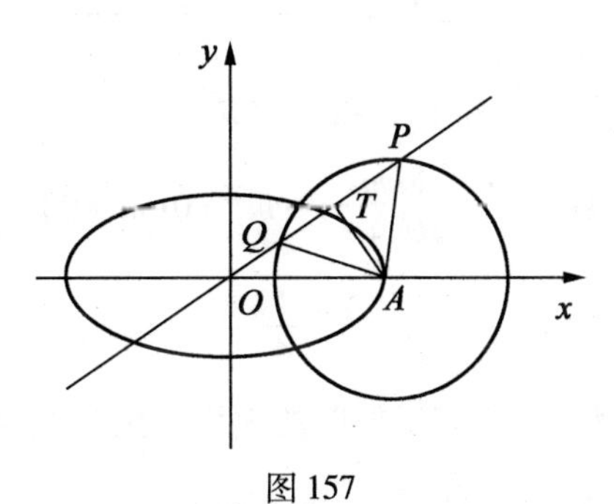

图 157

由 $\overrightarrow{AP}\cdot\overrightarrow{AQ}=0$，可得 $|AT|=\dfrac{1}{2}|PQ|$. 又因为 $\overrightarrow{OP}=3\overrightarrow{OQ}$，所以 $|OQ|=$

$|QT|=|TP|,\dfrac{|AT|}{|OT|}=\dfrac{b}{a}=\dfrac{1}{2}.$

由题设可得 $c=\sqrt{a^2-b^2}=\sqrt{3}$，进而可得 $a=2,b=1$，所以椭圆 C 的方程是 $\dfrac{x^2}{4}+y^2=1$.

由 $|AT|^2+|OT|^2=|OA|^2$，可得 $|AT|^2+4|AT|^2=2^2$，$|AT|=\dfrac{2}{\sqrt{5}}$，所以圆 A 的半径 $|AP|=\sqrt{2}|AT|=\dfrac{2\sqrt{2}}{\sqrt{5}}$.

进而可得圆 A 的方程是 $(x-2)^2+y^2=\dfrac{8}{5}$.

(2)设直线 $l:y=kx+m(m\neq 0)$，点 $M(x_1,y_1)$，$N(x_2,y_2)$，即点 $M(x_1,kx_1+m)$，$N(x_2,kx_2+m)$.

由 $\begin{cases}y=kx+m\\ \dfrac{x^2}{4}+y^2=1\end{cases}$，可得

$$(4k^2+1)x^2+8kmx+4(m^2-1)=0$$

所以 $x_1+x_2=-\dfrac{8km}{4k^2+1}$，$x_1x_2=\dfrac{4(m^2-1)}{4k^2+1}$.

再由题设，可得

$$\begin{aligned}k^2&=k_1k_2\\&=\frac{kx_1+m}{x_1}\cdot\frac{kx_2+m}{x_2}\\&=k^2+\frac{km(x_1+x_2)+m^2}{x_1x_2}\end{aligned}$$

$$km(x_1+x_2)+m^2=0$$

$$km\cdot\left(-\frac{8km}{4k^2+1}\right)+m^2=0(m\neq 0)$$

$$k^2=\frac{1}{4}$$

(i)设以线段 OM,ON 为直径的圆的面积分别为 S_1,S_2，可得

$$\begin{aligned}\frac{4}{\pi}(S_1+S_2)&=|OM|^2+|ON|^2\\&=(x_1^2+y_1^2)+(x_2^2+y_2^2)\end{aligned}$$

$$= \left[x_1^2 + \left(1 - \frac{x_1^2}{4}\right)\right] + \left[x_2^2 + \left(1 - \frac{x_2^2}{4}\right)\right]$$

$$= \frac{3}{4}(x_1^2 + x_2^2) + 2$$

$$= \frac{3}{4}[(x_1 + x_2)^2 - 2x_1x_2] + 2$$

$$= \frac{3}{4}\left[\left(-\frac{8km}{4k^2+1}\right)^2 - 2 \cdot \frac{4(m^2-1)}{4k^2+1}\right] + 2$$

$$= 5$$

所以 $S_1 + S_2$ 为定值$\frac{5\pi}{4}$.

(ⅱ)若存在直线 l 满足题设,设点 $D(x_0, y_0)$.

由$\overrightarrow{OD} = \lambda\overrightarrow{OM} + \mu\overrightarrow{ON}$,可得 $x_0 = \lambda x_1 + \mu x_2, y_0 = \lambda y_1 + \mu y_2$,所以

$$\frac{(\lambda x_1 + \mu x_2)^2}{4} + (\lambda y_1 + \mu y_2)^2 = 1$$

$$\lambda^2\left(\frac{x_1^2}{4} + y_1^2\right) + \mu^2\left(\frac{x_2^2}{4} + y_2^2\right) + \frac{\lambda\mu}{2}x_1x_2 + 2\lambda\mu y_1y_2 = 1$$

再由 $\lambda^2 + \mu^2 = 1, \lambda\mu \neq 0$,可得$\frac{1}{2}x_1x_2 + 2y_1y_2 = 0$,即

$$x_1x_2 + 4(kx_1 + m)(kx_2 + m) = 0$$

$$(4k^2+1)x_1x_2 + 4\text{km}(x_1 + x_2) + 4m^2 = 0$$

$$(4k^2+1) \cdot \frac{4(m^2-1)}{4k^2+1} + 4\text{km}\left(-\frac{8\text{km}}{4k^2+1}\right) + 4m^2 = 0$$

$$2m^2 = 4k^2 + 1$$

又由 $k^2 = \frac{1}{4}$,可得 $m = \pm 1$.

此时 M 为椭圆 C 的上(或下)顶点,N 为椭圆 C 的左(或右)顶点,因而直线 OM 的斜率不存在,ON 的斜率为 0,这与题设"直线 OM, l, ON 的斜率分别为 k_1, k, k_2 且它们成等比数列"矛盾! 所以不存在满足题设的直线 l.

314. (1)(ⅰ)若双曲线 C 的焦点在 x 轴上,可设双曲线 C 的方程为$\frac{x^2}{4b^2} - \frac{y^2}{b^2} = 1(b > 0)$.

设动点 P 的坐标为(x,y),可得$|AP| = \sqrt{(x-5)^2 + y^2} = \sqrt{\frac{5}{4}x^2 - 10x + 25 - b^2}$.

由 $x\in(-\infty,-2b]\cup[2b,+\infty)$,可得:

若 $x=4>2b$,即 $0<b<2$,则当 $x=4$ 时,$|AP|_{\min}=\sqrt{5-b^2}=\sqrt{6}$,$b^2=-1$,$b$ 不存在.

若 $x=4\leqslant 2b$,即 $b\geqslant 2$,则当 $x=2b$ 时,$|AP|_{\min}=|2b-5|=\sqrt{6}$,$b=\dfrac{5+\sqrt{6}}{2}$.

此时,得双曲线 C 的方程为 $\dfrac{x^2}{(5+\sqrt{6})^2}-\dfrac{y^2}{\left(\dfrac{5+\sqrt{6}}{2}\right)^2}=1$.

(ⅱ)若双曲线 C 的焦点在 y 轴上,可设双曲线 C 的方程为 $\dfrac{y^2}{b^2}-\dfrac{x^2}{4b^2}=1\ (b>0)$.

设动点 P 的坐标为,得 $|AP|=\sqrt{(x-5)^2+y^2}=\sqrt{\dfrac{5}{4}x^2-10x+25+b^2}\ (x\in\mathbf{R})$.

当且仅当 $x=4$ 时,$|AP|_{\min}=\sqrt{5+b^2}=\sqrt{6}$,$b=1$.

此时,可得双曲线 C 的方程为 $y^2-\dfrac{x^2}{4}=1$.

综上所述可得,所求双曲线 C 的方程为 $\dfrac{x^2}{(5+\sqrt{6})^2}-\dfrac{y^2}{\left(\dfrac{5+\sqrt{6}}{2}\right)^2}=1$ 或 $y^2-\dfrac{x^2}{4}=1$.

(2)由(1)的答案知,这里双曲线 C 的方程为 $y^2-\dfrac{x^2}{4}=1$.

可设直线 $l:x=ky+1$,把它代入双曲线 C 的方程后可得

$$(k^2-4)y^2+2ky+5=0$$

设点 $M(x_1,y_1)(y_1>0)$,$N(x_2,y_2)(y_2<0)$,由题意及韦达定理,可得

$$\begin{cases}k^2-4\neq 0\\ \Delta=(2k)^2-4(k^2-4)\cdot 5>0\\ y_1y_2=\dfrac{5}{k^2-4}<0\end{cases}$$

即 $k^2-4<0$,也即 $-2<k<2$.

还可得

$$y_1+y_2=-\frac{2k}{k^2-4}$$

$$y_1y_2=\frac{5}{k^2-4}<0$$

又由 $4\overrightarrow{MB}=5\overrightarrow{BN}$，可得 $-4y_1=5y_2$，$y_1=-\frac{5}{4}y_2$.

所以$\begin{cases}-\frac{1}{4}y_2=-\frac{2k}{k^2-4}>0\\ -\frac{5}{4}y_2^2=\frac{5}{k^2-4}\end{cases}$，可求得 $k=\frac{2}{\sqrt{17}}$.

可得所求直线 l 的方程是 $\sqrt{17}x-2y-\sqrt{17}=0$.

315. 联立$\begin{cases}y^2=2px\\ \frac{x^2}{a^2}-\frac{y^2}{b^2}=1\end{cases}$，可得 $b^2x^2-2pa^2x-a^2b^2=0$.

如图 158 所示. 设点 $A(x_1,y_1)$，$B(x_2,y_2)$，得 $x_1+x_2=\frac{2pa^2}{b^2}$. 又 $x_1=x_2=\frac{p}{2}$，得$\frac{2pa^2}{b^2}=p$，$b^2=2a^2$，所以双曲线的离心率为$\sqrt{3}$.

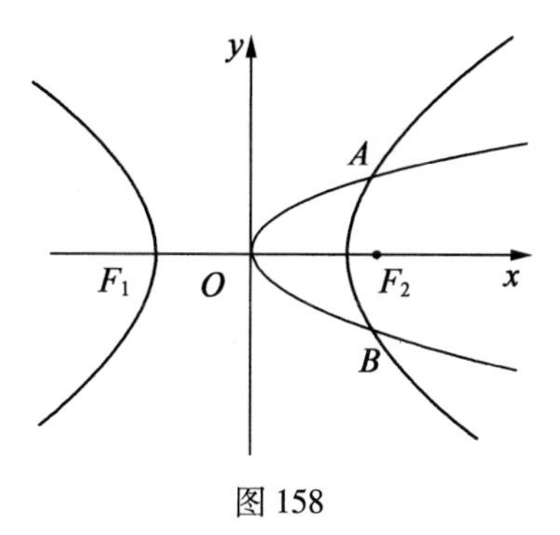

图 158

又有 $x_1x_2=-a^2$，但与 $x_1=x_2=\frac{p}{2}$矛盾！

以上解法有错吗？错在哪里呢？显然题目没错呀！

下面给出正确解答：

联立$\begin{cases}y^2=2px\\ \frac{x^2}{a^2}-\frac{y^2}{b^2}=1\end{cases}$，得 $b^2x^2-2pa^2x-a^2b^2=0$.

因为该方程的正根为$\frac{p}{2}$，即 $c(c=\sqrt{a^2+b^2})$，所以

$$b^2c^2-2\cdot 2c\cdot a^2c-a^2b^2=0$$

$$c^2-2ac-a^2=0$$

$$e^2-2e-1=0$$

$$e=1+\sqrt{2}$$

316. (1)当且仅当$\begin{cases}9-k>0\\4-k>0\end{cases}$,即 $k<4$ 时,曲线 C_k 表示椭圆;当且仅当$(9-k)(4-k)<0$,即当 $4<k<9$ 时,曲线 C_k 表示双曲线.

(2)由(1)的答案可知,C_1,C_2,C_3 表示椭圆,C_5,C_6,C_7,C_8 是双曲线,结合相应曲线的几何性质可得:任意两个椭圆无公共点,任意两条双曲线也无公共点.

设$|\overrightarrow{PF_1}|=d_1$,$|\overrightarrow{PF_2}|=d_2$,由题设可得

$$d_1+d_2=2\sqrt{9-m} \quad ①$$

$$|d_1-d_2|=2\sqrt{9-n} \quad ②$$

由$\overrightarrow{PF_1}\cdot\overrightarrow{PF_2}=0$,可得

$$|\overrightarrow{PF_1}|+|\overrightarrow{PF_2}|=|\overrightarrow{F_1F_2}|=(2\sqrt{5})^2$$

即

$$d_1^2+d_2^2=20 \quad ③$$

由式①②③消去 d_1,d_2 可得

$$m+n=8$$

由 $m,n\in N^*$,$m<n$,可得 $m\in\{1,2,3\}$,$n\in\{5,6,7\}$. 所以存在满足题意的 m,n,且$(m,n)=(1,7),(2,6),(3,5)$.

317. (1)设 $l:y=kx+m(km\neq0)$,把它代入椭圆的方程可得

$$(a^2k^2+b^2)x^2+2kma^2x+a^2(m^2-b^2)=0$$

由其判别式为0,可得 $a^2k^2+b^2=m^2$.

还可得点 $R\left(-\dfrac{m}{k},0\right)$,$S(0,m)$.

设点 $P(x,y)$,可得$\begin{cases}x=-\dfrac{m}{k}\\y=m\end{cases}$,即$\begin{cases}k=-\dfrac{y}{x}\\m=y\end{cases}$.

再由得到的等式 $a^2k^2+b^2=m^2$,可得所求轨迹方程为$\frac{a^2}{x^2}+\frac{b^2}{y^2}=1$.

(2)答案如图159所示.

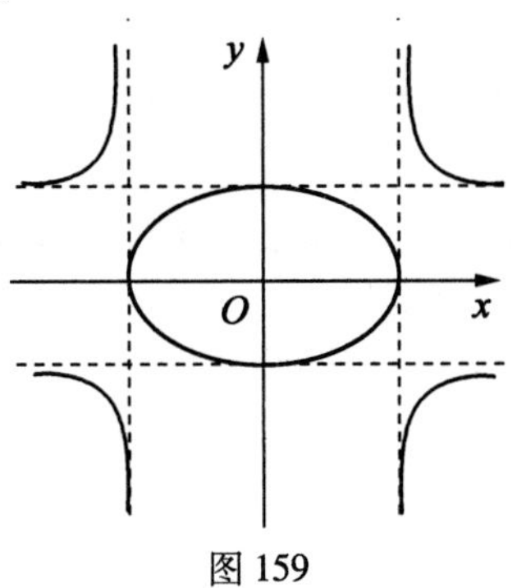

图159

318. (1)$\frac{y^2}{4}+\frac{x^2}{3}=1$.

(2)由(1)的答案和题设可得$\begin{cases}|\overrightarrow{PF_1}|+|\overrightarrow{PF_2}|=4\\|\overrightarrow{PF_1}|-|\overrightarrow{PF_2}|=m\end{cases}$,解得$|\overrightarrow{PF_1}|=\frac{4+m}{2}$,$|\overrightarrow{PF_2}|=\frac{4-m}{2}$,所以

$$\begin{aligned}\overrightarrow{PF_1}\cdot\overrightarrow{PF_2}&=|\overrightarrow{PF_1}|\cdot|\overrightarrow{PF_2}|\cos\angle F_1PF_2\\&=|\overrightarrow{PF_1}|\cdot|\overrightarrow{PF_2}|\cdot\frac{|\overrightarrow{PF_1}|^2+|\overrightarrow{PF_2}|^2-|\overrightarrow{F_1F_2}|^2}{2|\overrightarrow{PF_1}|\cdot|\overrightarrow{PF_2}|}\\&=\frac{m^2}{4}+2\end{aligned}$$

$$\frac{\overrightarrow{PF_1}\cdot\overrightarrow{PF_2}}{|\overrightarrow{PF_1}|-|\overrightarrow{PF_2}|}=\frac{1}{4}\left(m+\frac{8}{m}\right)$$

由$||\overrightarrow{PF_1}|-|\overrightarrow{PF_2}||\leqslant|\overrightarrow{F_1F_2}|=2$,可得 m 的取值范围是$[1,2]$.

可证函数$f(m)=\frac{1}{4}\left(m+\frac{8}{m}\right)(1\leqslant m\leqslant 2)$是减函数,所以可得所求答案是$\left[\frac{3}{2},\frac{9}{4}\right]$.

319. 曲线 C 上的任一点 $P(x,y)$($\frac{x^2}{a^2}-\frac{y^2}{b^2}=1(x\geqslant a>0)$)到点 $M(m,0)$ 的距离的平方是

$$\begin{aligned}d^2&=(x-m)^2+(y-0)^2\\&=\frac{a^2+b^2}{a^2}\left(x-\frac{ma^2}{a^2+b^2}\right)^2+\frac{m^2b^2-a^2b^2-b^4}{a^2+b^2}(x\geqslant a)\end{aligned}$$

(1)当$\frac{ma^2}{a^2+b^2}\leqslant a$,即$m\leqslant a+\frac{b^2}{a}$时,当且仅当$x=a$,即$(x,y)=(a,0)$时,$d^2$取到最小值.

(2)当$\frac{ma^2}{a^2+b^2}>a$,即$m>a+\frac{b^2}{a}$时,当且仅当$x=\frac{ma^2}{a^2+b^2}\left(\frac{ma^2}{a^2+b^2}>a\right)$,即$(x,y)=\left(\frac{ma^2}{a^2+b^2},\pm b\sqrt{\frac{m^2a^2}{(a^2+b^2)^2}-1}\right)$时,$d^2$取到最小值.

综上所述,欲证结论(1)(2)均成立.

320. 抛物线C上的任一点$P(x,y)(x^2=2py(y\geqslant 0))$到点$A(0,a)$的距离的平方是

$$\begin{aligned}d^2&=(x-0)^2+(y-a)^2\\&=2py+(y-a)^2\\&=(y+p-a)^2+2pa-p^2(y\geqslant 0)\end{aligned}$$

(1)当$a-p\leqslant 0$,即$a\leqslant p$时,当且仅当$y=0$,即$(x,y)=(0,0)$时,d^2取到最小值.

(2)当$a-p>0$,即$a>p$时,当且仅当$y=a-p(a-p>0)$,即$(x,y)=(\pm\sqrt{2p(a-p)},a-p)$时$d^2$取到最小值.

综上所述,欲证结论(1)(2)均成立.

321. 用余弦定理求得$AB=50\sqrt{7}$ m. 如图160所示,以线段AB所在的直线为x轴,线段AB的中垂线为y轴建立平面直角坐标系xOy,可得点$A(-25\sqrt{7},0)$,$B(25\sqrt{7},0)$.

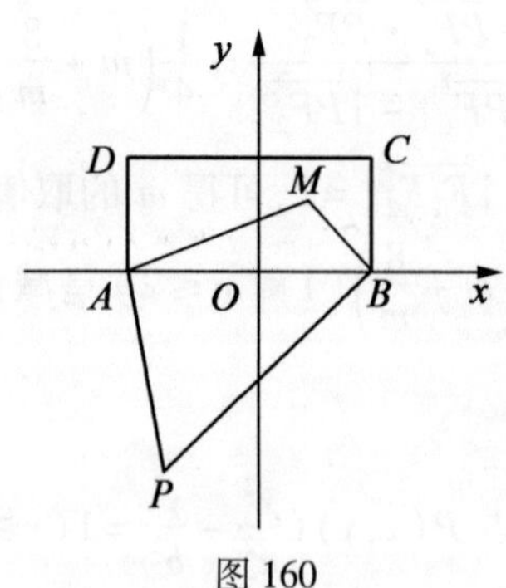

图160

设$M(x,y)$是分界线上的动点,可得

$$|MA|+|AP|=|MB|+|BP|$$
$$|MA|-|MB|=|BP|-|AP|=150-100=50(\text{m})$$

所以点 M 的轨迹是以点 A,B 为焦点的双曲线右支在稻田区域 $ABCD$ 内包括边界的部分.

322. 两条二次曲线的公共点若超出四个,则它们都是退化的二次曲线,且相应的解析式有公因式.

题设中的两条二次曲线分别是

$$(x+2y-3)(2x-y)=0$$

$$(x+2y-3)(3x+y+2)=0$$

所以,直线 $x+2y-3=0$ 上的点均是题设中两条二次曲线的公共点,可写出六个:$(-1,2),(1,1),\left(0,\frac{3}{2}\right),(3,0),\left(4,-\frac{1}{2}\right),(5,-1)$.

323. 所给曲线即 $(x+y-1)(2x^2-2xy+2y^2-x-y-1)=0$,所以该曲线上有无数个整点 $(t,1-t)(t\in\mathbf{Z})$.

324. (1)设两条互相垂直的直线分别是 l_1,l_2,它们的交点是 $M(x_0,y_0)$.

当直线 l_1,l_2 中有一条直线斜率为 0 或不存在时,可得 $x_0^2=\frac{1}{\lambda}$ 且 $y_0^2=\frac{1}{\mu}$,所以 $x_0^2+y_0^2=\frac{1}{\lambda}+\frac{1}{\mu}$.

当直线 l_1,l_2 的斜率均存在且均不为 0 时,可设 $l_1:y-y_0=k(x-x_0)$,$l_2:y-y_0=-\frac{1}{k}(x-x_0)$.

由 $\begin{cases}y-y_0=k(x-x_0)\\ \lambda x^2+\mu y^2=1\end{cases}$,可得

$$(\lambda+\mu k^2)x^2-2k\mu(kx_0-y_0)x+\mu(kx_0-y_0)^2-1=0$$

由相切得 $\Delta=0$,所以

$$\mu(\lambda x_0^2-1)k^2-2\lambda\mu x_0y_0k+\lambda(\mu y_0^2-1)=0$$

进而可得,$k,-\frac{1}{k}$ 是关于 x 的一元二次方程

$$\mu(\lambda x_0^2-1)x^2-2\lambda\mu x_0y_0x+\lambda(\mu y_0^2-1)=0$$

的两个根,所以

$$-\frac{1}{k}\cdot k=\frac{\lambda(\mu y_0^2-1)}{\mu(\lambda x_0^2-1)}$$

$$x_0^2+y_0^2=\frac{1}{\lambda}+\frac{1}{\mu}$$

所以欲证成立.

(2)固定这两条互相垂直的直线,并使椭圆在这个平面内移动,且始终与这两条直线均相切.由结论(1)知,椭圆的中心到这两条直线的交点的距离是定值,所以欲证成立.

325. 设 $l:y=kx+b$,把它代入方程 $y=2x^4+7x^3+3x-5$,可得

$$2x^4+7x^3+(3-k)x-5-b=0$$

$$x_1+x_2+x_3+x_4=-\frac{7}{2}$$

即欲证成立.

326. 设点 $A(x_1,y_1)$,$B(x_2,y_2)$,$C(x_3,y_3)$ $(x_1+x_2+x_3=y_1+y_2+y_3=0)$.

(1)由题设可得切线方程

$$DE:\frac{x_1x}{a^2}+\frac{y_1y}{b^2}=1$$

当 $x_1\neq 0$ 时,可得

$$k_{DE}=-\frac{b^2x_1}{a^2y_1}$$

再由点差法,可求得

$$\begin{aligned}k_{BC}&=\frac{y_2-y_3}{x_2-x_3}\\&=-\frac{b^2(x_2+x_3)}{a^2(y_2+y_3)}\\&=-\frac{b^2x_1}{a^2y_1}\end{aligned}$$

所以

$$k_{DE}=k_{BC}$$

即

$$DE/\!/BC$$

当 $x_1=0$ 时,可得 $DE/\!/BC/\!/x$ 轴.

综上所述,可得 $DE/\!/BC$ 恒成立.

同理,可证得 $EF/\!/AB$,$DF/\!/AC$.所以欲证结论成立.

(2)由(1)的结论,可得▱$ABFC$,▱$ABCE$,所以 $FC=BA=CE$,得点 C 是边 FE 的中点.

进而可证得点 A,B,C 分别是边 DE,DF,EF 的中点.

由题设可得切线方程

$$DE: \frac{x_1 x}{a^2} + \frac{y_1 y}{b^2} = 1$$

$$DF: \frac{x_2 x}{a^2} + \frac{y_2 y}{b^2} = 1$$

$$EF: \frac{x_3 x}{a^2} + \frac{y_3 y}{b^2} = 1$$

进而可求得

$$x_D = \frac{(y_2 - y_1)a^2}{x_1 y_2 - x_2 y_1}$$

$$x_E = \frac{(y_3 - y_1)a^2}{x_1 y_3 - x_3 y_1}$$

$$x_F = \frac{(y_2 - y_3)a^2}{x_3 y_2 - x_2 y_3}$$

再由 $x_2 + x_3 = -x_1, y_2 + y_3 = -y_1$,可得

$$x_E = \frac{(y_1 - y_3)a^2}{x_1 y_2 - x_2 y_1}$$

$$x_F = \frac{(y_3 - y_2)a^2}{x_1 y_2 - x_2 y_1}$$

所以

$$x_D + x_E + x_F = \frac{(y_2 - y_1)a^2}{x_1 y_2 - x_2 y_1} + \frac{(y_1 - y_3)a^2}{x_1 y_2 - x_2 y_1} + \frac{(y_3 - y_2)a^2}{x_1 y_2 - x_2 y_1} = 0$$

同理,可得

$$y_D + y_E + y_F = 0$$

所以$\triangle DEF$ 的重心是坐标原点 O.

327. (1)设$P(x_0, y_0), F_1(-c, 0), F_2(c, 0)(c = \sqrt{a^2 - b^2})$,则$b^4 x_0^2 + a^4 y_0^2 = b^2(a^4 - c^2 x_0^2)$.

椭圆 Γ 在点 P 处的切线方程为$\frac{x_0 x}{a^2} + \frac{y_0 y}{b^2} = 1$,得 $d^2 = \frac{a^4 b^4}{b^4 x_0^2 + a^4 y_0^2} = \frac{a^4 b^2}{a^4 - c^2 x_0^2}$,所以

$$|PF_1| \cdot |PF_2| \cdot d^2 = \left(a + \frac{c}{a}x_0\right)\left(a - \frac{c}{a}x_0\right) \cdot \frac{a^4 b^2}{a^4 - c^2 x_0^2} = a^2 b^2$$

(2)同(1)可证.

328. **证法1**　由 $p^2+q^2=r^2+s^2=1$,可得

$$q^2s^2=(1-p^2)(1-r^2)$$

$$q^2s^2-p^2r^2=1-(p^2+r^2)$$

$$(qs+pr)(qs-pr)=1-(p^2+r^2)=0$$

$$p^2+r^2=1$$

即点(p,r)在单位圆上. 同理,可得点(q,s)也在单位圆上. 证毕!

证法2　可设点$(p,q)=(\cos\alpha,\sin\alpha)$,$(r,s)=(\cos\beta,\sin\beta)$. 由 $pr+qs=0$,得

$$\cos(\beta-\alpha)=0$$

$$\beta=\alpha+k\pi+\frac{\pi}{2}(k\in\mathbf{Z})$$

所以

$$\begin{aligned}p^2+r^2&=\cos^2\alpha+\cos^2\beta\\&=\cos^2\alpha+\sin^2\alpha\\&=1\end{aligned}$$

$$\begin{aligned}q^2+s^2&=\sin^2\alpha+\sin^2\beta\\&=\sin^2\alpha+\cos^2\alpha\\&=1\end{aligned}$$

即欲证成立.

329. 若能作出,则已知的椭圆与该正多边形的外接圆公共点个数大于四,而这是不可能的:因为圆与椭圆最多有四个公共点.

330. 以射线 AB,AD 分别为 x 轴正半轴、y 轴正半轴建立平面直角坐标系(图略),设$|AB|=a$,$|AM|=m(0<m<a)$,得点$A(0,0)$,$B(a,0)$,$M(m,0)$. 所以正方形 $AMCD$,$MBEF$ 的外接圆圆心分别是 $P\left(\frac{m}{2},\frac{m}{2}\right)$,$Q\left(\frac{a+m}{2},\frac{a-m}{2}\right)$,所以这两个圆的方程分别是

$$\left(x-\frac{m}{2}\right)^2+\left(y-\frac{m}{2}\right)^2=\left(\frac{m}{2}\sqrt{2}\right)^2 \qquad ①$$

$$\left(x-\frac{a+m}{2}\right)^2+\left(y-\frac{a-m}{2}\right)^2=\left(\frac{a-m}{2}\sqrt{2}\right)^2 \qquad ②$$

式①-②为这两个圆的公共弦所在直线的方程

$$ax+(a-2m)y-am=0$$

即

$$ax+ay=m(a+2y)$$

可得它过定点$\left(\frac{a}{2},-\frac{a}{2}\right)$.

证毕.

331. 双曲线 $xy=a^2$ 在点 $A_i(x_i,y_i)(i=1,2,3,4)$处的法线方程为

$$y-\frac{a^2}{x_i}=\frac{x_i^2}{a^2}(x-x_i)(i=1,2,3,4)$$

因为它过点 $A_0(x_0,y_0)$,所以

$$x_i^4-x_0x_i^3+a^2y_0x_i-a^4=0(i=1,2,3,4)$$

即非零实数 $x_i(i=1,2,3,4)$均是关于 x 的一元四次方程

$$x^4-x_0x^3+a^2y_0x-a^4=0$$

的根,所以 $\sum\limits_{i=1}^{4}x_i=x_0,\prod\limits_{i=1}^{4}x_i=-a^4$. 还可得

$$x_1x_2x_3+x_1x_2x_4+x_1x_3x_4+x_2x_3x_4=-a^2y_0$$

即

$$\left(\sum_{i=1}^{4}\frac{1}{x_i}\right)\prod_{i=1}^{4}x_i=-a^2y_0$$

所以

$$\left(\sum_{i=1}^{4}\frac{1}{x_i}\right)\cdot(-a^4)=-a^2y_0$$

$$\sum_{i=1}^{4}\frac{a^2}{x_i}=y_0$$

$$\sum_{i=1}^{4}y_i=y_0$$

由 $\prod\limits_{i=1}^{4}x_i=-a^4$,得 $\prod\limits_{i=1}^{4}y_i=\prod\limits_{i=1}^{4}\frac{a^2}{x_i}=\frac{a^8}{\prod\limits_{i=1}^{4}x_i}=\frac{a^8}{-a^4}=-a^4$.

证毕.

332. 直线 l_1,l_2 所形成的点集 C_1 的方程为$\frac{x^2}{a^2}-\frac{y^2}{b^2}=0$,直线 PA,PB 所形成的点集 C_2 的方程为$\frac{(x-x_0)^2}{a^2}-\frac{(y-y_0)^2}{b^2}=0$($C_2$ 可以看作是 C_1 沿向量(x_0,y_0)平移得到的).

由曲线 C 的方程减曲线 C_2 的方程,得方程$\frac{2x_0x-x_0^2}{a^2}-\frac{2y_0y-y_0^2}{a^2}=1$,可设它表示直线 m.

因为点 A,B 都在曲线 C,C_2 上,所以点 A,B 都在直线 m 上,因而直线 AB

的方程就是$\frac{2x_0x-x_0^2}{a^2}-\frac{2y_0y-y_0^2}{a^2}=1$.

同理,将曲线 C_2 的方程减曲线 C_2 的方程,得方程$\frac{2x_0x-x_0^2}{a^2}-\frac{2y_0y-y_0^2}{a^2}=0$,它表示直线 MN.

所以 $AB/\!/MN$.

333. 根据题设可求得切线方程为 $x=\pm\sqrt{\frac{2a}{p}}y-a$,得点 $A\left(0,\sqrt{\frac{pa}{2}}\right)$,$B\left(0,-\sqrt{\frac{pa}{2}}\right)$. 可证点 P,A,B,F 在以点$\left(\frac{p-2a}{4},0\right)$为圆心、$\frac{p+2a}{4}$为半径的圆上.

334. 可得抛物线 Γ 在点(x_i,y_i) $(i=1,2,3)$处的切线方程是 $l_i:y_iy=p(x_i+x)$,可得切线 l_2 与 l_3,l_3 与 l_1,l_1 与 l_2 的交点分别是 $A\left(\frac{y_2y_3}{2p},\frac{y_2+y_3}{2}\right)$,$B\left(\frac{y_1y_3}{2p},\frac{y_1+y_3}{2}\right)$,$C\left(\frac{y_1y_2}{2p},\frac{y_1+y_2}{2}\right)$.

可证点 A,B,C,F 在以点$\left(\frac{y_1y_2+y_1y_3+y_2y_3+p^2}{4p},\frac{p^2(y_1+y_2+y_3)-y_1y_2y_3}{4p^2}\right)$为圆心、$\frac{1}{4p^2}\sqrt{p^2(y_1y_2+y_1y_3+y_2y_3-p^2)^2+[p^2(y_1+y_2+y_3)-y_1y_2y_3]^2}$为半径的圆上.

335. 可设这两条抛物线的方程分别为

$$y^2=2p(x-m)$$
$$x^2=2q(y-n)$$

则曲线$[y^2-2p(x-m)]+[x^2-2q(y-n)]=0$,即

$$x^2+y^2-2px-2qy+2(pm+qn)=0$$

过这两条抛物线的四个交点,可得这四个交点共圆.

336. (1)设 $\Gamma:\frac{x^2}{a^2}+\frac{y^2}{b^2}=1\ (a>b>0)$,则点 $F(c,0)$,$F'(-c,0)$ $(c=\sqrt{a^2-b^2})$.

由椭圆 Γ 过其上一点(x_0,y_0) $(y_0\neq 0)$的切线方程为$\frac{x_0x}{a^2}+\frac{y_0y}{b^2}=1$,得点 $P\left(-a,\frac{b^2}{ay_0}(a+x_0)\right)$,$P'\left(a,\frac{b^2}{ay_0}(a-x_0)\right)$.

可证点 P,P',F,F' 在以点 $\left(0,\dfrac{b^2}{y_0}\right)$ 为圆心、$\sqrt{c^2+\dfrac{b^4}{y_0^2}}$ 为半径的圆上.

(2)设 $\Gamma:\dfrac{x^2}{a^2}-\dfrac{y^2}{b^2}=1(a>0,b>0)$,则点 $F(c,0),F'(-c,0)(c=\sqrt{a^2+b^2})$.

由双曲线 Γ 过其上一点 $(x_0,y_0)(y_0\neq 0)$ 的切线方程为 $\dfrac{x_0x}{a^2}-\dfrac{y_0y}{b^2}=1$,得点 $P\left(a,-\dfrac{b^2}{ay_0}(x_0+a)\right),P'\left(a,\dfrac{b^2}{ay_0}(x_0-a)\right)$.

可证点 P,P',F,F' 在以点 $\left(0,-\dfrac{b^2}{y_0}\right)$ 为圆心、$\sqrt{c^2+\dfrac{b^4}{y_0^2}}$ 为半径的圆上.

337. **解法1** 由等腰 Rt△OAB 可得点 O 到直线 AB 的距离是 $\dfrac{1}{\sqrt{2a^2+b^2}}=\dfrac{1}{\sqrt{2}}$,所以 $2a^2+b^2=2$, $a^2=1-\dfrac{b^2}{2}$,得点 $P(a,b)$ 与点 $(0,1)$ 的距离为 $\sqrt{a^2+(b-1)^2}=\sqrt{1-\dfrac{b^2}{2}+(b-1)^2}(-\sqrt{2}\leqslant b\leqslant\sqrt{2})$,由此可得所求取值范围是 $[\sqrt{2}-1,\sqrt{2}+1]$.

解法2 同解法1,可得 $2a^2+b^2=2$, $\dfrac{b^2}{2}+a^2=1$,即点 $P(a,b)$ 在椭圆 $\dfrac{y^2}{2}+x^2=1$. 又点 $(0,1)$ 是其上焦点,由此可得答案.

338. 由椭圆 Γ 的离心率为 $\dfrac{\sqrt{2}}{2}$ 知,可不妨设 $\Gamma:\dfrac{x^2}{2}+y^2=1$,其左、右、下、上顶点分别是 $A_1(-\sqrt{2},0),A_2(\sqrt{2},0),B_1(0,-1),B_2(0,1)$,其左、右焦点分别是 $F_1(-1,0),F_2(1,0)$.

(1)当圆 E 过点 A_1,F_1 时,可得点 E 的坐标是 $\left(\dfrac{-1-\sqrt{2}}{2},\pm\dfrac{\sqrt{10-4\sqrt{2}}}{4}\right)$;

(2)当圆 E 过点 A_2,F_1 时,可得点 E 的坐标是 $\left(\dfrac{-1+\sqrt{2}}{2},\pm\dfrac{\sqrt{10+4\sqrt{2}}}{4}\right)$;

(3)当圆 E 过点 B_1,F_1 时,可得点 E 的坐标是 $\left(\pm\dfrac{\sqrt{6}}{3},\pm\dfrac{\sqrt{6}}{3}\right)$(两个);

(4)当圆 E 过点 B_2,F_1 时,可得点 E 的坐标是 $\left(\pm\dfrac{\sqrt{6}}{3},\mp\dfrac{\sqrt{6}}{3}\right)$(两个);

(5)当圆 E 过点 A_1,F_2 时,可得点 E 的坐标是$\left(\frac{1-\sqrt{2}}{2},\pm\frac{\sqrt{10+4\sqrt{2}}}{4}\right)$;

(6)当圆 E 过点 A_2,F_2 时,可得点 E 的坐标是$\left(\frac{1+\sqrt{2}}{2}\pm\frac{\sqrt{10+4\sqrt{2}}}{4}\right)$;

(7)当圆 E 过点 B_1,F_2 时,可得点 E 的坐标是$\left(\pm\frac{\sqrt{6}}{3},\mp\frac{\sqrt{6}}{3}\right)$(两个);

(8)当圆 E 过点 B_2,F_2 时,可得点 E 的坐标是$\left(\pm\frac{\sqrt{6}}{3},\pm\frac{\sqrt{6}}{3}\right)$(两个).

所以满足题设的点的个数是 12.

339. 由题设得直线 $l:2\cdot\frac{x}{2}-3\cdot\frac{y}{3}+m=0$,椭圆 $\Gamma:\left(\frac{x}{2}-1\right)^2+\left(\frac{y}{3}+1\right)^2=1$.

作伸缩变换 $x'=\frac{x}{2},y'=\frac{y}{3}$后,直线 l 和椭圆 Γ 分别变为直线 $l':2x'-3y'+m=0$ 和圆 $\Gamma':(x'-1)^2+(y'+1)^2=1$.

直线 l 和椭圆 Γ 相交$\Leftrightarrow$直线 l'和圆 Γ'相交,得答案为$[-\sqrt{13}-5,\sqrt{13}-5]$.

340. 设这个椭圆的方程为$\frac{(X-x)^2}{a^2}+\frac{(Y-y)^2}{b^2}=1(a>b>0)$. 再设两个切点分别为 $A(x+a\cos\alpha,y+b\sin\alpha)$,$B(x+a\cos\beta,y+b\sin\beta)$,可得两条切线方程分别为

$$\frac{\cos\alpha}{a}(X-x)+\frac{\sin\alpha}{b}(Y-y)=1$$

$$\frac{\cos\beta}{a}(X-x)+\frac{\sin\beta}{b}(Y-y)=1$$

因为它们互相垂直,所以

$$\frac{\cos\alpha\cos\beta}{a^2}+\frac{\sin\alpha\sin\beta}{b^2}=0$$

$$\frac{\cos^2\alpha}{a^2}+\frac{\sin^2\alpha}{b^2}=\frac{\cos^2\alpha}{a^2}+\frac{1-\cos^2\alpha}{b^2} \quad ①$$

由相切可得

$$|x|=\frac{1}{\sqrt{\frac{\cos^2\alpha}{a^2}+\frac{\sin^2\alpha}{b^2}}} \quad ②$$

$$|y|=\frac{1}{\sqrt{\frac{\cos^2\beta}{a^2}+\frac{\sin^2\beta}{b^2}}} \quad ③$$

$$\cos^2\alpha=\frac{\frac{1}{x^2}-\frac{1}{b^2}}{\frac{1}{a^2}-\frac{1}{b^2}}$$

$$\cos^2\beta=\frac{\frac{1}{y^2}-\frac{1}{b^2}}{\frac{1}{a^2}-\frac{1}{b^2}}$$

所以 $x^2+y^2=a^2+b^2$.

由式①②,可得 $|x|\in[b,a]$. 由式①③,可得 $|y|\in[b,a]$.

所以所求动点 $M(x,y)$ 的轨迹方程是 $x^2+y^2=a^2+b^2(b\leqslant|x|\leqslant a)$.

341. 如图161所示,在直线 AB 上点 A 的左下方任取一点 (x_0,y_0),可得直线 AB 的参数方程为

$$\begin{cases}x=x_0+\rho\cos\frac{\pi}{3}\\ y=y_0+\rho\sin\frac{\pi}{3}\end{cases}$$

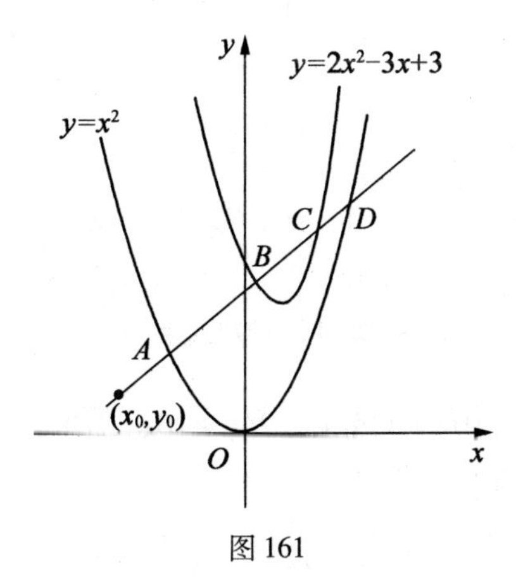

图161

由此可得 ρ_A,ρ_D 为关于 ρ 的一元二次方程

$$y_0+\rho\sin\frac{\pi}{3}=\left(x_0+\rho\cos\frac{\pi}{3}\right)^2$$

的两个根,所以可得 $\rho_A+\rho_D=2\sqrt{3}-4x_0$.

同理,可得,$\rho_B+\rho_C=\sqrt{3}+3-4x_0$. 所以

$$\begin{aligned}|AB|-|CD|&=(\rho_B+\rho_C)-(\rho_A+\rho_D)\\&=\cdots=3-\sqrt{3}\end{aligned}$$

342. 如图 162 所示,可得圆在抛物线内. 设圆 $x^2+(y-3)^2=1$ 的圆心为 $O'(0,3)$,可设 $Q(t,t^2)$,得

$$\begin{aligned}|O'Q|&=\sqrt{t^2+(t^2-3)^2}\\&=\sqrt{\left(t^2-\frac{5}{2}\right)^2+\frac{11}{4}}\\&\geqslant\frac{\sqrt{11}}{2}\end{aligned}$$

所以 $|PQ|\geqslant|O'Q|-|O'P|\geqslant\frac{\sqrt{11}}{2}-1$.

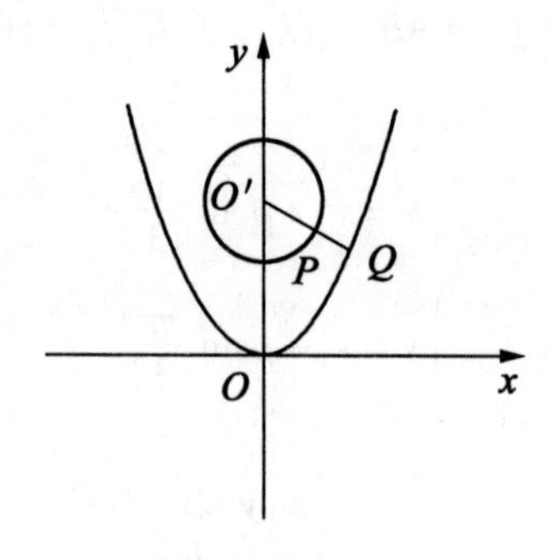

图 162

由此得,当且仅当 $t^2=\frac{5}{2}$ 且 O',P,Q 三点共线,即点 Q 的坐标是 $\left(\pm\frac{\sqrt{10}}{2},\frac{5}{2}\right)$ 且 O',P,Q 三点共线时,$|PQ|_{\min}=\frac{\sqrt{11}}{2}-1$.

343. 设 $w=\sqrt{24y-10x+338}+\sqrt{24y+10x+338}$,再设点 $P(x,y)$,$A(5,-12)$,$B(-5,-12)$,由题设,可得

$$\begin{aligned}w&=\sqrt{(x-5)^2+(y+12)^2}+\sqrt{(x+5)^2+(y+12)^2}\\&=|PA|+|PB|\end{aligned}$$

由 $|PA|+|PB|\geqslant|AB|=10$(当且仅当点 P,A 重合时取等号),可得 $w_{\min}=10$.

如图 163 所示,在 $\triangle PAB$ 中,由正弦定理可得

$$\frac{|PA|}{\sin B}=\frac{|PB|}{\sin A}=26$$

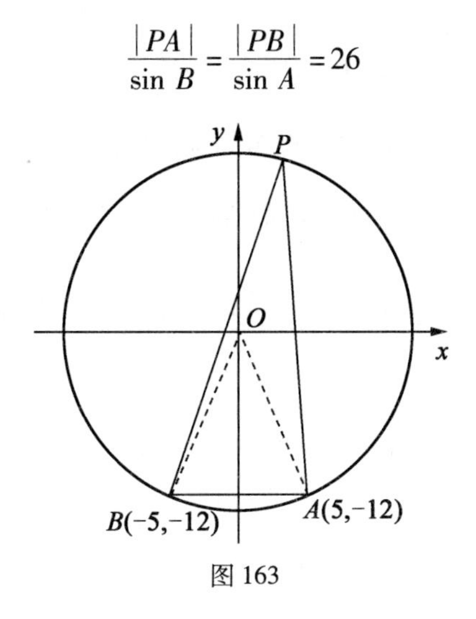

图 163

所以

$$\begin{aligned} w &=26(\sin A+\sin B)\\ &=52\sin\frac{A+B}{2}\cos\frac{A-B}{2}\\ &=52\cos\frac{P}{2}\cos\frac{A-B}{2}\\ &=52\cos\frac{\angle AOB}{4}\cos\frac{A-B}{2}\\ &\leqslant 52\cos\frac{\angle AOB}{4}\end{aligned}$$

当且仅当$\angle A=\angle B$即点P的坐标是$(0,13)$时取等号.

而当点P的坐标是$(0,13)$时,可得$w=2\sqrt{26}$. 所以$w_{\max}=10\sqrt{26}$.

得所求最大值和最小值分别是$10\sqrt{26}$,10.

344. (1)略.

(2)(i)由(1)的结论,可得$k_{PA_1}k_{PA_2}=-\frac{3}{4}$,$k_{PA_1}=-\frac{3}{4}\cdot\frac{1}{k_{PA_2}}$,进而可得直线$PA_1$的斜率的取值范围是$\left[\frac{3}{8},\frac{3}{4}\right]$.

(ii)由题设及均值不等式$|k_1|+|k_2|\geqslant 2|k_1k_2|$,可得$|k_1k_2|=\frac{1}{2}$,$k_1k_2=-\frac{1}{2}$.

再由(1)的结论,可得椭圆 C 的离心率为$\frac{\sqrt{2}}{2}$.

(ⅲ)可得 $k_{A_2B}=-k_{A_2C}$,再由题设可得 $k_{A_1B}k_{A_2B}=-k_{A_1B}k_{A_2C}=1$. 又由(1)的结论 $k_{A_1B}k_{A_2B}=\frac{b^2}{a^2}$,可得$\frac{b^2}{a^2}=1$,$\frac{b}{a}=1$,即双曲线 E 的渐近线的斜率为 ± 1.

(ⅳ)由(1)的结论,可得 $k_{AA_1}k_{AA_2}=-k_{AA_1}k_{BA_2}=-\frac{b^2}{a^2}$,$k_{MA_1}k_{MA_2}=\frac{b^2}{a^2}$,进而可求得答案是$\frac{x^2}{a^2}-\frac{y^2}{b^2}=1(x<-a,y<0)$.

345. 可设直线 MN:$y=kx+b$,点 $M(x_1,y_1)$,$N(x_2,y_2)$.

由$\begin{cases}y=kx+b\\ y^2=4x\end{cases}$,可得 $x^2-4kx-4b=0$,$x_1+x_2=4k$,$x_1x_2=-4b$.

可得 $k_1=\frac{y_1}{x_1}=\frac{x_1}{4}$,$k_2=\frac{y_2}{x_2}=\frac{x_2}{4}$,又因为 $k_1k_2+k_1+k_2=1$,所以

$$4(x_1+x_2)+x_1x_2=16$$
$$b=4k-4$$

可得直线 MN:$y=k(x+4)-4$,所以直线 MN 过定点,且该定点的坐标是$(-4,-4)$.

346. (1)如图 164 所示,作 $OS\perp AD$ 于点 S,$OT\perp BC$ 于点 T,联结 OX,OY,MS,MT,OM.

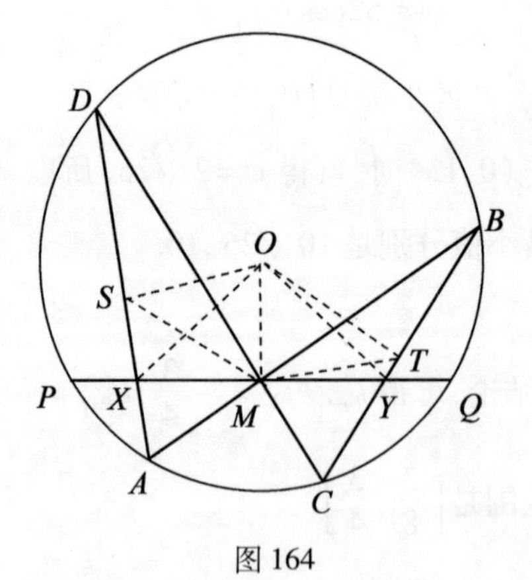

图 164

由$\triangle AMD\backsim\triangle CMB$ 及垂径定理,可得$\frac{AM}{CM}=\frac{AD}{CB}=\frac{AS}{CT}$.

再由$\angle A=\angle C$,可得$\triangle AMS\backsim\triangle CMT$,所以$\angle MSX=\angle MTY$.

可得 O,S,X,M 四点共圆,所以 $\angle MSX=\angle MOX$;还可得 O,T,Y,M 四点共圆,所以 $\angle MTY=\angle MOY$. 从而 $\angle MOX=\angle MOY$.

再由 M 是弦 PQ 的中点,可得 $OM\perp XY$,所以 M 为线段 XY 的中点.

(2)如图165所示,以 M 为坐标原点,直线 AB 为 y 轴,建立平面直角坐标系 xMy.

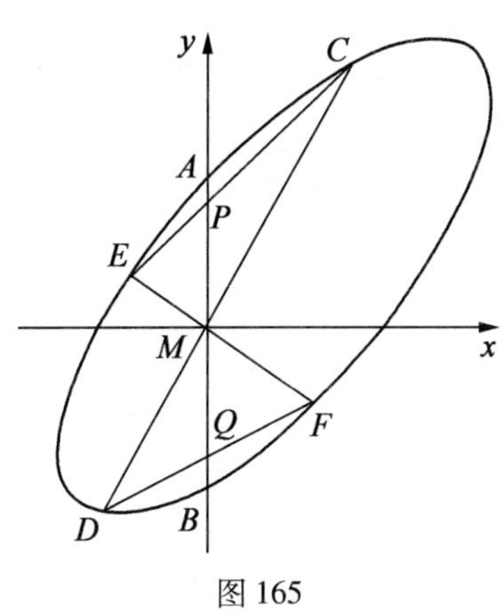

图165

可设圆锥曲线 Γ 的方程为

$$ax^2+bxy+cy^2+dx+ey+f=0$$

再设点 $A(0,t)$,$B(0,-t)(t>0)$,可得 $t,-t$ 是关于 y 的方程 $cy^2+ey+f=0$ 的两个根,所以 $c\neq0,e=0$.

当直线 CD,EF 的斜率有不存在的情形时,可得欲证结论成立.

当直线 CD,EF 的斜率均存在时,可设点 $C(x_1,k_1x_1)$,$D(x_2,k_1x_2)$,$E(x_3,k_2x_3)$,$F(x_4,k_2x_4)$,$P(0,p)$,$Q(0,q)$,可得直线 $CE:y=\dfrac{k_2x_3-k_1x_1}{x_3-x_1}(x-x_1)+k_1x_1$,进而可得 $p=\dfrac{x_1x_3(k_1-k_2)}{x_3-x_1}$.

同理,可得 $q=\dfrac{x_2x_4(k_1-k_2)}{x_4-x_2}$,进而可得

$$p+q=\frac{(k_1-k_2)[x_3x_4(x_1+x_2)-x_1x_2(x_3+x_4)]}{(x_3-x_1)(x_4-x_2)}$$

由 $\begin{cases}y=k_1x\\ax^2+bxy+cy^2+dx+f=0\end{cases}$,可得

$$(a+bk_1+ck_1^2)x^2+dx+f=0$$

所以

$$x_1 + x_2 = -\frac{d}{a + bk_1 + ck_1^2}$$

$$x_1x_2 = \frac{f}{a + bk_1 + ck_1^2}$$

同理,可得

$$x_3 + x_4 = -\frac{d}{a + bk_2 + ck_2^2}$$

$$x_3x_4 = \frac{f}{a + bk_2 + ck_2^2}$$

所以

$$\begin{aligned} x_1x_2(x_3 + x_4) &= -\frac{df}{(a + bk_1 + ck_1^2)(a + bk_2 + ck_2^2)} \\ &= x_3x_4(x_1 + x_2) \end{aligned}$$

进而可得 $p+q=0$,即 $|MP|=|MQ|$.

347. 可设圆 $I:(x-a)^2+(y-b)^2=r^2(r>0)$ 上任意一点的坐标是 $(a+r\cos\theta, b+r\sin\theta)$.

(1)只需证明:当 $(x_0, y_0)=(a+r\cos\theta, b+r\sin\theta)(\theta\in\mathbf{R})$ 时,恒有 $x_0^2-2py_0<0$.

$$\begin{aligned} x_0^2-2py_0 &= (a+r\cos\theta)^2-2p(b+r\sin\theta) \\ &= a^2+2ar\cos\theta+r^2\cos^2\theta-2pb-2pr\sin\theta \\ &= -2r\sqrt{a^2+p^2}+2r(a\cos\theta-p\sin\theta)-r^2\sin^2\theta \\ &= -2r\sqrt{a^2+p^2}-2r\sqrt{a^2+p^2}\sin(\theta-\theta_0)-r^2\sin^2\theta \\ &\quad (\text{其中} \sin\theta_0=\frac{a}{\sqrt{a^2+p^2}}, \cos\theta_0=\frac{p}{\sqrt{a^2+p^2}}) \\ &= -2r\sqrt{a^2+p^2}[1+\sin(\theta-\theta_0)]-r^2\sin^2\theta \end{aligned}$$

由此可证 $x_0^2-2py_0<0$

(2)只需证明:存在 $\theta\in\mathbf{R}$,当 $(x_0, y_0)=(a+r\cos\theta, b+r\sin\theta)$ 时,$x_0^2-2py_0<0$.

$$\begin{aligned} x_0^2-2py_0 &= (a+r\cos\theta)^2-2p(b+r\sin\theta) \\ &= a^2+2ar\cos\theta+r^2\cos^2\theta-2pb-2pr\sin\theta \\ &= 2r\sqrt{a^2+p^2}+2r(a\cos\theta-p\sin\theta)-r^2\sin^2\theta \\ &= 2r\sqrt{a^2+p^2}-2r\sqrt{a^2+p^2}\sin(\theta-\theta_0)-r^2\sin^2\theta \\ &\quad (\text{其中} \sin\theta_0=\frac{a}{\sqrt{a^2+p^2}}, \cos\theta_0=\frac{p}{\sqrt{a^2+p^2}}) \end{aligned}$$

$$=2r\sqrt{a^2+p^2}[1-\sin(\theta-\theta_0)]-r^2\sin^2\theta$$

当 $\theta-\theta_0=\frac{\pi}{2}$ 时,可证 $x_0^2-2py_0<0$.

证毕!

348. 以两直线为坐标轴,并使椭圆位于第一象限或坐标轴上,如图166所示建立平面直角坐标系.

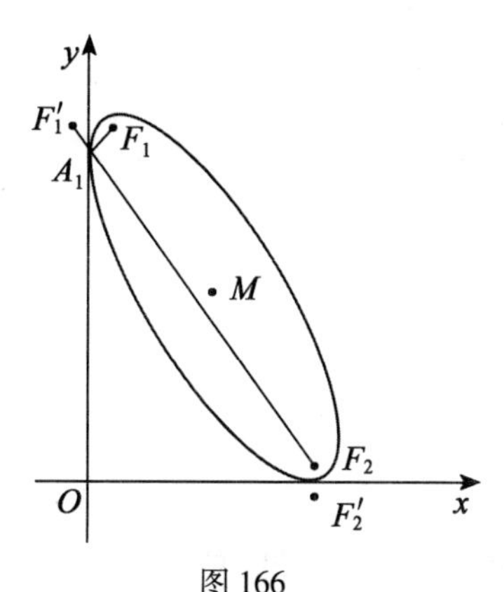

图166

设该椭圆的中心为 $M(x,y)$,焦点 $F_1(x_1,y_1)$,$F_2(x_2,y_2)$,得 $x_1+x_2=2x$,$y_1+y_2=2y$.

设点 F_1 关于 y 轴的对称点为点 $F'_1(-x_1,y_1)$,点 F_2 关于 x 轴的对称点为点 $F'_2(x_2,-y_2)$. 由椭圆的光学性质"自椭圆的一个焦点发出的光线经该椭圆反射后必经过另一焦点",得点 F'_1,A_1,F_2 共线,所以

$$(2a)^2=|F'_1F_2|^2=(x_1+x_2)^2+(y_1-y_2)^2 \quad ①$$

同理

$$(2a)^2=|F_1F'_2|^2=(x_1-x_2)^2+(y_1+y_2)^2 \quad ②$$

因为

$$|F_1F_2|^2=(x_1-x_2)^2+(y_1-y_2)^2 \quad ③$$

所以由①+②-③可得

$$(x_1+x_2)^2+(y_1+y_2)^2=4a^2+4b^2$$

所以

$$x^2+y^2=a^2+b^2 \quad ④$$

由式①可得 $x\leqslant a$,再由式④可得 $y\geqslant b$;同理,由式②④可得 $y\leqslant a$,$x\geqslant b$. 所以所求轨迹方程为

$$x^2+y^2=a^2+b^2(b\leqslant x\leqslant a,b\leqslant y\leqslant a)$$

349. (1) 设切线 l 与椭圆 Γ 的切点是 (x_0,y_0)，可得

$$\frac{x_0^2}{a^2}+\frac{y_0^2}{b^2}=1$$

$$\sqrt{b^4x_0^2+a^4y_0^2}=b\sqrt{(a^2+cx_0)(a^2-cx_0)}$$

还可得切线 l 的方程是 $\frac{x_0x}{a^2}+\frac{y_0y}{b^2}=1$，即

$$b^2x_0x+a^2y_0y-a^2b^2=0$$

所以椭圆 Γ 的左、右焦点 $F_1(-c,0)$，$F_2(c,0)$ $(c=\sqrt{a^2-b^2})$ 到切线 l 的距离分别为

$$\begin{aligned}d_1&=\frac{|b^2cx_0+a^2b^2|}{\sqrt{b^4x_0^2+a^4y_0^2}}\\&=\frac{b(a^2+cx_0)}{\sqrt{a^4-c^2x_0^2}}\\&=b\sqrt{\frac{a^2+cx_0}{a^2-cx_0}}\end{aligned}$$

$$\begin{aligned}d_2&=\frac{|b^2cx_0-a^2b^2|}{\sqrt{b^4x_0^2+a^4y_0^2}}\\&=b\sqrt{\frac{a^2-cx_0}{a^2+cx_0}}\end{aligned}$$

所以

$$d_1d_2=b^2$$

(2) 同理可证.

350. (1) 可设曲线 $y=\frac{1}{x}$ 上的任一点为 $\left(x_0,\frac{1}{x_0}\right)$.

由 $\left(\frac{1}{x}\right)'=-\frac{1}{x^2}$，可得该切线在该点处的切线方程为 $y-\frac{1}{x_0}=-\frac{1}{x_0^2}(x-x_0)$，再得它与 x 轴，y 轴的交点分别是 $A(2x_0,0)$，$B\left(0,\frac{2}{x_0}\right)$，所以该切线与两坐标轴围成三角形的面积为 $S_{\triangle OAB}=\frac{1}{2}|OA|\cdot|OB|=\frac{1}{2}|2x_0|\cdot\left|\frac{2}{x_0}\right|=2$，为定值.

(2) 可设曲线 $y=ax+\frac{b}{x}$ 上的任一点为 $\left(x_0,ax_0+\frac{b}{x_0}\right)$.

由$\left(ax+\dfrac{b}{x}\right)'=a-\dfrac{b}{x^2}$,可得该切线在该点处的切线方程为$y-ax_0-\dfrac{b}{x_0}=\left(a-\dfrac{b}{x_0^2}\right)(x-x_0)$,再得它与直线$y=ax$及$y$轴的交点分别是$A(2x_0,2ax_0)$,$B\left(0,\dfrac{2b}{x_0}\right)$,所以围成三角形的面积为$S_{\triangle OAB}=\dfrac{1}{2}|OB|\cdot|x_A|=\dfrac{1}{2}\left|\dfrac{2b}{x_0}\right|\cdot|2x_0|=2|b|$,为定值.

(3)可设曲线$\dfrac{x^2}{a^2}-\dfrac{y^2}{b^2}=1$上的任一点为$(x_0,y_0)$,可得

$$b^2x_0^2-a^2y_0^2=a^2b^2 \qquad ①$$

由隐函数的导数可求得切线方程为$\dfrac{x_0x}{a^2}-\dfrac{y_0y}{b^2}=1$,即$b^2x_0x-a^2y_0y=a^2b^2$,坐标原点$O$到该切线的距离是$d=\dfrac{a^2b^2}{\sqrt{b^4x_0^2+a^4y_0^2}}$.

还可求得切线$b^2x_0x-a^2y_0y=a^2b^2$与渐近线$y=\dfrac{b}{a}x$,$y=-\dfrac{b}{a}x$的交点分别是$A\left(\dfrac{a^2b}{bx_0-ay_0},\dfrac{ab^2}{bx_0-ay_0}\right)$,$B\left(\dfrac{a^2b}{bx_0+ay_0},-\dfrac{ab^2}{bx_0+ay_0}\right)$.

可求得$|AB|=\dfrac{2}{ab}\sqrt{b^4x_0^2+a^4y_0^2}$,所以围成三角形的面积为

$$\begin{aligned}S_{\triangle OAB}&=\frac{1}{2}|AB|\cdot d\\&=\frac{1}{2}\cdot\frac{2}{ab}\sqrt{b^4x_0^2+a^4y_0^2}\cdot\frac{a^2b^2}{\sqrt{b^4x_0^2+a^4y_0^2}}\\&=|ab|\end{aligned}$$

它为定值.

351.(1)以椭圆的中心为O为坐标原点,长轴所在的直线为x轴建立平面直角坐标系,可得椭圆的直角坐标方程为$\dfrac{x^2}{a^2}+\dfrac{y^2}{b^2}=1$.

不妨设$\angle xOA=\theta$,$\angle xOM=\theta+\dfrac{\pi}{2}$,由三角函数的定义,可得点$A(|OA|\cos\theta,|OA|\sin\theta)$,$B\left(|OB|\cos\left(\theta+\dfrac{\pi}{2}\right),|OB|\sin\left(\theta+\dfrac{\pi}{2}\right)\right)$(即点$B(-|OB|\sin\theta,|OB|\cos\theta)$).由点$A,B$在椭圆$\dfrac{x^2}{a^2}+\dfrac{y^2}{b^2}=1$上,可得

$$\frac{\cos^2\theta}{a^2}+\frac{\sin^2\theta}{b^2}=\frac{1}{|OA|^2} \quad ①$$

$$\frac{\sin^2\theta}{a^2}+\frac{\cos^2\theta}{b^2}=\frac{1}{|OB|^2} \quad ②$$

由式①+②可得

$$\frac{1}{|OA|^2}+\frac{1}{|OB|^2}=\frac{1}{a^2}+\frac{1}{b^2}$$

所以$\frac{1}{|OA|^2}+\frac{1}{|OB|^2}$为定值.

(2)由式①×②可得

$$\begin{aligned}\frac{1}{|OA|^2|OB|^2}&=\left(\frac{1}{a^4}+\frac{1}{b^4}\right)\sin^2\theta\cos^2\theta+\frac{1}{a^2b^2}(\sin^4\theta+\cos^4\theta)\\&=\left(\frac{1}{a^4}+\frac{1}{b^4}\right)\sin^2\theta\cos^2\theta+\frac{1}{a^2b^2}[(\sin^2\theta+\cos^2\theta)^2-2\sin^2\theta\cos^2\theta]\\&=\left(\frac{a^2-b^2}{2a^2b^2}\right)^2\sin^22\theta+\frac{1}{a^2b^2}\end{aligned}$$

进而可求得$\frac{1}{|OA|^2|OB|^2}$的取值范围是$\left[\frac{1}{a^2b^2},\left(\frac{a^2+b^2}{2a^2b^2}\right)^2\right]$，即$\frac{1}{2}|OA|\cdot|OB|$的取值范围是$\left[\frac{a^2b^2}{a^2+b^2},\frac{ab}{2}\right]$，所以$\triangle AOB$面积的最大值和最小值分别是$\frac{ab}{2}$，$\frac{a^2b^2}{a^2+b^2}$.

注 与《选修4－4》配套使用的《教师教学用书》第18页中的叙述“当$\sin^22\theta_1=1$，即$\theta_1=\frac{\pi}{4}$或$\frac{5\pi}{4}$时，$S_{\triangle AOD}$有最小值$\frac{a^2b^2}{a^2+b^2}$”及“当$\sin^22\theta_1=0$，即$\theta_1=0$或π时，$S_{\triangle AOB}$有最大值$\frac{ab}{2}$”均有误. 应把这里的“$\theta_1=\frac{\pi}{4}$或$\frac{5\pi}{4}$”及“$\theta_1=0$或π”分别改为“$\theta_1=\frac{\pi}{4},\frac{3\pi}{4},\frac{5\pi}{4}$或$\frac{7\pi}{4}$”及“$\theta_1=0,\frac{\pi}{2},\pi$，或$\frac{3\pi}{2}$”.

352.(1)当直线l_1的斜率不存在时，可得$l_1:x=-1$，$k_1+k_2=0$. 再由$k_1+k_2=k_3+k_4$，可得$k_3+k_4=0$.

再由过右焦点F_2的直线l_2与椭圆E交于两点C,D，且直线OC,OD的斜率分别为k_3,k_4，可得直线OC,OD关于x轴对称，因而直线l_2就是x轴，得点$P(-1,0)$.

(2)当直线l_1的斜率为0时，同理可求得点$P(1,0)$.

(3)当直线 l_2 的斜率为0时,同(1)可求得点 $P(-1,0)$.

(4)当直线 l_2 的斜率不存在时,同(2)可求得点 $P(1,0)$.

(5)当直线 l_1,l_2 的斜率均存在且均不为0时:

可设 $l_1:y=m(x+1)(m\neq0)$,点 $A(x_1,y_1)$,$B(x_2,y_2)$,由直线 OA,OB 的斜率均存在可知 $x_1x_2\neq0$.

因为 $\frac{y_i-mx_i}{m}=1,\frac{x_i^2}{3}+\frac{y_i^2}{2}=1(i=1,2)$,所以

$$\frac{x_i^2}{3}+\frac{y_i^2}{2}=\left(\frac{y_i-mx_i}{m}\right)^2(i=1,2)$$

$$\left(\frac{1}{m^2}-\frac{1}{2}\right)\left(\frac{y_i}{x_i}\right)^2-\frac{2}{m}\left(\frac{y_i}{x_i}\right)+\frac{2}{3}=0(i=1,2)$$

再由韦达定理,可得 $k_1+k_2=\frac{4m}{2-m^2}$.

还可设 $l_2:y=n(x-1)(n\neq0,m)$,同理可得 $k_3+k_4=\frac{4n}{2-n^2}$.

由 $k_1+k_2=k_3+k_4$,可得

$$\frac{4m}{2-m^2}=\frac{4n}{2-n^2}(m\neq n)$$

$$mn=-2$$

设点 $P(x,y)$,可得

$$mn=\frac{y}{x+1}\cdot\frac{y}{x-1}=-2$$

$$\frac{y^2}{2}+x^2=1(x\neq\pm1)$$

综上所述,可得所求点 P 的轨迹方程是 $\frac{y^2}{2}+x^2=1$.

(3) 当直线 L 的斜率为 0 时，由(1)可求得点 $P(\sqrt{3},0)$。

(4) 当直线 L 的斜率不存在时，同(2)可求得点 $P(\sqrt{3},0)$。

(5) 当直线 L 的斜率存在且斜率不为 0 时，

可设 $l:y=m(x+1)(m\neq 0)$，点 $A(x_1,y_1)$，$B(x_2,y_2)$，[illegible]

[illegible]

刘培杰数学工作室
已出版(即将出版)图书目录——初等数学

书　　名	出版时间	定　价	编号
新编中学数学解题方法全书(高中版)上卷(第2版)	2018－08	58.00	951
新编中学数学解题方法全书(高中版)中卷(第2版)	2018－08	68.00	952
新编中学数学解题方法全书(高中版)下卷(一)(第2版)	2018－08	58.00	953
新编中学数学解题方法全书(高中版)下卷(二)(第2版)	2018－08	58.00	954
新编中学数学解题方法全书(高中版)下卷(三)(第2版)	2018－08	68.00	955
新编中学数学解题方法全书(初中版)上卷	2008－01	28.00	29
新编中学数学解题方法全书(初中版)中卷	2010－07	38.00	75
新编中学数学解题方法全书(高考复习卷)	2010－01	48.00	67
新编中学数学解题方法全书(高考真题卷)	2010－01	38.00	62
新编中学数学解题方法全书(高考精华卷)	2011－03	68.00	118
新编平面解析几何解题方法全书(专题讲座卷)	2010－01	18.00	61
新编中学数学解题方法全书(自主招生卷)	2013－08	88.00	261

书　　名	出版时间	定　价	编号
数学奥林匹克与数学文化(第一辑)	2006－05	48.00	4
数学奥林匹克与数学文化(第二辑)(竞赛卷)	2008－01	48.00	19
数学奥林匹克与数学文化(第二辑)(文化卷)	2008－07	58.00	36′
数学奥林匹克与数学文化(第三辑)(竞赛卷)	2010－01	48.00	59
数学奥林匹克与数学文化(第四辑)(竞赛卷)	2011－08	58.00	87
数学奥林匹克与数学文化(第五辑)	2015－06	98.00	370

书　　名	出版时间	定　价	编号
世界著名平面几何经典著作钩沉——几何作图专题卷(上)	2009－06	48.00	49
世界著名平面几何经典著作钩沉——几何作图专题卷(下)	2011－01	88.00	80
世界著名平面几何经典著作钩沉(民国平面几何老课本)	2011－03	38.00	113
世界著名平面几何经典著作钩沉(建国初期平面三角老课本)	2015－08	38.00	507
世界著名解析几何经典著作钩沉——平面解析几何卷	2014－01	38.00	264
世界著名数论经典著作钩沉(算术卷)	2012－01	28.00	125
世界著名数学经典著作钩沉——立体几何卷	2011－02	28.00	88
世界著名三角学经典著作钩沉(平面三角卷Ⅰ)	2010－06	28.00	69
世界著名三角学经典著作钩沉(平面三角卷Ⅱ)	2011－01	38.00	78
世界著名初等数论经典著作钩沉(理论和实用算术卷)	2011－07	38.00	126

书　　名	出版时间	定　价	编号
发展你的空间想象力(第2版)	2019－11	68.00	1117
空间想象力进阶	2019－05	68.00	1062
走向国际数学奥林匹克的平面几何试题诠释.第1卷	2019－07	88.00	1043
走向国际数学奥林匹克的平面几何试题诠释.第2卷	2019－09	78.00	1044
走向国际数学奥林匹克的平面几何试题诠释.第3卷	2019－03	78.00	1045
走向国际数学奥林匹克的平面几何试题诠释.第4卷	2019－09	98.00	1046
平面几何证明方法全书	2007－08	35.00	1
平面几何证明方法全书习题解答(第2版)	2006－12	18.00	10
平面几何天天练上卷·基础篇(直线型)	2013－01	58.00	208
平面几何天天练中卷·基础篇(涉及圆)	2013－01	28.00	234
平面几何天天练下卷·提高篇	2013－01	58.00	237
平面几何专题研究	2013－07	98.00	258

刘培杰数学工作室

已出版(即将出版)图书目录——初等数学 

书　　名	出版时间	定　价	编号
最新世界各国数学奥林匹克中的平面几何试题	2007—09	38.00	14
数学竞赛平面几何典型题及新颖解	2010—07	48.00	74
初等数学复习及研究(平面几何)	2008—09	58.00	38
初等数学复习及研究(立体几何)	2010—06	38.00	71
初等数学复习及研究(平面几何)习题解答	2009—01	48.00	42
几何学教程(平面几何卷)	2011—03	68.00	90
几何学教程(立体几何卷)	2011—07	68.00	130
几何变换与几何证题	2010—06	88.00	70
计算方法与几何证题	2011—06	28.00	129
立体几何技巧与方法	2014—04	88.00	293
几何瑰宝——平面几何 500 名题暨 1000 条定理(上、下)	2010—07	138.00	76,77
三角形的解法与应用	2012—07	18.00	183
近代的三角形几何学	2012—07	48.00	184
一般折线几何学	2015—08	48.00	503
三角形的五心	2009—06	28.00	51
三角形的六心及其应用	2015—10	68.00	542
三角形趣谈	2012—08	28.00	212
解三角形	2014—01	28.00	265
三角学专门教程	2014—09	28.00	387
图天下几何新题试卷.初中(第 2 版)	2017—11	58.00	855
圆锥曲线习题集(上册)	2013—06	68.00	255
圆锥曲线习题集(中册)	2015—01	78.00	434
圆锥曲线习题集(下册·第 1 卷)	2016—10	78.00	683
圆锥曲线习题集(下册·第 2 卷)	2018—01	98.00	853
圆锥曲线习题集(下册·第 3 卷)	2019—10	128.00	1113
论九点圆	2015—05	88.00	645
近代欧氏几何学	2012—03	48.00	162
罗巴切夫斯基几何学及几何基础概要	2012—07	28.00	188
罗巴切夫斯基几何学初步	2015—06	28.00	474
用三角、解析几何、复数、向量计算解数学竞赛几何题	2015—03	48.00	455
美国中学几何教程	2015—04	88.00	458
三线坐标与三角形特征点	2015—04	98.00	460
平面解析几何方法与研究(第 1 卷)	2015—05	18.00	471
平面解析几何方法与研究(第 2 卷)	2015—06	18.00	472
平面解析几何方法与研究(第 3 卷)	2015—07	18.00	473
解析几何研究	2015—01	38.00	425
解析几何学教程.上	2016—01	38.00	574
解析几何学教程.下	2016—01	38.00	575
几何学基础	2016—01	58.00	581
初等几何研究	2015—02	58.00	444
十九和二十世纪欧氏几何学中的片段	2017—01	58.00	696
平面几何中考.高考.奥数一本通	2017—07	28.00	820
几何学简史	2017—08	28.00	833
四面体	2018—01	48.00	880
平面几何证明方法思路	2018—12	68.00	913
平面几何图形特性新析.上篇	2019—01	68.00	911
平面几何图形特性新析.下篇	2018—06	88.00	912
平面几何范例多解探究.上篇	2018—04	48.00	910
平面几何范例多解探究.下篇	2018—12	68.00	914
从分析解题过程学解题:竞赛中的几何问题研究	2018—07	68.00	946
从分析解题过程学解题:竞赛中的向量几何与不等式研究(全 2 册)	2019—06	138.00	1090
二维、三维欧氏几何的对偶原理	2018—12	38.00	990
星形大观及闭折线论	2019—03	68.00	1020
圆锥曲线之设点与设线	2019—05	60.00	1063
立体几何的问题和方法	2019—11	58.00	1127

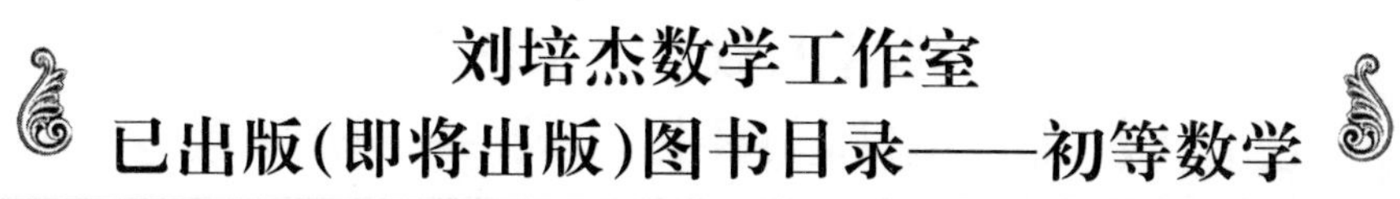

刘培杰数学工作室

已出版(即将出版)图书目录——初等数学

书　　名	出版时间	定　价	编号
俄罗斯平面几何问题集	2009－08	88.00	55
俄罗斯立体几何问题集	2014－03	58.00	283
俄罗斯几何大师——沙雷金论数学及其他	2014－01	48.00	271
来自俄罗斯的 5000 道几何习题及解答	2011－03	58.00	89
俄罗斯初等数学问题集	2012－05	38.00	177
俄罗斯函数问题集	2011－03	38.00	103
俄罗斯组合分析问题集	2011－01	48.00	79
俄罗斯初等数学万题选——三角卷	2012－11	38.00	222
俄罗斯初等数学万题选——代数卷	2013－08	68.00	225
俄罗斯初等数学万题选——几何卷	2014－01	68.00	226
俄罗斯《量子》杂志数学征解问题 100 题选	2018－08	48.00	969
俄罗斯《量子》杂志数学征解问题又 100 题选	2018－08	48.00	970
俄罗斯《量子》杂志数学征解问题	2020－05	48.00	1138
463 个俄罗斯几何老问题	2012－01	28.00	152
《量子》数学短文精粹	2018－09	38.00	972
用三角、解析几何等计算解来自俄罗斯的几何题	2019－11	88.00	1119
谈谈素数	2011－03	18.00	91
平方和	2011－03	18.00	92
整数论	2011－05	38.00	120
从整数谈起	2015－10	28.00	538
数与多项式	2016－01	38.00	558
谈谈不定方程	2011－05	28.00	119
解析不等式新论	2009－06	68.00	48
建立不等式的方法	2011－03	98.00	104
数学奥林匹克不等式研究	2009－08	68.00	56
不等式研究(第二辑)	2012－02	68.00	153
不等式的秘密(第一卷)(第 2 版)	2014－02	38.00	286
不等式的秘密(第二卷)	2014－01	38.00	268
初等不等式的证明方法	2010－06	38.00	123
初等不等式的证明方法(第二版)	2014－11	38.00	407
不等式・理论・方法(基础卷)	2015－07	38.00	496
不等式・理论・方法(经典不等式卷)	2015－07	38.00	497
不等式・理论・方法(特殊类型不等式卷)	2015－07	48.00	498
不等式探究	2016－03	38.00	582
不等式探秘	2017－01	88.00	689
四面体不等式	2017－01	68.00	715
数学奥林匹克中常见重要不等式	2017－09	38.00	845
三正弦不等式	2018－09	98.00	974
函数方程与不等式:解法与稳定性结果	2019－04	68.00	1058
同余理论	2012－05	38.00	163
[x]与{x}	2015－04	48.00	476
极值与最值.上卷	2015－06	28.00	486
极值与最值.中卷	2015－06	38.00	487
极值与最值.下卷	2015－06	28.00	488
整数的性质	2012－11	38.00	192
完全平方数及其应用	2015－08	78.00	506
多项式理论	2015－10	88.00	541
奇数、偶数、奇偶分析法	2018－01	98.00	876
不定方程及其应用.上	2018－12	58.00	992
不定方程及其应用.中	2019－01	78.00	993
不定方程及其应用.下	2019－02	98.00	994

刘培杰数学工作室

已出版(即将出版)图书目录——初等数学

书　　名	出版时间	定　价	编号
历届美国中学生数学竞赛试题及解答(第一卷)1950—1954	2014—07	18.00	277
历届美国中学生数学竞赛试题及解答(第二卷)1955—1959	2014—04	18.00	278
历届美国中学生数学竞赛试题及解答(第三卷)1960—1964	2014—06	18.00	279
历届美国中学生数学竞赛试题及解答(第四卷)1965—1969	2014—04	28.00	280
历届美国中学生数学竞赛试题及解答(第五卷)1970—1972	2014—06	18.00	281
历届美国中学生数学竞赛试题及解答(第六卷)1973—1980	2017—07	18.00	768
历届美国中学生数学竞赛试题及解答(第七卷)1981—1986	2015—01	18.00	424
历届美国中学生数学竞赛试题及解答(第八卷)1987—1990	2017—05	18.00	769
历届中国数学奥林匹克试题集(第2版)	2017—03	38.00	757
历届加拿大数学奥林匹克试题集	2012—08	38.00	215
历届美国数学奥林匹克试题集:1972～2019	2020—04	88.00	1135
历届波兰数学竞赛试题集.第1卷,1949～1963	2015—03	18.00	453
历届波兰数学竞赛试题集.第2卷,1964～1976	2015—03	18.00	454
历届巴尔干数学奥林匹克试题集	2015—05	38.00	466
保加利亚数学奥林匹克	2014—10	38.00	393
圣彼得堡数学奥林匹克试题集	2015—01	38.00	429
匈牙利奥林匹克数学竞赛题解.第1卷	2016—05	28.00	593
匈牙利奥林匹克数学竞赛题解.第2卷	2016—05	28.00	594
历届美国数学邀请赛试题集(第2版)	2017—10	78.00	851
全国高中数学竞赛试题及解答.第1卷	2014—07	38.00	331
普林斯顿大学数学竞赛	2016—06	38.00	669
亚太地区数学奥林匹克竞赛题	2015—07	18.00	492
日本历届(初级)广中杯数学竞赛试题及解答.第1卷(2000～2007)	2016—05	28.00	641
日本历届(初级)广中杯数学竞赛试题及解答.第2卷(2008～2015)	2016—05	38.00	642
360个数学竞赛问题	2016—08	58.00	677
奥数最佳实战题.上卷	2017—06	38.00	760
奥数最佳实战题.下卷	2017—05	58.00	761
哈尔滨市早期中学数学竞赛试题汇编	2016—07	28.00	672
全国高中数学联赛试题及解答:1981—2017(第2版)	2018—05	98.00	920
20世纪50年代全国部分城市数学竞赛试题汇编	2017—07	28.00	797
国内外数学竞赛题及精解:2017～2018	2019—06	45.00	1092
许康华竞赛优学精选集.第一辑	2018—08	68.00	949
天问叶班数学问题征解100题.Ⅰ,2016—2018	2019—05	88.00	1075
美国初中数学竞赛:AMC8准备(共6卷)	2019—07	138.00	1089
美国高中数学竞赛:AMC10准备(共6卷)	2019—08	158.00	1105
高考数学临门一脚(含密押三套卷)(理科版)	2017—01	45.00	743
高考数学临门一脚(含密押三套卷)(文科版)	2017—01	45.00	744
高考数学题型全归纳:文科版.上	2016—05	53.00	663
高考数学题型全归纳:文科版.下	2016—05	53.00	664
高考数学题型全归纳:理科版.上	2016—05	58.00	665
高考数学题型全归纳:理科版.下	2016—05	58.00	666

刘培杰数学工作室
已出版(即将出版)图书目录——初等数学

书 名	出版时间	定 价	编号
王连笑教你怎样学数学:高考选择题解题策略与客观题实用训练	2014—01	48.00	262
王连笑教你怎样学数学:高考数学高层次讲座	2015—02	48.00	432
高考数学的理论与实践	2009—08	38.00	53
高考数学核心题型解题方法与技巧	2010—01	28.00	86
高考思维新平台	2014—03	38.00	259
30 分钟拿下高考数学选择题、填空题(理科版)	2016—10	39.80	720
30 分钟拿下高考数学选择题、填空题(文科版)	2016—10	39.80	721
高考数学压轴题解题诀窍(上)(第 2 版)	2018—01	58.00	874
高考数学压轴题解题诀窍(下)(第 2 版)	2018—01	48.00	875
北京市五区文科数学三年高考模拟题详解:2013～2015	2015—08	48.00	500
北京市五区理科数学三年高考模拟题详解:2013～2015	2015—09	68.00	505
向量法巧解数学高考题	2009—08	28.00	54
高考数学解题金典(第 2 版)	2017—01	78.00	716
高考物理解题金典(第 2 版)	2019—05	68.00	717
高考化学解题金典(第 2 版)	2019—05	58.00	718
我一定要赚分:高中物理	2016—01	38.00	580
数学高考参考	2016—01	78.00	589
2011～2015 年全国及各省市高考数学文科精品试题审题要津与解法研究	2015—10	68.00	539
2011～2015 年全国及各省市高考数学理科精品试题审题要津与解法研究	2015—10	88.00	540
最新全国及各省市高考数学试卷解法研究及点拨评析	2009—02	38.00	41
2011 年全国及各省市高考数学试题审题要津与解法研究	2011—10	48.00	139
2013 年全国及各省市高考数学试题解析与点评	2014—01	48.00	282
全国及各省市高考数学试题审题要津与解法研究	2015—02	48.00	450
高中数学章节起始课的教学研究与案例设计	2019—05	28.00	1064
新课标高考数学——五年试题分章详解(2007～2011)(上、下)	2011—10	78.00	140,141
全国中考数学压轴题审题要津与解法研究	2013—04	78.00	248
新编全国及各省市中考数学压轴题审题要津与解法研究	2014—05	58.00	342
全国及各省市 5 年中考数学压轴题审题要津与解法研究(2015 版)	2015—04	58.00	462
中考数学专题总复习	2007—04	28.00	6
中考数学较难题常考题型解题方法与技巧	2016—09	48.00	681
中考数学难题常考题型解题方法与技巧	2016—09	48.00	682
中考数学中档题常考题型解题方法与技巧	2017—08	68.00	835
中考数学选择填空压轴好题妙解 365	2017—05	38.00	759
中考数学:三类重点考题的解法例析与习题	2020—04	48.00	1140
中小学数学的历史文化	2019—11	48.00	1124
初中平面几何百题多思创新解	2020—01	58.00	1125
初中数学中考备考	2020—01	58.00	1126
高考数学之九章演义	2019—08	68.00	1044
化学可以这样学:高中化学知识方法智慧感悟疑难辨析	2019—07	58.00	1103
如何成为学习高手	2019—09	58.00	1107
高考数学:经典真题分类解析	2020—04	78.00	1134

刘培杰数学工作室

已出版(即将出版)图书目录——初等数学

书 名	出版时间	定 价	编号
中考数学小压轴汇编初讲	2017－07	48.00	788
中考数学大压轴专题微言	2017－09	48.00	846
怎么解中考平面几何探索题	2019－06	48.00	1093
北京中考数学压轴题解题方法突破(第5版)	2020－01	58.00	1120
助你高考成功的数学解题智慧:知识是智慧的基础	2016－01	58.00	596
助你高考成功的数学解题智慧:错误是智慧的试金石	2016－04	58.00	643
助你高考成功的数学解题智慧:方法是智慧的推手	2016－04	68.00	657
高考数学奇思妙解	2016－04	38.00	610
高考数学解题策略	2016－05	48.00	670
数学解题泄天机(第2版)	2017－10	48.00	850
高考物理压轴题全解	2017－04	48.00	746
高中物理经典问题25讲	2017－05	28.00	764
高中物理教学讲义	2018－01	48.00	871
2016年高考文科数学真题研究	2017－04	58.00	754
2016年高考理科数学真题研究	2017－04	78.00	755
2017年高考理科数学真题研究	2018－01	58.00	867
2017年高考文科数学真题研究	2018－01	48.00	868
初中数学、高中数学脱节知识补缺教材	2017－06	48.00	766
高考数学小题抢分必练	2017－10	48.00	834
高考数学核心素养解读	2017－09	38.00	839
高考数学客观题解题方法和技巧	2017－10	38.00	847
十年高考数学精品试题审题要津与解法研究.上卷	2018－01	68.00	872
十年高考数学精品试题审题要津与解法研究.下卷	2018－01	58.00	873
中国历届高考数学试题及解答.1949－1979	2018－01	38.00	877
历届中国高考数学试题及解答.第二卷,1980—1989	2018－10	28.00	975
历届中国高考数学试题及解答.第三卷,1990—1999	2018－10	48.00	976
数学文化与高考研究	2018－03	48.00	882
跟我学解高中数学题	2018－07	58.00	926
中学数学研究的方法及案例	2018－05	58.00	869
高考数学抢分技能	2018－07	68.00	934
高一新生常用数学方法和重要数学思想提升教材	2018－06	38.00	921
2018年高考数学真题研究	2019－01	68.00	1000
2019年高考数学真题研究	2020－05	88.00	1137
高考数学全国卷16道选择、填空题常考题型解题诀窍.理科	2018－09	88.00	971
高考数学全国卷16道选择、填空题常考题型解题诀窍.文科	2020－01	88.00	1123
高中数学一题多解	2019－06	58.00	1087
新编640个世界著名数学智力趣题	2014－01	88.00	242
500个最新世界著名数学智力趣题	2008－06	48.00	3
400个最新世界著名数学最值问题	2008－09	48.00	36
500个世界著名数学征解问题	2009－06	48.00	52
400个中国最佳初等数学征解老问题	2010－01	48.00	60
500个俄罗斯数学经典老题	2011－01	28.00	81
1000个国外中学物理好题	2012－04	48.00	174
300个日本高考数学题	2012－05	38.00	142
700个早期日本高考数学试题	2017－02	88.00	752
500个前苏联早期高考数学试题及解答	2012－05	28.00	185
546个早期俄罗斯大学生数学竞赛题	2014－03	38.00	285
548个来自美苏的数学好问题	2014－11	28.00	396
20所苏联著名大学早期入学试题	2015－02	18.00	452
161道德国工科大学生必做的微分方程习题	2015－05	28.00	469
500个德国工科大学生必做的高数习题	2015－06	28.00	478
360个数学竞赛问题	2016－08	58.00	677
200个趣味数学故事	2018－02	48.00	857
470个数学奥林匹克中的最值问题	2018－10	88.00	985
德国讲义日本考题.微积分卷	2015－04	48.00	456
德国讲义日本考题.微分方程卷	2015－04	38.00	457
二十世纪中叶中、英、美、日、法、俄高考数学试题精选	2017－06	38.00	783

刘培杰数学工作室 已出版(即将出版)图书目录——初等数学

书 名	出版时间	定 价	编号
中国初等数学研究 2009 卷(第 1 辑)	2009—05	20.00	45
中国初等数学研究 2010 卷(第 2 辑)	2010—05	30.00	68
中国初等数学研究 2011 卷(第 3 辑)	2011—07	60.00	127
中国初等数学研究 2012 卷(第 4 辑)	2012—07	48.00	190
中国初等数学研究 2014 卷(第 5 辑)	2014—02	48.00	288
中国初等数学研究 2015 卷(第 6 辑)	2015—06	68.00	493
中国初等数学研究 2016 卷(第 7 辑)	2016—04	68.00	609
中国初等数学研究 2017 卷(第 8 辑)	2017—01	98.00	712
初等数学研究在中国. 第 1 辑	2019—03	158.00	1024
初等数学研究在中国. 第 2 辑	2019—10	158.00	1116
几何变换(Ⅰ)	2014—07	28.00	353
几何变换(Ⅱ)	2015—06	28.00	354
几何变换(Ⅲ)	2015—01	38.00	355
几何变换(Ⅳ)	2015—12	38.00	356
初等数论难题集(第一卷)	2009—05	68.00	44
初等数论难题集(第二卷)(上、下)	2011—02	128.00	82,83
数论概貌	2011—03	18.00	93
代数数论(第二版)	2013—08	58.00	94
代数多项式	2014—06	38.00	289
初等数论的知识与问题	2011—02	28.00	95
超越数论基础	2011—03	28.00	96
数论初等教程	2011—03	28.00	97
数论基础	2011—03	18.00	98
数论基础与维诺格拉多夫	2014—03	18.00	292
解析数论基础	2012—08	28.00	216
解析数论基础(第二版)	2014—01	48.00	287
解析数论问题集(第二版)(原版引进)	2014—05	88.00	343
解析数论问题集(第二版)(中译本)	2016—04	88.00	607
解析数论基础(潘承洞,潘承彪著)	2016—07	98.00	673
解析数论导引	2016—07	58.00	674
数论入门	2011—03	38.00	99
代数数论入门	2015—03	38.00	448
数论开篇	2012—07	28.00	194
解析数论引论	2011—03	48.00	100
Barban Davenport Halberstam 均值和	2009—01	40.00	33
基础数论	2011—03	28.00	101
初等数论 100 例	2011—05	18.00	122
初等数论经典例题	2012—07	18.00	204
最新世界各国数学奥林匹克中的初等数论试题(上、下)	2012—01	138.00	144,145
初等数论(Ⅰ)	2012—01	18.00	156
初等数论(Ⅱ)	2012—01	18.00	157
初等数论(Ⅲ)	2012—01	28.00	158

刘培杰数学工作室
已出版(即将出版)图书目录——初等数学

书　名	出版时间	定　价	编号
平面几何与数论中未解决的新老问题	2013－01	68.00	229
代数数论简史	2014－11	28.00	408
代数数论	2015－09	88.00	532
代数、数论及分析习题集	2016－11	98.00	695
数论导引提要及习题解答	2016－01	48.00	559
素数定理的初等证明．第 2 版	2016－09	48.00	686
数论中的模函数与狄利克雷级数(第二版)	2017－11	78.00	837
数论：数学导引	2018－01	68.00	849
范氏大代数	2019－02	98.00	1016
解析数学讲义．第一卷，导来式及微分、积分、级数	2019－04	88.00	1021
解析数学讲义．第二卷，关于几何的应用	2019－04	68.00	1022
解析数学讲义．第三卷，解析函数论	2019－04	78.00	1023
分析・组合・数论纵横谈	2019－04	58.00	1039
Hall 代数：民国时期的中学数学课本：英文	2019－08	88.00	1106
数学精神巡礼	2019－01	58.00	731
数学眼光透视(第 2 版)	2017－06	78.00	732
数学思想领悟(第 2 版)	2018－01	68.00	733
数学方法溯源(第 2 版)	2018－08	68.00	734
数学解题引论	2017－05	58.00	735
数学史话览胜(第 2 版)	2017－01	48.00	736
数学应用展观(第 2 版)	2017－08	68.00	737
数学建模尝试	2018－04	48.00	738
数学竞赛采风	2018－01	68.00	739
数学测评探营	2019－05	58.00	740
数学技能操握	2018－03	48.00	741
数学欣赏拾趣	2018－02	48.00	742
从毕达哥拉斯到怀尔斯	2007－10	48.00	9
从迪利克雷到维斯卡尔迪	2008－01	48.00	21
从哥德巴赫到陈景润	2008－05	98.00	35
从庞加莱到佩雷尔曼	2011－08	138.00	136
博弈论精粹	2008－03	58.00	30
博弈论精粹．第二版(精装)	2015－01	88.00	461
数学 我爱你	2008－01	28.00	20
精神的圣徒　别样的人生——60 位中国数学家成长的历程	2008－09	48.00	39
数学史概论	2009－06	78.00	50
数学史概论(精装)	2013－03	158.00	272
数学史选讲	2016－01	48.00	544
斐波那契数列	2010－02	28.00	65
数学拼盘和斐波那契魔方	2010－07	38.00	72
斐波那契数列欣赏(第 2 版)	2018－08	58.00	948
Fibonacci 数列中的明珠	2018－06	58.00	928
数学的创造	2011－02	48.00	85
数学美与创造力	2016－01	48.00	595
数海拾贝	2016－01	48.00	590
数学中的美(第 2 版)	2019－04	68.00	1057
数论中的美学	2014－12	38.00	351

刘培杰数学工作室

已出版(即将出版)图书目录——初等数学

书　　名	出版时间	定　价	编号
数学王者　科学巨人——高斯	2015－01	28.00	428
振兴祖国数学的圆梦之旅:中国初等数学研究史话	2015－06	98.00	490
二十世纪中国数学史料研究	2015－10	48.00	536
数字谜、数阵图与棋盘覆盖	2016－01	58.00	298
时间的形状	2016－01	38.00	556
数学发现的艺术:数学探索中的合情推理	2016－07	58.00	671
活跃在数学中的参数	2016－07	48.00	675
数学解题——靠数学思想给力(上)	2011－07	38.00	131
数学解题——靠数学思想给力(中)	2011－07	48.00	132
数学解题——靠数学思想给力(下)	2011－07	38.00	133
我怎样解题	2013－01	48.00	227
数学解题中的物理方法	2011－06	28.00	114
数学解题的特殊方法	2011－06	48.00	115
中学数学计算技巧	2012－01	48.00	116
中学数学证明方法	2012－01	58.00	117
数学趣题巧解	2012－03	28.00	128
高中数学教学通鉴	2015－05	58.00	479
和高中生漫谈:数学与哲学的故事	2014－08	28.00	369
算术问题集	2017－03	38.00	789
张教授讲数学	2018－07	38.00	933
陈永明实话实说数学教学	2020－04	68.00	1132
中学数学学科知识与教学能力	2020－06	58.00	1155
自主招生考试中的参数方程问题	2015－01	28.00	435
自主招生考试中的极坐标问题	2015－04	28.00	463
近年全国重点大学自主招生数学试题全解及研究.华约卷	2015－02	38.00	441
近年全国重点大学自主招生数学试题全解及研究.北约卷	2016－05	38.00	619
自主招生数学解证宝典	2015－09	48.00	535
格点和面积	2012－07	18.00	191
射影几何趣谈	2012－04	28.00	175
斯潘纳尔引理——从一道加拿大数学奥林匹克试题谈起	2014－01	28.00	228
李普希兹条件——从几道近年高考数学试题谈起	2012－10	18.00	221
拉格朗日中值定理——从一道北京高考试题的解法谈起	2015－10	18.00	197
闵科夫斯基定理——从一道清华大学自主招生试题谈起	2014－01	28.00	198
哈尔测度——从一道冬令营试题的背景谈起	2012－08	28.00	202
切比雪夫逼近问题——从一道中国台北数学奥林匹克试题谈起	2013－04	38.00	238
伯恩斯坦多项式与贝齐尔曲面——从一道全国高中数学联赛试题谈起	2013－03	38.00	236
卡塔兰猜想——从一道普特南竞赛试题谈起	2013－06	18.00	256
麦卡锡函数和阿克曼函数——从一道前南斯拉夫数学奥林匹克试题谈起	2012－08	18.00	201
贝蒂定理与拉姆贝克莫斯尔定理——从一个拣石子游戏谈起	2012－08	18.00	217
皮亚诺曲线和豪斯道夫分球定理——从无限集谈起	2012－08	18.00	211
平面凸图形与凸多面体	2012－10	28.00	218
斯坦因豪斯问题——从一道二十五省市自治区中学数学竞赛试题谈起	2012－07	18.00	196

刘培杰数学工作室
已出版(即将出版)图书目录——初等数学

书　　名	出版时间	定　价	编号
纽结理论中的亚历山大多项式与琼斯多项式——从一道北京市高一数学竞赛试题谈起	2012－07	28.00	195
原则与策略——从波利亚"解题表"谈起	2013－04	38.00	244
转化与化归——从三大尺规作图不能问题谈起	2012－08	28.00	214
代数几何中的贝祖定理(第一版)——从一道 IMO 试题的解法谈起	2013－08	18.00	193
成功连贯理论与约当块理论——从一道比利时数学竞赛试题谈起	2012－04	18.00	180
素数判定与大数分解	2014－08	18.00	199
置换多项式及其应用	2012－10	18.00	220
椭圆函数与模函数——从一道美国加州大学洛杉矶分校(UCLA)博士资格考题谈起	2012－10	28.00	219
差分方程的拉格朗日方法——从一道 2011 年全国高考理科试题的解法谈起	2012－08	28.00	200
力学在几何中的一些应用	2013－01	38.00	240
从根式解到伽罗华理论	2020－01	48.00	1121
康托洛维奇不等式——从一道全国高中联赛试题谈起	2013－03	28.00	337
西格尔引理——从一道第 18 届 IMO 试题的解法谈起	即将出版		
罗斯定理——从一道前苏联数学竞赛试题谈起	即将出版		
拉克斯定理和阿廷定理——从一道 IMO 试题的解法谈起	2014－01	58.00	246
毕卡大定理——从一道美国大学数学竞赛试题谈起	2014－07	18.00	350
贝齐尔曲线——从一道全国高中联赛试题谈起	即将出版		
拉格朗日乘子定理——从一道 2005 年全国高中联赛试题的高等数学解法谈起	2015－05	28.00	480
雅可比定理——从一道日本数学奥林匹克试题谈起	2013－04	48.00	249
李天岩一约克定理——从一道波兰数学竞赛试题谈起	2014－06	28.00	349
整系数多项式因式分解的一般方法——从克朗耐克算法谈起	即将出版		
布劳维不动点定理——从一道前苏联数学奥林匹克试题谈起	2014－01	38.00	273
伯恩赛德定理——从一道英国数学奥林匹克试题谈起	即将出版		
布查特一莫斯特定理——从一道上海市初中竞赛试题谈起	即将出版		
数论中的同余数问题——从一道普特南竞赛试题谈起	即将出版		
范·德蒙行列式——从一道美国数学奥林匹克试题谈起	即将出版		
中国剩余定理:总数法构建中国历史年表	2015－01	28.00	430
牛顿程序与方程求根——从一道全国高考试题解法谈起	即将出版		
库默尔定理——从一道 IMO 预选试题谈起	即将出版		
卢丁定理——从一道冬令营试题的解法谈起	即将出版		
沃斯滕霍姆定理——从一道 IMO 预选试题谈起	即将出版		
卡尔松不等式——从一道莫斯科数学奥林匹克试题谈起	即将出版		
信息论中的香农熵——从一道近年高考压轴题谈起	即将出版		
约当不等式——从一道希望杯竞赛试题谈起	即将出版		
拉比诺维奇定理	即将出版		
刘维尔定理——从一道《美国数学月刊》征解问题的解法谈起	即将出版		
卡塔兰恒等式与级数求和——从一道 IMO 试题的解法谈起	即将出版		
勒让德猜想与素数分布——从一道爱尔兰竞赛试题谈起	即将出版		
天平称重与信息论——从一道基辅市数学奥林匹克试题谈起	即将出版		
哈密尔顿一凯莱定理:从一道高中数学联赛试题的解法谈起	2014－09	18.00	376
艾思特曼定理——从一道 CMO 试题的解法谈起	即将出版		

刘培杰数学工作室
已出版(即将出版)图书目录——初等数学

书　　名	出版时间	定　价	编号
阿贝尔恒等式与经典不等式及应用	2018－06	98.00	923
迪利克雷除数问题	2018－07	48.00	930
幻方、幻立方与拉丁方	2019－08	48.00	1092
帕斯卡三角形	2014－03	18.00	294
蒲丰投针问题——从 2009 年清华大学的一道自主招生试题谈起	2014－01	38.00	295
斯图姆定理——从一道“华约”自主招生试题的解法谈起	2014－01	18.00	296
许瓦兹引理——从一道加利福尼亚大学伯克利分校数学系博士生试题谈起	2014－08	18.00	297
拉姆塞定理——从王诗宬院士的一个问题谈起	2016－04	48.00	299
坐标法	2013－12	28.00	332
数论三角形	2014－04	38.00	341
毕克定理	2014－07	18.00	352
数林掠影	2014－09	48.00	389
我们周围的概率	2014－10	38.00	390
凸函数最值定理:从一道华约自主招生题的解法谈起	2014－10	28.00	391
易学与数学奥林匹克	2014－10	38.00	392
生物数学趣谈	2015－01	18.00	409
反演	2015－01	28.00	420
因式分解与圆锥曲线	2015－01	18.00	426
轨迹	2015－01	28.00	427
面积原理:从常庚哲命的一道 CMO 试题的积分解法谈起	2015－01	48.00	431
形形色色的不动点定理:从一道 28 届 IMO 试题谈起	2015－01	38.00	439
柯西函数方程:从一道上海交大自主招生的试题谈起	2015－02	28.00	440
三角恒等式	2015－02	28.00	442
无理性判定:从一道 2014 年“北约”自主招生试题谈起	2015－01	38.00	443
数学归纳法	2015－03	18.00	451
极端原理与解题	2015－04	28.00	464
法雷级数	2014－08	18.00	367
摆线族	2015－01	38.00	438
函数方程及其解法	2015－05	38.00	470
含参数的方程和不等式	2012－09	28.00	213
希尔伯特第十问题	2016－01	38.00	543
无穷小量的求和	2016－01	28.00	545
切比雪夫多项式:从一道清华大学金秋营试题谈起	2016－01	38.00	583
泽肯多夫定理	2016－03	38.00	599
代数等式证题法	2016－01	28.00	600
三角等式证题法	2016－01	28.00	601
吴大任教授藏书中的一个因式分解公式:从一道美国数学邀请赛试题的解法谈起	2016－06	28.00	656
易卦——类万物的数学模型	2017－08	68.00	838
“不可思议”的数与数系可持续发展	2018－01	38.00	878
最短线	2018－01	38.00	879
幻方和魔方(第一卷)	2012－05	68.00	173
尘封的经典——初等数学经典文献选读(第一卷)	2012－07	48.00	205
尘封的经典——初等数学经典文献选读(第二卷)	2012－07	38.00	206
初级方程式论	2011－03	28.00	106
初等数学研究(Ⅰ)	2008－09	68.00	37
初等数学研究(Ⅱ)(上、下)	2009－05	118.00	46,47

刘培杰数学工作室

已出版(即将出版)图书目录——初等数学

书　　名	出版时间	定　价	编号
趣味初等方程妙题集锦	2014－09	48.00	388
趣味初等数论选美与欣赏	2015－02	48.00	445
耕读笔记(上卷):一位农民数学爱好者的初数探索	2015－04	28.00	459
耕读笔记(中卷):一位农民数学爱好者的初数探索	2015－05	28.00	483
耕读笔记(下卷):一位农民数学爱好者的初数探索	2015－05	28.00	484
几何不等式研究与欣赏.上卷	2016－01	88.00	547
几何不等式研究与欣赏.下卷	2016－01	48.00	552
初等数列研究与欣赏・上	2016－01	48.00	570
初等数列研究与欣赏・下	2016－01	48.00	571
趣味初等函数研究与欣赏.上	2016－09	48.00	684
趣味初等函数研究与欣赏.下	2018－09	48.00	685
火柴游戏	2016－05	38.00	612
智力解谜.第1卷	2017－07	38.00	613
智力解谜.第2卷	2017－07	38.00	614
故事智力	2016－07	48.00	615
名人们喜欢的智力问题	2020－01	48.00	616
数学大师的发现、创造与失误	2018－01	48.00	617
异曲同工	2018－09	48.00	618
数学的味道	2018－01	58.00	798
数学千字文	2018－10	68.00	977
数贝偶拾——高考数学题研究	2014－04	28.00	274
数贝偶拾——初等数学研究	2014－04	38.00	275
数贝偶拾——奥数题研究	2014－04	48.00	276
钱昌本教你快乐学数学(上)	2011－12	48.00	155
钱昌本教你快乐学数学(下)	2012－03	58.00	171
集合、函数与方程	2014－01	28.00	300
数列与不等式	2014－01	38.00	301
三角与平面向量	2014－01	28.00	302
平面解析几何	2014－01	38.00	303
立体几何与组合	2014－01	28.00	304
极限与导数、数学归纳法	2014－01	38.00	305
趣味数学	2014－03	28.00	306
教材教法	2014－04	68.00	307
自主招生	2014－05	58.00	308
高考压轴题(上)	2015－01	48.00	309
高考压轴题(下)	2014－10	68.00	310
从费马到怀尔斯——费马大定理的历史	2013－10	198.00	Ⅰ
从庞加莱到佩雷尔曼——庞加莱猜想的历史	2013－10	298.00	Ⅱ
从切比雪夫到爱尔特希(上)——素数定理的初等证明	2013－07	48.00	Ⅲ
从切比雪夫到爱尔特希(下)——素数定理100年	2012－12	98.00	Ⅲ
从高斯到盖尔方特——二次域的高斯猜想	2013－10	198.00	Ⅳ
从库默尔到朗兰兹——朗兰兹猜想的历史	2014－01	98.00	Ⅴ
从比勃巴赫到德布朗斯——比勃巴赫猜想的历史	2014－02	298.00	Ⅵ
从麦比乌斯到陈省身——麦比乌斯变换与麦比乌斯带	2014－02	298.00	Ⅶ
从布尔到豪斯道夫——布尔方程与格论漫谈	2013－10	198.00	Ⅷ
从开普勒到阿诺德——三体问题的历史	2014－05	298.00	Ⅸ
从华林到华罗庚——华林问题的历史	2013－10	298.00	Ⅹ

刘培杰数学工作室
已出版(即将出版)图书目录——初等数学

书　　名	出版时间	定　价	编号
美国高中数学竞赛五十讲.第1卷(英文)	2014-08	28.00	357
美国高中数学竞赛五十讲.第2卷(英文)	2014-08	28.00	358
美国高中数学竞赛五十讲.第3卷(英文)	2014-09	28.00	359
美国高中数学竞赛五十讲.第4卷(英文)	2014-09	28.00	360
美国高中数学竞赛五十讲.第5卷(英文)	2014-10	28.00	361
美国高中数学竞赛五十讲.第6卷(英文)	2014-11	28.00	362
美国高中数学竞赛五十讲.第7卷(英文)	2014-12	28.00	363
美国高中数学竞赛五十讲.第8卷(英文)	2015-01	28.00	364
美国高中数学竞赛五十讲.第9卷(英文)	2015-01	28.00	365
美国高中数学竞赛五十讲.第10卷(英文)	2015-02	38.00	366
三角函数(第2版)	2017-04	38.00	626
不等式	2014-01	38.00	312
数列	2014-01	38.00	313
方程(第2版)	2017-04	38.00	624
排列和组合	2014-01	28.00	315
极限与导数(第2版)	2016-04	38.00	635
向量(第2版)	2018-08	58.00	627
复数及其应用	2014-08	28.00	318
函数	2014-01	38.00	319
集合	2020-01	48.00	320
直线与平面	2014-01	28.00	321
立体几何(第2版)	2016-04	38.00	629
解三角形	即将出版		323
直线与圆(第2版)	2016-11	38.00	631
圆锥曲线(第2版)	2016-09	48.00	632
解题通法(一)	2014-07	38.00	326
解题通法(二)	2014-07	38.00	327
解题通法(三)	2014-05	38.00	328
概率与统计	2014-01	28.00	329
信息迁移与算法	即将出版		330
IMO 50年.第1卷(1959-1963)	2014-11	28.00	377
IMO 50年.第2卷(1964-1968)	2014-11	28.00	378
IMO 50年.第3卷(1969-1973)	2014-09	28.00	379
IMO 50年.第4卷(1974-1978)	2016-04	38.00	380
IMO 50年.第5卷(1979-1984)	2015-04	38.00	381
IMO 50年.第6卷(1985-1989)	2015-04	58.00	382
IMO 50年.第7卷(1990-1994)	2016-01	48.00	383
IMO 50年.第8卷(1995-1999)	2016-06	38.00	384
IMO 50年.第9卷(2000-2004)	2015-04	58.00	385
IMO 50年.第10卷(2005-2009)	2016-01	48.00	386
IMO 50年.第11卷(2010-2015)	2017-03	48.00	646

刘培杰数学工作室

已出版(即将出版)图书目录——初等数学 

书　名	出版时间	定　价	编号
数学反思(2006—2007)	即将出版		915
数学反思(2008—2009)	2019—01	68.00	917
数学反思(2010—2011)	2018—05	58.00	916
数学反思(2012—2013)	2019—01	58.00	918
数学反思(2014—2015)	2019—03	78.00	919
历届美国大学生数学竞赛试题集.第一卷(1938—1949)	2015—01	28.00	397
历届美国大学生数学竞赛试题集.第二卷(1950—1959)	2015—01	28.00	398
历届美国大学生数学竞赛试题集.第三卷(1960—1969)	2015—01	28.00	399
历届美国大学生数学竞赛试题集.第四卷(1970—1979)	2015—01	18.00	400
历届美国大学生数学竞赛试题集.第五卷(1980—1989)	2015—01	28.00	401
历届美国大学生数学竞赛试题集.第六卷(1990—1999)	2015—01	28.00	402
历届美国大学生数学竞赛试题集.第七卷(2000—2009)	2015—08	18.00	403
历届美国大学生数学竞赛试题集.第八卷(2010—2012)	2015—01	18.00	404
新课标高考数学创新题解题诀窍:总论	2014—09	28.00	372
新课标高考数学创新题解题诀窍:必修1～5分册	2014—08	38.00	373
新课标高考数学创新题解题诀窍:选修2—1,2—2,1—1,1—2分册	2014—09	38.00	374
新课标高考数学创新题解题诀窍:选修2—3,4—4,4—5分册	2014—09	18.00	375
全国重点大学自主招生英文数学试题全攻略:词汇卷	2015—07	48.00	410
全国重点大学自主招生英文数学试题全攻略:概念卷	2015—01	28.00	411
全国重点大学自主招生英文数学试题全攻略:文章选读卷(上)	2016—09	38.00	412
全国重点大学自主招生英文数学试题全攻略:文章选读卷(下)	2017—01	58.00	413
全国重点大学自主招生英文数学试题全攻略:试题卷	2015—07	38.00	414
全国重点大学自主招生英文数学试题全攻略:名著欣赏卷	2017—03	48.00	415
劳埃德数学趣题大全.题目卷.1:英文	2016—01	18.00	516
劳埃德数学趣题大全.题目卷.2:英文	2016—01	18.00	517
劳埃德数学趣题大全.题目卷.3:英文	2016—01	18.00	518
劳埃德数学趣题大全.题目卷.4:英文	2016—01	18.00	519
劳埃德数学趣题大全.题目卷.5:英文	2016—01	18.00	520
劳埃德数学趣题大全.答案卷:英文	2016—01	18.00	521
李成章教练奥数笔记.第1卷	2016—01	48.00	522
李成章教练奥数笔记.第2卷	2016—01	48.00	523
李成章教练奥数笔记.第3卷	2016—01	38.00	524
李成章教练奥数笔记.第4卷	2016—01	38.00	525
李成章教练奥数笔记.第5卷	2016—01	38.00	526
李成章教练奥数笔记.第6卷	2016—01	38.00	527
李成章教练奥数笔记.第7卷	2016—01	38.00	528
李成章教练奥数笔记.第8卷	2016—01	48.00	529
李成章教练奥数笔记.第9卷	2016—01	28.00	530

刘培杰数学工作室
已出版(即将出版)图书目录——初等数学

书　　名	出版时间	定　价	编号
第19～23届"希望杯"全国数学邀请赛试题审题要津详细评注(初一版)	2014—03	28.00	333
第19～23届"希望杯"全国数学邀请赛试题审题要津详细评注(初二、初三版)	2014—03	38.00	334
第19～23届"希望杯"全国数学邀请赛试题审题要津详细评注(高一版)	2014—03	28.00	335
第19～23届"希望杯"全国数学邀请赛试题审题要津详细评注(高二版)	2014—03	38.00	336
第19～25届"希望杯"全国数学邀请赛试题审题要津详细评注(初一版)	2015—01	38.00	416
第19～25届"希望杯"全国数学邀请赛试题审题要津详细评注(初二、初三版)	2015—01	58.00	417
第19～25届"希望杯"全国数学邀请赛试题审题要津详细评注(高一版)	2015—01	48.00	418
第19～25届"希望杯"全国数学邀请赛试题审题要津详细评注(高二版)	2015—01	48.00	419
物理奥林匹克竞赛大题典——力学卷	2014—11	48.00	405
物理奥林匹克竞赛大题典——热学卷	2014—04	28.00	339
物理奥林匹克竞赛大题典——电磁学卷	2015—07	48.00	406
物理奥林匹克竞赛大题典——光学与近代物理卷	2014—06	28.00	345
历届中国东南地区数学奥林匹克试题集(2004～2012)	2014—06	18.00	346
历届中国西部地区数学奥林匹克试题集(2001～2012)	2014—07	18.00	347
历届中国女子数学奥林匹克试题集(2002～2012)	2014—08	18.00	348
数学奥林匹克在中国	2014—06	98.00	344
数学奥林匹克问题集	2014—01	38.00	267
数学奥林匹克不等式散论	2010—06	38.00	124
数学奥林匹克不等式欣赏	2011—09	38.00	138
数学奥林匹克超级题库(初中卷上)	2010—01	58.00	66
数学奥林匹克不等式证明方法和技巧(上、下)	2011—08	158.00	134,135
他们学什么:原民主德国中学数学课本	2016—09	38.00	658
他们学什么:英国中学数学课本	2016—09	38.00	659
他们学什么:法国中学数学课本.1	2016—09	38.00	660
他们学什么:法国中学数学课本.2	2016—09	28.00	661
他们学什么:法国中学数学课本.3	2016—09	38.00	662
他们学什么:苏联中学数学课本	2016—09	28.00	679
高中数学题典——集合与简易逻辑·函数	2016—07	48.00	647
高中数学题典——导数	2016—07	48.00	648
高中数学题典——三角函数·平面向量	2016—07	48.00	649
高中数学题典——数列	2016—07	58.00	650
高中数学题典——不等式·推理与证明	2016—07	38.00	651
高中数学题典——立体几何	2016—07	48.00	652
高中数学题典——平面解析几何	2016—07	78.00	653
高中数学题典——计数原理·统计·概率·复数	2016—07	48.00	654
高中数学题典——算法·平面几何·初等数论·组合数学·其他	2016—07	68.00	655

刘培杰数学工作室
已出版(即将出版)图书目录——初等数学

书名	出版时间	定价	编号
台湾地区奥林匹克数学竞赛试题.小学一年级	2017－03	38.00	722
台湾地区奥林匹克数学竞赛试题.小学二年级	2017－03	38.00	723
台湾地区奥林匹克数学竞赛试题.小学三年级	2017－03	38.00	724
台湾地区奥林匹克数学竞赛试题.小学四年级	2017－03	38.00	725
台湾地区奥林匹克数学竞赛试题.小学五年级	2017－03	38.00	726
台湾地区奥林匹克数学竞赛试题.小学六年级	2017－03	38.00	727
台湾地区奥林匹克数学竞赛试题.初中一年级	2017－03	38.00	728
台湾地区奥林匹克数学竞赛试题.初中二年级	2017－03	38.00	729
台湾地区奥林匹克数学竞赛试题.初中三年级	2017－03	28.00	730
不等式证题法	2017－04	28.00	747
平面几何培优教程	2019－08	88.00	748
奥数鼎级培优教程.高一分册	2018－09	88.00	749
奥数鼎级培优教程.高二分册.上	2018－04	68.00	750
奥数鼎级培优教程.高二分册.下	2018－04	68.00	751
高中数学竞赛冲刺宝典	2019－04	68.00	883
初中尖子生数学超级题典.实数	2017－07	58.00	792
初中尖子生数学超级题典.式、方程与不等式	2017－08	58.00	793
初中尖子生数学超级题典.圆、面积	2017－08	38.00	794
初中尖子生数学超级题典.函数、逻辑推理	2017－08	48.00	795
初中尖子生数学超级题典.角、线段、三角形与多边形	2017－07	58.00	796
数学王子——高斯	2018－01	48.00	858
坎坷奇星——阿贝尔	2018－01	48.00	859
闪烁奇星——伽罗瓦	2018－01	58.00	860
无穷统帅——康托尔	2018－01	48.00	861
科学公主——柯瓦列夫斯卡娅	2018－01	48.00	862
抽象代数之母——埃米·诺特	2018－01	48.00	863
电脑先驱——图灵	2018－01	58.00	864
昔日神童——维纳	2018－01	48.00	865
数坛怪侠——爱尔特希	2018－01	68.00	866
传奇数学家徐利治	2019－09	88.00	1110
当代世界中的数学.数学思想与数学基础	2019－01	38.00	892
当代世界中的数学.数学问题	2019－01	38.00	893
当代世界中的数学.应用数学与数学应用	2019－01	38.00	894
当代世界中的数学.数学王国的新疆域(一)	2019－01	38.00	895
当代世界中的数学.数学王国的新疆域(二)	2019－01	38.00	896
当代世界中的数学.数林撷英(一)	2019－01	38.00	897
当代世界中的数学.数林撷英(二)	2019－01	48.00	898
当代世界中的数学.数学之路	2019－01	38.00	899

刘培杰数学工作室
已出版(即将出版)图书目录——初等数学

书　　名	出版时间	定　价	编号
105 个代数问题:来自 AwesomeMath 夏季课程	2019－02	58.00	956
106 个几何问题:来自 AwesomeMath 夏季课程	即将出版		957
107 个几何问题:来自 AwesomeMath 全年课程	即将出版		958
108 个代数问题:来自 AwesomeMath 全年课程	2019－01	68.00	959
109 个不等式:来自 AwesomeMath 夏季课程	2019－04	58.00	960
国际数学奥林匹克中的 110 个几何问题	即将出版		961
111 个代数和数论问题	2019－05	58.00	962
112 个组合问题:来自 AwesomeMath 夏季课程	2019－05	58.00	963
113 个几何不等式:来自 AwesomeMath 夏季课程	即将出版		964
114 个指数和对数问题:来自 AwesomeMath 夏季课程	2019－09	48.00	965
115 个三角问题:来自 AwesomeMath 夏季课程	2019－09	58.00	966
116 个代数不等式:来自 AwesomeMath 全年课程	2019－04	58.00	967

书　　名	出版时间	定　价	编号
紫色彗星国际数学竞赛试题	2019－02	58.00	999
数学竞赛中的数学:为数学爱好者、父母、教师和教练准备的丰富资源.第一部	2020－04	58.00	1141

书　　名	出版时间	定　价	编号
澳大利亚中学数学竞赛试题及解答(初级卷)1978～1984	2019－02	28.00	1002
澳大利亚中学数学竞赛试题及解答(初级卷)1985～1991	2019－02	28.00	1003
澳大利亚中学数学竞赛试题及解答(初级卷)1992～1998	2019－02	28.00	1004
澳大利亚中学数学竞赛试题及解答(初级卷)1999～2005	2019－02	28.00	1005
澳大利亚中学数学竞赛试题及解答(中级卷)1978～1984	2019－03	28.00	1006
澳大利亚中学数学竞赛试题及解答(中级卷)1985～1991	2019－03	28.00	1007
澳大利亚中学数学竞赛试题及解答(中级卷)1992～1998	2019－03	28.00	1008
澳大利亚中学数学竞赛试题及解答(中级卷)1999～2005	2019－03	28.00	1009
澳大利亚中学数学竞赛试题及解答(高级卷)1978～1984	2019－05	28.00	1010
澳大利亚中学数学竞赛试题及解答(高级卷)1985～1991	2019－05	28.00	1011
澳大利亚中学数学竞赛试题及解答(高级卷)1992～1998	2019－05	28.00	1012
澳大利亚中学数学竞赛试题及解答(高级卷)1999～2005	2019－05	28.00	1013

书　　名	出版时间	定　价	编号
天才中小学生智力测验题.第一卷	2019－03	38.00	1026
天才中小学生智力测验题.第二卷	2019－03	38.00	1027
天才中小学生智力测验题.第三卷	2019－03	38.00	1028
天才中小学生智力测验题.第四卷	2019－03	38.00	1029
天才中小学生智力测验题.第五卷	2019－03	38.00	1030
天才中小学生智力测验题.第六卷	2019－03	38.00	1031
天才中小学生智力测验题.第七卷	2019－03	38.00	1032
天才中小学生智力测验题.第八卷	2019－03	38.00	1033
天才中小学生智力测验题.第九卷	2019－03	38.00	1034
天才中小学生智力测验题.第十卷	2019－03	38.00	1035
天才中小学生智力测验题.第十一卷	2019－03	38.00	1036
天才中小学生智力测验题.第十二卷	2019－03	38.00	1037
天才中小学生智力测验题.第十三卷	2019－03	38.00	1038

刘培杰数学工作室
已出版(即将出版)图书目录——初等数学

书　　名	出版时间	定　价	编号
重点大学自主招生数学备考全书:函数	2020-05	48.00	1047
重点大学自主招生数学备考全书:导数	即将出版		1048
重点大学自主招生数学备考全书:数列与不等式	2019-10	78.00	1049
重点大学自主招生数学备考全书:三角函数与平面向量	即将出版		1050
重点大学自主招生数学备考全书:平面解析几何	2020-07	58.00	1051
重点大学自主招生数学备考全书:立体几何与平面几何	2019-08	48.00	1052
重点大学自主招生数学备考全书:排列组合·概率统计·复数	2019-09	48.00	1053
重点大学自主招生数学备考全书:初等数论与组合数学	2019-08	48.00	1054
重点大学自主招生数学备考全书:重点大学自主招生真题.上	2019-04	68.00	1055
重点大学自主招生数学备考全书:重点大学自主招生真题.下	2019-04	58.00	1056
高中数学竞赛培训教程:平面几何问题的求解方法与策略.上	2018-05	68.00	906
高中数学竞赛培训教程:平面几何问题的求解方法与策略.下	2018-06	78.00	907
高中数学竞赛培训教程:整除与同余以及不定方程	2018-01	88.00	908
高中数学竞赛培训教程:组合计数与组合极值	2018-04	48.00	909
高中数学竞赛培训教程:初等代数	2019-04	78.00	1042
高中数学讲座:数学竞赛基础教程(第一册)	2019-06	48.00	1094
高中数学讲座:数学竞赛基础教程(第二册)	即将出版		1095
高中数学讲座:数学竞赛基础教程(第三册)	即将出版		1096
高中数学讲座:数学竞赛基础教程(第四册)	即将出版		1097

联系地址:哈尔滨市南岗区复华四道街10号　哈尔滨工业大学出版社刘培杰数学工作室

网　　址:http://lpj.hit.edu.cn/

邮　　编:150006

联系电话:0451-86281378　　13904613167

E-mail:lpj1378@163.com